Equações Diferenciais Ordinárias

Exercícios e Problemas

Andrei Bourchtein
Ludmila Bourchtein

Equações Diferenciais Ordinárias

Exercícios e Problemas

2024

Direção editorial: Victor Pereira Marinho e José Roberto Marinho

Capa: Fabrício Ribeiro

Edição revisada segundo o Novo Acordo Ortográfico da Língua Portuguesa

Dados Internacionais de Catalogação na publicação (CIP)
(Câmara Brasileira do Livro, SP, Brasil)

Bourchtein, Andrei
Equações diferenciais ordinárias: exercícios e problemas / Andrei Bourchtein, Ludmila Bourchtein.
-- 1. ed. – São Paulo: LF Editorial, 2024.

Bibliografia.
ISBN 978-65-5563- 437-2

1. Álgebra linear 2. Equações diferenciais I. Bourchtein, Ludmila. II. Título.

| 24-197933 | CDD- 515.35 |

Índices para catálogo sistemático:
1. Equações diferenciais: Matemática 515.35

Aline Graziele Benitez - Bibliotecária - CRB-1/3129

LF Editorial
www.livrariadafisica.com.br
www.lfeditorial.com.br
(11) 3815-8688 | Loja do Instituto de Física da USP
(11) 3936-3413 | Editora

A Haim e Maria, com melhores memórias.

A Maxim e Natalia, com melhores desejos.

A Victoria, futura artista e escritora de romances de fantasia.

A Valentina, futura criadora de husky e campeã de basquete.

Prefácio

Esse livro é dedicado ao estudo de equações diferenciais ordinárias e diferentes tipos de problemas ligados a essas equações, tais como, problemas de condições inicias, de condições de contorno e de autovalores e autofunções. Toda obra consiste de quatorze capítulos, que podem ser agrupados em três partes: equações da primeira ordem, equações de ordem superior (especialmente, da segunda ordem) e sistemas de equações.

Diferentemente de outros livros de equações diferenciais ordinárias, esse texto é focado nos métodos de resolução de diferentes tipos de equações e de problemas associados. O objetivo dessa obra é dar um treinamento amplo na parte de técnicas de resolução de equações e de problemas envolvendo equações diferenciais, importantes tanto em matemática como nas áreas afins. Por causa disso, o texto contém um grande número de exercícios resolvidos e propostos.

O livro é orientado, em primeiro lugar, aos estudantes de cursos universitários de licenciatura e bacharelado. Ele pode ser usado tanto pelos estudantes de cursos de matemática como pelos estudantes de cursos afim que necessitam de conhecimento sólido de equações diferenciais na sua atuação profissional, o que inclui os cursos de física, química e de diferentes engenharias. Além disso, o texto pode ser usado como leitura complementar para várias disciplinas matemáticas que envolvem, de alguma maneira, equações diferenciais ordinárias, tais como Cálculo, Análise e Equações Diferenciais Parciais.

Mais um grupo dos leitores, que podem ser interessados nessa obra, são os professores e instrutores de disciplinas de equações diferenciais, uma vez que o texto contém a exposição de todas as técnicas usadas normalmente nos cursos de graduação, as quais são ilustradas com muitos exemplos, vários desses resolvidos em detalhes e outros propostos para resolução. Dessa maneira os professores/instrutores poderão usar esse material tanto para ministrar as aulas como para aplicar provas/testes dos conteúdos estudados.

Toda a exposição é mantida em um nível acessível para estudantes de graduação que cursaram as disciplinas de Cálculo diferencial e integral. A matéria está desenvolvida de forma gradual, começando de equações mais simples da primeira ordem, passando para equações de ordem superior e terminando com resolução de sistemas. As equações e técnicas da sua resolução consideradas no decorrer do texto são usadas para resolver diferentes problemas de aplicação vindo de várias áreas de ciências e engenharias.

O livro começa com a parte geral introdutória, apresentando os conceitos básicos de equações e suas soluções no Capítulo 1. Os Capítulos de 2 a 5 tratam de equações da primeira ordem, chegando a suas aplicações geométricas e físicas no Capítulo 5. Os próximos seis Capítulos apresentam conceitos, resultados e métodos de resolução de equações de ordem superior. O maior segmento dessa parte é dedicado ao estudo de equações lineares. No Capítulo 11 (o último dessa parte) são considerados diferentes problemas físicos, cuja descrição matemática leva a necessidade de resolver equações diferenciais de ordem superior. Finalmente, os três Capítulos finais são dedicados ao estudo de sistemas de equações, culminando com a apresentação de alguns modelos de aplicação, cuja investigação envolve a construção de sistemas de equações diferencias associadas e análise de propriedades de suas soluções.

Cada capítulo é composto de seções e subseções, com numeração separada dentro de cada capítulo, levando o número sequencial da seção e o número da subseção nas referências dentro do mesmo capítulo. Por exemplo, a seção 2 pode ser encontrada em cada um dos quatorze capítulos, enquanto a subseção 2.1 significa a primeira subseção dentro da segunda seção. Quando uma seção ou subseção é referenciada fora do seu próprio capítulo, então o número do capítulo correspondente é indicado. As figuras são numeradas de modo sequencial dentro de cada capítulo, sem levar em consideração a seção onde elas se encontram. Desse modo, a Figura 5.6 indica a sexta figura do quinto capítulo. As definições, teoremas, proposições, lemas e exemplos são numerados independentemente dentro de cada seção e subseção.

Vários exemplos tradicionais estão incluídos em cada seção a fim de possibilitar o entendimento e treinamento de técnicas essenciais e também para testar a aprendizagem de conceitos. Alguns problemas colocados são mais complicados, eles servem para ilustrar pontos mais finos da teoria e de métodos de resolução. Diferentes problemas complementares são propostos como exercícios para o leitor durante a exposição da matéria e também no final de diferentes seções e capítulos. As respostas para maioria dos últimos são apresentadas no final do livro. Devido a um grande número de exemplos e exercícios, a obra pode ser usada tanto em sala de aula como num estudo autônomo da matéria apresentada.

Sumário

Capítulo 1

Conceitos iniciais

1 Definições iniciais: equação e sua solução

Antes de dar as primeiras definições, vamos fixar as notações matemáticas tradicionais a serem usadas. A derivada da primeira ordem de uma função $y(x)$ denotamos por $y' = y_x = \frac{dy}{dx}$; a derivada de ordem n é denotada por $y^{(n)} = y_{nx} = \frac{d^n y}{dx^n}$. O incremento de variável independente x tem notação dx e a diferencial dy da função $y(x)$ é, pela definição, $dy = y' dx$. Usualmente, vamos trabalhar nesse texto com funções reais de uma e várias variáveis reais, e, por isso, não mencionamos mais esse fato. Nos casos excepcionais, quando usaremos outros tipos de funções, vamos determinar isso explicitamente.

Definição de uma equação diferencial ordinária de ordem n. A equação na forma

$$F(x, y, y', \dots y^{(n)}) = 0,$$

onde F é uma função dada de $n+2$ argumentos e $y(x)$ é uma função incógnita de variável independente x, a ser determinada na resolução dessa equação, é chamada de *equação diferencial ordinária de ordem* n.

Grosso modo, uma equação que liga variável independente x, a função incógnita $y(x)$ e suas derivadas até ordem n é chamada de equação diferencial ordinária de ordem n.

Algumas observações importantes a respeito da definição.

Observação 1. Muitas vezes vai ficar claro do contexto que estamos considerando uma equação diferencial ordinária e, nesses casos, vamos chamar ela simplesmente de equação. A abreviação que vamos usar com frequência é EDO.

Observação 2. A ordem da equação é sempre a maior ordem da derivada de y presente efetivamente na equação. Isso quer dizer que, na equação de ordem n, a derivada $y^{(n)}$ não pode ser eliminada usando transformações de equivalência. A verificação analítica desse fato, além de transformações elementares, pode ser feita calculando a derivada parcial de F em relação $y^{(n)}$: se $F_{y^{(n)}} = 0$, então F não depende de n-ésima derivada. Por exemplo, a equação $\cos^2 y'' + \sin^2 y'' + y' = 0$ não é a equação da 2a e sim da 1a ordem, uma vez que ela é equivalente a equação $y' = -1$. Calculando a derivada parcial de F, obtemos: $F_{y''} = -2\cos y'' \sin y'' + 2\sin y'' \cos y'' = 0$. A equação $\cos^2 y' + \sin^2 y' + y = 0$ não é uma EDO, mas é simples definição da função constante. Para derivada parcial de F temos: $F_{y'} = -2\cos y' \sin y' + 2\sin y' \cos y' = 0$, ou seja, F não depende de y'.

Observação 3. Em geral, a função y pode depender de outras variáveis, mas uma EDO pode ter derivadas de y só em relação a x (ou qualquer outra letra usada para notação de variável independente principal). Todas outras variáveis entram como parâmetros passivos, representando assim uma família (conjunto) de EDOs. Se numa equação estão presentes derivadas (parciais) em relação a diferentes variáveis da função incógnita, então essa equação é chamada de equação diferenrial parcial, o que é um tipo de equações mais complicado que EDOs e não faz part do nosso estudo. Por exemplo, a equação $y_x + y = x + t$, onde $y(x, t)$ é uma função de duas variáveis, é uma

EDO da 1a ordem com parâmetro t. Ou, de modo equivalente, uma familia de EDOs, dependendo de t, uma vez que para cada t fixo obtemos uma EDO específica da 1a ordem. Por outro lado, a equação $y_x + y_t = x + t$ não é uma EDO e sim uma equação diferencial parcial, porque na equação entram tanto derivada em x como a em t.

Definição da forma explícita/normal de EDO de ordem n. A equação na forma

$$y^{(n)} = f(x, y, y', \ldots y^{(n-1)}),$$

onde f é uma função dada de $n+1$ argumentos e $y(x)$ é uma função incógnita de variável independente x, é chamada de EDO de ordem n na *forma explícita/normal*.

Observação. Obviamente, a equação na forma explícita/normal é o caso particular da definição geral da equação de ordem n quando a função F tem a forma explícita em relação a derivada de maior ordem.

Definição da solução (solução particular). Função $y(x)$ é uma *solução* (mais precisamente, *solução particular*) de uma EDO se, substituída nessa EDO, ela tranforma-la numa identidade.

Observação 1. Como vamos ver em seguida, há outros tipos de soluções da mesma equação. Para distinguir esse tipo de outros ele é chamado de solução particular.

Observação 2. A solução, normalmente, é considerada num conjunto X dos valores de x definido explicitamente ou implicitamente pela forma da função $y(x)$ e da equação original. Na maioria dos casos vamos considerar um intervalo I de qualquer tipo: aberto, semi-aberto ou fechado, finito ou infinito.

Observação 3. A definição da solução está supondo, implicitamente, que a solução deve ser uma função derivável em X, pelo menos, tantas vezes qual é a ordem da equação.

Observação 4. A própria definição indica um modo simples de verificar se alguma função é solução da equação dada ou não no conjunto X: primeiro, é preciso verificar se a função é derivável n vezes em X e, se for o caso, então substitui-la, junto com suas derivadas, na EDO original e ver se a última se torna uma identidade ou não.

Observação 5. Qualquer forma analítica de uma função é aceita para definir uma solução. Lembramos que há três modos analíticos: explícito, implícito e paramétrico. O primeiro é a forma mais simples: $y = f(x)$, por exemplo $y = \sqrt{1 - x^2}$. No segundo, a função y não está isolada: $H(x, y) = 0$, por exemplo, $y^2 + x^2 = 1, y \geq 0$. A terceira forma é a mais geral e complicada, onde a função y e variável x estão ligadas via parâmetro adicional. Aqui vamos usar a seguinte representação: $\begin{cases} x = \varphi(t) \\ y = \psi(t) \end{cases}$, por exemplo $\begin{cases} x = \cos t \\ y = \sin t \end{cases}$, $t \in [0, \pi]$. Nos exemplos apresentados, todas as formas definem a mesma função e a mais complexa, paramétrica, pode ser reduzida a explícita. Em geral, essa redução não é realizável e preciso trabalhar com as formas implícitas e paramétricas, inclusive utilizar as fórmulas respectivas da derivação: $y_x = -\frac{H_x}{H_y}$ para a implícita, e $y_x = \frac{y_t}{x_t}$ para a paramétrica.

Observação 6. Obviamente, têm equações que não admitem nenhuma solução. Por exemplo, $y'^2 = -1$.

Definição da solução geral. Função $y(x, C_1, \ldots, C_n)$ de variável independente x e n parâmetros independentes $C_1, \ldots, C_n$ é uma *solução geral* de uma EDO de ordem n se para qualquer escolha específica de $C_1, \ldots, C_n$ ela representa a solução particular da mesma EDO.

Observação 1. Note que o número dos parâmetros de uma solução geral deve coincidir com a ordem da equação respectiva.

Observação 2. A solução geral pode conter ou não todas as soluções particulares de EDO correspondente. A solução particular que não se encontra na forma da solução geral é muitas vezes é chamada de especial ou singular. Por exemplo, a equação $(y - x)y' = 0$ tem a solução geral $y = C$ (isso é simples de conferir substituindo a sua derivada $y' = 0$ na equação) e a solução especial $y = x$, que não pode ser obtida da solução geral (como o primeiro fator é nulo para essa função, ela é a solução particular).

Observação 3. Assim como no caso de uma solução particular, a solução geral pode ser definida em qualquer forma analítica.

Observação 4. Em geral, fora de casos especiais, uma equação de ordem n determina a sua solução geral (com n parâmetros). Acontece que, sob brandas condições, a recíproca também é válida: uma familia de funções com n parâmetros gera uma EDO de ordem n para a qual ela é a solução geral. As condições da recíproca não vamos especificar aqui.

2 Exemplificação de conceitos iniciais

Para ilustrar os conceitos introduzidos até o momento e mostrar várias situações que podem ocorrer, vamos montar uma tabela de exemplos com posterior investigação de alguns deles.

Tabela. EDOs e suas soluções

EDO	forma e ordem	solução particular, forma	solução geral, forma	solução especial, forma
1. $y' = 0$	explícita, 1a	$y = 1$, explícita	$y = C$, explícita	não há
2. $xy' = 2y$	explícita, 1a	$y = 5x^2$, explícita	$y = Cx^2$, explícita	não há
3. $y'' = 2$	explícita, 2a	$y = x^2$, explícita	$y = x^2 + Ax + B$, explícita	não há
4. $y'' = y$	explícita, 2a	$y = e^x$, explícita	$y = Ae^x + Be^{-x}$, explícita	não há
5. $xy' - y = xe^x$	explícita, 1a	$y = x\left(\int \frac{e^x}{x}dx + 1\right)$, explícita	$y = x\left(\int \frac{e^x}{x}dx + C\right)$, explícita	não há
6. $y' = -\frac{x}{y}$	explícita, 1a	$x^2 + y^2 = 1$, implícita	$x^2 + y^2 = C^2$, implícita	não há
7. $y' = \frac{2x+y+1}{4x+2y-3}$	explícita, 1a	$2x + y - 1 = e^{2y-x}$, implícita	$2x + y - 1 = Ce^{2y-x}$, implícita	não há
8. $y' \ln \frac{y'}{4} = 4x$	implícita, 1a	$\begin{cases} x = t\ln t \\ y = t^2(2\ln t + 1) \end{cases}$, paramétrica	$\begin{cases} x = t\ln t \\ y = t^2(2\ln t+1)+C \end{cases}$, paramétrica	não há
9. $y'^2 + e^{y'} = x$	implícita, 1a	$\begin{cases} x = t^2 + e^t \\ y = \frac{2}{3}t^3 +(t-1)e^t \end{cases}$, paramétrica	$\begin{cases} x = t^2 + e^t \\ y = \frac{2}{3}t^3 +(t-1)e^t +C \end{cases}$, paramétrica	não há
10. $e^{y'} = 0$	implícita, 1a	não há	não há	não há
11. $y' = 1$	explícita, 1a	$y = x$, explícita	$y = x + C$, explícita	não há
12. $yy' = y$	explícita, 1a	$y = x$, explícita	$y = x + C$, explícita	$y = 0$, explícita
13. $yy'^2 = y$	implícita, 1a	$y = x$, explícita	$y = \pm x + C$, explícita	$y = 0$, explícita
14. $yy'^2 = -y$	implícita, 1a	$y = 0$, explícita	não há	$y = 0$, explícita
15. $y' = \cos(y-x)$	explícita, 1a	$y = x$, explícita	$\cot \frac{y-x}{2} = x + C$, implícita	$y = x + 2k\pi$, $k \in \mathbb{Z}$, explícita
16. $y^{(n)} = 1$	explícita, n	$y = x$, explícita	$y = \frac{x^n}{n!} + C_1x^{n-1} + \ldots + C_{n-1}x + C_n$, explícita	não há

Seguindo definições, verificaremos vários resultados da tabela (fora da existência de soluções especiais que exige sabedoria de técnicas de solução apresentadas depois), deixando outros para o leitor.

1. $y' = 0$. Derivando a função $y = 1$, obtemos $y' = 0$, o que mostra que ela é uma solução particular. Derivando a função $y = C$, obtemos $y' = 0$ para qualquer valor do parâmetro C, o que siginifica que $y = C$ é a solução geral (o número dos parâmetros coincide com a ordem da equação).

2. $xy' = 2y$. Derivando a função $y = 5x^2$, obtemos $y' = 10x$ e substituindo na equação temos identidade: $xy' = x \times 10x = 2 \times 5x^2 = 2y$, isto é, $y = 5x^2$ é a solução particular. Derivando a função $y = Cx^2$, obtemos $y' = 2Cx$ e substituindo na equação temos identidade para qualquer C: $xy' = x \times 2Cx = 2 \times Cx^2 = 2y$. Como o número dos parâmetros é igual a ordem da equação, então $y = Cx^2$ é a solução geral.

3. $y'' = 2$. Derivando $y = x^2 + Ax + B$ duas vezes, obtemos $y'' = 2$, isto é, a equação está satisfeita. Em particular, para $A = B = 0$ temos a solução particular indicada. Como o número dos parâmetros é igual a ordem da equação, então $y = x^2 + Ax + B$ é a solução geral.

4. $y'' = y$. Tarefa para o leitor.

5. $xy' - y = xe^x$. Consideremos direto a proposta para solução geral $y = x \left(\int \frac{e^x}{x} dx + C \right)$, uma vez que a particular é obtida dessa quando $C = 1$. Lembramos que a integral de $\frac{e^x}{x}$ não é calculável em funções elementares, portanto, temos que efetuar a derivação na forma integral da solução: $y' = \int \frac{e^x}{x} dx + C + x \cdot \frac{e^x}{x} = \frac{y}{x} + e^x$. Multiplicando a última expressão por x, chegamos a equação original. Então, a função $y = x \left(\int \frac{e^x}{x} dx + C \right)$ é a solução da equação para qualquer valor do parâmetro C. Logo, ela é a solução geral e para $C = 1$ temos a particular.

6. $y' = -\frac{x}{y}$. De novo, consideremos direto a proposta da solução geral $x^2 + y^2 = C^2$. Derivando os dois lados em relação a x (e lembrando que y é uma função de x), obtemos $2x + 2yy' = 0$, ou, isolando a derivada, $y' = -\frac{x}{y}$, isto é, a equação está satisfeita para qualquer C. Consequentemente, $x^2 + y^2 = C^2$ é a solução geral e $x^2 + y^2 = 1$ é a solução particular. Notamos que a forma implícita $x^2 + y^2 = C^2$ define duas funções $y = \pm\sqrt{C^2 - x^2}$ e foi verificado que cada uma das duas é a solução da equação original. Isso pode ser conferido usando a forma explícita (essa tarefa fica a cargo do leitor).

7. $y' = \frac{2x+y+1}{4x+2y-3}$. Tarefa para o leitor.

8. $y' \ln \frac{y'}{4} = 4x$. Como não tem como transformar a forma paramétrica em implícita ou explícita, realizamos a derivação paramétrica da suposta solução geral: $y_x = \frac{y_t}{x_t} = \frac{2t(2\ln t+1)+t^2\frac{2}{t}}{\ln t+t\frac{1}{t}} = \frac{4t(\ln t+1)}{\ln t+1} = 4t$. Então $y' \ln \frac{y'}{4} = 4t \ln t = 4x$, isto é, a equação está satisfeita para qualquer C. Logo, $\begin{cases} x = t\ln t \\ y = t^2(2\ln t+1)+C \end{cases}$ é a solução geral e para $C = 0$ obtemos a particular.

9. $y'^2 + e^{y'} = x$. Tarefa para o leitor.

10. $e^{y'} = 0$. Tarefa para o leitor.

11. $y' = 1$. Tarefa para o leitor.

12. $yy' = y$. Tarefa para o leitor.

13. $yy'^2 = y$. Tarefa para o leitor.

14. $yy'^2 = -y$. A equação dada pode ser escrita na forma $y(y'^2 + 1) = 0$, que mostra qie há duas opções: a primeira $y = 0$ e a segunda $y'^2 + 1 = 0$. A segunda não gera nenhuma solução, uma vez que a soma de uma expressão não negativa com um número positivo não pode dar 0. Resta então a única solução $y = 0$. Como a equação não possui a solução geral, então essa solução é especial.

15. $y' = \cos(y-x)$. Vamos verificar a suposta solução geral e as especiais (a particular é uma das especiais). Derivando os dois lados da relação implícita $\cot \frac{y-x}{2} = x + C$, obtemos $-\frac{1}{\sin^2 \frac{y-x}{2}} \cdot \frac{y'-1}{2} = 1$ ou $y' = 1 - 2\sin^2 \frac{y-x}{2}$. Usando a fórmula trigonométrica $\cos 2\alpha = 1 - 2\sin^2 \alpha$, transformamos a última equação na forma da original: $y' = \cos(y - x)$. Assim, temos a solução geral da equação dada. Para verificar as soluções especiais, temos a derivação trivial $y' = 1$ e notando que $\cos(y-x) = \cos 2k\pi = 1$ para qualquer $k \in \mathbb{Z}$, confirmamos que $y = x + 2k\pi$, $k \in \mathbb{Z}$ são soluções da equação original (inclusive para $k = 0$ que dá a sólução particular).

16. $y^{(n)} = 1$. Tarefa para o leitor.

Observação. Embora os meios como foram encontradas as soluções na tabela apresentada não é a nossa preocupação nesse momento, vamos dar alguns breves comentários a respeito dessas soluções, em particular, apontando as seções posteriores onde os métodos correspondentes de soluções serão considerados. As seguintes equações da tabela são resolvidas em detalhes nos capítulos posteriores: equação 2 - Exemplo 3 na seção 1.1 do Capítulo 3 (equações separáveis), equação 4 - Exemplo 1 na seção 1 do Capítulo 9 (equações lineares da segunda ordem), equação 5 - Exemplo 4 na seção 4.1 do Capítulo 3 (equações lineares da primeira ordem), equação 6 - Exemplo 4 na seção 1.1 do Capítulo 3 (equações separáveis), equação 7 - Exemplo 4 na seção 1.2 do Capítulo 3 (equações redutíveis a separáveis), equação 8 - Exemplo 7 na seção 3 do Capítulo 4 (equações implícitas resolvidas para x), equação 9 - Exemplo 8 na seção 3 do Capítulo 4 (equações implícitas resolvidas para x), equação 15 - Exemplo 2 na seção 1.2 do Capítulo 3 (equações redutíveis a separáveis). As equações 1, 3, 11 e 16 são de resolução trivial via integração direta e sucessiva da função na parte direita da equação. A equação 12 é redutível a equação trivial 11 via divisão pela função y; por isso ela tem as mesmas soluções da 11 e mais uma solução particular $y = 0$. A equação 13 é redutível a equação $y'^2 = 1$ via divisão pela função y e a última é desacoplada em duas triviais $y' = \pm 1$; por isso ela tem todas as soluções $y = x + C$ da 11, também as soluções $y = -x + C$ e ainda uma solução particular $y = 0$. A equação 10 não tem nenhuma solução porque a parte esquerda sempre é positiva. A equação 14 tem uma única solução $y = 0$, uma vez que a sua forma simplificada $y'^2 = -1$ (depois da divisão por y) não tem nenhuma solução.

3 Equação diferencial para família de funções

Como foi mencionado antes, usualmente, uma familia de funções com n parâmetros dá origem a EDO de ordem n para a qual ela é a solução geral. Vamos ilustrar isso com alguns exemplos.

1. $y = x + C$. A família contém um parâmetro, por isso temos que procurar uma equação da primeira ordem (sem qualquer parâmetro). Derivando as funções da família, obtemos a equação procurada $y' = 1$.

2. $y = Cx$. De novo, procuramos a equação da primeira ordem (sem qualquer parâmetro). Derivando as funções da família, obtemos $y' = C$, o que não é o resultado devido, porque a equação contém o parâmetro C (é simples de ver que a solução geral dessa equação é $y = Cx + B$, onde C e B são dois parâmetros independentes). Se derivamos segunda vez, então o parâmetro vai desaparecer, mas a ordem da equação será elevada até a segunda: $y'' = 0$ (notamos que a solução geral dessa equação também é $y = Cx + B$, onde C e B são dois parâmetros arbitrários). Temos que buscar uma outra maneira de eliminar o parâmetro C sem aumentar a ordem da equação. A resposta vem da definição original da família, donde encontramo $C = \frac{y}{x}$ e então $y' = \frac{y}{x}$ é a equação procurada.

3. $y = \sin(x + C)$. Derivando as funções do conjunto, temos $y' = \cos(x + C)$. Para eliminar C, utilizamos a identidade trigonométrica: $y'^2 + y^2 = \cos^2(x + C) + \sin^2(x + C) = 1$ e encontramos a equação necessária.

4. $y = Ax^2 + Bx$. A família contém dois parâmetros, por isso temos que encontrar uma equação da segunda ordem (sem qualquer parâmetro). Logo, necessariamente temos que calcular a segunda derivada de y, embora esse cálculo pode envolver algumas transformações entre y e y' caso isso simplificar o resultado. Nesse exemplo específico, realizamos o cálculo direto, sem modificações $y' = 2Ax + B$, $y'' = 2A$. Agora usamos essas duas expressões para representar A e B em termos das derivadas: para A já temos relação direta com y'' e substituindo ela na primeira derivada temos $y' = y''x + Bx$, donde podemos expressar $Bx = y' - y''x$. Substituindo as expressões de A e B na família original, obtemos a equação procurada da segunda ordem: $y = \frac{y''}{2}x^2 + y' - y''x$.

5. $(x - A)^2 + By^2 = 1$. Derivando essa relação implícita, obtemos $2(x - A) + 2Byy' = 0$ ou $x - A + Byy' = 0$. A segunda derivação elimina o parâmetro A: $1 + B(y'^2 + yy'') = 0$. Então expressamos B na forma $B = -\frac{1}{y'^2 + yy''}$, depois achamos $x - A = \frac{yy'}{y'^2 + yy''}$ e levando essas expressões dos parâmetros na família original, encontramos a equação $(\frac{yy'}{y'^2 + yy''})^2 - \frac{1}{y'^2 + yy''}y^2 = 1$.

Exercícios para o leitor

Os seguintes exercícios o leitor pode resolver para treinar a formação de EDOs a partir da família de funções:

1. $y = (x - C)^3$.
2. $y = e^{Cx}$.
3. $x^2 + Cy^2 = 2y$.
4. $y = Ax^2 + Be^x$.
5. $\ln y = Ax + By$.
6. $y = Ax^3 + Bx^2 + Cx$.

Capítulo 2

Equações explícitas da primeira ordem: conceitos iniciais

1 Definições básicas

Vamos fazer uma breve revisão dos conceitos iniciais especificando elas para equações da primeira ordem.

Definição de uma equação diferencial ordinária da 1a ordem. A equação na forma

$$F(x, y, y') = 0,$$

onde F é uma função dada de 3 argumentos e $y(x)$ é uma função incógnita de variável independente x, a ser determinada na resolução dessa equação, é chamada de *equação diferencial ordinária (EDO) de ordem 1*.

Definição da forma explícita/normal de EDO da primeira ordem. A equação na forma

$$y' = f(x, y),$$

onde f é uma função dada de 2 variáveis e $y(x)$ é uma função incógnita de variável independente x, é chamada de EDO da 1a ordem na *forma explícita/normal.*

Definição da solução particular. Uma função específica $y(x)$ é uma *solução particular* de equação $F(x, y, y') = 0$ se, substituída nessa equação, ela tranforma-la numa identidade.

Definição da solução geral. Função $y(x, C)$ de variável independente x e parâmetro C é uma *solução geral* de equação $F(x, y, y') = 0$ se para qualquer escolha específica de C ela representa a solução particular da mesma equação.

2 Interpretação geométrica da equação e sua solução

Dada uma função diferenciável $y(x)$, o significado geométrico da sua derivada $y'(x_0)$ no ponto x_0 é a inclinação da reta tangente ao gráfico da função $y(x)$ no ponto $P_0 = (x_0, y(x_0))$. (Daqui para frente o termo "inclinação da reta tangente" tem, na forma abreviada, o seguinte significado exato: "tangente do ângulo de inclinação que forma a reta tangente com o sentido positivo do eixo Ox".) Se consideramos as derivadas $y'(x)$ em pontos diferentes, então temos um conjunto, também chamado de campo, de inclinações. Consequentemente, a equação $y' = f(x, y)$ determina o campo de inclinações em todos os pontos do plano cartesiano onde a função $f(x, y)$ está definida. Logo, o problema da resolução dessa equação consiste, geometricamente, no encontro de todas as curvas $y(x)$ cujas inclinações em qualquer um dos seus pontos coincidem com as dadas pela equação. O conjunto dessas curvas representa a solução geral (e especiais se houverem). Uma dessas curvas representa solução particular que passa por um ponto específico.

3 Interpretação física da equação e sua solução

Dada uma função diferenciável $y(x)$, que representa a posição y de um corpo pontual em movimento retilíneo em qualquer instante x, o significado físico da sua derivada $y'(x_0)$ é a velocidade instantânea no instante x_0 (na forma abreviada, simplesmente velocidade). Se consideramos velocidades $y'(x)$ em momentos diferentes do tempo, então temos um conjunto, também chamado de campo, de velocidades. Consequentemente, a equação $y' = f(x, y)$ determina o campo de velocidades em todos os instantes x e posições y onde a função $f(x, y)$ está definida. Logo, o problema da resolução dessa equação consiste, fisicamente, no encontro de todas as leis da posição $y(x)$ cujas derivadas em qualquer instante e ponto de localização coincidem com as dadas pela equação. O conjunto dessas leis da posição gera a solução geral (e especiais se houverem). Uma lei específica desse conjunto representa solução particular da equação.

4 Problema de Cauchy (problema de valor inicial)

Como foi visto nos exemplos apresentados de equações e suas soluções, normalmente, uma equação diferencial da primeira ordem gera uma solução geral, contendo um parâmetro arbitrário, além da variável independente principal.

Aproveitando interpretação física, é natural de concluir que sabendo velocidade de um objeto em qualquer instante, ainda não conseguimos determinar a posição desse objeto de modo único, porque a mesma velocidade pode ser observada em qualquer trajeto, localizado na estrada que liga Pelotas e Porto Alegre, ou na estrada de Pelotas para Santa Maria, ou na estrada de Porto Alegre para Florianopolis, etc. Então, fisicamente, podemos esperar que conseguimos identificar uma única lei da posição se acrescentamos uma informação adicional sobre a posição do objeto, por exemplo, sua localização num instante específico.

De modo análogo, sabendo somente o campo de inclinações, usualmente, obtemos uma família de curvas que tem inclinações dadas. Para destacar uma única curva desse conjunto precisamos de alguma informação adicional, por exemplo, um ponto específico por onde passa a curva procurada.

Em termos analíticos, isso leva a colocação de uma condição adicional, junto com a equação diferencial, na forma $y(x_0) = y_0$. Essa condição, de acordo com a interpretação física, é chamada da *condição inicial* ou do *valor inicial*.

Definição do problema de Cauchy. A equação diferencial junto com a condição inicial formam um *problema de Cauchy*:

$$\begin{cases} F(x, y, y') = 0 \\ y(x_0) = y_0 \end{cases}.$$

Esse problema também é chamado do *problema de condição inicial ou de valor inicial*.

Se o problema de Cauchy é formulado para uma equação explícita, então existe um resultado importante, chamado do *teorema de Cauchy* (também, *teorema de Picard*) que garante a existência e a unicidade da solução do problema

$$\begin{cases} y' = f(x, y) \\ y(x_0) = y_0 \end{cases}.$$

Teorema de Cauchy (teorema de existência e unicidade da solução). Se existe uma vizinhança do ponto (x_0, y_0) em $\mathbb{R}^2$ onde a função f e sua derivada parcial f_y são funções contínuas, então existe vizinhança de x_0 em $\mathbb{R}$ onde a solução do problema de Cauchy existe e é única.

Capítulo 3

Equações explícitas da primeira ordem: métodos de resolução

2 Equações explícitas da primeira ordem: métodos de resolução

Antes de tudo, vamos estabelecer que o problema de resolução de equações diferenciais ordinárias entendemos aqui do ponto de vista prático, ou seja, como encontro de todas as soluções da equação dada ou, pelo menos, encontro da sua solução geral. Se trabalhamos com um problema de condições iniciais, então precisamos encontrar todas as soluções desse problema (claro, se as condições do teorema de Cauchy estão satisfeitas, então procuramos uma única solução).

É preciso ter em vista que resolução prática de equações diferenciais, mesmo da primeira ordem e na forma explícita, é um problema longe de ser trivial. Primeiro, nem todas equações desse simples tipo possibilitam resolução. Isso quer dizer que tem equações explícitas da primeira ordem (na realidade, a maior parte dessas equações) para as quais o método da resulução é desconhecido, mesmo quando a teoria garante a existência de soluções. Segundo, as equações que podem ser resolvidas praticamente não possuem um algoritmo universal de resolução, bem ao contrário, há diferentes grupos (tipos) de equações cada um deles admitindo o seu método específico de resolução. Em outras palavras, não existe uma teoria geral de resolução de equações explícitas da primeira ordem e sim diferentes métodos de resolução de alguns subtipos dessas equações. Portanto, nos métodos de resolução prática, um dos ingredientes importantes da resolução é determinação do tipo específico da equação original que indica o seu modo específico da resolução. De acordo com essa lógica da relação entre tipos de equações e seus métodos de resolução, a seguir vamos considerar separadamente cada grupo importante de equações que admite a resolução prática e apresentar o seu tratamento específico. Finalmente, mesmo quando existe um algoritmo de resolução da equação específica, isso normalmente exige cálculo de integrais para representação da solução na forma usual, e essa fase de integração gera seus problemas adicionais uma vez que a integração é um operação, usualmente, mais trabalhosa que derivação e nem sempre pode ser realizada em termos de funções elementares. Assim, em vários casos, o algoritmo de resolução deve parar na etapa de integração, sem expressar a solução procurada na desejada forma analítica.

1 Equações separáveis e redutíveis

1.1 Equações separáveis

Definição. Uma *equação de variáveis separáveis* (ou simplesmente *equação separável*) tem a forma

$$y' = f(x)g(y).$$

Observação. Uma equação separável pode ser escrita na forma $A(x)B(y)dx + C(x)D(y)dy = 0$. Lembrando que, pela definição, $dy = y'dx$ e dx é incremento (arbitrário e não nulo) da variável independente x, isolando y' transformamos essa equação a forma da definição: $y' = -\frac{A(x)B(y)}{C(x)D(y)}$ com $f(x) = -\frac{A(x)}{C(x)}$ e $g(y) = \frac{B(y)}{D(y)}$. Nessa transformação os pontos onde $C(x) = 0$ e as funções tais que $D(y) = 0$ são considerados separadamente e não influem no tipo da equação. A passagem da forma $y' = f(x)g(y)$ à segunda forma é ainda mais simples: basta usar a fórmula $dy = y'dx$ e reescrever a equação na forma $f(x)g(y)dx - dy = 0$. Assim, as duas representações de equação separável são equivalentes.

Método de resolução.

Vamos começar com um subcaso mais simples na forma $y' = f(x)$ (aqui $g(y) = 1$). Como f é uma função definida de variável x, podemos simplesmente integrar os dois lados da equação para encontrar a solução geral: $y = \int f(x)dx = F(x) + C$, onde $\int f(x)dx$ é a integral indefinida de $f(x)$ e $F(x)$ é uma das antiderivadas de $f(x)$. (Às vezes o símbolo $\int f(x)dx$ é conveniente entender como uma das antiderivadas de $f(x)$ e, nesse caso, escrevemos a solução geral na forma $y = \int f(x)dx + C$.)

Consideremos agora a segunda situação específica quando $f(x) = 1$. Nesse caso, não podemos integrar em relação a x, porque $g(y)$ é uma função definida de y, mas não de x, uma vez que y é uma solução ainda desconhecida. No entanto, podemos trocar o sentido de variável dependente e independente e, para a função $x(y)$ temos a equação $\frac{1}{x'} = g(y)$ ou $x' = \frac{1}{g(y)}$. Integrando agora em relação a y, obtemos a solução geral na forma implicita $x = \int \frac{1}{g(y)}dy = G(y) + C$, onde $G(y)$ é uma das antiderivadas de $\frac{1}{g(y)}$.

Essas duas situações particulares preparam o tratamento da situação geral. Dada a equação $y' = f(x)g(y)$, primeiro separamos as variáveis, deixando $f(x)$ do lado direito e trazendo $g(y)$ para o esquerdo: $\frac{y'}{g(y)} = f(x)$. Integramos agora os dois lados em relação a x: $\int \frac{y'}{g(y)}dx = \int f(x)dx$. No lado direito temos resultado imediato $\int f(x)dx = F(x) + A$, porque $f(x)$ é uma função conhecida de x, mas no lado esquerdo x entra por meio da função desconhecida y. No entanto, fazendo mudança de variavel de integração de x para y (lembramos que nessa mudança $dy = y'dx$), chegamos a possibilidade de integrar a função: $\int \frac{y'}{g(y)}dx = \int \frac{dy}{g(y)} = G(y) + B$. Assim, temos a solução geral na forma implícita $G(y) + B = F(x) + A$, ou, juntando duas constantes (que não são independentes nessa forma da solução), obtemos finalmente $G(y) = F(x) + C$, onde $G(y)$ é uma das antiderivadas de $\frac{1}{g(y)}$, $F(x)$ é uma das antiderivadas de $f(x)$ e C é um parâmetro arbitrário.

Na representação mais formal, algorítmica, o procedimento da resolução da equação $y' = f(x)g(y)$ pode ser esquematizado da seguinte maneira. Primeiro, reescrever y' na forma $y' = \frac{dy}{dx}$ e separar as variáveis na equação, escrevendo a mesma na forma $\frac{dy}{g(y)} = f(x)dx$. Segundo, integrar a parte esquerda em relação a y e a direita em relação a x: $\int \frac{dy}{g(y)} = \int f(x)dx$. Finalmente, no resultado da integração, juntar as constantes de integração e escrever a solução geral na forma $G(y) = F(x) + C$. Note que esse algoritmo formal é válido somente porque ele foi justificado anteriormente.

Após encontrar a solução geral usando esse algoritmo, ainda temos que verificar se não houve perda/acrescimo de soluções nesse procedimento. O que pode ocasionar uma perda ou acrescimo indevido de soluções é a divisão por $g(y)$ que é passo necessário na execução do algoritmo de resolução de uma equação separável. Se essa divisão elimina de consideração algumas funções, então pode ocorrer que algumas delas são soluções da equação original. Nesse caso, é preciso acrescentar essas soluções a solução geral (ou retirar as solusões indevidas da geral).

Observação. Embora o método de resolução é bastante simples do ponto de vista teórico, a necessidade de encontrar integrais indefenidas (ou antiderivadas) pode gerar sérios problemas técnicos no procedimento prático. Basta lembrar que, diferente da operação da derivação, a integração é, usualmente, um procedimento mais trabalhoso que nem sempre pode ser realizado em termos de funções elementares: por exemplo, a integração de tais funções "inofensivas" para derivação como e^{x^2}, $\cos x^2$, $\frac{\sin x}{x}$, etc. não pode ser efetuada dentro da classe de funções elementares. Portanto, na prática, a possibilidade de encontrar uma solução da equação separável em termos finitos é limitada pela possibilidade de realizar a integração de funções envolvidas no método de resolução.

Exemplos.

Para ilustrar a técnica da resolução, resolvemos alguns exemplos a seguir e outros direcionamos para leitores.

1. $y' = \cos x$. Essa é uma equação separável com $f(x) = \cos x$ e $g(y) = 1$. Integrando em relação a x, obtemos a solução geral: $y = \int \cos x dx = \sin x + C$. De acordo com o método de resolução, essa solução geral contém todas as particulares.

2. $y' = y^2$. Essa é uma equação separável com $f(x) = 1$ e $g(y) = y^2$. Dividindo por y^2 e integrando o lado esquerdo em y e o direito em x, obtemos $\int \frac{1}{y^2} dy = \int 1 dx$ ou $-\frac{1}{y} = x + C$. A última é a solução geral que podemos reescrever também na forma $y = -\frac{1}{x+C}$. Para encontrar essa solução precisamo dividir por y, o que elimina a função $y = 0$, a qual, obviamente, é solução da equação original. Assim temos mais uma solução (especial) $y = 0$ que não se encontra na forma da solução geral.

3. $xy' = 2y$ (a segunda equação na tabela do Capítulo 1). Reescrevendo a equação na forma $y' = \frac{2y}{x}$ identificamos que essa é uma equação separável com $f(x) = \frac{1}{x}$ e $g(y) = 2y$. (Não há necessidade de reescrever equação nessa forma para classifica-la se o tipo da equação já dá para enxergar na forma original.) Separando as variáveis e integrando cada lado em relação a sua variável, obtemos: $\int \frac{dy}{y} = \int \frac{2dx}{x}$. Os resultados da integração são os seguintes: $\ln|y| = 2\ln|x| + C$. Essa é a solução geral. No meio do caminho, dividimos por y, o que eliminou da consideração a função $y = 0$, que obviamente é mais uma solução da equação original. Essa solução não se encontra na forma da solução geral $\ln|y| = 2\ln|x| + C$, e, portanto, ela é especial em relação a essa solução geral. No entanto, notamos que a solução geral pode ser escrita também na forma $\ln|y| = \ln x^2 + \ln B$, $B > 0$ ($C = \ln B$ porque variação de B em $(0, +\infty)$ garante que $\ln B$ percorre todos os valores em $(-\infty, +\infty)$). Usando as propriedades dos logaritmos temos então $|y| = Bx^2$, ou, abrindo o módulo, $y = \pm Bx^2$, o que equivale a $y = Ax^2$, $A \neq 0$. Essa forma da solução geral ainda é equivalente a forma logarítmica. Resta observar agora que, caso atribuimos valor 0 a constante A, então obtemos a solução $y = 0$ perdida no algoritmo de solução. Portanto, podemos usar a solução geral na forma $y = Ax^2$, $\forall A$ que inclui tanto a solução geral na forma logarítmica, como a solução especial $y = 0$. Assim, essa forma da solução geral, além de ser mais simples, contém todas as soluções particulares e, em relação a essa forma, $y = 0$ é uma solução particular qualquer (não especial).

Em vários exercícios a seguir vamos usar esse tipo de transoformações que permitem envolver soluções especiais na forma modificada de solução geral.

4. $y' = -\frac{x}{y}$ (a sexta equação na tabela do Capítulo 1). Obviamente, essa é uma equação separável com $f(x) = -x$ e $g(y) = \frac{1}{y}$. Separando as variáveis e integrando cada lado em relação a sua variável, obtemos: $\int y dy = -\int x dx$. Depois da integração temos $\frac{y^2}{2} = -\frac{x^2}{2} + C$ ou $y^2 + x^2 = C$, $C > 0$ (constante $C < 0$ não gera nenhuma função e para $C = 0$ a função está definida só em $x = 0$). Outra forma de escrever a mesma solução geral é $y^2 + x^2 = A^2$, $A \neq 0$. Embora a equação foi multiplicada por y durante a resolução, isso não gerou a solução falsa $y = 0$ (não permitida pela equação original) porque na solução geral obtida a função $y = 0$ não está incluída. Além disso, nos pontos $x = \pm A$, onde a função se anula, a sua derivada não existe e, portanto, a solução não pode ser considerada. Então para qualquer $A \neq 0$ os pontos onde $y = 0$ estão eliminados automaticamente.

5. $xyy' = \sqrt{y^2 + 1}$, $y(1) = 0$. Reescrevendo a equação na forma $y' = \frac{\sqrt{y^2+1}}{xy}$ identificamos que essa é uma equação separável com $f(x) = \frac{1}{x}$ e $g(y) = \frac{\sqrt{y^2+1}}{y}$. Separando as variáveis e integrando cada lado em relação a sua variável, obtemos: $\int \frac{y}{\sqrt{y^2+1}} dy = \int \frac{dx}{x}$. Os resultados da integração são: $\sqrt{y^2 + 1} = \ln|x| + C$. Essa é a solução geral. Para encontra-la tinhamos precisando dividir por

$\sqrt{y^2 + 1}$, mas isso não gera perda de nenhuma função. Portanto, a solução geral contém todas as particulares.

Substituindo a condição inicial, obtemos $\sqrt{1} = \ln 1 + C$ ou $C = 1$. Assim, a solução do problema é $\sqrt{y^2 + 1} = \ln|x| + 1$.

6. $y' = 3\sqrt[3]{y^2}$, $y(0) = 1$. Essa é uma equação separável com $f(x) = 1$ e $g(y) = 3\sqrt[3]{y^2}$. Separando as variáveis e integrando cada lado em relação a sua variável, obtemos: $\int \frac{1}{3\sqrt[3]{y^2}} dy = \int dx$. Os resultados da integração são: $\sqrt[3]{y} = x + C$. Essa é a solução geral. Para encontra-la tinhamos necessidade de dividir por $\sqrt[3]{y^2}$, o que eliminou a função $y = 0$ que é a solução particular. No entanto, isso não influencia no encontro da solução do problema. Realmente, a solução $y = 0$ não satisfaz a condição inicial e, portanto, a solução do problema se encontra na forma da solução geral. Substituindo nela a condição inicial encontramos $C = 1$, isto é, a solução do problema é $\sqrt[3]{y} = x + 1$.

7. $(x + 1)y' + xy = 0$, $y(0) = 1$. Reescrevendo a equação na forma $y' = -\frac{xy}{x+1}$ identificamos que essa é uma equação separável com $f(x) = -\frac{x}{x+1}$ e $g(y) = y$. Separando as variáveis e integrando cada lado em relação a sua variável, obtemos: $\int \frac{dy}{y} = -\int \frac{x}{x+1} dx$. Os resultados da integração são: $\ln|y| = -\int \frac{x+1-1}{x+1} dx = -\int 1 - \frac{1}{x+1} dx = -x + \ln|x+1| + C$. Essa é a solução geral. Para encontra-la foi preciso dividir por y, mas podemos recuperar a solução $y = 0$, representando a solução geral na forma $y = C(x + 1)e^{-x}$. Substituindo a condição inicial, especificamos C: $1 = C(0 + 1)e^0$, isto é, $C = 1$. Portanto, a solução do problema é $y = (x + 1)e^{-x}$.

8. $(1 + y^2)dx + xydy = 0$. Reescrevendo a equação na forma $y' = -\frac{1+y^2}{xy}$ identificamos que essa é uma equação separável com $f(x) = -\frac{1}{x}$ e $g(y) = \frac{1+y^2}{y}$. Separando as variáveis e integrando cada lado em relação a sua variável, obtemos: $\int \frac{y}{1+y^2} dy = -\int \frac{dx}{x}$. Os resultados da integração são: $\ln 1 + y^2 = -\ln|x| + C$ ou $1 + y^2 = \frac{C}{x}$. Essa é a solução geral. Nenhuma função foi desconsiderada nesse procedimento.

9. $3x^2ydx + 2\sqrt{4 - x^3}dy = 0$. Reescrevendo a equação na forma $y' = -\frac{3x^2y}{2\sqrt{4-x^3}}$ identificamos que essa é uma equação separável com $f(x) = -\frac{3x^2}{2\sqrt{4-x^3}}$ e $g(y) = y$. Separando as variáveis e integrando cada lado em relação a sua variável, obtemos: $\int \frac{dy}{y} dy = -\int \frac{3x^2}{2\sqrt{4-x^3}} dx$. Os resultados da integração são: $\ln|y| = \sqrt{4 - x^3} + C$ ou $y = Ce^{\sqrt{4-x^3}}$. Notamos que a solução geral na forma logaritmica necessita de acrescimo de mais uma solução particular $y = 0$ que foi perdida quando dividimos a equação por y (na forma exponencial essa solução foi recuperada).

10. $(\sqrt{xy} + \sqrt{x})y' - y = 0$, $y(1) = 1$. Reescrevendo a equação na forma $y' = \frac{y}{\sqrt{x}(\sqrt{y}+1)}$ certificamos que temos uma equação separável com $f(x) = \frac{1}{\sqrt{x}}$ e $g(y) = \frac{y}{\sqrt{y}+1}$. Separando as variáveis e integrando cada lado em relação a sua variável, obtemos: $\int \frac{\sqrt{y}+1}{y} dy = \int \frac{dx}{\sqrt{x}}$. Na integração do lado esquerdo obtemos $\int \frac{\sqrt{y}+1}{y} dy = \int \frac{1}{\sqrt{y}} + \frac{1}{y} dy = 2\sqrt{y} + \ln|y| + C$. Junto com a integral do lado direito, temos a solução geral $2\sqrt{y} + \ln|y| = 2\sqrt{x} + C$. Durante esse procedimento foi desconsiderada a solução particular $y = 0$, mas ela não satisfaz a condição inicial. Para descobrir a solução do problema, substituimos a condição inicial na solução geral: $2\sqrt{1} + \ln 1 = 2\sqrt{1} + C$ donde $C = 0$. Assim, a solução do problema é $2\sqrt{y} + \ln|y| = 2\sqrt{x}$.

11. $e^{x+3y}dy - xdx = 0$. Reescrevendo a equação na forma $y' = xe^{-x}e^{-3y}$ certificamos que temos uma equação separável com $f(x) = xe^{-x}$ e $g(y) = e^{-3y}$. Separando as variáveis e integrando cada lado em relação a sua variável, obtemos: $\int e^{3y}dy = \int xe^{-x}dx$. Os resultados da integração representam a solução geral $\frac{1}{3}e^{3y} = -(x + 1)e^{-x} + C$.

12. $\frac{\tan y}{\cos^2 x}dx + \frac{\tan x}{\cos^2 y}dy = 0$. Reescrevendo a equação na forma $y' = -\frac{\tan y \cos^2 y}{\tan x \cos^2 x}$ certificamos que essa é umaa equação separável com $f(x) = -\frac{1}{\tan x \cos^2 x}$ e $g(y) = \tan y \cos^2 y$. Separando as variáveis e integrando, obtemos: $\int \frac{1}{\tan y \cos^2 y} dy = -\int \frac{1}{\tan x \cos^2 x} dx$. Efetuando a integração $\int \frac{1}{\tan y \cos^2 y} dy = \int \frac{d(\tan y)}{\tan y} = \ln|\tan y| + A$ e $\int \frac{1}{\tan x \cos^2 x} dy = \int \frac{d(\tan x)}{\tan x} = \ln|\tan x| + B$, obtemos a solução geral $\ln|\tan y| = -\ln|\tan x| + C$, ou eliminando logaritmos, $\tan y \tan x = C$.

13. $y - xy' = 1 + x^2y'$. Essa equação é separável, o que pode ser visto mais claro se escrevemo-

la na forma $y' = \frac{y-1}{x^2+x}$ com $f(x) = \frac{1}{x^2+x}$ e $g(y) = y - 1$. Separando as variáveis e integrando, obtemos: $\int \frac{dy}{y-1} = \int \frac{dx}{x^2+x}$. Efetuando a integração $\int \frac{dy}{y-1} = \ln|y-1| + A$ e $\int \frac{dx}{x^2+x} = \int \frac{1}{x} - \frac{1}{x+1} dx = \ln|x| - \ln|x+1| + B = \ln\frac{x}{x+1} + B$, obtemos a solução geral $\ln|y-1| = \ln\frac{x}{x+1} + C$, ou na forma sem logaritmos, $y - 1 = \frac{Cx}{x+1}$.

14. $(\sin(x + y) + \sin(x - y))dx + \frac{dy}{\cos y} = 0$. Usando a fórmula trigonométrica $\sin(x + y) + \sin(x - y) = 2\sin x \cos y$ e isolando a derivada, detectamos que a equação assume a forma de variáveis separáveis $y' = -2\sin x \cos^2 y$ com $f(x) = -2\sin x$ e $g(y) = \cos^2 y$. Separando as variáveis e integrando, obtemos: $\int \frac{dy}{\cos^2 y} = -2\int \sin x dx$. Efetuando a integração, obtemos a solução geral $\tan y = 2\cos x + C$.

15. $(\cos(x - 2y) + \cos(x + 2y))y' = \frac{1}{\cos x}$. Usando a fórmula trigonométrica, transformamos a equação na forma $2\cos x \cdot \cos 2y \cdot y' = \frac{1}{\cos x}$ e observamos que essa equação é separável com $f(x) = \frac{1}{\cos^2 x}$ e $g(y) = \frac{1}{2\cos 2y}$. Separando as variáveis e integrando, obtemos: $\int 2\cos 2y dy = \int \frac{dx}{\cos^2 x}$. Efetuando a integração, obtemos a solução geral $\sin 2y = \tan x + C$.

16. $\sin x y' = y\cos x + 2\cos x$. Essa equação é separável com $f(x) = \frac{\cos x}{\sin x}$ e $g(y) = y + 2$. Separando as variáveis e integrando, obtemos: $\int \frac{dy}{y+2} = \int \frac{d(\sin x)}{\sin x}$. Efetuando a integração, obtemos a solução geral $\ln|y+2| = \ln|\sin x| + C$ ou $y + 2 = C\sin x$.

Exercícios para o leitor

1. $\sin x \cdot \tan y dx - \frac{dy}{\sin x} = 0$.
2. $(xy^3 + x)dx + (x^2y^2 - y^2)dy = 0$.
3. $3e^x \sin y dx + (1 - e^x)\cos y dy = 0$.
4. $(1 + y^2)dx - (y + yx^2)dy = 0$.
5. $y' = 2xy + x$.
6. $2xyy' = 1 - x^2$.
7. $y' = e^{x^2}x(1 + y^2)$.
8. $y'\cot x + y = 2$.
9. $(1 + e^{3y})xdx = e^{3y}dy$.
10. $y - xy' = 1 + x^2y'$.
11. $2x^2yy' + y^2 = 2$.
12. $y - xy' = 2(1 + x^2y')$.
13. $(1 + e^x)ydy - e^y dx = 0$.
14. $(x + xy^2)dy = (y^2 - y)dx$.
15. $y' = \sin^2 y$.
16. $y' - (y \quad 1)x$.
17. $x^2y^2y' + 1 = y$.
18. $xy' + y = y^2$.
19. $dy = e^{x+y}dx$.
20. $(x + 2)(1 + y^2)dx + (x + 1)y^2dy = 0$.

1.2 Equações redutíveis a separáveis

Teoricamente, entre diferentes tipos de equações explícitas da primeira ordem que admitem solução na forma de termos finitos, somente dois tipos são independentes (básicos), as equações de variáveis separáveis e as de diferencial exata (o segundo tipo vamos estudar futuramente). Todos outros tipos são reduzidos, de alguma maneira, na sua resolução a um dos dois tipos independentes. No entanto, alguns dos tipos redutíveis, pelos diferentes razões, incluindo sua importância e frequência nas aplicações, receberam nomes especiais e são tratados, usualmente, separadamente das equações básicas. Outras equações não são tratadas independentemente daquelas as quais estão reduzidas. Mais uma vez, essa separação é somente uma questão de tradições, padrões de uso e importância de diferentes tipos de equações.

Uma das equações que não tem nome especial e tradicionalmente é tratada como *redutível à separável* é

$$y' = f(ax + by + c),$$

onde a, b, c são constantes arbitrárias.

Método de resolução.

Primeiro, notamos que caso um dos coeficientes a ou b é nulo, então voltamos à equação separável. Para descartar essa situação desinteressante, vamos supor desde início que $ab \neq 0$. Fazendo troca da função incógnita na equação original pela fórmula $z = ax + by + c$, com a respectiva relação entre as derivadas $z' = a + by'$, obtemos $\frac{z'-a}{b} = f(z)$ que é uma equação separável. Dessa maneira, o problema está resolvido (a resolução de equações separáveis já foi discutida antes).

Exemplos.

1. $y' = (2x - 4y + 1)^2$. Primeiro, identificamos que essa equação é do tipo estudado: $f(z) = z^2$, $z = 2x - 4y + 1$. Então podemos usar o método descrito: trocando a função y por z, temos $z' = 2 - 4y'$, e transformamos a equação original em a de variáveis separáveis: $-\frac{z'-2}{4} = z^2$ ou $z' = 2 - 4z^2$. Resolvendo a última, precisamos efetuar duas integrações: $\int \frac{dz}{1-2z^2} = 2 \int dx$. A integral à esquerda calculamos usando redução a frações simples: $\int \frac{dz}{1-2z^2} = \frac{1}{2} \int \frac{1}{1-\sqrt{2}z} + \frac{1}{1+\sqrt{2}z} dz = \frac{1}{2\sqrt{2}} \left(-\ln|1 - \sqrt{2}z| + \ln|1 + \sqrt{2}z| \right) + A = \frac{1}{2\sqrt{2}} \ln \left| \frac{1+\sqrt{2}z}{1-\sqrt{2}z} \right| + A$. Junto com a integral da parte direita temos então a solução geral da equação transformada $\frac{1}{2\sqrt{2}} \ln \left| \frac{1+\sqrt{2}z}{1-\sqrt{2}z} \right| = 2x + B$ ou $\ln \left| \frac{1+\sqrt{2}z}{1-\sqrt{2}z} \right| = 4\sqrt{2}x + D$. Podemos ainda alterar essa forma para uma sem logaritmo $\frac{1+\sqrt{2}z}{1-\sqrt{2}z} = Ce^{4\sqrt{2}x}$, mas lembramos que essa não é uma transformação equivalente: a última representação da solução geral tem uma função a mais, que corresponde a $C = 0$, que a forma logarítmica. No entanto, essa função $1 + \sqrt{2}z = 0$ é a função desconsiderada quando dividimos por $1 - 2z^2$ e ela satisfaz a equação $z' = 2 - 4z^2$. Portanto, acrescentando ela, so restituimos mais uma solução na forma exponencial da solução geral. Ainda resta verificar que a função $1 - \sqrt{2}z = 0$, também eliminada na divisão por $1 - 2z^2$, também é solução da equação $z' = 2 - 4z^2$. Portanto, junto com a solução geral na forma exponencial temos a solução especial $z = \frac{1}{\sqrt{2}}$. Voltamos a incógnita original, obtemos a solução geral $\frac{1+\sqrt{2}(2x-4y+1)}{1-\sqrt{2}(2x-4y+1)4} = Ce^{4\sqrt{2}x}$ e a solução especial $2x - 4y + 1 = \frac{1}{\sqrt{2}}$. Isso termina o algoritmo de resolução. Notamos que a solução geral ainda pode ser reescrita na forma que inclui a solução especial restante (deixamos essa tarefa para o leitor).

2. $y' = \cos(y - x)$ (décima quinta equação na tabela do Capítulo 1). Identificamos que essa equação é do tipo estudado: $f(z) = \cos z$, $z = y - x$ e trocamos y por z, obtendo a equação separável: $z' + 1 = \cos z$. Separando variáveis, temos $\int \frac{dz}{\cos z - 1} = \int dx$. Para efetuar a integração do lado direito é mais simples usar a fórmula trigonométrica: $\int \frac{dz}{\cos z - 1} = \int \frac{dz}{-2 \sin^2 z} = \cot \frac{z}{2}$. Então, a solução geral vem na forma $\cot \frac{z}{2} = x + C$. Voltando a incógnita original, temos $\cot \frac{y-x}{2} = x + C$ que é a solução geral da equação original. No processo de resolução foi necessário dividir por $\cos z - 1 = \cos(y - x) - 1$. Vamos verificar se as funções $\cos(y - x) = 1$ são soluções especiais da equação dada. É mais conveniente reescrever essas funções na forma explícita, resolvendo a equação trigonométrica: $y - x = 2k\pi$, $k \in \mathbb{Z}$. Essas funções não estão incluídas na solução geral ($\cot t$ não está definido nos pontos $t = k\pi$, $k \in \mathbb{Z}$), mas essas funções satisfazem a equação original, porque $y' = 1 = \cos(y - x)$. Logo, todas essas funções são soluções especiais da equação original.

3. $y' = \frac{1}{x+y-1}$. Primeiro, identificamos que essa equação é do tipo $y' = f(ax + by + c)$ com $a = 1, b = 1, c = -1$, $f(z) = \frac{1}{z}$, $z = x + y - 1$. Logo, podemos reduzi-la à separável trocando a função y por $z = x + y - 1$. Substituindo na equação original, temos: $z' - 1 = \frac{1}{z}$ ou $z' = \frac{z+1}{z}$. Separando variáveis e integrando, obtemos $\int \frac{z}{z+1} dz = \int dx$. A integral do lado esquerdo vai dar $\int \frac{z+1-1}{z+1} dz = \int 1 - \frac{1}{z+1} dz = z - \ln|z+1| + C$. Então obtemos a solução geral $z - \ln|z+1| = x + C$ ou, para a equação original, $x + y - 1 - \ln|x+y| = x + C$, ou, na forma simplificada, $y - \ln|x+y| = C$.

No meio desse procedimento foi eliminada de consideração a função $z + 1 = 0$, isto é, $y = -x$, que é a solução particular da equação original, não incluida na solução geral (a verificação é elementar).

4. $y' = \frac{2x+y+1}{4x+2y-3}$. Essa é a sétima equação na tabela do Capítulo 1. Notamos que ela é do tipo $y' = f(ax + by + c)$ com $a = 2, b = 1, c = 1$, $f(z) = \frac{z}{2z-5}$, $z = 2x + y + 1$. Logo, podemos reduzi-la à separável trocando a função y por $z = 2x + y + 1$. Substituindo na equação original, temos: $z' - 2 = \frac{z}{2z-5}$ ou, simplificando, $z' = \frac{5z-10}{2z-5}$. Separando variáveis e integrando, obtemos $\int \frac{2z-5}{z-2}dz = \int 5dx$. A integral do lado esquerdo pode ser calculada da seguinte maneira: $\int \frac{2z-4-1}{z-2}dz = \int 2 - \frac{1}{z-2}dz = 2z - \ln|z-2| + C$. Então obtemos a solução geral $2z - \ln|z-2| = 5x + C$. Voltando para y, temos $2(2x + y + 1) - \ln|2x + y - 1| = 5x + C$ ou $2y - x = \ln|2x + y - 1| + C$. Durante a resolução foi eliminada de consideração a função $z - 2 = 0$, isto é, $2x + y - 1 = 0$. Simples verificação mostra que ela é a solução particular da equação original $2x + y - 1 = Ce^{2y-x}$, que não é incluida na forma encontrada da solução geral. Notamos que essa solução particular pode ser restituída na solução geral se a última é representada na forma $2x + y - 1 = Ce^{2y-x}$.

5. $(x - 2y - 1)dx + (3x - 6y + 2)dy = 0$, $y(2) = 1$. Primeiro, encontramos todas as soluções da equação dada. Para isso, reescrevemos essa equação na forma $y' = -\frac{x-2y-1}{3x-6y+2}$ e identificamos que ela é do tipo $y' = f(ax+by+c)$ com $a = 1, b = -2, c = -1$, $f(z) = -\frac{z}{3z+5}$, $z = x-2y-1$. Logo, podemos reduzi-la à separável trocando a função y por $z = x - 2y - 1$. Substituindo na equação original, temos: $\frac{1}{2}(1 - z') = -\frac{z}{3z+5}$ ou, simplificando, $z' = \frac{5z+5}{3z+5}$. Separando variáveis e integrando, obtemos $\int \frac{3z+5}{5z+5}dz = \int dx$. A integral do lado esquerdo vai dar $\int \frac{3z+3+2}{5z+5}dz = \int \frac{3}{5} + \frac{2}{5z+5}dz = \frac{3}{5}z + \frac{2}{5}\ln|5z+5| + C$. Então obtemos a solução geral $\frac{3}{5}z + \frac{2}{5}\ln|5z + 5| = x + C$ ou $3z + 2\ln|z + 1| = 5x + C$. Voltando para y, temos $3(x - 2y - 1) + 2\ln|x - 2y| = 5x + C$, ou ainda $x + 3y - \ln|x - 2y| = C$. Durante a resolução foi eliminada de consideração a função $z + 1 = 0$, isto é, $x - 2y = 0$, que é a solução particular da equação original (a verificação é elementar). Ela deve ser acrescentada ao conjunto de soluções, porque não é incluida na solução geral. Como vamos ver, essa solução particular é principal na resolução do problema de Cauchy.

A tentativa de substituição da condição inicial na solução geral mostra que isso é impossível (o argumento do logaritmo se anula) qualquer que for o valor da constante C. Assim, entre as soluções que formam o conjunto da solução geral não tem nenhuma que satisfaz a condição inicial. No entanto, a solução particular $x = 2y$ satisfaz a condição inicial e, portanto, ela é a única solução do problema de Cauchy.

6. $y' + y = 2x + 1$. Primeiro, identificamos que essa equação é do tipo $y' = f(ax + by + c)$ com $a = 2, b = -1, c = 1$ e $f(z) = z$, $z = 2x - y + 1$. Logo, podemos reduzi-la à separável trocando a função y por $z = 2x - y + 1$. Substituindo na equação original, temos: $2 - z' = z$. Separando variáveis e integrando, obtemos $\int \frac{dz}{2-z} = \int dx$, o que leva a solução geral $\ln|z - 2| = -x + C$ ou $z - 2 = Ce^{-x}$. Voltando para y, obtemos $2x - y - 1 = Ce^{-x}$.

Exercícios para o leitor

1. $y' = \cos(x - y - 1)$.
2. $(x + 2y)y' = 1$, $y(0) = -1$.
3. $y' - y = 2x - 3$.
4. $y' = \sqrt{4x + 2y - 1}$.
5. $y' = x + y + 1$.
6. $y' = \sqrt{y - x} + 1$.
7. $(2x + y + 2)dx - (4x + 2y + 9)dy = 0$.
8. $(y - 3x + 2)dx + (3x - y - 1)dy = 0$.

2 Equações homogêneas e redutíveis

2.1 Equações homogêneas

Definição. Uma equação homogênea tem a forma

$$y' = f\left(\frac{y}{x}\right).$$

Observação. Outra forma de definir uma equação homogênea, que também se encontra nos livros, é a seguinte: $A(x,y)dx + B(x,y)dy = 0$, onde A e B são funções homogêneas do mesmo grau. Lembramos que uma função $C(x,y)$ é chamada homogênea de grau k se $C(ax, ay) = a^k C(x,y)$ para qualquer parâmetro real a (garantido que o ponto (ax, ay) pertence ao domínio de $C(x,y)$) e algum número k. Partindo da definição $y' = f\left(\frac{y}{x}\right)$, podemos reescreve-la na forma $f\left(\frac{y}{x}\right)dx - dy = 0$ e notamos imediatamente que as funções $A = f\left(\frac{y}{x}\right)$ e $B = 1$ são homogêneas de grau 1. No sentido contrário, transformamos a equação $A(x,y)dx + B(x,y)dy = 0$ da seguinte maneira: $y' = -\frac{A(x,y)}{B(x,y)} = -\frac{A\left(x\cdot 1, x\cdot\frac{y}{x}\right)}{B\left(x\cdot 1, x\cdot\frac{y}{x}\right)} = -\frac{x^k A\left(1, \frac{y}{x}\right)}{x^k B\left(1, \frac{y}{x}\right)} = -\frac{A\left(1, \frac{y}{x}\right)}{B\left(1, \frac{y}{x}\right)} = f\left(\frac{y}{x}\right)$, isto é, chegamos a definição original da equação homogênea. Assim, as duas representações da equação homogênea são equivalentes.

Método de resolução.

A equação homogênea é redutível à separável. Fazendo simples substituição da função incógnita $z = \frac{y}{x}$, ou $y = xz$ com a respectiva relação entre as derivadas $y' = z + xz'$, transformamos a equação $y' = f\left(\frac{y}{x}\right)$ a seguinte forma $xz' + z = f(z)$ ou $z' = \frac{f(z)-z}{x}$ que é a equação de variáveis separáveis. Assim, o problema está resolvido, uma vez que a técnica de resolução de equações separáveis já é sabida.

Exemplos.

1. $xy' = x + y$. Reescrevendo essa equação na forma $y' = 1 + \frac{y}{x}$ identificamos que ela é homogênea com $f(z) = 1 + z$, $z = \frac{y}{x}$. Trocando a função y por z pela fórmula $y = xz$, temos $y' = z + xz'$, o que leva (de acordo com a teoria) à equação separável $z + xz' = 1 + z$. Simplificando e integrando, obtemos $z = \int \frac{1}{x}dx = \ln|x| + C$. Voltando a função y, temos então a solução geral $y = x\ln|x| + Cx$ que, de acordo com o método de resolução, inclui todas as particulares.

Notamos que a técnica de resolução exigiu dividir por x (na definição de z e na separação de variáveis). Normalmente a perda de alguns pontos do domínio das soluções não nos preocupa, embora muitas vezes, esses pontos podem ser restituídos fazendo ajustes necessários nas soluções obtidas.

2. $xy' = y + \sqrt{x^2 - y^2}$. Reescrevendo essa equação na forma $y' = \frac{y}{x} + \sqrt{1 - \frac{y^2}{x^2}}$ identificamos que ela é homogênea com $f(z) = z + \sqrt{1 - z^2}$, $z = \frac{y}{x}$. Trocando a função y por z pela fórmula $y = xz$, obtemos a equação separável $z + xz' = z + \sqrt{1 - z^2}$. Simplificando e integrando, obtemos $\int \frac{1}{\sqrt{1-z^2}}dz = \int \frac{1}{x}dx$. As duas integrais são elementares e encontramos a forma implícita da solução $\arcsin z = \ln|x| + C$. Voltando a função y, temos então a solução geral $\arcsin \frac{y}{x} = \ln|x| + C$ que, de acordo com o método de resolução, inclui todas as particulares, a menos que, possivelmente, $y = \pm x$ (que corresponde a $z = \pm 1$). Para verificar se essas duas funções são soluções particulares ou não, substituimos elas na equação original: $x\cdot(\pm 1) = \pm x + \sqrt{x^2 - (\pm x)^2}$, isto é, $\pm x = \pm x$. Como chegamos à identidade, as funções $y = \pm x$ são soluções particulares adicionais.

3. $x^2 y' = 4x^2 + 5xy + y^2$. Reescrevendo essa equação na forma $y' = \frac{4x^2 + 5xy + y^2}{x^2} = 4 + 5\frac{y}{x} + \frac{y^2}{x^2}$ identificamos que ela é homogênea com $f(z) = 4 + 5z + z^2$, $z = \frac{y}{x}$. Trocando a função y por z pela fórmula $y = xz$, temos $y' = z + xz'$, o que leva à equação separável $z + xz' = 4 + 5z + z^2$. Simplificando, separando variáveis e integrando, obtemos $\int \frac{1}{4 + 4z + z^2}dz = \int \frac{1}{x}dx$ ou $\int \frac{1}{(z+2)^2}dz = \int \frac{1}{x}dx$. A integração dá a solução geral para z: $-\frac{1}{z+2} = \ln|x| + C$. Voltando a função y, temos então a solução geral $-\frac{1}{\frac{y}{x}+2} = \ln|x| + C$ ou $\frac{y}{x} + 2 = -\frac{1}{\ln|Cx|}$.

Notamos que a técnica de resolução exigiu dividir por $(z+2)^2$ e, nesse passo, a função $\frac{y}{x} = -2$ foi desconsiderada e não foi recuperada posteriormente na forma da solução geral. Portanto, temos que verificar ainda se $y = -2x$ é a solução da equação ou não. Substituição na equação original mostra que essa é a solução particular que não se encontra na solução geral.

4. $xy' = y\ln\frac{y}{x}$. Reescrevendo essa equação na forma $y' = \frac{y}{x}\ln\frac{y}{x}$ identificamos que ela é homogênea com $f(z) = z\ln z$, $z = \frac{y}{x}$. Trocando a função y por z pela fórmula $y = xz$, temos $y' = z + xz'$, o que leva à equação separável $z + xz' = z\ln z$. Separando variáveis e integrando, obtemos $\int \frac{1}{z(\ln z - 1)}dz = \int \frac{1}{x}dx$ ou $\int \frac{d(\ln z - 1)}{(\ln z - 1)} = \int \frac{1}{x}dx$. A integração dá a solução geral para z: $\ln|\ln z - 1| = \ln|x| + C$ ou $\ln z - 1 = Cx$. Voltando a função y, temos então a solução geral $\ln\frac{y}{x} = Cx + 1$. Embora nesse algoritmo foi feita divisão por $z(\ln z - 1)$, nenhuma solução foi perdida devido a utilição da forma exponencial para $\ln\frac{y}{x}$ na solução geral (notamos que $y \neq 0$ desde a formulação da equação).

5. $xy' = y - xe^{y/x}$. Reescrevendo essa equação na forma $y' = \frac{y}{x} - e^{y/x}$ identificamos que ela é homogênea com $f(z) = z - e^z$, $z = \frac{y}{x}$. Trocando a função y por z pela fórmula $y = xz$, chegamos à equação separável $z + xz' = z - e^z$. Simplificando, separando variáveis e integrando, obtemos $\int e^{-z}dz = -\int \frac{dx}{x}$. A integração dá a solução geral para z: $e^{-z} = \ln|x| + C$ ou $z = -\ln(\ln|Cx|)$. Voltando a função y, temos então a solução geral $y = -x\ln(\ln|Cx|)$.

6. $(y^2 - 3x^2)dy + 2xydx = 0$, $y(0) = 1$. Reescrevendo a equação na forma $y' = -\frac{2xy}{y^2 - 3x^2} = -\frac{2y/x}{(y/x)^2 - 3}$ identificamos que ela é homogênea com $f(z) = -\frac{2z}{z^2 - 3}$, $z = \frac{y}{x}$. Trocando a função y por z pela fórmula $y = xz$, chegamos à equação separável $z + xz' = -\frac{2z}{z^2 - 3}$. Simplificando, separando variáveis e integrando, obtemos $\int \frac{z^2 - 3}{z^3 - z}dz = -\int \frac{dx}{x}$. Para calcular a primeira integral usamos frações simples: $\int \frac{z^2 - 3}{z^3 - z}dz = \int \frac{3}{z} - frac{1}{z-1} - frac{1}{z+1}dz = 3\ln|z| - \ln|z - 1| - \ln|z + 1| + C$. Então, a a solução geral para z é $3\ln|z| - \ln|z - 1| - \ln|z + 1| = -\ln|x| + C$ ou $\ln\frac{z^3}{z^2 - 1} = -\ln|Cx|$. Ainda eliminando logaritmo temos $\frac{z^2 - 1}{z^3} = Cx$. Voltando a função y, temos então a solução geral $\frac{(y/x)^2 - 1}{(y/x)^3} = Cx$ ou $y^2 - x^2 = Cy^3$. Aplicando a condição inicial obtemos $1^2 - 0^2 = C \cdot 1^3$, isto é, $C = 1$. Logo a solução do problema é $y^2 - x^2 = y^3$. Durante a resolução foi preciso dividir por $z^3 - z$, mas isso não causou perda de soluções do problema, porque as soluções $y = \pm x$ foram recuperadas quando eliminamos logaritmo e passamos a forma $y^2 - x^2 = Cy^3$ da solução geral, e a solução $y = 0$, embora não se encontra na solução geral, mas não satisfaz a condição inicial.

7. $xy^2dy = (x^3 + y^3)dx$. Reescrevendo a equação na forma $y' = \frac{x^3 + y^3}{xy^2} = \frac{1 + (y/x)^3}{(y/x)^2}$ conferimos que ela é homogênea com $f(z) = \frac{1 + z^3}{z^2}$, $z = \frac{y}{x}$. Trocando a função y por z pela fórmula $y = xz$, chegamos à equação separável $z + xz' = \frac{1 + z^3}{z^2}$. Simplificando, separando variáveis e integrando, obtemos $\int z^2dz = \int \frac{dx}{x}$. Então, a a solução geral para z vem na forma $\frac{z^3}{3} = \ln|x| + C = \ln|Cx|$. Voltando a função y, temos então a solução geral $\frac{1}{3}\frac{y^3}{x^3} = \ln|Cx|$. Essa solução contém todas as particulares, uma vez que não tinha nenhuma função desconsiderada nesse procedimento.

8. $y - xy' = \frac{x}{\cos y/x}$. Reescrevendo a equação na forma $y' = \frac{y}{x} - \frac{1}{\cos y/x}$ conferimos que ela é homogênea com $f(z) = z - \frac{1}{\cos z}$, $z = \frac{y}{x}$. Trocando a função y por z pela fórmula $y = xz$, chegamos à equação separável $z + xz' = z - \frac{1}{\cos z}$ ou $xz' = -\frac{1}{\cos z}$. Separando variáveis e integrando, obtemos $\int \cos z dz = -\int \frac{dx}{x}$. Então, a a solução geral para z vem na forma $\sin z = -\ln|x| + C$. Voltando a função y, temos então a solução geral $\sin\frac{y}{x} = \ln|Cx|$.

9. $(x - y)dx + (x + y)dy = 0$. Essa é a equação homogênea, o que pode ser visto na forma mais clara se isolamos a derivada e dividimos numerador e denominador por x: $y' = -\frac{x - y}{x + y} = -\frac{1 - \frac{y}{x}}{1 + \frac{y}{x}}$. Então a parte direita depende somente de $z = \frac{y}{x}$ na forma $f(z) = -\frac{1 - z}{1 + z}$. Trocando a função y por z, chegamos à equação separável $z + xz' = -\frac{1 - z}{1 + z}$ ou $xz' = -\frac{1 + z^2}{1 + z}$. Separando variáveis e integrando, obtemos $\int \frac{1 + z}{1 + z^2}dz = -\int \frac{dx}{x}$. A integral do lado esquerdo vai dar $\int \frac{1 + z}{1 + z^2}dz = \int \frac{1}{1 + z^2}dz + \frac{1}{2}\int \frac{d(1 + z^2)}{1 + z^2} = \arctan z + \frac{1}{2}\ln(1 + z^2) + C$. Então, a solução geral para z vem na forma $\arctan z + \frac{1}{2}\ln(1 + z^2) = -\ln|x| + C$. Voltando a função y, temos a solução geral $\arctan\frac{y}{x} + \frac{1}{2}\ln\left(1 + \frac{y^2}{x^2}\right) = -\ln|x| + C$.

10. $xy' - y = (x + y)\ln\frac{x+y}{x}$. Se isolamos a derivada: $y' = \frac{y}{x} + \left(1 + \frac{y}{x}\right)\ln\left(1 + \frac{y}{x}\right)$, então fica claro que a parte direita depende somente de $z = \frac{y}{x}$ na forma $f(z) = z + (1 + z)\ln(1 + z)$, isto é, temos a equação homogênea. Trocando a função y por z, chegamos à equação separável $z + xz' = z + (1 + z)\ln(1 + z)$ ou $xz' = (1 + z)\ln(1 + z)$. Separando variáveis e integrando, obtemos $\int \frac{1}{(1+z)\ln(1+z)}dz = \int \frac{dx}{x}$. A integral do lado esquerdo vai dar $\int \frac{1}{(1+z)\ln(1+z)}dz = \int \frac{d(\ln(1+z))}{\ln(1+z)}dz = \ln|\ln(1 + z)| + C$. Então, a solução geral para z vem na forma $\ln|\ln(1 + z)| = \ln|x| + C$ ou, cortando logaritmos, $\ln(1 + z) = Cx$. Voltando a função y, temos a solução geral $\ln\left(1 + \frac{y}{x}\right) = Cx$.

11. $(y + \sqrt{xy})dx = xdy$. Se isolamos a derivada: $y' = \frac{y}{x} + \sqrt{\frac{y}{x}}$, então fica evidente que a parte direita depende somente de $z = \frac{y}{x}$ na forma $f(z) = z + \sqrt{z}$, isto é, temos a equação homogênea. Trocando a função y por z, chegamos à equação separável $z + xz' = z + \sqrt{z}$ ou $xz' = \sqrt{z}$. Separando variáveis e integrando, obtemos $\int \frac{dz}{\sqrt{z}} = \int \frac{dx}{x}$ e, após a integração, $2\sqrt{z} = \ln|x| + C$. Voltando a função y, temos a solução geral $2\sqrt{\frac{y}{x}} = \ln|x| + C$ ou $y = \frac{x}{4}\ln^2|Cx|$. Durante o processo da resolução, dividimos por $\sqrt{z}$ e, portanto, a função $y = 0$ foi eliminada de consideração. Substituindo na equação original, verificamos que ela é mais uma solução.

12. $(x - y\cos\frac{y}{x})dx + x\cos\frac{y}{x}dy = 0$, $y(1) = 2$. Depois de reescrer a equação na forma $(1 - \frac{y}{x}\cos\frac{y}{x})dx + \cos\frac{y}{x}dy = 0$, fica claro que todos os termos dependem somente do quociente $\frac{y}{x}$, ou seja, a equação é homogênea. Realizando a mudança da função $y = xz$, obtemos a equação separável $(1 - z\cos z)dx + \cos z(xdz + zdx) = 0$ ou $dx + x\cos xdz = 0$. Separando variáveis e integrando, obtemos $\int \cos zdz = -\int \frac{dx}{x}$, donde $\sin z = C - \ln|x|$. Voltando a função y, temos a solução geral $\sin\frac{y}{x} = C - \ln|x|$. Finalmente, aplicando a condição inicial, especificamos a constante C: $\sin\frac{2}{1} = C - \ln 1$, isto é, $C = \sin 2$. Portanto, a solução do problema de Cauchy vem na forma $\sin\frac{y}{x} = \sin 2 - \ln|x|$.

13. $(x^2 + 2xy - y^2)dx + (y^2 + 2xy - x^2)dy = 0$. Essa é equação homogênea que pode ser escrita na forma: $y' = -\frac{x^2+2xy-y^2}{y^2+2xy-x^2} = -\frac{1+2\frac{y}{x}-\frac{y^2}{x^2}}{\frac{y^2}{x^2}+2\frac{y}{x}-1}$, onde a parte direita depende somente de $z = \frac{y}{x}$ na forma $f(z) = -\frac{1+2z-z^2}{z^2+2z-1}$. Trocando a função y por z, chegamos à equação separável $z + xz' = -\frac{1+2z-z^2}{z^2+2z-1}$ ou $xz' = -\frac{z^3+z^2+z+1}{z^2+2z-1}$. Separando variáveis e integrando, obtemos $\int \frac{z^2+2z-1}{(z+1)(z^2+1)}dz = -\int \frac{dx}{x}$. A integral do lado esquerdo podemos calcular da seguinte maneira: $\int \frac{z^2+2z-1}{(z+1)(z^2+1)}dz = \int \frac{(-z^2-1)+(2z^2+2z)}{(z+1)(z^2+1)}dz = \int -\frac{1}{z+1} + \frac{2z}{z^2+1}dz = -\ln|z+1| + \ln(z^2+1) + C$. Então, a solução geral vem na forma $-\ln|z+1| + \ln(z^2+1) = -\ln|x| + C$ ou, eliminando logaritmo, $\frac{z^2+1}{z+1} = \frac{C}{x}$. Voltando a função y, temos a solução geral $\frac{y^2+x^2}{y+x} = C$. Durante o processo da resolução, dividimos por $z+1$ e, portanto, a função $y = -x$ foi desconsiderada. Substituindo na equação original, verificamos que ela é mais uma solução.

14. $xy' = 3y - 2x - 2\sqrt{xy - x^2}$. Essa é equação homogênea com $f(z) = 3z - 2 - 2\sqrt{z - 1}$, $z = \frac{y}{x}$. Trocando a função y por z, chegamos à equação separável $z + xz' = 3z - 2 - 2\sqrt{z - 1}$ ou $xz' = 2z - 2 - 2\sqrt{z - 1}$. Separando variáveis e integrando, obtemos $\int \frac{dz}{2(z-1)-2\sqrt{z-1}}dz = \int \frac{dx}{x}$. A integral do lado esquerdo podemos calcular da seguinte maneira: $\int \frac{dz}{2(z-1)-2\sqrt{z-1}}dz = \int \frac{dz}{2\sqrt{z-1}(\sqrt{z-1}-1)}dz = \int \frac{d(\sqrt{z-1}-1)}{\sqrt{z-1}-1}dz = \ln|\sqrt{z-1}-1| + C$. Então, a solução geral vem na forma $\ln|\sqrt{z-1}-1| = \ln|x| + C$ ou, eliminando logaritmo, $\sqrt{z-1} - 1 = Cx$, ou ainda, explicitando z, $z = 1 + (Cx + 1)^2$. Voltando a função y, temos a solução geral $y = x + x(Cx + 1)^2$. Durante o processo da resolução, dividimos por $\sqrt{z-1}$ e a função $z = 1$, isto é, $y = x$ não foi recuperada na solução geral. Substituindo na equação original, verificamos que ela é mais uma solução.

Exercícios para o leitor

1. $xy' = \sqrt{x^2 - y^2} + y$.
2. $y = x(y' - \sqrt[x]{e^y}$.
3. $ydx + (2\sqrt{xy} - x)dy = 0$.
4. $xy + y^2 = (2x^2 + xy)y'$.

5. $xy' + y(\ln \frac{y}{x} - 1) = 0$.
6. $(2x - y)dx + (x + y)dy = 0$.
7. $(4x^2 + 3xy + y^2)dx + (4y^2 + 3xy + x^2)dy = 0$.
8. $(2\sqrt{xy} - y)dx + xdy = 0$.
9. $y^2 + x^2y' = xyy'$.
10. $(y^2 - 2xy)dx + x^2dy = 0$.
11. $2x^3y' = 2x^2y - y^3$.
12. $(9x^2 + y^2)y' = 2xy$.
13. $y' = \frac{y}{x} - e^{y/x}$.
14. $y' = \frac{y}{x} + e^{-y/x}$.
15. $xy' - y = x \tan \frac{y}{x}$.
16. $(4x^2 - xy + y^2)dx + (x^2 - xy + 4y^2)dy = 0$.

2.2 Equações redutíveis a homogêneas

Uma das equações que não tem nome especial e tradicionalmente é tratada como *redutível à homogênea* é

$$y' = f\left(\frac{ax + by + c}{\alpha x + \beta y + \gamma}\right),$$

onde a, b, c e α, β, γ são constantes arbitrárias. Antes de apresentar o método de resolução, vamos filtrar alguns casos desinteressantes, definidos pela escolha especial de constantes. Se $a = 0, b = 0$ ou $\alpha = 0, \beta = 0$, então temos a equação do tipo $y' = f_1(a_1x + b_1y + c_1)$ que já foi considerada (redutível a variáveis separáveis). Se $a = 0, \alpha = 0$ ou $b = 0, \beta = 0$, então temos a equação separável. A seguir, todos esses casos vamos desconsiderar.

Método de resolução.

Vamos considerar as retas $ax + by + c = 0$ e $\alpha x + \beta y + \gamma = 0$, formadas das do numerador e denominador da função f. Se as duas retas são paralelas, então analiticamente isso pode ser expresso pela igualdade a zero do determinante Δ do sistema $\begin{cases} ax + by + c = 0 \\ \alpha x + \beta y + \gamma = 0 \end{cases}$ (nesse caso, o sistema não tem solução). Logo, temos $\Delta = a\beta - b\alpha = 0$ ou $a\beta = b\alpha$ ou ainda $\frac{\alpha}{a} = \frac{\beta}{b} = k$. Portanto, a parte direita da equação pode ser escrita como $f\left(\frac{ax+by+c}{k(ax+by)+\gamma}\right) = F(ax + by)$ e, consequentemente, voltamos de novo a equação $y = F(ax + by)$ redutível a variáveis separáveis.

Vamos investigar agora a situação quando as retas $ax + by + c = 0$ e $\alpha x + \beta y + \gamma = 0$ não são paralelas, o que representa um novo tipo da equação. Nesse caso, $\Delta = a\beta - b\alpha \neq 0$ e podemos encontrar a única solução (x_0, y_0) do sistema $\begin{cases} ax + by + c = 0 \\ \alpha x + \beta y + \gamma = 0 \end{cases}$, que representa o ponto de interseção das duas retas. Sabendo as coordenadas x_0 e y_0, efetuamos a troca simultânea de variável independente e da função incógnita pelas fórmulas $t = x - x_0$ e $z = y - y_0$. Recalculando a derivada e expressões da equação em termos de t e z, obtemos: $y_x = y_t \cdot t_x = y_t \cdot 1 = (z + y_0)_t = z_t + 0 = z_t$ e $ax + by + c = a(t + x_0) + b(z + y_0) + c = at + bz + (ax_0 + by_0 + c) = at + bz$, $\alpha(t + x_0) + \beta(z + y_0) + \gamma = \alpha t + \beta z + (\alpha x_0 + \beta y_0 + \gamma) = \alpha t + \beta z$. Substituindo esses resultados na equação original, obtemos: $z_t = f\left(\frac{at+bz}{\alpha t+\beta z}\right) = f\left(\frac{a+b\frac{z}{t}}{\alpha+\beta\frac{z}{t}}\right) = F\left(\frac{z}{t}\right)$, isso é, chegamos a equação homogênea em relação a função incógnita z de variável t.

Exemplos.

1. $(2x + y + 1)dx = (4x + 2y - 3)dy$. Reescrevendo a equação na forma $y' = \frac{2x+y+1}{4x+2y-3}$ e notando que as retas $2x + y + 1 = 0$ e $4x + 2y - 3 = 0$ são paralelas, decidimos que a equação é do tipo $y' = F(ax + by + c)$. Agora podemos fazer qualquer mudança que substitui $2x + y$ por nova função z. Para simplificar mais o numerador, vamos usar $z = 2x + y + 1$. Então, $z' = 2 + y'$,

$4x + 2y - 3 = 2z - 5$ e a equação assume a forma de variáveis separáveis: $z' - 2 = \frac{z}{2z-5}$ ou $z' = \frac{5z-10}{2z-5}$. Integrando, temos $\int \frac{2z-5}{5z-10} dz = \int dx$. Integral do lado esquerdo podemos calcular assim: $\int \frac{2z-5}{5z-10} dz = \int \frac{2z-4}{5z-10} - \frac{1}{5z-10} dz = \frac{2}{5} \int dz - \frac{1}{5} \int \frac{1}{z-2} dz = \frac{2}{5} z - \frac{1}{5} \ln|z-2| + C$. Juntando com a parte direita, encontramos $\frac{2}{5} z - \frac{1}{5} \ln|z-2| = x + C$. Voltando a função y, temos solução na forma implícita $\frac{2}{5}(2x + y + 1) - \frac{1}{5} \ln|2x + y - 1| = x + C$. Durante o processo de resolução dividimos por $z - 2$, isto é, por $2x + y - 1$. Então, precisamos verificar se a função $2x + y - 1 = 0$ é a solução especial ou não. Como $dy = y'dx = -2dx$, a substituição na equação dá uma identidade $((2x + y) + 1)dx = (1 + 1)dx = (2 - 3) \cdot (-2dx) = (2(2x + y) - 3)dy$. Logo $y = 1 - 2x$ é a solução especial.

2. $(2x - 4y)dx + (x + y - 3)dy = 0$. Reescrevemos a equação na forma $y' = -\frac{2x-4y}{x+y-3}$ e notamos que as retas $2x - 4y = 0$ e $x + y - 3 = 0$ não são paralelas $(\Delta = 2 \cdot 1 - (-4) \cdot 1 \neq 0)$. Então, encontramos a única solução do sistema $\begin{cases} 2x - 4y = 0 \\ x + y - 3 = 0 \end{cases}$ que é $x_0 = 2, y_0 = 1$. Agora trocamos variável independente e função incógnita pelas fórmulas $t = x - 2$ e $z = y - 1$. As derivadas estão ligadas pela fórmula $y_x = z_t$. Substituindo essas relações na equação original, obtemos a equação homogênea $z_t = -\frac{2t-4z}{t+z} = \frac{4z-2t}{z+t}$.

Agora seguimos o método de resolução de equações homogêneas. Usando a nova função $u = \frac{z}{t}$, obtemos a equação separável $tu_t + u = \frac{4u-2}{u+1}$ ou $tu_t = \frac{-u^2+3u-2}{u+1}$. Separando as variáveis e integrando, temos $\int \frac{u+1}{u^2-3u+2} du = -\int \frac{1}{t} dt$. Integral do lado esquerdo podemos calcular assim: $\int \frac{u+1}{u^2-3u+2} du = \int \frac{u+1}{(u-1)(u-2)} du = \int \frac{-2}{u-1} + \frac{3}{u-2} du = -2\ln|u-1| + 3\ln|u-2| + C$. Logo, a solução geral se encontra na forma $-2\ln|u-1| + 3\ln|u-2| = -\ln|t| + C$. Passando a forma sem logaritmos, obtemos $\frac{(u-1)^2}{(u-2)^3} = Ct$. A função $u = 1$ foi eliminda de consideração quando dividimos por $u^2 - 3u + 2$, mas ela foi restituída na passagem da forma logarítmica a forma sem logaritmos. Como ela é uma solução da equação de u, então essa transformação da forma da solução geral recuperou essa solução. É óbvio que a função $u = 2$ também é solução da equação para u, mas ela não se encontra na última forma da solução geral (nem na forma logarítmica).

Voltando para z temos então a solução geral $\frac{(z-t)^2}{(z-2t)^3} = C$ e a especial $z = 2t$. Finalmente, para y ex obtemos a solução geral na forma implícita $\frac{(y-x+1)^2}{(y-2x+3)^3} = C$ e a especial na forma explícita $y - 1 = 2(x - 2)$.

3. $(y' + 1) \ln \frac{y+x}{x+3} = \frac{y+x}{x+3}$. Primeiro, encontramos a única solução do sistema $\begin{cases} y + x = 0 \\ x + 3 = 0 \end{cases}$ que é $x_0 = -3, y_0 = 3$. Agora trocamos variável independente e função incógnita pelas fórmulas $t = x + 3$ e $z = y - 3$. As derivadas estão ligadas pela fórmula $y_x = z_t$. Substituindo essas relações na equação original, obtemos a equação $(z_t + 1) \ln \frac{z+t}{t} = \frac{z+t}{t}$. Para ver melhor que essa equação é homogênea podemos reescreve-la na forma $(z_t + 1) \ln(\frac{z}{t} + 1) = \frac{z}{t} + 1$. Agora seguimos o método de resolução de equações homogêneas. Usando a nova função $u = \frac{z}{t}$, obtemos a equação separável $(tu_t + u + 1) \ln(u + 1) = u + 1$. Para simplificar os cálculos posteriores trocamos a função incógnita u por v pela fórmula $v = u + 1$. Isso leva a equação $(tv_t + v) \ln v = v$. Separando as variáveis e integrando, temos $\int \frac{\ln v}{v(1-\ln v)} dv = \int \frac{1}{t} dt$. Integral do lado esquerdo podemos calcular usando a mudança de variável de integração $p = \ln v$: $\int \frac{\ln v}{v(1-\ln v)} dv = \int \frac{\ln v \, d(\ln v)}{1-\ln v} = \int \frac{p \, dp}{1-p} = \int \frac{p-1+1}{1-p} dp = \int -1 + \frac{1}{1-p} dp = -p - \ln|1-p| + C = -\ln v - \ln|1-\ln v| + C$. Então, a solução geral para v se encontra na forma $\ln v + \ln|1-\ln v| = -\ln|t| + C$ ou, eliminando o logaritmo externo, $v(1-\ln v) = \frac{C}{t}$. Voltando para $u = v-1$, temos $(u+1)(1-\ln(u+1)) = \frac{C}{t}$. Lembrando que $t = x+3$ e $u = \frac{z}{t} = \frac{y-3}{x+3}$, encontramos a solução da equação original: $\left(\frac{y-3}{x+3} + 1\right) \left(1 - \ln\left(\frac{y-3}{x+3} + 1\right)\right) = \frac{C}{x+3}$. Podemos simplificar um pouco essa relação, notando que $\frac{y-3}{x+3} + 1 = \frac{y+x}{x+3}$, a seguinte forma: $\frac{y+x}{x+3} \left(1 - \ln \frac{y+x}{x+3}\right) = \frac{C}{x+3}$.

4. $y' = \frac{x+2y-3}{4x-y-3}$, $y(1) = 1$. Primeiro, encontramos todas as soluções da equação diferencial. Para isso, resolvemos o sistema $\begin{cases} x + 2y - 3 = 0 \\ 4x - y - 3 = 0 \end{cases}$ cuja única solução é $x_0 = 1, y_0 = 1$. A mudança da

variável independente e da função incógnita $t = x - 1$ e $z = y - 1$ transforma a equação dada a equação homogênea $z_t = \frac{t+2z}{4t-z} = \frac{1+2z/t}{4-z/t}$. Usando a nova função $u = \frac{z}{t}$, obtemos a equação separável $tu_t + u = \frac{1+2u}{4-u}$ ou $tu_t = \frac{1-2u+u^2}{4-u}$. Separando as variáveis e integrando, temos $\int \frac{4-u}{(u-1)^2} du = \int \frac{1}{t} dt$. Integral do lado esquerdo pode ser calculado da seguinte maneira: $\int \frac{3+1-u}{(u-1)^2} du = \int \frac{3}{(u-1)^2} - \frac{1}{u-1} du = -\frac{3}{u-1} - \ln|u-1| + C$. Então, a solução geral para u se encontra na forma $\frac{3}{u-1} + \ln|u-1| = -\ln|t| + C$. Lembrando que $u = \frac{y-1}{x-1}$, obtemos a solução geral da equação original: $\frac{3}{\frac{y-1}{x-1}-1} + \ln\left|\frac{y-1}{x-1} - 1\right| = -\ln|x-1| + C$ ou, simplificando, $\frac{3(x-1)}{y-x} + \ln|y-x| = C$. Durante a resolução, a função $\frac{y-1}{x-1} = 1$, cuja forma simplificada é $y = x$, foi eliminada de consideração. Substituindo ela na equação original conferimos que $y = x$ é a solução particular, não incluída na solução geral encontrada.

Para encontrar a solução do problema de Cauchy, substituimos a condição inicial em todas as soluções encontradas, ou seja, na solução geral e na particular. A substituição na solução geral mostra que a condição inicial não pode ser satisfeita sob qualquer valor de C, porque leva as expressões indeterminadas (divisão por 0 e logaritmo de 0). Obviamente isso é relacionado com a solução $y = x$ perdida na forma da solução geral. Realmente, a solução particular $y = x$ satisfaz a condição inicial e, portanto, ela é a única solução do problema de Cauchy.

5. $(x-y-1)dx + (x+y+3)dy = 0$. Para reduzir essa equação a homogênea, resolvemos o sistema $\begin{cases} x - y - 1 = 0 \\ x + y + 3 = 0 \end{cases}$ cuja única solução é $x_0 = -1, y_0 = -2$. A mudança da variável independente e da função incógnita $t = x+1$ e $z = y+2$ transforma a equação dada em homogênea $z_t = -\frac{t-z}{t+z} = -\frac{1-z/t}{1+z/t}$. Usando a nova função $u = \frac{z}{t}$, obtemos a equação separável $tu_t + u = -\frac{1-u}{1+u}$ ou $tu_t = -\frac{1+u^2}{1+u}$. Separando as variáveis e integrando, temos $\int \frac{1+u}{1+u^2} du = -\int \frac{1}{t} dt$. Integral do lado esquerdo pode ser calculado da seguinte maneira: $\int \frac{1+u}{1+u^2} du = \int \frac{1}{1+u^2} du + \frac{1}{2} \int \frac{d(1+u^2)}{1+u^2} du = \arctan u + \frac{1}{2}\ln(1+u^2) + C$. Então, a solução geral para u se encontra na forma $\arctan u + \frac{1}{2}\ln(1+u^2) = -\ln|t| + C$. Lembrando que $u = \frac{z}{t} = \frac{y+2}{x+1}$, obtemos a solução geral da equação original: $\arctan \frac{y+2}{x+1} + \frac{1}{2}\ln\left(1 + \left(\frac{y+2}{x+1}\right)^2\right) = \ln\left|\frac{C}{x+1}\right|$.

6. $(2x - y + 1)dx + (2y - x - 1)dy = 0$. Para reduzir essa equação a homogênea, resolvemos o sistema $\begin{cases} 2x - y + 1 = 0 \\ 2y - x - 1 = 0 \end{cases}$ e encontramos a solução $x_0 = -\frac{1}{3}, y_0 = \frac{1}{3}$. Então a mudança da variável independente e da função incógnita $t = x + \frac{1}{3}$ e $z = y - \frac{1}{3}$ transforma a equação dada em homogênea $z_t = -\frac{2t-z}{2z-t} = -\frac{2-z/t}{2z/t-1}$. Usando a nova função $u = \frac{z}{t}$, obtemos a equação separável $tu_t + u = -\frac{2-u}{2u-1}$ ou $tu_t = -\frac{2u^2-2u+2}{2u-1}$. Separando as variáveis e integrando, temos $\int \frac{2u-1}{u^2-u+1} du = -2\int \frac{dt}{t}$. Realizando integração obtemos: $\int \frac{d(u^2-u+1)}{u^2-u+1} du = \ln(u^2 - u + 1) = -2\ln|t| + C$, ou eliminando logaritmo, $u^2 - u + 1 = \frac{C}{t^2}$. Lembrando que $u = \frac{z}{t} = \frac{y-\frac{1}{3}}{x+\frac{1}{3}}$, obtemos a solução geral da equação original. $\left(\frac{y-\frac{1}{3}}{x+\frac{1}{3}}\right)^2 - \frac{y-\frac{1}{3}}{x+\frac{1}{3}} + 1 = \frac{C}{\left(x+\frac{1}{3}\right)^2}$. Multiplicando os dois lados por $\left(x + \frac{1}{3}\right)^2$ e simplificando, podemos representar a solução geral na forma $y^2 - xy + x^2 - y + x = C$.

7. $(2x - 4y + 6)dx + (x + y - 3)dy = 0$. Para reduzir essa equação a homogênea, resolvemos o sistema $\begin{cases} 2x - 4y + 6 = 0 \\ x + y - 3 = 0 \end{cases}$ e encontramos a solução $x_0 = 1, y_0 = 2$. Então a mudança da variável independente e da função incógnita $t = x - 1$ e $z = y - 2$ transforma a equação dada em homogênea $z_t = -\frac{2t-4z}{t+z} = -\frac{2-4z/t}{t+z/t}$. Usando a nova função $u = \frac{z}{t}$, obtemos a equação separável $tu_t + u = -\frac{2-4u}{1+u}$ ou $tu_t = -\frac{u^2-3u+2}{u+1}$. Separando as variáveis e integrando, temos $\int \frac{u+1}{u^2-3u+2} du = -\int \frac{dt}{t}$. Realizando integração obtemos: $\int \frac{u+1}{u^2-3u+2} du = \int \frac{3}{u-2} - \frac{2}{u-1} du = 3\ln|u-2| - 2\ln|u-1| = -\ln|t| + C$, ou eliminando logaritmo, $\frac{(u-2)^3}{(u-1)^2} = \frac{C}{t}$. Lembrando que $u = \frac{z}{t} = \frac{y-2}{x-1}$, obtemos a solução geral da equação original: $\frac{\left(\frac{y-2}{x-1}-2\right)^3}{\left(\frac{y-2}{x-1}-1\right)^2} = \frac{C}{x-1}$. Simplificando, podemos representar a solução geral na forma

$\frac{(y-2x)^3}{(y-x-1)^2} = C$. Notamos que $y = x + 1$ é mais uma solução não incluida na solução geral.

8. $(x+y-2)dx+(x-y+4)dy = 0$. Para reduzir essa equação a homogênea, resolvemos o sistema $\begin{cases} x+y-2=0 \\ x-y+4=0 \end{cases}$ cuja única solução é $x_0 = -1, y_0 = 3$. A mudança da variável independente e da função incógnita $t = x+1$ e $z = y-3$ transforma a equação dada em homogênea $z_t = -\frac{t+z}{t-z} = -\frac{1+z/t}{1-z/t}$. Usando a nova função $u = \frac{z}{t}$, obtemos a equação separável $tu_t + u = -\frac{1+u}{1-u}$ ou $tu_t = \frac{u^2-2u-1}{1-u}$. Separando as variáveis e integrando, temos $\int \frac{u-1}{u^2-2u-1}du = \int \frac{1}{2}\frac{d(u^2-2u-1)}{u^2-2u-1} = -\int \frac{1}{t}dt$. O resultado da integração é $\ln|u^2-2u-1| = -2\ln t + C$ ou $u^2-2u-1 = \frac{C}{t^2}$. Lembrando que $u = \frac{z}{t} = \frac{y-3}{x+1}$, obtemos a solução geral da equação original: $(y-3)^2 - 2(y-3)(x+1) - (x+1)^2 = C$ ou equivalentemente $y^2 - 2xy - x^2 - 8y + 4x = C$.

9. $y' = 2\left(\frac{y+1}{x+y-2}\right)^2$. Para reduzir essa equação a homogênea, resolvemos o sistema $\begin{cases} y+1=0 \\ x+y-2=0 \end{cases}$ cuja única solução é $x_0 = 3, y_0 = -1$. A mudança da variável independente e da função incógnita $t = x-3$ e $z = y+1$ transforma a equação dada em homogênea $z_t = 2\left(\frac{z}{t+z}\right)^2$. Usando a nova função $u = \frac{z}{t}$, obtemos a equação separável $tu_t + u = 2\left(\frac{u}{1+u}\right)^2$ ou $tu_t = -\frac{u^3+u}{(u+1)^2}$. Separando as variáveis e integrando, temos $\int \frac{(u+1)^2}{u^3+u}du = -\int \frac{dt}{t}$. A integral do lado esquerdo pode ser calculada da seguinte maneira $\int \frac{u^2+1+2u}{u(u^2+1)}du = \int \frac{1}{u} + \frac{2}{u^2+1}du = \ln|u| + 2\arctan u + C$. Então, $\ln|u| + 2\arctan u = -\ln|t| + C$. Lembrando que $u = \frac{z}{t} = \frac{y+1}{x-3}$, obtemos a solução geral da equação original: $\ln\left|\frac{y+1}{x-3}\right| + 2\arctan \frac{y+1}{x-3} = -\ln|x-3| + C$. Nesse procedimento, a função $y = -1$ foi desconsiderada, é simples de ver que ela é a solução adicional da equação original.

Exercícios para o leitor

1. $(x-y)dx + (2y-x+1)dy = 0$.
2. $(3y-7x+7)dx - (3x-7y-3)dy = 0$.
3. $(y+2)dx = (2x+y-4)dy$.
4. $(x-2y-1)dx + (3x-6y+2)dy = 0$.
5. $(x+y+1)dx + (x-y+3)dy = 0$.
6. $(2x-y-2)dx + (x+y-4)dy = 0$.
7. $(2x+y-3)y' + y+1 = 0$.
8. $y' = \frac{y+2}{x+1} + \tan\frac{y-2x}{x+1}$.
9. $(x+4y)y' = 2x+3y-5$.
10. $(x+y-1)^2 y' = 2(y+2)^2$.

3 Equações exatas. Fator integrante

3.1 Equações exatas

Definição. Uma equação

$$A(x,y)dx + B(x,y)dy = 0$$

é chamada *equação de diferencial exata* (ou simplesmente *equação exata*) se a sua parte esquerda representa diferencial de uma função de duas variáveis, ou seja, se exista função $F(x,y)$ tal que

$$A(x,y)dx + B(x,y)dy = dF(x,y).$$

Método de resolução.

Se a função $F(x,y)$ é conhecida, então a equação assume a forma $dF(x,y) = 0$ e, consequentemente, a sua solução geral na forma implicita é $F(x,y) = C$ (lembramos que uma função é constante numa região conexa se, e somente se, a sua diferencial nessa região é nula). O problema principal é que, usualmente, a função $F(x,y)$ é desconhecida e até não se sabe se a equação $A(x,y)dx + B(x,y)dy = 0$ é exata ou não. Portanto, o primeiro passo é verificar se a equação é realmente exata e, caso afirmativo, no segundo passo encontrar a função $F(x,y)$. Para entender melhor o procedimento da verificação, lembramos que, pela definição $dF(x,y) = F_x(x,y)dx + F_y(x,y)dy$, onde dx e dy são incrementos de variáveis independentes x e y. Então, levando em conta que esses incrementos são arbitrários, da relação $dF(x,y) = F_x(x,y)dx + F_y(x,y)dy = A(x,y)dx + B(x,y)dy$ segue diretamente que $F_x = A$ e $F_y = B$. Supondo que F é uma função suave (tem derivadas parciais contínuas da segunda ordem), temos a igualdade das derivadas mistas, isto é, $F_{xy} = (F_x)_y = A_y = B_x = (F_y)_x = F_{yx}$. Assim, se $Adx + Bdy$ é diferencial exata de F, então está satisfeita a relação $A_y = B_x$.

Acontece que a recíproca também é válida numa região simplesmente conexa, isto é, aquela onde qualquer curva fechada contém dentro somente os pontos da região (grosso modo, região sem furos). Se numa região simplesmente conexa temos $A_y = B_x$, então $Adx + Bdy$ é diferencial exata de uma função F nessa região. A demonstração desse resultado é bastante simples e, por outro lado, mostra o procedimento geral de encontro da função F, portanto vamos realiza-la a seguir. Para mostrar que $Adx + Bdy = dF = F_x(x,y)dx + F_y(x,y)dy$, temos que encontrar F tal que estão satisfeitas (simultaneamente) as duas equações $\begin{cases} F_x = A \\ F_y = B \end{cases}$. Para mostrar que as equações do sistema são compatíveis (admitem solução), vamos transformar a primeira equação a forma mais parecida com a segunda (o mesmo pode ser feito com a segunda equação). Para isso, integramos em relação a x a primeira equação, considerando y como um parâmetro: $F = \int A dx + g(y)$, onde $g(y)$ é uma função arbitrária de y (por conveniência, entendemos aqui $\int A dx$ como uma das antiderivadas de A para qualquer y fixo). Agora, derivando essa relação em y, obtemos: $F_y = \int A_y dx + g_y(y)$. Devido a condição $A_y = B_x$, podemos reescrever: $F_y = \int B_x dx + g_y(y) = B + h(y) + g_y(y)$, onde $h(y)$ é mais uma função arbitrária de y. Essa é uma outra forma da primeira equação, que é semelhante a segunda. Comparando as duas, temos então que $B + h(y) + g_y(y) = B$ ou, simplificando, $g_y(y) = -h(y)$. Essa é condição de compatibilidade entre duas equações, que sempre pode ser satisfeita: escolhendo uma função arbitrária $h(y)$ é simples encontrar $g(y)$ (que já não vai ser arbitrária) integrando $h(y)$. Especificando $g(y)$, temos a função F determinada pela fórmula $F = \int A dx + g(y)$. Assim, demonstramos que o sistema tem solução, isto é, existe uma função F cuja diferencial é $Adx + Bdy$ e, além disso, indicamos um algoritmo para encontro de F que pode ser usado na resolução de equações específicas.

Observação 1. De acordo com o método de resolução a solução geral obtida contém todas as soluções da equação exata.

Observação 2. Como a função $g(y)$ é obtida via integração, ela é determinada com precisão até uma constante e o mesmo é válido para função $F(x,y)$, uma vez que a sua expressão envolve $g(y)$. Isso está de acordo com o fato elementar de que caso $F(x,y)$ é uma função cuja diferencial é igual a $Adx + Bdy$, então qualquer função da familia $F(x,y) + C_1$, onde C_1 é uma constante qualquer, tem a mesma propriedade (é só lembrar que diferencial de uma constante é zero). Mas, na realidade, sempre podemos escolher um valor específico dessa constante (aquele que achamos mais conveniente), porque a solução da equação é representada na forma $F(x,y) = C$, onde C também é uma constante arbitrária.

Observação 3. A equação separável $y' = f(x)g(y)$ se torna a exata depois de separação de variáveis na forma $\frac{dy}{g(y)} = f(x)dx$.

Exemplos.

1. $e^x \sin y\, dx + (1 + e^x)\cos y\, dy = 0$. Primeiro, analisamos se essa equação é exata ou não, verificando a condição $A_y = B_x$, onde $A = e^x \sin y$ e $B = (1 + e^x)\cos y$. Como $A_y = e^x \cos y = B_x$,

então a equação é exata. Segundo, encontramos a função F tal que $dF = Adx + Bdy$, resolvendo o sistema $\begin{cases} F_x = A = e^x \sin y \\ F_y = B = (1 + e^x) \cos y \end{cases}$. As duas equações são simples para integração, então vamos começar da primeira: $F = \int e^x \sin y\, dx = e^x \sin y + g(y)$ e $F_y = e^x \cos y + g_y(y)$. Comparando a última expressão para F_y com a segunda equação do sistema, concluímos que $g_y(y) = \cos y$ e, consequentemente, $g(y) = \sin y + C_1$. Substituindo essa expressão de $g(y)$ na fórmula de F, obtemos $F = e^x \sin y + \sin y + C_1$. Com a função F encontrada, temos a solução geral da equação original na forma $F = C$, isto é, $e^x \sin y + \sin y + C_1 + C_1 = C$, ou $(e^x + 1) \sin y = C$. De acordo com a Observação ao método de resolução, a constante arbitrária que aparece no encontro de $F(x, y)$ pode ser descartada, porque a forma da solução geral já tem uma constante que pode ser unida com essa.

É interessante notar que essa mesma equação pode ser classificada, também, como a separável. Isso é simples de ver, reescrevendo ela na forma $y' = -\frac{e^x}{1+e^x} \cdot \frac{\sin y}{\cos y}$. Às vezes, o método de variáveis separáveis é mais direto e simples, comparado com o de diferencial exata. Vamos resolver essa equação como a separável e comparar os dois procedimentos e as duas soluções. Primeiro, separamos as variáveis: $\frac{\cos y}{\sin y} = -\frac{e^x}{1+e^x}$. Integrando os dois lados, obtemos: $\int \frac{\cos y}{\sin y} dy = \int \frac{d(\sin y)}{\sin y} = \ln|\sin y| + C_1$ para o lado esquerdo e $\int \frac{e^x}{1+e^x} dx = \int \frac{d(1+e^x)}{1+e^x} = \ln(1 + e^x) + C_2$ para o lado direito (sem sinal negativo). Logo, a solução geral se encontra na forma $\ln|\sin y| = -\ln(1 + e^x) + B$ ou $\sin y = \frac{B}{1+e^x}$, $B \neq 0$. Levando em conta que na divisão por $\sin y$ foram desconsideradas as soluções particulares $\sin y = 0$, isto é, $y = k\pi$, $k \in \mathbb{Z}$, podemos restituir essas soluções, incorporando elas na solução geral, que assume então a forma $\sin y = \frac{B}{1+e^x}$, $\forall B$. Comparando com a solução obtida pelo método de equações exatas, vemos que o resultado final é o mesmo (como deve ser). Nesse caso, as duas técnicas requerem, aproximadamente, o mesmo volume de trabalho técnico.

2. $x(2x^2 + y^2)dx + y(x^2 + 2y^2)dy = 0$. Primeiro, analisamos se essa equação é exata ou não, verificando a condição $A_y = B_x$, onde $A = x(2x^2 + y^2)$ e $B = y(x^2 + 2y^2)$. Como $A_y = 2xy = B_x$, então a equação é exata. Segundo, encontramos a função F tal que $dF = Adx + Bdy$, resolvendo o sistema $\begin{cases} F_x = A = x(2x^2 + y^2) \\ F_y = B = y(x^2 + 2y^2) \end{cases}$. As duas equações são simples para integração, então vamos começar da primeira: $F = \int 2x^3 + xy^2\, dx = \frac{x^4}{2} + \frac{x^2 y^2}{2} + g(y)$ e $F_y = x^2 y + g_y(y)$. Comparando a última expressão para F_y com a segunda equação do sistema, concluímos que $g_y(y) = 2y^3$ e, consequentemente, $g(y) = \frac{y^4}{2} + C_1$. Substituindo essa expressão de $g(y)$ na fórmula de F, obtemos $F = \frac{x^4}{2} + \frac{x^2 y^2}{2} + \frac{y^4}{2} + C_1$. Com a função F encontrada, temos a solução geral da equação original na forma $F = C$, isto é, $\frac{x^4}{2} + \frac{x^2 y^2}{2} + \frac{y^4}{2} + C_1 = C$, ou $x^4 + x^2 y^2 + y^4 = C$. De acordo com a Observação ao método de resolução, notamos que a constante arbitrária que aparece no encontro de $F(x, y)$ (devido a forma de $g(y)$) pode ser descartada, porque a forma da solução geral já tem uma constante que pode ser unida com essa.

É interessante notar que essa mesma equação pode ser classificada, também, como a homogênea. Na maioria dos casos, o método de diferencial exata possibilita uma solução mais simples tecnicamente. No entanto, recomendamos resolver essa equação como homogênea e comparar as soluções obtidas.

3. $\frac{x}{\sqrt{x^2+y^2}} + \frac{1}{x} + \frac{1}{y} = \left(\frac{x}{y^2} - \frac{1}{y} - \frac{y}{\sqrt{x^2+y^2}} \right) y'$. Essa equação não é separável e não é homogênea, nem uma das redutíveis a esses dois tipos, portanto, vamos reescrever ela na forma $Adx + Bdy = 0$ com $A = \frac{x}{\sqrt{x^2+y^2}} + \frac{1}{x} + \frac{1}{y}$, $B = -\frac{x}{y^2} + \frac{1}{y} + \frac{y}{\sqrt{x^2+y^2}}$ e verificar se ela é exata. Temos $A_y = -xy(x^2 + y^2)^{-3/2} - \frac{1}{y^2} = B_x$, o que significa que a equação é exata. Então existe uma função F tal que $dF = Adx + Bdy$ e essa função se encontra da resolução do sistema $\begin{cases} F_x = A = \frac{x}{\sqrt{x^2+y^2}} + \frac{1}{x} + \frac{1}{y} \\ F_y = B = \frac{y}{\sqrt{x^2+y^2}} + \frac{1}{y} - \frac{x}{y^2} \end{cases}$.

A integração de quualquer relação tem o mesmo grau de dificuldade, portanto, tanto faz com a qual equação vamos começar. Para variar, podemos começar da segunda. Integrando ela em y, obtemos $F = \int \frac{y}{\sqrt{x^2+y^2}} + \frac{1}{y} - \frac{x}{y^2} dy = \sqrt{x^2+y^2} + \ln|y| + \frac{x}{y} + g(x)$. Derivando a última representação de F em x, temos: $F_x = \frac{x}{\sqrt{x^2+y^2}} + \frac{1}{y} + g_x(x)$. Comparando essa expressão de F_x com a dada na primeira equação do sistema, concluímos que $g_x(x) = \frac{1}{x}$ e, consequentemente, $g(x) = \ln|x|$ (escolhemos a constante nula). Logo, $F = \sqrt{x^2+y^2} + \ln|y| + \frac{x}{y} + \ln|x|$ e a solução geral vem na forma $\sqrt{x^2+y^2} + \ln|y| + \frac{x}{y} + \ln|x| = C$.

4. $(2x^3 - xy^2)dx + (2y^3 - x^2y)dy = 0$. Verificando que $(2x^3 - xy^2)_y = -2xy = (2y^3 - x^2y)_x$, certificamos que a equação é exata. Então, podemos encontrar a função F, cuja diferencial é a parte esquerda da equação, resolvendo o sistema $\begin{cases} F_x = 2x^3 - xy^2 \\ F_y = 2y^3 - x^2y \end{cases}$. As duas equações são simples para integração, então vamos começar da primeira: $F = \frac{x^4}{2} - \frac{x^2y^2}{2} + g(y)$ e $F_y = -x^2y + g_y(y)$. Comparando a última expressão para F_y com a segunda equação do sistema, concluímos que $g_y(y) = 2y^3$ e, consequentemente, $g(y) = \frac{y^4}{2}$ (precisamos somente de uma função $g(y)$). Substituindo essa expressão de $g(y)$ na fórmula de F, obtemos $F = \frac{x^4}{2} - \frac{x^2y^2}{2} + \frac{y^4}{2}$. Com a função F encontrada, temos a solução geral da equação original na forma $\frac{x^4}{2} - \frac{x^2y^2}{2} + \frac{y^4}{2} = C$, ou $x^4 - x^2y^2 + y^4 = C_1$.

5. $(2x - y + 1)dx + (2y - x - 1)dy = 0$. Primeiro, verificamos se a equação dada é exata. Calculando derivadas parciais correspondentes e comparando os resultados $(2x - y + 1)_y = -1 = (2y - x - 1)_x$, certificamos que a equação é exata. Segundo, encontramos a função F, cuja diferencial é a parte esquerda da equação, resolvendo o sistema $\begin{cases} F_x = 2x - y + 1 \\ F_y = 2y - x - 1 \end{cases}$. As duas equações são simples para integração, então vamos começar da primeira: $F = x^2 - xy + x + g(y)$ e então $F_y = -x + g_y(y)$. Comparando a última expressão para F_y com a segunda equação do sistema, concluímos que $g_y(y) = 2y - 1$ e, consequentemente, $g(y) = y^2 - y$ (precisamos somente de uma função $g(y)$). Substituindo essa expressão de $g(y)$ na fórmula de F, obtemos $F = x^2 - xy + x + y^2 - y$. Finalmente, com a função F encontrada, temos a solução geral da equação original na forma $x^2 - xy + x + y^2 - y = C$.

Essa equação também é do tipo redutível a equação homogênea. Sugerimos resolver ela usando o algoritmo correspondente e comparar as soluções.

6. $(3x^2 - 3y^2 + 4x)dx - (6xy + 4y)dy = 0$. Primeiro, verificamos que a equação dada é exata: $(3x^2 - 3y^2 + 4x)_y = -6y = -(6xy + 4y)_x$. Segundo, encontramos a função F, cuja diferencial é a parte esquerda da equação, resolvendo o sistema $\begin{cases} F_x = 3x^2 - 3y^2 + 4x \\ F_y = -6xy - 4y \end{cases}$. Para variar, vamos começar integração da segunda equação: $F = -3xy^2 - 2y^2 + h(x)$ e então $F_x = -3y^2 + h_x(x)$. Comparando esssa expressão para F_x com a primeira equação do sistema, concluímos que $h_x(x) = 3x^2 + 4x$ e, consequentemente, $h(x) = x^3 + 2x^2$ (precisamos somente de uma função $h(x)$). Substituindo essa expressão de $h(x)$ na fórmula de F, obtemos $F = -3xy^2 - 2y^2 + x^3 + 2x^2$. Finalmente, sabendo a função F, temos a solução geral da equação original na forma $-3xy^2 - 2y^2 + x^3 + 2x^2 = C$.

7. $\frac{2x(1-e^y)}{(1+x^2)^2}dx + \frac{e^y}{1+x^2}dy = 0$. Primeiro, verificamos que a equação dada é exata: $\left(\frac{2x(1-e^y)}{(1+x^2)^2}\right)_y = -\frac{2xe^y}{(1+x^2)^2} = \left(\frac{e^y}{1+x^2}\right)_x$. Segundo, encontramos a função F, cuja diferencial é a parte esquerda da equação, resolvendo o sistema $\begin{cases} F_x = \frac{2x(1-e^y)}{(1+x^2)^2} \\ F_y = \frac{e^y}{1+x^2} \end{cases}$. Aqui, a expressão na segunda equação é visivelmente mais simples para integração, portanto, vamos começar da segunda equação: $F = \frac{e^y}{1+x^2} + h(x)$ e então $F_x = -\frac{2xe^y}{(1+x^2)^2} + h_x(x)$. Comparando esssa expressão para F_x com a primeira equação do sistema, concluímos que $h_x(x) = \frac{2x}{(1+x^2)^2}$ e, consequentemente, $h(x) = -\frac{1}{1+x^2}$ (precisamos somente de uma função $h(x)$). Substituindo essa expressão de $h(x)$ na fórmula de F, obtemos $F = \frac{e^y}{1+x^2} - \frac{1}{1+x^2}$. Finalmente, sabendo a função F, temos a solução geral da equação original na forma $\frac{e^y-1}{1+x^2} = C$.

8. $\left(\frac{\sin 2x}{y} + x\right)dx + \left(y - \frac{\sin^2 x}{y^2}\right)dy = 0$. Primeiro, verificamos que a equação dada é exata: $\left(\frac{\sin 2x}{y} + x\right)_y = -\frac{\sin 2x}{y^2} = \left(y - \frac{\sin^2 x}{y^2}\right)_x$. Segundo, encontramos a função F, cuja diferencial é a parte

esquerda da equação, resolvendo o sistema $\begin{cases} F_x = \frac{\sin 2x}{y} + x \\ F_y = y - \frac{\sin^2 x}{y^2} \end{cases}$. As expressões nas duas equações são de dificuldade comparável para integração. Podemos começar da segunda equação: $F = \frac{y^2}{2} + \frac{\sin^2 x}{y} + h(x)$ e então $F_x = \frac{2\sin x \cos x}{y} + h_x(x)$. Comparando esssa expressão para F_x com a primeira equação do sistema, concluímos que $h_x(x) = x$ e, consequentemente, $h(x) = \frac{x^2}{2}$. Substituindo essa expressão de $h(x)$ na fórmula de F, obtemos $F = \frac{y^2}{2} + \frac{\sin^2 x}{y} + \frac{x^2}{2}$. Finalmente, sabendo a função F, temos a solução geral da equação original na forma $\frac{x^2+y^2}{2} + \frac{\sin^2 x}{y} = C$.

9. $\left(\frac{x}{\sqrt{x^2-y^2}} - 1\right) dx - \frac{y}{\sqrt{x^2-y^2}} dy = 0$. Primeiro, verificamos que a equação dada é exata: $\left(\frac{x}{\sqrt{x^2-y^2}} - 1\right)_y = \frac{xy}{\sqrt{(x^2-y^2)^3}} = \left(-\frac{y}{\sqrt{x^2-y^2}}\right)_x$. Segundo, encontramos a função F, cuja diferencial é a parte esquerda da equação, resolvendo o sistema $\begin{cases} F_x = \frac{x}{\sqrt{x^2-y^2}} - 1 \\ F_y = -\frac{y}{\sqrt{x^2-y^2}} \end{cases}$. As expressões nas duas equações são de dificuldade comparável para integração. Podemos começar integração da primeira equação: $F = \sqrt{x^2 - y^2} - x + g(y)$ e então $F_y = -\frac{y}{\sqrt{x^2-y^2}} + g_y(y)$. Comparando essa expressão de F_y com a segunda equação do sistema, concluímos que $g_y(y) = 0$ e, consequentemente, $g(y) = 0$ (podemos escolher uma constante qualquer). Portanto, $F = \sqrt{x^2 - y^2} - x$ e a solução geral da equação original tem a forma $\sqrt{x^2 - y^2} - x = C$.

10. $x(2x^2 + y^2) + y(x^2 + 2y^2)y' = 0$. Primeiro, verificamos que a equação dada é exata: $(x(2x^2 + y^2))_y = 2xy = (y(x^2 + 2y^2))_x$. Segundo, encontramos a função F, cuja diferencial é a parte esquerda da equação, resolvendo o sistema $\begin{cases} F_x = 2x^3 + xy^2 \\ F_y = x^2 y + 2y^3 \end{cases}$. As expressões nas duas equações são de dificuldade comparável para integração. Podemos começar integração da primeira equação: $F = \frac{x^4}{2} + \frac{x^2 y^2}{2} + g(y)$ e então $F_y = x^2 y + g_y(y)$. Comparando essa expressão de F_y com a segunda equação do sistema, concluímos que $g_y(y) = 2y^3$ e, consequentemente, $g(y) = \frac{y^4}{2}$ (escolhemos constante de integração 0). Portanto, $F = \frac{x^4}{2} + \frac{x^2 y^2}{2} + \frac{y^4}{2}$ e a solução geral da equação original tem a forma $x^4 + x^2 y^2 + y^4 = C$.

11. $\left(3x^2 \tan y - 2\frac{y^3}{x^3}\right) dx + \left(\frac{x^3}{\cos^2 y} + 4y^3 + 3\frac{y^2}{x^2}\right) dy = 0$. Primeiro, verificamos que a equação dada é exata: $\left(3x^2 \tan y - 2\frac{y^3}{x^3}\right)_y = \frac{3x^2}{\cos^2 y} - 6\frac{y^2}{x^3} = \left(\frac{x^3}{\cos^2 y} + 4y^3 + 3\frac{y^2}{x^2}\right)_x$. Segundo, encontramos a função F, cuja diferencial é a parte esquerda da equação, resolvendo o sistema $\begin{cases} F_x = 3x^2 \tan y - 2\frac{y^3}{x^3} \\ F_y = \frac{x^3}{\cos^2 y} + 4y^3 + 3\frac{y^2}{x^2} \end{cases}$. Começamos integração da primeira equação: $F = x^3 \tan y + \frac{y^3}{x^2} + g(y)$ e então $F_y = x^3 \frac{1}{\cos^2 y} + 3\frac{y^2}{x^2} + g_y(y)$. Comparando essa expressão de F_y com a segunda equação do sistema, concluímos que $g_y(y) = 4y^3$ e, consequentemente, $g(y) = y^4$ (escolhemos constante de integração 0). Portanto, $F = x^3 \tan y + \frac{y^3}{x^2} + y^4$ e a solução geral da equação original tem a forma $x^3 \tan y + \frac{y^3}{x^2} + y^4 = C$.

12. $\left(2x + \frac{x^2+y^2}{x^2 y}\right) dx = \frac{x^2+y^2}{xy^2} dy$. Primeiro, verificamos que a equação dada é exata: $\left(2x + \frac{x^2+y^2}{x^2 y}\right)_y = \frac{y^2-x^2}{x^2 y^2} = \left(\frac{x^2+y^2}{xy^2}\right)_x$. Segundo, encontramos a função F que satisfaz o sistema $\begin{cases} F_x = 2x + \frac{x^2+y^2}{x^2 y} \\ F_y = -\frac{x^2+y^2}{xy^2} \end{cases}$. Começamos integração da segunda equação: $F = -\int \frac{x}{y^2} + \frac{1}{x} dy = \frac{x}{y} - \frac{y}{x} + h(x)$ e então $F_x = \frac{1}{y} + \frac{y}{x^2} + h_x(x)$. Comparando essa expressão de F_y com a primeira equação do sistema, concluímos que $h_x(x) = 2x$ e, consequentemente, $h(x) = x^2$ (escolhemos constante de integração 0). Portanto, $F = \frac{x}{y} - \frac{y}{x} + x^2$ e a solução geral da equação original tem a forma $\frac{x}{y} - \frac{y}{x} + x^2 = C$.

13. $\frac{y + \sin x \cdot \cos^2(xy)}{\cos^2(xy)} dx + \left(\frac{x}{\cos^2(xy)} - \sin y\right) dy = 0$. Primeiro, verificamos que a equação dada é exata: $\left(\frac{y + \sin x \cdot \cos^2(xy)}{\cos^2(xy)}\right)_y = \frac{1}{\cos^2(xy)} + \frac{xy \sin(xy)}{\cos^3(xy)} = \left(\frac{x}{\cos^2(xy)} - \sin y\right)_x$. Segundo, encontramos a função

F, cuja diferencial é a parte esquerda da equação, resolvendo o sistema $\begin{cases} F_x = \frac{y}{\cos^2(xy)} + \sin x \\ F_y = \frac{x}{\cos^2(xy)} - \sin y \end{cases}$.

Começamos integração da primeira equação: $F = \tan(xy) - \cos x + g(y)$ e então $F_y = \frac{x}{\cos^2(xy)} + g_y(y)$. Comparando essa expressão de F_y com a segunda equação do sistema, concluímos que $g_y(y) = -\sin y$ e, consequentemente, $g(y) = \cos y$ (escolhemos constante de integração 0). Portanto, $F = \tan(xy) - \cos x + \cos y$ e a solução geral da equação original tem a forma $\tan(xy) - \cos x + \cos y = C$.

14. $\left(\frac{y}{2\sqrt{xy}} + 2xy\sin(x^2y) + 4\right) dx + \left(\frac{x}{2\sqrt{xy}} + x^2\sin(x^2y)\right) dy = 0$. Primeiro, verificamos que a equação dada é exata:

$$\left(\frac{y}{2\sqrt{xy}} + 2xy\sin(x^2y) + 4\right)_y = \frac{1}{4\sqrt{xy}} + 2x\sin(x^2y) + 2x^3y\cos(x^2y) = \left(\frac{x}{2\sqrt{xy}} + x^2\sin(x^2y)\right)_x .$$

Segundo, encontramos a função F, cuja diferencial é a parte esquerda da equação, resolvendo o sistema $\begin{cases} F_x = \frac{y}{2\sqrt{xy}} + 2xy\sin(x^2y) + 4 \\ F_y = \frac{x}{2\sqrt{xy}} + x^2\sin(x^2y) \end{cases}$. Começamos integração da segunda equação: $F = \sqrt{xy} - \cos(x^2y) + h(x)$ e então $F_x = \frac{x}{2\sqrt{xy}} + 2xy\sin(x^2y) + h_x(x)$. Comparando essa expressão de F_x com a primeira equação do sistema, concluímos que $h_x(x) = 4$ e, consequentemente, $h(x) = 4x$ (escolhemos constante de integração 0). Portanto, $F = \sqrt{xy} - \cos(x^2y) + 4x$ e a solução geral da equação original tem a forma $\sqrt{xy} - \cos(x^2y) + 4x = C$.

Exercícios para o leitor

1. $(3x^2 - 2x - y) dx + (2y - x + 3y^2)dy = 0$.
2. $\left(\frac{y}{\sqrt{1-x^2y^2}} - 2x\right) dx + \frac{x}{\sqrt{1-x^2y^2}}dy = 0$.
3. $\left(\frac{x}{\sqrt{x^2-y^2}} - 1\right) dx - \frac{y}{\sqrt{x^2-y^2}}dy = 0$.
4. $\left(1 + e^{x/y}\right) dx + e^{x/y}\left(1 - \frac{x}{y}\right) dy = 0$.
5. $2xydx + (x^2 - y^2)dy = 0$.
6. $e^{-y}dx - (2y + xe^{-y})dy = 0$.
7. $\frac{3x^2+y^2}{y^2}dx - \frac{2x^3+5y}{y^3}dy = 0$.
8. $(3x^2 + 6xy^2)dx + (6x^2y + 4y^3)dy = 0$.
9. $\left(\frac{xy}{\sqrt{1+x^2}} + 2xy - \frac{y}{x}\right) dx + (\sqrt{1+x^2} + x^2 - \ln x)dy = 0$.
10. $\left(\sin y + y\sin x + \frac{1}{x}\right) dx + \left(x\cos y - \cos x + \frac{1}{y}\right) dy = 0$.
11. $\frac{2x}{y^3}dx + \frac{y^2-3x^2}{y^4}dy = 0$, $y(1) = 1$.
12. $(3x^2 + y - 1)dx + (x + 3y^2 - 1)dy = 0$.
13. $(y + \sin x)dx + (x + \cos y)dy = 0$.
14. $(y^2 + \ln x)dx + (2xy - \ln y)dy = 0$.
15. $(1 + 3x^2\ln y)dx + (3y^2 + \frac{x^3}{y})dy = 0$.
16. $\left(2x - \frac{\sin^2 y}{x^2}\right) dx + \left(2y + \frac{\sin 2y}{x}\right) dy = 0$.
17. $\left(\frac{y}{x^2} + \frac{1}{y}\right) dx - \left(\frac{x}{y^2} + \frac{1}{x} + 2y\right) dy = 0$.
18. $\frac{y}{x}dx + (1 + \ln(xy)) dy = 0$.
19. $2x(1 + \sqrt{x^2 - y})dx - \sqrt{x^2 - y}dy = 0$.
20. $\left(\frac{1}{x} - \frac{y^2}{(x-y)^2}\right) dx + \left(\frac{x^2}{(x-y)^2} - \frac{1}{y}\right) dy = 0$.

3.2 Equações redutíveis a exatas. Fator de integração

Uma equação $A(x,y)dx + B(x,y)dy = 0$ é a forma geral de uma EDO. Com a condição $A_y = B_x$ ela é de diferencial exata, sem essa condição não é. Notamos que a forma simples ou complexa de funções não é um indicativo se a equação é exata. No Exemplo 1 de diferencial exata as funções A e B são relativamente simples, enquanto no Exemplo 2 elas são relativamente complicadas. A equação simples $ydx + xdy = 0$ é exata ($F = xy$), mas outra, de forma não menos simples, $xdx + xdy = 0$ não é, embora não custa nada torna-la uma equação exata dividindo toda equação por x. De maneira semelhante, mutiplicando a equação do Exemplo 2 por x (ou y) transforma a equação numa EDO não exata.

Fator de integração

Como foi notado, multiplicação de uma equação, que não é exata, por uma função pode resultar em equação exata e vice-versa, uma equação exata multiplicada por uma função pode virar uma equação não exata. Então aparece pergunta se para qualquer equação não exata existe um multiplicador que leva a equação exata. (Obviamente, essa função não deve ser uma constante, porque se fosse, então a relação entre A_y e B_x não mudaria.) Teoricamente, a resposta dessa questão é positiva (sob fracas restrições de suavidade de A e B e não anulamento das duas), e a função usada nessa multiplicação é chamada de fator integrante.

Definição. Se uma equação $A(x,y)dx + B(x,y)dy = 0$ (não exata) é transformada em exata via multiplicação pela função $\mu(x,y)$, então μ é chamada de *fator integrante* (ou *fator de integração*).

Vamos mostrar que uma equação diferencial, cuja solução existe, sempre possui fator integrante. Realmente, reescrevemos a equação $Adx + Bdy = 0$ na forma $y' = -\frac{A}{B}$ (sob a suposição que $B \neq 0$) e consideremos a solução geral $F(x,y) = C$ dessa equação. Calculando a diferencial de F, temos $F_x dx + F_y dy = 0$ ou $y' = -\frac{F_x}{F_y}$. Comparando duas expressões para y', chegamos a relação $\frac{F_x}{F_y} = \frac{A}{B}$ ou $\frac{F_x}{A} = \frac{F_y}{B} = \mu$. Então a equação $F_x dx + F_y dy = 0$ podemos reescrever na forma $dF = \frac{F_x}{A}Adx + \frac{F_y}{B}Bdy = \mu Adx + \mu Bdy = 0$, onde a parte esquerda da equação $\mu Adx + \mu Bdy = 0$ é a diferencial de F, isto é, a multiplicação por μ resultou na equação exata.

Como ponto adicional, podemos mostrar, também, que existe um conjunto infinito de fatores integrantes. Primeiro, um múltiplo de um fator integrante também é fator integrante. Mas os dois fatores podem diferir não só por um multiplicador constante. Realmente, se $\mu Adx + \mu Bdy = F_x dx + F_y dy = dF$, então $e^F \mu Adx + e^F \mu Bdy = e^F F_x dx + e^F F_y dy = (e^F)_x dx + (e^F)_y dy = d(e^F)$, isto é, $e^F \mu$ também é fator integrante para a equação $Adx + Bdy = 0$ (lembramos que $F(x,y) = C$ é a solução geral da equação $Adx + Bdy = 0$). Na realidade, se μ é fator integrante, então qualquer função na forma $h(F)\mu$, onde h é uma função diferenciável de argumento F, é fator integrante da equação $Adx + Bdy = 0$. Nesse caso, $h(F)F_x dx + h(F)F_y dy = d(\int h(F)dF)$.

Método de resolução.

Na prática, encontrar um fator integrante pode ser mais complicado do que resolver a EDO original, porque, em geral, é necessário solucionar uma equação diferencial parcial. Mesmo assim, há alguns casos particulares, quando fator integrante pode ser encontrado efetivamente. Usualmente, isso ocorre quando fator integrante depende somente de uma variável.

Vamos considerar dois casos principais quando fator integrante pode ser encontrado de modo bastante simples (fora de problemas técnicos de integração): primeiro, quando μ depende só de x e, segundo, quando depende só de y. Os dois casos são semelhante, portanto elaboremos em detalhes somente o primeiro. Deduzimos em paralelo tanto a fórmula para $\mu(x)$ como a condição quando existe fator integrante como função só de x.

Se esperamos que a equação $\mu(x)A(x,y)dx + \mu(x)B(x,y)dy = 0$ é exata, então deve ser satisfeita a condição $(\mu A)_y = (\mu B)_x$ ou, levando em conta que μ depende só de x: $\mu A_y = \mu_x B + \mu B_x$. Isolando μ, obtemos $\frac{\mu_x}{\mu} = \frac{A_y - B_x}{B}$ ou $(\ln \mu)_x = \frac{A_y - B_x}{B}$. Do lado direito temos função só de x, o que implica que a expressão $\frac{A_y - B_x}{B}$ deve depender também só de x. Essa é a condição de realização dessa situação. Caso isso seja válido, a função $\ln \mu$ se encontra via integração direta de uma função de x (claro que na prática a integração pode ser um problema complicado). Sabendo μ, transformamos a equação em exata e depois seguimos com o procedimento de resolução dessas equações.

Caso μ depende só de y, a dedução é análoga e leva a equação $(\ln \mu)_y = \frac{B_x - A_y}{A}$. A condição que permite encontrar $\mu(y)$ é que a expressão $\frac{B_x - A_y}{A}$ depende só de y.

Adicionalmente, resolvemos alguns exemplos quando fator integrante depende tanto de x como de y, mas as duas variáveis podem ser combinadas num parâmetro só que representa a única variável do fator integrante. Essa combinação de x e y deve ser indicada ou imposta do significado da equação, que pode reperesentar o modelo de um problema físico ou geométrico.

Observação. Sempre existe um conjunto de fatores integrantes, inclusive no caso quando μ depende só de x ou só de y (como já foi mostrado). No entanto, nós interessa encontrar só um deles, para transformar a equação em exata. Portanto, podemos escolher aquele μ que tem a forma mais simples.

Exemplos.

1. $(x^2 + y^2 + 1)dx - 2xydy = 0$. Primeiro, checamos o tipo da equação: ela não é separável, não é homogênea ou redutível e, finalmente, não é exata porque $A_y = 2y \neq -2y = B_x$ (sinal importa!). Vamos tentar encontrar o fator integrante que depende de x. Simplesmente seguimos a ideia do encontro, sem necessidade de lembrar as fórmulas gerais prontas, já deduzidas. Se μ é fator integrante, então deve ser satisfeita a relação $(\mu A)_y = (\mu B)_x$, isto é, $(\mu(x^2 + y^2 + 1))_y = (\mu(-2xy))_x$. Se ele depende só de x, então dessa relação segue que $\mu A_y = \mu_x B + \mu B_x$, isto é, $\mu \cdot 2y = \mu_x \cdot (-2xy) + \mu \cdot (-2y)$. Isolando μ, obtemos $(\ln \mu)_x = \frac{2y+2y}{-2xy} = \frac{2}{-x}$. Como a parte direita $\left(\frac{A_y - B_x}{B}\right)$ depende só de x, então a suposição que μ pode depender só de x é verdadeira e prosseguindo no encontro de μ obtemos: $\ln \mu = \int \frac{2}{-x} = -2\ln_x + C$. Nós interessa só um fator integrante, portanto, a constante podemos anular (por simplicidade) e temos $\mu = \frac{1}{x^2}$.

Conferimos agora que a função encontrada μ realmente é fator integrante: $(\mu(x^2 + y^2 + 1))_y = (\frac{1}{x^2}(x^2 + y^2 + 1))_y = \frac{2y}{x^2} = (\frac{1}{x^2}(-2xy))_x = (\mu(-2xy))_x$. Então podemos resolver a equação $\frac{1}{x^2}(x^2 + y^2 + 1)dx - \frac{1}{x^2}2xydy = 0$ usando o procedimento de equação de diferencial exata. Para iniciar, reescrevemos a equação na forma $(1 + \frac{y^2}{x^2} + \frac{1}{x^2})dx - \frac{2y}{x}dy = 0$. Resolvemos agora o sistema para a função F: $\begin{cases} F_x = 1 + \frac{y^2}{x^2} + \frac{1}{x^2} \\ F_y = -\frac{2y}{x} \end{cases}$. A integração da segunda equação em y parece ser um pouco mais simples, portanto, vamos começãr dessa operação: $F = \int -\frac{2y}{x}dy = -\frac{y^2}{x} + g(x)$. Derivando a última fórmula de F em x, temos: $F_x = \frac{y^2}{x^2} + g_x(x)$. Comparando essa expressão de F_x com a primeira equação do sistema, concluímos que $g_x(x) = 1 + \frac{1}{x^2}$ e, consequentemente, $g(x) = x - \frac{1}{x}$ (escolhemos a constante nula). Logo, $F = \frac{y^2}{x^2} + x - \frac{1}{x}$ e a solução geral da equação vem na forma $\frac{y^2}{x^2} + x - \frac{1}{x} = C$. Como a multiplicação por $\mu = \frac{1}{x^2}$ não altera o conjunto de soluções, a equação originial tem as mesmas soluções.

2. $(x - xy)dx + (y + x^2)dy = 0$. Primeiro, verificamos que essa não é uma equação exata porque $A_y = -x \neq 2x = B_x$. Vamos tentar encontrar o fator integrante que depende de x. Se $\mu(x)$ é fator integrante, então deve ser satisfeita a relação $\mu A_y = \mu_x B + \mu B_x$, isto é, $\mu \cdot (-x) = \mu_x \cdot (y + x^2) + \mu \cdot 2x$. Isolando μ, obtemos $(\ln \mu)_x = \frac{-x - 2x}{y + x^2} = \frac{-3x}{y + x^2}$. Como a parte direita depende tanto de x como de y, então a suposição que μ pode depender só de x não é válida. Faremos então a tentativa com $\mu(y)$. Nesse caso, deve ser satisfeita a relação $\mu_y A + \mu A_y = \mu B_x$, isto é, $\mu_y(x - xy) + \mu \cdot (-x) = \mu \cdot 2x$. Chegamos a seguinte equação para μ: $(\ln \mu)_y = \frac{3x}{x - xy} = \frac{3}{1 - y}$ cuja parte direita depende só de y e, por isso, existe fator integrante que depende só de y. Integrando a última relação em y encontramos $\ln \mu = \int \frac{3}{1-y} = -3\ln_(1 - y) + C$. Escolhendo $C = 0$ (por simplicidade), temos $\mu = \frac{1}{(1-y)^3}$.

Conferimos agora que a função encontrada μ realmente é fator integrante: $(\mu(x - xy))_y = \left(\frac{1}{(1-y)^3}(x - xy)\right)_y = \left(\frac{x}{(1-y)^2}\right)_y = \frac{2x}{(1-y)^3} = \left(\frac{1}{(1-y)^3}(y + x^2)\right)_x = (\mu(y + x^2))_x$. Então podemos resolver a equação $\frac{1}{(1-y)^3}(x - xy)dx + \frac{1}{(1-y)^3}(y + x^2)dy = 0$ usando o procedimento de equação exata. Para encontrar a função F, temos que resolver o sistema: $\begin{cases} F_x = \frac{x}{(1-y)^2} \\ F_y = \frac{1}{(1-y)^3}(y + x^2) \end{cases}$. A integração da primeira equação em x parece ser mais simples, portanto, vamos começar dessa operação: $F = \int \frac{x}{(1-y)^2} dy = \frac{x^2}{2(1-y)^2} + g(y)$. Derivando a última fórmula de F em y, temos: $F_y = \frac{x^2}{(1-y)^3} + g_y(y)$. Comparando essa expressão de F_y com a segunda equação do sistema, concluímos que $g_y(y) = \frac{y}{(1-y)^3}$ e, consequentemente, $g(y) = \int \frac{y}{(1-y)^3} dy = \int \frac{y-1+1}{(1-y)^3} dy = \int \frac{-1}{(1-y)^2} dy + \int \frac{1}{(1-y)^3} dy = \frac{-1}{1-y} + \frac{1}{2(1-y)^2}$ (escolhemos a constante nula). Logo, $F = \frac{x^2}{2(1-y)^2} - \frac{1}{1-y} + \frac{1}{2(1-y)^2} = \frac{x^2+1}{2(1-y)^2} - \frac{1}{1-y}$ e a solução geral da equação (com μ e sem μ) é $\frac{x^2+1}{2(1-y)^2} - \frac{1}{1-y} = C$.

3. $(2xy^2 - y)dx + (y^2 + x + y)dy = 0$. Primeiro, verificamos que a equação não é exata porque $A_y = (2xy^2 - y)_y = 4xy - 1 \neq 1 = (y^2 + x + y)_x = B_x$. Vamos tentar encontrar o fator integrante que depende de x. Se $\mu(x)$ é fator integrante, então deve ser satisfeita a relação $(\mu A)_y = \mu A_y = (\mu B)_x$, isto é, $\mu(2xy^2 - y)_y = (\mu(y^2 + x + y))_x$. Efetuando derivação temos: $\mu(4xy - 1) = \mu_x(y^2 + x + y) + \mu$. Reagrupando os termos, temos $\frac{\mu_x}{\mu} = \frac{4xy-2}{y^2+x+y}$. A dependência da expressão do lado direito de y mostra que não existe fator integrante que depende só de x. Vamos tentar encontrar o fator integrante que depende de y. Nesse caso, temos $(\mu A)_y = \mu B_x = (\mu B)_x$ e então, $\mu_y(2xy^2 - y) + \mu(4xy - 1) = \mu$. De novo, isolando os termos com μ de uma lado, obtemos $\frac{\mu_y}{\mu} = -\frac{4xy-2}{2xy^2-y}$. A parte direita pode ser simplificada a forma que não contém x: $\frac{\mu_y}{\mu} = -\frac{2(xy-1)}{y(2xy-1)} = -\frac{2}{y}$, o que significa que existe fator integrante que depende só de y. Para encontra-lo, simplesmente resolvemos a equação separável $\frac{\mu_y}{\mu} = -\frac{2}{y}$ cuja integração dá $\ln|\mu| = -2\ln|y| + C$. Como precisamos de um só fator integrante, então podemos escolher $C = 0$. Eliminando os logaritmos, obtemos $\mu = \frac{1}{y^2}$.

Conferimos agora que a função encontrada μ realmente é fator integrante: por um lado $(\mu(2xy^2 - y))_y = (\frac{1}{y^2}(2xy^2 - y))_y = (2x - \frac{1}{y})_y = \frac{1}{y^2}$ e por outro lado $(\mu(y^2 + x + y))_x = (\frac{1}{y^2}(y^2 + x + y))_x = \frac{1}{y^2}$. As derivadas parciais correspondentes são iguais. Então podemos resolver a equação $\frac{1}{y^2}(2xy^2 - y)dx + \frac{1}{y^2}(y^2 + x + y)dy = 0$ usando o procedimento de equação exata. Para iniciar, reescrevemos a equação na forma $(2x - \frac{1}{y})dx + (1 + \frac{x}{y^2} + \frac{1}{y})dy = 0$. Resolvemos agora o sistema para a função F:
$$\begin{cases} F_x = 2x - \frac{1}{y} \\ F_y = 1 + \frac{x}{y^2} + \frac{1}{y} \end{cases}$$. Integrando a primeira equação em x, obtemos $F = x^2 - \frac{x}{y} + g(y)$. Derivando a última fórmula em y, temos: $F_y = \frac{x}{y^2} + g_y(y)$. Comparando essa expressão com a segunda equação do sistema, concluímos que $g_y(y) = 1 + \frac{1}{y}$ e, consequentemente, $g(y) = y + \ln|y|$ (escolhemos a constante nula). Logo, $F = x^2 - \frac{x}{y} + y + \ln|y|$ e a solução geral da equação (tanto multiplicada por μ como original) vem na forma $x^2 - \frac{x}{y} + y + \ln|y| = C$. Como a multiplicação por $\mu = \frac{1}{y^2}$ eliminou de consideração a função $y = 0$, temos que verificar se essa função é solução particular da equação original. Um cálculo simples mostra que, de fato, $y = 0$ é uma solução particular não incluída na solução geral.

4. $(1 - x^2 y)dx + x^2(y - x)dy = 0$. Primeiro, verificamos que a equação não é exata porque $A_y = (1 - x^2 y)_y = -x^2 \neq 2xy - 3x^2 = (x^2 y - x^3)_x = B_x$. Vamos tentar encontrar o fator integrante que depende de x. Se $\mu(x)$ é fator integrante, então deve ser satisfeita a relação $(\mu A)_y = \mu A_y = (\mu B)_x$, isto é, $\mu(1 - x^2 y)_y = (\mu(x^2 y - x^3))_x$. Efetuando derivação temos: $-\mu x^2 = \mu_x(x^2 y - x^3) + \mu(2xy - 3x^2)$. Reagrupando os termos, temos $\frac{\mu_x}{\mu} = \frac{2x^2 - 2xy}{x^2 y - x^3} = -\frac{2}{x}$. A dependência da expressão do lado direito somente de x mostra que o fator integrante pode ser encontrado resolvendo a equação deduzida. Integrando essa equação separável, obtemos $\ln|\mu| = -2\ln|x|$ (escolhemos a constante de integração $C = 0$), ou eliminando os logaritmos, $\mu = \frac{1}{x^2}$.

Conferimos agora que a função encontrada μ realmente é fator integrante: por um lado $(\mu(1 - x^2 y))_y = (\frac{1}{x^2}(1 - x^2 y))_y = (\frac{1}{x^2} - y)_y = -1$ e por outro lado $(\mu(x^2 y - x^3))_x = (\frac{1}{x^2}(x^2 y - x^3))_x = (y - x)_x = -1$. As derivadas parciais correspondentes são iguais. Então podemos resolver a equação $\frac{1}{x^2}(1 - x^2 y)dx + \frac{1}{x^2}(x^2 y - x^3)dy = 0$ usando o algoritmo de equação exata. Encontramos a função F que satisfaz o sistema: $\begin{cases} F_x = \frac{1}{x^2} - y \\ F_y = y - x \end{cases}$. Integrando a primeira equação em x, obtemos $F = -\frac{1}{x} - yx + g(y)$. Derivando a última fórmula em y, temos: $F_y = -x + g_y(y)$. Comparando essa expressão com a segunda equação do sistema, concluímos que $g_y(y) = y$ e, consequentemente,

$g(y) = \frac{y^2}{2}$ (escolhemos a constante nula). Logo, $F = -\frac{1}{x} - yx + \frac{y^2}{2}$ e a solução geral da equação (tanto multiplicada por μ como original) vem na forma $-\frac{1}{x} - yx + \frac{y^2}{2} = C$.

5. $(3x^2 \cos y - \sin y)\cos y\, dx = x\, dy$. Primeiro, verificamos que a equação não é exata porque $A_y = ((3x^2 \cos y - \sin y)\cos y)_y = (-3x^2 \sin y - \cos y)\cos y - (3x^2 \cos y - \sin y)\sin y$ enquanto $B_x = (-x)_x = -1$. Vamos tentar encontrar o fator integrante que depende de x. Se $\mu(x)$ é fator integrante, então deve ser satisfeita a relação $(\mu A)_y = \mu A_y = (\mu B)_x$, isto é, $\mu((-3x^2 \sin y - \cos y)\cos y - (3x^2 \cos y - \sin y)\sin y) = \mu_x \cdot (-x) + \mu \cdot (-1)$. Reagrupando os termos, temos $\frac{\mu_x}{\mu} = \frac{(3x^2 \sin y + \cos y)\cos y + (3x^2 \cos y - \sin y)\sin y - 1}{x}$. Como a variável y não pode ser eliminada da parte direita, então não existe fator integrante que depende só de x. Vamos tentar encontrar o fator integrante que depende de y. Nesse caso, temos $(\mu A)_y = \mu B_x = (\mu B)_x$, ou seja, $\mu_y(3x^2 \cos y - \sin y)\cos y + \mu((-3x^2 \sin y - \cos y)\cos y - (3x^2 \cos y - \sin y)\sin y) = \mu \cdot (-1)$. Reagrupando os termos e simplificando, obtemos $\frac{\mu_y}{\mu} = \frac{(3x^2 \sin y + \cos y)\cos y - 1}{(3x^2 \cos y - \sin y)\cos y} + \frac{(3x^2 \cos y - \sin y)\sin y}{(3x^2 \cos y - \sin y)\cos y} = \frac{3x^2 \sin y \cos y - \sin^2 y}{(3x^2 \cos y - \sin y)\cos y} + \tan y = \frac{(3x^2 \cos y - \sin y)\sin y}{(3x^2 \cos y - \sin y)\cos y} + \tan y = 2\tan y$. O fato de que a parte direita não contém x significa que a última equação pode ser resolvida e existe fator integrante que depende só de y. Resolvendo a equação separável para μ, encontramos $\ln|\mu| = -2\ln|\cos y|$, donde $\mu = \frac{1}{\cos^2 y}$.

Multiplicando a equação original por $\mu = \frac{1}{\cos^2 y}$, obtemos $(3x^2 - \tan y)dx = \frac{x}{\cos^2 y}dy$. Calculando as derivadas parciais $(3x^2 - \tan y)_y = -\frac{1}{\cos^2 y}$ e $(-\frac{x}{\cos^2 y})_x = -\frac{1}{\cos^2 y}$, conferimos que a nova equação é exata. Logo, prosseguimos na sua resolução, encontrando a função $F(x,y)$ que satisfaz o sistema $\begin{cases} F_x = 3x^2 - \tan y \\ F_y = -\frac{x}{\cos^2 y} \end{cases}$. Integrando a segunda equação em y, obtemos $F = -x\tan y + g(x)$. Derivando a última fórmula em x, temos: $F_x = -\tan y + g_x(x)$. Comparando esse resultado com a primeira equação do sistema, concluímos que $g_x(x) = 3x^2$ e, consequentemente, $g(x) = x^3$. Então, $F = -x\tan y + x^3$ e a solução geral da equação (tanto multiplicada por μ como a original) vem na forma $-x\tan y + x^3 = C$. Na transformação da equação original em uma exata, multiplicamos a primeira por $\frac{1}{\cos^2 y}$, o que mostra que as funções $y = \frac{\pi}{2} + k\pi, k \in \mathbb{Z}$, as quais anulam $\cos y$, foram desconsideradas e não são incluídas na solução geral. É simples de verificar que cada uma dessas funções é a solução particular da equação original. Assim, o conjunto de todas as soluções da equação original contém a solução geral $-x\tan y + x^3 = C$ e, também, todas as funções $y = \frac{\pi}{2} + k\pi, k \in \mathbb{Z}$.

6. $(2y + \frac{1}{(x+y)^2})dx + (3y + x + \frac{1}{(x+y)^2})dy = 0$. Começamos com a verificação de que a equação não é exata: $A_y = 2 - \frac{2}{(x+y)^3} \neq 1 - \frac{2}{(x+y)^3} = B_x$. Em seguida, verificamos que não existe fator integrante μ que depende só de x ou de y. Realmente, a suposição de que μ depende só de x implica em $(\mu A)_y = \mu A_y = (\mu B)_x$, o que leva à relação $\mu(2 - \frac{2}{(x+y)^3}) = \mu_x(3y + x + \frac{1}{(x+y)^2}) + \mu(1 - \frac{2}{(x+y)^3})$, ou seja, $\frac{\mu_x}{\mu} = \frac{1}{3y + x + \frac{1}{(x+y)^2}}$. Como a função do lado direito depende de y, a equação para μ não é resolvível. Da mesma maneira, supondo que μ depende só de y, temos a condição $(\mu A)_y = \mu B_x$, o que leva à relação $\mu_y(2y + \frac{1}{(x+y)^2}) + \mu(2 - \frac{2}{(x+y)^3}) = \mu(1 - \frac{2}{(x+y)^3})$, ou seja, $\frac{\mu_y}{\mu} = \frac{-1}{2y + \frac{1}{(x+y)^2}}$. A última equação para μ também não é resolvível, porque a função do lado direito depende de x.

Vamos agora buscar o fator integrante que depende da soma das variáveis: $\mu(z) = \mu(x+y)$. Nesse caso, a condição $(\mu A)_y = (\mu B)_x$ assume a forma $\mu_z \cdot (2y + \frac{1}{(x+y)^2}) + \mu \cdot (2 - \frac{2}{(x+y)^3}) = \mu_z \cdot (3y + x + \frac{1}{(x+y)^2}) + \mu \cdot (1 - \frac{2}{(x+y)^3})$. Juntando os termos com μ_z e com μ e simplificando, obtemos $\mu_z \cdot (x+y) = \mu$, ou seja, $\frac{\mu_z}{\mu} = \frac{1}{x+y} = \frac{1}{z}$. Como a parte direita depende só de z, a última equação pode ser resolvida e encontramos $\ln|\mu| = \ln|z|$ ou $\mu = z = x+y$.

Multiplicando a equação original por $\mu = x+y$, obtemos $(x+y)(2y + \frac{1}{(x+y)^2})dx + (x+y)(3y + x + \frac{1}{(x+y)^2})dy = 0$ ou $(2xy + 2y^2 + \frac{1}{x+y})dx + (x^2 + 4xy + 3y^2 + \frac{1}{x+y})dy = 0$. Verificamos que essa equação é exata: $(2xy + 2y^2 + \frac{1}{x+y})_y = 2x + 4y - \frac{1}{(x+y)^2} = (x^2 + 4xy + 3y^2 + \frac{1}{x+y})_x$. Prosseguimos então para o encontro da função F que satisfaz o sistema: $\begin{cases} F_x = 2xy + 2y^2 + \frac{1}{x+y} \\ F_y = x^2 + 4xy + 3y^2 + \frac{1}{x+y} \end{cases}$. Integrando a primeira equação em x, obtemos $F = x^2y + 2y^2x + \ln|x+y| + g(y)$. Derivando a última fórmula em y, temos: $F_y = x^2 + 4xy + \frac{1}{x+y} + g_y(y)$. Comparando essa expressão com a segunda equação do sistema, concluímos que $g_y(y) = 3y^2$ e, consequentemente, $g(y) = y^3$. Logo, $F = x^2y + 2y^2x + \ln|x+y| + y^3$ e a solução geral da equação (tanto multiplicada por μ como original) vem na forma $x^2y + 2y^2x + \ln|x+y| + y^3 = C$.

7. $(y - \frac{1}{x})dx + \frac{1}{y}dy = 0$. Começamos com a verificação de que a equação não é exata: $A_y = 1 \neq 0 = B_x$. Em seguida, verificamos que não existe fator integrante μ que depende só de x ou de y. Realmente, a suposição de que μ depende só de x implica em $\mu A_y = (\mu B)_x$, o que leva à relação $\mu = \mu_x \frac{1}{y}$, ou seja, $\frac{\mu_x}{\mu} = y$. Como a função do lado direito depende de y, a equação para μ não é resolvível. Da mesma maneira, supondo que μ depende só de y, temos a condição $(\mu A)_y = \mu B_x$, o que leva à relação $\mu_y(y - \frac{1}{x}) + \mu = 0$, ou seja, $\frac{\mu_y}{\mu} = \frac{-1}{y - \frac{1}{x}}$. A última equação para μ também não é resolvível, porque a função do lado direito depende de x.

Vamos agora buscar o fator integrante que depende do quociente das variáveis: $\mu(z) = \mu(\frac{x}{y})$. Nesse caso, a condição $(\mu A)_y = (\mu B)_x$ assume a forma $\mu_z \cdot \frac{-x}{y^2} \cdot (y - \frac{1}{x}) + \mu = \mu_z \cdot \frac{1}{y} \cdot \frac{1}{y}$. Reagrupando os termos e simplificando, obtemos $\mu_z \cdot \frac{-x}{y} = -\mu$, ou seja, $\frac{\mu_z}{\mu} = \frac{y}{x} = \frac{1}{z}$. Como a parte direita depende só de z, a última equação pode ser resolvida e encontramos $\ln|\mu| = \ln|z|$ ou $\mu = z = \frac{x}{y}$.

Multiplicando a equação original por $\mu = \frac{x}{y}$, obtemos $(x - \frac{1}{y})dx + \frac{x}{y^2}dy = 0$. Comparando derivadas parciais $(x - \frac{1}{y})_y = \frac{1}{y^2} = (\frac{x}{y^2})_x$, concluímos que a nova equação é exata. Então, prosseguimos para o encontro da função F que satisfaz o sistema: $\begin{cases} F_x = x - \frac{1}{y} \\ F_y = \frac{x}{y^2} \end{cases}$. Integrando a segunda equação em y, obtemos $F = -\frac{x}{y} + g(x)$. Derivando essa relação em x, temos: $F_x = -\frac{1}{y} + g_x(x)$. Comparando essa expressão com a primeira equação do sistema, concluímos que $g_x(x) = x$ e, consequentemente, $g(x) = \frac{x^2}{2}$. Logo, $F = -\frac{x}{y} + \frac{x^2}{2}$ e a solução geral da equação (tanto multiplicada por μ como a original) vem na forma $-\frac{x}{y} + \frac{x^2}{2} = C$. Como fator integrante contém y no denominador, a função $y = 0$ foi eliminada da consideração na equação modificada. No entanto, ela também não é admissível na equação original, uma vez que y fica no denominador de um dos coeficientes. Portanto, nenhuma solução foi perdida no procedimento da resolução.

Exercícios para o leitor

1. $\left(\frac{x}{y} + 1\right)dx + \left(\frac{x}{y} - 1\right)dy = 0$.
2. $(x^2 + y)dx - xdy = 0$.
3. $(xy^2 + y)dx - xdy = 0$.
4. $(x\cos y - y\sin y)dy + (x\sin y + y\cos y)dx = 0$.
5. $(x^2 + y^2 + x)dx + ydx = 0$.
6. $ydy = (xdy + ydx)\sqrt{1 + y^2}$.
7. $y^2dx - (xy + x^3)dy = 0$.
8. $y(x + y)dx + (xy + 1)dy = 0$.
9. $(3x + 2y + y^2)dx + (x + 4xy + 5y^2)dy = 0$.
10. $xy^2dx + (x^2y - x)dy = 0$, $y(-1) = 1$.
11. $2xy\ln ydx + (x^2 + y^2\sqrt{y^2 + 1})dy = 0$.
12. $(x + y^2)dx - 2xydy = 0$.
13. $\left(1 - \frac{x}{y}\right)dx + \left(2xy + \frac{x}{y} + \frac{x^2}{y^2}\right)dy = 0$.
14. $(x^2 - \sin^2 y)dx + x\sin 2ydy = 0$.
15. $ydx - (x + x^2 + y^2)dy = 0$.
16. $(-xy\sin x + 2y\cos x)dx + 2x\cos xdy = 0$.
17. $(x^2 + 2xy - y^2)dx + (y^2 + 2xy - x^2)dy = 0$.
18. $y(x + y + 1)dx + (x + 2y)dy = 0$.
19. $y(1 + xy)dx + (5y - x + y^2\sin y)dy = 0$.
20. $xdx + (x^2y + 4y)dy = 0$, $y(1) = 0$.

3.3 Formação de uma diferencial

Às vezes, é possível formar uma diferencial da parte esquerda da equação, seja ela exata ou não. Na *formação de diferencial* são usadas as fórmulas conhecidas da diferenciação (equivalentes a cálculo das derivadas), tais como: $d(xy) = ydx + xdy$, $d(y^2) = 2ydy$, $d\left(\frac{y}{x}\right) = \frac{xdy - ydx}{x^2}$, $d\ln y = \frac{dy}{y}$, etc. Essa abordagem não tem um algoritmo estruturado, dependendo da habilidade de manipulação com os termos da parte esquerda e da sua simplicidade. Portanto, vamos somente apresentar alguns exemplos desse tipo. Como vamos ver, nos casos quando a tentativa de formar uma diferencial é bem sucedida, isso pode poupar trabalho técnico.

Exemplos.

1. $(x^3 + xy^2)dx + (x^2y + y^3)dy = 0$. Reagrupamos os termos da seguinte maneira: $x^3dx + xy(ydx + xdy) + y^3dy = 0$ e observadmos que $x^3dx = d\left(\frac{x^4}{4}\right)$, $xy(ydx + xdy) = xyd(xy) = d\left(\frac{(xy)^2}{2}\right)$ e $y^3dy = d\left(\frac{y^4}{4}\right)$. Então, a equação original pode ser reescrita da seguinte maneira: $d\left(\frac{x^4}{4}\right) + d\left(\frac{(xy)^2}{2}\right) + d\left(\frac{y^4}{4}\right) = 0$, ou, juntando diferenciais, formamos a diferencial exata do lado esquerdo: $d\left(\frac{x^4}{4} + \frac{(xy)^2}{2} + \frac{y^4}{4}\right) = 0$. Logo, a solução geral é $\frac{x^4}{4} + \frac{(xy)^2}{2} + \frac{y^4}{4} = C$ ou $x^4 + 2(xy)^2 + y^4 = C$.

Notamos que a equação original é exata, mas o procedimento padrão da sua resolução exige maior trabalho técnico.

2. $ydx - (4x^2y + x)dy = 0$. Reagrupamos os termos da seguinte maneira: $ydx - xdy - 4x^2ydy = 0$ e observadmos que $xdy - ydx$ representa o numerador da diferencial de $\frac{y}{x}$. Então, dividimos por $-x^2$ e temos $\frac{xdy - ydx}{x^2} + 4ydy = d\left(\frac{y}{x}\right) + d(2y^2) = d\left(\frac{y}{x} + 2y^2\right) = 0$. Logo, a solução geral é $\frac{y}{x} + 2y^2 = C$.

Notamos que a equação original não é exata e que o procedimento usado mostra que um dos seus fatores integrantes é $\frac{1}{x^2}$. Obviamente, o trabalho técnico envolvido no encontro desse fator integrante e posterior resolução via procedimento padrão é bem maior.

3. $(2xy^2 - y)dx + (y^2 + x + y)dy = 0$. Reagrupamos os termos da seguinte maneira: $2xy^2dx - (ydx - xdy) + (y^2 + y)dy = 0$. Notamos que $2xdx = d(x^2)$ e que o termo no meio representa o numerador da diferencial de $\frac{x}{y}$. Então, dividimos por y^2 e temos $2xdx - \frac{ydx - xdy}{y^2} + \left(1 + \frac{1}{y}\right)dy = d(x^2) - d\left(\frac{x}{y}\right) + d(y + \ln|y|) = d\left(x^2 - \frac{x}{y} + y + \ln|y|\right) = 0$. Logo, a solução geral é $x^2 - \frac{x}{y} + y + \ln|y| = C$. Para realizar esse procedimento foi preciso dividir por y e a função $y = 0$ não foi recuperada na forma da solução geral. Portanto, temos que verificar se $y = 0$ é a solução da equação. A substituição dessa função na equação mostra que ela é a solução particular não incluída na solução geral.

Notamos que a equação original não é exata e que o procedimento usado mostra que um dos seus fatores integrantes é $\frac{1}{y^2}$.

4. $(y + xy^3)dx + (2x + x^2y^2)dy = 0$. Dividimos por xy^2 e reagrupamos os termos: $ydx + xdy + \frac{1}{xy}dx + \frac{2}{y^2}dy = 0$. Isso possibilita formar uma diferencial dos dois primeiros termos: $d(xy) + \frac{1}{xy}dx + \frac{2}{y^2}dy = 0$. Agora vamos tentar encontrar um multiplicador, dependendo de xy (para não perder a possibilidade de formar a diferencial do primeiro termo), que permite transformar os termos restantes numa diferencial. Se dividimos por xy, então os dois últimos termos formam uma diferencial: $\frac{d(xy)}{xy} + \frac{1}{x^2y^2}dx + \frac{2}{xy^3}dy = d(\ln|xy|) - d\left(\frac{1}{xy^2}\right) = d\left(\ln|xy| - \frac{1}{xy^2}\right) = 0$. Logo, a solução geral é $\ln|xy| - \frac{1}{xy^2} = C$. Para realizar esse procedimento foi preciso dividir por y e a função $y = 0$ não foi recuperada na forma da solução geral. A substituição de $y = 0$ na equação mostra que ela é a solução particular não incluída na solução geral.

Notamos que a equação original não é exata e que o procedimento usado mostra que um dos seus fatores integrantes é $\frac{1}{x^2y^3}$.

5. $\frac{xdy - ydx}{x^2 + y^2} = 0$. Podemos verificar que essa equação é exata: $\left(\frac{-y}{x^2 + y^2}\right)_y = \frac{y^2 - x^2}{(x^2 + y^2)^2} = \left(\frac{x}{x^2 + y^2}\right)_x$. No entanto, é bem mais simples não realizar essa verificação e sim observar que a equação pode ser simplificada a forma $xdy - ydx = 0$. Essa última não é exata, mas sim de variáveis separáveis.

Melhor ainda, ela possibilida a formação simples de uma diferencial completa via transformação $\frac{xdy-ydx}{x^2} = d\left(\frac{y}{x}\right) = 0$. Logo, a solução geral vem na forma $\frac{y}{x} = C$ ou $y = Cx$. Como dividimos só por x, nenhuma solução foi desconsiderada nesse procedimento. (Tarefa para o leitor: encontrar a solução geral resolvendo $xdy - ydx = 0$ como equação separável e comparar as soluções obtidas.)

6. $xdx + ydy + \frac{ydx-xdy}{x^2+y^2} = 0$. Podemos verificar que essa equação é exata: $\left(x + \frac{y}{x^2+y^2}\right)_y =$ $\frac{x^2-y^2}{(x^2+y^2)^2} = \left(y - \frac{x}{x^2+y^2}\right)_x$. No entanto, é bem mais simples resolver essa equação formando diferenciais exatas na parte esquerda. Primeiro, observamos que $xdx = d\left(\frac{x^2}{2}\right)$ e $ydy = d\left(\frac{y^2}{2}\right)$. A parte do terceiro termo pode ser usada para a diferencial do quociente: $\frac{ydx-xdy}{x^2+y^2} = \frac{ydx-xdy}{y^2} \cdot \frac{1}{(x/y)^2+1} =$ $d\left(\frac{x}{y}\right) \cdot \frac{1}{(x/y)^2+1}$. Notando ainda que $\frac{dt}{t^2+1} = d(\arctan t)$, podemos concluir a representação do terceiro termo da seguinte maneira: $d\left(\frac{x}{y}\right) \cdot \frac{1}{(x/y)^2+1} = d\left(\arctan\frac{x}{y}\right)$. Assim, toda a equação se transforma a forma $xdx + ydy + \frac{ydx-xdy}{x^2+y^2} = d\left(\frac{x^2}{2}\right) + d\left(\frac{y^2}{2}\right) + d\left(\arctan\frac{x}{y}\right) = d\left(\frac{x^2}{2} + \frac{y^2}{2} + \arctan\frac{x}{y}\right) = 0$. Consequentemente, a solução geral é $\frac{x^2+y^2}{2} + \arctan\frac{x}{y} = C$. (Tarefa para o leitor: aplicar o algoritmo tradicional de diferencial exata e comparar as soluções obtidas.)

7. $\frac{xdx+ydy}{\sqrt{x^2+y^2}} + \frac{xdy-ydx}{x^2} = 0$. Podemos verificar que essa equação é exata: $\left(\frac{x}{\sqrt{x^2+y^2}-\frac{y}{x^2}}\right)_y =$ $-\frac{xy}{\sqrt{(x^2+y^2)^3}} - \frac{1}{x^2} = \left(\frac{y}{\sqrt{x^2+y^2}} + \frac{1}{x}\right)_x$. No entanto, é bem mais simples resolver essa equação formando diferenciais exatas. Primeiro, observamos que $xdx = d\left(\frac{x^2}{2}\right)$, $ydy = d\left(\frac{y^2}{2}\right)$ e, portanto o numerador da primeira fração pode ser escrito como $\frac{1}{2}d\left(x^2 + y^2\right)$. Além disso, $\frac{dt}{\sqrt{t}} = 2d\left(\sqrt{t}\right)$. Portanto toda a primeira fração assume a forma $\frac{xdx+ydy}{\sqrt{x^2+y^2}} = \frac{1}{2}\frac{d\left(x^2+y^2\right)}{\sqrt{x^2+y^2}} = d\left(\sqrt{x^2+y^2}\right)$. A segunda fração é simplesmente a diferencial do quociente $\frac{y}{x}$: $\frac{xdy-ydx}{x^2} = d\left(\frac{y}{x}\right)$. Assim, toda a equação original pode ser escrita na forma $d\left(\sqrt{x^2+y^2} + \frac{y}{x}\right) = 0$, donde segue que a solução geral é $\sqrt{x^2+y^2} + \frac{y}{x} = C$. (Tarefa para o leitor: aplicar o algoritmo tradicional de diferencial exata e comparar as soluções obtidas.)

8. $(x^2 + y^2 + 1)dx + 2xydy = 0$. Essa equação é exata: $(x^2 + y^2 + 1)_y = 2y = (2xy)_x$. Mas ela também pode ser resolvida formando diferenciais exatas dos seus termos. Primeiro, reagrupamos os termos: $(x^2 + y^2 + 1)dx + 2xydy = (x^2 + 1)dx + (y^2dx + 2xydy)$. Observamos agora que $(x^2 + 1)dx = d\left(\frac{x^3}{3} + x\right)$ e $y^2dx + 2xydy = y^2dx + xd\left(y^2\right) = d\left(xy^2\right)$. Portanto, podemos escrever a equação na forma $d\left(\frac{x^3}{3} + x + xy^2\right) = 0$, donde segue que $\frac{x^3}{3} + x + xy^2 = C$ é a solução geral. (Tarefa para o leitor: aplicar o algoritmo tradicional de diferencial exata e comparar as soluções obtidas.)

9. $(x^2 + y^2 + 1)dx - 2xydy = 0$. Essa equação não é exata: $((x^2 + y^2 + 1))_y = 2y \neq -2y = (-2xy)_x$. Mas ela pode ser resolvida formando diferenciais exatas dos seus termos. Primeiro, notamos que $(x^2 + 1)dx$ forma uma diferencial junto com qualquer multiplicador dependente de x. Os dois termos restantes, que geram maior problema, vamos representar da seguinte maneira: $y^2dx - 2xydy = x^2\left[\frac{y^2}{x^2}dx - 2\frac{y}{x}dy\right] = x^2\left[-y^2d\left(\frac{1}{x}\right) - \frac{1}{x}d(y^2)\right] = -x^2d\left(\frac{y^2}{x}\right)$. Então, a equação original podemos escrever na forma $(x^2+1)dx - x^2d\left(\frac{y^2}{x}\right) = 0$. Dividindo a equação por x^2 e formando mais uma diferencial dos dois primeiros termos, obtemos $\left(1 + \frac{1}{x^2}\right)dx - d\left(\frac{y^2}{x}\right) = d\left(x - \frac{1}{x} - \frac{y^2}{x}\right) = 0$. Portanto, a solução geral se encontra na forma $x - \frac{1}{x} - \frac{y^2}{x} = C$. Notamos que essa equação admite o fator integrante μ que depende somente de x. (Tarefa para o leitor: encontrar $\mu(x)$, resolver a equação com esse fator e comparar as soluções obtidas.)

Exercícios para o leitor

1. $(y - 4xy^3)dx = (2x^2y^2 + x)dy$.
2. $(x + y^2)dx - 2xydy = 0$.
3. $(x^2 + y)dx - xdy = 0$.

4. $(x + y^2)dx - 2xydy = 0$.
5. $(2x^2y + 2y + 5)dx + (2x^3 + 2x)dy = 0$.
6. $(2xy^2 - 3y^3)dx + (7 - 3xy^2)dy = 0$.
7. $2xydx = (x^2 - 2y^3)dy$.
8. $(y - 3x^2y^3)dx - (x + x^3y^2)dy = 0$.
9. $(2xy^2 + y)dx - (x^2y + 2x)dy = 0$.
10. $(2xy^3 + y)dx - 2xdy = 0$.
11. $x^3dy + 2(y - x^2)ydx = 0$.
12. $xdy = y(1 - ye^x)dx$.

4 Equações lineares e redutíveis

4.1 Equações lineares

Definição. A equação

$$y' + a(x)y = b(x),$$

onde $a(x)$ e $b(x)$ são funções somente de variável independente x, é chamada *linear*. Essa é a *forma normalizada* (ou *canônica*) da equação linear com o coeficiente principal, junto com a derivada, igual a 1. Ela é usada para simplificar considerações, sem prejudicar o estudo completo da equação. A forma *geral*, *não normalizada*, da equação linear é

$$c(x)y' + a(x)y = b(x), c(x) \neq 0.$$

Caso $b(x) \equiv 0$ na forma normalizada ou geral, a equação é chamada *linear homogênea*, caso contrário – *não homogênea*.

Observação 1. Se $a(x) \equiv 0$ ou $b(x) \equiv 0$, então a equação linear é, ao mesmo tempo, separável, o tipo mais simples que foi resolvido antes. Portanto, no que segue, vamos supor que $a(x)b(x) \neq 0$.

Observação 2. A terminologia aqui é um pouco ambígua: uma equação linear homogênea em geral não é homogênea no sentido da equação $y' = f\left(\frac{y}{x}\right)$. Por exemplo, $y' = e^x y$ é equação linear homogênea, mas não é homogênea como $y' = \frac{y}{x}$. Por outro lado, a equação $y' = \cos\frac{y}{x}$ é homogênea, mas não é linear homogênea. Claro que tem também equações pertencendo aos dois tipos ao mesmo tempo, como $y' = \frac{y}{x}$. Nas seções dedicadas a equações lineares, vamos usar os termos "homogênea" e "não homogênea" se referindo as equações lineares.

Observação 3. Cabe notar que, às vezes, a troca do significado da função incógnita e variável independente pode mudar o tipo da equação e simplificar sua resolução. Isso não ocorre com equações de três tipos anteriores e redutíveis a eles: as equações $y' = f(x)g(y)$, $y' = f(ax + by + c)$, $y' = f\left(\frac{y}{x}\right)$, $y' = f\left(\frac{ax+by+c}{\alpha x+\beta y+\gamma}\right)$ são do mesmo tipo em relação a função incógnita y e em relação a incógnita x. Basta reescrever essas equações para função incógnita $x(y)$ para conferir isso: $x' = \frac{1}{f(x)}\frac{1}{g(y)} = F(x)G(y)$, $x' = \frac{1}{f(ax+by+c)} = F(ax + by + c)$, $x' = \frac{1}{f(\frac{1}{x/y})} = F\left(\frac{x}{y}\right)$, $x' = \frac{1}{f\left(\frac{ax+by+c}{\alpha x+\beta y+\gamma}\right)} = F\left(\frac{ax+by+c}{\alpha x+\beta y+\gamma}\right)$ (lembramos, que, pelo teorema da função inversa, $x' = \frac{1}{y'}$). A equação exata simplesmente não faz distinção entre função incógnita e variável independente nem na classificação nem na resolução. Mas para equações lineares a situação é diferente. Por exemplo, a equação $y' = \frac{1}{xy+y^2}$ não é linear em relação a $y(x)$, mas ela se torna linear se trocarmos a função incógnita e variável independente: $x' = yx + y^2$ (notamos que a forma geral da equação linear em relação a função incógnita $x(y)$ é $x' + \alpha(y)x = \beta(y)$).

Métodos de resolução.

Há vários métodos de resolução de equações lineares. Aqui, consideremos os três métodos básicos para equações lineares da primeira ordem: o primeiro, chamado de método de variação de parâmetro ou método de Lagrange, faz redução a uma equação separável; o segundo, chamado de método de fator integrante, a uma equação exata; e o terceiro, uma variação do segundo método, transforma a parte esquerda da equação (ou seja, a parte homogênea) numa diferencial.

Método 1 – método de variação de parâmetro (método de Lagrange).

Começamos com a equação homogênea $y' + a(x)y = 0$ que, ao mesmo tempo, é separável. Então, escrevemos ela na forma $\frac{dy}{y} = -a(x)dx$ e integramos cada lado em relação a sua variável para encontrar a solução geral: $\ln|y| = -\int a(x)dx + C$. Entendemos aqui o símbolo da integração como uma das antiderivadas da função $a(x)$. Podemos explicitar y dessa relação e obtemos $y = Ce^{-\int a(x)dx}$.

Voltamos agora a equação linear completa (não homogênea). Vamos usar como proposta da sua solução geral a função $y = C(x)e^{-\int a(x)dx}$, onde $C(x)$ é uma função a ser determinada. Isso quer dizer que na estrutura da solução da parte homogênea, trocamos a constante C por função $C(x)$ (daí o nome do método - variação do parâmetro). Para encontrar $C(x)$, substituimos a função proposta na equação e obtemos $y' + a(x)y = \left(C'(x)e^{-\int a(x)dx} + C(x)(-a(x))e^{-\int a(x)dx}\right) + a(x)C(x)e^{-\int a(x)dx} = b(x)$. Simplificando, temos mais uma equação separável, agora para $C(x)$: $C'(x)e^{-\int a(x)dx} = b(x)$. Isolando $C'(x)$ e integrando, encontramos $C(x) = \int b(x)e^{\int a(x)dx}dx + C_1$. Substituindo essa expressão na proposta da solução, temos então a solucaõ geral da equação completa $y = \left(\int b(x)e^{\int a(x)dx}dx + C_1\right)e^{-\int a(x)dx}$.

Observação 1. De acordo com o método de resolução a solução geral obtida contém todas as soluções da equação linear.

Observação 2. O mesmo procedimento se aplica a equação linear na forma não normalizada.

Método 2 – método de fator integrante.

Reescrevemos a equação linear (completa) na forma $(a(x)y - b(x))dx + dy = 0$ e notamos que $A_y = (a(x)y - b(x))_y = a(x) \neq 0 = 1_x = B_x$, isto é, a equação não é exata, a menos que $a(x) \equiv 0$, o que é um caso trivial, desinteressante. Supondo que $a(x) \neq 0$, vamos tentar encontrar fator integrante μ que depende só de x. Então para $\mu(x)$ temos a equação separável $(\mu A)_y = (\mu(a(x)y - b(x)))_y = \mu a(x) = \mu_x = (\mu \cdot 1)_x = (\mu B)_x$. Resolvendo, obtemos $\mu = e^{\int a(x)dx}$. Logo, a equação $e^{\int a(x)dx}(a(x)y - b(x))dx + e^{\int a(x)dx}dy = 0$ é exata. Para encontrar função F, temos resolver o sistema $\begin{cases} F_x = e^{\int a(x)dx}(a(x)y - b(x)) \\ F_y = e^{\int a(x)dx} \end{cases}$. Começamos da segunda equação, integrando-la em y: $F = e^{\int a(x)dx}y + g(x)$. Derivando a última em x, temos $F_x = a(x)e^{\int a(x)dx}y + g_x(x)$. Comparando essa expressão com a primeira equação do sistema, concluímos que $g_x(x) = -b(x)e^{\int a(x)dx}$ e, consequentemente, $g(x) = -\int b(x)e^{\int a(x)dx}dx$. Substituindo g na fórmula de F, obtemos $F = e^{\int a(x)dx}y - \int b(x)e^{\int a(x)dx}dx$ e a solução geral da equação é $e^{\int a(x)dx}y - \int b(x)e^{\int a(x)dx}dx = C$. Isolando y, obtemos a mesma solução geral do primeiro método: $y = \left(\int b(x)e^{\int a(x)dx}dx + C\right)e^{-\int a(x)dx}$.

Método 3 – método alternativo de fator integrante.

Vamos procurar uma função $\mu(x)$ que transforma a parte esquerda da equação original em derivada de uma função, a saber: $\mu(y' + ay) = (\mu y)'$. Reescrevendo essa relação na forma $\mu y' + \mu ay = \mu y' + \mu' y$ e simplificando, temos $\mu a = \mu'$ que é a equação separável para a incógnita μ. Notamos que obtemos a equação do fator integrante do Método 2, que tem a solução $\mu = e^{\int adx}$. Embora $\mu(x)$ encontrado é fator integrante, não seguimos o método da equação exata. Em vez disso, representamos a parte esquerda da equação original na forma desejada $\mu y' + \mu ay = (\mu y)' = \mu b$ e simplesmente integramos os dois lados em x, chegando a solução geral da equação original: $\mu y = \int \mu b dx$. Substituindo a expressão de μ nessa fórmula, temos $e^{\int adx}y = \int e^{\int adx}b dx$. Isolando y, obtemos a mesma solução geral do primeiro e segundo método: $y = \left(\int be^{\int adx}dx + C\right)e^{-\int adx}$ (a constante C sempre pode ser separada da ou juntada com a integral indefenida).

Observação. Qualquer um dos três métodos pode ser usado na resolução de equações lineares. Nesse texto, vamos usar, na maioria dos casos, o primeiro método.

Exemplos.

1. $y' + 2y = x + 2$. Essa equação é linear com $a(x) = 2$ e $b(x) = x + 2$. Resolvemos primeiro a equação homogênea respectiva $y' + 2y = 0$. Ela é separável e a sua solução geral se encontra na forma $y = Ce^{-2x}$. Voltando para a equação original, consideramos a proposta da solução geral na forma $y = C(x)e^{-2x}$. Substituindo essa função na equação, obtemos $y' + 2y = (C'(x)e^{-2x} - 2C(x)e^{-2x}) + 2C(x)e^{-2x} = x + 2$. Simplificando e isolando C', temos a equação $C'(x) = (x + 2)e^{2x}$ que só resta integrar para achar $C(x)$: $C(x) = \int(x+2)e^{2x}dx = (x+2)\frac{1}{2}e^{2x} - \int\frac{1}{2}e^{2x}dx = (x+2)\frac{1}{2}e^{2x} - \frac{1}{4}e^{2x} + C_1 = \frac{2x+3}{4}e^{2x} + C_1$. Substituindo essa expressão na fórmula de y, encontramos a solução geral da equação linear: $y = \left(\frac{2x+3}{4}e^{2x} + C_1\right)e^{-2x} = \frac{2x+3}{4} + C_1e^{-2x}$.

2. $y' = \frac{y}{2y\ln y + y - x}$. Essa equação naõ é linear em relação a $y(x)$, mas ela é linear para $x(y)$: $x' = \frac{2y\ln y + y - x}{y} = -\frac{x}{y} + 2\ln y + 1$. Resolvemos primeiro a equação homogênea respectiva $x' = -\frac{x}{y}$, que é a equação separável. A sua solução geral se encontra na forma $x = \frac{C}{y}$. Usamos agora a função $x = \frac{C(y)}{y}$ como proposta da solução geral da equação original para incógnita $x(y)$. Para especificar $C(y)$, substituimos essa função na original: $x' + \frac{x}{y} = \frac{C'(y)}{y} - \frac{C(y)}{y^2} + \frac{C(y)}{y}\frac{1}{y} = 2\ln y + 1$ Simplificando e isolando C', temos $C'(y) = 2y\ln y + y$. Integrando, achamos $C(y) = \int 2y\ln y + y dy = y^2\ln y - \int y^2\frac{1}{y}dy + \frac{y^2}{2} = y^2\ln y - \frac{y^2}{2} + \frac{y^2}{2} + C_1 = y^2\ln y + C_1$. Substituindo na forma proposta da solução, temos $x = \frac{y^2\ln y + C_1}{y} = y\ln y + \frac{C_1}{y}$. Para equação original essa é a solução geral implícita.

3. $y' + y = 2e^x$. Essa equação é linear com $a(x) = 1$ e $b(x) = 2e^x$. Resolvemos usando o método de variação do parâmetro. Primeiro, consideremos a equação homogênea respectiva $y' + y = 0$. Ela é separável e a sua solução geral se encontra na forma $y = Ce^{-x}$. Voltando para a equação original, procuramos a solução geral na forma $y = C(x)e^{-x}$. Substituindo essa função na equação, obtemos $y' + y = (C'(x)e^{-x} - C(x)e^{-x}) + C(x)e^{-x} = 2e^x$. Simplificando e isolando C', temos a equação $C'(x) = 2e^{2x}$ cuja integração dá $C(x) = e^{2x} + C_1$. Substituindo essa expressão na fórmula de y, encontramos a solução geral da equação linear: $y = (e^{2x} + C_1)e^{-x} = e^x + C_1e^{-x}$.

4. $xy' - y = xe^x$. Essa é a equação 5 da tabela do Capítulo 1. A equação é linear não normalizada com $c(x) = x$, $a(x) = -1$ e $b(x) = xe^x$ (ou $\tilde{a}(x) = -\frac{1}{x}$ e $\tilde{b}(x) = e^x$ na forma normalizada). Resolvemos usando o método de variação do parâmetro sem normalizar previamente a equação. Primeiro, consideremos a equação homogênea respectiva $xy' - y = 0$. Ela é separável e a sua solução geral se encontra na forma $y = Cx$. Voltando para a equação original, procuramos a solução geral na forma $y = C(x)x$. Substituindo essa função na equação, obtemos $xy' - y = x(C'(x)x + C(x)) - C(x)x = xe^x$. Simplificando e isolando C', obtemos a equação $C'(x) = \frac{e^x}{x}$. A integral $\int\frac{e^x}{x}dx$ existe para qualquer $x \neq 0$, mas não pode ser expressa em funçóes elementares. Portanto, a solução geral da equação original se encontra na forma $y = x\left(\int\frac{e^x}{x}dx + C_1\right)$. Conforme o algoritmo da resolução ela contem todas as soluções particulares.

5. $y' + y\tan x = \frac{1}{\cos x}$. Essa equação é linear com $a(x) = \tan x$ e $b(x) = \frac{1}{\cos x}$. Resolvemos usando o método de variação do parâmetro. Primeiro, consideremos a equação homogênea respectiva $y' + y\tan x = 0$, que é separável. Separando variáveis e integrando, temos $\int\frac{dy}{y} = -\int\tan x dx$ ou $\int\frac{dy}{y} = \int\frac{d(\cos x)}{\cos x}$. O resultado da integração é $\ln|y| = \ln|\cos x| + C$ ou $y = C\cos x$. Voltando para a equação original, procuramos a solução geral na forma $y = C(x)\cos x$. Substituindo essa função na equação, obtemos $y' + y\tan x = (C'(x)\cos x - C(x)\sin x) + C(x)\cos x\tan x = \frac{1}{\cos x}$. Simplificando e isolando C', temos a equação $C'(x) = \frac{1}{\cos^2 x}$ cuja integração dá $C(x) = \tan x + C_1$. Substituindo essa expressão na fórmula de y, encontramos a solução geral da equação linear: $y = (\tan x + C_1)\cos x = \sin x + C_1\cos x$.

6. $xy' - 2y = 2x^4$, $y(1) = 0$. A equação é linear com $a(x) = -2\frac{y}{x}$ e $b(x) = 2x^3$ na forma normalizada. Resolvemos usando o método de variação do parâmetro sem normalizar a equação.

Primeiro, consideremos a equação homogênea respectiva $xy' - 2y = 0$, que é separável. Separando variáveis e integrando, temos $\int \frac{dy}{y} = 2 \int \frac{dx}{x}$, donde $\ln|y| = 2\ln|x| + C$ ou $y = Cx^2$. Voltando para a equação original, procuramos a solução geral na forma $y = C(x)x^2$. Substituindo essa função na equação, obtemos $xy' - 2y = x(C'(x)x^2 + C(x) \cdot 2x) - 2C(x)x^2 = 2x^4$. Simplificando e isolando C', temos a equação $C'(x) = 2x$ cuja integração dá $C(x) = x^2 + C_1$. Substituindo essa expressão na fórmula de y, encontramos a solução geral da equação linear: $y = (x^2 + C_1)x^2 = x^4 + C_1 x^2$. Aplicando a condição inicial, especificamos a constante C_1: $0 = 1 + C_1$, donde $C_1 = -1$. Logo, a solução do problema de Cauchy é $y = x^4 - x^2$.

7. $y' + 2y = e^{-x}$. Essa equação é linear com $a(x) = 2$ e $b(x) = e^{-x}$. Resolvemos usando o método de fator integrante. Reescrevemos a equação na forma $(2y - e^{-x})dx + dy = 0$ e encontramos o fator integrante $\mu(x)$ a partir da equação que ele tem que satisfazer: $(\mu(2y - e^{-x}))_y = (\mu \cdot 1)_x$ ou, simplificando, $2\mu = \mu_x$. Resolvendo essa equação separável (precisamos somente de uma solução particular não nula), obtemos $\mu = e^{2x}$. Logo, a equação $e^{2x}(2y - e^{-x})dx + e^{2x}dy = 0$ é exata. Encontramos agora função F, resolvendo o sistema $\begin{cases} F_x = 2e^{2x}y - e^x \\ F_y = e^{2x} \end{cases}$. Integrando a segunda equação em y, temos: $F = e^{2x}y + g(x)$. Derivando a última em x, temos $F_x = 2e^{2x}y + g_x(x)$. Comparando essa expressão com a primeira equação do sistema, concluímos que $g_x(x) = -e^x$ donde $g(x) = -e^x$. Substituindo g na fórmula de F, obtemos $F = e^{2x}y - e^x$ e a solução geral da equação vem na forma $e^{2x}y - e^x = C$.

8. $y' + \frac{y}{x} = xe^{x/2}$. Essa equação é linear com $a(x) = \frac{1}{x}$ e $b(x) = xe^{x/2}$. Resolvemos usando o método alternativo de fator integrante. Primeiro, encontramos a função $\mu(x)$ cujo produto com o lado esquerdo da equação gera a derivada de uma função, isto é, multiplicamos a equação original por $\mu(x)$ e encontramos tal $\mu(x)$ que transforma a parte esquerda à forma $\mu y' + \mu \frac{y}{x} = (\mu y)'$. Daí segue a equação diferencial para μ: $\mu \frac{1}{x} = \mu'$, cuja solução é $\mu = x$. Então, a equação $xy' + y = x^2 e^{x/2}$ pode ser escrita na forma $(xy)' = x^2 e^{x/2}$ e, integrando os dois lados em relação a x, obtemos a solução geral da equação original: $xy = \int x^2 e^{x/2} dx = (2x^2 - 8x + 16)e^{x/2} + C$.

9. $(x^2 + 1)y' + 4xy = 3$, $y(0) = 0$. Essa equação é linear com $a(x) = \frac{4x}{x^2+1}$ e $b(x) = \frac{3}{x^2+1}$ na forma normalizada. Resolvemos usando o método alternativo de fator integrante. Primeiro, encontramos a função $\mu(x)$ cujo produto com o lado esquerdo da equação, escrita na forma normalizada $y' + \frac{4x}{x^2+1}y = \frac{3}{x^2+1}$, gera a derivada de uma função, ou seja $\mu y' + \mu \frac{4x}{x^2+1}y = (\mu y)'$. Daí segue a equação diferencial para μ: $\mu \frac{4x}{x^2+1} = \mu'$, cuja solução é $\ln|\mu| = 2\ln(x^2 + 1)$ ou $\mu = (x^2 + 1)^2$. Então, a equação $y' + \frac{4x}{x^2+1}y = \frac{3}{x^2+1}$ depois de multiplicação por $\mu = (x^2+1)^2$ se transforma a $((x^2+1)^2 y)' = 3(x^2+1)$. Integrando os dois lados, obtemos a solução geral da equação original: $(x^2 + 1)^2 y = x^3 + 3x + C$. Substituindo a última na condição inicial, especificamos $C = 0$ e, portanto, a solução do problema de Cauchy é $y = \frac{x^3 + 3x}{(x^2+1)^2}$.

10. $x^2 y' + xy + 1 = 0$, $y(1) = 0$. Essa equação é linear cuja forma normalizada é $y' + \frac{1}{x}y = -\frac{1}{x^2}$ com $a(x) = \frac{1}{x}$ e $b(x) = -\frac{1}{x^2}$. Resolvemos usando o método de fator integrante. Reescrevemos a equação na forma $(xy + 1)dx + x^2 dy = 0$ e encontramos o fator integrante $\mu(x)$ resolvendo a equação separável que ele tem que satisfazer: $(\mu(xy + 1))_y = (\mu \cdot x^2)_x$ ou $x\mu = x^2\mu_x + 2x\mu$ ou ainda $x\mu_x = -\mu$. Separando as variáveis e integrando, temos $\int \frac{d\mu}{\mu} = -\int \frac{dx}{x}$. Então encontramos o fator integrante na forma $\ln|\mu| = -\ln|x|$ ou $\mu = \frac{1}{x}$ (precisamos somente de um fator). Multiplicando a equação original por esse μ, obtemos a equação exata $\left(y + \frac{1}{x}\right)dx + xdy = 0$. Encontramos agora a diferencial completa da parte esquerda, resolvendo o sistema $\begin{cases} F_x = y + \frac{1}{x} \\ F_y = x \end{cases}$. Integrando a segunda equação em y, temos: $F = xy + g(x)$. Derivando a última em x, temos $F_x = y + g_x(x)$. Comparando essa expressão com a primeira equação do sistema, concluímos que $g_x(x) = \frac{1}{x}$ donde $g(x) = \ln|x|$. Substituindo g na fórmula de F, obtemos $F = xy + \ln|x|$ e a solução geral da equação vem na forma $xy + \ln|x| = C$.

Para encontrar a solução do problema de Cauchy, substituimos a solução geral na condição inicial e obtemos $0 + \ln 1 = C$. Então a solução do problema é $xy + \ln|x| = 0$.

11. $(2x + y)dy = ydx + 4\ln y\,dy$. Essa equação não é separável, também não é homogênea, exata ou linear para $y(x)$. No entanto, se trocamos o significado de variável independente e função incógnita, então para a função $x(y)$ temos a equação linear $x' - \frac{2}{y}x = \frac{y-4\ln y}{y}$. Resolvemo-la usando o método alternativo de fator integrante. Primeiro, encontramos a função $\mu(y)$, cujo produto com o lado esquerdo da equação representa a derivada de uma função, ou seja, $\mu x' - \mu\frac{2}{y}x = (\mu x)'$ (aqui a derivação se faz em relação a y). Dessa relação segue a equação diferencial para μ: $-\mu\frac{2}{y} = \mu'$, cuja solução é $\ln|\mu| = -2\ln|y|$ ou $\mu = \frac{1}{y^2}$. Então, a equação $x' - \frac{2}{y}x = \frac{y-4\ln y}{y}$ depois de multiplicação por $\mu = \frac{1}{y^2}$ se transforma a $\left(\frac{x}{y^2}\right)' = \frac{y-4\ln y}{y^3}$. Integrando, obtemos a solução geral da equação original:
$\frac{x}{y^2} = \int \frac{y-4\ln y}{y^3}dy = -\frac{1}{y} - 4\left(\ln y \cdot \frac{-1}{2y^2} - \int \frac{1}{y} \cdot \frac{-1}{2y^2}dy\right) = -\frac{1}{y} + \ln y \cdot \frac{2}{y^2} + \frac{1}{y^2} + C$.

12. $y' = \frac{y}{3x-y^2}$. Essa equação não é separável, também não é homogênea, exata ou linear para $y(x)$, mas, se trocamos o significado de variável independente e função incógnita, então para a função $x(y)$ temos a equação linear $x' = \frac{3}{y}x - y$. Resolvemo-la usando o método alternativo de fator integrante. Primeiro, encontramos a função $\mu(y)$ tal que $\mu x' - \mu\frac{3}{y}x = (\mu x)'$ (aqui a derivação se faz em relação a y). Dessa relação segue a equação diferencial para μ: $-\mu\frac{3}{y} = \mu'$, cuja solução é $\ln|\mu| = -3\ln|y|$ ou $\mu = \frac{1}{y^3}$. Então, a equação $x' - \frac{3}{y}x = -y$ depois de multiplicação por $\mu = \frac{1}{y^3}$ se transforma a $\left(\frac{x}{y^3}\right)' = -\frac{1}{y^2}$. Integrando, obtemos a solução geral da equação original: $\frac{x}{y^3} = \frac{1}{y} + C$.

13. $(1 - 2xy)y' = y(y - 1)$, $y(0) = 1$. Essa equação não é separável, também não é homogênea, exata ou linear para $y(x)$, mas, se trocamos o significado de variável independente e função incógnita, então para a função $x(y)$ temos a equação linear $x' = \frac{1-2xy}{y(y-1)} = -\frac{2}{y-1}x + \frac{1}{y(y-1)}$. Resolvemo-la usando o método alternativo de fator integrante. Primeiro, encontramos a função $\mu(y)$ tal que $\mu x' + \mu\frac{2y}{y(y-1)}x = (\mu x)'$ (aqui a derivação se faz em relação a y). Dessa relação segue a equação diferencial para μ: $\mu\frac{2}{y-1} = \mu'$, cuja solução é $\ln|\mu| = 2\ln|y-1|$ ou $\mu = (y-1)^2$. Então, a equação $x' = -\frac{2}{y-1}x + \frac{1}{y(y-1)}$ multiplicada por $\mu = (y-1)^2$ assume a forma $((y-1)^2x)' = \frac{y-1}{y}$. Integrando, obtemos a solução geral da equação original: $(y-1)^2x = y - \ln|y| + C$. Substituindo na condição inicial, obtemos $0 = 1 - 0 + C$ donde $C = -1$. Assim, a solução do problema de Cauchy é $(y-1)^2x = y - \ln|y| - 1$.

14. $(xy' - 1)\ln x = 2y$, $y(e) = 0$. Essa é equação linear com a forma normalizada $y' - \frac{2}{x\ln x}y = \frac{1}{x}$, onde $a(x) = -\frac{2}{x\ln x}$ e $b(x) = \frac{1}{x}$. Vamos usar o método alternativo de fator integrante. Primeiro, encontramos a função $\mu(x)$ tal que $\mu y' - \mu\frac{2}{x\ln x}y = (\mu y)'$. Dessa relação segue a equação diferencial para μ: $-\mu\frac{2}{x\ln x} = \mu'$, cuja solução é $\ln|\mu| = -2\ln|\ln x|$ ou $\mu = \frac{1}{\ln^2 x}$. Multiplicando a equação $y' - \frac{2}{x\ln x}y = \frac{1}{x}$ por $\mu = \frac{1}{\ln^2 x}$ transformamos ela a forma $\left(\frac{1}{\ln^2 x}y\right)' = \frac{1}{x\ln^2 x}$. Integrando, obtemos a solução geral da equação original: $\frac{1}{\ln^2 x}y = -\frac{1}{\ln x} + C$ ou $y = -\ln x + C\ln^2 x$. Substituindo na condição inicial, obtemos $0 = -\ln e + C\ln^2 e$ donde $C = 1$. Assim, a solução do problema de Cauchy é $y = -\ln x + \ln^2 x$.

15. $(\sin^2 y + x\cot y)y' = 1$, $y(0) = \frac{\pi}{2}$. Essa equação não é separável, também não é homogênea, exata ou linear para $y(x)$, mas, se trocamos o significado de variável independente e função incógnita, então para a função $x(y)$ temos a equação linear $x' = x\cot y + \sin^2 y$. Resolvemo-la usando o método alternativo de fator integrante. Primeiro, encontramos a função $\mu(y)$ tal que $\mu x' - \mu x\cot y = (\mu x)'$ (aqui a derivação se faz em relação a y). Dessa relação segue a equação diferencial para μ: $-\mu\cot y = \mu'$, cuja solução é $\ln|\mu| = -\ln|\sin y|$ ou $\mu = \frac{1}{\sin y}$. Então, a equação $x' = x\cot y + \sin^2 y$ multiplicada por $\mu = \frac{1}{\sin y}$ assume a forma $\left(\frac{1}{\sin y}x\right)' = \sin y$. Integrando, obtemos a solução geral da equação original: $\frac{1}{\sin y}x = -\cos y + C$. Substituindo na condição inicial, obtemos $\frac{1}{\sin(\pi/2)} \cdot 0 = -\cos\frac{\pi}{2} + C$ donde $C = 0$. Assim, a solução do problema de Cauchy é $\frac{1}{\sin y}x = -\cos y$.

Exercícios para o leitor

1. $xy' + y = \sin x$, $y(\frac{\pi}{2}) = \frac{2}{\pi}$.

2. $x^2 y' = 2xy + 3$, $y(1) = -1$.

3. $y\,dx = (3x - y^2)dy$.

4. $xy' + (x + 1)y = 3x^2 e^{-x}$, $y(1) = 0$.

5. $xy' - 2y + x^2 = 0$, $y(1) = 0$.

6. $(1 - x)(y' + y) = e^{-x}$, $y(0) = 0$.

7. $y' - y = e^x$, $y(0) = 1$.

8. $y' = 2x(x^2 + y)$, $y(0) = 0$.

9. $\cos y\,dx = (x + 2\cos y)\sin y\,dy$, $y(0) = \frac{\pi}{4}$.

10. $y' + \frac{1}{x}y = 3x$, $y(1) = 1$.

11. $x\,dy + (x^2 - y)dx = 0$.

12. $2y\,dx + (y^2 - 2x)dy = 0$.

13. $y' - y\sin x = \sin x\cos x$.

14. $(1 + x^2)y' - 2xy = (1 + x^2)^2$.

15. $(x - 2xy - y^2)y' + y^2 = 0$.

16. $dx = (2x + e^y)dy$.

17. $y' + y\tan x = e^x\cos x$.

18. $x(y - \sqrt{1 + x^2})dx + (1 + x^2)dy = 0$.

19. $(1 + y^2)dx + (xy - y^3)dy = 0$.

20. $(\sin x - 1)y' + y\cos x = \sin x$.

4.2 Equação de Bernoulli

Definição. A equação

$$y' + a(x)y = b(x)y^n,$$

onde n é um número real, é chamada equação de Bernoulli.

Observação 1. Nos casos $n = 0$ e $n = 1$ temos uma equação do tipo mais simples, a linear. No caso de $n = 1$ temos até linear homogênea. Portanto, normalmente, são consideradas como equações de Bernoulli aquelas que tem $n \neq 0$ e $n \neq 1$.

Observação 2. Assim como a equação linear, a equação de Bernoulli pode mudar seu tipo quando o significado de x e y é trocado.

Métodos de resolução.

Método 1 - redução a equação linear.

A equação de Bernoulli é reduzida a linear via mudança da função incógnita $z = \frac{1}{y^{n-1}}$. Para uma realização mais simples dessa mudança, a equação original se escreve na forma $\frac{1}{y^n}y' + a(x)\frac{1}{y^{n-1}} = b(x)$. Como $z' = -\frac{n-1}{y^n}y'$, então a equação para z vem na forma $-\frac{1}{n-1}z' + a(x)z = b(x)$ ou $z' + (1-n)a(x)z = (1-n)b(x)$, que é a equação linear.

Método 2 - método alternativo de fator integrante.

Esse método funciona de maneira semelhante a equação linear. A equação original se escreve na forma $\frac{1}{y^n}y' + a(x)\frac{1}{y^{n-1}} = b(x)$ e procura-se função $\mu(x)$ que transforma a parte esquerda a forma $\mu\left(\frac{1}{y^n}y' + a(x)\frac{1}{y^{n-1}}\right) = \left(\mu\frac{y^{1-n}}{1-n}\right)'$. Simplificando essa relação, obtemos a seguinte equação para $\mu(x)$: $\mu' = (1 - n)a\mu$, cuja solução é $\mu = e^{\int(1-n)a\,dx}$. Apos disso, representamos a parte esquerda da equação original na forma desejada: $\left(\mu\frac{y^{1-n}}{1-n}\right)' = \mu b$ e simplesmente integramos os dois lados em x, chegando a solução geral da equação original: $\mu\frac{y^{1-n}}{1-n} = \int \mu b\,dx$.

Exemplos.

1. $3xy' - 2y = \frac{x^3}{y^2}$. Essa é a equação de Bernoulli com $n = -2$. Multiplicando por y^2, temos $3xy^2 y' - 2y^3 = x^3$. O termo no meio indica a mudança da função que deve ser feita $z = y^3$. Então $xz' - 2z = x^3$. Para parte homogênea temos $xz' = 2z$ e então $\int\frac{dz}{z} = \int 2\frac{dx}{x}$. Logo, $z = Cx^2$ e para

linear completa procuramos solução geral na forma $z = C(x)x^2$. Substituindo na equação, temos $xz' - 2z = x(C'(x)x^2 + C(x) \cdot 2x) - 2C(x)x^2 = C'(x)x^3 = x^3$ ou $C'(x) = 1$. Então $C(x) = x + C_1$ e $z = (x + C_1)x^2$. Voltando a função y, temos a solução geral da equação original $y^3 = (x + C_1)x^2$.

2. $y' = \frac{2x}{x^2+y+1}$. Essa não é uma equação de Bernoulli (nem linear, nem um dos tipos anteriores), mas trocando significado de variável independente e função incógnita, temos uma equação de Bernoulli para $x(y)$: $x' = \frac{x^2+y+1}{2x} = \frac{x}{2} + \frac{y+1}{2}x^{-1}$ (aqui $n = -1$). Multiplicando por x, temos $xx' = \frac{x^2}{2} + \frac{y+1}{2}$. O termo no meio indica a mudança da função que deve ser feita: $z = x^2$. Então obtemos a equação linear $\frac{z'}{2} = \frac{z}{2} + \frac{y+1}{2}$ ou $z' = z + y + 1$. Resolvendo a linear homogênea respectiva $z' = z$, obtemos $z = Ce^y$. Logo, a solução gera para a não homogênea de z podemos buscar na forma $z = C(y)e^y$. Substituindo na equação, temos $C'(y)e^y + C(y)e^y = C(y)e^y + y + 1$ e, depois de simplificação, $C'(y) = (y + 1)e^{-y}$. Integrando, encontramos $C(y)$: $C(y) = \int(y + 1)e^{-y}dy = -(y+1)e^{-y} + \int e^{-y}dy = -(y+1)e^{-y} - e^{-y} + C_1 = -(y+2)e^{-y} + C_1$. Então a solução $z(y)$ se representa na forma $z = (C_1 - (y+2)e^{-y})e^y = C_1e^y - y - 2$. Voltando para $x(y)$ temos $x^2 = C_1e^y - y - 2$ que é a solução geral da equação primitiva.

3. $y' + y = x\sqrt{y}$. Essa é a equação de Bernoulli com $n = \frac{1}{2}$. Dividindo por $\sqrt{y}$ temos $\frac{y'}{\sqrt{y}} + \sqrt{y} = x$, onde o termo no meio indica a mudança da função qeu deve ser feita $z = \sqrt{y}$. Então para z temos a equação linear $2z' + z = x$. Para parte homogênea temos $2z' + z = 0$ e então $\int \frac{dz}{z} = -\frac{1}{2}\int dx$. Logo, $z = Ce^{-x/2}$ e para linear completa procuramos solução geral na forma $z = C(x)e^{-x/2}$. Substituindo na equação, temos $2z' + z = 2C'(x)e^{-x/2} - C(x)e^{-x/2} + C(x)e^{-x/2} = x$ ou $C'(x) = \frac{x}{2}e^{x/2}$. Então $C(x) = (x - 2)e^{x/2} + A_1$ e $z = ((x - 2)e^{x/2} + A_1)e^{-x/2} = x - 2 + A_1e^{-x/2}$. Voltando a função y, temos a solução geral da equação original $\sqrt{y} = x - 2 + A_1e^{-x/2}$.

4. $\cos^2 y(ydx + 2xdy) = 2y\sqrt{x}dy$. Essa equação não é separável, também não é homogênea, exata ou linear ou de um tipo redutível a um desses quatro tipos conhecidos de equações para $y(x)$. No entanto, se trocamos o significado de variável independente e função incógnita, então para a função $x(y)$ temos a equação de Bernoulli $x' = \frac{-2x\cos^2 y + 2y\sqrt{x}}{y\cos^2 y} = -\frac{2}{y}x + \frac{2}{\cos^2 y}\sqrt{x}$ com $n = \frac{1}{2}$. Dividindo por $\sqrt{x}$ temos $\frac{x'}{\sqrt{x}} = -\frac{2}{y}\sqrt{x} + \frac{2}{\cos^2 y}$, onde o termo no meio indica a mudança da função qeu deve ser efetuada $z = \sqrt{x}$. Então para z temos a equação linear $2z' = -\frac{2}{y}z + \frac{2}{\cos^2 y}$ ou $z' = -\frac{1}{y}z + \frac{1}{\cos^2 y}$. Para parte homogênea temos $z' = -\frac{1}{y}z$, donde $z = \frac{C}{y}$, e para linear completa procuramos solução geral na forma $z = \frac{C(y)}{y}$. Substituindo na equação, temos $\frac{C'}{y} - \frac{C}{y^2} = -\frac{1}{y}\frac{C}{y} + \frac{1}{\cos^2 y}$ ou simplificando $C' = \frac{y}{\cos^2 y}$. Fazendo integração por partes, obtemos $C = \int \frac{y}{\cos^2 y}dy = y\tan y - \int \tan y dy = y\tan y + \int \frac{d(\cos y)}{\cos y} = y\tan y + \ln|\cos y| + C$. Assim, a solução geral da equação original se encontra na forma $\sqrt{x} = z = \frac{C(y)}{y} = \frac{y\tan y + \ln|\cos y| + C}{y}$.

5. $2y' - \frac{x}{y} = \frac{xy}{x^2-1}$. Reordenando os termos na forma $2y' - \frac{x}{x^2-1}y = \frac{x}{y}$ certificamos que essa é a equação de Bernoulli com $n = -1$. Multiplicando por y temos $2yy' - \frac{x}{x^2-1}y^2 = x$, onde o termo no meio indica a mudança da função qeu deve ser realizada $z = y^2$. Então para z temos a equação linear $z' - \frac{x}{x^2-1}z = x$. Para parte homogênea temos $z' = \frac{x}{x^2-1}z$. Separando variáveis e integrando, obtemos $\int \frac{dz}{z} = \int \frac{x}{x^2-1}dx$, e apos da integração, $\ln|z| = \frac{1}{2}\ln|x^2 - 1| + C$ ou $z = C\sqrt{x^2 - 1}$. A solução da linear completa procuramos na forma $z = C(x)\sqrt{x^2 - 1}$. Substituindo na equação, temos $C'\sqrt{x^2 - 1} + C\frac{x}{\sqrt{x^2-1}} - \frac{x}{x^2-1}C\sqrt{x^2 - 1} = x$ ou simplificando $C' = \frac{x}{\sqrt{x^2-1}}$. Integrando, obtemos $C = \int \frac{x}{\sqrt{x^2-1}}dx = \frac{1}{2}\sqrt{x^2 - 1} + A$. Assim, a solução geral da equação original se encontra na forma $y^2 = z = \frac{1}{2}\sqrt{x^2 - 1} + A$.

6. $xy^2y' = x^2 + y^3$. Reescrevendo a equação na forma $xy' = y + \frac{x^2}{y^2}$ identificamos que ela é de Bernoulli com $n = -2$. A forma original já mostra que deve ser feita a mudança da função $z = y^3$. Então para z temos a equação linear $\frac{1}{3}xz' = z + x^2$ ou $xz' = 3z + 3x^2$. Para resolver a parte homogênea $xz' = 3z$, separamos variáveis e integramos: $\int \frac{dz}{z} = \int \frac{3dx}{x}$, isso resulta em $\ln|z| = 3\ln|x| + C$ ou $z = Cx^3$. A solução da linear completa procuramos na forma $z = C(x)x^3$. Substituindo na equação, temos $x(C'x^3 + 3Cx^2) = 3Cx^3 + 3x^2$ ou simplificando $C' = \frac{3}{x^2}$. Integrando, obtemos $C = \frac{-3}{x} + A$. Assim, a solução geral da equação original se encontra na forma $y^3 = z = \left(-\frac{3}{x} + A\right)x^3$

ou $y^3 = -3x^2 + Ax^3$.

7. $y'x + y = -xy^2$. Essa equação é de Bernoulli com $n = 2$. Dividimos ela por y^2 e fazemos a mudança da função $z = \frac{1}{y}$. Então para z temos a equação linear $-xz' + z = -x$. Para resolver a parte homogênea $-xz' + z = 0$, separamos variáveis e integramos: $\int \frac{dz}{z} = \int \frac{dx}{x}$, o que resulta em $\ln|z| = \ln|x| + C$ ou $z = Cx$. A solução da linear completa procuramos na forma $z = C(x)x$. Substituindo na equação, temos $-x(C'x + C) + Cx = -x$ ou simplificando $C' = \frac{1}{x}$. Integrando, obtemos $C = \ln|x| + A$. Assim, a solução geral da equação original se encontra na forma $\frac{1}{y} = z = (\ln|x| + A)\, x$.

8. $y' + xy = x^3y^3$. Essa equação é de Bernoulli com $n = 3$. Dividimos ela por y^3 e fazemos a mudança da função $z = \frac{1}{y^2}$. Então para z temos a equação linear $-\frac{1}{2}z' + xz = x^3$. Para resolver a parte homogênea $-\frac{1}{2}z' + xz = 0$, separamos variáveis e integramos: $\int \frac{dz}{z} = 2\int x dx$, o que resulta em $\ln|z| = x^2 + C$ ou $z = Ce^{x^2}$. A solução da linear completa procuramos na forma $z = C(x)e^{x^2}$. Substituindo na equação, temos $-\frac{1}{2}(C'e^{x^2} + C\cdot 2xe^{x^2}) + xCe^{x^2} = x^3$ ou simplificando $C' = -2e^{-x^2}x^3$. Integrando, obtemos $C = -\int 2e^{-x^2}x^3 dx = -\int e^{-x^2}x^2 d(x^2) = -\int e^{-t}t dt = e^{-t}t - \int e^{-t}\cdot 1 dt = e^{-t}t + e^{-t} + A = e^{-x^2}x^2 + e^{-x^2} + A$. Assim, a solução geral da equação original se encontra na forma $\frac{1}{y^2} = z = \left(e^{-x^2}x^2 + e^{-x^2} + A\right)e^{x^2}$ ou $\frac{1}{y^2} = x^2 + 1 + Ae^{x^2}$.

9. $2yy' + \frac{3}{x}y^2 = -\frac{1}{x^3}$. Essa equação é de Bernoulli com $n = -1$, o que fica evidente se escrevemos ela na forma normalizada $y' + \frac{3}{2x}y = -\frac{1}{2x^3y}$. Partindo da forma original, vamos aplicar o algoritmo alternativo de fator integrante, isto é, procuramos função $\mu(x)$ tal que $\mu\left(2yy' + \frac{3}{x}y^2\right) = (\mu\cdot y^2)'$. Dessa relação segue a equação diferencial para μ: $\mu\frac{3}{x} = \mu'$, cuja solução é $\ln|\mu| = 3\ln|x|$ ou $\mu = x^3$. Multiplicando a equação $2yy' + \frac{3}{x}y^2 = -\frac{1}{x^3}$ por $\mu = x^3$ transformamos ela a forma $(x^3y^2)' = -1$. Integrando, obtemos a solução geral da equação original: $x^3y^2 = -x + C$.

10. $y' - 2xy = 2x^3y^2$, $y(0) = 1$. Essa equação é de Bernoulli com $n = 2$. Dividimos ela por y^2 e fazemos a mudança da função $z = \frac{1}{y}$. Então para z temos a equação linear $z' + 2xz = -2x^3$. Resolvendo a parte homogênea, obtemos $\ln|z| = -x^2 + C$ ou $z = Ce^{-x^2}$. A solução da linear completa procuramos na forma $z = C(x)e^{-x^2}$. Substituindo na equação, temos $C'e^{-x^2} - C\cdot 2xe^{-x^2} + 2xCe^{-x^2} = -2x^3$ ou simplificando $C' = -2x^3e^{x^2}$. Integrando, obtemos $C = (1 - x^2)e^{x^2} + A$ e $z = ((1 - x^2)e^{x^2} + A)e^{-x^2} = 1 - x^2 + Ae^{-x^2}$. Assim, a solução geral da equação original se encontra na forma $\frac{1}{y} = 1 - x^2 + Ae^{-x^2}$. Substituindo na condição inicial, temos $\frac{1}{1} = 1 - 0 + Ae^0$, isto é, $A = 0$. Logo, a solução do problema de Cauchy é $\frac{1}{y} = 1 - x^2$.

Podemos, também, resolver essa equação usando o algoritmo alternativo de fator integrante. Para isso, escrevemos a equação original na forma modificada $\frac{1}{y^2}y' - 2x\frac{1}{y} = 2x^3$ e encontramos $\mu = e^{\int(1-n)a dx} = e^{\int -1\cdot(-2x)dx} = e^{x^2}$. (Lembramos que $\mu(x)$ é tal função que $\mu\left(\frac{1}{y^2}y' - 2x\frac{1}{y}\right) = \left(\mu\cdot\frac{-1}{y}\right)'$ donde vem a equação $\mu' = 2x\mu$ cuja solução é $\ln|\mu| = x^2$ ou $\mu = e^{x^2}$.) Multiplicando a equação modificada por μ, encontramos $\left(e^{x^2}\cdot\frac{-1}{y}\right)' = 2x^3e^{x^2}$ e integramos os dois lados em x: $-e^{x^2}\cdot\frac{1}{y} = \int 2x^3e^{x^2}dx = \int x^2e^{x^2}d(x^2) = \int te^t dt = (t - 1)e^t + C = (x^2 - 1)e^{x^2} + C$. Finalmente, obtemos a mesma solução geral do primeiro algoritmo $\frac{1}{y} = 1 - x^2 + Ce^{-x^2}$. Consequentemente, encontramos a mesma solução do problema de Cauchy $\frac{1}{y} = 1 - x^2$.

11. $y' + \frac{x}{1-x^2}y = x\sqrt{y}$. Essa é a equação de Bernoulli com $n = \frac{1}{2}$. Dividindo por $\sqrt{y}$ temos $\frac{y'}{\sqrt{y}} + \frac{x}{1-x^2}\sqrt{y} = x$, onde o termo no meio indica a mudança da função qeu deve ser feita $z = \sqrt{y}$. Então para z temos a equação linear $2z' + \frac{x}{1-x^2}z = x$. Resolvendo a parte homogênea encontramos $\ln|z| = \frac{1}{4}\ln|1 - x^2| + C$ ou $z = C\sqrt[4]{1 - x^2}$. Para linear completa procuramos solução geral na forma $z = C(x)\sqrt[4]{1 - x^2}$. Substituindo na equação, temos $2z' + \frac{x}{1-x^2}z = 2C'\sqrt[4]{1 - x^2} - Cx(1 - x^2)^{-3/4} + \frac{x}{1-x^2}C\sqrt[4]{1 - x^2} = x$ ou $C' = \frac{x}{2}\frac{1}{\sqrt[4]{1-x^2}}$. Então $C(x) = -\frac{1}{3}(1 - x^2)^{3/4} + A$ e $z = (A - \frac{1}{3}(1 - x^2)^{3/4})\sqrt[4]{1 - x^2} = A\sqrt[4]{1 - x^2} - \frac{1}{3}(1 - x^2)$. Voltando a função y, temos a solução geral da equação original $\sqrt{y} = A\sqrt[4]{1 - x^2} - \frac{1}{3}(1 - x^2)$.

Em paralelo, resolvemos essa equação usando o algoritmo alternativo de fator integrante. Para isso, escrevemos a equação original na forma modificada $\frac{y'}{\sqrt{y}} + \frac{x}{1-x^2}\sqrt{y} = x$ e encontramos $\mu = e^{\int(1-n)adx} = e^{\int \frac{1}{2}\cdot\frac{x}{1-x^2}dx} = e^{-\frac{1}{4}\ln|1-x^2|} = \frac{1}{\sqrt[4]{1-x^2}}$. (Lembramos que $\mu(x)$ é tal que $\mu\left(\frac{y'}{\sqrt{y}} + \frac{x}{1-x^2}\sqrt{y}\right) = \left(\mu\cdot 2\sqrt{y}\right)'$ donde vem a equação $\mu' = \frac{1}{2}\frac{x}{1-x^2}\mu$ cuja solução é $\ln|\mu| = \int \frac{1}{2}\frac{x}{1-x^2}dx$ ou $\mu = e^{\int \frac{1}{2}\cdot\frac{x}{1-x^2}dx}$.) Multiplicando a equação modificada por μ, encontramos $\left(\frac{1}{\sqrt[4]{1-x^2}}\cdot 2\sqrt{y}\right)' = x\frac{1}{\sqrt[4]{1-x^2}}$ e integramos os dois lados em x: $\frac{1}{\sqrt[4]{1-x^2}}\cdot 2\sqrt{y} = -\frac{2}{3}(1-x^2)^{3/4} + C$. Finalmente, obtemos a mesma solução geral do primeiro algoritmo $\sqrt{y} = -\frac{1}{3}(1-x^2) + C\sqrt[4]{1-x^2}$.

12. $y' - 9x^2y = (x^5 + x^2)y^{2/3}$. Essa é a equação de Bernoulli com $n = \frac{2}{3}$. Dividindo por $y^{2/3}$ temos $\frac{y'}{y^{2/3}} - 9x^2y^{1/3} = x^5 + x^2$, onde o termo no meio indica a mudança da função qeu deve ser feita $z = y^{1/3}$. Então para z temos a equação linear $3z' - 9x^2z = x^5 + x^2$ ou $z' - 3x^2z = \frac{1}{3}(x^5 + x^2)$. Resolvendo a parte homogênea encontramos $\ln|z| = x^3 + C$ ou $z = Ce^{x^3}$. Para linear completa procuramos solução geral na forma $z = C(x)e^{x^3}$. Substituindo na equação, temos $z' - 3x^2z = C'e^{x^3} + C\cdot 3x^2e^{x^3} - 3x^2\cdot Ce^{x^3} = \frac{1}{3}(x^5 + x^2)$ ou $C' = \frac{1}{3}(x^5 + x^2)e^{-x^3}$. A integral é calculada da seguinte maneira: $\int(x^5 + x^2)e^{-x^3}dx = \int x^5e^{-x^3}dx + \frac{1}{3}\int x^2e^{-x^3}dx = \frac{1}{3}\int(x^3 + 1)e^{-x^3}d(x^3) = \frac{1}{3}\int(t + 1)e^{-t}dt = \frac{1}{3}\left(-(t+1)e^{-t} + \int e^{-t}dt\right) = \frac{1}{3}\left(-(t+2)e^{-t} + A\right) = \frac{1}{3}\left(-(x^3+2)e^{-x^3} + A\right)$. Então $C(x) = \frac{1}{9}\left(-(x^3+2)e^{-x^3} + A\right)$ e $z = \frac{1}{9}\left(-(x^3+2)e^{-x^3} + A\right)e^{x^3} = Be^{x^3} - \frac{1}{9}(x^3+2)$. Voltando a função y, temos a solução geral da equação original $y^{1/3} = Be^{x^3} - \frac{x^3}{9} - \frac{2}{9}$.

Exercícios para o leitor

1. $y' - \frac{y}{x} = \frac{1}{2y}$.
2. $(xy + x^2y^3)y' = 1$.
3. $y' + 2xy = 2x^3y^3$.
4. $xy' + y = y^2\ln x$, $y(1) = 1$.
5. $3y^2y' + y^3 + x = 0$.
6. $(1 + x^2)y' - 2xy = 4\sqrt{y(1 + x^2)}\arctan x$.
7. $x^3\sin yy' + 2y = xy'$.
8. $y' + 2y = e^xy^2$, $y(1) = 0$.
9. $y' = y^4\cos x + y\tan x$.
10. $(x + 1)(y' + y^2) = -y$.
11. $xy' - 2x^2\sqrt{y} = 4y$.
12. $2y' - \frac{x}{y} = \frac{xy}{x^2-1}$.
13. $y'x^3\sin y = xy' - 2y$.
14. $(2x^2y\ln y - x)y' = y$.
15. $8y' + 3x^2y(y^2 - 4) = 0$.
16. $(y^2 - 1)dx - y(x + (y^2 - 1)\sqrt{x})dy = 0$.

Capítulo 4

Equações implícitas da primeira ordem: métodos de resolução

1 Equações polinomiais em relação a derivada

Definição. Uma *equação polinomial em relação a derivada* tem a forma

$$a_n(x,y)(y')^n + a_{n-1}(x,y)(y')^{n-1} + \ldots + a_1(x,y)y' + a_0(x,y) = 0.$$

Observação. Todos os coeficientes $a_k(x,y)$ não dependem de y' e o coeficiente principal $a_n(x,y)$ não pode ser identicamente nulo.

Método de resolução.

Primeiro, é resolvida a equação polinomial em relação a incógnita $p = y'$, considerando que ponto (x,y) é fixo (na forma genérica) e então os coeficientes são os números reais, como em qualquer equação polinomial: $a_n p^n + a_{n-1} p^{n-1} + \ldots + a_1 p + a_0 = 0$. Vamos supor que essa equação tem k raízes reais $f_1(x,y), \ldots, f_k(x,y)$, $k \leq n$ para cada par (x,y). Então, a equação polinomial pode ser escrita na forma $(p - f_1) \cdot \ldots \cdot (p - f_k) \cdot Q_{n-k}(p) = 0$, onde $Q_{n-k}(p) = (b_{n-k}p^{n-k} + \ldots + b_1 p + b_0)$ é o polinômio de ordem $n - k$ que não tem raízes reais. Correspondentemente, a equação original assume a forma $(y' - f_1(x,y)) \cdot \ldots \cdot (y' - f_k(x,y)) \cdot Q_{n-k}(y') = 0$. Os primeiros k fatores produzem k equações explícitas da primeira ordem $y' = f_1(x,y), \ldots, y' = f_k(x,y)$ às quais podemos tentar aplicar os métodos já estudados no texto anterior. Solução de qualquer uma dessas equações é a solução da equação original. A parte restante da equação $b_{n-k}(x,y)(y')^{n-k} + \ldots + b_1(x,y)y' + b_0(x,y) = 0$ já não pode ser simplificada a fatores lineares e só resta tentar algum método especial da sua resolução (se esse existir).

Exemplos.

1. $yy'^2 + (x - y)y' - x = 0$. Essa é equação polinomial de segundo grau. Introduzindo a notação $p = y'$ e considerando (x,y) fixo, resolvemos a equação quadrática $yp^2 + (x - y)p - x = 0$. As raízes são $p = \frac{y - x \pm \sqrt{(y-x)^2 + 4xy}}{2y} = \frac{y - x \pm (y+x)}{2y}$, isto é, $p_1 = 1$, $p_2 = -\frac{x}{y}$. Voltando a função y, temos, respectivamente, duas equações explícitas $y' = 1$, $y' = -\frac{x}{y}$. A solução geral da primeira é $y = x + A$ e da segunda $- y^2 + x^2 = B^2$. Ambas famílias são soluções da equação original.

2. $y'^3 - yy'^2 - x^2 y' + x^2 y = 0$. Essa é equação polinomial de terceiro grau. Introduzindo a notação $p = y'$ e considerando (x,y) fixo, resolvemos a equação cúbica $p^3 - yp^2 - x^2 p + x^2 y = 0$. Para isso, agrupamos os termos $p^2(p - y) - x^2(p - y) = (p - y)(p^2 - x^2) = 0$. Assim, temos três raízes reais $p_1 = y$, $p_2 = x$, $p_3 = -x$. Voltando a função y, temos, respectivamente, três equações explícitas $y' = y$, $y' = x$, $y' = -x$, todas de variáveis separáveis. A solução geral da primeira é $y = Ae^x$, da segunda $- y = \frac{x^2}{2} + B$, da terceira $- y = -\frac{x^2}{2} + C$. Todas elas são soluções da equação original.

3. $y'^2 - 4x^2 = 0$. Essa é equação polinomial de segundo grau. Introduzindo a notação $p = y'$ e considerando (x, y) fixo, resolvemos a equação quadrática $p^2 - 4x^2 = 0$. As raízes são $p = \pm 2x$. Voltando a função y, temos, duas equações explícitas de variáveis separáveis $y' = 2x$ e $y' = -2x$. A solução geral da primeira é $y = x^2 + A$ e da segunda $- y = -x^2 + +B$. Ambas famílias são soluções da equação original.

4. $yy'^2 - (xy + 1)y' + x = 0$, $y(1) = 1$. Essa é equação polinomial de segundo grau. Resolvendo a equação quadrática em relação a derivada, temos duas equações explícitas de variáveis separáveis $y' = \frac{xy+1\pm\sqrt{(xy+1)^2-4xy}}{2y} = \frac{xy+1\pm\sqrt{(xy-1)^2}}{2y} = \frac{xy+1\pm(xy-1)}{2y}$. Simplificando, chegamos a $y' = \frac{1}{y}$ e $y' = x$. As soluções são $\frac{y^2}{2} = x + A$ e $y = \frac{x^2}{2} + B$, respectivamente. Aplicando a condição inicial nas duas famílias, obtemos, $\frac{1}{2} = 1 + A$ (na primeira) e $1 = \frac{1}{2} + B$ (na segunda), donde $A = -\frac{1}{2}$ e $B = \frac{1}{2}$. Então, as soluções do problema de Cauchy são $\frac{y^2}{2} = x - \frac{1}{2}$ (da primeira família) e $y = \frac{x^2}{2} + \frac{1}{2}$ (da segunda família).

5. $y'^2 - 4y = 0$, $y(1) = 1$. Essa é equação polinomial de segundo grau. Resolvendo a equação quadrática em relação a derivada, temos duas equações explícitas de variáveis separáveis $y' = \pm 2\sqrt{y}$. A solução geral da primeira é $\sqrt{y} = x + A$ e da segunda $- \sqrt{y} = -x + B$. Além disso, temos a solução especial $y = 0$ não incluída nessas duas famílias. A solução especial não satisfaz a condição inicial. Aplicando a condição inicial nas duas famílias, obtemos, $\sqrt{1} = 1 + A$ (na primeira) e $\sqrt{1} = -1 + B$ (na segunda), donde $A = 0$ e $B = 2$. Então, as soluções do problema de Cauchy são $\sqrt{y} = x$, $x \geq 0$ (da primeira família) e $\sqrt{y} = 2 - x$, $x \leq 2$ (da segunda família).

6. $y^2(1 + y'^2) = a^2$, $a \in \mathbb{R}$. Essa é equação polinomial de segundo grau. Primeiro, explicitamos o quadrado da derivada: $y'^2 = \frac{a^2-y^2}{y^2}$. Resolvendo a equação quadrática para a derivada, encontramos duas equações explícitas de variáveis separáveis $y' = \pm \frac{1}{y}\sqrt{a^2 - y^2}$. A solução geral das duas equações tem a forma $\sqrt{a^2 - y^2} = \pm x + C$. Eliminando a raiz, obtemos $y^2 + (x + C)^2 = a^2$. Adicionalmente, tem duas soluções particulares $y = \pm a$, não incluídas nas soluções gerais.

7. $y'^3 - \frac{1}{4x}y' = 0$. Essa é equação polinomial de terceiro grau. Reescrevendo na forma $y'(y'^2 - \frac{1}{4x}) = 0$, chegamos a três equações explícitas de variáveis separáveis $y' = 0$, $y' = \pm\frac{1}{2\sqrt{x}}$. As soluções gerias são $y = A$, $y = \sqrt{x} + B$, $y = -\sqrt{x} + C$, respectivamente.

8. $y'^3 - xy'^2 - 4yy' + 4xy = 0$, $y(0) = 1$. Essa é equação polinomial de terceiro grau. Reescrevendo na forma $(y' - x)(y'^2 - 4y) = 0$, chegamos a três equações explícitas de variáveis separáveis $y' = x$, $y' = \pm 2\sqrt{y}$. As soluções gerias são $y = \frac{x^2}{2} + A$, $\sqrt{y} = x + B$ e $\sqrt{y} = -x + C$. Além disso, temos a solução especial $y = 0$ não incluída nessas três famílias. Substituindo condição inicial nessas famílias, obtemos três soluções do problema de Cauchy: $y = \frac{x^2}{2} + 1$, $\sqrt{y} = x + 1, x \geq -1$ e $\sqrt{y} = -x + 1, x \geq 1$.

9. $yy' + y'^2 = x^2 + xy$. Essa é equação polinomial de segundo grau. Resolvendo a equação quadrática para a derivada, encontramos duas equações explícitas $y' = \frac{-y\pm\sqrt{y^2+4(x^2+xy)}}{2} = \frac{-y\pm\sqrt{(y+2x)^2}}{2} = \frac{-y\pm(y+2x)}{2}$. Simplificando, chegamos a uma equação separável $y' = x$ e outra redutível à separável $y' = -x - y$. A resolução da primeira é trivial e dá a solução $y = \frac{x^2}{2} + A$. Para resolver a segunda, introduzimos a função $z = x + y$ e chegamos a equação separável $z' - 1 = -z$, cuja solução é $z = 1 + Ce^{-x}$. Voltando a y, encontramos a segunda família de soluções da equação original $y = -x + 1 + Ce^{-x}$.

10. $x^2y'^2 + 3xyy' + 2y^2 = 0$. Essa é equação polinomial de segundo grau. Resolvendo a equação quadrática para a derivada, encontramos duas equações explícitas de variáveis separáveis $y' = \frac{-3xy\pm\sqrt{9x^2y^2-8x^2y^2}}{2x^2} = \frac{-3xy\pm xy}{2x^2}$. Simplificando, chegamos a $y' = -2\frac{y}{x}$ e $y' = -\frac{y}{x}$. As soluções gerais são $y = \frac{A}{x^2}$ e $y = \frac{B}{x}$, respectivamente.

11. $y'^2 + y(y - x)y' - xy^3 = 0$. Essa é equação polinomial de segundo grau. Resolvendo a equação quadrática para a derivada ou, equivalentemente, reagrupando os termos na forma $y'(y' + y^2) - xy(y' + y^2) = (y' + y^2)(y' - xy) = 0$ reduzimos a equação original as duas equações de variáveis separáveis $y' = -y^2$ e $y' = xy$. As soluções gerais delas são $\frac{1}{y} = x + A$ e $y = Be^{x^2/2}$, respectivamente. A solução particular $y = 0$ da primeira equação, desconsiderada na sua solução geral, é incluída na

solução geral da segunda. Assim, todas as soluções da equação original são encontradas.

12. $y'^2 + y(\sin x - 2xy)y' - 2xy\sin x = 0$. Essa é equação polinomial de segundo grau. Reagrupando seus termos na forma $y'(y' + \sin x) - 2xy(y' + \sin x) = (y' + \sin x)(y' - 2xy) = 0$ reduzimos a equação original a duas equações de variáveis separáveis $y' = -\sin x$ e $y' = 2xy$. As soluções gerais delas são $y = \cos x + A$ e $y = Be^{x^2}$, respectivamente. Essas são todas as soluções da equação original.

13. $y'^3 - 2xy'^2 + y' = 2x$. Essa é equação polinomial de terceiro grau. Reescrevendo a equação na forma fatorada $y'^3 - 2xy'^2 + y' - 2x = y'(y'^2 + 1) - 2x(y'^2 + 1) = (y'^2 + 1)(y' - 2x) = 0$ chegamos a conclusão que a equação original é equivalente a uma única equação explícita $y' = 2x$. Resolvendo a última, encontramos a solução geral da equação original na forma $y = x^2 + C$. Essas são todas as soluções da equação dada.

14. $y'^2 + y^2(\ln^2 y - 1) = 0$. Essa é equação polinomial de segundo grau. Resolvendo em relação a derivada, obtemos as duas equações de variáveis separáveis $y' = \pm y\sqrt{1 - \ln^2 y}$. Separando as variáveis e integrando, temos $\int \frac{dy}{y\sqrt{1-\ln^2 y}} = \int \frac{d(\ln y)}{\sqrt{1-\ln^2 y}} = \arcsin(\ln y) = \pm x + C$. A mesma solução geral pode ser escrita, também, na forma $\ln y = \pm \sin(x + C)$. Para realizar a separação de variáveis era necessário dividir por y e $\sqrt{1 - \ln^2 y}$, e as funções $y = 0$ e $\ln y = \pm 1$ não estão presentes na solução geral. Como na equação original tem $\ln y$, a função $y = 0$ não pode ser considerada, mas as funções $y = e^{\pm 1}$ são admissíveis e representam soluções especiais da equação original.

Exercícios para o leitor

1. $y'^2 = y^3 - y^2$.
2. $y'^2 - y^2 = 0$.
3. $(y' + 1)^3 = 27(x + y)^2$.
4. $y'^2 = 4y^3(1 - y)$.
5. $y'^3 + y^2 = yy'(y' + 1)$.
6. $y'^2 + xy = y^2 + xy'$.
7. $y'^3 + (x + 2)e^y = 0$.
8. $y'^2 - 2yy' = y^2(e^x - 1)$, $y(0) = 1$.
9. $y'(2y - y') = y^2 \sin^2 x$.
10. $y(xy' - y)^2 = y - 2xy'$.
11. $yy'(yy' - 2x) = x^2 - 2y^2$.
12. $y'^2 + 4xy' - y^2 - 2x^2y = x^4 - 4x^2$.
13. $xy'(xy' + y) = 2y^2$.
14. $y'^2 - (y + x^2)y' + x^2y = 0$, $y(0) = 0$.

2 Equações explícitas em y

2.1 Equações explícitas em y na forma geral

Definição. Uma *equação explícita em relação a função incógnita y* tem a forma

$$y = f(x, y').$$

Método de resolução.

Introduzimos o parâmetro $p = y'$ e reescrevemos a equação original na forma de um sistema equivalente $\begin{cases} y' = p \\ y = f(x, p) \end{cases}$. Derivando a segunda equação do sistema em x e usando a primeira para substituir p em vez de y', obtemos $y' = p = f_x + f_p p_x$, o que é a EDO explícita da primeira ordem para função $p(x)$. Se for possível encontrar a solução (usando um dos métodos conhecidos), então temos a relação $G(p, x, C) = 0$ que unimos com a segunda equação do sistema para obter a forma paramétrica da definição da solução geral da equação original $\begin{cases} G(p, x, C) = 0 \\ y = f(x, p) \end{cases}$. Se for possível, o parâmetro p é eliminado do sistema para obter a forma mais simples da solução. Por exemplo, se a relação $G(p, x, C) = 0$ pode ser transformada a forma explícita $p = g(x, C)$, então a forma paramétrica pode ser reduzida à explícita $y = f(x, g(x, C))$.

Observação. O algoritmo descrito de formação de equação explícita para nova função $p(x)$ exige eliminação de y, uma vez que essa é a função desconhecida de x. Portanto, depois da introdução do parâmetro p, a equação original deve ser escrita na forma onde y está isolado: $y = f(x, p)$. Só nesse caso a função y vai desapecerer depois da derivação (substituindo sua derivada por p). Caso a equação original estar na forma $g(x)y = f(x, y')$, ela deve ser normalizada à forma $y = \frac{f(x,y')}{g(x)}$ antes de aplicar o método de resolução (exceto o caso quanto $g(x)$ é uma constante).

Exemplos.

1. $x^2 y'^4 + 2xy' - y = 0$. Embora essa equação é polinomial em relação a y', a sua resolução como tal vai ser complicada tecnicamente por causa do encontro das raízes da equação de quarto grau. É muito mais simples tratar essa equação como explícita em y. Introduzindo o parâmetro $p = y'$, temos um sistema equivalente $\begin{cases} y' = p \\ y = 2xp + x^2 p^4 \end{cases}$. Derivando a segunda equação do sistema em x obtemos EDO explícita da primeira ordem para função p: $p = 2p + 2xp' + 2xp^4 + x^2 4p^3 p'$. Simplificamos e reagrupamos os termos dessa equação: $p' \cdot 2x(1 + 2xp^3) = -p(1 + 2xp^3)$. Temos duas opções para satisfazer essa equação: $p' \cdot 2x = -p$ ou $1 + 2xp^3 = 0$. Resolvendo a primeira relação (a equação diferencial para p), obtemos $p^2 = \frac{C}{x}$. Então a solução geral da equação original tem a seguinte forma paramétrica: $\begin{cases} xp^2 = C \\ y = 2xp + x^2 p^4 \end{cases}$. Ainda podemos excluir o parâmetro e obter a seguinte forma implícita $(y - C^2)^2 = 4Cx$ (por exemplo, notamos que $x^2 p^4 = C^2$ da primeira equação e substituindo na segunda temos $y = 2xp + C^2$; depois passamos C^2 para o lado esquerdo e elevamos ao quadrado o que dá $(y - C^2)^2 = 4x^2 p^2$, e finalmente substituimos p^2 da primeira relação para encontrar a solução implícita apresentada). Da segunda relação temos mais uma função $\begin{cases} 1 + 2xp^3 = 0 \\ y = 2xp + x^2 p^4 \end{cases}$ que pode ser transformada a forma implícita $16y^3 = -3x^2$ (da primeira equação o parâmetro p é expresso via x e depois só resta substituir essa expressão na segunda equação e fazer simplificação). Substituindo na equação originial, verificamos que essa é mais uma solução (especial) da equação original.

2. $y = x + y' - \ln y'$. Essa equação é explícita em y. Introduzindo o parâmetro $p = y'$, temos um sistema equivalente $\begin{cases} y' = p \\ y = x + p - \ln p \end{cases}$. Derivando a segunda equação do sistema em x obtemos EDO explícita da primeira ordem para função p: $p = 1 + p' - \frac{1}{p}p'$. Reagrupando os termos, temos: $p - 1 = \frac{p-1}{p}p'$. Temos duas opções para satisfazer essa equação: $\frac{p'}{p} = 1$ ou $p - 1 = 0$. Resolvendo a primeira relação (a equação diferencial para p), obtemos $p = Ce^x$. Então a solução geral da equação original tem a seguinte forma paramétrica: $\begin{cases} p = Ce^x \\ y = x + p - \ln p \end{cases}$. É simples excluir p e obter a forma explícita $y = x + Ce^x - x - \ln C = Ce^x - \ln C$. Da segunda relação temos mais uma função $\begin{cases} p = 1 \\ y = x + p - \ln p \end{cases}$ cuja forma explícita é $y = x + 1$. Substituindo na equação originial, verificamos que essa função é solução (especial) da equação original.

3. $y'^2 - xy' + \frac{x^2}{2} - y = 0$. Essa equação é polinomial em relação a y', mas a sua resolução como tal é complicada tecnicamente devido a forma das equações explícitas: $y' = \frac{x \pm \sqrt{4y - x^2}}{2}$. No entanto, tratando a equação como explícita em relação a y, conseguimos encontrar a solução sem

problemas. Introduzindo o parâmetro $p = y'$, temos um sistema equivalente $\begin{cases} y' = p \\ y = p^2 - xp + \frac{x^2}{2} \end{cases}$.

Derivando a segunda equação em x, obtemos EDO explícita da primeira ordem para função p: $p = 2pp' - p - xp' + x$, ou simplificando e reagrupando os termos $(p'-1)(2p-x) = 0$. Então temos duas opções: $p' = 1$ ou $2p = x$. Resolvendo a primeira equação, obtemos $p = x + C$. Isso leva a solução geral da equação original na forma paramétrica: $\begin{cases} p = x + C \\ y = p^2 - xp + \frac{x^2}{2} \end{cases}$. Eliminando p, encontramos a forma explícita da mesma solução geral: $y = (x+C)^2 - x(x+C) + \frac{x^2}{2} = Cx + C^2 + \frac{x^2}{2}$. Da segunda relação temos mais uma função $\begin{cases} p = x/2 \\ y = p^2 - xp + \frac{x^2}{2} \end{cases}$ cuja forma explícita é $y = \frac{x^2}{4} - x\frac{x}{2} + \frac{x^2}{2} = \frac{x^2}{4}$. Substituindo na equação originial, verificamos que essa é mais uma solução (especial) da equação original.

4. $y = \frac{xy'}{2} + \frac{y'^2}{x^2}$. Usando o parâmetro $p = y'$, obtemos um sistema equivalente $\begin{cases} y' = p \\ y = \frac{xp}{2} + \frac{p^2}{x^2} \end{cases}$.

Derivando a segunda equação em x, obtemos EDO explícita da primeira ordem para função p: $p = \frac{p}{2} + \frac{xp'}{2} + \frac{2pp'}{x^2} - \frac{2p^2}{x^3}$, ou simplificando e reagrupando os termos $p\left(\frac{1}{2} + \frac{2p}{x^3}\right) = p'x\left(\frac{1}{2} + \frac{2p}{x^3}\right)$. Daí temos duas opções: $p'x = p$ ou $\frac{2p}{x^3} = -\frac{1}{2}$. Resolvendo a primeira equação, obtemos $p = Cx$ e juntando essa expressão com a segunda equação do sistema, encontramos a solução geral da equação original: $y = \frac{Cx^2}{2} + C^2$. Da segunda relação temos mais uma função $p = -\frac{x^3}{4}$ que, junto com a segunda equação do sistema, resulta na função $y = -\frac{x^4}{16}$. Substituição na equação originial mostra que essa é mais uma solução (especial) da equação original.

A equação dada pode ser tratada também como polinomial, mas nesse caso o procedimento da resolução fica mais complicado.

5. $6x^2y - 6y'^2 + (12x^2 - 3x^3)y' - 6x^4 + x^5 = 0$. Usando o parâmetro $p = y'$, obtemos um sistema equivalente $\begin{cases} y' = p \\ y = \frac{p^2}{x^2} - (2 - \frac{x}{2})p + x^2 - \frac{x^3}{6} \end{cases}$. (Notamos que é obrigatório dividir por x^2 para não permanecer y após da derivação em x.) Derivando a segunda equação em x, obtemos EDO explícita da primeira ordem para função p: $p = \frac{2pp'}{x^2} - \frac{2p^2}{x^3} + \frac{p}{2} - \left(2 - \frac{x}{2}\right)p' + 2x - \frac{x^2}{2}$. Simplificando e reagrupando os termos, temos $p'\left(\frac{2p}{x^2} - 2 + \frac{x}{2}\right) = \frac{p}{2} + \frac{2p^2}{x^3} - 2x + \frac{x^2}{2} = \left(\frac{2p}{x} - 2x + \frac{x^2}{2}\right) + \left(-\frac{2p}{x} + \frac{2p^2}{x^3} + \frac{p}{2}\right) = x\left(\frac{2p}{x^2} - 2 + \frac{x}{2}\right) + \frac{p}{x}\left(\frac{x}{2} + \frac{2p}{x^2} - 2\right) = \left(\frac{2p}{x^2} - 2 + \frac{x}{2}\right)\left(x + \frac{p}{x}\right)$. Da última relação seguem duas opções: $p' = x + \frac{p}{x}$ ou $\frac{2p}{x^2} - 2 + \frac{x}{2} = 0$. A primeira opção é equação linear para p que pode ser resolvida usando variação do parâmetro. Começamos com a linear homogênea $p' = \frac{p}{x}$, cuja solução é $p = Cx$ e, em seguida, buscamos a solução da linear completa na forma $p = C(x)x$. Substituindo a última na equação linear obtemos, depois da simplificação, $C' = 1$, ou seja, $C = x + A$. Logo, $p = (x + A)x$. Juntando essa expressão com a segunda equação do sistema, encontramos a solução geral da equação original: $y = (x + A)^2 - \left(2 - \frac{x}{2}\right)(x + A)x + x^2 - \frac{x^3}{6}$, ou simplificando, $y = A^2 + A\frac{x^2}{2} + \frac{x^3}{3}$. Da segunda relação $\frac{2p}{x^2} - 2 + \frac{x}{2} = 0$ temos $p = x^2 - \frac{x^3}{4}$ e levando essa expressão na segunda equação do sistema, encontramos a função $y = \frac{\left(x^2 - \frac{x^3}{4}\right)^2}{x^2} - \left(2 - \frac{x}{2}\right)\left(x^2 - \frac{x^3}{4}\right) + x^2 - \frac{x^3}{6} = \frac{x^3}{3} - \frac{x^4}{16}$. Substituição na equação originial mostra que essa é mais uma solução (especial) da equação original.

A equação dada pode ser considerada também como polinomial, mas nesse caso a resolução fica mais complicada ou até impossível tecnicamente.

6. $y = y'^2 e^{y'}$, $y(1) = 0$. Usando o parâmetro $p = y'$, obtemos um sistema equivalente $\begin{cases} y' = p \\ y = p^2 e^p \end{cases}$. Derivando a segunda equação em x, obtemos EDO explícita da primeira ordem para função p: $p = 2pp'e^p + p^2 e^p p'$, o que resulta em equação separável $p'e^p(2 + p) = 1$ e a relação adicional $p = 0$. Resolvendo a equação, obtemos $e^p(p+1) = x + C$ e juntando essa expressão com a segunda equação do sistema, encontramos a solução geral da equação original na forma paramétrica:

$\begin{cases} x = e^p(p+1) + C \\ y = p^2 e^p \end{cases}$. A relação $p = 0$, substituída na segunda equação do sistema, gera mais uma solução (especial) $y = 0$.

Substituindo a condição inicial na solução geral, obtemos $\begin{cases} 1 = e^p(p+1) + C \\ 0 = p^2 e^p \end{cases}$. Da segunda relação segue que $p = 0$ e, então, a primeira, com $p = 0$ especifica o valor da constante: $1 = 1 + C$, isto é, $C = 0$. Logo, na solução geral tem uma, com contante $C = 0$, que satisfaz a condição inicial. Mas, essa não é a única solução do problema, porque a solução especial também satisfaz a mesma condição inicial. Assim, temos duas soluções do probelma de Cauchy: $\begin{cases} x = e^p(p+1) \\ y = p^2 e^p \end{cases}$ e $y = 0$.

7. $y' \sin y' + \cos y' - y = 0$ Usando o parâmetro $p = y'$, obtemos um sistema equivalente $\begin{cases} y' = p \\ y = p \sin p + \cos p \end{cases}$. Derivando a segunda equação em x, obtemos EDO separável para função p: $p = p \cos p p'$. Essa equação se simplifica a equação $p' \cos p = 1$ e a relação adicional $p = 0$. Resolvendo a equação, obtemos $x = \sin p + C$ e juntando essa expressão com a segunda equação do sistema, encontramos a solução geral da equação original na forma paramétrica: $\begin{cases} x = \sin p + C \\ y = p \sin p + \cos p \end{cases}$. A relação $p = 0$, substituída na segunda equação do sistema, gera mais uma solução (especial) $y = 1$.

8. $y'^2 + (x+a)y' - y = 0$, $a \in \mathbb{R}$ Usando o parâmetro $p = y'$, obtemos um sistema equivalente $\begin{cases} y' = p \\ y = p^2 + (x+a)p \end{cases}$. Derivando a segunda equação em x, obtemos equação explícita para função p: $p = 2pp' + (x+a)p' + p$ ou simplificando $(2p + x + a)p' = 0$. Então temos duas opções: $p = C$ ou $2p = -x - a$. Juntando a primeira relação com a segunda equação do sistema, encontramos a solução geral da equação original: $y = C^2 + (x+a)C$. Usando a segunda relação, chegamos a mais uma função $\begin{cases} 2p = -x - a \\ y = p^2 + (x+a)p \end{cases}$ que pode ser reescrita na forma explícita $y = \frac{(x+a)^2}{4} - (x+a)\frac{x+a}{2} = -\frac{(x+a)^2}{4}$. Substituindo essa função na equação original, verificamos que ela é mais uma solução, não incluída na solução geral.

9. $x^4 y'^2 - xy' - y = 0$ Usando o parâmetro $p = y'$, obtemos um sistema equivalente $\begin{cases} y' = p \\ y = x^4 p^2 - xp \end{cases}$. Derivando a segunda equação em x, obtemos equação explícita para função p: $p = 4x^3 p^2 + 2x^4 pp' - p - xp'$ ou simplificando e reagrupando os termos $xp'(2x^3 p - 1) = 2p(1 - 2x^3 p)$. Então temos duas opções: $xp' = -2p$ ou $2x^3 p = 1$. A solução da primeira equação é $p = \frac{C}{x^2}$. Juntando ela com a segunda equação do sistema, encontramos a solução geral da equação original: $y = x^4 \frac{C^2}{x^4} - x\frac{C}{x^2} = C^2 - \frac{C}{x}$. Usando a segunda relação, chegamos a mais uma função $y = x^4 \frac{1}{4x^6} - x\frac{1}{2x^3} = -\frac{1}{4x^2}$. Substituindo essa função na equação original, verificamos que ela é mais uma solução, não incluída na solução geral.

10. $xy'^2 + xy' - y = 0$, $y(1) = 2$ Usando o parâmetro $p = y'$, obtemos um sistema equivalente $\begin{cases} y' = p \\ y = xp^2 + xp \end{cases}$. Derivando a segunda equação em x, obtemos equação separável para função p: $p = p^2 + 2xpp' + p + xp'$ ou simplificando e reagrupando os termos $xp'(2p + 1) = -p^2$. Separando variáveis e integrando, obtemos $\int \frac{2p+1}{p^2} dp = 2\ln|p| - \frac{1}{p} = -\ln|x| + C$ ou $x = \frac{C}{p^2} e^{1/p}$. Juntando essa função com a segunda equação do sistema, encontramos a solução geral da equação original: $\begin{cases} x = \frac{C}{p^2} e^{1/p} \\ y = xp^2 + xp \end{cases}$.

Na separação de variáveis, a função $p = 0$ foi eliminada de consideração. Substituindo $p = 0$ na segunda equação do sistema, temos $y = 0$, que é mais uma solução, não incluída na solução geral.

Substituindo a condição inicial na solução geral, obtemos $\begin{cases} 1 = \frac{C}{p^2} e^{1/p} \\ 2 = p^2 + p \end{cases}$. Resolvendo a segunda relação para incógnita p, encontramos duas raízes $p = -2$ e $p = 1$. Se $p = -2$, a primeira relação determina a constante $C = 4\sqrt{e}$. Para a segunda raiz $p = 1$, a primeira relação dá o valor $C = e^{-1}$. Notamos ainda que a solução especial $y = 0$ não satisfaz a condição inicial. Assim,

temos duas soluções do probelma de Cauchy, ambas contidas na solução geral: $\begin{cases} x = \frac{4\sqrt{e}}{p^2} e^{1/p} \\ y = xp^2 + xp \end{cases}$ e
$\begin{cases} x = \frac{e^{-1}}{p^2} e^{1/p} \\ y = xp^2 + xp \end{cases}$.

Exercícios para o leitor

1. $y = y'^2 + 2y'^3$.
2. $y = \ln(1 + y'^2)$.
3. $y = (y' - 1)e^{y'}$.
4. $y'^4 - y'^2 = y^2$.
5. $y'^2 - 2xy' = x^2 - 4y$.
6. $5y + y'^2 = x(x + y')$.
7. $y'^3 + y^2 = xyy'$.
8. $y' \sin y' + \cos y' - y = 0$.
9. $x^4 y'^2 - xy' - y = 0$.
10. $y'^4 = 2yy' + y^2$.
11. $y = xy' - x^2 y'^3$.
12. $y = 2xy' + y^2 y'^3$.

2.2 Equações de Lagrange e de Clairaut

Definição. A equação explícita em y que tem a forma

$$y = xg(y') + h(y'), g(p) \neq p$$

é chamada *equação de Lagrange*.

Método de resolução.

A distinção principal da equação de Lagrange no grupo de equações explícitas em y é a possibilidade garantida de resolver essa equação usando a técnica apresentada a seguir. Como em qualquer equação explícita, começamos introduzindo o parâmetro $p = y'$ e reescrevendo a equação original na forma de um sistema equivalente $\begin{cases} y' = p \\ y = xg(p) + h(p) \end{cases}$. Derivando a segunda equação do sistema em x, obtemos $p = g(p) + xg_p(p)p' + h_p(p)p'$. Nesse momento, para garantir que a última equação pode ser resolvida usando as técnicas conhecidas, trocamos o significado de variável independente x e função incógnita p, o que leva à equação $x'(p - g(p)) = xg_p(p) + h_p(p)$ ou $x' = x\frac{g_p(p)}{p-g(p)} + \frac{h_p(p)}{p-g(p)}$ (lembramos $g(p) \neq p$). Dessa maneira, encontramos a equação linear em relação a $x(p)$ cujo método de resolução é conhecido. Depois de encontrar a solução geral dessa equação $x = F(p, C)$, juntamos ela com a segunda equação do sistema e obtemos a solução da equação original na forma paramétrica $\begin{cases} x = F(p, C) \\ y = xg(p) + h(p) \end{cases}$. Se for possível, o parâmetro p é eliminado do sistema para obter a forma mais simples da solução.

Definição. A equação explícita em y que tem a forma

$$y = xy' + h(y')$$

é chamada *equação de Clairaut*. Notamos que essa equação trata daquele caso $g(p) = p$ que foi omitido na definição da equação de Lagrange.

Método de resolução.

A resolução da equação de Clairaut é ainda mais simples. Como em qualquer equação explícita, começamos introduzindo o parâmetro $p = y'$ e reescrevendo a equação original na forma de um sistema equivalente $\begin{cases} y' = p \\ y = xp + h(p) \end{cases}$. Derivando a segunda equação do sistema em x, obtemos $p = p + xp' + h_p(p)p'$ ou $p'(x + h_p(p)) = 0$. Então a primeira opção na resolução dessa equação é $p' = 0$, o que dá $p = C$ e a solução geral da primitiva na forma explícita $y = Cx + h(C)$. A segunda opção é $x + h_p(p) = 0$ (o que não é uma EDO, uma vez que x é varipavel independente e $h(p)$ é uma função dada). Junto com a segunda equação do sistema, essa relação pode dar mais uma solução da equação de Clairaut.

Exemplos.

1. $y = 2xy' + \ln y'$. Essa é a equação de Lagrange com $g(p) = 2p$ e $h(p) = \ln p$. Usando o parâmetro $p = y'$, temos um sistema equivalente $\begin{cases} y' = p \\ y = 2xp + \ln p \end{cases}$. Derivando a segunda equação do sistema em x, obtemos $p = 2p + 2xp' + \frac{1}{p}p'$ ou $-p = 2xp' + \frac{1}{p}p'$. Trocando x e p de lugares, temos a equação linear para $x(p)$: $px' = -2x - \frac{1}{p}$. Resolvendo a parte homogênea $px' = -2x$, temos $x = \frac{C}{p^2}$. Substituindo a função $x = \frac{C(p)}{p^2}$ na linear completa, obtemos a equação $C'(p) = -1$ cuja solução é $C(p) = -p + C_1$ e, consequentemente, $x = -\frac{1}{p} + \frac{C_1}{p^2}$. Logo, a solução geral da equação primitiva é $\begin{cases} x = -\frac{1}{p} + \frac{C_1}{p^2} \\ y = 2xp + \ln p \end{cases}$.

2. $y = xy' - y'^2$. Essa equação é de Clairaut. Introduzindo o parâmetro $p = y'$, temos um sistema equivalente $\begin{cases} y' = p \\ y = xp - p^2 \end{cases}$. Derivando a segunda equação do sistema, obtemos $p = p + xp' - 2pp'$ ou $p'(x - 2p) = 0$. A solução de $p' = 0$ dá $p = C$ e a respectiva solução geral da equação original: $y = Cx - C^2$. A relação $x = 2p$ gera mais uma função $y = x\frac{x}{2} - \frac{x^2}{4} = \frac{x^2}{4}$. Substituindo-la na equação original, verificamos que ela é mais uma solução dessa equação.

3. $y = 2xy' - y'^2$. Essa é a equação de Lagrange com $g(p) = 2p$ e $h(p) = -p^2$. Usando o parâmetro $p = y'$, temos um sistema equivalente $\begin{cases} y' = p \\ y = 2xp - p^2 \end{cases}$. Derivando a segunda equação do sistema em x, obtemos $p = 2p + 2xp' - 2pp'$ ou $p = 2p'(p - x)$. Trocando x e p de lugares, temos a equação linear para $x(p)$: $x' = -\frac{2}{p}x + 2$. Resolvendo a parte homogênea $x' = -\frac{2}{p}x$, temos $x = \frac{C}{p^2}$. Substituindo a função $x = \frac{C(p)}{p^2}$ na linear completa, obtemos a equação $\frac{C'}{p^2} = 2$ ou $C' = 2p^2$ cuja solução é $C(p) = \frac{2p^3}{3} + A$ e, consequentemente, $x = \frac{1}{p^2}\left(\frac{2p^3}{3} + A\right) = \frac{2p}{3} + \frac{A}{p^2}$. Então, a solução geral da equação primitiva é $\begin{cases} x = \frac{2p}{3} + \frac{A}{p^2} \\ y = 2xp - p^2 \end{cases}$. Ao longo da resolução, dividimos por p, então temos que testar se $p = 0$ gera mais uma solução. Substituindo $p = 0$ na segunda equação do sistema temos $y = 0$, que é a solução da equação original.

4. $y' + y = xy'^2$. Essa é a equação de Lagrange com $g(p) = p^2$ e $h(p) = -p$. Usando o parâmetro $p = y'$, temos um sistema equivalente $\begin{cases} y' = p \\ y = xp^2 - p \end{cases}$. Derivando a segunda equação do sistema em x, obtemos $p = p^2 + 2xpp' - p'$ ou $p(1 - p) = p'(2xp - 1)$. Trocando x e p de lugares, temos a equação linear para $x(p)$: $x' = \frac{2}{1-p}x - \frac{1}{p(1-p)}$. Resolvendo a parte homogênea $x' = \frac{2}{1-p}x$, temos $x = \frac{C}{(p-1)^2}$. Substituindo a função $x = \frac{C(p)}{(p-1)^2}$ na linear completa, obtemos a equação $\frac{C'}{(p-1)^2} = \frac{1}{p(p-1)}$ ou $C' = \frac{p-1}{p}$ cuja solução é $C(p) = p - \ln|p| + A$ e, consequentemente, $x = \frac{p - \ln|p| + A}{(p-1)^2}$. Então, a solução geral da equação primitiva é $\begin{cases} x = \frac{p - \ln|p| + A}{(p-1)^2} \\ y = xp^2 - p \end{cases}$. No processo da resolução foi necessario dividir por p e $p - 1$,

então temos que testar se $p = 0$ e $p = 1$ geram outras soluções. Substituindo $p = 0$ e $p = 1$ na segunda equação do sistema temos $y = 0$ e $y = x - 1$, respectivamente. Ambas essas funções são soluções da equação original não incluídas na solução geral.

5. $y = x(1 + y') + y'^3$. Para resolver essa equação de Lagrange, introduzimos o parâmetro $p = y'$ e chegamos a um sistema equivalente $\begin{cases} y' = p \\ y = x(1 + p) + p^3 \end{cases}$. Derivando a segunda equação do sistema em x, obtemos $p = 1 + p + xp' + 3p^2p'$ ou $p'(x + 3p^2) = -1$. Trocando x e p de lugares, temos a equação linear para $x(p)$: $x' = -x - 3p^2$. Resolvendo a parte homogênea $x' = -x$, temos $x = Ce^{-p}$. Substituindo a função $x = C(p)e^{-p}$ na linear completa, obtemos a equação $C'e^{-p} = -3p^2$ ou $C' = 3p^2e^p$ cuja solução é $C(p) = (3p^2 - 6p + 6)e^p + A$ e, consequentemente, $x = [(3p^2 - 6p + 6)e^p + A]e^{-p} = 3p^2 - 6p + 6 + Ae^{-p}$. Então, a solução geral da equação primitiva é $\begin{cases} x = 3p^2 - 6p + 6 + Ae^{-p} \\ y = x(1 + p) + p^3 \end{cases}$.

6. $2y(y' + 2) = xy'^2$. Para resolver essa equação de Lagrange, introduzimos o parâmetro $p = y'$ e montamos um sistema equivalente $\begin{cases} y' = p \\ 2y = \frac{xp^2}{p+2} \end{cases}$. Derivando a segunda equação do sistema em x, obtemos $2p = \frac{(p^2 + 2xpp')(p+2) - xp^2p'}{(p+2)^2}$ ou $2p(p+2)^2 = p^2(p+2) + p'(2xp(p+2) - xp^2)$. Simplificando e reagrupando os termos, obtemos $(p+1)(p^2 + 4p) = p'x(p^2 + 4p)$. Temos então a equação separável $p'x = p + 2$ e a relação $p^2 + 4p = 0$. Para resolver a equação não há necessidade de trocar x e p de lugares. Separando variáveis e integrando, temos $\ln|p+2| = \ln|x| + C$ ou $p + 2 = Cx$. Juntando essa função com a segunda equação do sistema, obtemos a solução geral da equação primitiva: $2y = \frac{(Cx-2)^2}{C}$. A relação adicional $p^2 + 4p = 0$ dá os valores $p = 0$ e $p = -4$. Substituindo esses valores na segunda equação do sistema, obtemos mais duas funções $y = 0$ e $y = -4x$. Ambas são soluções da equação original, não incluídas na solução geral.

7. $y = x + y'^2 - y'$. Para resolver essa equação de Lagrange, introduzimos o parâmetro $p = y'$ e montamos um sistema equivalente $\begin{cases} y' = p \\ y = x + p^2 - p \end{cases}$. Derivando a segunda equação do sistema em x, obtemos $p = 1 + 2pp' - p'$ ou $p - 1 = p'(2p - 1)$. Essa é a equação separável e, portanto, não há necessidade de trocar x e p de lugares. Separando variáveis $\frac{2p-1}{p-1}dp = dx$ e integrando, temos $x = 2p + \ln|p - 1| + C$. Junto com a segunda equação do sistema, isso dá a solução geral da equação primitiva: $\begin{cases} x = 2p + \ln|p - 1| + C \\ y = x + p^2 - p \end{cases}$. Na separação de variáveis era necessário dividir por $p - 1$ e, consequentemente, a valor $p = 1$ ficou excluído da solução geral. Esse valor, substituído na segunda equação do sistema, gera mais uma função $y = x$ que é a solução especial.

8. $8y'^3 - 12y'^2 = 27(y - x)$. Isolamos $27y$ nessa equação $27y = 8y'^3 - 12y'^2 + 27x$ e resolvemos essa equação de Lagrange usando o método padrão. Introduzimos o parâmetro $p = y'$ e montamos um sistema equivalente $\begin{cases} y' = p \\ 27y = 8p^3 - 12p^2 + 27x \end{cases}$. Derivando a segunda equação em x, obtemos $27p = 24p^2p' - 24pp' + 27$ ou $27(p-1) = 24p'p(p-1)$. Para resolver a equação separável $8p'p = 9$ não há necessidade de trocar sentido de x e p. Integrando, temos $4p^2 = 9x + C$. Junto com a segunda equação do sistema, isso dá a solução geral da equação primitiva: $\begin{cases} 9x = 4p^2 + C \\ 27y = 8p^3 - 12p^2 + 27x \end{cases}$. A relação adicional $p - 1 = 0$ leva a mais uma função $27y = -4 + 27x$ que é a solução especial da equação dada.

9. $\sqrt{y'^2 + 1} + xy' - y = 0$. Essa equação é de Clairaut. Introduzindo o parâmetro $p = y'$, temos um sistema equivalente $\begin{cases} y' = p \\ y = xp + \sqrt{p^2 + 1} \end{cases}$. Derivando a segunda equação do sistema, obtemos $p = p + xp' + \frac{pp'}{\sqrt{p^2+1}}$ ou $p'\left(x + \frac{p}{\sqrt{p^2+1}}\right) = 0$. A solução de $p' = 0$ é $p = C$ e a respectiva solução geral da equação original é $y = Cx + \sqrt{C^2 + 1}$. A relação $x = -\frac{p}{\sqrt{p^2+1}}$ gera mais uma função, cuja

forma explícita é $y = \sqrt{1 - x^2}$. Substituindo-la na equação original, verificamos que ela é mais uma solução dessa equação.

10. $y = xy' + y'^2$. Essa é equação de Clairaut. Introduzindo o parâmetro $p = y'$, temos um sistema equivalente $\begin{cases} y' = p \\ y = xp + p^2 \end{cases}$. Derivando a segunda equação do sistema, obtemos $p = p + xp' + 2pp'$ ou $p'(x + 2p) = 0$. A solução de $p' = 0$ é $p = C$ e a respectiva solução geral da equação original é $y = Cx + C^2$. A relação $x = -2p$ gera mais uma função $y = x\frac{-x}{2} + \frac{x^2}{4} = -\frac{x^2}{4}$, que é uma solução especial da equação original.

11. $y = xy' + \sqrt{1 - y'^2}$. Essa equação é de Clairaut. Introduzindo o parâmetro $p = y'$, temos um sistema equivalente $\begin{cases} y' = p \\ y = xp + \sqrt{1 - p^2} \end{cases}$. Derivando a segunda equação do sistema, obtemos $p = p + xp' - \frac{pp'}{\sqrt{1 - p^2}}$ ou $p'\left(x - \frac{p}{\sqrt{1 - p^2}}\right) = 0$. A solução de $p' = 0$ é $p = C$ e a respectiva solução geral da equação original é $y = Cx + \sqrt{1 - C^2}$. A relação $x = \frac{p}{\sqrt{1 - p^2}}$ gera mais uma função, que pode ser expressa na forma implícita $y^2 - x^2 = 1$. Substituindo-la na equação original, verificamos que ela é mais uma solução dessa equação.

12. $x = \frac{y}{y'} + \frac{1}{y'^2}$ Essa é equação de Clairaut em relação a função $x(y)$. Realmente, trocando sentido de x e y, temos a equação explícita em x do tipo de Clairaut: $x = yx' + x'^2$. Introduzindo o parâmetro $p = x'$, temos um sistema equivalente $\begin{cases} x' = p \\ x = yp + p^2 \end{cases}$. Derivando a segunda equação do sistema em variável independente y, obtemos $p = p + yp' + 2pp'$ ou $p'(y + 2p) = 0$. A solução de $p' = 0$ é $p = C$ e a respectiva solução geral da equação original é $x = Cy + C^2$. A relação $y = -2p$ gera mais uma função $x = y\frac{-y}{2} + \frac{y^2}{4} = -\frac{y^2}{4}$, que é uma solução especial da equação original.

Exercícios para o leitor

1. $2yy' = x(y'^2 + 4)$.
2. $y = -xy' + y'^2$.
3. $y = -xy' - a\sqrt{1 + y'^2}$, $a \in \mathbb{R}$.
4. $y'^3 + xy'^2 - y = 0$.
5. $y'^2 - 2xy' + y = 0$.
6. $y + xy' = 4\sqrt{y'}$.
7. $y'^3 = 3(xy' - y)$.
8. $xy' - y = \ln y'$.
9. $xy'(y' + 2) = y$.
10. $2y'^2(y - xy') = 1$.
11. $y = xy'^2 - 2y'^3$.
12. $y = xy' - (2 + y')$.

3 Equações explícitas em x

Definição. Uma equação explícita em relação a variável independente x tem a forma

$$x = f(y, y').$$

Método de resolução.

Introduzimos o parâmetro $p = y'$ e reescrevemos a equação original na forma de um sistema equivalente $\begin{cases} y' = p \\ x = f(y, p) \end{cases}$. A partir desse momento o algoritmo de resolução segue um caminho um pouco diferente da equação explícita em y. Vamos derivar a segunda equação do sistema, mas em relação a y, considerando que o significado de x e y foi trocado. Então obtemos $x' = \frac{1}{p} = f_y + f_p p_y$, que é a EDO explícita da primeira ordem para função $p(y)$. Se for possível encontrar a solução (usando um dos métodos conhecidos), então temos a relação $G(p, y, C) = 0$ que unimos com a segunda equação do sistema para obter a forma paramétrica da solução geral da equação original $\begin{cases} G(p, y, C) = 0 \\ x = f(y, p) \end{cases}$. Se for possível, o parâmetro p é eliminado do sistema para obter a forma mais simples da solução.

Observação. O algoritmo de formação de equação explícita para nova função $p(y)$ exige eliminação de x, uma vez que essa é a função desconhecida de y. Portanto, depois da introdução do parâmetro p, a equação original deve ser escrita na forma onde x fica isolado: $y = f(x, p)$. Só nesse caso a função $x(y)$ vai desapecerer depois da derivação (sua derivada será substituída por $\frac{1}{p}$). Caso a equação original estar na forma $g(y)x = f(y, y')$, ela deve ser normalizada à forma $x = \frac{f(y, y')}{g(y)}$ antes de aplicar o método descrito de resolução (exceto o caso quanto $g(y)$ é uma constante).

Exemplos.

1. $y'^3 - 2xyy' + 4y^2 = 0$. Essa equação pode ser considerada como polinomial em y', mas o tratamento desse jeito fica complicado tecnicamente. É muito mais simples resolver ela como a equação explícita em x: $2x = \frac{y'^3 + 4y^2}{yy'}$. Usando o parâmetro $p = y'$, montamos o sistema equivalente $\begin{cases} y' = p \\ 2x = \frac{p^3 + 4y^2}{yp} \end{cases}$. Trocando o significado de x e y, derivamos a segunda equação em y para obter $2\frac{1}{p} = \frac{2p'p^3y + 4y^2p - p^4 - 4y^3p'}{y^2p^2}$. Simplificando e reagrupando os termos, temos $(2p'y - p)(p^3 - 2y^2) = 0$. Resolvendo a equação $2p'y - p = 0$, temos $p^2 = Cy$. Usando essa relação junto com a segunda expressão do sistema, temos a solução geral na forma paramétrica $\begin{cases} p^2 = Cy \\ 2x = \frac{p^3 + 4y^2}{yp} \end{cases}$. O parâmetro ainda pode ser excluído, levando a forma explícita $y = \frac{C(2x - C)^2}{16}$ (reescrevemos a segunda expressão na forma $2xy = p^2 + \frac{4y^2}{p} = Cy + \frac{4y^2}{p}$; depois isolamos p reagrupando $2xy - Cy = \frac{4y^2}{p}$ e cortamos y para obter $2x - C = \frac{4y}{p}$; elevamos os dois lados ao quadrado e substituimos mais uma vez p^2 por y: $(2x - C)^2 = \frac{16y^2}{Cy}$ e então $16y = C(2x - C)^2$). A segunda relação $p^3 - 2y^2 = 0$ junto com $2x = \frac{p^3 + 4y^2}{yp}$ gera mais uma função $2x = \frac{2y^2 + 4y^2}{y(2y^2)^{1/3}} = \frac{6}{2^{1/3}}y^{1/3}$ ou $27y = 2x^3$. A substituição dessa função na equação primitiva mostra que ela é mais uma solução (especial) da equação dada.

2. $x = \ln y' + \sin y'$. Essa é a equação explícita em x. Usando o parâmetro $p = y'$, montamos o sistema equivalente $\begin{cases} y' = p \\ x = \ln p + \sin p \end{cases}$. Trocando o significado de x e y, derivamos a segunda equação em y para obter $\frac{1}{p} = \frac{1}{p}p' + \cos p\, p'$. Considerando essa equação para função $y(p)$ (fazendo p variável independente e y função incógnita), temos a equação $y_p = 1 + p\cos p$, cuja solução geral é $y = p + p\sin + \cos p + C$. Essa relação junto com a segunda equação do sistema representam a solução geral da equação primitiva: $\begin{cases} y = p + p\sin + \cos p + C \\ x = \ln p + \sin p \end{cases}$

3. $y'^3 - 4xyy' + 8y^2 = 0$. Essa equação é polinomial em relação a y', mas a sua resolução como tal é complicada tecnicamente devido a forma das raizes da equação cúbica. Portanto, é mais simples resolver essa equação como explícita em relação a x. Reescrevendo a equação na forma $x = \frac{y'^3 + 8y^2}{4yy'}$ e usando o parâmetro $p = y'$, montamos o sistema equivalente $\begin{cases} y' = p \\ x = \frac{p^3 + 8y^2}{4yp} \end{cases}$. Trocando o significado de x e y, derivamos a segunda equação em y para obter $\frac{1}{p} = \frac{3p^2p'yp + 16y)yp - (p^3 + 8y^2)(p + yp')}{4y^2p^2}$, ou simplificando $4y^2p = 2yp^3p' - 8y^3p' + 8y^2p - p^4$. Simplificando mais uma vez e fatorando, obtemos $(2yp' - p)(p^3 - 4y^2) = 0$. Primeiro, resolvemos a equação $2yp' - p = 0$ e encontramos $p^2 = Cy$. Usando essa relação junto com a segunda expressão do sistema, temos a solução geral na forma paramétrica $\begin{cases} p^2 = Cy \\ x = \frac{p^3 + 8y^2}{4yp} \end{cases}$. O parâmetro ainda pode ser excluído, chegando a forma implícita

$x = \frac{p^2}{4y} + \frac{2y}{p} = \frac{C}{4} + \frac{2\sqrt{y}}{\sqrt{C}}$. Isolando y, podemos obter, também, a forma explícita $y = A(x-A)^2$ (aqui $A = \frac{C}{4}$). Segundo, consideramos a relação $p^3 = 4y^2$ junto com $x = \frac{p^3 + 8y^2}{4yp}$, as quais representam mais uma função paramétrica. Eliminando p, obtemos $x = \frac{3}{4^{1/3}} y^{1/3}$ ou, isolando y: $y = \frac{4}{27} x^3$. Substituindo essa função na equação primitiva verificamos que ela é mais uma solução (especial) da equação dada.

4. $x = \frac{y}{y'} \ln y - \frac{y'^2}{y^2}$, $y(0) = 1$. Usando o parâmetro $p = y'$, montamos o sistema equivalente
$\begin{cases} y' = p \\ x = \frac{y \ln y}{p} - \frac{p^2}{y^2} \end{cases}$. Trocando o significado de x e y, derivamos a segunda equação em y e obtemos a equação em relação a função $p(y)$: $\frac{1}{p} = \frac{\ln y + y \frac{1}{y}}{p} - \frac{y \ln y}{p^2} p' - \frac{2pp'}{y^2} + \frac{2p^2}{y^3}$. Simplificando e reagrupando os termos chegamos a equação $p'\left(\frac{y \ln y}{p^2} + \frac{2p}{y^2}\right) = \frac{p}{y}\left(\frac{y \ln y}{p^2} + \frac{2p}{y^2}\right)$. Então, temos duas opções. Primeiro, resolvemos a equação $p' = \frac{p}{y}$ e encontramos $p = Cy$. Substituindo essa expressão na segunda equação do sistema, obtemos a solução geral $x = \frac{y \ln y}{Cy} - \frac{C^2 y^2}{y^2} = \frac{\ln y}{C} - C^2$. Segundo, consideramos a relação $\frac{y \ln y}{p^2} + \frac{2p}{y^2} = 0$ que pode ser escrita na forma $p^3 = -\frac{y^3 \ln y}{2}$. Junto com a segunda equação do sistema isso produz mais uma função $x = y \ln y \cdot \left(\frac{-2}{y^3 \ln y}\right)^{1/3} - \frac{1}{y^2} \cdot \left(\frac{y^3 \ln y}{2}\right)^{2/3} = (-2)^{1/3} (\ln y)^{2/3} - \frac{1}{2^{2/3}} (\ln y)^{2/3} = -\frac{3}{2^{2/3}} (\ln y)^{2/3}$. A substituição dessa função na equação primitiva mostra que ela é mais uma solução (especial) da equação dada.

Substituindo a condição inicial na solução geral, obtemos $0 = \frac{\ln 1}{C} - C^2$. Formalmente, o primeiro termo se anula e da equação $0 = -C^2$ encontramos $C = 0$, mas a constante C fica no denominador do primeiro termo da solução geral e, por isso, não pode ser nula. Portanto, não há nenhuma solução do problema entre as funções da solução geral. No entanto, notamos que a solução adicional satisfaz a condição inicial: $0 = -\frac{3}{2^{2/3}} (\ln 1)^{2/3}$. Assim, a única solução do problema de Cauchy é $x = -\frac{3}{2^{2/3}} (\ln y)^{2/3}$.

5. $y' + \sin y' - x = 0$, $y(0) = 0$. Usando o parâmetro $p = y'$, montamos o sistema equivalente
$\begin{cases} y' = p \\ x = p + \sin p \end{cases}$. Trocando o significado de x e y, derivamos a segunda equação em y e obtemos a equação separável em relação a função $p(y)$: $\frac{1}{p} = p' + \cos p \cdot p'$. Simplificando e integrando, temos $\int (p + p \cos p) dp = \frac{p^2}{2} + p \sin p + \cos p + C = y$. Então, a solução geral da equação original na forma paramétrica é $\begin{cases} y = \frac{p^2}{2} + p \sin p + \cos p + C \\ x = p + \sin p \end{cases}$.

Substituindo a condição inicial na solução geral, obtemos $\begin{cases} 0 = \frac{p^2}{2} + p \sin p + \cos p + C \\ 0 = p + \sin p \end{cases}$. A segunda relação determina os valores específicos de p que devem ser usados na primeira para determinar constante C. Obviamente, $p = 0$ satisfaz a segunda relação. Notamos ainda que a função $x(p) = p + \sin p$ é estritamente crescente, porque a sua derivada $x_p = 1 + \sin p$ é positiva em todos os pontos, exceto os pontos isolados $p = \frac{3\pi}{2} + 2k\pi$, $k \in \mathbb{Z}$, onde a derivada se anula. Logo, $p = 0$ é a única raiz da segunda relação. Levando esse valor na primeira relação do sistema, obtemos $C = -1$. Portanto, a única solução do problema de Cauchy é a função $\begin{cases} y = \frac{p^2}{2} + p \sin p + \cos p - 1 \\ x = p + \sin p \end{cases}$.

6. $x^2 y'^2 - 2xyy' - x^2 = 0$. Primeiro, dividimos a equação por x e isolamos x na equação obtida: $x - \frac{2yy'}{y'^2 - 1}$. Resolvemos essa equação como explícita em relação a x. Usando o parâmetro $p = y'$, montamos o sistema equivalente $\begin{cases} y' = p \\ x = \frac{2yp}{p^2 - 1} \end{cases}$. Trocando o significado de x e y, derivamos a segunda equação em y e obtemos a equação explícita para $p(y)$: $\frac{1}{p} = \frac{(2p + 2yp')(p^2 - 1) - 2yp \cdot 2pp'}{(p^2 - 1)^2}$. Simplificando e reagrupando os termos, temos $\frac{(p^2 - 1)^2}{p} - 2p(p^2 - 1) = 2yp'(p^2 - 1) - 4yp^2 p'$. Mais uma vez simplificando, temos $\frac{p^4 - 1}{p} = 2yp'(p^2 + 1)$ ou $\frac{(p^2 - 1)(p^2 + 1)}{p} = 2yp'(p^2 + 1)$. Cortando $p^2 + 1$, chegamos a equação separável $2yp' = \frac{p^2 - 1}{p}$. Separando variáveis e integrando, encontramos $y = C(p^2 - 1)$. Assim,

a solução geral da equação original se encontra na forma $\begin{cases} y = C(p^2-1) \\ x = \frac{2yp}{p^2-1} \end{cases}$. Efetuando algumas manipulaçoes podemos transformar a forma paramétrica da solução em explícita. Substituindo $p^2 - 1 = \frac{y}{C}$ na fórmula de x, obtemos $x = \frac{2yp}{y/C} = 2Cp$. Então, levando $p = \frac{x}{2C}$ na fórmula de y, encontramos $y = C(\frac{x^2}{4C^2} - 1)$.

7. $y' \ln \frac{y'}{4} = 4x$. Essa é a equação 8 da tabela da seção 2 do Capítulo 1 e ela é explícita em relação a x. Usando o parâmetro $p = y'$, montamos o sistema equivalente $\begin{cases} y' = p \\ 4x = p \ln \frac{p}{4} \end{cases}$. Considerando x função incógnita de y, derivamos a segunda equação em y e obtemos a equação explícita para $p(y)$: $\frac{4}{p} = p' \ln \frac{p}{4} + p'$. Trocando significado de y e p, encontramos uma equação separável para função $y(p)$: $4y' = p \ln \frac{p}{4} + p$. Resta integrar o lado esquerdo em relação a p para encontrar $y(p)$: $4y = \int p \ln \frac{p}{4} + p \, dp = \frac{p^2}{2} + \frac{p^2}{2} \ln \frac{p}{4} - \int \frac{p^2}{2} \frac{1}{p} dp = \frac{p^2}{2} + \frac{p^2}{2} \ln \frac{p}{4} + C$. Juntando com a segunda equação do sistema, encontramos a solução geral: $\begin{cases} y = \frac{p^2}{16} + \frac{p^2}{8} \ln \frac{p}{4} + C \\ 4x = p \ln \frac{p}{4} \end{cases}$. Introduzindo o novo parâmetro $t = \frac{p}{4}$, podemos chegar a uma representação um pouco mais simples: $\begin{cases} y = t^2 + 2t^2 \ln t + C \\ x = t \ln t \end{cases}$.

8. $y'^2 + e^{y'} = x$. Essa é a equação 9 da tabela da seção 2 do Capítulo 1 e ela é explícita em relação a x. Usando o parâmetro $p = y'$, montamos o sistema equivalente $\begin{cases} y' = p \\ x = p^2 + e^p \end{cases}$. Considerando x função incógnita de y, derivamos a segunda equação em y e obtemos a equação explícita para $p(y)$: $\frac{1}{p} = 2pp' + e^p p'$. Trocando significado de y e p, encontramos a equação separável para função $y(p)$: $y' = 2p^2 + pe^p$. Resta integrar o lado esquerdo em relação a p para encontrar $y(p)$: $y = \int 2p^2 + pe^p dp = \frac{2}{3}p^3 + (p-1)e^p + C$. Juntando com a segunda equação do sistema, encontramos a solução geral: $\begin{cases} y = \int 2p^2 + pe^p dp = \frac{2}{3}p^3 + (p-1)e^p + C \\ x = p^2 + e^p \end{cases}$.

Exercícios para o leitor

1. $3y'^3 - xy' + 1 = 0$.
2. $x = \frac{y}{2y'} + e^{yy'}$.
3. $y'^2 - 4xyy' + 8y^2 = 0$.
4. $x = \frac{y}{y'} \ln y - \frac{y'^2}{y^2}$.
5. $e^{y'} + y' = x$.
6. $xy'^3 = 1 + y'$.
7. $y'^3 - y' - x + 1$.
8. $x = y'\sqrt{y'^2 + 1}$.

Capítulo 5

Equações da primeira ordem: aplicações

Nessa parte consideremos diferentes problemas de aplicação: geométricos e físicos. O enfoque será dado a construção de equações diferenciais a partir das condições descritivas do problema. A resolução de equações geradas será tratada na forma abreviada, usando técnicas já estudadas nas partes anteriores.

1 Problemas geométricos

Fora de alguns casos especiais, a construção da equação a partir de uma propriedade geométrica de curvas consiste em seguintes passos. Primeiro, fixamos um ponto e consideramos a propriedade dada nesse ponto específico (mas na forma genérica). Segundo, traduzimos a propriedade, usualmente definida na forma descritiva, para uma relação envolvendo as grandesas da função e suas derivadas. Depois disso, desfixamos o ponto genérico e obtemos a equação diferencial procurada. O último passo é a resolução da equação deduzida, cuja solução vai representar as curvas que satisfazem a propriedade dada. Muitas vezes, para entender melhor as condições do problema e poder transformar a condição geométrica em equação diferencial, precisamos de um esboço que reflete a propriedade indicada das curvas.

Problema 1. Achar as curvas cuja inclinação em qualquer ponto é três vezes maior que a inclinação da reta que passa pelo mesmo ponto e pela origem.

Solução.

Primeiro, lembramos que a inclinação de uma curva (em qualquer ponto escolhido) é definida como inclinação da reta tangente que passa por esse ponto. (A inclinação de uma reta, como usualmente, é um termo abreviado para tangente de ângulo que forma essa reta com o sentido positivo do eixo Ox.) Lembremos qua a inclinação da tangente é dada pelo valor da derivada no ponto em consideração. Então, usando notação $y(x)$ para curvas procuradas, a sua inclinação em qualquer ponto x_0 é $y'(x_0)$. Por outro lado, a reta que passa pelos pontos (x_0, y_0) e $(0,0)$ tem a equação $\tilde{y} = \frac{y_0}{x_0}x$ e a sua inclinação é $\frac{y_0}{x_0}$. Pela condição do problema, $y'(x_0) = 3\frac{y_0}{x_0}$. Como isso é válido para qualquer ponto da curva procurada, desfixamos x_0 (e correspondentemente y_0) e temos a EDO $y' = 3\frac{y}{x}$. Resolvendo essa equação separável, encontramos a familia das curvas $y = Cx^3$ (veja Fig.5.1). Notamos que na origem as curvas encontradas estão definidas (assim como a sua inclinação que é 0), mas a relação da sua inclinação com a reta indicada não é válida, porque o quociente $\frac{y}{x}$ não está definido em $x = 0$.

Problema 2. Achar as curvas com a seguinte propriedade: o segmento da reta tangente compreendido entre os eixos das coordenadas se divide ao meio no ponto de contato.

Solução.

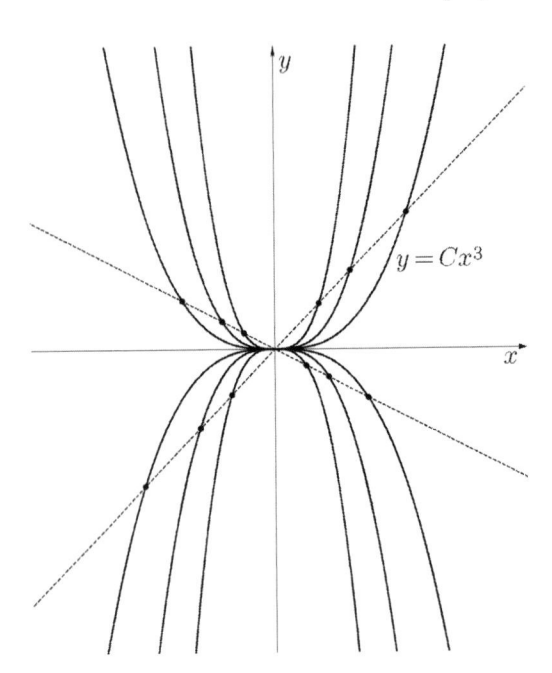

Figura 5.1 Problema 1: curvas encontradas.

Denotando o ponto de contato de $P_0 = (x_0, y_0)$, temos que, pela condição do problema, o ponto P_0 divide ao meio o segmento $P_1 P_2$ (veja Fig.5.2). Isso quer dizer que os comprimentos dos dois segmentos são iguais $|P_1 P_0| = |P_2 P_0|$. Logo, os segmentos $P_1 A$ e AO também tem comprimentos iguais: $|P_1 A| = |AO|$ (veja Fig.5.2). As coordenadas desses três pontos são: $P_1 = (0, y_1)$, $y_1 = y_0 - y_0' x_0$ (P_1 é o ponto de interseção do eixo Oy com a reta tangente $y - y_0 = y_0'(x - x_0)$), $A = (0, y_0)$ e $O = (0, 0)$. Logo, $|P_1 A| = |y_1 - y_0| = |y_0' x_0|$ e $|AO| = |y_0 - 0| = |y_0|$. Portanto, a condição $|P_1 A| = |AO|$ se transforma em $|y_0' x_0| = |y_0|$ ou em $|\frac{y_0' x_0}{y_0}| = 1$. Levando em conta a localização de P_0, podemos ainda abrir o módulo. Realmente, se P_0 fica no primeiro quadrante, então, para ele ficar dentro do intervalo $P_1 P_2$, a inclinação y_0' deve ser negativa. Isso significa que caso $x_0 > 0, y_0 > 0$ então $y_0' < 0$ e, consequentemente, $\frac{y_0' x_0}{y_0} < 0$. Consideremos agora P_0 no segundo quadrante: nesse caso, para ele ficar dentro do intervalo $P_1 P_2$, a inclinação y_0' deve ser positiva. Isso significa que caso $x_0 < 0, y_0 > 0$ então $y_0' > 0$ e, consequentemente, $\frac{y_0' x_0}{y_0} < 0$. De maneira semelhante podemos mostrar que $\frac{y_0' x_0}{y_0} < 0$ para qualquer localização de P_0. Portanto, a relação encontrada assume a forma $|\frac{y_0' x_0}{y_0}| = -\frac{y_0' x_0}{y_0} = 1$. Como a propriedade é válida para qualquer ponto de contato, desfixamos P_0 e obtemos a equação diferencial $\frac{y' x}{y} = -1$ ou $y' = -\frac{y}{x}$. Resolvendo essa equação separável, obtemos a família das hipérboles $y = \frac{C}{x}$ (veja Fig.5.3).

Problema 3. Achar as curvas tais que o comprimento do segmento entre a origem e o ponto de interceção da tangente com o eixo Oy é igual ao comprimento do raio-vetor do ponto de contato.

  Solução.

Denotamos o ponto de contato de $P_0 = (x_0, y_0)$ e o ponto de interseção da tangente com Oy de $P_1 = (x_1, y_1)$ (veja Fig.5.4). A abscissa $x_1 = 0$ e a ordenada y_1 se encontra da equação da tangente $y - y_0 = y_0'(x - x_0)$ com substituição de $x_1 = 0$: $y_1 = y_0 - y_0' x_0$. A condição do problema diz que $|OP_1| = |OP_0|$, isto é, em coordenadas, $|y_0 - y_0' x_0| = \sqrt{x_0^2 + y_0^2}$.

Desfixando P_0 e abrindo o módulo, temos então duas equações homogêneas $y' = \frac{y}{x} \pm \sqrt{\frac{y^2}{x^2} + 1}$. Resolvemos a equação com sinal + seguindo o procedimento padrão. Fazendo mudança $z = \frac{y}{x}$, temos a equação separável $xz' = \sqrt{z^2 + 1}$, cuja solução geral tem a forma $\ln(z + \sqrt{z^2 + 1}) = \ln|x| + C$ (o argumento do primeiro logaritmo é positivo e, portanto não necessita do módulo). Na forma

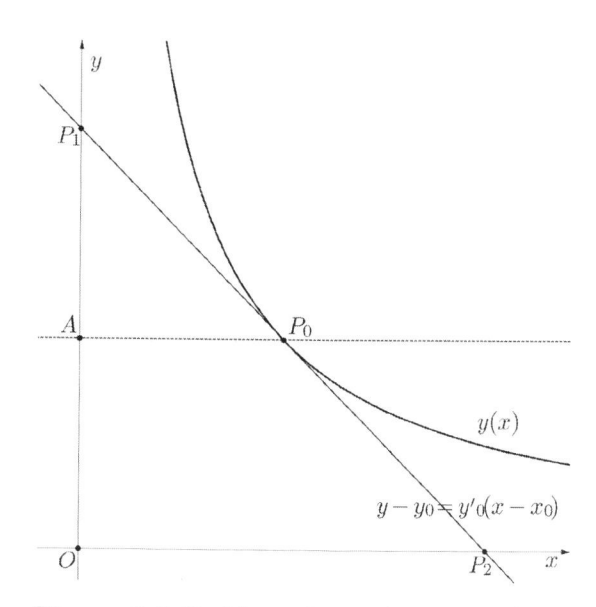

Figura 5.2 Problema 2: condição geométrica

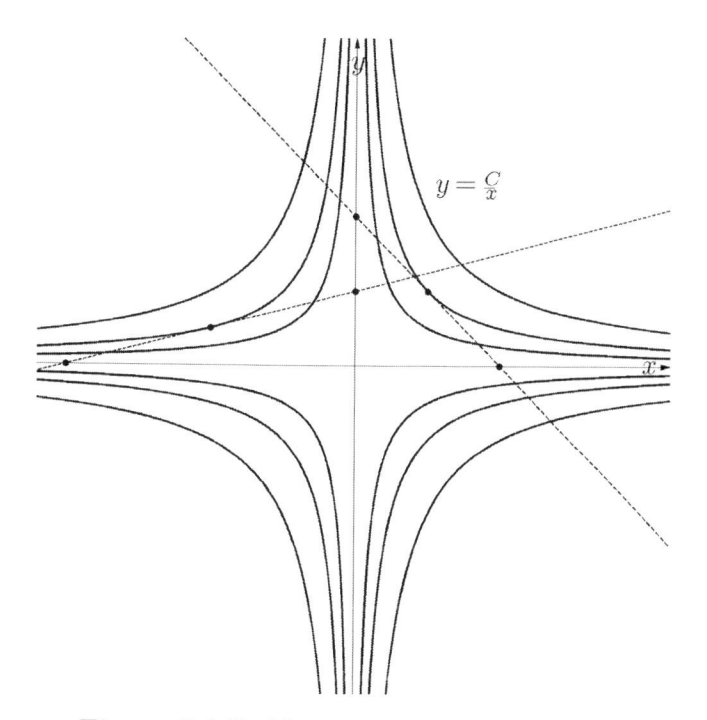

Figura 5.3 Problema 2: curvas encontradas.

equivalente, temos $\ln(z + \sqrt{z^2 + 1}) = \ln|Cx|$ ou, livrando-se do logaritmo, $z + \sqrt{z^2 + 1} = |Cx|$. Embora formalmente temos duas relações $z + \sqrt{z^2 + 1} = \pm Cx$, mas a constante C sempre pode absorver o sinal negativo devido a sua arbitrariedade. Por isso, na realidade, a única relação que devemos considerar é $z + \sqrt{z^2 + 1} = Cx$. Voltando para y temos $\frac{y}{x} + \sqrt{(\frac{y}{x})^2 + 1} = Cx$ ou $\sqrt{(\frac{y}{x})^2 + 1} = Cx - \frac{y}{x}$. Elevando os dois lados ao quadrado e simplificando, chegamos a equação de uma família de parábolas $1 = C^2 x^2 - 2Cy$ ou, isolando y: $y = \frac{C^2 x^2 - 1}{2C}$ (veja Fig.5.5). Deixamos a cargo do leitor demonstrar que outra família de curvas, originada pela equação com sinal negativo, também representa um conjunto de parábolas na forma $y = \frac{C^2 - x^2}{2C}$.

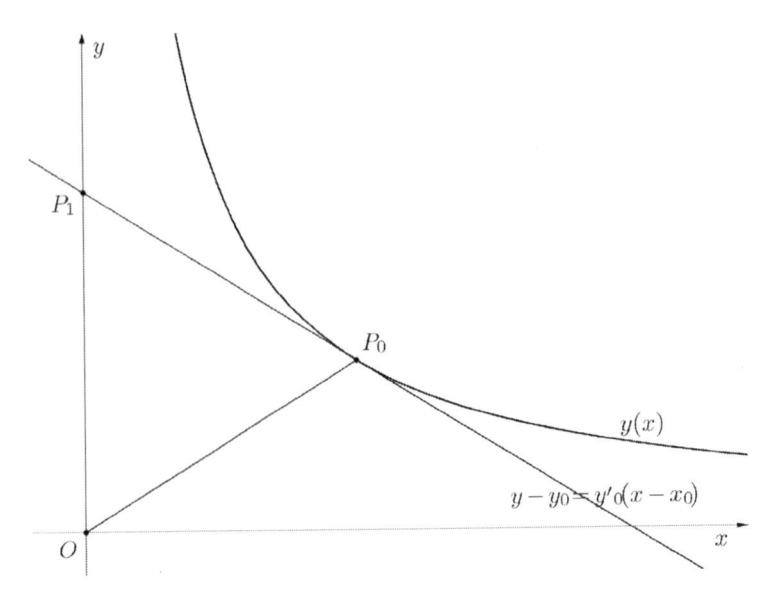

Figura 5.4 Problema 3: condição geométrica.

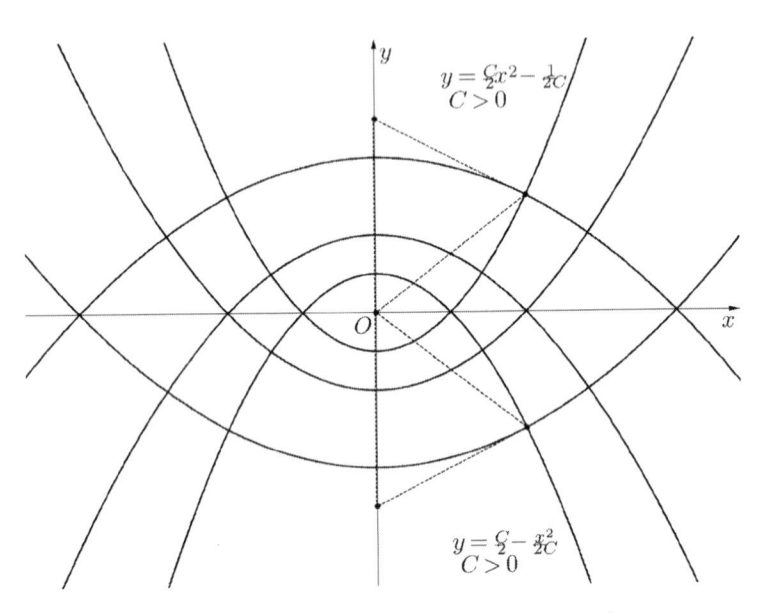

Figura 5.5 Problema 3: curvas encontradas.

Problema 4. Encontrar as curvas cujas retas normais se interceptam no mesmo ponto.

Solução.

Denotamos o ponto de contato de $P_0 = (x_0, y_0)$ (esse é o ponto por onde passa a reta normal) e o ponto onde se interceptam todas as retas normais de $P_1 = (x_1, y_1)$. Lembramos que a equação da reta normal ao gráfico de $y(x)$ no ponto P_0 tem a forma $y - y_0 = -\frac{1}{y'_0}(x - x_0)$. Pela condição do problema, o ponto P_1 pertence a qualquer reta normal, ou seja, as coordenadas de P_1 satisfazem a equação da normal: $y_1 - y_0 = -\frac{1}{y'_0}(x_1 - x_0)$. Como a propriedade é válida para qualquer ponto P_0, então desfixando-o, temos a equação diferencial $y_1 - y = -\frac{1}{y'}(x_1 - x)$ ou $y'(y - y_1) = -(x - x_1)$. Resolvendo essa equação separável, encontramos uma família de circunferências com centro em P_1: $(x - x_1)^2 + (y - y_1)^2 = C^2$ (veja Fig.5.6).

Problema 5. Achar a forma de espelho plano que reflete todos os raios emitidos de uma fonte

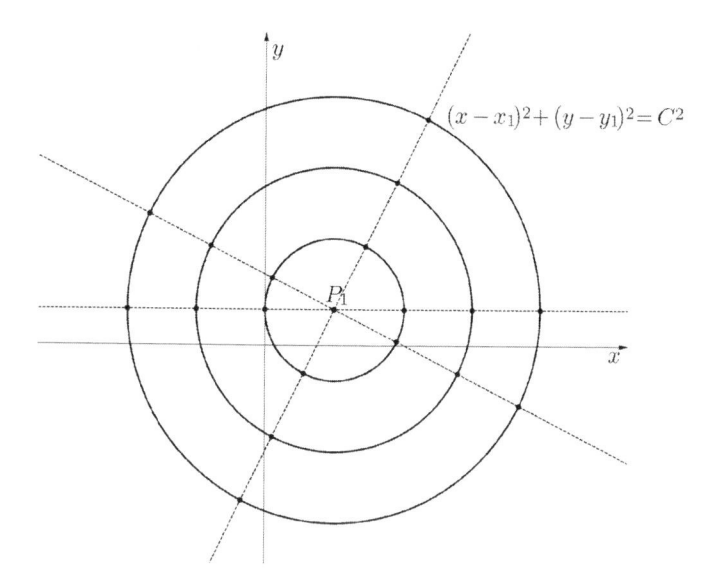

Figura 5.6 Problema 4: curvas encontradas.

pontual em raios paralelos entre si.

Solução.

Introduzimos o sistema de coordenadas de tal maneira que a fonte-emissora fica na origem e o eixo Oy fica na direção de raios refletidos. Denotamos um ponto da curva procurada de $P_0 = (x_0, y_0)$ e consideramos as seguintes três retas: $y - y_0 = y_0'(x - x_0)$ – a reta R_0 tangente ao espelho no ponto P_0; $y = \frac{y_0}{x_0}x$ – a reta R_1 de raio emitido da fonte; $x = x_0$ – a reta R_2 de raio refletido do espelho (veja Fig.5.7). Lembramos da geometria analítica que a tangente de ângulo entre duas retas $A_1x + B_1y = C_1$ e $A_2x + B_2y = C_2$ é determinada pela fórmula $\tan\varphi = \frac{A_1B_2 - A_2B_1}{A_1A_2 + B_1B_2}$. Então, o ângulo entre as retas R_0 e R_1 é calculado pela fórmula $\tan\varphi_1 = \frac{-y_0' \cdot 1 + \frac{y_0}{x_0} \cdot 1}{-y_0' \cdot (-\frac{y_0}{x_0}) + 1 \cdot 1} = \frac{-y_0'x_0 + y_0}{y_0'y_0 + x_0}$, e para o ângulo entre as retas R_0 e R_2 temos $\tan\varphi_2 = \frac{1 \cdot 1}{1 \cdot (-y_0')}$. Pelas propriedades ópticas de um espelho, o ângulo de incidência é igual ao ângulo de reflexão, donde segue que $\tan\varphi_1 = \tan\varphi_2$, ou seja, $\frac{-y_0'x_0 + y_0}{y_0'y_0 + x_0} = \frac{-1}{y_0'}$. Como essa propriedade é válida para qualquer ponto P_0 do espelho, podemos desfixar P_0 e chegamos a equação diferencial $\frac{-y'x + y}{y'y + x} = \frac{-1}{y'}$ que podemos reescrever na forma $y'(y'x - y) = y'y + x$ ou $y'^2 - 2\frac{y}{x}y' - 1 = 0$ que é a equação implícita (polinomial). Resolvendo a equação quadrática em relação a derivada, obtemos duas equações explícitas $y' = \frac{y}{x} \pm \sqrt{\frac{y^2}{x^2} + 1}$. O mesmo par de equações já foi encontrado na resolução do Problema 3. Então, a partir desse momento, seguimos o desenvolvimento daquele problema e encontramos duas famílias de parábolas: $y = \frac{C^2x^2 - 1}{2C}$ e $y = \frac{C^2 - x^2}{2C}$ (veja Fig.5.5).

Problema 6. Encontrar as curvas que passam por ponto $(1, 2)$ e têm a seguinte propriedade: a área do triângulo, formado pelo raio-vetor de um ponto da curva, reta tangente nesse ponto e o eixo das abscissas, é igual a 2.

Solução.

Denotamos o ponto de contato de $P_0 = (x_0, y_0)$ e o ponto de interseção da tangente com Ox de $A = (x_1, y_1)$ (veja Fig.5.8). A ordenada $y_1 = 0$ e a abscissa x_1 se encontra da equação da tangente $y - y_0 = y_0'(x - x_0)$ com substituição de $y_1 = 0$: $x_1 = x_0 - \frac{y_0}{y_0'}$. Então, a base do triângulo OP_0A tem comprimento $|OA| = |x_0 - \frac{y_0}{y_0'}|$ e a sua altura é $|BP_0| = |y_0|$. Logo, pela condição do problema, a área do triângulo é igual a $\frac{1}{2}|OA| \cdot |BP_0| = \frac{1}{2}|x_0 - \frac{y_0}{y_0'}| \cdot |y_0| = 2$. Desfixando P_0 e abrindo o módulo, temos então duas equações $(x - \frac{y}{y'}) \cdot y = \pm 4$. Trocando sentido da função incógnita y e de

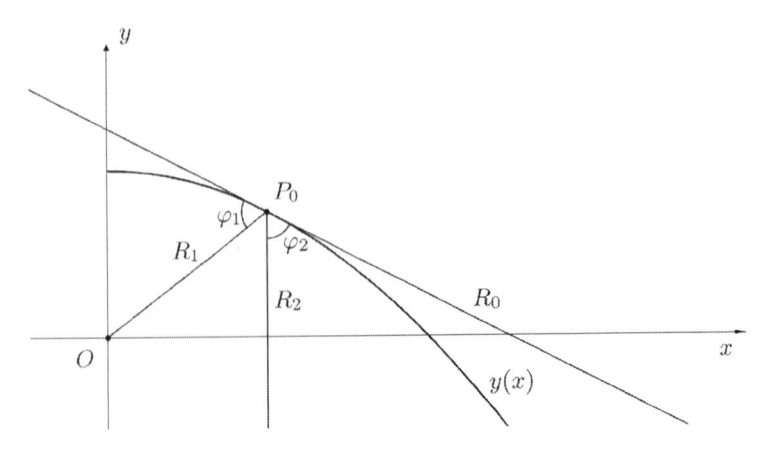

Figura 5.7 Problema 5: condição geométrica.

variável independente x, obtemos as duas equações lineares em relação a função $x(y)$: $x' - \frac{x}{y} = \pm\frac{4}{y^2}$. Resolvemos a equação com sinal $+$, seguindo o procedimento padrão. Começãmos com a equação homogênea $x' - \frac{x}{y} = 0$, cuja solução geral é $x = Cy$. Em seguida, procuramos a solução da equação não homogênea na forma $x = C(y)y$, o que leva a seguinte equação para $C(y)$: $C'y = \frac{4}{y^2}$, donde $C(y) = -\frac{2}{y^2} + C_1$ e então $x(y) = C_1y - \frac{2}{y}$. Da mesma maneira, a solução da equação com a parte direita negativa se encontra na forma $x(y) = C_2y + \frac{2}{y}$. Como a curva deve passar por ponto $(1,2)$, então especificamos as duas funções: do primeiro conjunto temos $x = y - \frac{2}{y}$ e do segundo $x = \frac{2}{y}$ (veja Fig.5.9).

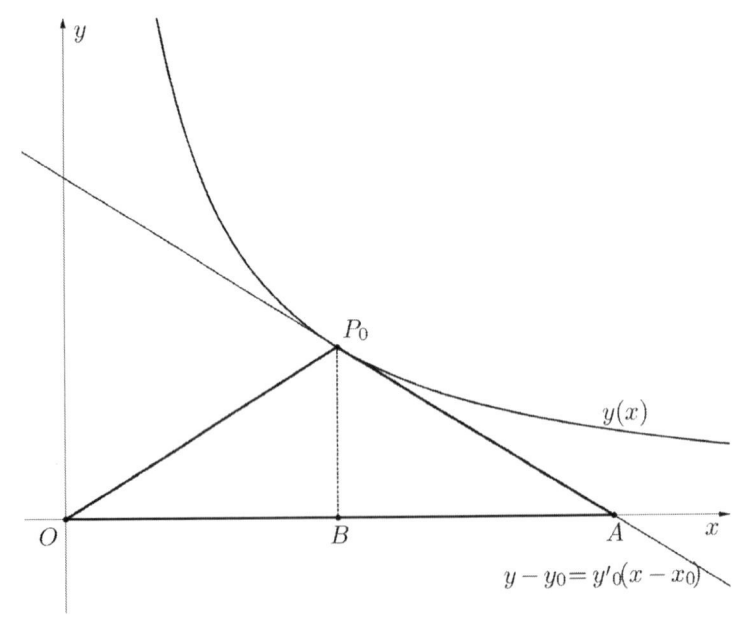

Figura 5.8 Problema 6: condição geométrica.

Problemas para o leitor

1. Encontrar as curvas que têm a seguinte propriedade: área do triângulo, formado pela tangente à curva, reta-perpendicular ao eixo das abscissas que passa por ponto de contato e o eixo das abscissas, é uma grandeza constante igual a a^2.

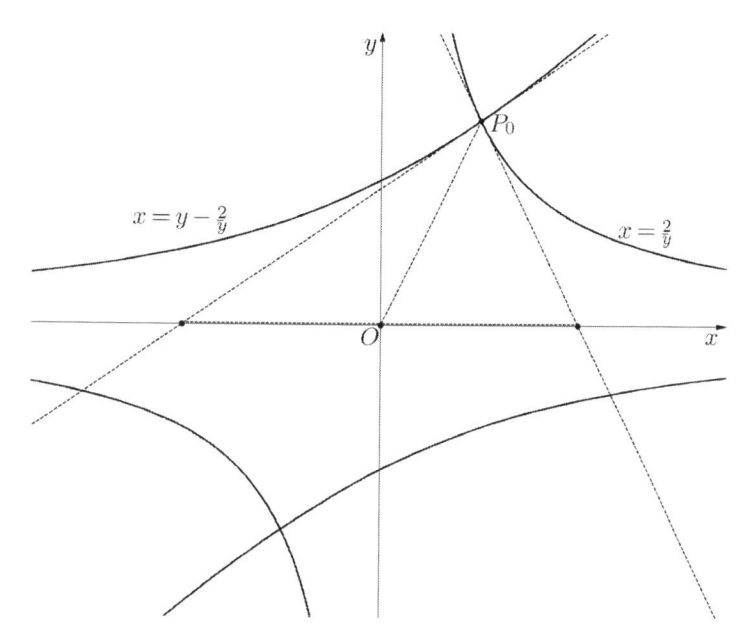

Figura 5.9 Problema 6: curvas encontradas.

2. Encontrar as curvas tais que o ponto de interseção de tangente com o eixo das abscissas tem a mesma distância do ponto de contato e da origem das coordenadas.

3. Encontrar as curvas com a seguinte propriedade: área do trapézio, limitado pelos eixos de coordenadas, reta tangente e reta-perpendicular ao eixo das abscissas que passa por ponto de contato, é uma grandeza constante igual a $3a^2$.

4. Encontrar as curvas que têm a seguinte propriedade: área do triângulo, limitado pela tangente, eixo das abscissas e segmento que liga a origem das coordenadas com o ponto de contato, é uma grandeza constante igual a a^2.

5. Encontrar as curvas tais que a distância de tangente até a origem das coordenadas é igual à abscisssa do ponto de contato.

6. Encontrar as curvas tais que o ponto de interseção de tangente com o eixo das abscissas tem abscissa igual a $\frac{2}{3}$ da abscissa do ponto de contato.

7. Encontrar as curvas com a seguinte propriedade: comprimento do segmento do eixo das abscissas localizado entre tangente e normal no ponto de contato, é igual a $2a$.

8. Encontrar as curvas que passam por ponto $(1,5)$ e têm a seguinte propriedade: comprimento do segmento do eixo das ordenadas localizado entre tangente e a origem, é três vezes maior que a abscissa do ponto de contato.

9. Encontrar as curvas que passam por ponto $(2,-1)$ e têm a seguinte propriedade: o coeficiente angular de inclinação é seis vêzes maior que o quadrado da ordenada do ponto de contato.

10. Encontrar as curvas que passam por ponto $(1,2)$ e têm a seguinte propriedade: o produto do coeficiente angular de inclinação e da soma das coordenadas do ponto de contato é igual ao dobro da ordenada do ponto de contato.

11. Encontrar as curvas com a seguinte propriedade: o comprimento do perpendicular à reta tangente, traçado da origem, é igual a abscissa do ponto de contato.

12. Encontrar as curvas com a seguinte propriedade: o segmento da reta tangente compreendido entre os eixos de coordenadas é dividido ao meio no ponto de contato.

2 Problemas físicos

2.1 Resfriamento de um corpo

De observações é deduzido que a velocidade de resfriamento/aquecemento de um corpo num ambiente de temperatura constante é proporcional a diferença entre a temperatura desse corpo e a do meio ambiente. Essa relação é chamada da lei de resfriamento de Newton e a sua expressão matemática vem na forma $T_t = k(T - T_0)$, onde $T(t)$ é a temperatura do corpo e T_0 é a do meio ambiente.

Problema 1. Quando um bolo é retirado do forno, a sua temperatura é de 300^0C. Três minutos depois a temperatura cai para 200^0C. Quanto tempo vai levar para o bolo resfriar até 50^0C, se a temperatura do ar é de 25^0C?

Solução.

Vamos combinar que, nesse problema, a temperatura medimos em graus Celsius e o tempo em minutos. De acordo com a lei de Newton, $T_t = k(T - T_0)$, onde $T(t)$ é a temperatura do bolo e T_0 é a temperatura do ar (considerada constante). Resolvendo a equação diferencial (de variáveis separáveis) temos $T = T_0 + Ce^{kt}$, onde $T_0 = 25$ é uma constante dada, mas dois outros parâmetros – k e C – ainda devem ser definidas de acordo com as condições adicionais do problema. Vamos contar que $t = 0$ no momento quando o bolo foi retirado do forno. Então, a primeira condição adicional podemos escrever na forma $T(0) = 300$, e substituindo na solução geral encontramos $300 = 25 + Ce^0$, donde, $C = 275$. A segunda condição corresponde a instante $t = 3$ quando temos $T(3) = 200$. Levando isso na expressão para $T(t)$, obtemos $200 = 25 + 275e^{3k}$, donde $e^{3k} = \frac{175}{275} = \frac{7}{11}$ ou $k = \frac{1}{3}\ln\frac{7}{11} \approx -0.151$. Agora, com todos os parâmetros da lei geral especificados, podemos responder a questão do problema: substituindo na lei $T = T_0 + Ce^{kt}$ a temperatura $T = 50$, encontramos a expressão para o tempo $t = \frac{1}{k}\ln\frac{T - T_0}{C} = \frac{3}{\ln\frac{7}{11}}\ln\frac{50 - 25}{275} = \frac{3}{\ln\frac{7}{11}}\ln\frac{1}{11} \approx 15.88$.

Problema 2. A temperatura de um corpo foi de 35^0C quando ele foi encontrado as 5 horas da madrugada. Passando uma hora o legista fez mais uma medida da temperatura que ficou em 32^0C. Supondo que a temperatura no momento da morte era de 37^0C e a temperatura do ar 22^0C, encontrar o instante da morte.

Solução.

Vamos combinar que, nesse problema, a temperatura medimos em graus Celsius e o tempo em horas. De acordo com a lei de Newton, $T_t = k(T - T_0)$, onde $T(t)$ é a temperatura do corpo e T_0 é a temperatura do ar (considerada constante). Resolvendo a equação diferencial (de variáveis separáveis) temos $T = T_0 + Ce^{kt}$, onde $T_0 = 22$ é uma grandeza dada, mas os dois outros parâmetros – k e C – ainda preciso especificar de acordo com as condições adicionais do problema. Vamos medir o tempo de frente para traz, considerando que $t = 0$ as 6 horas da madrugada quando $T = 32^0C$. Então $T(0) = 32 = 22 + Ce^0$, o que dá o valor $C = 10$. Para encontrar k, aplicamos a condição que $T(1) = 35$, e então $35 = 22 + 10e^k$ donde $e^k = \frac{13}{10}$ ou $k = \ln\frac{13}{10} \approx 0.262$. Agora, com os parâmetros especificados, podemos responder a questão do problema, usando a condição que no instante procurado $T(t) = 37$: $37 = 22 + 10e^{kt}$, donde $t = \frac{1}{k}\ln\frac{15}{10} \approx 1.55$. Isso quer dizer que a morte ocorreu 1.55 horas, isto é, 93 minutos antes das 6 horas da madrugada, ou seja, as 4 horas e 27 minutos.

2.2 Crescimento de uma população/espécie

Um dos modelos mais simples da dinâmica de uma população é o modelo de crescimento exponencial (também chamado do modelo de Malthus). Nesse modelo é suposto que não há limitações para reprodução de uma população, entendendo que os indivíduos de uma dada espécie não enfrentam desafios para sobreviver, os quais normalmente se encontram na natureza na forma de restrição de área de habitação, reservas limitadas de comida, existência de outras espécies competidoras e predadoras, etc. Sob essa suposição simplificadora, a taxa de variação populacional é proporcional ao número atual da população, ou seja, $y_t = ky$, onde y é o tamanho da população no instante t e k é o coeficiente de propocionalidade (individual para cada espécie).

Um modelo mais real leva em conta que a população de uma espécie não pode crescer sem limites e, normalmente, existe um número específico do tamanho da população quando ela está em equilíbrio com o meio ambiente (o último termo aqui inclui todas as limitações de crescimento que se encontram na vida real). Esse modelo é chamado logístico (também chamado do modelo de Verhulst) e ele é definido pela equação $y_t = (k - ay)y$, onde k e a são duas constantes positivas, diferentes para cada modelo específico. O primeiro é responsável pelo crescimento, como no modelo exponencial, e o segundo pelas limitações de crescimento. Nessa equação, $y_e = \frac{k}{a}$ é o valor de equilíbrio.

Problema 1. Dentro de 1 hora o número de bacterias é dobrado. Sabendo que a velocidade de crescimento de número de bacterias é proporcional ao seu número corrente, encontrar o tempo quando o número inicial é triplicado.

Solução.

Usamos aqui a medida do tempo em horas. A equação correspondente é $N_t = kN$, onde $N(t)$ é o número corrente de bacterias. A solução dessa equação separável é $N = N_0 e^{kt}$, onde N_0 é o número inicial de bacterias. Como o número delas duplicou passando uma 1 hora, entao $2N_0 = N_0 e^k$ e logo $k = \ln 2$. Portanto, a lei de N pode ser escrita na forma $N = N_0 e^{\ln 2 t} = N_0 2^t$. Para $N = 3N_0$ temos a relação $3N_0 = N_0 2^t$ ou $t = \log_2 3 \approx 1.58$.

Problema 2. De acordo com a lei empírico de Bertalanoff, a velocidade de crescimento (comprimento) de uma peixe é proporcional a diferença entre o comprimento máximo da espécie e o comprimento corrente da peixe. Encontrar o comprimento da peixe passando 2 anos, se o seu comprimento inicial era de 5 cm, depois de 1 ano ela tinha 25 cm e o comprimento máximo da espécie é meio metro.

Solução.

Nesse problema, medimos comprimentos em cm e tempo em anos. Em termos da equação, a lei é expressa na forma $P_t = k(P_m - P)$, onde $P(t)$ é o comprimento corrente da peixe, P_m é o comprimento máximo desse tipo da peixe e k é coeficiente de proporcionalidade, diferente para cada espécie. Para responder a questão, primeiro, resolvemos a equação (de variáveis separáveis) e encontramos a solução geral $P = P_m - Ce^{-kt}$. Próximo passo é determinar os coeficientes C e k. Considerando o comprimento inicial no instante $t = 0$, temos $5 = 50 - Ce^0$, isto é, $C = 45$. A proxima condição, de 1 ano, determina k: $25 = 50 - 45e^{-k}$, donde $-k = \ln \frac{5}{9}$ ou $k = \ln \frac{9}{5}$. Finalmente, encontramos o comprimento perguntado: $P = 50 - 45e^{-2k} = 50 - 45(\frac{9}{5})^{-2} = 50 - 45\frac{25}{81} \approx 36.1$.

Problema 3. De acordo com os dados demográficos, a população do Brasil, medida em milhares de pessoas, no ano 1960 foi de 70119 (ou seja, 70 milhões e 119 mil), no ano 1970 – 93139, no ano 1980 – 119071 e no ano 2000 – 169544. Usando as primeiras duas medidas, fazer a previsão de população para o ano 1980 e 2000 de acordo com o modelo exponencial. Usando as primeiras três medidas e modelo logístico, fazer a previsão de população para o ano 2000. Comparar os resultados das previsões com os dados reais. (Tomamos os dados desses anos, para evitar a influência forte de ondas de imigração que aconteceu antes desse período.)

Solução.

Vamos denotar o número de pessoas no instante t por $P(t)$ e vamos medir t em anos e P em milhares de pessoas. Instante inicial $t = 0$ vamos marcar para o ano 1960. De acordo com o modelo exponencial, temos $P_t = \alpha P$ (usamos aqui o coeficiente de proporcionalidade α para distinguir do coeficiente k usado a saguir no modelo logístico). Resolvendo essa equação separável, encontramos $P = P_0 e^{\alpha t}$, onde $P_0 = P(0) = 70119$ é o número de habitantes no instante inicial. Usando o dado do ano 1970, $P_1 = P(10) = 93139$, encontramos que $P_1 = P_0 e^{10\alpha}$ ou $e^{10\alpha} = \frac{P_1}{P_0} \approx 1.32830$, donde $\alpha = \frac{1}{10}\ln\frac{P_1}{P_0} \approx 0.0283900$. Na realidade, o valor do próprio α não é necessário para fazer previsão para os anos 1980 e 2000, basta saber o valor de $e^{10\alpha}$. Realmente, conforme o modelo exponencial, $P_2 = P(20) = P_0 e^{20\alpha} = P_0(e^{10\alpha})^2 \approx 123660$ e $P_3 = P(40) = P_0 e^{40\alpha} = P_0(e^{10\alpha})^4 \approx 218086$. Como pode ser visto, essa previsão superestima a população, porque não leva em conta as restrições de crescimento populacional.

Agora vamos usar o modelo logístico, cuja equação é $P_t = (k - aP)P$, onde k e a são duas constantes positivas específicas para os dados considerados. Levando em conta que o valor de equilíbrio desse modelo é $P_e = \frac{k}{a}$, a mesma equação pode ser reescrita na forma $P_t = kP(1 - \frac{P}{P_e})$. Como esse modelo tem dois parâmetros k e P_e (além do valor inicial P_0), para especificar o modelo (encontrar os valores específicos de k e P_e) vamos precisar de dados dos três anos (em vez de dois anos como no modelo exponencial). Primeiro, encontramos a solução geral da equação logística $P_t = kP(1 - \frac{P}{P_e})$, mantendo os parametros k e P_e na forma geral. A equação é separável e podemos reescreve-la na forma $\frac{dP}{P(1 - \frac{P}{P_e})} = kdt$. Integrando os dois lados e ajustando os termos, obtemos $\int \frac{P_e dP}{P(P - P_e)} = -\int kdt$. A integral do lado esquerdo se calcula usando representação em frações simples: $\int \frac{P_e dP}{P(P - P_e)} = \int \frac{1}{P - P_e} - \frac{1}{P}dP = \ln|P - P_e| - \ln|P| + C = \ln\left|\frac{P - P_e}{P}\right| + C$. Logo, $\ln\left|\frac{P - P_e}{P}\right| = -kt + C$ ou $\frac{P - P_e}{P} = Ae^{-kt}$. Isolando P, obtemos $P = \frac{P_e}{1 - Ae^{-kt}}$. Aplicando condição inicial $P(0) = P_0$, expressamos a constante de integração A em função de P_e: $P_0 = \frac{P_e}{1 - A}$, ou seja, $A = 1 - \frac{P_e}{P_0}$. Os dois parâmetros do modelo, k e P_e, encontramos usando as condições dos anos 1970 e 1980: $P_1 = P(10) = \frac{P_e}{1 - Ae^{-10k}}$ e $P_2 = P(20) = \frac{P_e}{1 - Ae^{-20k}}$. Para eliminar o parâmetro k, reescrevemos as duas relações na forma $e^{-10k} = \frac{1}{A}(1 - \frac{P_e}{P_1})$ e $e^{-20k} = \frac{1}{A}(1 - \frac{P_e}{P_2})$ e notamos que o lado esquerdo da segunda é o quadrado do lado esquerdo da primeira. Então, $\frac{1}{A^2}(1 - \frac{P_e}{P_1})^2 = \frac{1}{A}(1 - \frac{P_e}{P_2})$. Nessa equação restou só uma incógnita P_e e os demais valores são dados. Para encontrar P_e, simplificamos a equação à forma $(1 - \frac{P_e}{P_1})^2 = A(1 - \frac{P_e}{P_2})$ e substituímos a expressão de A: $(1 - \frac{P_e}{P_1})^2 = (1 - \frac{P_e}{P_0})(1 - \frac{P_e}{P_2})$. Cortando 1 nos dois lados, obtemos $-2\frac{P_e}{P_1} + \frac{P_e^2}{P_1^2} = -\frac{P_e}{P_0} - \frac{P_e}{P_2} + \frac{P_e^2}{P_0 P_2}$. Cortando P_e e agrupando os termos restantes com P_e e sem, obtemos $\frac{P_e}{P_1^2} - \frac{P_e}{P_0 P_2} = \frac{2}{P_1} - \frac{1}{P_0} - \frac{1}{P_2}$. Logo, $P_e = \frac{\frac{2}{P_1} - \frac{1}{P_0} - \frac{1}{P_2}}{\frac{1}{P_1^2} - \frac{1}{P_0 P_2}} = P_1 \frac{2P_0 P_2 - P_1 P_0 - P_1 P_2}{P_0 P_2 - P_1^2}$. Sabendo P_e, encontramos a expressão de e^{-10k} (o próprio k não preciso saber): $e^{-10k} = \frac{1}{A}(1 - \frac{P_e}{P_1}) = (1 - \frac{P_e}{P_1})(1 - \frac{P_e}{P_1})$. Aplicando os valores $P_0 = 70119$, $P_1 = 93139$ e $P_1 = 119071$, calculamos $P_e \approx 263830$, $A \approx -2.76260$, $e^{-10k} \approx 0.663377$ e o valor correspondente $k \approx 0.0410412$. Com todos parâmetros especificados, encontramos a população no ano 2000 pela fórmula $P(40) = \frac{P_e}{1 - Ae^{-40k}} = \frac{P_e}{1 - A(e^{-10k})^4} \approx 171875$. Podemos ver que o modelo logístico oferece a previsão bem mais perto da realidade de que o exponencial.

2.3 Desintegração radioativa

De observações é conhecido que a velocidade de desintegração de uma substância radioativa é proporcional a sua quantidade (massa) corrente. Denotando $m(t)$ a massa no instante t, temos a equação correspondente da variação da massa $m_t = km$. A meia-vida de uma substância radioativa é o tempo gasto para diminuir a sua massa pela metade. Essa informação é determinada experimentalmente e usada para especificar parâmetro k.

Problema 1. A meia-vida de plutónio é de 1620 anos. Quanto tempo vai levar até restar $1/4$ da massa inicial de plutónio?

Solução.

Nesse problema vamos medir o tempo em anos. A equação separável $m_t = km$ tem a solução geral $m(t) = m_0 e^{kt}$, onde m_0 é a massa inicial de plutónio. Para determinar o parâmetro k, usamos a condição da meia-vida: $\frac{m_0}{2} = m(1620) = m_0 e^{1620k}$, donde $e^{1620k} = \frac{1}{2}$ ou $k = -\frac{\ln 2}{1620} \approx -0.000428$. Usando esse valor de k, encontramos a resposta do problema, resolvendo a equação $\frac{m_0}{4} = m_0 e^{kt}$, isto é, $e^{kt} = \frac{1}{4}$, ou isolando t: $t = -\frac{\ln 4}{k} \approx \frac{\ln 4}{0.000428} \approx 3239$ anos.

Problema 2. A teoria de datação por carbono é baseada no fato de que o isótopo de carbono-14 é produzido na atmosfera pela ação de radiação cósmica sobre nitrogênio. A razão entre a quantidade de carbono-14 e carbono ordinário na atmosfera é uma grandeza aproximadamente constante e, como consequência disso, a proporção do isótopo em todos os organismos vivos é a mesma que na atmosfera. Quando um organismo morre, a absorção de carbono-14 termina e ele só diminui sua quantidade devido a desintegração radioativa. Sabendo que um osso fossilizado contem 1 milésimo da quantidade original de carbono-14 e que a meia-vida de carbono-14 é de 5600 anos, encontrar a idade do fossil.

Solução.

Nesse problema medimos o tempo em anos. Para resolver o problema, encontramos a solução geral da equação separável $m_t = km$: $m(t) = m_0 e^{kt}$, onde m_0 é a massa inicial de carbono-14, e determinamos o parâmetro k sabendo a meia-vida: $\frac{m_0}{2} = m(5600) = m_0 e^{5600k}$, donde $e^{5600k} = \frac{1}{2}$ ou $k = -\frac{\ln 2}{5600} \approx -0.000124$. Usando esse k, encontramos a resposta do problema da equação $\frac{m_0}{1000} = m_0 e^{kt}$, isto é, $e^{kt} = \frac{1}{1000}$, ou isolando t: $t = -\frac{\ln 1000}{k} \approx \frac{\ln 1000}{0.000124} \approx 55700$ anos.

2.4 Velocidade/Aceleração

Nesse tipo de problemas se usa a definição da velocidade instantánea $v(t) = x_t(t)$, onde $x(t)$ é a posição de um corpo em movimento retilíneo em função de tempo t, e também a definição da aceleração instantánea $a(t) = v_t(t)$. Além disso, é aplicada a segunda lei de Newton $F = ma$, onde F é a força exercida sobre um corpo de massa m que provoca o movimento com a aceleração a. Caso F é a força gravitacional, então $a = g \approx 10m/s^2$ é a aceleração gravitacional.

Problema 1. Dois carros de corrida partiram do mesmo ponto com aceleração de 4 e 6 m/s^2. Quando a distância entre os dois vai atingir 400 metros?

Solução.

Nesse problema vamos medir a distância em metros o tempo em segundos. Em vez de calcular as características de movimento de cada carro, é mais simples considerar a seu movimento relativo: a distância $d = d_2 - d_1$, a velocidade $v = v_2 - v - 1$ e a aceleração $a = a_2 - a_1$. Para aceleração temos $a = 6 - 4 = 2$. Logo $v = 2t + C$ e a constante $C = 0$ uma vez que no instante inicial $v_1 = v_2$, isto é, $v = 0$. Para a distância temos então $d = \int 2t dt = t^2 + B$, onde $B = 0$, porque inicialmente os carros ficam no memos ponto. Finalmente, encontramos a resposta do problema resolvendo a equação $d(t) = 400 = t^2$ o que dá $t = 20$ segundos.

Problema 2. Uma pedra caiu do telhado e, quando atingiu a terra, tinha velocidade de $40m/s$. Considerando só a força gravitacional com aceleração constante de $10m/s^2$, encontrar a altura do prédio.

Solução.

Vamos medir a distância em metros, a partir da terra, e o tempo em segundos, começando do instante quando iniciou a queda. Como a altura $h(t)$ da posição da pedra diminui durante a queda, a ligação entre h e a velocidade da queda vem na forma $h_t = -v$. Em sua vez, a velocidade está aumentando devido a força gravitacional, e por isso, $v_t = g = 10m/s^2$. Como g é constante, da segunda equação temos $v = gt + C$, onde C é determinado da condição que no instante inicial a velocidade era 0: $v(0) = 0 = C$. Passando a primeira equação, de $h(t)$, temos $h = -\int v dt = -\int gt dt = -g\frac{t^2}{2} + B$, onde $B = h(0) = h_0$ é a altura inicial da pedra (ou seja, a altura do telhado). Para encontrar B empregamos a condição da velocidade final de $40m/s$ que permite encontrar o tempo t_1 gasto nessa queda: $v(t_1) = 40 = 10t_1$, donde $t_1 = 4$. Substituindo o instante final na fórmula para $h(t)$ e observando que $h(t1) = 0$ (no instante final t_1 a pedra já estava na terra), temos $h(t_1) = 0 = h_0 - g\frac{t_1^2}{2}$, donde obtemos $h_0 = 10\frac{4^2}{2} = 80$ metros.

Problema 3 (velocidade de escape). Um corpo é lançado verticalmente da superfície da Terra. Considerando só a força gravitacional, mas levando em conta a sua variação com altitude, encontrar a velocidade do corpo. Determinar a velocidade inicial necessária para levar o corpo até a altitude dada e encontrar a velocidade inicial mínima requerida para o corpo não voltar a superfície da Terra.

Solução.

Vamos posicionar o eixo x verticalmente, com sentido positivo para cima e o ponto origem na superfície da Terra. De acordo com a lei da gravitação universal de Newton, a força gravitacional é inversamente propocional ao quadrado da distância até o centro da Terra e é dada pela fórmula $F(x) = -\frac{mgR^2}{(R+x)^2}$, onde m é a massa do corpo, $g \approx 10m/s^2$ é a aceleração gravitacional na superfície da Terra (no nível do mar) e R é o raio da Terra (considerada uma bola). O sinal negativo é usado por conveniência para indicar que a força é contrária ao movimento do corpo em subida. Conforme a segunda lei de Newton, $ma = F$, onde a é aceleração, e, portanto, $mv_t = -\frac{mgR^2}{(R+x)^2}$ ou $v_t = -\frac{gR^2}{(R+x)^2}$, onde v é a velocidade. Nessa equação temos duas variáveis, além da função incógnita v: a altitude x e tempo t. Para eliminar uma delas, vamos expressar a velocidade v em função de x, usando a regra da cadeia: $v_t = v_x \cdot x_t = v_x \cdot v$. Substituindo essa expressão na equação obtida, temos a equação diferencial ordinária $vv_x = -\frac{gR^2}{(R+x)^2}$. Essa é uma equação separável, cuja solução geral é $\frac{v^2}{2} = \frac{gR^2}{R+x} + C$. Acrescentando a condição inicial $v(0) = v_0$ (a velocidade de lançamento v_0 na superfície da Terra), especificamos a constante $C = \frac{v_0^2}{2} - gR$ e, portanto, encontramos a velocidade de movimento $\frac{v^2}{2} = \frac{gR^2}{R+x} + \frac{v_0^2}{2} - gR$ ou $v = \pm\sqrt{\frac{gR^2}{R+x} + \frac{v_0^2}{2} - gR}$ (sinal positivo corresponde a fase de subida e o negativo a fase de descida).

Para determinar a velocidade inicial necessária para levar o corpo até a altitude x_0, especificamos $v(x_0) = 0$ e substituímos essa condição na fórmula da velocidade: $0 = \frac{gR^2}{R+x_0} + \frac{v_0^2}{2} - gR$, donde $v_0 = \sqrt{2gR - 2\frac{gR^2}{R+x_0}} = \sqrt{2gR\frac{x_0}{R+x_0}}$. A velocidade inicial mínima v_e requerida para o corpo não voltar a superfície da Terra é encontrada considerando limite da última expressão quando $x_0 \to +\infty$: $v_e = \lim_{x_0 \to +\infty} \sqrt{2gR\frac{x_0}{R+x_0}} = \sqrt{2gR}$. Essa velocidade é chamada da velocidade de escape. Usando os valores aproximados de $g \approx 10m/s^2$ e $R \approx 6370 \cdot 10^3 m$, encontramos $v_e \approx 11300m/s = 11.3km/s$.

Problema 4 (trajeto de avião). Um avião está voando de cidade A para cidade B, localizadas na mesma latitude, com a velocidade escalar constante. Sabendo que durante todo o vôo houve o vento soprando na direção norte e que o piloto sempre está direcionando o avião direto para a cidade destino, encontrar o trajeto do avião.

Solução.

Por conveniência, vamos posicionar o eixo Ox ao longo da latitude das cidades com a cidade destino B localizada na origem das coordenadas e a cidade A no ponto $(a, 0)$. O eixo Oy direcionamos para cima, na direção do vento (veja Fig.5.10). Num instante t a posição do avião é $\mathbf{p(t)} = (x(t), y(t))$ e a sua velocidade é $\mathbf{w(t)} = \mathbf{p_t(t)} = (x_t(t), y_t(t)) \equiv (u, v)$. O vetor de deslocamneto do avião (sem efeito do vento) é direcionado para a cidade B (origem das coordenadas) e forma o ângulo θ com o eixo Ox (veja Fig.5.10). Para a tangente desse ângulo temos a relação $\tan\theta = \frac{y}{x}$. O vento não afeta o movimento ao longo do eixo Ox, portanto, $x_t = u = -W\cos\theta = -W\frac{x}{\sqrt{x^2+y^2}}$, onde $W = const$ é a velocidade escalar do avião (sem presença do vento) e o sinal negativo reflete o movimento na direção oposta ao sentido positivo do eixo Ox. Como o vento está soprando no sentido positivo do eixo Oy, então $y_t = v = V - W\sin\theta = V - W\frac{y}{\sqrt{x^2+y^2}}$, onde $W = const$ é a velocidade do vento. Lembrando do Cálculo diferencial a fórmula da derivada de uma função paramétrica $y_x = \frac{y_t}{x_t}$, encontramos a seguinte equação da trajetoria $y(x)$: $y_x = \frac{y_t}{x_t} = \frac{V - W\frac{y}{\sqrt{x^2+y^2}}}{-W\frac{x}{\sqrt{x^2+y^2}}}$ ou $y_x = \frac{Wy - V\sqrt{x^2+y^2}}{Wx}$ ou ainda $y_x = \frac{y}{x} - k\sqrt{1 + \left(\frac{y}{x}\right)^2}$, onde $k = \frac{V}{W}$ é um coeficiente constante. A última equação é homogênea e pode ser levada a uma equação separável fazendo a mudança da função $z = \frac{y}{x}$:

$xz_x + z = z - k\sqrt{1+z^2}$ ou simplificando $xz_x = -k\sqrt{1+z^2}$. Separando as variáveis e integrando, obtemos $\int \frac{dz}{\sqrt{1+z^2}} = -k\int \frac{dx}{x}$. Calculando integrais, encontramos $\ln(z + \sqrt{1+z^2}) = -k\ln|x| + C$ ou $z + \sqrt{1+z^2} = \frac{C}{x^k}$. No instante inicial, o avião é posicionado na cidade $A = (a, 0)$ e direcionado para $B = (0,0)$, ou seja, temos a condição inicial da trajetoria $y(a) = 0$ ou, em termos de z, $z(a) = 0$. Substituindo essa condição na solução encontrada, determinamos a constante C: $C = a^k$. Então, a solução z assume a forma $z + \sqrt{1+z^2} = (\frac{a}{x})^k$. Denotamos, por conveniência, $(\frac{a}{x})^k \equiv q$ e resolvemos a equação $z + \sqrt{1+z^2} = q$ em relação a z: $\sqrt{1+z^2} = q - z$ ou $1 + z^2 = (q - z)^2$ ou finalmente $z = \frac{q^2-1}{2q}$. Lembrando que $z = \frac{y}{x}$, obtemos $\frac{y}{x} = \frac{1}{2}(q - \frac{1}{q})$ ou $y = \frac{x}{2}\left((\frac{x}{a})^k - (\frac{a}{x})^{-k}\right)$. No caso $k = \frac{1}{2}$ a trajetoria do avião é mostrada na Fig.5.10.

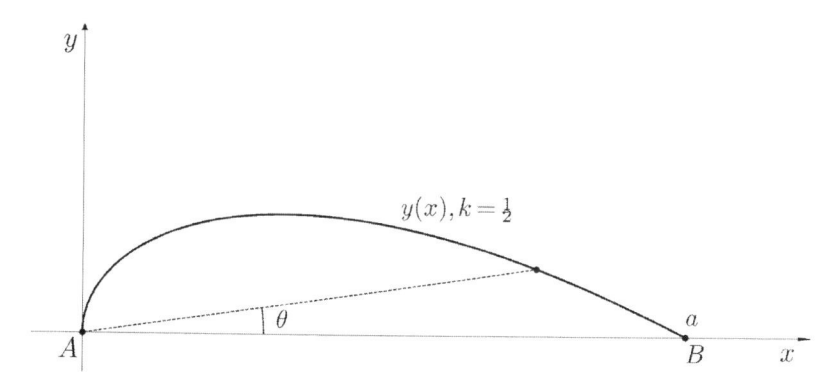

Figura 5.10 Problema 4: trajetoria do avião $y(x)$, caso $k = \frac{1}{2}$.

2.5 Escoamento de misturas

Nos problemas desse tipo são usualmente considerados depositos de líquido/gas de volume constante, cujo conteúdo é alterado devido a injeção no deposito de um outro líquido/gas enquanto o líquido/gas original está escorrendo com a mesma velocidade. Para simplicidade, é suposto que os dois líquidos/gases diferentes se misturam no deposito de maneira uniforme e imediata.

Problema 1. Num tanque, que inicialmente contém 10 litros de água pura, é bombeada continuamente uma solução salina com velocidade de 2 litros por minuto e, ao mesmo tempo, a mistura obtida é drenada com a mesma taxa. Sabendo que a concentração de sal na solução que entra é 3 kilogramas por litro, e supondo que essa solução se mistura imediatamente e uniformemente com a água do tanque, encontrar a quantidade de sal no tanque após 5 minutos.

Solução.

Na resolução desse problema, vamos medir a quantidade (massa) de sal em kilogramas e o tempo em minutos. Denotamos a massa de sal no tanque no instante t por $m(t)$ e avaliamos a variação de $m(t)$ no intervalo do tempo $[t, t + \Delta t]$, onde t é um instante fixo, no momento. Essa variação se deve à diferença entre a quantidade de sal que entra no tanque A e sai dele B, ou seja, $\Delta m \equiv m(t + \Delta t) - m(t) = A - B$. O cálculo da primeira grandeza é simples uma vez que a concentração de sal na solução de entrada é constante: durante Δt minutos entram $2\Delta t$ litros da solução salina, contendo $0,3 \cdot 2\Delta t$ kilogramas de sal, ou seja, $A = 0,6\Delta t$. A quantidade de sal que está saindo varia no tempo devido a alteração da quantidade de sal no tanque. Se a massa de sal no tanque durante o intervalo $[t, t + \Delta t]$ fosse constante e igual a $m(t)$ (massa no instante inicial desse intervalo), então a concentração de sal (massa de sal em 1 litro) no tanque seria constante $\frac{m(t)}{10}$ e, portanto, durante Δt minutos sairiam os mesmos $2\Delta t$ litros contendo $\frac{m(t)}{10} \cdot 2\Delta t$ kilogramas de sal. No entanto, a massa de sal no tanque está continuamente aumentando, e, por isso, vai sair uma quantidade um pouco maior, a qual podemos expressar como $B = \frac{m(t)+\beta}{10} \cdot 2\Delta t$, onde β é uma grandeza desconhecida. No entanto, fica claro que a quantidade $m(t)+\beta$ fica entre $m(t)$ e $m(t+\Delta t)$, isto é, $0 < \beta < \Delta m$, e, portanto, a função β satisfaz a propriedade $\lim_{\Delta t \to 0} \beta = 0$.

Assim, a variação de $m(t)$ no intervalo do tempo $[t, t+\Delta t]$ pode ser representada na forma: $\Delta m = A - B = 0,6\Delta t - (m(t) + \beta) \cdot 0,2\Delta t$. Dividindo por Δt e tomando limite quando $\Delta t \to 0$, obtemos $\lim_{\Delta t \to 0} \frac{\Delta m}{\Delta t} = \lim_{\Delta t \to 0} 0,6 - (m(t) + \beta) \cdot 0,2$, ou seja, chegamos a seguinte equação diferencial: $m_t = 0,6 - 0,2m(t)$. Essa é uma equação separável, cuja solução geral é $m(t) = 3 - Ce^{-0,2t}$. Empregando a condição inicial $m(0) = 0$, especificamos a constante $C = 3$ e temos a solução $m(t) = 3(1 - e^{-0,2t})$. Logo, a massa de sal no tanque após 5 minutos desse processo vai ser $m(5) = 3(1 - e^{-0,2\cdot5}) = 3(1 - e^{-1}) \approx 1,9kg$.

Problema 2. Um tanque contém 100 litros da solução com 10 kilogramas de sal dissolvido uniformemente. Nesse tanque, é bombeada continuamente água pura com velocidade de 5 litros por minuto, que se mistura imediatamente com a solução do tanque, e essa mistura é drenada com a mesma taxa. Encontrar a quantidade de sal no tanque após 1 hora. Dentro de qual tempo vai restar a metade de sal no tanque?

Solução.

Na resolução desse problema, vamos medir a quantidade (massa) de sal em kilogramas e o tempo em minutos. Denotamos a massa de sal no tanque no instante t por $m(t)$ e avaliamos a variação de $m(t)$ no intervalo do tempo $[t, t+\Delta t]$, onde t é um instante fixo, no momento. Essa variação se deve à diferença entre a quantidade de sal que entra no tanque A e sai dele B, ou seja, $\Delta m \equiv m(t+\Delta t) - m(t) = A - B$. Como no tanque entra a água pura, então $A = 0$. A quantidade de sal que está saindo varia no tempo devido a alteração da quantidade de sal no tanque. Se a massa de sal no tanque durante o intervalo $[t, t+\Delta t]$ fosse constante e igual a $m(t)$ (massa no instante inicial desse intervalo), então a concentração de sal no tanque seria constante $\frac{m(t)}{100}$ e, portanto, durante Δt minutos sairiam $5\Delta t$ litros contendo $\frac{m(t)}{100} \cdot 5\Delta t$ kilogramas de sal. No entanto, a massa de sal no tanque está continuamente diminuindo, e, por isso, vai sair uma quantidade um pouco menor, a qual podemos expressar como $B = \frac{m(t)+\beta}{100} \cdot 5\Delta t$, onde β é uma grandeza negativa desconhecida. No entanto, fica claro que a quantidade $m(t) + \beta$ fica entre $m(t)$ e $m(t+\Delta t)$, isto é, $\Delta m < \beta < 0$, e, portanto, a função β satisfaz a propriedade $\lim_{\Delta t \to 0} \beta = 0$.

Assim, a variação de $m(t)$ no intervalo do tempo $[t, t+\Delta t]$ pode ser representada na forma: $\Delta m = A - B = 0 - (m(t) + \beta) \cdot 0,05\Delta t$. Dividindo por Δt e tomando limite quando $\Delta t \to 0$, obtemos $\lim_{\Delta t \to 0} \frac{\Delta m}{\Delta t} = \lim_{\Delta t \to 0} (-(m(t) + \beta) \cdot 0,05)$, ou seja, chegamos a seguinte equação diferencial: $m_t = -0,05m(t)$. Essa é uma equação separável, cuja solução geral é $m(t) = Ce^{-0,05t}$. Empregando a condição inicial $m(0) = 10$, especificamos a constante $C = 10$ e temos a solução $m(t) = 10e^{-0,05t}$. Logo, a massa de sal no tanque após 1 hora desse processo vai ser $m(60) = e^{-0,05\cdot60} = 10e^{-3} \approx 0,5kg$. Para responder a segunda questão, temos que resolver a equação $5 = 10e^{-0,05t}$, isto é, $e^{-0,05t} = \frac{1}{2}$ ou $-0,05t = \ln\frac{1}{2}$ ou ainda $t = 20\ln 2 \approx 13,9$ minutos.

Problemas para o leitor

1. Um recipiente de 20 litros contém uma mistura de nitrogênio e oxigênio na proporoção de 8/2. Nesse recipiente continuamente entra $0,1$ litro de nitrogênio por segundo e sai o mesmo volume da mistura. Encontrar o tempo quando no recipiente vai ter 99% de nitrogênio. (Supor que nitrogênio é imediatamente misturado na forma uniforme com o conteúdo do recipiente.)

2. Numa sala de $200m^3$, o ar contém $0,15\%$ de dióxido de carbono. O aparelho de ar condicionado está injetandoo nessa sala $20m^3$ do ar que contém $0,04\%$ de dióxido de carbono e o mesmo volume do ar está saindo pelas janelas. Quando a quantidade de dióxido de carbono na sala vai diminuir três vezes? (Supor que o ar injetado pelo aparelho é imediatamente misturado na forma uniforme com o ar da sala.)

3. Um lago de volume constante V contém poluentes, distribuídos uniformemente com concentração

c. Um corrente leva a água, que contém poluente de concentração k, para o lago com uma taxa r, e a mesma quantidade de água sai do lago. Supondo que poluente que entra é imediatamente misturado na forma uniforme dentro do lago, encontrar a fórmula geral da concentração de poluente $c(t)$ num instante t, expressa em termos de k, r, V e a concentração inicial c_0. Se o corrente que entra no lago não contém mais poluentes, determinar o tempo necessário para concentração inicial de poluente no lago cair pela metade. Especificar esse tempo se $V = 4900km^3$ e $r = 160km^3/ano$.

4. Um corpo resfriou de 80^0C a 60^0C dentro de 10 minutos. Se a temperatura do ar é igual a 20^0C, encontrar quando a temperatura do corpo vai baixar até 30^0C?

5. É sabido que uma mistura de dois líquidos de temperaturas diferentes assume quase imediatamente a temperatura igual a média das duas temperaturas com os pesos proporcionais ao volume de cada líquido: se o primeiro líquido tem volume V_1 com temperatura T_1 e o segundo V_2 com T_2, então a temperatura da mistura vai ser $T = T_1 \cdot \frac{V_1}{V} + T_2 \cdot \frac{V_2}{V}$, $V = V_1 + V_2$. Supondo que o café de $200ml$ de temperatura 100° deve ser misturado com a leite de $20ml$ de temperatura 10° e a mistura deve ser resfriada até 30° num ambiente de temperatura 20°, determinar qual processo vai levar menos tempo: adicionar primeiro a leite e esperar o esfriamento, ou esperar que o café sem leite esfria até certa temperatura e depois adicionar a leite.

6. Um barco diminui sua velocidade sob a ação de resistência da água que é proporcional à velocidade do barco. Se a velocidade inicial do barco é $10m/s$ e depois de $5s$ a sua velocidade foi reduzida para $8m/s$, quando a velocidade vai ser $1m/s$? Qual é a distância que o barco vai percorrer até a parada total?

7. Determinar o a distância percorrida por um corpo dentro de 20 segundos, se a sua velocidade é proporcional à distância percorrida. É sabido que em 10 segundos o corpo passou 100 metros e em 15 segundos 200 metros.

8. Uma bala atinge uma placa de espessura de $10cm$ com a velocidade de $200m/s$ e sai dessa placa com a velocidade de $80m/s$. Supondo que a resistência da placa à passagem da bala é proporcional ao quadrado da sua velocidade, achar o tempo que a bala leva para atravessar a placa.

9. Dos experimentos foi determinado que dentro de um ano de cada grama de rádio são desintegradas $0,44$ miligramas. Quantos anos são necessários para desintegração da metade de rádio?

10. Dos experimentos foi determinado que dentro de 1600 anos é desintegrada a metade da quantidade inicial de uránio. Qual parte de uránio será desintegrada dentro de 100 anos?

11. Um corpo está caindo de 5 metros de altura. Calcular a sua velocidade máxima. (Desconsiderar a resistência do ar.)

12. A resistência do ar durante a descida de um paraquedista é propocional ao quadrado da velocidade. Achar a lei da queda e a velocidade máxima que paraquedista pode atingir, considerando que o coeficiente da proporcionalidade é $0,004$.

13. Uma bola foi lançada para cima de uma sacada de altura de $20m$ com a velocidade $15m/s$. Encontrar a altura da bola em relação a terra como função do tempo. Quando a bola atinge altura máxima? Quando ela vai cair na terra? (Desconsiderar a resistência do ar.)

14. Um míssil foi lançado do solo com a velocidade de disparo de $300m/s$ e o ângulo de elevação de 30°. Encontrar o ponto de alcançe do míssil no solo. Encontrar o ângulo de elevação que garante o maior alcançe do míssil e o ponto de alcançe. O que vai mudar se o míssil vai ser lançado de uma elevação de $10m$? (Desconsiderar a resistência do ar.)

15. Uma bala é disparada do solo com o ângulo de elevação de 60°. Qual velocidade inicial a bala deve ter para atingir um ponto que fica na altura de $150m$ numa torre de $250m$ de distância. (Desconsiderar a resistência do ar.)

16. O carro se move com a velocidade de $90km/h$ quando motorista aperta freios que produzem a desaceleração constante de $10m/s^2$. Qual distância vai ser percorrida até parada do carro?

17. Encontrar a trajetoria do avião do Problema 4 da seção 2.4 no caso quando $k = \frac{1}{10}$. Explicar o que acontece nos casos $k = 0$ e $k = 1$.

18. A população de mosquitos numa área isolada aumenta com velocidade proporcional ao número corrente deles e duplica-se dentro de uma semana. Determinar o número de mosquitos depois de 4

semanas, se o número inicial deles é 20.

19. O número de bactérias aumenta de acordo com o modelo de crescimento exponencial e duplica cada 8 horas. Se inicialmente tinha 20000 bactérias, quando o seu número vai atingir 100000. Se, adicionalmente, um biologista está recolhendo 2000 bactérias por hora, a população vai continuar crescendo ou vai diminuir. No último caso, quando tempo vai levar até todos os bactérias desaparecerem? Nas mesmas condições, o que ocorre se a quantidade inicial de bactérias fosse 25000?

20. O número de bactérias numa população segue a equação logística. Foi observado que dentro de 10 horas o número de bactérias duplicou e que a população chegou a equilíbriou quando esse número atingiu 20000. Sabendo que o número inicial de bactérias era 1000, encontrar o seu número depois de 25 horas. Quanto tempo vai levar para atingir a metade da população de equilíbrio?

Capítulo 6

Equações de ordem superior: introdução

Vamos recordar brevemente alguns conceitos de equações de ordem superior introduzidos na primeira parte e acrescentamos as novas noções da teoria usados nessa parte.

1 Definições básicas: equação e sua solução

Definição de uma equação diferencial ordinária de ordem n. A equação na forma

$$F(x, y, y', \ldots y^{(n)}) = 0,$$

onde F é uma função dada de $n+2$ argumentos e $y(x)$ é uma função incógnita de variável independente x, é chamada de *equação diferencial ordinária (EDO) de ordem* n.

Definição da forma explícita/normal de EDO de ordem n. A equação na forma

$$y^{(n)} = f(x, y, y', \ldots y^{(n-1)}),$$

onde f é uma função dada de $n+1$ argumentos e $y(x)$ é uma função incógnita de variável independente x, é chamada de *EDO de ordem* n *na forma explícita/normal*.

Definição da solução particular. Função $y(x)$ é uma *solução particular* de uma EDO se, substituída nessa EDO, ela tranforma-la numa identidade.

Definição da solução geral. Função $y(x, C_1, \ldots, C_n)$ de variável independente x e n parâmetros independentes $C_1, \ldots, C_n$ é uma *solução geral* de uma EDO de ordem n se para qualquer escolha específica de $C_1, \ldots, C_n$ ela representa a solução particular da mesma EDO.

2 Problema de Cauchy (problema de valor inicial)

Se a equação da 1a ordem exige, usualmente, uma condição inicial para determinar uma única solução, então a equação de ordem n é acoplada com n condições complementares de forma específica, que podem ser interpretados como valores da localização do objeto, sua velocidade, aceleração, etc. todos no mesmo instante (caso a função incógnita é interpretada como a posição do objeto num movimento retilíneo). Essa condições são chamadas de iniciais.

Definição de condições iniciais. Dada equação diferencial de ordem n, as seguintes condições são chamadas de *condições iniciais*:

$$y(x_0) = y_0, y'(x_0) = y_1, \ldots, y^{n-1}(x_0) = y_{n-1}.$$

Definição do problema de Cauchy (de condições iniciais). A equação diferencial de ordem n junto com n condições iniciais formam um *problema de Cauchy*:

$$\begin{cases} F(x, y, y', \ldots y^{(n)}) = 0 \\ y(x_0) = y_0, y'(x_0) = y_1, \ldots, y^{n-1}(x_0) = y_{n-1} \end{cases}.$$

Aqui, $y_0, y_1, \ldots, y_{n-1}$ são os valores dados. Esse problema também é chamado do *problema de condições iniciais* ou de valores iniciais.

Se o problema de Cauchy é formulado para uma equação explícita, então tem um resultado importante, chamado do *teorema de Cauchy* (também, *teorema de Picard*) que garante a existência e a unicidade da solução do problema

$$\begin{cases} y^{(n)} = f(x, y, y', \ldots, y^{(n-1)}) \\ y(x_0) = y_0, y'(x_0) = y_1, \ldots, y^{n-1}(x_0) = y_{n-1} \end{cases} .$$

Teorema de Cauchy (teorema de existência e unicidade da solução). Se existe uma vizinhança do ponto $(x_0, y_0, y_1, \ldots, y_{n-1}) \in \mathbb{R}^{n+1}$ onde a função f e suas derivadas parciais $f_y, f_{y'}, \ldots,$ $f_{y^{(n-1)}}$ são funções contínuas, então existe vizinhança de x_0 em $\mathbb{R}$ onde a solução do problema de Cauchy existe e é única.

3 Outros problemas com equações de ordem superior

Diferentemente de equação da 1a ordem, para qual existe só um modo natural de acrescentar uma condição complementar, o que leva ao problema de Cauchy (embora outros problemas, muito mais raros, também podem surgir), para equações de ordem superior há várias maneiras naturais de acrescentar condições complementares, além de colocar as condições iniciais. Isso leva aos problemas importantes que são diferentes do problema de Cauchy e não possuem um resultado tal simples de existência e unicidade de soluções como o garantido no teorema de Cauchy.

Devido a maior complexidade de resultados teóricos sobre solvabilidade desses problemas e também maiores dificuldades da sua resolução prática, vamos considerar somente o caso da equação da 2a ordem. Há dois tipos de problemas clássicos (além do problema de Cauchy) ligados a uma equação da 2a ordem: o problema de condições (valores) de contorno e o problema de Sturm-Liouville. As suas formulações venham a seguir.

Definição do problema de condições de contorno. O problema de resolução da equação

$$F(x, y, y', y'') = 0$$

num intervalo $[x_1, x_2]$ junto com as duas condições postas nas extremidades do intervalo de resolução (chamadas de *condições de contorno*)

$$\alpha_1 y(x_1) + \beta_1 y'(x_1) = \gamma_1, \alpha_2 y(x_2) + \beta_2 y'(x_2) = \gamma_2,$$

onde $\alpha_1, \beta_1, \gamma_1$ e $\alpha_2, \beta_2, \gamma_2$ são constantes dados tais que $\alpha_1^2 + \beta_1^2 \neq 0$, $\alpha_2^2 + \beta_2^2 \neq 0$, é chamado do *problema de condições de contorno*.

Definição do problema de Sturm-Liouville. O problema de resolução da equação

$$y'' + a(x)y' = \lambda y$$

num intervalo $[x_1, x_2]$, onde $y \not\equiv 0$ e λ é um par das incógnitas (uma função e um parâmetro independente de x), junto com as duas condições postas nas extremidades do intervalo de resolução

$$\alpha_1 y(x_1) + \beta_1 y'(x_1) = 0, \alpha_2 y(x_2) + \beta_2 y'(x_2) = 0,$$

onde α_1, β_1 e α_2, β_2 são constantes dados tais que $\alpha_1^2 + \beta_1^2 \neq 0$, $\alpha_2^2 + \beta_2^2 \neq 0$, é chamado do *problema de Sturm-Liouville*. As incógnitas λ e y são chamadas de *autovalor e autofunção*, respectivamente, e, por isso, o problema também tem nome do *problema de autovalores e autofunções*.

Capítulo 7

Equações de ordem superior: métodos de redução da ordem

Vamos considerar nessa seção três tipos diferentes de equações que possibilitam a redução da ordem. Nenhuma delas tem o nome próprio e, portanto, cada uma delas é referida pela sua forma.

1 Equação $y^{(n)} = f(x)$

Método de resolução.

Para resolução da *equação*

$$y^{(n)} = f(x)$$

aplicamos integração consecutiva n vezes e obtemos a solução geral.

Exemplos.

1. $y''' = x + \cos x$. Aplicando a integração sucessiva 3 vezes, obtemos $y'' = \int x + \cos x dx = \frac{x^2}{2} + \sin x + A$; $y' = \int \frac{x^2}{2} + \sin x + A dx = \frac{x^3}{6} - \cos x + Ax + B$; $y = \int \frac{x^3}{6} - \cos x + Ax + B dx = \frac{x^4}{24} - \sin x + A\frac{x^2}{2} + Bx + C$.

2. $y'' = xe^{-x}$, $y(0) = y'(0) = 0$. Integrando primeira vez temos $y' = \int xe^{-x} dx = -xe^{-x} + \int e^{-x} dx = -(x+1)e^{-x} + A$. As condições iniciais podem ser aplicadas tanto em cada passo de redução de ordem da equação como depois de encontrar a solução geral. Nessa vez, vamos aplicar a segunda condição inicial a derivada já calculada: $y'(0) = -1 + A = 0$, isto é, $A = 1$. Integrando segunda vez (já com constante A especificada) temos $y = \int -(x+1)e^{-x} + 1 dx = (x+1)e^{-x} - \int e^{-x} dx + x = (x+2)e^{-x} + x + B$. Aplicando a primeira condição inicial, obtemos $y(0) = 2 + B = 0$, isto é, $B = -2$. Assim, a solução do problema de Cauchy é $y = (x+2)e^{-x} + x - 2$.

3. $y''' = \sin x$, $y(0) = 1, y'(0) = 0, y''(0) = 0$. Integramos sucessivamente 3 vêzes: $y'' = \int \sin x dx = -\cos x + A$; $y' = \int -\cos x + A dx = -\sin x + Ax + B$; $y = \int -\sin x + Ax + B dx = \cos x + A\frac{x^2}{2} + Bx + C$. Aplicamos as condições iniciais: $y(0) = 1 + C = 1$, donde $C = 0$; $y'(0) = B = 0$; $y''(0) = -1 + A = 0$, donde $A = 1$. Então, a solução do problema é $y = \cos x + \frac{x^2}{2}$.

Exercícios para o leitor

1. $y'' = x + \sin x$, $y(0) = -3, y'(0) = 0$.
2. $y'' = \frac{x}{e^{2x}}$, $y(0) = \frac{1}{4}, y'(0) = -\frac{1}{4}$.
3. $y''' = \frac{\ln x}{x^2}$, $y(1) = 0, y'(1) = 1, y''(1) = 2$.

2 Equação $F(x, y^{(k)}, \ldots, y^{(n)}) = 0$, $k > 0$ (equação sem y e derivadas inferiores)

Na equação

$$F(x, y^{(k)}, \ldots, y^{(n)}) = 0, k > 0$$

não tem a função incógnita e suas derivadas de ordem inferior.

Método de resolução.

Introduzindo a nova função $z = y^{(k)}$, baixamos a ordem da equação original k unidades, obtendo a equação de ordem $n - k$: $F(x, z, \ldots, z^{(n-k)}) = 0$. Resolvemos, se for possível, a última equação para a incógnita z e depois aplicamos a integração repetida k vezes para restaurar y da equação $y^{(k)} = z$.

Exemplos.

1. $xy''' = y'' - xy''$. Primeiro resolvemos a equação da primeira ordem para a função $z = y''$: $xz' = z - xz$. Separando variáveis, temos $\int \frac{1}{z} dp = \int \frac{1-x}{x} dx$, e depois da integração, $\ln|z| = \ln|x| - x + C$ ou $z = Cxe^{-x}$. Voltando para y, integramos mais duas vezes para obter a solução geral da equação original: $y' = \int Cxe^{-x} dx = -C(x+1)e^{-x} + A$ e $y = \int -C(x+1)e^{-x} + A dx = C(x+2)e^{-x} + Ax + B$.

2. $xy'' = y' \ln \frac{y'}{x}$. Baixamos a ordem uma unidade usando $z = y'$: $xz' = z \ln \frac{z}{x}$. Nessa equação homogênea fazemos mudança da função $u = \frac{z}{x}$ e chegamos a equação separável $xu' + u = u \ln u$. Isso leva a seguinte integração: $\int \frac{1}{u(\ln u - 1)} du = \int \frac{1}{x} dx$. A integral a esquerda calculamos assim: $\int \frac{1}{u(\ln u - 1)} dz = \int \frac{d(\ln u)}{\ln u - 1} = \ln|\ln u - 1| + C$. Junto com integral a direita isso dá a seguinte solução para u: $\ln|\ln u - 1| = \ln|x| + C$, que ainda podemos representar na forma $\ln u - 1 = Cx$. Voltando a função z, temos então $\ln \frac{z}{x} = Cx + 1$ ou $z = xe^{Cx+1}$. Finalmente, para y temos a equação da primeira ordem $y' = xe^{Cx+1}$, cuja solução geral é obtida via simples integração do lado direito para $C \neq 0$: $y = \int xe^{Cx+1} dx = e \int xe^{Cx} dx = e \left(x \frac{1}{C} e^{Cx} - \frac{1}{C} \int e^{Cx} dx \right) = e \left(\frac{x}{C} e^{Cx} - \frac{1}{C^2} e^{Cx} \right) + B$. Essa integração não é realizável quando $C = 0$, mas nesse caso temos a equação mais simples $y' = xe$, cuja integração dá mais um conjunto de soluções $y = \frac{e}{2} x^2 + A$.

3. $(1 - x^2)y'' - xy' = 2$. Fazendo a mudança da função $z = y'$ baixamos a ordem da equação para a primeira: $(1 - x^2)z' - xz = 2$. A última equação é linear, então sabemos como resolve-la. Começamos da linear homogênea: separando variáveis e integrando, temos $\int \frac{1}{z} dz = \int \frac{x}{1-x^2} dx$, e depois da integração, $\ln|z| = -\frac{1}{2} \ln|1 - x^2| + C$ ou $z = \frac{C}{\sqrt{1-x^2}}$. Então buscamos a solução da linear não homogênea na forma $z = \frac{C(x)}{\sqrt{1-x^2}}$, onde C é especificado substituindo na equação: $(1 - x^2) \left(\frac{C'}{\sqrt{1-x^2}} + \frac{Cx}{\sqrt{(1-x^2)^3}} \right) - x \frac{C}{\sqrt{1-x^2}} = 2$, ou simplificando, $C' = \frac{2}{\sqrt{1-x^2}}$. Logo, $C = 2 \arcsin x + A$ e então $z = \frac{2 \arcsin x + A}{\sqrt{1-x^2}}$. Voltando para y, realizamos mais uma integração $y = \int z dx = \int \frac{2 \arcsin x + A}{\sqrt{1-x^2}} dx = 2 \int \arcsin x d(\arcsin x) + A \int \frac{1}{\sqrt{1-x^2}} dx = \arcsin^2 x + A \arcsin x + B$.

4. $2xy'y'' = (y')^2 - 1$. Fazendo a mudança da função $z = y'$ baixamos a ordem da equação para a primeira: $2xzz' = z^2 - 1$. A última equação é de variáveis separáveis e então temos $\int \frac{2z}{z^2-1} dz = \int \frac{dx}{x}$, e depois da integração, $\ln|z^2 - 1| = \ln|x| + C$ ou $z^2 - 1 = Cx$. Voltando para y, temos $(y')^2 - 1 = Cx$ o que dá duas equações $y' = \pm\sqrt{Cx + 1}$. Podemos resolver elas paralelamente: $y = \pm \int \sqrt{Cx + 1} dx = \pm \frac{2}{3C} (Cx + 1)^{\frac{3}{2}} + B$. Essas são duas soluções gerais. Além disso, as funções que correspondem a constante $C = 0$ foram eliminadas na última integração. Nesse caso temos $(y')^2 - 1 = 0$, o que resulta em mais duas famílias $y = \pm x + A$. É simples de verificar que elas também são soluções da equação original.

5. $\cos 2x \cdot y''' + 2 \sin 2x \cdot y'' = 1$. Fazendo a mudança da função $z = y''$ baixamos a ordem da equação para a primeira: $\cos 2x \cdot z' + 2 \sin 2x \cdot z = 1$. A última equação é linear. Resolvemos, primeiro, a parte homogênea: $\cos 2x \cdot z' + 2 \sin 2x \cdot z = 0$. Separando variáveis e integrando te-

mos $\int \frac{dz}{z} = -\int \frac{2\sin 2x}{\cos 2x} dx$. A segunda integral pode ser calculada de modo seguinte: $\int \frac{-2\sin 2x}{\cos 2x} dx = \int \frac{d(\cos 2x)}{\cos 2x} = \ln|\cos 2x| + C$, e então encontramos z na forma $\ln|z| = \ln|\cos 2x| + C$ ou $z = C\cos 2x$. A solução da equação não homogênea procuramos na forma $z = C(x)\cos 2x$, onde $C(x)$ se encontra substituindo essa forma na equação: $\cos 2x(C'\cos 2x - 2C\sin 2x) + 2\sin 2x \cdot C(x)\cos 2x = 1$. Simplificando, temos $C' = \frac{1}{\cos^2 2x}$ e integrando $C = \frac{1}{2}\tan 2x + A$. Então encontramos a função z: $z = \left(\frac{1}{2}\tan 2x + A\right)\cos 2x = \frac{1}{2}\sin 2x + A\cos 2x$.

Voltando para y, temos que resolver a equação da segunda ordem $y'' = \frac{1}{2}\sin 2x + A\cos 2x$. Integrando duas vezes sucessivamente, encontramos a solução geral $y = -\frac{1}{8}\sin 2x - A\frac{1}{4}\cos 2x + Bx + C$.

6. $y'' = y' + x$. Fazendo a mudança da função $z = y'$ baixamos a ordem da equação para a primeira: $z' = z + x$. A última equação é linear e resolvemo-la usando algoritmo alternativo de fator integrante. Para isso, encontramos fator μ da equação $\mu' = -\mu$ cuja solução é $\mu = e^{-x}$. Então, multiplicando a equação linear por e^{-x}, obtemos $e^{-x}z' - e^{-x}z = (e^{-x}z)' = e^{-x}x$. Integrando essa relação, encontramos $e^{-x}z = (-x-1)e^{-x} + C$ ou $z = -x - 1 + Ce^x$. Voltando para y, realizamos mais uma integração $y = \int z dx = \int -x - 1 + Ce^x dx = -\frac{x^2}{2} - x + Ce^x + B$. (Tarefa para o leitor: resolver a equação original como a linear não homogênea da segunda ordem e comparar soluções.)

7. $xy'' = y'\ln\frac{y'}{x}$. Fazendo a mudança da função $z = y'$ baixamos a ordem da equação para a primeira: $xz' = z\ln\frac{z}{x}$. A última equação é homogênea e, trocando a função pela fórmula $u = \frac{z}{x}$ redusimo-la a equação separável: $xu' + u = u\ln u$. Separando variáveis e integrando, obtemos $\int \frac{du}{u(\ln u - 1)} = \int \frac{dx}{x}$. Calculando integrais, encontramos $\int \frac{du}{u(\ln u-1)} = \int \frac{d(\ln u - 1)}{\ln u - 1} = \ln|\ln u - 1| = \ln|x| + C$ ou $\ln u - 1 = Cx$. Então para z temos $\ln\frac{z}{x} = Cx + 1$ ou $z = xe^{Cx+1}$. Voltando para y, efetuamos mais uma integração $y = \int xe^{Cx+1} dx = x\frac{1}{C}e^{Cx+1} - \frac{1}{C}\int e^{Cx+1} dx = \frac{x}{C}e^{Cx+1} - \frac{1}{C^2}e^{Cx+1} + B$.

8. $y'' - 2y'\cot x = \sin^2 x$. Fazendo a mudança da função $z = y'$ baixamos a ordem da equação para a primeira: $z' - 2z\cot x = \sin^2 x$. A última equação é linear que podemos resolver usando variação de parametro. Resolvendo a parte homogênea, encontramos $\ln|z| = 2\int \cot x dx = 2\int \frac{d(\sin x)}{\sin x} = 2\ln|\sin x| + C$ ou $z = C\sin^2 x$. Agora buscamos a solução da não homogênea na forma $z = C(x)\sin^2 x$, onde C se encontra da equação $(C'\sin^2 x + C\cdot 2\sin x\cos x) - 2C\sin^2 x\cot x = \sin^2 x$ ou simplificando $C' = 1$. Então $C(x) = x + A$ e $z = (x + A)\sin^2 x$. Voltando para y, efetuamos mais uma integração $y = \int(x+A)\sin^2 x dx = \int(x+A)\frac{1-\cos 2x}{2} dx = \frac{1}{2}\int x + A - A\cos 2x - x\cos 2x dx = \frac{1}{2}\left(\frac{x^2}{2} + Ax - \frac{A}{2}\sin 2x - \left(\frac{x}{2}\sin 2x - \int \frac{1}{2}\sin 2x dx\right)\right) = \frac{x^2}{4} + \frac{Ax}{2} - \frac{A}{4}\sin 2x - \frac{x}{4}\sin 2x + \frac{1}{8}\cos 2x + B$.

Exercícios para o leitor

1. $y'' + 2xy'^2 = 0$
2. $x^2y'' + xy' = 1$
3. $x^2y'' = y'^2$
4. $y''(e^x + 1) + y' = 0$
5. $y''' = 2(y'' - 1)\cot x$
6. $y''' = \sqrt{1 + y''^2}$
7. $yy'' = y'^2 - y'^3$
8. $xy''' = y'' - xy''$

3 Equação $F(y, y', \ldots, y^{(n)}) = 0$ (equação sem x)

Na equação

$$F(y, y', \ldots, y^{(n)}) = 0$$

a função y está presente, o que impossibilita a redução da ordem via método anterior. Mas a variável independente não está na equação, o que permite aplicar o seguinte procedimento.

Método de resolução.

Introduzimos uma nova função $z(y) = y'$ que consideramos como função de variável y. Consequentemente, as derivadas de y em relação a x e de z em relação a y são ligadas pelas seguintes fórmulas: $y'' = z_y \cdot y_x = z_y z$, $y''' = (z_y z)_y \cdot y_x = (z_y z)_y z$, $\ldots$, $y^{(n)} = (\ldots((z_y z)_y)_y \ldots z)_y \cdot y_x = (\ldots((z_y z)_y)_y \ldots z)_y z$, onde a derivação em y na última expressão se repete $n-1$ vezes. Então, a equação original de ordem n é reduzida a equação $G(z, z', \ldots, z^{(n-1)}) = 0$ de ordem $n-1$ para função z de variável independente y. Se for possível, resolvemos essa equação e voltamos a $y' = z(y)$ para encontrar a função original y.

Exemplos.

1. $y'' y^3 = -1$. Usando a função $z(y) = y'$, transformamos a equação primitiva em equação da 1a ordem: $z_y z y^3 = -1$. A solução geral dessa equação separável é $\frac{z^2}{2} = \frac{1}{2y^2} + A$ ou $z = \pm\sqrt{\frac{1}{y^2} + A}$. Agora temos que resolver a equação separável para y (na realidade, as duas equações unidas numa fórmula): $y' = \pm\sqrt{\frac{1}{y^2} + A}$. Separação de variáveis leva as seguintes integrais: $\int \frac{y}{\sqrt{Ay^2+1}} dy = \pm\int dx$. Integração é simples nos dois lados e obtemos a solução geral na forma $\sqrt{Ay^2 + 1} = A(B \pm x)$.

2. $3y'y'' = 2y$, $y(0) = y'(0) = 1$. Usando a função $z(y) = y'$, transformamos a equação primitiva em equação da 1a ordem: $3zz_y z = 2y$ ou $z_y = \frac{2}{3}\frac{y}{z^2}$. A solução geral dessa equação separável tem a forma $z^3 = y^2 + A$ ou $z = \sqrt[3]{y^2 + A}$. Voltando a y, temos a equação separável $y' = \sqrt[3]{y^2 + A}$, que é simples resolver teoricamente, chegando a fórmula integral $\int \frac{1}{\sqrt[3]{y^2+A}} dy = \int dx$, mas a integral do lado esquerdo não se calcula em termos de funções elementares para qualquer valor de A. No entanto, podemos tentar simplificar essa integral, especificando constante A das condições iniciais. Como y e sua derivada são ligadas via fórmula $y' = \sqrt[3]{y^2 + A}$ para qualquer x, então para $x = 0$ temos (usando condições iniciais) $y'(0) = 1 = \sqrt[3]{1^2 + A}$, donde segue que $A = 0$. Então a integral do lado direito se simplifica radicalmente e seu cálculo é elementar: $\int \frac{1}{\sqrt[3]{y^2}} dy = 3\sqrt[3]{y} + C$ e, junto com o lado direito, temos a solução $3\sqrt[3]{y} = x + C$. Aplicando agora a condição inicial $y(0) = 1$, encontramos $3\sqrt[3]{1} = 0 + C$, isto é, $C = 3$. Finalmente, a solução do problema de Cauchy vem na forma $3\sqrt[3]{y} = x + 3$ ou $y = (\frac{x}{3} + 1)^3$.

3. $y'' = y'e^y$, $y(0) = 0, y'(0) = 1$. Usando a função $z(y) = y'$, transformamos a equação original em equação da 1a ordem: $z_y z = ze^y$ ou $z_y = e^y$. A solução geral dessa equação separável é $z = e^y + C$. Agora voltamos para y: $y' = e^y + C$. Para facilitar a integração, vamos, primeiro, aplicar as condições iniciais: $y'(0) = 1 = 1 + C = e^{y(0)} + C$, donde $C = 0$. Agora, integrando $y' = e^y$, obtemos $\int e^{-y} dy = \int dx$, donde $-e^{-y} = x + B$. Aplicando a primeira condição inicial, especificamos B: $-e^0 = 0 + B$, isto é, $B = -1$. Assim, a solução do problem é $e^{-y} = 1 - x$.

4. $(y')^2 + 2yy'' = 0$, $y(0) = 1, y'(0) = 1$. Usando a função $z(y) = y'$, transformamos a equação original em equação da 1a ordem: $z^2 + 2yzz_y = 0$. Essa é a equação separável e resolvendo obtemos $\int \frac{dz}{z} = -\frac{1}{2}\int \frac{dy}{y}$, ou após a integração, $\ln|z| = -\frac{1}{2}\ln|y| + C$. Eliminando logaritmo e voltando para y' temos $y' = \frac{C}{\sqrt{y}}$, mais uma equação separável. Integrando a última, $\int \sqrt{y} dy = \int C dx$ e resolvendo integrais, obtemos a solução geral $\frac{2}{3}\sqrt{y^3} = Cx + B$. Agora aplicamos as condições iniciais: $\frac{2}{3}\sqrt{1} = 0 + B$ e $\sqrt{1} = C$, donde $B = \frac{2}{3}, C = 1$. Assim, a solução do problema de Cauchy é $\frac{2}{3}\sqrt{y^3} = x + 1$.

5. $2yy'' - y'^2 + 1 = 0$, $y(0) = 2, y'(0) = 1$. Usando a função $z(y) = y'$, transformamos a equação original em equação da 1a ordem: $2yzz_y - z^2 + 1 = 0$. Essa é a equação separável e resolvendo obtemos $\int \frac{2zdz}{z^2-1} = \int \frac{d(z^2-1)}{z^2-1} = \int \frac{dy}{y}$, ou após a integração, $\ln|z^2 - 1| = \ln|y| + C$. Eliminando logaritmo e voltando para y' temos $y'^2 - 1 = Cy$. Para simplificar cálculos posteriores, aplicamos as condições iniciais e especificamos C: $1^2 - 1 = C \cdot 2$ donde $C = 0$. Então temos que resolver $y'^2 = 1$, isto é, $y' = \pm 1$. Integrando, encontramos as soluções $y = \pm x + B$. Aplicando a primeira condição inicial, temos $2 = 0 + B$, ou seja, $B = 2$. Assim, temos duas soluções do problema de

Cauchy $y = \pm x + 2$.

6. $y'' = \frac{1}{y^3}$, $y(0) = 1, y'(0) = 0$. Usando a função $z(y) = y'$, transformamos a equação original em equação da 1a ordem: $zz_y = \frac{1}{y^3}$. Separando variáves e integrando, obtemos $\frac{z^2}{2} = -\frac{1}{2y^2} + C$ ou $z^2 = -\frac{1}{y^2} + C$. Para simplificar cálculos, aplicamos as condições inicias: $z(0)^2 = y'^2(0) = 0 = -\frac{1}{y(0)^2} + C = -\frac{1}{1} + C$, donde segue que $C = 1$. Voltando para y, temos que resolver mais duas equações explícitas $y' = \pm\sqrt{1 - \frac{1}{y^2}}$, o que podemos fazer paralelamente. Primeiro, calculamos a integral $\int \frac{dy}{\sqrt{1 - \frac{1}{y^2}}} = \int \frac{ydy}{\sqrt{y^2 - 1}} = \frac{1}{2} \int \frac{d(y^2 - 1)}{\sqrt{y^2 - 1}} = \sqrt{y^2 - 1} + B$. Utilizando esse resultado na resolução das duas equações separáveis $y' = \pm\sqrt{1 - \frac{1}{y^2}}$, obtemos $\sqrt{y^2 - 1} = \pm x + B$. Resta substituir essas duas soluções na primeira condição inicial: $\sqrt{1^2 - 1} = \pm 0 + B$, donde $B = 0$. Assim, temos duas soluções do problema original: $\sqrt{y^2 - 1} = \pm x$.

7. $y'' + \frac{2}{1-y}y'^2 = 0$, $y(0) = 0, y'(0) = 1$. Usando a função $z(y) = y'$, transformamos a equação original em equação da 1a ordem: $zz_y + \frac{2}{1-y}z^2 = 0$ ou simplificando $z_y = -\frac{2}{1-y}z$. Separando variáves e integrando, obtemos $\ln|z| = 2\ln|1 - y| + C$ ou $z = C(1 - y)^2$. Para simplificar cálculos, aplicamos as condições inicias: $z(0) = y'(0) = 1 = C(1 - y(0))^2 = C(1 - 0)^2$, donde segue que $C = 1$ e, portanto, $z = (1 - y)^2$. Voltando para y, temos que resolver mais uma equação $y' = (1 - y)^2$. Integrando, obtemos a solução $\int \frac{dy}{(1-y)^2} = \frac{1}{1-y} = x + B$. Resta substituir essa solução na primeira condição inicial: $\frac{1}{1-0} = 0 + B$, donde $B = 1$. Assim, temos a solução do problema de Cauchy: $\frac{1}{1-y} = x + 1$.

Exercícios para o leitor

1. $2y'^2 = (y - 1)y''$, $y(0) = 2, y'(0) = 2$.
2. $y'' + y'^2 = 2e^{-y}$.
3. $y'' = 2y^3$, $y(0) = 1, y'(0) = 1$
4. $2yy'' = y^2 + y'^2$
5. $y^4 - y^3y'' = 1$
6. $yy'' = 1 + y'^2$
7. $y'' = e^{2y}$, $y(0) = 0, y'(0) = 1$
8. $2yy'' - 3y'^2 = 4y^2$

Capítulo 8

Equações lineares: propriedades teóricas

Nessa seção vamos apresentar a teoria de equações lineares.

1 Definições e resultados básicos

Definição de uma equação linear de ordem n. A equação na forma

$$a_n(x)y^{(n)} + \ldots + a_1(x)y' + a_0(x)y = f(x),$$

onde $a_n, \ldots, a_1, a_0$, $a_n \neq 0$ e f são funções dadas de x é chamada de *equação linear de ordem* n. Caso $f(x) \equiv 0$, a equação é chamada *linear homogênea*, caso contrário – *linear não homogênea*. Se $a_n \equiv 1$, a forma da equação linear é dita *canônica ou normalizada*.

Observação 1. No contexto de equações lineares, as equações lineares homogêneas são chamadas simplesmente de homogêneas e lineares não homogêneas – de não homogêneas.

Observação 2. As funções $a_n, \ldots, a_1, a_0$ são chamadas de *coeficientes da equação*, e a função $f(x)$ é chamada de *parte direita*.

A seguir vamos usar a denotação

$$Ly \equiv a_n(x)y^{(n)} + \ldots + a_1(x)y' + a_0(x)y$$

para toda a parte esquerda da equação linear. Mostraremos duas propriedades principais do *operador L*.

Teorema 1. Linearidade do operador L. L é um *operador linear*, isto é,

$$L(\alpha_1 y_1 + \alpha_2 y_2) = \alpha_1 Ly_1 + \alpha_2 Ly_2,$$

para quaisquer funções y_1, y_2 (n vezes diferenciáveis) e quaisquer constantes reais ou complexas α_1, α_2.

Demonstração. Para melhor compreensão faremos demonstração considerando constantes reais α_1, α_2, mas o caso de complexas é tratado da mesma maneira. Usando a definição do operador L e propriedades das derivadas, temos:

$$L(\alpha_1 y_1 + \alpha_2 y_2) = a_n(x)(\alpha_1 y_1 + \alpha_2 y_2)^{(n)} + \ldots + a_1(x)(\alpha_1 y_1 + \alpha_2 y_2)' + a_0(x)(\alpha_1 y_1 + \alpha_2 y_2)$$

$$= a_n(x)\left(\alpha_1 y_1^{(n)} + \alpha_2 y_2^{(n)}\right) + \ldots + a_1(x)\left(\alpha_1 y_1' + \alpha_2 y_2'\right) + a_0(x)\left(\alpha_1 y_1 + \alpha_2 y_2\right)$$

$$= \alpha_1\left(a_n(x)y_1^{(n)} + \ldots + a_1(x)y_1' + a_0(x)y_1\right) + \alpha_2\left(a_n(x)y_2^{(n)} + \ldots + a_1(x)y_2' + a_0(x)y_2\right) = \alpha_1 Ly_1 + \alpha_2 Ly_2.$$

Teorema 2. Propriedades da combinação linear de soluções. Se y_1 é a solução da equação linear com a parte direita f_1 e y_2 é a solução da mesma equação com a parte direita f_2, então $\alpha_1 y_1 + \alpha_2 y_2$ é a solução da mesma equação com a parte direita $\alpha_1 f_1 + \alpha_2 f_2$, onde α_1, α_2 são constantes arbitrárias. Expressando esse resultado em fórmulas temos:

$$Ly_1 = f_1, Ly_2 = f_2 \;\Rightarrow\; L(\alpha_1 y_1 + \alpha_2 y_2) = \alpha_1 f_1 + \alpha_2 f_2, \forall f_1, f_2, \forall \alpha_1, \alpha_2.$$

Demonstração. O resultado segue direto do Teorema 1: $L(\alpha_1 y_1 + \alpha_2 y_2) = \alpha_1 L y_1 + \alpha_2 L y_2 = \alpha_1 f_1 + \alpha_2 f_2$.

Corolário 1. Se y_1 e y_2 são soluções da mesma equação homogênea, então $\alpha_1 y_1 + \alpha_2 y_2$ é a solução da mesma equação homogênea, quaisquer que forem constantes α_1, α_2, ou seja,

$$Ly_1 = 0, Ly_2 = 0 \;\Rightarrow\; L(\alpha_1 y_1 + \alpha_2 y_2) = 0, \forall \alpha_1, \alpha_2.$$

O resultado segue imediatamente do Teorema 2 com $f_1 = f_2 = 0$.

Corolário 2. Se y_h é a solução da equação homogênea e y_n é a solução da mesma equação não homogênea com a parte direita f, então $y_h + y_n$ é a solução da mesma equação não homogênea com a parte direita f, ou seja,

$$Ly_h = 0, Ly_n = f \;\Rightarrow\; L(y_h + y_n) = f.$$

O resultado segue imediatamente do Teorema 2 com $f_1 = 0, f_2 = f$ e $\alpha_1 = \alpha_2 = 1$.

Corolário 3. Se y_1 e y_2 são soluções da mesma equação não homogênea, então $y_1 - y_2$ é a solução da equação homogênea respectiva, ou seja,

$$Ly_1 = f, Ly_2 = f \;\Rightarrow\; L(y_1 - y_2) = 0.$$

O resultado segue imediatamente do Teorema 2 com $f_1 = f_2 = f$ e $\alpha_1 = 1, \alpha_2 = -1$.

Teorema 3. A função $y = u + iv$ é a solução da equação não homogênea com a parte direita $h = f + ig$ se, e somente se, $u = Re(y)$ é a solução da mesma equação com a parte direita $f = Re(h)$ e $v = Im(y)$ é a solução da mesma equação com a parte direita $g = Im(h)$. Em fórmulas temos

$$L(u + iv) = f + ig \;\Leftrightarrow\; L(u) = f, Lv = g.$$

Demonstração. A implicância da direita para a esquerda segue imediatamente do Teorema 2 com $f_1 = f, f_2 = g$ e $\alpha_1 = 1, \alpha_2 = i$. A implicância inversa segue das propriedades do operador L e dos números complexos. Para funções reais u e v e funções reais f e g temos, conforme com a linearidade do operador L, $L(u+iv) = Lu + iLv = f + ig$. Como as expressões Lu e Lv, assim como as funções f e g são reais, então utilizamos a propriedade que duas expressões complexas são iguais se, e somente se, as suas partes real e imaginária são iguais entre si. Logo, temos que $L(u) = f$ e $Lv = g$.

Corolário. A função $y = u + iv$ é a solução da equação homogênea se, e somente se, a sua parte real $u = Re(y)$ e imaginária $v = Im(y)$ são soluções da mesma equação. Em fórmulas temos

$$L(u + iv) = 0 \;\Leftrightarrow\; L(u) = 0, Lv = 0.$$

Demonstração. Esse resultado segue direto do Teorema 3 com a escolha $f = g = 0$.

Teorema 4. Teorema de Cauchy para equações lineares. O problema de Cauchy para uma equação linear

$$\begin{cases} a_n(x)y^{(n)} + \ldots + a_1(x)y' + a_0(x)y = f(x) \\ y(x_0) = y_0, y'(x_0) = y_1, \ldots, y^{n-1}(x_0) = y_{n-1} \end{cases}$$

tem uma única solução numa vizinhança de x_0 desde que os coeficientes $a_n, \ldots, a_1, a_0$ e a parte direita $f(x)$ são funções contínuas numa vizinhança de x_0.

Se $a_n, \ldots, a_1, a_0$ e $f(x)$ são funções contínuas num intervalo I, então o problema de Cauchy tem uma única solução em I para qualquer $x_0 \in I$.

Observação. Em parte, esse resultado segue direto do Teorema geral de Cauchy. Realmente, notando que a equação linear pode ser reescrita na forma $y^{(n)} = -\frac{a_{n-1}}{a_n}y^{(n-1)} - \ldots - \frac{a_1}{a_n}y' - \frac{a_1}{a_n}y + f \equiv g(x, y, \ldots y^{(n-1)})$ (lembramos que $a_n \neq 0$), podemos ver que a função g e suas derivadas parciais $g_y = -\frac{a_1}{a_n}$, $g_{y'} = -\frac{a_1}{a_n}, \ldots, g_{y^{n-1}} = -\frac{a_{n-1}}{a_n}$ são funções contínuas (de acordo com as condições do Teorema 4) e, portanto, o teorema geral de Cauchy garante a existência e a unicidade da solução.

Vamos assumir que as condições do Teorema de Cauchy estão satisfietas para qualquer equação/problema de Cauchy que encontramos nessa parte do texto.

2 Estrutura de soluções de equações lineares

Definição. Independência linear de funções. Funções $y_1, \ldots, y_n$ são *linearmente independentes* num conjunto I se a sua combinação linear $C_1 y_1 + \ldots C_n y_n$ é nula em I somente quando todas as constantes $C_1, \ldots, C_n$ são nulas. Em outras palavras, a equação

$$C_1 y_1 + \ldots C_n y_n = 0$$

em relação as incógnitas $C_1, \ldots, C_n$ tem a única solução $C_1 = \ldots = C_n = 0$. Caso contrário, funções $y_1, \ldots, y_n$ são *linearmente dependentes*.

Observação 1. Se o conjunto I não é indicado explicitamente, então na qualidade de I é considerado o domínio do conjunto de funções $y_1, \ldots, y_n$.

Observação 2. A propriedade de dependência linear dessa definição equivale a informação de que uma das funções do conjunto $y_1, \ldots, y_n$ pode ser expressa como combinação linear das outras. Realmente, vamos supor que y_1 é a combinação linear das demais funções: $y_1 = a_2 y_2 + \ldots a_n y_n$. Então $-y_1 + a_2 y_2 + \ldots a_n y_n = 0$, isto é, a combinação linear de todas as funções se anula quando $C_1 = -1, C_2 = a_2, \ldots, C_n = a_n$, ou seja, nem todas as constantes C_i são nulas. No lado oposto, se $y_1, \ldots, y_n$ são linearmente dependentes, então existem constantes $C_1, \ldots, C_n$, nem todas iguais a zero, tais que que a a equação $C_1 y_1 + \ldots C_n y_n = 0$ está satiusfeita. Vamos supor que uma das constantes não nulas é C_1. Então y_1 pode ser expressa como combinação linear das demais funções: $y_1 = -\frac{C_2}{C_1}y_2 - \ldots - \frac{C_n}{C_1}y_n$. Naturalmente, a independência linear significa que nenhuma das funções do conjunto pode ser expressa como combinação linear das outras funções.

Observação 3. Evidentemente, a função nula junto com quaisquer outras sempre forma um conjunto de funções linearmente dependentes.

Teorema 5. Solução geral da equação linear homogênea. A solução geral de uma equação linear homogênea

$$Ly - a_n(x)y^{(n)} + \ldots + a_1(x)y' + a_0(x)y - 0$$

se encontra na forma

$$y_{gh} = C_1 y_1 + \ldots C_n y_n,$$

onde $y_1, \ldots, y_n$ são soluções particulares linearmente independentes dessa equação e $C_1, \ldots, C_n$ são constantes arbitrárias. A solução geral y_{gh} contém todas as soluções particulares.

Demonstração. O fato de que $y_{gh} = C_1 y_1 + \ldots C_n y_n$ é a solução geral segue das propriedades de soluções de equação linear e da independência linear de funções $y_1, \ldots, y_n$. Realmente, se $y_1, \ldots, y_n$ são soluções particulares da equação linear, então, de acordo com o Corolário 1 ao Teorema 2, a sua combinação linear $C_1 y_1 + \ldots C_n y_n$ também é solução dessa equação. Adicionalmente, se $y_1, \ldots, y_n$ são linearmente independentes, então nenhuma dessas soluções pode ser expressa como combinação linear das outras e, portanto, o número de constantes arbitrárias $C_1, \ldots, C_n$ não pode ser reduzido. Nesse caso, como o número de parâmetros arbitrários $C_1, \ldots, C_n$ é igual a ordem da equação, então a definição da solução geral está satisfeita.

A demonstração de que a solução geral y_{gh} contém todas as soluções particulares é mais complicada. Portanto a prova que segue deixamos para leitura opcional. Consideremos uma solução particular y_p da equação $Ly = 0$, isto, $Ly_p = 0$ é uma identidade. Escolhemos algum ponto, por exemplo $x = 0$, e calculamos os valores de y_p e suas derivadas até ordem $n - 1$ nesse ponto: $y_p(0) = y_0, \ldots y_p^{(n-1)} = y_{n-1}$. Então, y_p satisfaz o seguinte problema de Cauchy

$$\begin{cases} Ly = 0 \\ y(0) = y_0, \ldots, y^{n-1}(0) = y_{n-1} \end{cases}$$ (chamamos ele do problema C). Consideremos o mesmo problema

de Cauchy para a função $y_{gh} = C_1 y_1 + \ldots C_n y_n$. Primeiro, de acordo com propriedades de soluções de equação homogênea, y_{gh} satisfaz a equação do problema quaisquer que forem coeficientes $C_1, \ldots, C_n$. Segundo, substituindo a expressão de y_{gh} nas condições inicias, obtemos o seguinte sistema linear

algébrico $\begin{cases} C_1 y_1(0) + \ldots + C_n y_n(0) = y_0 \\ \quad \ldots \\ C_1 y_1^{(n-1)}(0) + \ldots + C_n y_n^{(n-1)}(0) = y_{n-1} \end{cases}$ em relação às incógnitas $C_1, \ldots, C_n$ (chama-

mos esse sistema do sistema C). Se o determinante desse sistema $W = \begin{vmatrix} y_1(0) & \ldots & y_n(0) \\ & \ldots & \\ y_1^{(n-1)}(0) & \ldots & y_n^{(n-1)}(0) \end{vmatrix}$

é diferente de 0, então o sistema tem a única solução.

Então agora o problema é mostrar que $W \neq 0$. Para fazer isso, usamos o método de contradição: vamos supor, por absurdo, que $W = 0$. Consideremos então o problema de Cauchy com a mesma

equação, mas com as condições iniciais homogêneas: $\begin{cases} Ly = 0 \\ y(0) = 0, \ldots, y^{n-1}(0) = 0 \end{cases}$. Como antes, y_{gh}

satisfaz a equação do problema quaisquer que forem coeficientes $C_1, \ldots, C_n$. Das condições inicias se-

gue o seguinte sistema linear algébrico para incógnitas $C_1, \ldots, C_n$: $\begin{cases} C_1 y_1(0) + \ldots + C_n y_n(0) = 0 \\ \quad \ldots \\ C_1 y_1^{(n-1)}(0) + \ldots + C_n y_n^{(n-1)}(0) = 0 \end{cases}$

Pela suposição, o determinante desse sistema é nulo, o que significa que esse sistema tem um número infinito de soluções $C_1, \ldots, C_n$. Em outras palavras, o problema de Cauchy com condições homo-gêneas tem várias soluções, o que contradiz o resultado do Teorema de Cauchy sobre a existência e unicidade da solução. Logo, a suposição que $W = 0$ é inválida e, portanto, $W \neq 0$.

Com esse resultado, voltamos ao sistema C. Podemos concluir que esse sistema tem uma única solução $C_1, \ldots, C_n$. Então o problema de Cauchy C tem a solução $y_{gh} = C_1 y_1 + \ldots C_n y_n$ sob certa escolha de coeficientes $C_1, \ldots, C_n$. Mas o problema C também satisfaz as condições do Teorema de Cauchy e, portanto, tem uma única solução. Como y_p e y_{gh} (sob valores prescritos de $C_1, \ldots, C_n$) são soluções do mesmo problema C, então elas coincidem, o que quer dizer, que a solução particular y_p se encontra na família de funções $y_{gh} = C_1 y_1 + \ldots C_n y_n$. Devido a arbitrariedade de y_p a afirmação está demonstrada.

Definição. O conjunto $y_1, \ldots, y_n$ de n soluções particulares linearmente independentes da equa-ção linear homogênea de ordem n é chamado de *conjunto fundamental de soluções*.

Observação. Com o conceito do conjunto fundamental de soluções, o Teorema 5 pode ser reformulado da seguinte maneira: a solução geral da equação linear homogênea é a combinação linear de soluções do conjunto fundamental. Essa combinação linear contém todas as soluções particulares.

Definição. O determinante W que surgiu na demosntração da segunda parte do Teorema 5 é chamado de *determinante de Wronski* ou *Wronskiano*.

Teorema 6. Solução geral da equação linear não homogênea. A solução geral de uma equação linear não homogênea

$$Ly = a_n(x)y^{(n)} + \ldots + a_1(x)y' + a_0(x)y = f(x)$$

se encontra na forma

$$y_{gn} = y_{gh} + y_{pn},$$

onde y_{gh} é a solução geral da equação homogênea respectiva e y_{pn} é uma solução particular da equação não homogênea. A solução geral y_{gn} contém todas as soluções particulares.

Demonstração. O fato de que $y_{gn} = y_{gh} + y_{pn}$ é a solução geral segue das propriedades de soluções de equação linear, mais precisamente, do Corolário 2 ao Teorema 2.

A demonstração de que a solução geral y_{gn} contém todas as soluções particulares é a consequência imediata da propriedade respectiva da solução da equação homogênea y_{gh}. Realmente, consideremos uma solução particular qualquer y_{pq} da equação $Ly = f$. Então, do Corolário 3 ao Teorema 2 segue que $y_h = y_{pq} - y_{pn}$ é a solução particular da equação homogênea: $Ly_h = 0$. Portanto, ela é contida na solução geral da homogênea y_{gh} sob certa escolha de parâmetros C_i: $y_h = y_{gh}(\tilde{C}_1, \ldots, \tilde{C}_n)$. Logo, $y_{pq} = y_h + y_{pn} = y_{gh}(\tilde{C}_1, \ldots, \tilde{C}_n) + y_{pn}$, isto é, y_{pq} se encontra na solução geral y_{gn} quando os parâmetros são iguais a $\tilde{C}_1, \ldots, \tilde{C}_n$.

Exemplos.

1. Mostrar que funções $1, x$ são linearmente independentes.

Consideremos a equação $C_1 \cdot 1 + C_2 x = 0$ em $\mathbb{R}$. Temos que mostrar que essa equação é satisfeita para todos $x \in \mathbb{R}$ somente quando $C_1 = C_2 = 0$. Escolhendo primeiro $x = 0$ concluímos que $C_1 = 0$. Com primeira constante especificada, escolhemos $x = 1$ e temos $C_2 = 0$.

2. Mostrar que funções $1, x, x^2$ são linearmente independentes.

Consideremos a equação $C_1 \cdot 1 + C_2 x + C_3 x^2 = 0$ em $\mathbb{R}$. Temos que mostrar que essa equação é satisfeita para todos $x \in \mathbb{R}$ somente quando $C_1 = C_2 = C_3 = 0$. Começamos como no exemplo anterior, escolhendo $x = 0$ e especificando $C_1 = 0$. Derivamos a equação restante $C_2 x + C_3 x^2 = 0$ em x e obtemos $C_2 + 2C_3 x = 0$. De novo usando $x = 0$, temos que $C_2 = 0$. Com duas primeiras constantes nulas, escolhemos $x = 1$ na equação restante $C_3 x^2 = 0$ e obtemos $C_3 = 0$. Portanto, $C_1 = C_2 = C_3 = 0$ é a única solução.

3. Mostrar que funções $e^{\alpha x}, e^{\beta x}, \alpha \neq \beta$ são linearmente independentes.

Consideremos a equação $C_1 e^{\alpha x} + C_2 e^{\beta x} = 0$ em $\mathbb{R}$. Temos que mostrar que essa equação é satisfeita para todos $x \in \mathbb{R}$ somente quando $C_1 = C_2 = 0$. Dividimos a equação por $e^{\alpha x}$ e obtemos $C_1 + C_2 e^{(\beta - \alpha)x} = 0$. Agora derivamos em x e temos $(\beta - \alpha)C_2 e^{(\beta - \alpha)x} = 0$ donde segue que $C_2 = 0$ (uma vez que $\alpha \neq \beta$). Então voltamos a equação $C_1 + C_2 e^{(\beta - \alpha)x} = 0$ e junto com $c_2 = 0$ concluimos que $C_1 = 0$.

4. Mostrar que funções $\cos \alpha x, \sin \alpha x, \alpha \neq 0$ são linearmente independentes.

Consideremos a equação $C_1 \cos \alpha x + C_2 \sin \alpha x = 0$ em $\mathbb{R}$. Temos que mostrar que essa equação é satisfeita para todos $x \in \mathbb{R}$ somente quando $C_1 = C_2 = 0$. Usando $x = 0$, obtemos que $C_1 = 0$. Com isso, usamos $x = \frac{\pi}{\alpha}$ na equação original e temos que $C_2 = 0$.

Exercícios para o leitor

1. Mostrar que as seguintes funções são linearmente independentes:
1) $e^{\alpha x}, xe^{\alpha x}$;
2) $\cos \beta x e^{\alpha x}, \sin \beta x e^{\alpha x}, \beta \neq 0$;
3) $\cos \beta x, x \cos \beta x$;
4) $x \cos \alpha x, x \sin \alpha x, \alpha \neq 0$;
5) $x^2 e^{\alpha x}, x^2 e^{\beta x}, \alpha \neq \beta$.

2. Demonstrar que as funções dadas formam o conjunto fundamental de soluções da equação homogênea e escrever a solução geral dessa equação:
1) $1, x, x^2, y''' = 0$;
2) $e^x, e^{-x}, y'' - y = 0$;
3) $\cos 2x, \sin 2x, y'' + 4y = 0$;
4) $e^x, e^{2x}, e^{3x}, y''' - 6y'' + '' y' - 6y = 0$;
5) $\cos x e^x, \sin x e^x, y'' - 2y' + 2y = 0$.

3. Mostrar que a independência linear em pares não garante a independência de todo o conjunto de funções. (Dica: considere as funções $1, x, 1 + x$.)

Capítulo 9

Equações lineares com coeficientes constantes: métodos de resolução

1 Equações homogêneas

Definição. Uma *equação linear homogênea de coeficientes constantes* tem a forma

$$Ly = a_n y^{(n)} + \ldots + a_1 y' + a_0 y = 0,$$

onde $a_n, \ldots, a_1, a_0$, $a_n \neq 0$ são coeficientes constantes e n é a ordem da equação.

Método de resolução.

Vamos começar de uma observação elementar que para funções exponenciais $e^{\lambda x}$ a derivação se reduz a multiplicação por λ e a derivada de ordem k resulta em multiplicação por λ^k: $(e^{\lambda x})' = \lambda e^{\lambda x}, \ldots, (e^{\lambda x})^{(n)} = \lambda^n e^{\lambda x}$. Então a equação diferencial linear de coeficientes constantes se torna equação algébrica em relação a incógnita λ: $a_n y^{(n)} + \ldots + a_1 y' + a_0 y = a_n \lambda^n e^{\lambda x} + \ldots + a_1 \lambda e^{\lambda x} + a_0 e^{\lambda x} = e^{\lambda x}(a_n \lambda^n + \ldots + a_1 \lambda + a_0) = 0$ ou $a_n \lambda^n + \ldots + a_1 \lambda + a_0 = 0$. Encontrando as raízes da última equação, vamos ter as soluções correspondentes da equação diferencial, e se o número das soluções independentes vai ser n, então teremos o sistema fundamental de soluções e formamos a solução geral da equação diferencial. Essa é a idéia simples e geral por traz do método de resolução de equações homogêneas com coeficientes constantes. Devido a sua importância a equação algébrica para λ tem o nome próprio.

Definição. Dada a equação de coeficientes constantes

$$a_n y^{(n)} + \ldots + a_1 y' + a_0 y = 0,$$

a equação algébrica correspondente

$$a_n \lambda^n + \ldots + a_1 \lambda + a_0 = 0$$

é chamada de *equação característica* e o polinômio correspondente

$$P_n(\lambda) = a_n \lambda^n + \ldots + a_1 \lambda + a_0$$

é chamado de *polinômio característico*.

Vamos ver o que pode acontecer nesse esquema geral de resolução em casos diferentes que ocorrem com as raízes de uma equação característica.

Caso 1. Todas as raízes da equação característica são reais e simples.

Nesse caso, temos n raízes diferentes $\lambda_1, \ldots, \lambda_n$, cada uma originando a solução correspondente $y_1 = e^{\lambda_1 x}, \ldots, y_n = e^{\lambda_n x}$. Nos exercícios da seção anterior já foi visto que as funções exponenciais

$e^{\alpha x}$ e $e^{\beta x}$ são linearmente independentes, e generalizando, $e^{\lambda_1 x}, \ldots, e^{\lambda_n x}$ é um sistema de n funções linearmente independentes, isto é, um sistema fundamental de soluções da equação diferencial. Logo, a solução geral (que contém todas as soluções particulares) se encontra na forma $y_{gh} = C_1 y_1 + \ldots + C_n y_n = C_1 e^{\lambda_1 x} + \ldots + C_n e^{\lambda_n x}$.

Exemplos.

1. $y'' = y$. Essa é a equação 4 da tabela do Capítulo 1. Sua equação característica é $\lambda^2 - 1 = 0$ com as raízes $\lambda_1 = -1$ e $\lambda_2 = 1$. Logo, as duas soluções linearmente independentes são $y_1 = e^{-x}$ e $y_2 = e^x$, e a solução geral tem a forma $y_{gh} = C_1 e^{-x} + C_2 e^x$.

2. $y'' - 2y' - 3y = 0$. A equação característica é $\lambda^2 - 2\lambda - 3 = 0$ com as raízes $\lambda_1 = -1$ e $\lambda_2 = 3$. Logo, as duas soluções linearmente independentes são $y_1 = e^{-x}$ e $y_2 = e^{3x}$, e a solução geral tem a forma $y_{gh} = C_1 e^{-x} + C_2 e^{3x}$.

3. $y''' - 6y'' + 11y' - 6y = 0$. A equação característica $\lambda^3 - 6\lambda^2 + 11\lambda - 6 = 0$ tem raízes $\lambda_1 = 1$, $\lambda_2 = 2$ e $\lambda_3 = 3$. Logo, as três soluções linearmente independentes são $y_1 = e^x$, $y_2 = e^{2x}$ e $y_3 = e^{3x}$. Consequentemente, a solução geral se encontra na forma $y_{gh} = C_1 e^x + C_2 e^{2x} + C_3 e^{3x}$.

4. $y''' - 7y'' + 6y' = 0$, $y(0) = 0, y'(0) = 0, y''(0) = 30$. A equação característica é $\lambda^3 - 7\lambda^2 + 6\lambda = 0$ com as raízes $\lambda_1 = 0$, $\lambda_2 = 1$ e $\lambda_3 = 6$. Como todas as raízes são reais e simples, as tres soluções linearmente independentes são $y_1 = 1$, $y_2 = e^x$ e $y_3 = e^{6x}$. Então, a solução geral tem a forma $y_{gh} = C_1 + C_2 e^x + C_3 e^{6x}$. Substituindo y_{gh} nas condições inicias, obtemos o sistema $C_1 + C_2 + C_3 = 0, C_2 + 6C_3 = 0, C_2 + 36C_3 = 30$, cuja solução é $C_1 = 5, C_2 = -6, C_3 = 1$. Assim, a solução do problema de Cauchy é $y = 5 - 6e^x + e^{6x}$.

5. $y'' + 3y' + 2y = 0$. A equação característica é $\lambda^2 + 3\lambda + 2 = 0$, cujas raízes $\lambda_1 = -2$, $\lambda_2 = -1$ são reais e simples. Então, as duas soluções linearmente independentes são $y_1 = e^{-2x}$ e $y_2 = e^{-x}$, e a solução geral tem a forma $y_{gh} = C_1 e^{-2x} + C_2 e^{-x}$.

6. $y^{(4)} - 5y'' + 4y = 0$, $y(0) = -2, y'(0) = 1, y''(0) = 2, y'''(0) = 0$. A equação característica $\lambda^4 - 5\lambda^2 + 4 = 0$ pode ser representada na forma $(\lambda^2 - 1)(\lambda^2 - 4) = 0$ que simplifica o encontro de quatro raízes reais distintas: $\lambda_{1,2} = \pm 1$, $\lambda_{3,4} = \pm 2$. Consequentemente, a solução geral fica $y_{gh} = C_1 e^{-x} + C_2 e^x + C_3 e^{-2x} + C_4 e^{2x}$. Calculamos agora derivadas dessa solução $y'_{gh} = -C_1 e^{-x} + C_2 e^x - 2C_3 e^{-2x} + 2C_4 e^{2x}$, $y''_{gh} = C_1 e^{-x} + C_2 e^x + 4C_3 e^{-2x} + 4C_4 e^{2x}$, $y'''_{gh} = -C_1 e^{-x} + C_2 e^x - 8C_3 e^{-2x} + 8C_4 e^{2x}$ e substituimos nas condições iniciais: $y(0) = C_1 + C_2 + C_3 + C_4 = -2$, $y'(0) = -C_1 + C_2 - 2C_3 + 2C_4 = 1$, $y''(0) = C_1 + C_2 + 4C_3 + 4C_4 = 2$, $y'''(0) = -C_1 + C_2 - 8C_3 + 8C_4 = 0$. Resolvendo esse sistema, encontramos $C_1 = -\frac{7}{3}, C_2 = -1, C_3 = \frac{3}{4}, C_4 = \frac{7}{12}$. A solução do problema de Cauchy vai ser $y = -\frac{7}{3} e^{-x} - e^x + \frac{3}{4} e^{-2x} + \frac{7}{12} e^{2x}$.

Caso 2. Todas as raízes da equação característica são reais, mas há raízes múltiplas.

As raízes simples são tratadas da mesma maneira como no Caso 1 e, além disso, cada raiz múltipla é tratada independentemente das outras raízes. Portanto, vamos tomar uma das raízes múltiplas e ver como gerar soluções correspondentes independentes. Seja λ_1 raiz de multiplicidade $k \neq n$, isto é, $\lambda_1 = \lambda_2 = \ldots = \lambda_k$. Formalmente temos k soluções respectivas $y_1 = e^{\lambda_1 x}, y_2 = e^{\lambda_2 x}, \ldots, y_k = e^{\lambda_k x}$, mas todas elas são iguais (ou uma é multipla da outra, uma vez que $Ce^{\lambda_1 x}$ também é solução para qualquer constante C). Obviamente, essas funções são linearmente dependentes, pior ainda, qualquer dupla dessas funções é linearmente dependente. Assim, há só uma função $y_1 = e^{\lambda_1 x}$ que pode ser aproveitado de toda essa família. As restantes $k - 1$ funções correspondentes a λ_1 devem ser obtidas numa outra forma. Acontece que essa forma existe e não é muito mais complicada que a forma da primeira função: as demais funções linearmente independentes são encontradas na forma $y_2 = xe^{\lambda_1 x}, \ldots, y_k = x^{k-1} e^{\lambda_1 x}$. Na seção anterior já foi visto (veja exercícios) que as funções desse tipo são linearmente independentes. Resta verificar que cada uma delas é a solução da equação diferencial dada. Faremos isso para a segunda função $y_2 = xe^{\lambda_1 x}$, uma vez que o procedimento é semelhante, mas mais trabalhoso para as demais funções. Calculando sucessivamente as derivadas de y_2: $y_2' = e^{\lambda_1 x} + \lambda_1 x e^{\lambda_1 x}$, $y_2'' = 2\lambda_1 e^{\lambda_1 x} + \lambda_1^2 x e^{\lambda_1 x}$, ..., $y_2^{(n)} = n\lambda_1^{n-1} e^{\lambda_1 x} + \lambda_1^n x e^{\lambda_1 x}$, e substituindo elas na equação original, temos: $Ly_2 = a_n y_2^{(n)} + \ldots + a_1 y_2' + a_0 y_2 = a_n(n\lambda_1^{n-1} e^{\lambda_1 x} + \lambda_1^n x e^{\lambda_1 x}) + \ldots + a_1(e^{\lambda_1 x} + \lambda_1 x e^{\lambda_1 x}) + a_0 x e^{\lambda_1 x} = e^{\lambda_1 x}[x(a_n\lambda_1^n + \ldots + a_1\lambda_1 + a_0) + (na_n\lambda_1^n + \ldots + a_1)]$. Notamos que a expressão $a_n\lambda_1^n + \ldots + a_1\lambda_1 + a_0$ é o valor do polinômio característico $P(\lambda) = a_n\lambda^n + \ldots + a_1\lambda + a_0$ no ponto λ_1 e, portanto, essa expressão se anula. A segunda expressão $na_n\lambda_1^n + \ldots + a_1$ é o valor da derivada de $P(\lambda)$: $P_\lambda(\lambda) = na_n\lambda^{n-1} + \ldots + a_1$ que também é nulo em λ_1, porque λ_1 é raiz múltipla. Portanto, $Ly_2 = 0$, isto é y_2 é a solução da equação original. O mesmo resultado pode ser mostrado para as demais funções $y_3 = x^2 e^{\lambda_1 x}, \ldots, y_k = x^{k-1} e^{\lambda_1 x}$. Assim, o conjunto de funções $y_1 = e^{\lambda_1 x}, y_2 = x e^{\lambda_1 x}, \ldots, y_k = x^{k-1} e^{\lambda_1 x}$ é linearmente independente e cada uma delas é a solução da equação original. Assim, uma raiz de multiplicidade k gera um conjunto de k soluções linearmente independentes. O mesmo ocorre com outras raízes múltiplas. Juntando todas as soluções, encontramos um sistema fundamental de soluções da equação diferencial e a correspondente solução geral.

Exemplos.

1. $y''' - y'' - y' + y = 0$. A equação característica $\lambda^3 - \lambda^2 - \lambda + 1 = 0$ tem uma raiz dupla $\lambda_1 = \lambda_2 = 1$ e uma simples $\lambda_3 = -1$. De acordo com a teoria, a raiz dupla produz duas soluções independentes na forma $y_1 = e^x$ e $y_2 = x e^x$. A raiz simples gera uma solução $y_3 = e^{-x}$ independente com as duas primeiras. Então, a solução geral tem a forma $y_{gh} = C_1 e^x + C_2 x e^x + C_3 e^{-x}$.

2. $4y^{(4)} + 4y''' + y'' = 0$. A equação característica $4\lambda^4 + 4\lambda^3 + \lambda^2 = 0$ tem duas raízes duplas: $\lambda_1 = \lambda_2 = \frac{1}{2}$ e $\lambda_3 = \lambda_4 = 0$. As duas primeiras soluções independentes vem na forma $y_1 = e^{x/2}, y_2 = x e^{x/2}$ e a segunda dupla é $y_3 = 1, y_4 = x$. Assim, a solução geral tem a forma $y_{gh} = C_1 e^{x/2} + C_2 x e^{x/2} + C_3 + C_4 x$.

3. $y''' - y'' - y' + y = 0$. A equação característica $\lambda^3 - \lambda^2 - \lambda + 1 = 0$ tem uma raiz dupla $\lambda_1 = \lambda_2 = 1$ e uma simples $\lambda_3 = -1$. De acordo com a teoria, a raiz dupla produz duas soluções independentes na forma $y_1 = e^x$ e $y_2 = x e^x$. A raiz simples gera uma solução $y_3 = e^{-x}$ independente com as duas primeiras. Então, a solução geral tem a forma $y_{gh} = C_1 e^x + C_2 x e^x + C_3 e^{-x}$.

Caso 3. Tem raízes complexas, mas todas elas são simples.

Como já vimos antes, no caso de uma raiz real, cada raiz é tratada separadamente das outras, seja ela simples ou múltipla. No caso de uma raiz complexa ela é considerada junto com a sua complexa conjugada (lembramos que numa equação polinomial com coeficientes reais as raízes complexas sempre aparecem em pares complexos conjugados com igual multiplicidade). Então vamos tomar um par de raízes complexas conjugadas $\lambda_1 = \alpha + i\beta$ e $\lambda_2 = \overline{\lambda}_1 = \alpha - i\beta$, $\alpha, \beta \in \mathbb{R}$ e buscar a forma da solução correspondente.

Primeiro, usando a derivação de funções de variável real e imagem complexa, podemos concluir que a função $y_1 = e^{\lambda_1 x}$ é a solução da equação diferencial assim como $y_2 = e^{\overline{\lambda}_1 x}$. Realmente, se $y(x) = u(x) + iv(x)$, onde $u(x)$ e $v(x)$ são funções reais, então, pela definição, $y' = u' + iv'$ e a mesma regra simples é válida para derivadas de qualquer ordem, isto é, $y^{(k)} = u^{(k)} + iv^{(k)}$. Para representar a função $y_1 = e^{\lambda_1 x}$ via sua parte real e imaginária, usamos a fórmula de Euler $e^{i\gamma} = \cos\gamma + i\sin\gamma$ válida para qualquer $\gamma \in \mathbb{R}$. Temos então $y_1 = e^{\lambda_1 x} = e^{(\alpha + i\beta)x} = e^{\alpha x} e^{i\beta x} = e^{\alpha x}\cos\beta x + i e^{\alpha x}\sin\beta x$. Logo, $y_1' = (e^{\lambda_1 x})' = (e^{\alpha x}\cos\beta x + i e^{\alpha x}\sin\beta x)' = (e^{\alpha x}\cos\beta x)' + i(e^{\alpha x}\sin\beta x)' = (\alpha e^{\alpha x}\cos\beta x - \beta e^{\alpha x}\sin\beta x) + i(\alpha e^{\alpha x}\sin\beta x + \beta e^{\alpha x}\cos\beta x) = \alpha e^{\alpha x}(\cos\beta x + i\sin\beta x) + \beta e^{\alpha x}(-\sin\beta x + i\cos\beta x) = \alpha e^{\alpha x} e^{i\beta x} + i\beta e^{\alpha x} e^{i\beta x} = (\alpha + i\beta)e^{(\alpha + i\beta)x} = \lambda_1 e^{\lambda_1 x}$. Assim, temos a mesma fórmula simples da derivação da função $e^{\lambda_1 x}$ tanto no caso de λ_1 real como no caso complexo: $(e^{\lambda_1 x})' = \lambda_1 e^{\lambda_1 x}$. O mesmo é válido para função $y_2 = e^{\overline{\lambda}_1 x}$. Portanto, as duas funções são soluções da equação original. Dessa maneira, um par de raízes simples complexas conjugadas gera um par de soluções linearmente independentes. Se a forma de funções da imagem complexa é admissível nas condições do problema, então essas funções entram na formação do conjunto fundamental de soluções.

Às vezes é necessário ou preferenciável representar a solução na forma real (por exemplo, se a equação foi originada pelo problema físico, então muitas vezes a parte real e imaginária da solução tem uma clara interpretação). Nesse caso, usando o Corolário ao Teorema 3, podemos trocar as duas soluções com imagem complexa $y_1 = e^{\lambda_1 x}$ e $y_2 = e^{\overline{\lambda}_1 x}$ por duas soluções reais $u = Re(y_1) = e^{\alpha x}\cos\beta x$ e $v = Im(y_1) = e^{\alpha x}\sin\beta x$ da mesma equação (lembramos que $Re(y_1)$ e $Im(y_1)$ significam parte real e imaginária da função complexa y_1), as quais também são linearmente independentes e podem ser incluídas no sistema fundamental de soluções.

Notamos que, caso a exigência da forma real de soluções é colocada na formulação do problema, as duas soluções linearmente independentes que correspondem ao par das raízes (simples) complexas conjugadas $\lambda_{1,2} = \alpha \pm i\beta$ podem ser encontradas diretamente na forma $u = e^{\alpha x}\cos\beta x$ e $v = e^{\alpha x}\sin\beta x$, sem usar a forma complexa.

Exemplos.

1. $y'' + 9y = 0$. A equação característica $\lambda^2 + 9 = 0$ tem duas raízes complexas conjugadas $\lambda_1 = 3i$ e $\lambda_2 = \overline{\lambda}_1 = -3i$. As soluções correspondentes na forma complexa são $y_1 = e^{3ix}$ e $y_2 = e^{-3ix}$, que geram a solução geral $y_{gh} = C_1 e^{3ix} + C_2 e^{-3ix}$. Se precisamos da solução na forma real, então substituimos y_1 e y_2 por $u = Re(y_1) = \cos 3x$ e $v = Im(y_1) = \sin 3x$. A solução geral vai ser $y_{gh} = C_1 \cos 3x + C_2 \sin 3x$.

2. $y'' + \omega^2 y = 0$, $\omega \in \mathbb{R}$. A situação com as raízes da equação característica $\lambda^2 + \omega^2 = 0$ difere se $\omega = 0$ ou $\omega \neq 0$. No primeiro caso, temos raiz real dupla $\lambda_{1,2} = 0$ e as soluções particulares linearmente independentes são $y_1 = 1$ e $y_2 = x$, resultando na solução geral $y_{gh} = C_1 + C_2 x$. Caso $\omega \neq 0$, a equação tem duas raízes complexas conjugadas $\lambda_1 = i\omega$ e $\lambda_2 = \overline{\lambda}_1 = -i\omega$. As soluções correspondentes na forma complexa são $y_1 = e^{i\omega x}$ e $y_2 = e^{-i\omega x}$, as quais levam a solução geral $y_{gh} = C_1 e^{i\omega x} + C_2 e^{-i\omega x}$. Para obter a solução na forma real, substituimos y_1 e y_2 por $u = Re(y_1) = \cos\omega x$ e $v = Im(y_1) = \sin\omega x$. Então, a solução geral vai ser $y_{gh} = C_1 \cos\omega x + C_2 \sin\omega x$.

3. $y'' - 4y' + 13y = 0$. A equação característica $\lambda^2 - 4\lambda + 13 = 0$ tem duas raízes complexas conjugadas $\lambda_1 = 2 + 3i$ e $\lambda_2 = \overline{\lambda}_1 = 2 - 3i$. As soluções correspondentes na forma complexa são $y_1 = e^{(2+3i)x}$ e $y_2 = e^{(2-3i)x}$, que geram a solução geral $y_{gh} = C_1 e^{(2+3i)x} + C_2 e^{(2-3i)x}$. Se precisamos da solução na forma real, então substituimos y_1 e y_2 por $u = Re(y_1) = e^{2x}\cos 3x$ e $v = Im(y_1) = e^{2x}\sin 3x$. A solução geral vai ser $y_{gh} = (C_1 \cos 3x + C_2 \sin 3x)e^{2x}$.

4. $y^{(4)} + 3y'' - 4y = 0$. A equação característica $\lambda^4 + 3\lambda^2 - 4 = 0$ tem duas raízes reais simples $\lambda_1 = 1$, $\lambda_2 = -1$ e duas raízes complexas conjugadas $\lambda_3 = 2i$ e $\lambda_4 = \overline{\lambda}_3 = -2i$. As soluções que correspondem as raízes reais são $y_1 = e^x$ e $y_2 = e^{-x}$. As soluções decorrentes das raízes complexas são $y_3 = e^{2ix}$ e $y_4 = e^{-2ix}$. Se mantemos a forma complexa de soluções, então a a solução geral vai ser $y_{gh} = C_1 e^x + C_2 e^{-x} + C_3 e^{2ix} + C_4 e^{-2ix}$. Se preferimos a forma real, então substituimos y_3 e y_4 por $u = Re(y_3) = \cos 2x$ e $v = Im(y_3) = \sin 2x$ e a solução geral obtemos na forma $y_{gh} = C_1 e^x + C_2 e^{-x} + C_3 \cos 2x + C_4 \sin 2x$.

Caso 4. Há raízes complexas múltiplas.

Como raízes complexas aparecem em pares conjugados e esses pares são tratados independentemente das outras raízes, sejam raízes simples ou múltiplas, então consideremos um par de raízes complexas conjugadas de multiplicidade k, onde $2k \neq n$: $\lambda_1 = \alpha + i\beta$ e $\lambda_2 = \overline{\lambda}_1 = \alpha - i\beta$, $\alpha, \beta \in \mathbb{R}$.

Já foi mostrado (veja Caso 3) que a regra da derivação de exponenciais $e^{\lambda_1 x}$ com expoente complexa λ_1 é a mesma da expoente real. Portanto, as soluções linearmente independentes relativas a raiz complexa λ_1 podem ser encontradas na forma semelhante ao caso de raízes reias múltiplas, ou seja, $y_1 = e^{\lambda_1 x}$, $y_2 = xe^{\lambda_1 x}$, ..., $y_k = x^{k-1}e^{\lambda_1 x}$. O mesmo é válido para raíz $\lambda_2 = \overline{\lambda}_1$: $z_1 = e^{\lambda_2 x}$, $z_2 = xe^{\lambda_2 x}$, ..., $z_k = x^{k-1}e^{\lambda_2 x}$. Dessa maneira, $2k$ raízes complexas geram $2k$ soluções linearmente independentes que fazem parte do sistema fundamental de soluções.

Se há necessidade de encontrar a forma real do sistema fundamental e da solução geral, então transformamos soluções $y_1 = e^{\lambda_1 x}$, $y_2 = xe^{\lambda_1 x}$, ..., $y_k = x^{k-1}e^{\lambda_1 x}$ em soluções reais usando o Corolário ao Teorema 3 (como no Caso 3): as funções y_1 e z_1 são substituídas pelo par $u_1 = Re(y_1) = e^{\alpha x} \cos \beta x$ e $v_1 = Im(y_1) = e^{\alpha x} \sin \beta x$, as funções y_2 e z_2 são trocados por $u_2 = Re(y_2) = xe^{\alpha x} \cos \beta x$ e $v_2 = Im(y_2) = xe^{\alpha x} \sin \beta x$, etc., finalmente, no lugar de y_k e z_k são utilizados $u_k = Re(y_k) = x^{k-1} e^{\alpha x} \cos \beta x$ e $v_k = Im(y_k) = x^{k-1} e^{\alpha x} \sin \beta x$. Assim, $2k$ raízes complexas geram $2k$ soluções reais linearmente independentes. Notamos que essas soluções na forma real podem ser usadas diretamente, sem passar antes pela forma complexa.

Exemplos.

1. $y^{(4)} + 2y'' + y = 0$. A equação característica $\lambda^4 + 2\lambda^2 + 1 = 0$ tem duas raízes complexas conjugadas de multiplicidade 2: $\lambda_1 = i$ e $\lambda_2 = \overline{\lambda}_1 = -i$. As soluções correspondentes na forma complexa são $y_1 = e^{ix}$, $y_2 = xe^{ix}$ e $z_1 = e^{-ix}$, $z_2 = xe^{-ix}$. Elas formam a solução geral $y_{gh} = C_1 e^{ix} + C_2 e^{-ix} + C_3 xe^{ix} + C_4 xe^{-ix}$. Para obter a solução na forma real, substituimos y_1 e z_1 por $u_1 = Re(y_1) = \cos x$ e $v_1 = Im(y_1) = \sin x$, e também y_2 e z_2 por $u_2 = Re(y_2) = x \cos x$ e $v_2 = Im(y_2) = x \sin x$. A solução geral vai ser $y_{gh} = C_1 \cos x + C_2 \sin x + C_3 x \cos x + C_4 x \sin x$.

2. $y^{(5)} - y^{(4)} + 8y''' - 8y'' + 16y' - 16y = 0$. O polinômio característico $P(\lambda) = \lambda^5 - \lambda^4 + 8\lambda^3 - 8\lambda^2 + 16\lambda - 16$ pode ser fatorado na forma $P(\lambda) = (\lambda - 1)(\lambda^2 + 4)^2$ donde segue que a equação característica tem uma raiz real $\lambda_1 = 1$ e duas raízes complexas conjugadas de multiplicidade 2: $\lambda_2 = 2i$ e $\lambda_3 = \overline{\lambda}_2 = -2i$. Então, a primeira solução é $y_1 = e^{-x}$ e as quatro restantes têm forma complexa $y_2 = e^{2ix}$, $y_3 = xe^{2ix}$ e $z_2 = e^{-2ix}$, $z_3 = xe^{-2ix}$. Elas formam a solução geral $y_{gh} = C_1 e^x + C_2 e^{2ix} + C_3 e^{-2ix} + C_4 xe^{2ix} + C_5 xe^{-2ix}$. Para obter a solução na forma real, substituimos y_2 e z_2 por $u_2 = Re(y_2) = \cos 2x$ e $v_2 = Im(y_2) = \sin 2x$, e também y_3 e z_3 por $u_3 = Re(y_3) = x \cos 2x$ e $v_3 = Im(y_3) = x \sin 2x$. A solução geral vai ser $y_{gh} = C_1 e^x + C_2 \cos 2x + C_3 \sin 2x + C_4 x \cos 2x + C_5 x \sin 2x$.

Exercícios para o leitor

1. $y'' + y' - 2y = 0$.
2. $y'' + 4y' + 3y = 0$.
3. $y'' - 2y' = 0$.
4. $2y'' - 5y' + 2y = 0$.
5. $y'' - 3y' + 10y = 0$.
6. $y'' - 2y' + y = 0$.
7. $4y'' + 4y' + y = 0$.
8. $y^{(5)} - 6y^{(4)} + 9y''' = 0$.
9. $y''' - 3y'' + 3y' - y = 0$.
10. $y''' - 3y' + 2y = 0$.
11. $y'' - 4y' + 5y = 0$.
12. $y'' + 2y' + 10y = 0$.
13. $y'' + 4y = 0$.
14. $y''' - 8y = 0$.
15. $y^{(4)} - y = 0$.
16. $y^{(4)} + 4y = 0$.
17. $y'' + 4y' + 20y = 0$.
18. $y''' - y'' + 4y' - 4y = 0$, $y(0) = -1, y'(0) = 0, y''(0) = -6$.
19. $y^{(4)} + 2y'' + y = 0$.
20. $y^{(5)} + 8y''' + 16y' = 0$.

2 Equações não homogêneas: método de coeficientes indeterminados

Definição. Uma *equação linear não homogênea de coeficientes constantes* tem a forma

$$Ly = a_n y^{(n)} + \ldots + a_1 y' + a_0 y = f,$$

onde $a_n, \ldots, a_1, a_0$, $a_n \neq 0$, são coeficientes constantes, $f \neq 0$ é função de x e n é a ordem da equação.

Existem diferentes métodos de resolução de equações não homogêneas. Vamos considerar primeiro o de coeficientes indeterminados.

Esse método é baseado no fato de que a solução geral da equação não homogênea pode ser representada como a soma da solução geral da homogênea respectiva e uma solução particular (qualquer) da equação não homogênea (veja Teorema 6): $y_{gn} = y_{gh} + y_{pn}$. O problema de encontro da solução geral da equação homogênea foi resolvido na seção anterior. Então, se conseguirmos encontrar qualquer solução particular da não homogênea, o problema atual será resolvido. O método de coeficientes indeterminados é aplicável somente para algumas formas das partes direitas, que têm certa semelhança com a solução particular procurada. Essa semelhança entre forma da parte direita f e de solução particular y_{pn} permite sugerir a busca de solução particular numa determinada forma, envolvendo constantes que devem ser encontrados na substituição dessa forma na equação original. Consideremos a seguir duas formas da parte direita, envolvendo funções importantes e bastante genéricas, que possibilitam a aplicação do método de coeficientes indeterminados.

2.1 Parte direita $f = P_m(x)e^{\alpha x}$

Consideremos a equação $Ly = P_m(x)e^{\alpha x}$, onde $P_m(x)$ é o polinômio de grau m e $\alpha \in \mathbb{C}$. Embora o nosso interesse vai ser a parte direita com exponencial real α, para poder usar esse método como auxiliar nas outras situações, deixamos indicado que ele funciona também quando α é um número complexo. Para essa parte direita (bastante genérica) a solução particular pode ser procurada na forma $y_{pn} = x^s Q_m(x)e^{\alpha x}$, onde s é a multiplicidade de α como raiz da equação característica ($s = 0$ se α não é raiz, $s = 1$ se α é raiz simples, etc.) e $Q_m(x)$ é o polinômio de grau m cujos coeficientes devem ser determinados substituindo y_{pn} na equação.

Exemplos.

1. $y'' - 8y' + 16y = (1 - x)e^x$. Começamos do encontro da solução geral y_{gh} da equação homogênea correspondente $y'' - 8y' + 16y = 0$. A equação característica $\lambda^2 - 8\lambda + 16 = 0$ tem raiz real dupla $\lambda_1 = \lambda_2 = 4$. As soluções respectivas $y_1 = e^{4x}$ e $y_2 = xe^{4x}$ formam a solução geral $y_{gh} = (C_1 + C_2 x)e^{4x}$. A solução particular da não homogênea buscamos na forma $y_{pn} = x^0(ax + b)e^x$ ($s = 0$ porque $\alpha = 1 \neq 4$ e o grau m do polinômio é 1), onde coeficientes a e b devem ser encontrados substituindo y_{pn} na equação não homogênea. Levando y_{pn} na equação original, obtemos $(ax + b + 2a)e^x - 8(ax + b + a)e^x + 16(ax + b)e^x = (1 - x)e^x$ ou $(9ax + 9b - 6a)e^x = (1 - x)e^x$. Cortando a função exponencial, chegamos a uma equação polinomial $9ax + 9b - 6a = 1 - x$ que é satisfeita se, e somente se, os coeficientes de potências respectivas são iguais, o que leva ao seguinte sistema para a e b: $\begin{cases} 9a = -1 \\ -6a + 9b = 1 \end{cases}$. Temos então $a = -\frac{1}{9}$, $b = \frac{1}{27}$. Logo, a solução particular vem na forma $y_{pn} = \left(-\frac{1}{9}x + \frac{1}{27}\right)e^x$ e a solução geral da equação original assume a forma $y_{gn} = y_{gh} + y_{pn} = (C_1 + C_2 x)e^{4x} + \left(-\frac{1}{9}x + \frac{1}{27}\right)e^x$.

2. $y'' - 8y' + 16y = (1 - x)e^{4x}$. A parte homogênea dessa equação é a mesma no exemplo anterior, portanto, $y_{gh} = (C_1 + C_2 x)e^{4x}$. A solução particular da não homogênea buscamos na forma diferente

$y_{pn} = x^2(ax+b)e^{4x}$ ($s = 2$ porque $\alpha = 4$ é a raiz dupla da equação característica), onde coeficientes a e b devem ser encontrados substituindo y_{pn} na equação não homogênea. Levando y_{pn} na equação original, obtemos $(16ax^3+16bx^2+24ax^2+16bx+6ax+2b)e^{4x}-8(4ax^3+4bx^2+3ax^2+2bx)e^{4x}+16(ax^3+bx^2)e^{4x} = (1-x)e^{4x}$. Cortando e^{4x} e simplificando, temos a equação polinomial $6ax + 2b = 1 - x$, cuja solução equivale a resolução do seguinte sistema de equações desacopladas: $\begin{cases} 6a = -1 \\ 2b = 1 \end{cases}$, donde obtemos $a = -\frac{1}{6}$ e $b = \frac{1}{2}$. Logo, a solução particular vem na forma $y_{pn} = \left(-\frac{1}{6}x^3 + \frac{1}{2}x^2\right)e^{4x}$ e a solução geral da equação original assume a forma $y_{gn} = y_{gh} + y_{pn} = (C_1 + C_2 x)e^{4x} + \left(-\frac{1}{6}x^3 + \frac{1}{2}x^2\right)e^{4x}$.

3. $y'' - 8y' + 16y = (3x - 3)e^x + (2 - 2x)e^{4x}$. A parte homogênea dessa equação é a mesma dos Exemplos 1 e 2, e portanto, $y_{gh} = (C_1 + C_2 x)e^{4x}$. Como a parte direita $f = (3x-3)e^x + (2-2x)e^{4x}$ não se encaixa diretamente no tipo das partes direitas $f = P_m(x)e^{\alpha x}$ que sabemos como tratar, para encontrar a solução particular da não homogênea, temos que separar f em duas partes $f = f_1 + f_2$, onde $f_1 = (3x-3)e^x$ e $f_2 = (2-2x)e^{4x}$ são funções na forma admissível no método aplicado. Encontrando a solução y_1 de f_1 e y_1 de f_1, somamos as duas e, pelas propriedades de equações lineares (Teorema 2), a função $y_{pn} = y_1 + y_2$ vai ser solução da equação original. Para encontrar y_1 e y_2, simplesmente observamos que, nesse caso especifico, a parte f_1 é a parte direita do Exemplo 1 multiplicada por -3, e parte f_2 é a parte direita do Exemplo 2 multiplicada por 2. Então, de novo usando as propriedades de equações lineares (Teorema 2), concluímos que $y_1 = -3\left(-\frac{1}{9}x + \frac{1}{27}\right)e^x$ e $y_2 = 2\left(-\frac{1}{6}x^3 + \frac{1}{2}x^2\right)e^{4x}$. Logo $y_{pn} = y_1 + y_2 = \left(\frac{1}{3}x - \frac{1}{9}\right)e^x + \left(-\frac{1}{3}x^3 + x^2\right)e^{4x}$. Consequentemente, $y_{gn} = y_{gh} + y_{pn} = (C_1 + C_2 x)e^{4x} + \left(\frac{1}{3}x - \frac{1}{9}\right)e^x + \left(-\frac{1}{3}x^3 + x^2\right)e^{4x}$.

4. $y'' + y' = 2x + 1$. Começamos do encontro da solução geral y_{gh} da equação homogênea correspondente $y'' + y' = 0$. A equação característica $\lambda^2 + \lambda = 0$ tem raizes reais simples $\lambda_1 = 0, \lambda_2 = -1$. As soluções respectivas $y_1 = 1$ e $y_2 = e^{-x}$ formam a solução geral $y_{gh} = C_1 + C_2 e^{-x}$. Como a parte direita da equação não homogênea consiste somente de um polinômio do primeiro grau, então a expoente e^0 tem o coeficiente 0 que é a raiz simples da equação característica, Nessas condições, buscamos a solução particular da não homogênea na forma $y_{pn} = x(ax + b)$, onde coeficientes a e b devem ser encontrados substituindo y_{pn} na equação original. Calculando derivadas e substituindo na equação, obtemos $2a + (2ax + b) = 2x + 1$ donde segue que $a = 1$, $b = -1$. Então, a solução particular vem na forma $y_{pn} = x^2 - x$ e a solução geral da equação original assume a forma $y_{gn} = y_{gh} + y_{pn} = C_1 + C_2 e^{-x} + x^2 - x$.

5. $y'' - 8y' + 17y = 10e^{2x}$. Começamos da parte homogênea $y'' - 8y' + 17y = 0$. Resolvendo a equação característica $\lambda^2 - 8\lambda + 17 = 0$ encontramos raízes complexas conjujadas $\lambda_{1,2} = 4 \pm i$ e as soluções correspondentes $y_{1,2} = e^{(4 \pm i)x}$, as quais formam a solução geral $y_{gh} = C_1 e^{(4-i)x} + C_2 e^{(4+i)x}$ ou na forma real $y_{gh} = (A_1 \cos x + A_2 \sin x)e^{4x}$. Como o coeficiente 2 da função exponencial da parte direita não coincide com as raízes da característica e o polinômio tem grau 0, então procuramos a solução particular da não homogênea na forma $y_{pn} = ae^{2x}$. Substituindo na equação original encontramos a: $4ae^{2x} - 8 \cdot 2ae^{2x} + 17ae^{2x} = 10e^{2x}$, donde $a = 2$. Portanto, $y_{pn} = 2e^{2x}$ e $y_{gn} = y_{gh} + y_{pn} = (A_1 \cos x + A_2 \sin x)e^{4x} + 2e^{2x}$.

6. $y'' - 6y' + 9y = 9x^2 - 39x + 65$, $y(0) = -1, y'(0) = 1$. Começamos do encontro da solução geral y_{gh} da equação homogênea $y'' - 6y' + 9y = 0$. A equação característica $\lambda^2 - 6\lambda + 9 = 0$ tem raiz real dupla $\lambda_{1,2} = 3$. Nesse caso, a solução geral tem a forma $y_{gh} = (C_1 + C_2 x)e^{3x}$. Como a parte direita da equação não homogênea consiste somente de um polinômio do segundo grau, a expoente e^0 tem o coeficiente 0 que não é raiz da equação característica, e, portanto, a solução particular da não homogênea podemos buscar na forma $y_{pn} = ax^2 + bx + c$. Os coeficientes a, b, c são encontrados substituindo y_{pn} na equação original: $2a - 6(2ax + b) + 9(ax^2 + bx + c) = 9x^2 - 39x + 65$ donde segue que $a = 1$, $b = -3$, $c = 5$. Então, a solução particular vem na forma $y_{pn} = x^2 - 3x + 5$ e a solução geral da equação original assume a forma $y_{gn} = y_{gh} + y_{pn} = (C_1 + C_2 x)e^{3x} + x^2 - 3x + 5$.

Resta encontrar a solução específica que satisfaz as condições inicias. Substituindo y_{gn} nessas condições, obtemos $C_1 + 5 = -1$ e $3C_1 + C_2 - 3 = 1$. Logo, $C_1 = -6$ e $C_2 = 22$. Portanto, a solução do problema de Cauchy é $y = (22x - 6)e^{3x} + x^2 - 3x + 5$.

7. $y'' + y' - 6y = (6x + 1)e^{3x}$. Começamos da parte homogênea $y'' + y' - 6y = 0$. Resolvendo a equação característica $\lambda^2 + \lambda - 6 = 0$ encontramos raízes reais simples $\lambda_1 = -3$, $\lambda_2 = 2$. As duas soluções linearmente independentes são $y_1 = e^{-3x}$ e $y_2 = e^{2x}$ e a solução geral é $y_{gh} = C_1 e^{-3x} + C_2 e^{2x}$. Como o coeficiente 3 da função exponencial da parte direita não coincide com as raízes da característica e o polinômio tem grau 1, então procuramos a solução particular da não homogênea na forma $y_{pn} = (ax + b)e^{3x}$. Substituindo na equação original encontramos a e b: $(9ax + 9b + 6a)e^{3x} + (3ax + 3b + a)e^{3x} - 6(ax + b)e^{3x} = (6x + 1)e^{3x}$. Cortando a exponencial e igualando os coeficientes de termos lineares e de constantes, temos $6a = 6$ e $7a + 6b = 1$, donde $a = 1$ e $b = -1$. Portanto, $y_{pn} = (x - 1)e^{3x}$ e $y_{gn} = y_{gh} + y_{pn} = C_1 e^{-3x} + C_2 e^{2x} + (x - 1)e^{3x}$.

8. $y'' - 12y' + 36y = 14e^{6x}$. Começamos da equação homogênea $y'' - 12y' + 36y = 0$. A equação característica $\lambda^2 - 12\lambda + 36 = 0$ tem raiz real dupla $\lambda_{1,2} = 6$. Então as duas soluções linearmente independentes são $y_1 = e^{6x}$ e $y_2 = xe^{6x}$ e a solução geral é $y_{gh} = (C_1 + C_2 x)e^{6x}$. Como o coeficiente 6 da função exponencial da parte direita coincide com a raiz dupla da característica e o polinômio tem grau 0, então procuramos a solução particular da não homogênea na forma $y_{pn} = ax^2 e^{6x}$. Substituindo na equação original obtemos: $a(36x^2 + 24x + 2)e^{6x} - 12a(6x^2 + 2x)e^{6x} + 36ax^2 e^{6x} = 14e^{6x}$. Cortando a exponencial e simplificando, encontramos $2a = 14$ ou $a = 7$. Portanto, $y_{pn} = 7x^2 e^{6x}$ e $y_{gn} = y_{gh} + y_{pn} = (C_1 + C_2 x)e^{6x} + 7x^2 e^{6x}$.

9. $y'' - 2y' = 6 + 12x - 24x^2$. Começamos da equação homogênea $y'' - 2y' = 0$. A equação característica $\lambda^2 - 2\lambda = 0$ tem duas raízes reais simples $\lambda_1 = 0$, $\lambda_2 = 2$ e, portanto, as duas soluções linearmente independentes são $y_1 = 1$ e $y_2 = e^{ex}$ e a solução geral é $y_{gh} = C_1 + C_2 e^{2x}$. Como a função exponencial expoente não está presente na parte direita, isso quer dizer que a sua forma é e^0. O coeficiente 0 da expoente coincide com a raiz simples da característica e o polinômio tem grau 2, o que indica procurar a solução particular da não homogênea na forma $y_{pn} = x(ax^2 + bx + c)$. Substituindo na equação original obtemos: $(6ax + 2b) - 2(3ax^2 + 2bx + c) = 6 + 12x - 24x^2$. Igualando os coeficientes com as mesmas potências, temos $-6a = -24$, $6a - 4b = 12$, $2b - 2c = 6$, donde $a = 4, b = 3, c = 0$. Portanto, $y_{pn} = 4x^3 + 3x^2$ e $y_{gn} = C_1 + C_2 e^{2x} + 4x^3 + 3x^2$.

10. $y'' - 2y' + y = 4e^x$. Começamos da parte homogênea $y'' - 2y' + y = 0$. A equação característica $\lambda^2 - 2\lambda + 1 = 0$ tem raiz real dupla $\lambda_{1,2} = 1$. As soluções correspondentes são $y_1 = e^x$ e $y_2 = xe^x$ e a solução geral é $y_{gh} = (C_1 + C_2 x)e^x$. Como o coeficiente 1 da expoente na parte direita da equação coincide com a raiz dupla da característica e o polinomio tem grau 0, a solução particular da equação não homogênea pode ser encontrada na forma $y_{pn} = ax^2 e^x$. Substituindo essa forma na equação original, obtemos $a(x^2 + 4x + 2)e^x - 2a(x^2 + 2x)e^x + ax^2 e^x = 4e^x$, donde $2a = 4$ ou $a = 2$. Então $y_{pn} = 2x^2 e^x$ e $y_{gn} = (C_1 + C_2 x)e^x + 2x^2 e^x$.

2.2 Parte direita $f = P_m(x)e^{\alpha x}\{\cos \beta x, \sin \beta x\}$

Consideremos a equação $Ly = P_m(x)e^{\alpha x} \begin{cases} \cos \beta x \\ \sin \beta x \end{cases}$, onde $P_m(x)$ é o polinômio de grau m, $\alpha \in \mathbb{R}$ e $\beta \in \mathbb{R}$. As chaves significam que consideramos em paralelo qualquer um dos dois casos – $f_c = P_m(x)e^{\alpha x}\cos \beta x$ ou $f_s = P_m(x)e^{\alpha x}\sin \beta x$. A estrutura da solução geral continua sendo mesma $y_{gn} = y_{gh} + y_{pn}$ (veja Teorema 6), onde a solução geral da parte homogênea y_{gh} já sabemos como encontrar. Então vamos focar no encontro de uma solução particular y_{pn}.

Comparando com o Caso 1 onde $\alpha \in \mathbb{R}$, aqui temos uma situação mais geral. Mas o método de resolução mais eficiente reduz Caso 2 ao Caso 1 com $\alpha \in \mathbb{C}$. Isso é feito da seguinte maneira. Introduzimos a parte direita auxiliar $\tilde{f} = P_m(x)e^{(\alpha + i\beta)x}$ de tal modo que $f_c = Re(\tilde{f})$ e $f_s = Im(\tilde{f})$, e procuramos por uma solução particular da equação auxiliar $Ly = \tilde{f}$. Isso é realizado da mesma maneira como no Caso 1, buscando a solução na forma $\tilde{y}_{pn} = x^s Q_m(x)e^{(\alpha + i\beta)x}$, onde coeficientes (complexos) do polinômio $Q_m(x)$ são encontrados substituindo $\tilde{y}_{pn}$ na equação auxiliar. Depois de encontrar $\tilde{y}_{pn}$, podemos determinar as soluções y_c da equação $Ly = f_c$ e y_s da equação $Ly = f_s$, aplicando o Teorema 3: $y_c = Re(\tilde{y})$ e $y_s = Im(\tilde{y})$. Isso finaliza a busca da solução particular da equação original.

De modo alternativo, podemos trabalhar somente com a forma real de soluções particulares. Nesse caso, independentemente se a parte direita for $f_c = P_m(x)e^{\alpha x}\cos\beta x$ ou $f_s = P_m(x)e^{\alpha x}\sin\beta x$, temos que buscar a solução particular na forma $y_{pn} = x^s e^{\alpha x}(Q_m(x)\cos\beta x + S_m(x)\sin\beta x)$, onde s é a multiplicidade do número $\alpha + i\beta$ como raiz da equação característica, e as funções $Q_m(x)$ e $S_m(x)$ são polinômios de grau m (em geral, diferentes), cujos coeficientes (reais) devem ser encontrados substituindo y_{pn} na equação original. Usualmente, essa forma da solução requer mais trabalho técnico, especialmente quando o grau do polinômio é elevado, mas, em compensação, ela dispença a necessidade de trabalhar com funções de imagem complexa. Evidentemente, a forma final das soluções reais obtidas dessa maneira e as obtidas via utilização da forma complexa é a mesma.

Nos exemplos abaixo, resolvemos seis problemas aplicando ambos métodos de encontro de soluções particulares, mas nos problemas posteriores vamos usar o procedimento com a expoente complexa para facilitar trabalho técnico.

Exemplos.

1. $y'' - 6y' + 9y = 25e^x\sin x$. Começamos da parte homogênea $y'' - 6y' + 9y = 0$. Resolvendo a equação característica $\lambda^2 - 6\lambda + 9 = 0$ encontramos raiz real dupla $\lambda_1 = \lambda_2 = 3$ e as soluções correspondentes $y_1 = e^{3x}$ e $y_2 = xe^{3x}$, as quais formam a solução geral $y_{gh} = (C_1 + C_2 x)e^{3x}$. Para encontrar a solução particular da não homogênea, transformamos a equação primitiva à equação auxiliar $y'' - 6y' + 9y = 25e^{(1+i)x} = \tilde{f}$, cuja parte direita está ligada com $f_s = 25e^x\sin x$ pela fórmula $f_s = Im(\tilde{f})$. A solução particular da equação auxiliar buscamos na forma $\tilde{y} = ae^{(1+i)x}$ ($s = 0$ porque $\gamma = 1 + i$ não é raiz da característica e o grau do polinômio é 0 porque o polinômio em $\tilde{f}$ é a constante 25), onde coeficiente a deve ser encontrado substituindo $\tilde{y}$ na equação auxiliar. Lembrando a regra simples já deduzida da derivação de exponenciais com a expoente complexa, obtemos a seguinte equação para a: $a(1+i)^2 e^{(1+i)x} - 6a(1+i)e^{(1+i)x} + 9ae^{(1+i)x} = 25e^{(1+i)x}$. Dividindo pela exponencial e simplificando chegamos a equação $a(3 - 4i) = 25$, donde $a = 3 + 4i$. Então, a solução auxiliar é encontrada na forma $\tilde{y} = (3 + 4i)e^{(1+i)x}$. Logo, a solução particular da equação original é definida pela fórmula $y_{pn} = Im(\tilde{y}) = Im\left((3 + 4i)e^{(1+i)x}\right) = Im\left((3 + 4i)e^x(\cos x + i\sin x)\right) = Im\left(e^x[(3\cos x - 4\sin x) + i(3\sin x + 4\cos x)]\right) = e^x(3\sin x + 4\cos x)$. Finalmente, a solução geral da equação original é encontrada na forma $y_{gn} = y_{gh} + y_{pn} = (C_1 + C_2 x)e^{3x} + (3\sin x + 4\cos x)e^x$.

Em paralelo, encontramos a solução particular via método alternativo usando somente a forma real: $y_{pn} = x^0 e^x(a\cos x + b\sin x)$. Substituindo na equação original, temos $y''_{pn} - 6y'_{pn} + 9y_{pn} = e^x(-2a\sin x + 2b\cos x) - 6e^x(a\cos x + b\sin x - a\sin x + b\cos x) + 9e^x(a\cos x + b\sin x) = 25e^x\sin x$. Cortando e^x e reagrupando os termos no lado esquerdo, temos $(2b - 6a - 6b + 9a)\cos x + (-2a - 6b + 6a + 9b)\sin x = 25\sin x$ ou simplificando $(3a - 4b)\cos x + (4a + 3b)\sin x = 25\sin x$. Resolvendo o sistema $3a - 4b = 0$, $4a + 3b = 25$, encontramos $a = 4, b = 3$, isto é, a solução particular tem a forma $y_{pn} = e^x(4\cos x + 3\sin x)$, a mesma encontrada via expoente complexa. Logo, chegamos a mesma solução geral do método anterior.

2. $y'' + y = x\cos x$. Começamos da parte homogênea $y'' + y = 0$. Resolvendo a equação característica $\lambda^2 + 1 = 0$ encontramos um par de raízes complexas conjugadas $\lambda_{1,2} = \pm i$ e as soluções correspondentes $y_{1,2} = e^{\pm ix}$, as quais formam a solução geral na forma complexa $y_{gh} = C_1 e^{ix} + C_2 e^{-ix}$. Passando a forma real, encontramos $y_{gh} = C_1\cos x + C_2\sin x$. Para encontrar a solução particular da original, transformamos a equação dada à equação auxiliar $y'' + y = xe^{ix} = \tilde{f}$, cuja parte direita está ligada com $f_c = x\cos x$ pela fórmula $f_c = Re(\tilde{f})$. A solução particular da equação auxiliar buscamos na forma $\tilde{y} = x(ax + b)e^{ix}$ ($s = 1$ porque $\gamma = i$ é a raiz simples da característica e o grau do polinômio é 1 porque o polinômio x em $\tilde{f}$ é do 1o grau). Os coeficientes a e b são encontrados substituindo $\tilde{y}$ na equação auxiliar: $(-ax^2 - bx + 2a + i(4ax + 2b))e^{ix} + (ax^2 + bx)e^{ix} =$

xe^{ix}. Dividindo pela exponencial e simplificando chegamos a equação $2a + i(4ax + 2b) = x$, cuja solução equivale a resolução do seguinte sistema para coeficientes: $\begin{cases} 4ia = 1 \\ a + ib = 0 \end{cases}$. Da primeira equação segue $a = -\frac{i}{4}$ e usando esse valor na segunda temos $b = ia = \frac{1}{4}$. Logo, a solução auxiliar é encontrada na forma $\tilde{y} = \frac{1}{4}(-ix^2 + x)e^{ix}$. Então, a solução particular da equação original é definida pela fórmula $y_{pn} = Re(\tilde{y}) = Re\left(\frac{1}{4}(-ix^2 + x)e^{ix}\right) = Re\left(\frac{1}{4}(-ix^2 + x)(\cos x + i \sin x)\right) = \frac{1}{4}Re\left((x\cos x + x^2 \sin x) + i(x\sin x - x^2 \cos x)\right) = \frac{1}{4}(x\cos x + x^2 \sin x)$. Finalmente, a solução geral da equação original é encontrada na forma $y_{gn} = y_{gh} + y_{pn} = C_1 \cos x + C_2 \sin x + \frac{1}{4}(x\cos x + x^2 \sin x)$.

Encontramos, também, a solução particular usando somente a forma real. Como, nesse caso, $\alpha = 0$ e $\beta = 1$ na representação $P_m(x)e^{\alpha x}\cos \beta x$ da parte direita, então vimos que o número $\alpha + i\beta = i$ é raiz simples da equação característica, e portanto, na fórmula $y_{pn} = x^s e^{\alpha x}(Q_m(x)\cos \beta x + S_m(x)\sin \beta x)$ da solução particular o parâmetro s é igual a 1. Além disso $P_m(x) = x$, o que indica que $Q_m(x)$ e $S_m(x)$ são polinômios de grau 1. Assim, buscamos a solução particular na forma $y_{pn} = x\left((ax + b)\cos x + (cx + d)\sin x\right)$. Substituindo na equação original, temos $y_{pn}'' + y_{pn} = [(-ax^2 - bx + 2cx + d + 2cx + 2a + d)\cos x - (cx^2 + dx + 2ax + b + 2ax + b - 2c)\sin x] + [(ax^2 + bx)\cos x + (cx^2 + dx)\sin x] = x\cos x$. Reagrupando os termos e simplificando, obtemos $(4cx + 2d + 2a)\cos x - (4ax + 2b - 2c)\sin x = x\cos x$. Então chegamos ao sistema de duas equações polinomiais $4cx + 2d + 2a = x$, $4ax + 2b - 2c = 0$. Igualando os coeficientes com as mesmas potências de x, encontramos da segunda equação que $a = 0$ e $b = c$, e da primeira (substituindo $a = 0$) que $d = 0$ e $c = \frac{1}{4}$. Logo, a solução particular assume a forma $y_{pn} = \frac{1}{4}x\cos x + \frac{1}{4}x^2 \sin x$, a mesma obtida via expoente complexa. Portanto, chegamos a mesma solução geral do método anterior.

3. $y'' + 2y' + 5y = 8e^{-x}\cos 2x$. Começamos da parte homogênea $y'' + 2y' + 5y = 0$, cuja equação característica $\lambda^2 + 2\lambda + 5 = 0$ tem raízes complexas conjugadas $\lambda_{1,2} = -1 \pm 2i$. As soluções correspondentes são $y_{1,2} = e^{(-1\pm 2i)x}$, e a solução geral tem a forma complexa $y_{gh} = C_1 e^{(-1-2i)x} + C_2 e^{(-1+2i)x}$. Passando a forma real, encontramos $y_{gh} = (C_1 \cos 2x + C_2 \sin 2x)e^{-x}$. Para encontrar a solução particular da original, transformamos a equação dada à forma auxiliar $y'' + 2y' + 5y = 8e^{(-1+2i)x} = \tilde{f}$, cuja parte direita está ligada com $f_c = 8e^{-x}\cos 2x$ pela fórmula $f_c = Re(\tilde{f})$. Como o coeficiente da expoente complexa $\gamma = -1 + 2i$ é a raiz simples da equação característica, procuramos solução auxiliar na forma $\tilde{y} = axe^{(-1+2i)x}$. O coeficiente a encontramos substituindo $\tilde{y}$ na equação auxiliar: $a[2(-1+2i) + (-1+2i)^2 x]e^{(-1+2i)x} + 2a[1 + (-1+2i)x]e^{(-1+2i)x} + 5axe^{(-1+2i)x} = 8e^{(-1+2i)x}$. Cortando a expoente e simplificando chegamos a equação $4ia = 8$, donde $a = -2i$. Logo, a solução auxiliar é encontrada na forma $\tilde{y} = -2ixe^{(-1+2i)x}$. Então, a solução particular da equação original é definida pela fórmula $y_{pn} = Re(\tilde{y}) = Re\left(-2ixe^{(-1+2i)x}\right) = Re\left(-2ix(\cos 2x + i\sin 2x)e^{-x}\right) = 2x\sin 2xe^{-x}$. Finalmente, a solução geral da equação original é encontrada na forma $y_{gn} = y_{gh} + y_{pn} = (C_1 \cos 2x + C_2 \sin 2x)e^{-x} + 2x\sin 2xe^{-x}$.

De modo alternativo, encontramos a solução particular usando somente a forma real. Como, nesse caso, $\alpha = 1$ e $\beta = 2$ na representação $8e^{\alpha x}\cos \beta x$ da parte direita, então detectamos que $\alpha + i\beta = 1 + 2i$ é raiz simples da equação característica, e portanto, buscamos a solução particular na forma $y_{pn} = x(a\cos 2x + b\sin 2x)e^{-x}$. Substituindo na equação original, temos $y_{pn}'' + 2y_{pn}' + 5y_{pn} = [(-2a - 3ax + 4b - 4bx)\cos 2x + (-2b - 3bx - 4a + 4ax)\sin 2x]e^{-x} + 2[(a - ax + 2bx)\cos 2x + (b - bx - 2ax)\sin 2x]e^{-x} + 5[ax\cos 2x + bx\sin 2x]e^{-x} = 8\cos 2xe^{-x}$. Cortando e^{-x} e simplificando, obtemos $4b\cos 2x - 4a\sin 2x = 8\cos 2x$ donde $b = 2$ e $a = 0$. Assim, a solução particular se encontra na forma $y_{pn} = 2x\sin 2xe^{-x}$, a mesma obtida via expoente complexa. Portanto, chegamos a mesma solução geral do método anterior.

4. $y'' - 2y' + y = -12\cos 2x - 9\sin 2x$, $y(0) = -2$, $y'(0) = 0$. Começamos da parte homogênea $y'' - 2y' + y = 0$. A equação característica $\lambda^2 - 2\lambda + 1 = (\lambda - 1)^2 = 0$ tem raiz dupla $\lambda_{1,2} = 1$ e as soluções correspondentes são $y_1 = e^x$, $y_2 = xe^x$ as quais formam a solução geral $y_{gh} = (C_1 + C_2 x)e^x$. Como os polinômios junto com as funções trigonométricas tem grau 0 e o número $0 + 2i$ não é raiz da característica, a solução particular da não homogênea podemos buscar na forma $y_{pn} = a\cos 2x + b\sin 2x$. Substituindo na equação original temos: $(-4a\cos 2x - 4b\sin 2x) - 2(-2a\sin 2x +$

$2b\cos 2x) + (a\cos 2x + b\sin 2x) = -12\cos 2x - 9\sin 2x$, o que resulta no sistema $-3a - 4b = -12$, $4a - 3b = -9$. A sua solução é $a = 0, b = 3$ e então $y_{pn} = 3\sin 2x$. Consequentmenete, $y_{gn} = y_{gh} + y_{pn} = (C_1 + C_2 x)e^x + 3\sin 2x$. Resta satisfazer as condições iniciais. Levando y_{gn} nessa condições, temos $C_1 = -2$ e $C_1 + C_2 + 6 = 0$. Então $C_2 = -4$ e a solução do problema é $y_{gn} = (-2 - 4x)e^x + 3\sin 2x$.

5. $y'' - 2y' + 5y = 10e^{-x}\cos 2x$. Começamos da parte homogênea $y'' - 2y' + 5y = 0$. Resolvendo a equação característica $\lambda^2 - 2\lambda + 5 = 0$ encontramos raízes complexas conjugadas $\lambda_{1,2} = 1 \pm 2i$ e as soluções correspondentes $y_{1,2} = e^{(1\pm 2i)x}$, as quais formam a solução geral $y_{gh} = C_1 e^{(1-2i)x} + C_2 e^{(1+2i)x}$. A forma real da solução geral é $y_{gh} = (C_1\cos 2x + C_2\sin 2x)e^x$. Para encontrar a solução particular da não homogênea, transformamos a equação primitiva à equação auxiliar $y'' - 2y' + 5y = 10e^{(-1+2i)x} = \tilde{f}$, cuja parte direita está ligada com $f_c = 10e^{-x}\cos 2x$ pela fórmula $f_c = Re(\tilde{f})$. A solução particular da equação auxiliar buscamos na forma $\tilde{y} = ae^{(-1+2i)x}$ ($s = 0$ porque $\gamma = -1 + 2i$ não é raiz da característica e o grau do polinômio é 0 porque o polinômio em $\tilde{f}$ é a constante 10). O coeficiente a se encontra substituindo $\tilde{y}$ na equação auxiliar: $a(-1 + 2i)^2 e^{(-1+2i)x} - 2a(-1 + 2i)e^{(-1+2i)x} + 5ae^{(-1+2i)x} = 10e^{(-1+2i)x}$. Dividindo pela exponencial e simplificando chegamos a equação $a(4 - 8i) = 10$, donde $a = \frac{1}{2}(1 + 2i)$. Então, a solução auxiliar é encontrada na forma $\tilde{y} = \frac{1}{2}(1+2i)e^{(-1+2i)x}$. Logo, a solução particular da equação original é definida pela fórmula $y_{pn} = Re(\tilde{y}) = Re\left(\frac{1}{2}(1+2i)e^{(-1+2i)x}\right) = \frac{1}{2}e^{-x}Re\left((1+2i)(\cos 2x + i\sin 2x)\right) = \left(\frac{1}{2}\cos 2x - \sin 2x\right)e^{-x}$. Finalmente, a solução geral da equação original é encontrada na forma $y_{gn} = y_{gh} + y_{pn} = (C_1\cos 2x + C_2\sin 2x)e^x + \left(\frac{1}{2}\cos 2x - \sin 2x\right)e^{-x}$.

A solução particular da equação não homogênea pode ser encontrada, também, usando somente a forma real $y_{pn} = (A\cos 2x + B\sin 2x)e^{-x}$. Substituindo essa forma na equação original, obtemos $(-3A\cos 2x - 3B\sin 2x - 4B\cos 2x + 4A\sin 2x)e^{-x} - 2(-A\cos 2x - B\sin 2x - 2A\sin 2x + 2B\cos 2x)e^{-x} + 5(A\cos 2x + B\sin 2x)e^{-x} = 10e^{-x}\cos 2x$. Igualando os coeficientes junto com $\cos 2x$ e $\sin 2x$, temos o sistema de duas equações $4A - 8B = 10$, $8A + 4B = 0$. A solução desse sistema é $A = \frac{1}{2}, B = -1$ e então $y_{pn} = \left(\frac{1}{2}\cos 2x - \sin 2x\right)e^{-x}$. Chegamos a mesma solução particular do algoritmo anterior e, consequentemente, a mesma solução geral $y_{gn} = (C_1\cos 2x + C_2\sin 2x)e^x + \left(\frac{1}{2}\cos 2x - \sin 2x\right)e^{-x}$.

6. $y'' - 6y' + 25y = 9\sin 4x - 24\cos 4x$, $y(0) = 2, y'(0) = -2$. Começamos da parte homogênea $y'' - 6y' + 25y = 0$. A equação característica $\lambda^2 - 6\lambda + 25 = 0$ tem raízes complexas conjugadas $\lambda_{1,2} = 3 \pm 4i$ e as soluções correspondentes $y_{1,2} = e^{(3\pm 4i)x}$, as quais formam a solução geral $y_{gh} = C_1 e^{(3-4i)x} + C_2 e^{(3+4i)x}$. A forma real da solução geral é $y_{gh} = (C_1\cos 4x + C_2\sin 4x)e^{3x}$. A solução particular da equação não homogênea pode ser encontrada na forma $y_{pn} = a\cos 4x + b\sin 4x$. Substituindo essa forma na equação original, obtemos $(-16a\cos 4x - 16b\sin 4x) - 6(-4a\sin 4x + 4b\cos 4x) + 25(a\cos 4x + b\sin 4x) = 9\sin 4x - 24\cos 4x$. Igualando os coeficientes junto com $\cos 4x$ e $\sin 4x$, temos o sistema de duas eqiações $9a - 24b = -24$, $24a + 9b = 9$, donde $a = 0$ e $b = 1$. Então $y_{pn} = \sin 4x$ e $y_{gn} = (C_1\cos 4x + C_2\sin 4x)e^{3x} + \sin 4x$.

Para encontrar a solução do problema de Cauchy, substituimos a solução geral y_{gn} nas condições iniciais: $y(0) = C_1 = 2$ e $y'(0) = 3C_1 + 4C_2 + 4 = -2$. Então $C_2 = -3$ e a solução procurada é $y = (2\cos 4x - 3\sin 4x)e^{3x} + \sin 4x$.

7. $y'' - 3y' + 2y = 3\cos x + 19\sin x$. Começamos da parte homogênea $y'' - 3y' + 2y = 0$. A equação característica $\lambda^2 - 3\lambda + 2 = 0$ tem raízes reais simples $\lambda_1 = 1$, $\lambda_2 = 2$. As soluções correspondentes $y_1 = e^x$ e $y_2 = e^{2x}$ formam a solução geral $y_{gh} = C_1 e^x + C_2 e^{2x}$. A solução particular da equação não homogênea pode ser encontrada na forma $y_{pn} = a\cos x + b\sin x$. Substituindo essa forma na equação original, obtemos $(-a\cos x - b\sin x) - 3(-a\sin x + b\cos x) + 2(a\cos x + b\sin x) = 3\cos x + 19\sin x$. Igualando os coeficientes junto com $\cos x$ e $\sin x$, temos o sistema de duas eqiações $a - 3b = 3$, $3a + b = 19$, donde $a = 6$ e $b = 1$. Então $y_{pn} = 6\cos x + \sin x$ e $y_{gn} = C_1 e^x + C_2 e^{2x} + 6\cos x + \sin x$.

De modo alternativo, podemos encontrar a solução particular partindo da forma complexa. Para isso usamos a equação auxiliar $y'' - 3y' + 2y = e^{ix}$ e procuramos a sua solução particular na forma

$\tilde{y} = ae^{ix}$. Substituindo a função e suas derivadas na equação, obtemos $-ae^{ix} - 3iae^{ix} + 2ae^{ix} = e^{ix}$ ou, cortando e^{ix} e simplificando, $a(1 - 3i) = 1$. Logo, $a = \frac{1+3i}{10}$ e $\tilde{y} = \frac{1+3i}{10}e^{ix}$. Então, a solução particular da equação original se encontra na forma $y_{pn} = 3Re(\tilde{y}) + 19Im(\tilde{y}) = 3\left(\frac{1}{10}\cos x - \frac{3}{10}\sin x\right) + 19\left(\frac{3}{10}\cos x + \frac{1}{10}\sin x\right) = 6\cos x + \sin x$.

8. $y'' - 6y' + 13y = 39e^{-3x}\sin 2x$. Começamos da parte homogênea $y'' - 6y' + 13y = 0$. Resolvendo a equação característica $\lambda^2 - 6\lambda + 13 = 0$ encontramos raízes complexas conjugadas $\lambda_{1,2} = 3 \pm 2i$ e as soluções correspondentes $y_{1,2} = e^{(3 \pm 2i)x}$, as quais formam a solução geral $y_{gh} = C_1 e^{(3-2i)x} + C_2 e^{(3+2i)x}$. A forma real da solução geral é $y_{gh} = (C_1\cos 2x + C_2\sin 2x)e^{3x}$. Para encontrar a solução particular da não homogênea, resolvemos a equação auxiliar $y'' - 6y' + 13y = 39e^{(-3+2i)x} = \tilde{f}$, cuja parte direita está ligada com $f_s = 39e^{-3x}\sin 2x$ pela fórmula $f_s = Im(\tilde{f})$. A solução particular da equação auxiliar buscamos na forma $\tilde{y} = ae^{(-3+2i)x}$ ($s = 0$ porque $\gamma = 3 + 2i$ não é raiz da característica e o grau do polinômio é 0 porque o polinômio em $\tilde{f}$ é a constante 39). O coeficiente a se encontra substituindo $\tilde{y}$ na equação auxiliar: $a(-3+2i)^2 e^{(-3+2i)x} - 6a(-3+2i)e^{(-3+2i)x} + 13ae^{(-3+2i)x} = 39e^{(-3+2i)x}$. Dividindo pela exponencial e simplificando chegamos a equação $a(36 - 24i) = 39$, donde $a = \frac{3+2i}{4}$. Então, a solução auxiliar é encontrada na forma $\tilde{y} = \frac{3+2i}{4}e^{(-3+2i)x}$. Logo, a solução particular da equação original é definida pela fórmula $y_{pn} = Im(\tilde{y}) = Im\left(\frac{3+2i}{4}e^{-3x}(\cos 2x + i\sin 2x)\right) = \frac{1}{4}e^{-3x}(2\cos 2x + 3\sin 2x)$. Finalmente, a solução geral da equação original é encontrada na forma $y_{gn} = y_{gh} + y_{pn} = (C_1\cos 2x + C_2\sin 2x)e^{3x} + \frac{1}{4}e^{-3x}(2\cos 2x + 3\sin 2x)$.

A solução particular da equação não homogênea pode ser encontrada, também, usando somente a forma real $y_{pn} = (A\cos 2x + B\sin 2x)e^{-3x}$. Substituindo essa na equação original, obtemos $(5A\cos 2x - 12B\cos 2x + 12A\sin 2x + 5B\sin 2x)e^{-3x} - 6(-3A\cos 2x + 2B\cos 2x - 2A\sin 2x - 3B\sin 2x)e^{-3x} + 13(A\cos 2x + B\sin 2x)e^{-3x} = 39e^{-3x}\cos 2x$. Igualando os coeficientes junto com $\cos 2x$ e $\sin 2x$, temos o sistema de duas equações $36A - 24B = 0$, $24A + 36B = 39$. A solução desse sistema é $A = \frac{1}{2}$, $B = \frac{3}{4}$ e então $y_{pn} = \left(\frac{1}{2}\cos 2x + \frac{3}{4}\sin 2x\right)e^{-3x}$. Chegamos a mesma solução particular do algoritmo anterior e, consequentemente, a mesma solução geral $y_{gn} = (C_1\cos 2x + C_2\sin 2x)e^{3x} + \frac{1}{4}e^{-3x}(2\cos 2x + 3\sin 2x)$. Mas notamos que essa abordagem é mais trabalhosa.

9. $y'' - 6y' + 13y = 39e^{3x}\sin 2x$. Começamos da parte homogênea $y'' - 6y' + 13y = 0$. Resolvendo a equação característica $\lambda^2 - 6\lambda + 13 = 0$ encontramos raízes complexas conjugadas $\lambda_{1,2} = 3 \pm 2i$ e as soluções correspondentes $y_{1,2} = e^{(3 \pm 2i)x}$, as quais formam a solução geral $y_{gh} = C_1 e^{(3-2i)x} + C_2 e^{(3+2i)x}$. A forma real da solução geral é $y_{gh} = (C_1\cos 2x + C_2\sin 2x)e^{3x}$. Para encontrar a solução particular da não homogênea, resolvemos a equação auxiliar $y'' - 6y' + 13y = 39e^{(3+2i)x} = \tilde{f}$, cuja parte direita está ligada com $f_s = 39e^{3x}\sin 2x$ pela fórmula $f_s = Im(\tilde{f})$. A solução particular da equação auxiliar buscamos na forma $\tilde{y} = axe^{(3+2i)x}$ ($s = 1$ porque $\gamma = 3 + 2i$ é raiz simples da característica e o grau do polinômio é 0 porque o polinômio em $\tilde{f}$ é a constante 39). O coeficiente a se encontra substituindo $\tilde{y}$ na equação auxiliar: $a[(3+2i)^2 x + 2(3+2i)]e^{(3+2i)x} - 6a[(3+2i)x + 1]e^{(-3+2i)x} + 13axe^{(-3+2i)x} = 39e^{(-3+2i)x}$. Dividindo pela exponencial e simplificando chegamos a equação $4ia = 39$, donde $a = -\frac{39}{4}i$. Então, a solução auxiliar é encontrada na forma $\tilde{y} = -\frac{39}{4}ixe^{(3+2i)x}$. Logo, a solução particular da equação original é definida pela fórmula $y_{pn} = Im(\tilde{y}) = Im\left(-\frac{39}{4}ixe^{3x}(\cos 2x + i\sin 2x)\right) = -\frac{39}{4}xe^{3x}\cos 2x$. Finalmente, a solução geral da equação original é encontrada na forma $y_{gn} = y_{gh} + y_{pn} = (C_1\cos 2x + C_2\sin 2x)e^{3x} - \frac{39}{4}xe^{3x}\cos 2x$.

A solução particular da equação não homogênea ainda pode ser encontrada diretamente na forma real $y_{pn} = x(A\cos 2x + B\sin 2x)e^{3x}$, mas o trabalho exigido é bem maior que no uso da forma complexa. (Tarefa para o leitor: resolver usando a forma real e comparar as soluções.)

10. $y'' + 16y = 8\cos 4x$ Começamos da parte homogênea $y'' + 16y = 0$. Resolvendo a equação característica $\lambda^2 + 16 = 0$ encontramos raízes complexas conjugadas $\lambda_{1,2} = \pm 4i$ e as soluções correspondentes $y_{1,2} = e^{(\pm 4i)x}$, as quais formam a solução geral $y_{gh} = C_1 e^{-4ix} + C_2 e^{4ix}$. A forma real da solução geral é $y_{gh} = C_1\cos 4x + C_2\sin 4x$. Para encontrar a solução particular da não homogênea, resolvemos a equação auxiliar $y'' + 16y = 8e^{4ix} = \tilde{f}$, cuja parte direita está ligada com

$f_c = 8\cos 4x$ pela fórmula $f_c = Re(\tilde{f})$. A solução particular da equação auxiliar buscamos na forma $\tilde{y} = axe^{4ix}$ ($s = 1$ porque $\gamma = 4i$ é raiz simples da característica e o grau do polinômio é 0 porque o polinômio em $\tilde{f}$ é a constante 8). O coeficiente a se encontra substituindo $\tilde{y}$ na equação auxiliar: $a(-16x+8i)e^{4ix}+16axe^{4ix} = 8e^{4ix}$. Dividindo pela exponencial e simplificando chegamos a equação $8ia = 8$ ou $a = -i$. Então, a solução auxiliar é encontrada na forma $\tilde{y} = -ixe^{4ix}$. Logo, a solução particular da equação original é definida pela fórmula $y_{pn} = Re(\tilde{y}) = Re\left(-ix(\cos 4x + i\sin 4x)\right) = x\sin 4x$. Finalmente, a solução geral da equação original é encontrada na forma $y_{gn} = y_{gh} + y_{pn} = C_1\cos 4x + C_2\sin 4x + x\sin 4x$.

A solução particular da equação não homogênea ainda pode ser encontrada usando somente a forma real $y_{pn} = x\left(A\cos 4x + B\sin 4x\right)$. Substituindo essa proposta na equação original, obtemos $[x(-16A\cos 4x - 16B\sin 4x) - 8A\sin 4x + 8B\cos 4x] + 16[x\left(A\cos 4x + B\sin 4x\right)] = 8\cos 4x$. Cancelando os termos com x e igualando os coeficientes junto com $\cos 4x$ e $\sin 4x$, temos as duas relações $-8A = 0$ e $8B = 8$, donde $A = 0$ e $B = 1$. Então $y_{pn} = x\sin 4x$. Chegamos a mesma solução particular do algoritmo anterior e, consequentemente, a mesma solução geral $y_{gn} = C_1\cos 4x + C_2\sin 4x + x\sin 4x$.

Exercícios para o leitor

1. $y'' - 5y' - 6y = 3\cos x + 19\sin x$.
2. $y'' + 2y' - 3y = (12x^2 + 6x - 4)e^x$.
3. $y'' + 10y' + 34y = -9e^{-5x}$, $y(0) = 0, y'(0) = 6$.
4. $y'' - 9y' + 20y = 126e^{-2x}$.
5. $y'' + 10y' + 25y = 40 + 52x - 240x^2 - 200x^3$.
6. $y'' + 2y' + 5y = -8e^{-x}\sin 2x$, $y(0) = 2, y'(0) = 6$.
7. $y'' + 36y = 36 + 66x - 36x^3$.
8. $y'' + 4y' + 20y = -4\cos 4x - 52\sin 4x$.
9. $y'' - 10y' + 25y = e^{5x}$, $y(0) = 1, y'(0) = 0$.
10. $y'' + 5y' = 39\cos 3x - 105\sin 3x$.
11. $y'' + 6y' + 9y = 72e^{3x}$.
12. $y'' - 2y' + 37y = 36e^x\cos 6x$, $y(0) = 0, y'(0) = 6$.
13. $y'' + y' - 2y = 9\cos x - 7\sin x$.
14. $y'' + 3y' = (40x + 58)e^{2x}$, $y(0) = 0, y'(0) = -2$.
15. $y'' + 2y' + y = 6e^{-x}$.
16. $4y'' - 4y' + y = -25\cos x$.
17. $y'' + 2y' = 6x^2 + 2x + 1$, $y(0) = 2, y'(0) = 2$.
18. $y'' - 2y' - 8y = 12\sin 2x - 36\cos 2x$.
19. $y'' - 7y' + 12y = 3e^{4x}$.
20. $y'' + 2y' + 2y = 2x^2 + 8x + 6$, $y(0) = 1, y'(0) = 4$.
21. $y'' - 6y' + 10y = 51e^{-x}$.
22. $y'' - 2y' = (4x + 4)e^{2x}$.
23. $y'' + 16y = (\cos 4x - 8\sin 4x)e^x$, $y(0) = 0, y'(0) = 5$.
24. $y'' - 3y' + 2y = (34 - 12x)e^{-x}$.
25. $y'' - 6y' + 34y = 18\cos 5x + 60\sin 5x$.
26. $y'' - 14y' + 53y = 53x^3 - 42x^2 + 59x - 14$, $y(0) = 0, y'(0) = 7$.
27. $y'' + 6y' + 10y = 74e^{3x}$.
28. $y'' - 4y' = 8 - 16x$.
29. $y'' - 12y' + 36y = 32\cos 2x + 24\sin 2x$, $y(0) = 2, y'(0) = 4$.
30. $y'' - 2y' + 3y = x^3 + \sin x$.
31. $y''' + 2y'' - y' - 2y = e^x + x^2$.
32. $y'' - 4y' + 4y = (x^3 + x)e^{2x}$.
33. $y'' + 4y = x^2\sin 2x$.

34. $y'' + 2y' + 2y = x^2 + \sin x.$

35. $y'' - 9y = x + e^{2x} - \sin 2x.$

36. $y''' + 3y'' + 2y' = x^2 + 4x + 8.$

37. $y'' + y = -2\sin x + 4x\cos x.$

38. $y''' - y'' - 4y' + 4y = 2x^2 - 4x - 1 + (2x^2 + 5x + 1)e^{2x}.$

39. $y'' + 2y' + 2y = xe^{-x},\ y(0) = 0, y'(0) = 0.$

40. $y''' - 3y' - 2y = 9e^{2x},\ y(0) = 0, y'(0) = -3, y''(0) = 3.$

3 Equações não homogêneas: método de variação de parâmetros (método de Lagrange)

Esse método possibilita, teoricamente, encontrar a solução particular para qualquer parte direita. A idéia do método é semelhante a variação de parâmetro para a equação linear não homogênea da primeira ordem: primeiro, encontramos a solução geral da homogênea respectiva, e depois usamos essa forma, com funções incógnitas no lugar de constantes arbitrárias, para encontrar a solução da equação não homogênea. A seguir, elaboramos esse método para a equação da segunda ordem e depois generalizamos para ordem arbitrária.

Equação da segunda ordem

Inicialmente, vamos ilustrar a idéia desse método, considerando a equação linear da segunda ordem na forma normalizada (com o coeficiente principal igual a 1):

$$y'' + ay' + by = f,$$

onde a, b são constantes e $f(x)$ é a função da parte direita. Encontramos, primeiro, a solução geral da equação homogênea respectiva, que tem a forma $y_{gh} = C_1 y_1 + C_2 y_2$, onde C_1, C_2 são constantes arbitrárias e y_1, y_2 são duas soluções particulares linearmente independentes da equação homogênea. Essa forma de y_{gh} sugere a busca pela solução geral da equação original na forma $y_{gn} = C_1(x)y_1 + C_2(x)y_2$, onde C_1 e C_2 são duas funções a serem determinadas na substituição dessa forma na equação não homogênea. Como temos duas funções para encontrar e a substituição de y_{gn} na equação original vai dar somente uma equação diferencial, podemos supor, que pode ser aplicada mais uma relação diferencial entre C_1 e C_2 para especificar essas duas funções. Por enquanto, vamos usar essa suposição sem comprovação, mas, ao final do método, mostramos que ela tem validade. A seguir, nos cálculos técnicos vamos omitir o índice da solução y_{gn} para abreviação.

Calculando a primeira derivada de $y_{gn} \equiv y$, obtemos $y' = C_1'y_1 + C_2'y_2 + C_1 y_1' + C_2 y_2'$. Tendo em vista que, supostamente, podemos impor mais uma condição para C_1 e C_2, vamos exigir que $C_1'y_1 + C_2'y_2 = 0$, o que simplifica a expressão para a primeira derivada: $y' = C_1 y_1' + C_2 y_2'$. Prosseguindo com o cálculo da segunda derivada obtemos $y'' = C_1'y_1' + C_2'y_2' + C_1 y_1'' + C_2 y_2''$. Logo, a substituição na equação original vai dar $y'' + ay' + by = (C_1'y_1' + C_2'y_2' + C_1 y_1'' + C_2 y_2'') + a(C_1 y_1' + C_2 y_2') + b(C_1 y_1 + C_2 y_2) = f$. Reagrupando os termos $(C_1'y_1' + C_2'y_2') + C_1(y_1'' + ay_1' + by_1) + C_2(y_2'' + ay_2' + by_2) = f$, notamos que os termos na segunda e terceira parênteses se anulam, porque y_1 e y_2 são soluções da equação homogênea. Então, a segunda relação, a principal, se simplifica à forma $C_1'y_1' + C_2'y_2' = f$. Desse modo, temos que resolver o sistema de duas equações $\begin{cases} C_1'y_1 + C_2'y_2 = 0 \\ C_1'y_1' + C_2'y_2' = f \end{cases}$. Primeiro, desacoplamos o sistema em relação a C_1' e C_2', isto é, resolvemos o sistema linear para incógnitas C_1' e C_2', cujo determinante $W = \begin{vmatrix} y_1 & y_2 \\ y_1' & y_2' \end{vmatrix}$ é diferente de zero. Realmente, se supormos, por absurdo que $W = y_1 y_2' - y_2 y_1' = 0$, então essa relação podemos reescrever na forma $\frac{y_1 y_2' - y_2 y_1'}{y_1^2} = \left(\frac{y_2}{y_1}\right)' = 0$, donde segue que $\frac{y_2}{y_1} = C = const$ ou $y_2 = Cy_1$. A última relação representa a contradição com o fato de que y_1 e y_2 são duas soluções linearmente independente. Logo, $W \neq 0$, o que garante a existência e unicidade da solução C_1', C_2' do sistema. Essa solução pode ser encontrada de qualquer maneira conhecida, normalmente, usando alguma versão do método de eliminação de Gauss. Por exemplo, multiplicando a primeira equação por y_1', a segunda por y_1 e subtraindo o primeiro resultado do segundo, eliminamos C_1' e obtemos $C_2'(y_1 y_2' - y_2 y_1') = y_1 f$ ou $C_2' = \frac{y_1 f}{W}$. Da mesma maneira, multiplicando a primeira equação por y_2', a segunda por y_2 e subtraindo o primeiro resultado do segundo, eliminamos C_2' e obtemos $C_1'(y_2 y_1' - y_1 y_2') = y_2 f$ ou $C_1' = -\frac{y_2 f}{W}$. Notamos que nas equações desacopladas para C_1' e C_2' as partes direitas são funções conhecidas e, portanto, para encontrar C_1 e C_2 basta realizar a integração em relação a x: $C_1 = -\int \frac{y_2 f}{W} dx$, $C_2 = \int \frac{y_1 f}{W} dx$. Substituindo as funções especificadas C_1 e C_2 na função $y_{gn} = C_1 y_1 + C_2 y_2$, encontramos a solução geral da equação original. Notamos que a possibilidade demonstrada de realizar todo esse procedimento justifica a suposição preliminar de que a condição $C_1' y_1 + C_2' y_2 = 0$ pode ser adicionalmente imposta sobre C_1 e C_2.

No caso da equação não normalizada $cy'' + ay' + by = f$, a única diferença é que a segunda equação do sistema para C_1 e C_2 assume a forma $c(C_1' y_1' + C_2' y_2') = f$ ou $C_1' y_1' + C_2' y_2' = \frac{f}{c}$.

Equação de ordem superior

Para equação

$$Ly \equiv a_n y^{(n)} + \ldots + a_1 y' + a_0 y = f$$

de ordem n o algoritmo de resolução é uma generalização simples do método apresentado para a equação da segunda ordem. Portanto, explicamos somente o procedimento da resolução, sem demonstrar que o algoritmo é realizável.

Primeiro, encontramos a solução geral da equação homogênea $Ly = 0$ na forma $y_{gh} = C_1 y_1 + C_2 y_2 + \ldots + C_n y_n$, onde $C_1, C_2, \ldots, C_n$ são constantes arbitrárias e $y_1, y_2, \ldots, y_n$ são soluções particulares linearmente independentes da equação homogênea. Em seguida, procuramos a solução geral da equação original $Ly = f$ na forma $y_{gn} = C_1(x) y_1 + C_2(x) y_2 + \ldots + C_n(x) y_n$, onde $C_1, C_2, \ldots, C_n$ são funções a serem determinadas na substituição dessa forma na equação não homogênea. Como temos n funções para encontrar e a substituição de y_{gn} na equação original vai dar somente uma equação diferencial, podemos supor, que podem ser aplicadas, adicionalmente, $n - 1$ relações diferenciais entre $C_1, C_2, \ldots, C_n$ para especificar essas funções. Essas relações adicionais são colocadas de modo a simplificar o cálculo técnico do método e são usualmente as seguintes: $C_1' y_1 + C_2' y_2 + \ldots + C_n' y_n = 0, \ldots, C_1' y_1^{(n-2)} + C_2' y_2^{(n-2)} + \ldots + C_n' y_n^{(n-2)} = 0$. Usando essas relações na simplificação de expressões para derivadas de y_{gn} e substituindo essas derivadas na equação original obtemos a última n-ésima relação, a principal: $C_1' y_1^{(n-1)} + C_2' y_2^{(n-1)} + \ldots + C_n' y_n^{(n-1)} = f/a_n$. Assim, chegamos ao seguinte sistema linear algébrico de n equações para n incógnitas

$$C_1', C_2', \ldots, C_n': \begin{cases} C_1' y_1 + C_2' y_2 + \ldots + C_n' y_n = 0 \\ \cdots \\ C_1' y_1^{(n-2)} + C_2' y_2^{(n-2)} + \ldots + C_n' y_n^{(n-2)} = 0 \\ C_1' y_1^{(n-1)} + C_2' y_2^{(n-1)} + \ldots + C_n' y_n^{(n-1)} = f/a_n \end{cases}$$

O determinante desse sistema

$$W = \begin{vmatrix} y_1 & y_2 & \ldots & y_n \\ & \cdots & & \\ y_1^{(n-2)} & y_2^{(n-2)} & \ldots & y_n^{(n-2)} \\ y_1^{(n-1)} & y_2^{(n-1)} & \ldots & y_n^{(n-1)} \end{vmatrix}$$

é diferente de zero, o que garante a existência e unicidade da solução. Resolvendo o sistema linear algébrico, obtemos expressões desacopladas para $C_1', C_2', \ldots, C_n'$, ou seja, expressamos cada uma das derivadas em termos de funções conhecidas. Logo, integramos cada uma dessas expressões e encontramos $C_1, C_2, \ldots, C_n$. Substituindo as últimas na fórmula $y_{gn} = C_1(x) y_1 + C_2(x) y_2 + \ldots + C_n(x) y_n$, obtemos a solução geral da equação original.

Exemplos.

1. $y'' - 8y' + 16y = (1 - x)e^x$. Resolvemos a mesma equação, já considerada no Exemplo 1 do método de coeficientes indeterminados, via variação de parâmetro. Nesse exemplo, repetimos

os passos principais do algoritmo geral para ilustrar todo o procedimento. A solução geral y_{gh} da equação homogênea foi encontrada na forma $y_{gh} = (C_1 + C_2 x)e^{4x}$, onde $y_1 = e^{4x}$ e $y_2 = xe^{4x}$ são soluções particulares linearmente independentes. Então procuramos a solução da equação não homogênea na forma $y_{gn} = (C_1(x) + C_2(x)x)e^{4x}$. Calculamos a primeira derivada de $y_{gn} \equiv y$: $y' = C_1'y_1 + C_2'y_2 + C_1 y_1' + C_2 y_2' = C_1'e^{4x} + C_2'xe^{4x} + C_1 \cdot 4e^{4x} + C_2(e^{4x} + 4xe^{4x})$ e para simplificar essa expressão impomos a condição complementar $C_1'y_1 + C_2'y_2 = (C_1' + C_2'x)e^{4x} = 0$. Então, a expressão para a segunda derivada vai ser $y'' = C_1'y_1' + C_2'y_2' + C_1 y_1'' + C_2 y_2'' = C_1' \cdot 4e^{4x} + C_2'(e^{4x} + 4xe^{4x}) + C_1 \cdot 16e^{4x} + C_2(8e^{4x} + 16xe^{4x})$. Substituindo na equação original, obtemos

$$y'' - 8y' + 16y = (C_1'y_1' + C_2'y_2' + C_1 y_1'' + C_2 y_2'') - 8(C_1 y_1' + C_2 y_2') + 16(C_1 y_1 + C_2 y_2)$$

$$= [4C_1' + C_2'(1+4x) + 16C_1 + C_2(8+16x)]e^{4x} - 8[4C_1 + C_2(1+4x)]e^{4x} + 16[C_1 + C_2 x]e^{4x} = (1-x)e^x.$$

Reagrupando os termos da seguinte maneira

$$[4C_1' + C_2'(1+4x)]e^{4x} + C_1[16 - 8 \cdot 4 + 16]e^{4x} + C_2[8 + 16x - 8(1+4x) + 16x]e^{4x} = (1-x)e^x,$$

notamos que os termos nos segundo e terceiro colchetes se anulam, e, portanto, a equação principal se simplifica à forma

$$[4C_1' + C_2'(1+4x)]e^{4x} = (1-x)e^x.$$

Assim, temos que resolver o sistema linear algébrico $\begin{cases} (C_1' + C_2'x)e^{4x} = 0 \\ [4C_1' + C_2'(1+4x)]e^{4x} = (1-x)e^x \end{cases}$, ou simplificando, $\begin{cases} C_1' + C_2'x = 0 \\ 4C_1' + C_2'(1+4x)) = (1-x)e^{-3x} \end{cases}$. Resolvemos esse sistema em relação às incógnitas C_1' e C_2'. Para eliminar C_1', multiplicamos a primeira equação por 4 e subtraimos o resultado da segunda, obtendo $C_2' = (1-x)e^{-3x}$. Substituindo essa expressão na primeira equação, temos $C_1' = -xC_2' = -x(1-x)e^{-3x}$. Integrando a relação para C_2', obtemos:

$$C_2 = \int (1-x)e^{-3x}dx = (\frac{1}{3}x - \frac{2}{9})e^{-3x} + B_2.$$

Integrando a segunda relação, encontramos C_1:

$$C_1 = \int (x^2 - x)e^{-3x}dx = (-\frac{1}{3}x^2 + \frac{1}{9}x + \frac{1}{27})e^{-3x} + B_1.$$

Levando esses resultados na solução y_{gn}, obtemos:

$$y_{gn} = C_1 y_1 + C_2 y_2 = [(-\frac{1}{3}x^2 + \frac{1}{9}x + \frac{1}{27})e^{-3x} + B_1]e^{4x} + [(\frac{1}{3}x - \frac{2}{9})e^{-3x} + B_2]xe^{4x}$$

$$= (-\frac{1}{9}x + \frac{1}{27})e^x + B_1 e^{4x} + B_2 xe^{4x}.$$

Naturalmente, encontramos a mesma solução geral obtida no Exemplo 1 da seção anterior, onde $(-\frac{1}{9}x + \frac{1}{27})e^x$ é a solução particular da equação não homogênea e $B_1 e^{4x} + B_2 xe^{4x}$ é a solução geral da homogênea.

2. $y'' + 4y = \tan x$. Essa equação não pode ser resolvida pelo método de coeficientes indeterminados, uma vez que a forma da parte direita não corresponde àquelas admissíveis no método. No entnato, o método de variação de parâmetro pode ser aplicado seguindo o esquema geral. Nesse exemplo, abreviamos os passos da resolução, aproveitando os resultados obtidos na dedução do algoritmo geral. Começamos com a equação homogênea correspondente $y'' + y = 0$ cuja equação característica $\lambda^2 + 1 = 0$ tem raízes $\lambda_{1,2} = \pm 2i$. Consequentemente a solução geral vem na forma $y_{gh} = C_1 \cos 2x + C_2 \sin 2x$, onde $y_1 = \cos 2x$ e $y_2 = \sin 2x$ são soluções particulares linearmente independentes. Então, procuramos a solução da não homogênea na forma $y_{gh} = C_1(x) \cos 2x + C_2 \sin 2x$.

Calculamos a primeira derivada de $y_{gh} \equiv y$: $y' = C_1' y_1 + C_2' y_2 + C_1 y_1' + C_2 y_2' = C_1' \cos 2x + C_2' \sin 2x + C_1 \cdot (-2\sin 2x) + C_2 \cdot 2\cos 2x$. Impomos a condição complementar

$$C_1' y_1 + C_2' y_2 = C_1' \cos 2x + C_2' \sin 2x = 0$$

que simplifica a derivada à forma $y' = -2C_1 \sin 2x + 2C_2 \cos 2x$. Calculamos a segunda derivada $y'' = C_1' y_1' + C_2' y_2' + C_1 y_1'' + C_2 y_2'' = -2C_1' \sin 2x + 2C_2' \cos 2x - 4C_1 \cos 2x - 4C_2 \sin 2x$ e substituimos os resultados da derivação na equação original:

$$y'' + 4y = (-2C_1' \sin 2x + 2C_2' \cos 2x - 4C_1 \cos 2x - 4C_2 \sin 2x) + 4(C_1 \cos 2x + C_2 \sin 2x) = 8\tan x$$

ou, depois da simplificação,

$$-C_1' \sin 2x + C_2' \cos 2x = 4\tan x.$$

Assim, temos que resolver o sistema linear algébrico de duas equações em relação às incógnitas C_1' e C_2': $\begin{cases} C_1' \cos 2x + C_2' \sin 2x = 0 \\ -C_1' \sin 2x + C_2' \cos 2x = 4\tan x \end{cases}$. Para eliminar C_1', multiplicamos a primeira equação por $\sin 2x$, a segunda por $\cos 2x$ e somamos os resultados: $C_2' = 4\tan x \cos 2x$. De maneira semelhante, eliminamos C_2' multiplicando a primeira equação por $\cos 2x$, a segunda por $\sin 2x$ e subtraindo o segundo resultado do primeiro: $C_1' = -4\tan x \sin 2x$. Integrando a última relação, obtemos:

$$C_1 = -4\int \tan x \sin 2x \, dx = -4\int \tan x \, 2\sin x \cos x \, dx$$

$$= -2\int 2\sin^2 x \, dx = -4\int (1 - \cos 2x) \, dx = -4\left(x - \frac{1}{2}\sin 2x\right) + B_1.$$

Integrando a relação para C_2', encontramos:

$$C_2 = 4\int \tan x \cos 2x \, dx = 4\int \tan x (\cos^2 x - \sin^2 x) \, dx = 4\int \sin x \cos x - \frac{\sin^3 x}{\cos x} \, dx$$

$$= 4\int \sin x \, d(\sin x) + 4\int \frac{1 - \cos^2 x}{\cos x} \, d(\cos x) = 2\sin^2 x + 4\ln|\cos x| - 2\cos^2 x + B_2$$

$$= -2\cos 2x + 4\ln|\cos x| + B_2.$$

Levando esses resultados na solução y_{gn}, obtemos:

$$y_{gn} = C_1 y_1 + C_2 y_2 = (-4x + 2\sin 2x + B_1)\cos 2x + (-2\cos 2x + 4\ln|\cos x| + B_2)\sin 2x$$

$$= (-4x\cos 2x + 4\ln|\cos x|\sin 2x) + B_1 \cos 2x + B_2 \sin 2x.$$

Aqui, $y_{pn} = -4x\cos 2x + 4\ln|\cos x|\sin 2x$ é a solução particular da equação original e $y_{gh} = B_1 \cos 2x + B_2 \sin 2x$ é a solução geral da equação homogênea.

3. $y'' - 4y' + 5y = \frac{e^{2x}}{\cos x}$. A parte direita dessa equação não é tratável pelo método de coeficientes indeterminados. Vamos aplicar o método de variação de parâmetro. A equação homogênea $y'' - 4y' + 5y = 0$ tem equação característica $\lambda^2 - 4\lambda + 5 = 0$ cujas raízes são $\lambda = 2 \pm i$. Então, a solução geral da equação homogênea se encontra na forma $y_{gh} = (C_1 \cos x + C_2 \sin x)e^{2x}$, onde $y_1 = \cos x \cdot e^{2x}$ e $y_2 = \sin x \cdot e^{2x}$ são soluções particulares linearmente independentes. No próximo passo, procuramos a solução da não homogênea na forma $y_{gn} = (C_1(x)\cos x + C_2(x)\sin x)e^{2x}$. As derivadas C_1' e C_2' são encontradas do sistema linear algébrico: $\begin{cases} C_1' y_1 + C_2' y_2 = C_1' \cos x e^{2x} + C_2' \sin x e^{2x} = 0 \\ C_1' y_1' + C_2' y_2' = C_1'(2\cos x - \sin x)e^{2x} + C_2'(2\sin x + \cos x)e^{2x} = \frac{e^{2x}}{\cos x} \end{cases}$, ou simplificando, $\begin{cases} C_1' \cos x + C_2' \sin x = 0 \\ C_1'(2\cos x - \sin x) + C_2'(2\sin x + \cos x) = \frac{1}{\cos x} \end{cases}$. Devido a primeira equação, a segunda pode ser simplificada mais ainda: $C_1'(2\cos x - \sin x) + C_2'(2\sin x + \cos x) = 2(C_1' \cos x + C_2' \sin x) - C_1' \sin x + C_2' \cos x = -C_1' \sin x + C_2' \cos x = \frac{1}{\cos x}$. Multiplicando essa equação por $\sin x$,

a primeira por $\cos x$ e subtraindo o primeiro resultado do segundo, conseguimos eliminar C_2': $C_1' = -\frac{\sin x}{\cos x}$. Analogamente, multiplicando a segunda equação simplificada por $\cos x$, a primeira por $\sin x$ e somando os resultados, eliminamos C_1' e temos: $C_2' = 1$. Integrando a última relação, encontramos $C_2 = x + B_2$. Integrando a relação de C_1', encontramos $C_1 = -\int \frac{\sin x}{\cos x} dx = \int \frac{d(\cos x)}{\cos x} = \ln|\cos x| + B_1$. Levando esses resultados na solução y_{gn}, obtemos:

$$y_{gn} = C_1 y_1 + C_2 y_2 = (\ln|\cos x| + B_1)\cos x e^{2x} + (x + B_2)\sin x e^{2x}$$

$$= \ln|\cos x| \cdot \cos x e^{2x} + x \sin x e^{2x} + (B_1 \cos x + B_2 \sin x)e^{2x},$$

onde $\ln|\cos x| \cdot \cos x e^{2x} + x \sin x e^{2x}$ é a solução particular da equação não homogênea e $(B_1 \cos x + B_2 \sin x)e^{2x}$ é a solução geral da homogênea.

4. $y'' + 4y = \cot 2x$. A parte direita desse tipo não é tratável pelo método de coeficientes indeterminados. Vamos aplicar o método de variação de parâmetro. A equação homogênea $y'' + 4y = 0$ tem equação característica $\lambda^2 + 4 = 0$ cujas raízes são $\lambda = \pm 2i$. Então, a solução geral da equação homogênea se encontra na forma $y_{gh} = C_1 \cos 2x + C_2 \sin 2x$, onde $y_1 = \cos 2x$ e $y_2 = \sin 2x$ são soluções particulares linearmente independentes. Logo, procuramos a solução da não homogênea na forma $y_{gn} = C_1(x)\cos 2x + C_2(x)\sin 2x$. As derivadas C_1' e C_2' são encontradas do sistema linear algébrico: $\begin{cases} C_1' y_1 + C_2' y_2 = C_1' \cos 2x + C_2' \sin 2x = 0 \\ C_1' y_1' + C_2' y_2' = -2C_1' \sin 2x + 2C_2' \cos 2x = \cot 2x \end{cases}$. Multiplicando a primeira equação por $2\sin 2x$, a segunda por $\cos 2x$ e somando os resultados, obtemos $2C_2' = \cos 2x \cot 2x$. Analogamente, multiplicando a primeira equação por $2\cos 2x$, a segunda por $\sin 2x$ e subtraindo o segundo resultado do primeiro, encontramos $2C_1' = -\sin 2x \cot 2x$. Integrando a última relação, encontramos $C_1 = -\frac{1}{2}\int \cos 2x dx = -\frac{1}{4}\sin 2x + B_1$. Para calcular integral de C_2', efetuamos a mudança de variável $p = \cos 2x$ e achamos $C_2 = \frac{1}{2}\int \cos 2x \cot 2x dx = \frac{1}{2}\int \frac{\cos^2 2x}{\sin^2 2x}\sin 2x dx = -\frac{1}{4}\int \frac{\cos^2 2x}{1-\cos^2 2x}d(\cos 2x) = -\frac{1}{4}\int \frac{p^2}{1-p^2}dp = -\frac{1}{4}\int \frac{p^2-1+1}{1-p^2}dp = -\frac{1}{4}\int -1 + \frac{1}{1-p^2}dp = -\frac{1}{4}\left[-p + \frac{1}{2}\int \frac{1}{1-p} + \frac{1}{1+p}dp\right] = \frac{p}{4} - \frac{1}{8}\left[-\ln|1-p| + \ln|1+p|\right] + B_2 = \frac{p}{4} - \frac{1}{8}\ln\left|\frac{1+p}{1-p}\right| + B_2 = \frac{\cos 2x}{4} - \frac{1}{8}\ln\left|\frac{\cos^2 x}{\sin^2 x}\right| + B_2 = \frac{\cos 2x}{4} - \frac{1}{4}\ln|\cot x| + B_2$. Levando esses resultados na solução y_{gn}, obtemos:

$$y_{gn} = C_1 y_1 + C_2 y_2 = \left(-\frac{1}{4}\sin 2x + B_1\right)\cos 2x + \left(\frac{\cos 2x}{4} - \frac{1}{4}\ln|\cot x| + B_2\right)\sin 2x$$

$$= -\frac{1}{4}\ln|\cot x|\sin 2x + B_1 \cos 2x + B_2 \sin 2x,$$

onde $-\frac{1}{4}\ln|\cot x|\sin 2x$ é a solução particular da equação não homogênea e $B_1 \cos 2x + B_2 \sin 2x$ é a solução geral da homogênea.

5. $y'' - 6y' + 8y = \frac{4e^{2x}}{1+e^{-2x}}$, $y(0) = 0, y'(0) = 0$. A parte direita dessa equação não é tratável pelo método de coeficientes indeterminados. Vamos aplicar o método de variação de parâmetro para encontrar a solução geral. A equação homogênea $y'' - 6y' + 8y = 0$ tem equação característica $\lambda^2 - 6\lambda + 8 = 0$, cujas raízes são $\lambda = 2, 4$. Então a solução geral da equação homogênea se encontra na forma $y_{gh} = C_1 e^{2x} + C_2 e^{4x}$, onde $y_1 = e^{2x}$ e $y_2 = e^{4x}$ são soluções particulares linearmente independentes. Em seguida, procuramos a solução da não homogênea na forma $y_{gn} = C_1(x)e^{2x} + C_2(x)e^{4x}$. As derivadas C_1' e C_2' são encontradas do sistema linear algébrico: $\begin{cases} C_1' y_1 + C_2' y_2 = C_1' e^{2x} + C_2' e^{4x} = 0 \\ C_1' y_1' + C_2' y_2' = 2C_1' e^{2x} + 4C_2' e^{4x} = \frac{4e^{2x}}{1+e^{-2x}} \end{cases}$ ou, na forma simplificada, $\begin{cases} C_1' + C_2' e^{2x} = 0 \\ C_1' + 2C_2' e^{2x} = \frac{2}{1+e^{-2x}} \end{cases}$ Subtraindo a a primeira equação da segunda, obtemos $C_2' e^{2x} = \frac{2}{1+e^{-2x}}$. Substituindo essa expressão na primeira equação, encontramos $C_1' = -\frac{2}{1+e^{-2x}}$. A integral do lado direito de C_1' pode ser calculada usando a mudança de variável $p = e^x$: $C_1 = -\int \frac{2}{1+e^{-2x}}dx = -2\int \frac{e^x}{e^x + e^{-x}}dx = -2\int \frac{1}{p+1/p}dp = -2\int \frac{p}{p^2+1}dp = -\ln(p^2 + 1) + B_1 = -\ln(e^{2x} + 1) + B_1$. A integração para C_2 pode ser feita usando mudança de variável $t = e^{-2x}$: $C_2 = \int \frac{2e^{-2x}}{1+e^{-2x}}dx = -\int \frac{1}{1+t}dt = -\ln|t+1| + B_2 = -\ln(e^{-2x} + 1) + B_2$.

Levando esses resultados na solução y_{gn}, obtemos:

$$y_{gn} = C_1 y_1 + C_2 y_2 = \left(-\ln(e^{2x}+1) + B_1\right) e^{2x} + \left(-\ln(e^{-2x}+1) + B_2\right) e^{4x}$$

$$= -\ln[(e^{2x}+1)(e^{-2x}+1)] + B_1 e^{2x} + B_2 e^{4x} = -\ln(e^{2x}+e^{-2x}+2) + B_1 e^{2x} + B_2 e^{4x}.$$

Para encontrar a solução do problema de Cauchy, calculamos a derivada de y_{gn}:

$$y'_{gn} = -\frac{2e^{2x}-2e^{-2x}}{e^{2x}+e^{-2x}+2} + 2B_1 e^{2x} + 4B_2 e^{4x}$$

e substituimos as condições iniciais na solução y_{gn} e sua derivada:

$$y_{gn}(0) = -\ln 4 + B_1 + B_2 = 0, \ \ y'_{gn}(0) = -\frac{0}{4} + 2B_1 + 4B_2 = 0.$$

Da segunda equação temos $B_1 = -2B_2$, e então a primeira toma a forma $-\ln 4 - B_2 = 0$. Portanto, $B_2 = -\ln 4$, $B_1 = 2\ln 4$ e a solução do problema é

$$y = -\ln(e^{2x}+e^{-2x}+2) + \ln 4 \cdot (2e^{2x}-e^{4x}).$$

6. $y'' - 2y' + y = \frac{e^x}{x^2}$, $y(1) = 0, y'(1) = -e$. A parte direita dessa equação não é tratável pelo método de coeficientes indeterminados. Vamos aplicar o método de variação de parâmetro para encontrar a solução geral. A equação homogênea $y'' - 2y' + y = 0$ tem equação característica $\lambda^2 - 2\lambda + 1 = 0$, cujas raízes coincidem e são iguais a 1. Então, a solução geral da equação homogênea se encontra na forma $y_{gh} = (C_1 + C_2 x)e^x$, onde $y_1 = e^x$ e $y_2 = xe^x$ são soluções particulares linearmente independentes. Em seguida, procuramos a solução da não homogênea na forma $y_{gn} = C_1(x)e^x + C_2(x)xe^x$. As derivadas C'_1 e C'_2 são encontradas do sistema linear algébrico: $\begin{cases} C'_1 y_1 + C'_2 y_2 = C'_1 e^x + C'_2 xe^x = 0 \\ C'_1 y'_1 + C'_2 y'_2 = C'_1 e^x + C'_2 (1+x)e^x = \frac{e^x}{x^2} \end{cases}$ ou, na forma simplificada, $\begin{cases} C'_1 + C'_2 x = 0 \\ C'_1 + C'_2(1+x) = \frac{1}{x^2} \end{cases}$ Subtraindo a primeira equação da segunda, obtemos $C'_2 = \frac{1}{x^2}$. Substituindo essa expressão na primeira equação, encontramos $C'_1 = -\frac{1}{x}$. Integrando as duas relações, obtemos $C_1 = -\ln|x| + B_1$ e $C_2 = -\frac{1}{x} + B_2$. Levando esses resultados na solução y_{gn}, obtemos:

$$y_{gn} = C_1 y_1 + C_2 y_2 = (-\ln|x| + B_1)e^x + \left(-\frac{1}{x} + B_2\right)xe^x$$

$$= -(\ln|x|+1)e^x + B_1 e^x + B_2 xe^x$$

ou denotando $A_1 = B_1 - 1$ e $A_2 = B_2$, temos

$$y_{gn} = (-\ln|x| + A_1 + A_2 x)e^x.$$

Para encontrar a solução do problema de Cauchy, calculamos a derivada

$$y'_{gn} = \left(-\frac{1}{x} + A_2 - \ln|x| + A_1 + A_2 x\right)e^x$$

e substituimos as condições iniciais em y_{gn} e y'_{gn}:

$$y_{gn}(1) = (A_1 + A_2)e = 0, \ \ y'_{gn}(1) = (-1 + A_2 + A_1 + A_2)e = -e.$$

Da primeira equação segue $A_1 = -A_2$, e da segunda $-1 + A_2 = -1$, ou seja, $A_2 = 0$ e $A_1 = 0$. Portanto, a solução do problema de Cauchy é

$$y = -\ln|x| \cdot e^x.$$

7. $y'' - y = \frac{e^x}{e^x+1}$. A parte direita dessa equação não é tratável pelo método de coeficientes indeterminados, então vamos aplicar o método de variação de parâmetro. A equação homogênea $y'' - y = 0$ tem equação característica $\lambda^2 - 1 = 0$ cujas raízes são $\lambda = \pm 1$. Então, a solução geral da equação homogênea se encontra na forma $y_{gh} = C_1 e^{-x} + C_2 e^x$, onde $y_1 = e^{-x}$ e $y_2 = e^x$ são soluções particulares linearmente independentes. Procuramos a solução da equação não homogênea na forma $y_{gn} = C_1(x)e^{-x} + C_2(x)e^x$. As derivadas C_1' e C_2' são encontradas do sistema linear algébrico: $\begin{cases} C_1'y_1 + C_2'y_2 = C_1'e^{-x} + C_2'e^x = 0 \\ C_1'y_1' + C_2'y_2' = -C_1'e^{-x} + C_2'e^x = \frac{e^x}{e^x+1} \end{cases}$. Somando duas equações, obtemos $2C_2'e^x = \frac{e^x}{e^x+1}$ ou $C_2' = \frac{1}{2(e^x+1)}$. Substituindo essa expressão na primeira equação, temos $C_1' = -\frac{e^{2x}}{2(e^x+1)}$. Integrando duas relações, encontramos C_1 e C_2: $C_1 = -\frac{1}{2}\int \frac{e^x d(e^x)}{e^x+1} = -\frac{1}{2}\int \frac{p\,dp}{p+1} = -\frac{1}{2}\int \frac{p+1-1}{p+1}dp = -\frac{1}{2}\int 1 - \frac{1}{p+1}dp = -\frac{1}{2}(p - \ln|p+1|) + B_1 = -\frac{1}{2}(e^x - \ln(e^x + 1)) + B_1$ e $C_2 = \frac{1}{2}\int \frac{dx}{e^x+1} = \frac{1}{2}\int \frac{d(e^x)}{e^{2x}+e^x} = \frac{1}{2}\int \frac{dp}{p^2+p} = \frac{1}{2}\int \frac{1}{p} - \frac{1}{p+1}dp = \frac{1}{2}(\ln|p| - \ln|p+1|) + B_2 = \frac{1}{2}(x - \ln(e^x + 1)) + B_2$. Substituindo esses resultados na solução y_{gn}, obtemos:

$$y_{gn} = C_1 y_1 + C_2 y_2 = \left[-\frac{1}{2}(e^x - \ln(e^x+1)) + B_1\right]e^{-x} + \left[\frac{1}{2}(x - \ln(e^x+1)) + B_2\right]e^x$$

$$= \left(\frac{xe^x - 1}{2} - \ln(e^x+1)\frac{e^x - e^{-x}}{2}\right) + B_1 e^{-x} + B_2 e^x.$$

8. $y'' + 4y = \frac{1}{\cos 2x}$. A parte direita desse tipo não é tratável pelo método de coeficientes indeterminados. Vamos aplicar o método de variação de parâmetro. A equação homogênea $y'' + 4y = 0$ tem equação característica $\lambda^2 + 4 = 0$, cujas raízes são $\lambda = \pm 2i$. Então, a solução geral da equação homogênea se encontra na forma $y_{gh} = C_1 \cos 2x + C_2 \sin 2x$, onde $y_1 = \cos 2x$ e $y_2 = \sin 2x$ são soluções particulares linearmente independentes. Na sequência, procuramos a solução da não homogênea na forma $y_{gn} = C_1(x)\cos 2x + C_2(x)\sin 2x$. As derivadas C_1' e C_2' são encontradas do sistema linear algébrico: $\begin{cases} C_1'y_1 + C_2'y_2 = C_1'\cos 2x + C_2'\sin 2x = 0 \\ C_1'y_1' + C_2'y_2' = -2C_1'\sin 2x + 2C_2'\cos 2x = \frac{1}{\cos 2x} \end{cases}$. Multiplicando a primeira equação por $2\sin 2x$, a segunda por $\cos 2x$ e somando os resultados, obtemos $2C_2' = 1$. Substituindo esse valor de C_2' na primeira equação, encontramos $2C_1' = -\tan 2x$. Integrando essas duas relações, obtemos $C_1 = -\frac{1}{2}\int \tan 2x\,dx = \frac{1}{4}\int \frac{d\cos 2x}{\cos 2x} = \frac{1}{4}\ln|\cos 2x| + B_1$ e $C_2 = \frac{1}{2}\int dx = \frac{x}{2} + B_2$. Levando esses resultados na solução y_{gn}, obtemos:

$$y_{gn} = C_1 y_1 + C_2 y_2 = \left(\frac{1}{4}\ln|\cos 2x| + B_1\right)\cos 2x + \left(\frac{x}{2} + B_2\right)\sin 2x$$

$$= \frac{1}{4}\ln|\cos 2x| \cdot \cos 2x + \frac{x}{2}\sin 2x + B_1\cos 2x + B_2\sin 2x,$$

onde $\frac{1}{4}\ln|\cos 2x| \cdot \cos 2x + \frac{x}{2}\sin 2x$ é a solução particular da equação não homogênea e $B_1\cos 2x + B_2\sin 2x$ é a solução geral da homogênea.

9. $y'' + 2y' + 2y = e^{-x}\cot x$. A parte direita desse tipo não é resolvível pelo método de coeficientes indeterminados. Vamos aplicar o método de variação de parâmetro. A equação homogênea $y'' + 2y' + 2y = 0$ tem equação característica $\lambda^2 + 2\lambda + 2 = 0$, cujas raízes são $\lambda = -1 \pm i$. Então, a solução geral da equação homogênea se encontra na forma $y_{gh} = (C_1\cos x + C_2\sin x)e^{-x}$, onde $y_1 = e^{-x}\cos x$ e $y_2 = e^{-x}\sin x$ são soluções particulares linearmente independentes. Logo, procuramos a solução da não homogênea na forma $y_{gn} = (C_1(x)\cos x + C_2(x)\sin x)e^{-x}$. As derivadas C_1' e C_2' são encontradas do sistema linear algébrico: $\begin{cases} C_1'y_1 + C_2'y_2 = C_1'e^{-x}\cos x + C_2'e^{-x}\sin x = 0 \\ C_1'y_1' + C_2'y_2' = C_1'(-\cos x - \sin x)e^{-x} + C_2'(-\sin x + \cos x)e^{-x} = e^{-x}\cot x \end{cases}$.

Cortando e^{-x}, simplificamos o sistema a forma $\begin{cases} C_1'\cos x + C_2'\sin x = 0 \\ -C_1'(\cos x + \sin x) + C_2'(\cos x - \sin x) = \cot x \end{cases}$.

Multiplicando a primeira equação por $\cos x + \sin x$, a segunda por $\cos x$ e somando os resultados, eliminamos a incognita C_1' e temos $C_2' \sin x(\cos x + \sin x) + C_2' \cos x(\cos x - \sin x) = \frac{\cos^2 x}{\sin x}$ ou simplificando $C_2' = \frac{\cos^2 x}{\sin x}$. Substituindo essa expressão de C_2' na primeira equação, encontramos $C_1' = -\cos x$. Integrando essas duas relações, obtemos $C_1 = -\sin x + B_1$ e $C_2 = \int \frac{\cos^2 x}{\sin x} dx = \int \frac{1-\sin^2 x}{\sin x} dx = \int \frac{\sin x}{\sin^2 x} - \sin x dx = \cos x - \int \frac{d(\cos x)}{1-\cos^2 x} = \cos x - \int \frac{dp}{1-p^2} = \cos x - \frac{1}{2} \int \frac{1}{1+p} + \frac{1}{1-p} dp = \cos x - \frac{1}{2}(\ln|1+p| - \ln|1-p|) + B_2 = \cos x - \frac{1}{2} \ln \left| \frac{1+\cos x}{1-\cos x} \right| + B_2 = \cos x - \frac{1}{2} \ln \frac{2\cos^2(x/2)}{2\sin^2(x/2)} + B_2 = \cos x - \ln \left| \cot \frac{x}{2} \right| + B_2$. Levando esses resultados na solução y_{gn}, obtemos:

$$y_{gn} = C_1 y_1 + C_2 y_2 = \left(-\sin x + B_1\right) e^{-x} \cos x + \left(\cos x - \ln \left|\cot \frac{x}{2}\right| + B_2\right) e^{-x} \sin x$$

$$= -\ln \left|\cot \frac{x}{2}\right| \cdot e^{-x} \sin x + e^{-x}(B_1 \cos x + B_2 \sin x),$$

onde $-\ln \left|\cot \frac{x}{2}\right| \cdot e^{-x} \sin x$ é a solução particular da equação não homogênea e $e^{-x}(B_1 \cos x + B_2 \sin x)$ é a solução geral da homogênea.

10. $y'' + 2y' + y = 3e^{-x}\sqrt{x+1}$. A parte direita desse tipo não é resolvível pelo método de coeficientes indeterminados. Vamos aplicar o método de variação de parâmetro. A equação característica da parte homogênea $\lambda^2 + 2\lambda + 1 = 0$ tem raiz real dupla $\lambda_{1,2} = -1$. Então, a solução geral da equação homogênea se encontra na forma $y_{gh} = (C_1 + C_2 x)e^{-x}$, onde $y_1 = e^{-x}$ e $y_2 = xe^{-x}$ são soluções particulares linearmente independentes. Em seguida, procuramos a solução da não homogênea na forma $y_{gn} = C_1(x)e^{-x} + C_2(x)xe^{-x}$. As derivadas C_1' e C_2' são encontradas do sistema linear algébrico: $\begin{cases} C_1'y_1 + C_2'y_2 = C_1'e^{-x} + C_2'xe^{-x} = 0 \\ C_1'y_1' + C_2'y_2' = C_1' \cdot (-e^{-x}) + C_2'(1-x)e^{-x} = 3e^{-x}\sqrt{x+1} \end{cases}$. Cortando e^{-x}, simplificamos o sistema a forma $\begin{cases} C_1' + C_2'x = 0 \\ -C_1' + C_2'(1-x) = 3\sqrt{x+1} \end{cases}$. Somando as duas equações, obtemos $C_2' = 3\sqrt{x+1}$. Substituindo essa expressão de C_2' na primeira equação, encontramos $C_1' = -3x\sqrt{x+1}$. Integrando essas duas relações, obtemos $C_1 = -3 \int x\sqrt{x+1} dx = -3 \int (x+1-1)\sqrt{x+1} dx = -3 \int (x+1)^{3/2} - \sqrt{x+1} dx = -3 \left(\frac{2}{5}(x+1)^{5/2} - \frac{2}{3}(x+1)^{3/2}\right) + B_1$ e $C_2 = 3 \int \sqrt{x+1} dx = 2(x+1)^{3/2} + B_2$. Levando esses resultados na solução y_{gn}, obtemos:

$$y_{gn} = C_1 y_1 + C_2 y_2 = \left(-\frac{6}{5}(x+1)^{5/2} + 2(x+1)^{3/2} + B_1\right) e^{-x} + \left(2(x+1)^{3/2} + B_2\right) xe^{-x}$$

$$= \left(-\frac{6}{5}(x+1)^{5/2} + 2(x+1)(x+1)^{3/2}\right) e^{-x} + (B_1 + B_2 x)e^{-x} = \frac{4}{5}(x+1)^{5/2}e^{-x} + (B_1 + B_2 x)e^{-x},$$

onde $\frac{4}{5}(x+1)^{5/2}e^{-x}$ é a solução particular da equação não homogênea e $(B_1 + B_2 x)e^{-x}$ é a solução geral da homogênea.

11. $y'' + y = \tan^2 x$. A parte direita desse tipo não é resolvível pelo método de coeficientes indeterminados. Vamos aplicar o método de variação de parâmetro. A equação homogênea $y'' + y = 0$ tem equação característica $\lambda^2 + 1 = 0$, cujas raízes são $\lambda = \pm i$. Então, a solução geral da equação homogênea se encontra na forma $y_{gh} = C_1 \cos x + C_2 \sin x$, onde $y_1 = \cos x$ e $y_2 = \sin x$ são soluções particulares linearmente independentes. Na sequência, procuramos a solução da não homogênea na forma $y_{gn} = C_1(x) \cos x + C_2(x) \sin x$. As derivadas C_1' e C_2' são encontradas do sistema linear algébrico: $\begin{cases} C_1'y_1 + C_2'y_2 = C_1' \cos x + C_2' \sin x = 0 \\ C_1'y_1' + C_2'y_2' = -C_1' \sin x + C_2' \cos x = \tan^2 x \end{cases}$. Multiplicando a primeira equação por $\sin x$, a segunda por $\cos x$ e somando os resultados, obtemos $C_2' = \tan^2 x \cos x$. Substituindo essa expressão de C_2' na primeira equação, temos $C_1' \cos x = -\tan^2 x \cos x \sin x$ ou $C_1' = -\tan^2 x \sin x$. Integrando, obtemos $C_1 = -\int \frac{\sin^3 x}{\cos^2 x} dx = \int \frac{1-\cos^2 x}{\cos^2 x} d(\cos x) = \int \frac{1-t^2}{t^2} dt = -\frac{1}{t} - t + B_1 = -\frac{1}{\cos x} - \cos x + B_1$ e $C_2 = \int \frac{\sin^2 x}{\cos x} dx = \int \frac{1-\cos^2 x}{\cos x} dx = -\sin x + \int \frac{\cos x}{\cos^2 x} dx = -\sin x + \int \frac{d(\sin x)}{1-\sin^2 x} = -\sin x + $

$\int \frac{dp}{1-p^2} = -\sin x + \int \frac{1}{1-p} + \frac{1}{1+p} dp = -\sin x + \frac{1}{2}\ln\left|\frac{1+p}{1-p}\right| + B_2 = -\sin x + \frac{1}{2}\ln\left|\frac{1+\sin x}{1-\sin x}\right| + B_2 = -\sin x +$
$\frac{1}{2}\ln\frac{\cos^2\left(\frac{x}{2}-\frac{\pi}{4}\right)}{\sin^2\left(\frac{x}{2}-\frac{\pi}{4}\right)} + B_2 = -\sin x + \ln\left|\cot\left(\frac{x}{2}-\frac{\pi}{4}\right)\right| + B_2$. Levando esses resultados na solução y_{gn}, obtemos:

$$y_{gn} = C_1 y_1 + C_2 y_2 = \left(-\frac{1}{\cos x} - \cos x + B_1\right)\cos x + \left(-\sin x + \ln\left|\cot\left(\frac{x}{2}-\frac{\pi}{4}\right)\right| + B_2\right)\sin x$$

$$= -2 + \ln\left|\cot\left(\frac{x}{2}-\frac{\pi}{4}\right)\right| \cdot \sin x + B_1\cos x + B_2\sin x,$$

onde $-2 + \ln\left|\cot\left(\frac{x}{2}-\frac{\pi}{4}\right)\right| \cdot \sin x$ é a solução particular da equação não homogênea e $B_1\cos x + B_2\sin x$ é a solução geral da homogênea.

12. $y'' + 2y' + y = xe^x + \frac{1}{xe^x}$. A parte direita desse tipo não é resolvível pelo método de coeficientes indeterminados. Vamos aplicar o método de variação de parâmetro. A equação homogênea $y'' + 2y' + y = 0$ tem equação característica $\lambda^2 + 2\lambda + 1 = 0$, cuja raiz dupla é $\lambda = -1$. Então, a solução geral da equação homogênea se encontra na forma $y_{gh} = (C_1 + C_2 x)e^{-x}$, onde $y_1 = e^{-x}$ e $y_2 = xe^{-x}$ são soluções particulares linearmente independentes. Na sequência, procuramos a solução da não homogênea na forma $y_{gn} = C_1 e^{-x} + C_2 xe^{-x}$. As derivadas C_1' e C_2' são encontradas do sistema linear algébrico: $\begin{cases} C_1' y_1 + C_2' y_2 = C_1' e^{-x} + C_2' xe^{-x} = 0 \\ C_1' y_1' + C_2' y_2' = -C_1' e^{-x} + C_2'(1-x)e^{-x} = xe^x + \frac{1}{xe^x} \end{cases}$·

Cortando e^{-x}, simplificamos o sistema a forma $\begin{cases} C_1' + C_2' x = 0 \\ -C_1' + C_2'(1-x) = xe^{2x} + \frac{1}{x} \end{cases}$. Somando as duas equações, obtemos $C_2' = xe^{2x} + \frac{1}{x}$. Substituindo essa expressão de C_2' na primeira equação, encontramos $C_1' = -x^2 e^{2x} + 1$. Integrando essas duas relações, obtemos $C_1 = -\int x^2 e^{2x} + 1 dx = -\frac{1}{2}x^2 e^{2x} + \int xe^{2x} dx - x = -\frac{1}{2}x^2 e^{2x} + \left(\frac{1}{2}xe^{2x} - \frac{1}{2}\int e^{2x} dx\right) - x = -\frac{1}{2}x^2 e^{2x} + \frac{1}{2}xe^{2x} - \frac{1}{4}e^{2x} - x + B_1$ e $C_2 = \int xe^{2x} + \frac{1}{x} dx = \frac{1}{2}xe^{2x} - \frac{1}{2}\int e^{2x} dx + \ln|x| = \frac{1}{2}xe^{2x} - \frac{1}{4}e^{2x} + \ln|x| + B_2$. Levando esses resultados na solução y_{gn}, obtemos:

$$y_{gn} = C_1 y_1 + C_2 y_2 = \left(-\frac{1}{2}x^2 e^{2x} + \frac{1}{2}xe^{2x} - \frac{1}{4}e^{2x} - x + B_1\right)e^{-x} + \left(\frac{1}{2}xe^{2x} - \frac{1}{4}e^{2x} + \ln|x| + B_2\right)xe^{-x}$$

$$= \left(\frac{1}{4}xe^{2x} - \frac{1}{4}e^{2x} - x + x\ln|x|\right)e^{-x} + (B_1 + B_2 x)e^{-x},$$

onde $\left(\frac{1}{4}xe^{2x} - \frac{1}{4}e^{2x} - x + x\ln|x|\right)e^{-x}$ é a solução particular da equação não homogênea e $(B_1 + B_2 x)e^{-x}$ é a solução geral da homogênea.

Exercícios para o leitor

1. $y'' - 2y' + y = \frac{e^x}{x}$.
2. $y'' + 2y' + y = \frac{e^{-x}}{x}$.
3. $y'' + 4y = \tan 2x$.
4. $y'' + 9y = \frac{1}{\sin 3x}$.
5. $y'' - 2y' + 2y = \frac{e^x}{\sin^2 x}$.
6. $y'' + 3y' + 2y = \frac{e^{-x}}{e^x + 2}$.
7. $y'' + y' = e^{2x}\cos e^x$.
8. $y'' + 4y = \frac{1}{\sin 2x}$.
9. $y'' - y' = e^{2x}\sin e^x$.
10. $y'' + 4y' = \frac{1}{\sin^2 x}$.
11. $y'' - 2y' + 5y = 3e^x + e^x\tan 2x$.
12. $y'' + 4y' + 4y = e^{-2x}\ln x$.
13. $y'' - 2y' + y = \frac{e^x}{x^2+1}$.

14. $y'' - y = \frac{e^x}{e^x+1}$.
15. $y''' + y' = \frac{\sin x}{\cos^2 x}$.
16. $y'' + 2y' + 2y = \frac{e^x}{\cos x}$.
17. $y'' - 2y' + 2y = \frac{e^x}{\sin^2 x}$.
18. $y'' - 2y' + y = \frac{e^x}{x^2}$.
19. $y'' + 4y' + 4y = \frac{e^{-2x}}{x^3}$.
20. $y'' + y = \frac{1}{\sin^2 x}$.
21. $y'' - 3y' + 2y = \frac{1}{1+e^x}$.
22. $y'' - 3y' + 2y = \frac{e^x}{1+e^x}$.
23. $y'' - y = \frac{e^x - e^{-x}}{e^x + e^{-x}}$.
24. $y'' - 2y' = 5(3 - 4x)\sqrt{x}$.
25. $y'' - 2y' + 10y = \frac{9e^x}{\cos 3x}$.
26. $y'' - 4y' + 8y = 4(7 - 21x + 18x^2)\sqrt[3]{x}$.
27. $y'' + y = -\cot^2 x$.
28. $y'' - 4y = (15 - 16x^2)\sqrt{x}$.
29. $y'' + 4y' + 4y = \frac{e^{-2x}}{x+1}$.
30. $y'' + 3y' = \frac{3x-1}{x^2}$.
31. $y'' - 4y' + 4y = \frac{2e^{2x}}{1+x^2}$.
32. $y'' + y' = 7(4 + 3x)\sqrt[3]{x}$.
33. $y'' + 2y' + 2y = \frac{e^{-x}}{\sin x}$.
34. $y'' + 2y = 2 - 4x^2 \sin x^2$.
35. $y'' + 2y' + 5y = \frac{2e^{-x}}{\cos 2x}$.
36. $y'' + 2y' + y = (x + 2)(\ln x + \frac{1}{x})$.
37. $y'' - 2y = -2 - 4x^2 \cos x^2$.
38. $y'' - y' = \frac{x+1}{x^2}$.
39. $y'' - 2y' = \frac{1}{x} - 2\ln(ex)$.
40. $y'' + y = \frac{1}{\cos^2 x}$.

4 Problema de Cauchy (problema de condições iniciais)

4.1 Método tradicional de resolução

Já encontramos esse tipo do problema para vários tipos de EDOs e a sua resolução para equações lineares na forma tradicional não traz nenhuma novidade, inclusive já propomos alguns problemas desse tipo nos exercícios anteriores. Por isso, só vamos fazer uma breve revisão do método e resolvemos mais alguns exemplos. O método padrão consiste em encontro da solução geral da equação e posterior aplicação de n condições iniciais nessa solução para especificar n coeficientes arbitrários $C_1, \ldots, C_n$. Normalmente, o esquema de aplicação de condições iniciais nas soluções de equações lineares não depende do caso específico da equação linear e do fato se ela é homogênea ou não. Usualmente isso exige resolução de um sistema linear algébrico de n equações para n incógnitas $C_1, \ldots, C_n$, embora às vezes esse sistema pode ser desacoplado em subsistemas de ordem menor. Lembramos que o teorema de Cauchy para equações lineares garante a existência e unicidade da solução do problema de Cauchy, o que, em termos do sistema linear para $C_1, \ldots, C_n$, significa que esse sistema tem uma única solução (seu determinante é não nulo).

Exemplos.

1. $y'' - 2y' - 3y = 0$, $y(0) = 1, y'(0) = -5$. A solução geral dessa equação foi encontrada na forma $y_{gh} = C_1 e^{-x} + C_2 e^{3x}$ (veja Exemplo 2 do Caso 1 da seção 1). Usando as condições iniciais, encontramos o sistema $\begin{cases} C_1 + C_2 = 1 \\ -C_1 + 3C_2 = -5 \end{cases}$, cuja solução é $C_1 = 2$, $C_2 = -1$. Logo, a solução do

problema de Cauchy é $y = 2e^{-x} - e^{3x}$.

2. $y''' - y'' - y' + y = 0$, $y(0) = -1, y'(0) = 2, y''(0) = -3$. A solução geral dessa equação é $y_{gh} = C_1 e^x + C_2 x e^x + C_3 e^{-x}$ (veja Exemplo 1 do Caso 2 da seção 1). Usando as condições iniciais, encontramos o sistema $\begin{cases} C_1 + C_3 = -1 \\ C_1 + C_2 - C_3 = 2 \\ C_1 + 2C_2 + C_3 = -3 \end{cases}$, cuja solução é $C_1 = 1$, $C_2 = -1$, $C_3 = -2$. Logo, a solução do problema de Cauchy é $y = (1-x)e^x - 2e^{-x}$.

3. $y'' + 9y = 0$, $y(\pi) = 2, y'(\pi) = -3$. A solução geral tem a forma $y_{gh} = C_1 \cos 3x + C_2 \sin 3x$ (veja Exemplo 1 do Caso 3 da seção 1). Aplicação das condições iniciais leva às duas equações desacopladas $\begin{cases} -C_1 = 2 \\ -3C_2 = -3 \end{cases}$ donde segue que $C_1 = -2, C_2 = 1$. Então, a solução do problema é $y = -2\cos 3x + \sin 3x$. Notamos que a mesma solução pode ser obtida usando a forma complexa da solução geral.

4. $y^{(4)} + 2y'' + y = 0$, $y(\frac{\pi}{2}) = -2 - 2\pi, y'(\frac{\pi}{2}) = -4 + \pi, y''(\frac{\pi}{2}) = 6 + 2\pi, y'''(\frac{\pi}{2}) = 14 - \pi$. Para variar, vamos usar a solução geral dessa equação na forma complexa: $y_{gh} = C_1 e^{ix} + C_2 e^{-ix} + C_3 x e^{ix} + C_4 x e^{-ix}$ (veja Exemplo 1 do Caso 4 da seção 1). Empregando as condições iniciais, obtemos o sistema $\begin{cases} i(C_1 - C_2) + i\frac{\pi}{2}(C_3 - C_4) = -2 - 2\pi \\ -(C_1 + C_2) + i(C_3 - c_4) - \frac{\pi}{2}(C_3 + C_4) = -4 + \pi \\ -i(C_1 - C_2) - 2(C_3 + C_4) - i\frac{\pi}{2}(C_3 - C_4) = 6 + 2\pi \\ (C_1 + C_2) - 3i(C_3 - C_4) + \frac{\pi}{2}(C_3 + C_4) = 14 - \pi \end{cases}$ A solução desse sistema se encontra da mesma maneira como de um sistema de coeficientes reais (por exemplo, usando o método de eliminação de Gauss). Os coeficientes que satisfazem o sistema são $C_1 = 1 + i$, $C_2 = 1 - i$, $C_3 = -1 + 2i$, $C_4 = -1 - 2i$. Substituindo eles na solução geral, obtemos a solução do problema de Cauchy: $y = (1+i)e^{ix} + (1-i)e^{-ix} + (-1+2i)xe^{ix} + (-1-2i)xe^{-ix}$. Simplificando, chegamos a forma $y = 2\cos x - 2\sin x - 2x\cos x - 4x\sin x = 2(1-x)\cos x - 2(1+2x)\sin x$. A mesma solução pode ser encontrada usando a forma real da solução geral $y_{gh} = C_1 \cos x + C_2 \sin x + C_3 x \cos x + C_4 x \sin x$

5. $y'' - 8y' + 16y = (1-x)e^x$, $y(-1) = e^{-4} + \frac{4}{27}e^{-1}$, $y'(-1) = 6e^{-4} + \frac{1}{27}e^{-1}$. A solução geral da equação se encontra na forma $y_{gn} = (C_1 + C_2 x)e^{4x} + \left(-\frac{1}{9}x + \frac{1}{27}\right)e^x$ (veja Exemplo 1 da seção 2.1). Substituindo ela nas condições iniciais obtemos o sistema $\begin{cases} (C_1 - C_2)e^{-4} + \frac{4}{27}e^{-1} = e^{-4} + \frac{4}{27}e^{-1} \\ (4C_1 - 3C_2)e^{-4} + \frac{1}{27}e^{-1} = 6e^{-4} + \frac{1}{27}e^{-1} \end{cases}$ cuja solução é $C_1 = 3, C_2 = 2$. Então, a solução do problema de Cauchy é $y = (3+2x)e^{4x} + \left(-\frac{1}{9}x + \frac{1}{27}\right)e^x$.

6. $y'' + y = x\cos x$, $y(0) = -\frac{5}{4}, y'(0) = \frac{1}{2}$. A solução geral da equação é encontrada na forma $y_{gn} = C_1 \cos x + C_2 \sin x + \frac{1}{4}(x\cos x + x^2 \sin x)$ (veja Exemplo 2 da seção 2.2). Substituindo ela nas condições iniciais obtemos duas equações desacopladas $\begin{cases} C_1 = -\frac{5}{4} \\ C_2 + \frac{1}{4} = \frac{1}{2} \end{cases}$ que determinam $C_1 = -\frac{5}{4}$ e $C_2 = \frac{1}{4}$. Então, a solução do problema de Cauchy é $y = -\frac{5}{4}\cos x + \frac{1}{4}\sin x + \frac{1}{4}(x\cos x + x^2 \sin x) = \frac{1}{4}\left((x-5)\cos x + (x^2+1)\sin x\right)$.

4.2 Método da transformada de Laplace

Informações preliminares

A *transformada de Laplace* é um método de Cálculo Operacional, ou seja, uma técnica que permite transformar um problema diferencial em problema algébrico que consiste na resolução de uma equação polinomial. No caso de equações diferenciais ordinárias lineares, a realização mais eficiente e bastante simples deste método ocorre quando ele é aplicado a resolução de problemas de condições iniciais para equações lineares de coeficientes constantes.

A definição da transformada de Laplace de uma função $f(x)$ é a seguinte.

Definição. A *transformada de Laplace* $\mathcal{L}$ aplicada a função $f(x)$, $x \in [0, +\infty)$ se define pela fórmula

$$F(p) \equiv \mathcal{L}[f](p) = \int_0^{+\infty} e^{-px} f(x)dx.$$

A função $f(x)$ é chamada da *original* e $F(p)$ da sua *imagem*.

Lembrando as propriedades da integral imprópria, envolvida nessa definição, podemos notar que a transformada de Laplace pode não existir para algumas funções devido a não existência ou divergência da integral imprópria. Por exemplo, a integral não pode ser definida para $f(x) = \frac{1}{x-1}$, porque essa função não é limitada numa vizinhança de $x = 1$ e, consequentemente, não é integrável de Riemann em qualquer intervalo finito contendo ponto 1, o que não permite definir a integral imprópria de $f(x)$ e também de $e^{-px} f(x)$, para $\forall p$. Por outro lado, as funções $f(x) = e^x$ e $f(x) = e^{x^2}$ são contínuas e, consequentemente, integráveis de Riemann em qualquer intevalo finito, mas a integral imprópria da definição diverge para $f(x) = e^x$ e $p \leq 1$ e também para $f(x) = e^{x^2}$ e $\forall p$. Portanto, para poder aplicar a transformada de Laplace, temos restringir a classe de funções usadas.

Vamos impor as seguintes condições sobre $f(x)$:

1. $f(x)$ é contínua por partes em $[0, +\infty)$, ou seja, em cada segmento finito do semi-eixo $x \geq 0$, a função $f(x)$ é contínua exceto, possivilmente, um número finito de pontos de descontinuidade do tipo removível ou salto;

2. $f(x)$ é de ordem exponencial em $[0, +\infty)$, ou seja, existem números $M > 0$ e c tais que $|f(x)| \leq Me^{cx}$ para $\forall x \geq x_0$, onde $x_0 \geq 0$ é um ponto fixo.

Essas condições garantem a existência da transformada de Laplace, isto é, a convergência da integral imprópria, para todos $p > c$. Além disso, $F(p)$ é infinitamente derivável e satisfaz a condição $\lim_{p \to +\infty} F(p) = 0$.

De acordo com as propriedades da integral imprópria, para combinação linear $\alpha f + \beta g$, onde α e β são duas constantes, temos

$$\mathcal{L}[\alpha f + \beta g](p) = \int_0^{+\infty} e^{-px}(\alpha f + \beta g)dx = \alpha \int_0^{+\infty} e^{-px} f dx + \beta \int_0^{+\infty} e^{-px} g dx = \alpha \mathcal{L}[f](p) + \beta \mathcal{L}[g](p),$$

o que significa que a transformada de Laplace é um operador linear.

Se $f'(x)$ é contínua em $x \geq 0$, então, usando integração por partes, obtemos

$$\mathcal{L}[f'](p) = \int_0^{+\infty} e^{-px} f'(x)dx = e^{-px} f(x)\big|_0^{+\infty} + p \int_0^{+\infty} e^{-px} f(x)dx = -f(0) + p\mathcal{L}[f](p).$$

Aplicando esse resultado para uma função $f(x)$ continuamente derivável duas vêzes em $x \geq 0$, temos

$$\mathcal{L}[f''](p) = -f'(0) + p\mathcal{L}[f'](p) = -f'(0) + p(-f(0) + p\mathcal{L}[f](p)) = -f'(0) - pf(0) + p^2\mathcal{L}[f](p).$$

Continuando dessa maneira, com uso da indução matemática, chegamos a fórmula da derivação

$$\mathcal{L}[f^{(n)}](p) = -f^{(n-1)}(0) - pf^{(n-2)}(0) - \ldots - p^{n-2}f'(0) - p^{n-1}f(0) + p^n\mathcal{L}[f](p))$$

para qualquer função $f(x)$ continuamente derivável n vêzes em $x \geq 0$.

A última propriedade e a propriedade de linearidade fazem com que a transformada de Laplace seja uma ferramenta conveniente para resolução do problema de condições iniciais para equações lineares com coeficientes constantes:

$$\begin{cases} a_n y^{(n)} + \ldots + a_1 y' + a_0 y = h(x) \\ y(0) = y_0, y'(0) = y_1, \ldots, y^{(n-1)}(0) = y_{n-1} \end{cases}.$$

Realmente, conforme a linearidade, a aplicação da transformada de Laplace a equação resulta em

$$a_n \mathcal{L}[y^{(n)}] + \ldots + a_1 \mathcal{L}[y'] + a_0 \mathcal{L}[y] = \mathcal{L}[h],$$

e a fórmula da derivação permite reescrever essa equação na forma

$$a_n[-y^{(n-1)}(0) - py^{(n-2)}(0) - \ldots - p^{n-2}y'(0) - p^{n-1}y(0) + p^nY] + \ldots + a_1[-y(0) + pY] + a_0Y = H,$$

onde $Y = \mathcal{L}[y]$ e $H = \mathcal{L}[h]$. Assim, a equação diferencial para $y(x)$ é transformada numa equação algébrica para a imagem $Y(p)$. Coletando os termos com $Y(p)$ e juntando os termos de condições iniciais, obtemos

$$P(p)Y = Q(p) + H(p),$$

onde

$$P(p) = a_np^n + a_{n-1}p^{n-1} + \ldots + a_1p + a_0,$$

e

$$Q(p) = a_ny^{(n-1)}(0) + (pa_n + a_{n-1})y^{(n-2)}(0) + \ldots + (p^{n-2}a_n + p^{n-3}a_{n-1} + \ldots + a_2)y'(0)$$
$$+ (p^{n-1}a_n + p^{n-2}a_{n-1} + \ldots + pa_2 + a_1)y(0).$$

Logo, a solução para a imagem se encontra pela fórmula

$$Y = \frac{Q(p)}{P(p)} + \frac{H(p)}{P(p)}.$$

Resta aplicar a transformada inversa $\mathcal{L}^{-1}$ para encontrar a original y da imagem Y, que vai ser a solução do problema de Cauchy. Em geral, a transformada inversa envolve trabalho com funções de variável complexa. No entanto, para evitar isso, existem tabelas de originais e imagens que permitem resolver problema de Cauchy para muitas equações lineares. Abaixo apresentamos alguns resultados da transformada de Laplace e sua inversa.

Tabela 1. Transformada de Laplace de algumas funções

$f(x) = \mathcal{L}^{-1}[F]$	$F(p) = \mathcal{L}[f]$
1	$\frac{1}{p}$
x	$\frac{1}{p^2}$
x^n	$\frac{n!}{p^{n+1}}$
e^{ax}	$\frac{1}{p-a}$
$x^n e^{ax}$	$\frac{n!}{(p-a)^{n+1}}$
$\sin ax$	$\frac{a}{p^2+a^2}$
$\cos ax$	$\frac{p}{p^2+a^2}$
$e^{ax}\sin bx$	$\frac{b}{(p-a)^2+b^2}$
$e^{ax}\cos bx$	$\frac{p-a}{(p-a)^2+b^2}$
$x\sin ax$	$\frac{2ap}{(p^2+a^2)^2}$
$x\cos ax$	$\frac{p^2-a^2}{(p^2+a^2)^2}$

Exemplos.

1. $y' + 3y = 13\sin 2x$, $y(0) = 6$.

Aplicando a transformada de Laplace à equação dada, obtemos $\mathcal{L}[y' + 3y] = \mathcal{L}[13\sin 2x]$ ou, devido a linearidade de $\mathcal{L}$: $\mathcal{L}[y'] + 3\mathcal{L}[y] = 13\mathcal{L}[\sin 2x]$. Denotando $Y = \mathcal{L}[y]$ e usando a fórmula da derivada e tabela de transformadas, encontramos: $\mathcal{L}[y'] = pY - y(0) = pY - 6$, $\mathcal{L}[\sin 2x] = \frac{2}{p^2+4}$. Logo, obtemos a equação algébrica para Y: $pY - 6 + 3Y = \frac{26}{p^2+4}$, cuja solução é $Y = \frac{6}{p+3} + \frac{26}{(p+3)(p^2+4)}$. Para poder encontrar a original de y, precisamos transformar a última fração na forma que se encontra entre resultados da tabela. Para isso, usamos a representação em frações parciais, notando que o denominador $(p+3)(p^2+4)$ já tem fatoração máxima no campo de números reais (a mesma técnica usada na integração de funções racionais): $\frac{26}{(p+3)(p^2+4)} = \frac{A}{p+3} + \frac{Bp+C}{p^2+4}$. Para encontrar as constantes

A, B, C, voltamos ao denominador comum no lado esquerdo $\frac{26}{(p+3)(p^2+4)} = \frac{A(p^2+4)+(Bp+C)(p+3)}{(p+3)(p^2+4)}$ que implica na igualdade entre os numeradores $A(p^2 + 4) + (Bp + C)(p + 3) = 26$, donde $A + B = 0, 3B + C = 0, 4A + 3C = 26$. Logo, $A = 2$, $B = -2$, $C = 6$. Então, a imagem Y toma a forma $Y = \frac{6}{p+3} + \frac{2}{p+3} + \frac{-2p+6}{p^2+4} = \frac{8}{p+3} + \frac{-2p+6}{p^2+4}$. Encontrando na tabela de transformadas que $\mathcal{L}^{-1}[p+3] = e^{-3x}$, $\mathcal{L}^{-1}[\frac{p}{p^2+4}] = \cos 2x$ e $\mathcal{L}^{-1}[\frac{2}{p^2+4}] = \sin 2x$, e usando a linearidade da transformada inversa, chegamos ao seguinte resultado: $y = \mathcal{L}^{-1}[Y] = \mathcal{L}^{-1}[\frac{8}{p+3} + \frac{-2p+6}{p^2+4}] = 8\mathcal{L}^{-1}[\frac{1}{p+3}] - 2\mathcal{L}^{-1}[\frac{p}{p^2+4}] + 3\mathcal{L}^{-1}[\frac{2}{p^2+4}] = 8e^{-3x} - 2\cos 2x + 3\sin 2x$. Essa é a solução do problema de Cauchy.

2. $y'' - y = e^{2x}$, $y(0) = 0, y'(0) = 1$.

Aplicando a transformada de Laplace à equação dada, usando sua propriedade de linearidade e a fórmula da derivada, obtemos $p^2Y - py(0) - y'(0) - Y = \mathcal{L}[e^{2x}]$. Empregando as condições iniciais e tabela de transformadas, encontramos a equação algébrica para imagem Y: $p^2Y - 1 - Y = \frac{1}{p-2}$. Logo, $Y = \frac{1}{(p-2)(p+1)}$. Para poder encontrar a original de y, precisamos transformar a última fração na forma que se encontra entre resultados da tabela. Para isso, usamos a representação em frações parciais: $\frac{1}{(p-2)(p+1)} = \frac{A}{p-2} + \frac{B}{p+1}$. Para encontrar as constantes A, B, voltamos ao denominador comum no lado esquerdo $\frac{1}{(p-2)(p+1)} = \frac{A(p+1)+B(p-2)}{(p-2)(p+1)}$, donde $A + B = 0, A - 2B = 1$ e então $A = \frac{1}{3}$, $B = -\frac{1}{3}$. Portanto, a imagem Y toma a forma $Y = \frac{1/3}{p-2} - \frac{1/3}{p+1}$. Encontrando na tabela de transformadas que $\mathcal{L}^{-1}[\frac{1}{p-2}] = e^{2x}$ e $\mathcal{L}^{-1}[\frac{1}{p+1}] = e^{-x}$, e usando a linearidade da transformada inversa, concluímos que a solução do problema de Cauchy é $y = \mathcal{L}^{-1}[Y] = \frac{1}{3}\mathcal{L}^{-1}[\frac{1}{p-2} - \frac{1}{p+1}] = \frac{1}{3}(e^{2x} - e^{-x})$.

3. $y'' - 2y' - 3y = 0$, $y(0) = 1, y'(0) = 0$.

Aplicando a transformada de Laplace à equação dada, usando sua propriedade de linearidade e a fórmula da derivada, obtemos $(p^2Y - py(0) - y'(0)) - 2(pY - y(0)) - 3Y = (p^2 - 2p - 3)Y - (p - 2) = 0$. Resolvendo, temos $Y = \frac{p-2}{p^2-2p-3}$. Para poder encontrar a original de y, fatoramos o denominador $p^2 - 2p - 3 = (p - 3)(p + 1)$ e representamos a parte direita em frações parciais: $\frac{p-2}{p^2-2p-3} = \frac{A}{p-3} + \frac{B}{p+1}$. Para as constantes A, B temos a relação $A(p + 1) + B(p - 3) = p - 2$ que leva ao sistema $A + B = 1, A - 3B = -2$. Logo, $A = \frac{1}{4}$, $B = \frac{3}{4}$ e a imagem Y assume a forma $Y = \frac{1/4}{p-3} + \frac{3/4}{p+1}$. Encontrando na tabela de transformadas que $\mathcal{L}^{-1}[\frac{1}{p-3}] = e^{3x}$ e $\mathcal{L}^{-1}[\frac{1}{p+1}] = e^{-x}$, e usando a linearidade da transformada inversa, concluímos que a solução do problema de Cauchy é $y = \mathcal{L}^{-1}[Y] = \frac{1}{4}\mathcal{L}^{-1}[\frac{1}{p-3}] + \frac{3}{4}\mathcal{L}^{-1}[\frac{1}{p+1}] = \frac{1}{4}e^{3x} + \frac{3}{4}e^{-x}$.

4. $y'' + 2y' + 2y = \cos 2x$, $y(0) = 0, y'(0) = 1$.

Aplicando a transformada de Laplace à equação dada, usando sua propriedade de linearidade e a fórmula da derivada, obtemos $(p^2Y - py(0) - y'(0)) + 2(pY - y(0)) + 2Y = \mathcal{L}[\cos 2x]$. Como $\mathcal{L}[\cos 2x] = \frac{p}{p^2+4}$, então temos a equação algébrica $(p^2 + 2p + 2)Y - 1 = \frac{p}{p^2+4}$, cuja solução é $Y = \frac{1}{p^2+2p+2} + \frac{p}{(p^2+2p+2)(p^2+4)}$. Representando a primeira fração na forma $\frac{1}{(p+1)^2+1}$, encontramos sua original da tabela: $\mathcal{L}^{-1}[\frac{1}{(p+1)^2+1}] = e^{-x}\sin x$. Para encontrar a original da segunda fração, representamos ela em frações parciais: $\frac{p}{(p^2+2p+2)(p^2+4)} = \frac{Ap+B}{p^2+2p+2} + \frac{Cp+D}{p^2+4}$. Para as constantes A, B, C, D temos a relação $(Ap + B)(p^2 + 4) + (Cp + D)(p^2 + 2p + 2) = p$ que leva ao sistema $A + C = 0, B + 2C + D = 0, 4A + 2C + 2D = 1, 4B + 2D = 0$. Resolvendo, achamos, $A = \frac{1}{10}$, $B = -\frac{1}{5}$, $C = -\frac{1}{10}$, $D = \frac{2}{5}$, isto é, a segunda fração se representa na forma: $\frac{p}{(p^2+2p+2)(p^2+4)} = \frac{1}{10}\frac{p-2}{p^2+2p+2} - \frac{1}{10}\frac{p-4}{p^2+4}$. Conforme a tabela, a original do primeiro termo é $\mathcal{L}^{-1}[\frac{1}{10}\frac{p-2}{(p+1)^2+1}] = \frac{1}{10}(\mathcal{L}^{-1}[\frac{p+1}{(p+1)^2+1}] - \mathcal{L}^{-1}[\frac{3}{(p+1)^2+1}]) = \frac{1}{10}(e^{-x}\cos x - 3e^{-x}\sin x)$. Para o segundo temos $\mathcal{L}^{-1}[\frac{1}{10}\frac{p-4}{p^2+4}] = \frac{1}{10}(\mathcal{L}^{-1}[\frac{p}{p^2+4}] - 2\mathcal{L}^{-1}[\frac{2}{p^2+4}]) = \frac{1}{10}(\cos 2x - 2\sin 2x)$. Juntando todos os resultados, encontramos $y = \mathcal{L}^{-1}[Y] = e^{-x}\sin x + \frac{1}{10}(e^{-x}\cos x - 3e^{-x}\sin x) - \frac{1}{10}(\cos 2x - 2\sin 2x)$.

5. $y'' - 3y' + 2y = 6e^{-x}$, $y(0) = 2, y'(0) = 0$.

Aplicando a transformada de Laplace à equação dada, usando sua propriedade de linearidade e a fórmula da derivada, obtemos $(p^2Y - py(0) - y'(0)) - 3(pY - y(0)) + 2Y = \mathcal{L}[6e^{-x}]$. Como $\mathcal{L}[e^{-x}] = \frac{1}{p+1}$, então temos a equação algébrica $(p^2 - 3p + 2)Y - 2p + 6 = \frac{6}{p+1}$, ou simplificando,

$(p^2 - 3p + 2)Y = \frac{2p^2 - 4p}{p+1}$. Resolvendo, temos $Y = \frac{2p}{(p+1)(p-1)}$. Representamos a parte direita em frações parciais: $\frac{2p}{(p+1)(p-1)} = \frac{1}{p-1} + \frac{1}{p+1}$, e encontramos as originais da tabela: $\mathcal{L}^{-1}[\frac{1}{p-1}] = e^x$ e $\mathcal{L}^{-1}[\frac{1}{p+1}] = e^{-x}$. Logo, a solução do problema de Cauchy é $y = \mathcal{L}^{-1}[Y] = \mathcal{L}^{-1}[\frac{1}{p-1}] + \mathcal{L}^{-1}[\frac{1}{p+1}] = e^x + e^{-x}$.

6. $y'' + y = x \cos 2x$, $y(0) = 0, y'(0) = 0$.

Aplicando a transformada de Laplace à equação dada, usando sua propriedade de linearidade e a fórmula da derivada, obtemos $(p^2Y - py(0) - y'(0)) + Y = \mathcal{L}[x \cos 2x]$. Levando em conta as condições iniciais e o resultado da tabela $\mathcal{L}[x \cos 2x] = \frac{p^2 - 4}{(p^2+4)^2}$, chegamos a equação algébrica $(p^2 + 1)Y = \frac{p^2-4}{(p^2+4)^2}$, cuja solução é $Y = \frac{p^2-4}{(p^2+1)(p^2+4)^2}$. Representamos a parte direita em frações parciais: $\frac{p^2-4}{(p^2+1)(p^2+4)^2} = \frac{A}{p^2+1} + \frac{B}{p^2+4} + \frac{C}{(p^2+4)^2}$. Para as constantes A, B, C temos a relação $A(p^2+4)^2 + B(p^2+1)(p^2+4) + C(p^2+1) = p^2 - 4$. Denotando $s = p^2$ simplificamos a última à forma $A(s+4)^2 + B(s+1)(s+4) + C(s+1) = s - 4$ e obtemos o sistema $A + B = 0, 8A + 5B + C = 1, 16A + 4B + C = -4$. Resolvendo, achamos, $A = -\frac{5}{9}$, $B = \frac{5}{9}$, $C = \frac{8}{3}$. Então obtemos as seguintes frações parciais: $\frac{p^2-4}{(p^2+1)(p^2+4)^2} = \frac{-5/9}{p^2+1} + \frac{5/9}{p^2+4} + \frac{8/3}{(p^2+4)^2}$. Conforme a tabela, $\mathcal{L}^{-1}[\frac{1}{p^2+1}] = \sin x$, $\mathcal{L}^{-1}[\frac{1}{p^2+4}] = \frac{1}{2}\sin 2x$ e $\mathcal{L}^{-1}[\frac{1}{(p^2+4)^2}] = \mathcal{L}^{-1}[\frac{1}{8}\frac{p^2+4-(p^2-4)}{(p^2+4)^2}] = \frac{1}{8}\mathcal{L}^{-1}[\frac{1}{p^2+4}] - \mathcal{L}^{-1}[\frac{p^2-4}{(p^2+4)^2}] = \frac{1}{8}(\frac{1}{2}\sin 2x - x\cos 2x)$. Juntando todos os resultados, encontramos a solução do problema de Cauchy: $y = \mathcal{L}^{-1}[Y] = -\frac{5}{9}\sin x + \frac{5}{9} \cdot \frac{1}{2}\sin 2x + \frac{8}{3} \cdot \frac{1}{8}(\frac{1}{2}\sin 2x - x\cos 2x) = -\frac{5}{9}\sin x + \frac{4}{9}\sin 2x - \frac{1}{3}x\cos 2x$.

7. $y'' - 4y' + 3y = 2e^x + 2e^{3x}$, $y(0) = -1, y'(0) = 1$.

Aplicando a transformada de Laplace à equação dada, usando sua propriedade de linearidade e a fórmula da derivada, obtemos $(p^2Y - py(0) - y'(0)) - 4(pY - y(0)) + 3Y = \mathcal{L}[2e^x + 2e^{3x}]$. Como $\mathcal{L}[e^x] = \frac{1}{p-1}$ e $\mathcal{L}[e^{3x}] = \frac{1}{p-3}$, então, empregando as condições iniciais, chegamos a equação algébrica $(p^2 - 4p + 3)Y + p - 5 = \frac{2}{p-1} + \frac{2}{p-3}$ ou $(p-1)(p-3)Y = \frac{2}{p-1} + \frac{2}{p-3} - (p-5)$. A solução se encontra na forma $Y = \frac{2}{(p-1)^2(p-3)} + \frac{2}{(p-1)(p-3)^2} - \frac{p-5}{(p-1)(p-3)}$. Representamos a parte direita em frações parciais: $\frac{2}{(p-1)^2(p-3)} + \frac{2}{(p-1)(p-3)^2} - \frac{p-5}{(p-1)(p-3)} = \frac{A}{p-1} + \frac{B}{(p-1)^2} + \frac{C}{p-3} + \frac{D}{(p-3)^2}$. Para A, B, C, D temos a relação $A(p-1)(p-3)^2 + B(p-3)^2 + C(p-3)(p-1)^2 + D(p-1)^2 = 2(p-3) + 2(p-1) - (p-5)(p-1)(p-3)$, cuja solução é $A = -2$, $B = -1$, $C = 1$, $D = 1$. Assim, $Y = \frac{-2}{p-1} + \frac{-1}{(p-1)^2} + \frac{1}{p-3} + \frac{1}{(p-3)^2}$. Usando a tabela de transformadas, encontramos $\mathcal{L}^{-1}[\frac{1}{p-1}] = e^x$, $\mathcal{L}^{-1}[\frac{1}{(p-1)^2}] = xe^x$, $\mathcal{L}^{-1}[\frac{1}{p-3}] = e^{3x}$, $\mathcal{L}^{-1}[\frac{1}{(p-3)^2}] = xe^{3x}$. Logo, a solução do problema de Cauchy é $y = \mathcal{L}^{-1}[Y] = -2e^x - xe^x + e^{3x} + xe^{3x}$.

Exercícios para o leitor

Resolver os seguintes problemas de condições iniciais usando o método tradicional e a transformada de Laplace; comparar as soluções encontradas:

1. $y'' - 3y' + 2y = e^{-x}$, $y(0) = 0, y'(0) = 1$.
2. $y'' - y' - 2y = 3xe^x$, $y(0) = 0, y'(0) = 0$.
3. $y'' - 5y' + 4y = (10x + 1)e^{-x}$, $y(0) = 0, y'(0) = 0$.
4. $y'' + 5y' + 6y = e^{-2x}$, $y(0) = -1, y'(0) = 0$.
5. $y'' - 2y' + y = 2e^x$, $y(0) = 1, y'(0) = 1$.
6. $y'' + 2y' + y = (x + 2)e^{-x}$, $y(0) = 1, y'(0) = -1$.
7. $y'' - 2y' - 3y = 4e^{3x} - 4e^{-x}$, $y(0) = 2, y'(0) = 0$.
8. $y'' + y = 4\cos x$, $y(0) = 1, y'(0) = -1$.
9. $y'' + y = 5xe^{2x}$, $y(0) = 0, y'(0) = 1$.
10. $y'' + 9y = 6\cos 3x + 9\sin 3x$, $y(0) = 1, y'(0) = 0$.
11. $y'' + 4y = 4(\cos 2x + \sin 2x)$, $y(0) = 0, y'(0) = 1$.
12. $y'' + y = 2(\cos x - \sin x)$, $y(0) = 1, y'(0) = 2$.

5 Problema de condições de contorno para equações da 2a ordem

O problema de condições de contorno para equações da 2a ordem foi definido na seção 3 do Capítulo 6. Vamos especificar aquela definição para equações lineares.

Definição do problema de condições de contorno. A equação linear

$$a_2(x)y'' + a_1(x)y' + a_0(x)y = f(x), a_2 \neq 0,$$

considerada em intervalo $[x_1, x_2]$, junto com as *condições de contorno*

$$\alpha_1 y(x_1) + \beta_1 y'(x_1) = \gamma_1, \alpha_2 y(x_2) + \beta_2 y'(x_2) = \gamma_2,$$

onde $\alpha_1^2 + \beta_1^2 \neq 0$, $\alpha_2^2 + \beta_2^2 \neq 0$, formam o *problema de condições de contorno*.

Antes de tudo, vamos mostrar que a situação com a existência e unicidade da solução desse tipo do problema é bem diferente e mais complicado do que para o problema de Cauchy. Para isso, consideremos a simples equação $y'' + y = 0$ que satisfaz as condições do Teorema de Cauchy em todo o eixo real: os coeficientes $a_2 = 1$, $a_1 = 0$, $a_0 = 1$ e parte direita $f = 0$ são funções continuas em $\mathbb{R}$. Portanto, qualquer que for o ponto de colocação de condições iniciais, a solução do problema de Cauchy existe e é única em $\mathbb{R}$.

A situação é totalmente diferente para o problema de condições de contorno junto com essa equação. Primeiro, adicionamos a condição $y(0) = 0$ à equação dada e procuramos todas as funções que satisfazem tanto a equação como essa condição complementar. Resolvendo a equação, encontramos a solução geral $y = A \cos x + B \sin x$, que contém todas as soluções particulares. Aplicando a condição $y(0) = 0$, temos $A = 0$ e, consequentemente, todas as funções que satisfazem a equação e a condição complementar se encontram na forma $y = B \sin x$, onde B é uma constante arbitrária. Agora vamos acrescentar a segunda condição de contorno em diferentes formas. A primeira opção é $y(1) = 0$. Nesse caso, na família $y = B \sin x$ existe uma única função $y = 0$ que satisfaz essa segunda condição de contorno e, portanto, o problema de condições de contorno $\begin{cases} y'' + y = 0, x \in [0,1] \\ y(0) = 0, y(1) = 0 \end{cases}$ tem uma única solução $y = 0$. A segunda opção da segunda condição de contorno é $y(\pi) = 0$. Como qualquer função da família $y = B \sin x$ satisfaz essa condição, então o problema de condições de contorno $\begin{cases} y'' + y = 0, x \in [0,\pi] \\ y(0) = 0, y(\pi) = 0 \end{cases}$ tem infinitas soluções na forma $y = B \sin x$ com qualquer constante B. Finalemnte, escolhemos a segunda condição de contorno na forma $y(\pi) = 1$. Nesse caso, não existe nenhuma função do conjunto $y = B \sin x$ que satisfaz essa condição, o que significa que o problema de condições de contorno $\begin{cases} y'' + y = 0, x \in [0,\pi] \\ y(0) = 0, y(\pi) = 1 \end{cases}$ não tem nenhuma solução.

Assim, construímos exemplos que mostram que simples condições de contorno para a mesma equação elementar podem levar a situações diferentes para respectivos problemas de condições de contorno: pode acontecer que a solução do problema existe e é única, que há infinitas soluções, e que não tem nenhuma solução do problema.

A formulação de condições que garantem a existência e unicidade de solução de um problema de condições de contorno é mais complicado de que para o problema de Cauchy e deixamos esse resultado fora do texto. No entanto, precisamos levar em conta que a solução de problemas de condições de contorno pode levar aos problemas teóricos de inifinitas soluções ou sua inexistência, o que não é determinado desde a colocação do problema (diferentemente do problema de Cauchy).

Vamos representar a seguir os dois métodos de resolução de problema de condições de contorno. O primeiro, tradicional, segue o esquema da resolução do problema de Cauchy, embora sem garantia da existência e unicidade da sua solução que são verificadas durante o processo da resolução. O segundo é o método de Green que tem abordagem diferente, mais complicada, mas permite resolver de vez o problema para uma família de equações com diferentes partes direitas $f(x)$.

5.1 Método tradicional de resolução

O uso desse método é rotineiro, seguindo o esquema de resolução do problema de Cauchy, e não requer maiores explicações: primeiro, encontramos todas as soluções da equação diferencial, usando um método estudado e, depois disso, aplicamos as condições de contorno. A única diferença é que podem ocorrer problemas que têm muitas soluções ou não têm nenhuma, o que é verificado durante a resolução.

Exemplos.

1. $y'' - 2y' - 3y = 0$, $y(0) = 0, y'(1) = 1$. A solução geral dessa equação foi encontrada na forma $y_{gh} = C_1 e^{-x} + C_2 e^{3x}$ (veja Exemplo 2 do Caso 1 da seção 1). Usando as condições de contorno, obtemos o sistema $\begin{cases} C_1 + C_2 = 0 \\ -C_1 e^{-1} + 3C_2 e^3 = 1 \end{cases}$, cuja solução é $C_1 = -C_2 = -\frac{1}{e^{-1}+3e^3}$. Logo, a solução do problema é $y = \frac{1}{e^{-1}+3e^3}(e^{3x} - e^{-x})$.

2. $y'' + 9y = 0$, $y(0) = 0, y(\frac{\pi}{2}) = 2$. A solução geral tem a forma $y_{gh} = C_1 \cos 3x + C_2 \sin 3x$ (veja Exemplo 1 do Caso 3 da seção 1). Aplicação das condições de contorno leva às duas equações desacopladas $\begin{cases} C_1 = 0 \\ -C_2 = 2 \end{cases}$. Então, a solução do problema é $y = -2 \sin 3x$.

3. $y'' + y = 1$, $y'(0) = 0, y(\pi) = 0$. A solução geral da equação homogênea $y'' + y = 0$ tem a forma $y_{gh} = C_1 \cos x + C_2 \sin x$ (a equação característica $\lambda^2 + 1 = 0$ tem duas raízes complexas conjugadas $\lambda_1 = i$ e $\lambda_2 = \bar{\lambda}_1 = -i$). A solução particular da não homogênea pode ser encontrada na forma $y_{pn} = C$, e a substituição na equação original dá $y_{pn} = 1$. Assim, a solução geral da equação dada é $y_{gh} = C_1 \cos x + C_2 \sin x + 1$. Aplicação das condições de contorno leva às duas equações desacopladas $\begin{cases} C_2 = 0 \\ -C_1 + 1 = 0 \end{cases}$. Então, a solução do problema é $y = \cos x + 1$.

4. $y'' + y' = 2e^x$, $y(0) = 0, y'(1) = 0$. A solução geral da equação homogênea $y'' + y' = 0$ tem a forma $y_{gh} = C_1 + C_2 e^{-x}$ (a equação característica $\lambda^2 + \lambda = 0$ tem raízes reais simples $\lambda_1 = 0$ e $\lambda_2 = -1$). A solução particular da não homogênea pode ser encontrada na forma $y_{pn} = Ce^x$, e a substituição na equação original especifica constante $C = 1$. Assim, a solução geral da equação dada é $y_{gh} = C_1 + C_2 e^{-x} + e^x$. Usando as condições de contorno, obtemos o sistema $\begin{cases} C_1 + C_2 + 1 = 0 \\ -C_2 e^{-1} + e = 0 \end{cases}$, cuja solução é $C_2 = e^2$, $C_1 = -e^2 - 1$. Assim, a solução do problema é $y = -e^2 - 1 + e^{2-x} + e^x$.

5.2 Método de Green

O *método de Green* é aplicado usualmente a problema com equação não homogênea e condições de contorno homogêneas.

Problema de condições de contorno do método de Green. A equação linear

$$a_2(x)y'' + a_1(x)y' + a_0(x)y = f(x), a_2 \neq 0$$

é considerada em intervalo $[x_1, x_2]$, junto com as condições

$$\alpha_1 y(x_1) + \beta_1 y'(x_1) = 0, \alpha_2 y(x_2) + \beta_2 y'(x_2) = 0,$$

onde $\alpha_1^2 + \beta_1^2 \neq 0$, $\alpha_2^2 + \beta_2^2 \neq 0$.

A parte essencial do método de Green é a construção da *função de Green* $G(x, s)$ que é uma função de duas variáveis definida no quadrado $[x_1, x_2] \times [x_1, x_2]$ tal que para qualquer $s \in [x_1, x_2]$ fixo, $G(x, s)$, como função de uma única variável x, satisfaz as seguintes condições:

1) $G(x, s)$ é a solução da equação diferencial homogênea $a_2(x)y'' + a_1(x)y' + a_0(x)y = 0$ em $[x_1, x_2]$, exceto no ponto $x = s$;

2) $G(x,s)$ satisfaz as condições de contorno;

3) no ponto $x = s$, a função $G(x,s)$ é contínua e a sua derivada (em relação a x) tem o salto do valor $\frac{1}{a_2(s)}$.

Usualmente, a construção da função de Green segue o seguinte algoritmo. Primeiro, encontramos duas soluções não nulas $y_1(x)$ e $y_2(x)$ da equação homogênea tais que $y_1(x)$ satisfaz a primeira condição de contorno e $y_2(x)$ – a segunda. Se as funções $y_1(x)$ e $y_2(x)$ são linearmente independentes (ou equivalentemente, $y_1(x)$ não satisfaz a segunda condição de contorno e $y_2(x)$ não satisfaz a primeira), então a função de Green existe e pode ser encontrada na forma $G(x,s) = \begin{cases} a(s)y_1(x), x_1 \leq x \leq s \\ b(s)y_2(x), s \leq x \leq x_2 \end{cases}$ (veja Fig.9.1).

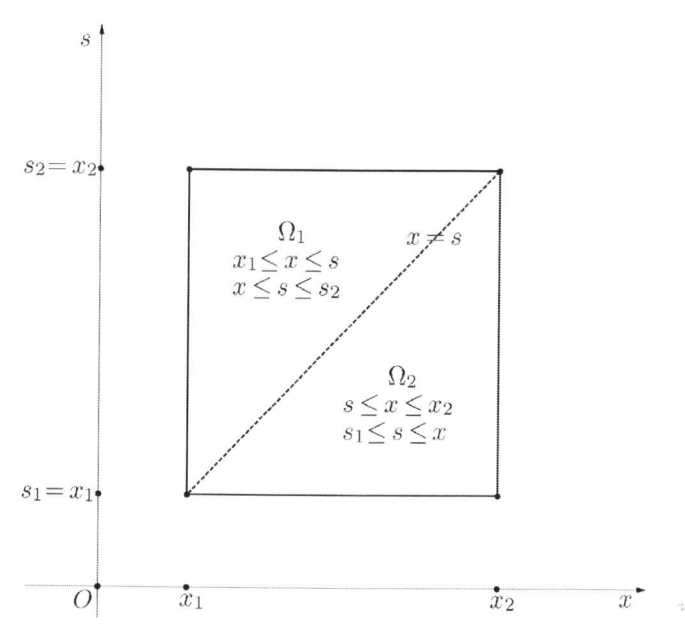

Figura 9.1 Domínio de uma função de Green.

Dessa maneira, a função construída satisfaz as duas primeiras condições da definição de $G(x,s)$, e resta determinar as funções $a(s)$ e $b(s)$ de tal maneira que a terceira condição também seja satisfeita. Em fórmulas, isso significa que $a(s)$ e $b(s)$ devem obedecer as relações $a(s)y_1(s) = b(s)y_2(s)$ (continuidade de $G(x,s)$ em $x = s$) e $a(s)y_1'(s) - b(s)y_2'(s) - \frac{1}{a_2(s)}$ (salto do valor $\frac{1}{a_2(s)}$ em $x = s$), para qualquer $s \in [x_1, x_2]$. O sistema $\begin{cases} a(s)y_1(s) - b(s)y_2(s) = 0 \\ a(s)y_1'(s) - b(s)y_2'(s) = -\frac{1}{a_2(s)} \end{cases}$ para incógnitas $a(s)$ e $b(s)$ tem uma única solução se o seu determinante é não nulo: $D = \begin{vmatrix} y_1(s) & y_2(s) \\ y_1'(s) & y_2'(s) \end{vmatrix} \neq 0$. Isso ocorre se, e somente se, as colunas de D são linearmente independentes, o que equivale a condição de independência linear de funções $y_1(s)$ e $y_2(s)$, o que foi indicado anteriormente como a condição da existência da função de Green.

Depois de encontrar a função de Green (caso ela existir), a solução do problema de condições de contorno com a parte direita arbitrária (mas contínua) $f(x)$ se encontra via fórmula $y(x) = \int_{x_1}^{x_2} G(x,s)f(s)ds$. Devido a definição de $G(x,s)$ via sentenças diferentes nas regiões Ω_1 e Ω_2 (veja Fig.9.1), a última fórmula, na prática, se expressa da seguinte maneira:

$$y(x) = \int_{x_1}^{x_2} G(x,s)f(s)ds = \int_{x_1}^{x} b(s)y_2(x)f(s)ds + \int_{x}^{x_2} a(s)y_1(x)f(s)ds.$$

Para verificar que $y(x) = \int_{x_1}^{x_2} G(x,s)f(s)ds$ é a solução procurada do problema, primeiro, calculamos as duas derivadas dessa função:

$$y'(x) = \left(\int_{x_1}^{x_2} G(x,s)f(s)ds \right)_x = \left(\int_{x_1}^{x} b(s)y_2(x)f(s)ds + \int_{x}^{x_2} a(s)y_1(x)f(s)ds \right)_x$$

$$= \left(\int_{x_1}^{x} b(s)y_2(x)f(s)ds \right)_x + \left(\int_{x}^{x_2} a(s)y_1(x)f(s)ds \right)_x$$

$$= \int_{x_1}^{x} b(s)y_2'(x)f(s)ds + b(x)y_2(x)f(x) + \int_{x}^{x_2} a(s)y_1'(x)f(s)ds - a(x)y_1(x)f(x)$$

$$= \int_{x_1}^{x} b(s)y_2'(x)f(s)ds + \int_{x}^{x_2} a(s)y_1'(x)f(s)ds$$

(note que $b(x)y_2(x) - a(x)y_1(x) = 0$ devido a continuidade de $G(x,s)$ em $x = s$);

$$y''(x) = \left(\int_{x_1}^{x} b(s)y_2'(x)f(s)ds + \int_{x}^{x_2} a(s)y_1'(x)f(s)ds \right)_x$$

$$= \left(\int_{x_1}^{x} b(s)y_2'(x)f(s)ds \right)_x + \left(\int_{x}^{x_2} a(s)y_1'(x)f(s)ds \right)_x$$

$$= \int_{x_1}^{x} b(s)y_2''(x)f(s)ds + b(x)y_2'(x)f(x) + \int_{x}^{x_2} a(s)y_1''(x)f(s)ds - a(x)y_1'(x)f(x)$$

$$= \int_{x_1}^{x} b(s)y_2''(x)f(s)ds + \int_{x}^{x_2} a(s)y_1''(x)f(s)ds + \frac{1}{a_2(x)}f(x)$$

(note que $b(x)y_2'(x) - a(x)y_1'(x) = \frac{1}{a_2(x)}f(x)$ devido a condição de salto no ponto $x = s$).
Conferimos as condições de contorno: no ponto x_1 temos

$$\alpha_1 y(x_1) + \beta_1 y'(x_1) = \alpha_1 \left(\int_{x_1}^{x} b(s)y_2(x)f(s)ds + \int_{x}^{x_2} a(s)y_1(x)f(s)ds \right)\Bigg|_{x=x_1}$$

$$+ \beta_1 \left(\int_{x_1}^{x} b(s)y_2'(x)f(s)ds + \int_{x}^{x_2} a(s)y_1'(x)f(s)ds \right)\Bigg|_{x=x_1}$$

$$= \alpha_1 \left(\int_{x_1}^{x_1} b(s)y_2(x_1)f(s)ds + \int_{x_1}^{x_2} a(s)y_1(x_1)f(s)ds \right) + \beta_1 \left(\int_{x_1}^{x_1} b(s)y_2'(x_1)f(s)ds + \int_{x_1}^{x_2} a(s)y_1'(x_1)f(s)ds \right)$$

$$= \alpha_1 \int_{x_1}^{x_2} a(s)y_1(x_1)f(s)ds + \beta_1 \int_{x_1}^{x_2} a(s)y_1'(x_1)f(s)ds = \int_{x_1}^{x_2} (\alpha_1 y_1(x_1) + \beta_1 y_1'(x_1))a(s)f(s)ds$$

$$= \int_{x_1}^{x_2} 0 \cdot a(s)f(s)ds = 0$$

(note que $\alpha_1 y_1(x_1) + \beta_1 y_1'(x_1) = 0$ porque $y_1(x)$ satisfaz a primeira condição de contorno); no ponto x_2 temos o mesmo resultado.
Finalmente, substituimos $y(x)$ e suas derivadas na equação:

$$a_2(x)y'' + a_1(x)y' + a_0(x)y = a_2(x)\left(\int_{x_1}^{x} b(s)y_2''(x)f(s)ds + \int_{x}^{x_2} a(s)y_1''(x)f(s)ds + \frac{1}{a_2(x)}f(x) \right)$$

$$+ a_1(x)\left(\int_{x_1}^{x} b(s)y_2'(x)f(s)ds + \int_{x}^{x_2} a(s)y_1'(x)f(s)ds \right) + a_0(x)\left(\int_{x_1}^{x} b(s)y_2(x)f(s)ds + \int_{x}^{x_2} a(s)y_1(x)f(s)ds \right)$$

$$= \int_{x_1}^{x} (a_2(x)y_2''(x) + a_1(x)y_2'(x) + a_0(x)y_2(x))\, b(s)f(s)ds$$

$$+ \int_{x}^{x_2} (a_2(x)y_1''(x) + a_1(x)y_1'(x) + a_0(x)y_1(x))\, a(s)f(s)ds + f(x)$$

$$= \int_{x_1}^{x} 0 \cdot b(s)f(s)ds + \int_{x}^{x_2} 0 \cdot a(s)f(s)ds + f(x) = f(x)$$

(usamos $a_2(x)y_2''(x) + a_1(x)y_2'(x) + a_0(x)y_2(x) = 0$ e $a_2(x)y_1''(x) + a_1(x)y_1'(x) + a_0(x)y_1(x) = 0$ porque y_1 e y_2 são soluções da equação homogênea). Assim, a equação original também está satisfeita.

Exemplos.

1. $y'' + y = 1$, $y'(0) = 0, y(\pi) = 0$. Este problema já foi resolvido usando o método tradicional (veja Exemplo 3). Vamos ver como funciona o método de Green para esse problema. Primeiro passo é a construção da função de Green seguindo o algoritmo geral apresentado acima. Lembramos que a solução geral da equação homogênea $y'' + y = 0$ tem a forma $y_{gh} = C_1 \cos x + C_2 \sin x$ e a sua derivada é $y'_{gh} = -C_1 \sin x + C_2 \cos x$. Dessa solução destacamos a função y_1 que satisfaz a primeira condição de contorno: $-C_1 \sin 0 + C_2 \cos 0 = C_2 = 0$. Então podemos tomar $y_1 = \cos x$ (pode ser escolhida qualquer constante $C_1 \neq 0$). Dessa mesma solução geral, escolhemos agora função y_2 que satisfaz a segunda condição de contorno: $-C_1 \cos 0 + C_2 \sin 0 = -C_1 = 0$. Então podemos tomar $y_2 = \sin x$ (de novo, pode ser escolhida qualquer constante $C_2 \neq 0$). Como y_1 e y_2 são linearmente independentes, a função de Green existe e o método de Green é aplicável para esse problema. Conforme a fórmula geral, procuramos a função de Green na forma $G(x,s) = \begin{cases} a(s) \cos x, 0 \leq x \leq s \\ b(s) \sin x, s \leq x \leq \pi \end{cases}$, onde $a(s)$ e $b(s)$ são encontradas do sistema $\begin{cases} a(s) \cos s - b(s) \sin s = 0 \\ -a(s) \sin s - b(s) \cos s = -1 \end{cases}$. Para resolver o último, multiplicamos a primeira equação por $\sin s$, a segunda por $\cos s$ e somamos os dois resultados. Dessa maneira, eliminamos $a(s)$ e obtemos a seguinte expressão para $b(s)$: $b(s) = \cos s$. Substituindo esse $b(s)$ na primeira equação, achamos $a(s) = \sin s$. Assim, a função de Green se encontra na forma $G(x,s) = \begin{cases} \sin s \cos x, 0 \leq x \leq s \\ \cos s \sin x, s \leq x \leq \pi \end{cases}$.

No segundo passo, encontramos a solução do problema usando a fórmula $y(x) = \int_0^\pi G(x,s) f(s) ds = \int_0^x \cos s \sin x \cdot 1 ds + \int_x^\pi \sin s \cos x \cdot 1 ds = \sin x \int_0^x \cos s ds + \cos x \int_x^\pi \sin s ds = \sin x \sin s |_0^x - \cos x \cos s |_x^\pi = \sin^2 x + \cos^2 x + \cos x = 1 + \cos x$.

Notamos que a mesma função de Green pode ser usada para resolver qualquer problema do tipo $y'' + y = f(x)$, $y'(0) = 0, y(\pi) = 0$. Por exemplo, se $f(x) = x$, então a solução é encontrada pela fórmula $y(x) = \int_0^\pi G(x,s) f(s) ds = \int_0^x \cos s \sin x \cdot s ds + \int_x^\pi \sin s \cos x \cdot s ds = \sin x \int_0^x s \cos s ds + \cos x \int_x^\pi s \sin s ds = \sin x (s \sin s + \cos s) |_0^x + \cos x (-s \cos s + \sin s) |_x^\pi = \sin x (x \sin x + \cos x - 1) + \cos x (\pi + x \cos x - \sin x) = x + \pi \cos x - \sin x$. O leitor pode verificar a solução obtida usando o método tradicional de resolução.

2. $y'' + y' = 2e^x$, $y(0) = 0, y'(1) = 0$. Este problema já foi resolvido usando o método tradicional (veja Exemplo 4). Para efetuar o método de Green, primeiro, construimos a função de Green na forma $G(x,s) = \begin{cases} a(s) y_1(x), 0 \leq x \leq s \\ b(s) y_2(x), s \leq x \leq 1 \end{cases}$, onde as funções $y_1(x)$ e $y_2(x)$ são soluções da equação homogênea $y'' + y' = 0$ com primeira e segunda condições de contorno, respectivamente. Lembrando que a solução geral da equação homogênea é $y_{gh} = C_1 + C_2 e^{-x}$ e aplicando a primeira condição de contorno, temos $C_1 + C_2 = 0$, isto é, $y_1 = 1 - e^{-x}$ (ou qualquer função múltipla dessa). Calculando a derivada $y'_{gh} = -C_2 e^{-x}$ e usando a segunda condição de contorno, obtemos $C_2 = 0$ e, portanto, $y_2 = 1$ (ou qualquer constante não nula). Como y_1 e y_2 são linearmente independentes, a função de Green existe e especificamos ela na forma $G(x,s) = \begin{cases} a(s)(1 - e^{-x}), 0 \leq x \leq s \\ b(s) \cdot 1, s \leq x \leq 1 \end{cases}$, onde $a(s)$ e $b(s)$ ainda devem ser determinados das condições de suavidade $\begin{cases} a(s)(1 - e^{-s}) - b(s) = 0 \\ a(s) e^{-s} - 0 = -1 \end{cases}$. Então, a segunda equação dá $a(s) = -e^s$ e da primeira achamos $b(s) = -e^s(1 - e^{-s}) = 1 - e^s$. Assim, a função de Green se encontra na forma $G(x,s) = \begin{cases} -e^s(1 - e^{-x}), 0 \leq x \leq s \\ 1 - e^s, s \leq x \leq 1 \end{cases}$.

No segundo passo, encontramos a solução do problema usando a fórmula $y(x) = \int_0^1 G(x,s) f(s) ds = \int_0^x (1 - e^s) 2e^s ds + \int_x^1 -e^s(1 - e^{-x}) 2e^s ds = 2 \int_0^x e^s - e^{2s} ds - 2(1 - e^{-x}) \int_x^1 e^{2s} ds = 2(e^s - \frac{1}{2} e^{2s}) |_0^x - 2(1 - e^{-x}) \frac{1}{2} e^{2s} |_x^1 = 2(e^x - \frac{1}{2} e^{2x}) - 1 - (1 - e^{-x})(e^2 - e^{2x}) = e^x + e^{2-x} - 1 - e^2$.

Notamos que a mesma função de Green pode ser usada para resolver o problema $y'' + y' = f(x)$,

$y'(0) = 0, y(\pi) = 0$ com qualquer parte direita $f(x)$. Por exemplo, se $f(x) = 1$, então temos $y(x) = \int_0^1 G(x,s)f(s)ds = \int_0^x (1 - e^s) \cdot 1 ds + \int_x^1 -e^s(1 - e^{-x}) \cdot 1 ds = (s - e^s)|_0^x - (1 - e^{-x})e^s|_x^1 = x - e^x + 1 - (1 - e^{-x})(e - e^x) = x + e^{1-x} - e$. O leitor pode verificar a solução obtida usando o método tradicional de resolução.

3. $y'' - 2y' - 3y = 0$, $y(0) = 0, y'(1) = 1$. Este problema foi resolvido pelo método tradicional no Exemplo 1. O problema tem condições de contorno não homogêneas (a segunda condição), e por isso, o método de Green não é aplicável diretamente. No entanto, há um jeito simples, que funciona para qualquer tipo de condições não homogêneas, de transformar as condições dadas em homogêneas. Para isso, basta construir uma reta que satisfaz as condições não homogêneas e subtrair essa reta da função y formando uma nova incógnita que satisfaz as condições homogêneas (e a equação com a nova parte direita). No caso do problema dado, a reta que satisfaz as condições de contorno (mas não a equação) é $y_r = x$ e a nova função incógnita é $z = y - x$. Para essa função as condições se tornam homogêneas e a equação se transforma em $z'' - 2z' - 3z = 2 + 3x$.

O problema auxiliar $z'' - 2z' - 3z = 2 + 3x$, $z(0) = 0, z'(1) = 0$ pode ser resolvido usando o método de Green. A função de Green procuramos na forma $G(x,s) = \begin{cases} a(s)z_1(x), 0 \leq x \leq s \\ b(s)z_2(x), s \leq x \leq 1 \end{cases}$, onde as funções $z_1(x)$ e $z_2(x)$ são soluções da equação homogênea $z'' - 2z' - 3z = 0$ com primeira e segunda condições de contorno, respectivamente. Lembrando que a solução geral da equação homogênea é $z_{gh} = C_1 e^{-x} + C_2 e^{3x}$ e aplicando a primeira condição de contorno, temos $C_1 + C_2 = 0$, isto é, $z_1 = e^{-x} - e^{3x}$. Calculando a derivada $z'_{gh} = -C_1 e^{-x} + 3C_2 e^{3x}$ e usando a segunda condição de contorno, obtemos $C_1 = 3e^4 C_2$ e, portanto, $z_2 = 3e^4 e^{-x} + e^{3x}$. Como z_1 e z_2 são linearmente independentes, a função de Green existe e especificamos ela na forma $G(x,s) = \begin{cases} a(s)(e^{-x} - e^{3x}), 0 \leq x \leq s \\ b(s)(3e^{4-x} + e^{3x}), s \leq x \leq 1 \end{cases}$. As funções $a(s)$ e $b(s)$ são determinadas das condições de suavidade $\begin{cases} a(s)(e^{-s} - e^{3s}) - b(s)(3e^{4-s} + e^{3s}) = 0 \\ a(s)(-e^{-s} - 3e^{3s}) - b(s)(-3e^{4-s} + 3e^{3s}) = -1 \end{cases}$. Somando as duas equações, encontramos a seguinte relação $-4ae^{3s} = 4be^{3s} - 1$ ou $b = -a + \frac{1}{4}e^{-3s}$. Substituindo essa expressão na primeira equação do sistema e simplificando, obtemos $a = \frac{3e^{4-3s} + e^s}{4(1+3e^4)}$. Voltando para b obtemos $b = \frac{e^{-3s} - e^s}{4(1+3e^4)}$. Esse resultado podemos escrever também como $a = C(3e^{4-3s} + e^s)$ e $b = C(e^{-3s} - e^s)$, onde $C = \frac{1}{4(1+3e^4)}$ é uma constante. Logo, $G(x,s) = C \begin{cases} (3e^{4-3s} + e^s)(e^{-x} - e^{3x}), 0 \leq x \leq s \\ (e^{-3s} - e^s)(3e^{4-x} + e^{3x}), s \leq x \leq 1 \end{cases}$.

No segundo passo, encontramos a solução do problema auxiliar para z usando a fórmula $z(x) = \int_0^1 G(x,s)f(s)ds = \int_0^x C(e^{-3s} - e^s)(3e^{4-x} + e^{3x})(2 + 3s)ds + \int_x^1 C(3e^{4-3s} + e^s)(e^{-x} - e^{3x})(2 + 3s)ds = C(3e^{4-x} + e^{3x})\int_0^x (e^{-3s} - e^s)(2 + 3s)ds + C(e^{-x} - e^{3x})\int_x^1 (3e^{4-3s} + e^s)(2 + 3s)ds = C(3e^{4-x} + e^{3x})(e^x - e^{-3x} - x(e^{-3x} + 3e^x)) + C(e^{-x} - e^{3x})(3e^{4-3x} + e^x + 3x(e^{4-3x} - e^x) - 4e) = C(4e(e^{3x} - e^{-x}) - x(12e^4 + 4)) = \frac{4e(e^{3x} - e^{-x})}{4(1+3e^4)} - x\frac{12e^4 + 4}{4(1+3e^4)} = \frac{e^{3x} - e^{-x}}{e^{-1} + 3e^3} - x$. Logo, a solução do problema original é $y = z + x = \frac{e^{3x} - e^{-x}}{e^{-1} + 3e^3}$. A mesma solução foi obtida usando o método tradicional.

Observamos que o método de Green exige um volume de trabalho técnico consideravelmente maior que o método tradicional. Essa é a situação comum na utilização do método de Green e, portanto, ele é pouco popular em aplicações práticas.

Exercícios para o leitor

Resolver os seguintes problemas de condições de contorno usando o método tradicional e o de Green, comparar as soluções encontradas:

1. $y'' + 4y = 2x$, $y(0) = 0, y(\frac{\pi}{8}) = 0$.
2. $y'' = e^{3x}$, $y(0) = 0, 3y(1) + y'(1) = 0$.
3. $y'' - y = \sin x$, $y'(0) = 0, y'(2) + y(2) = 0$.
4. $y'' - y = \cos x$, $y'(0) = 0, y'(2) + y(2) = 0$.

5. $y'' + y = x^2 + 2x$, $y(0) = 0, y'(1) = 0$.
6. $y'' + 4y = 2^{-x}$, $y'(0) = 0, y(1) = 0$.
7. $y'' - 4y = xe^x$, $y'(0) = 0, 2y(1) - y'(1) = 0$.
8. $y'' - y' = 2e^x - e^x$, $y(0) = 0, y(1) - y'(1) = 0$.
9. $y'' - y = 2x$, $y(0) = 0, y(1) = 0$.
10. $x^2 y'' + 3xy' - 3y = 2x^3 - 3x^4$, $y(1) = 0, y(2) - 2y'(2) = 0$.
11. $x^2 y'' + xy' - y = x^2 e^x$, $y(1) = 0, y'(2) = 0$.

6 Problema de Sturm-Liouville para equações da 2a ordem

Definição do problema de Sturm-Liouville. O problema de encontro de função $y \not\equiv 0$ e parâmetro λ que satisfazem a equação

$$y'' + a(x)y' = \lambda y$$

num intervalo $[x_1, x_2]$ e as condições de contorno nas extremidades do intervalo

$$\alpha_1 y(x_1) + \beta_1 y'(x_1) = 0, \alpha_2 y(x_2) + \beta_2 y'(x_2) = 0,$$

onde $\alpha_1^2 + \beta_1^2 \neq 0$, $\alpha_2^2 + \beta_2^2 \neq 0$, é chamado do *problema de Sturm-Liouville*. As incógnitas λ e y são chamadas de *autovalor* e *autofunção*, respectivamente, e, por isso, o problema também tem nome do *problema de autovalores e autofunções*.

Este tipo do problema é ainda mais complicado que o problema de condições de contorno. Portanto, vamos considerar somente dois exemplos simples.

Exemplos.

1. $y'' = \lambda y$, $x \in [0, d]$, $y(0) = y(d) = 0$. Começamos da solução geral da equação dada. A equação característica para incógnita μ tem a forma $\mu^2 = \lambda$ com as raízes $\mu_{1,2} = \pm\sqrt{\lambda}$. As raízes dependem do valor do parâmetro λ, por enquanto não definido, o que significa que temos que considerar todas as opções de $\lambda \in \mathbb{R}$. Separamos o estudo em três casos.

1) Se $\lambda > 0$ então $\mu_{1,2} = \pm\sqrt{\lambda}$ são duas raízes reais diferentes que geram a solução geral $y_{gh} = C_1 e^{-\sqrt{\lambda}x} + C_2 e^{\sqrt{\lambda}x}$ (que contém todas as soluções particulares). Substituindo essa solução nas condições de contorno, temos $\begin{cases} C_1 + C_2 = 0 \\ C_1 e^{-\sqrt{\lambda}d} + C_2 e^{\sqrt{\lambda}d} = 0 \end{cases}$. Da primeira equação segue $C_2 = -C_1$ e, substituindo essa relação na segunda, obtemos $C_1 e^{-\sqrt{\lambda}d} - C_1 e^{\sqrt{\lambda}d} = C_1(e^{-\sqrt{\lambda}d} - e^{\sqrt{\lambda}d}) = 0$. Como $\sqrt{\lambda} > 0$ e $d > 0$, então $e^{-\sqrt{\lambda}d} \neq e^{\sqrt{\lambda}d}$. Logo, a única opção de satisfazer essa equação é colocar $C_1 = 0$. Mas nesse caso $C_2 = 0$ e, portanto, $y \equiv 0$, isto é, não existe autofunção.

2) Se $\lambda = 0$ então $\mu_{1,2} = 0$ é a raiz dupla que leva a solução geral $y_{gh} = C_1 + C_2 x$ (que contém todas as soluções particulares). Substituindo essa solução nas condições de contorno, temos $\begin{cases} C_1 = 0 \\ C_1 + C_2 d = 0 \end{cases}$, donde segue que $C_1 = C_2 = 0$. Isso de novo anula a solução $y = 0$ e, como não tem outras opções para satisfazer a equação e as condições de contorno, concluimos que não há autofunções nessa caso.

3) Se $\lambda < 0$ então $\mu_{1,2} = \pm\sqrt{\lambda}$ são duas raízes complexas conjugadas e as duas soluções fundamentais na forma complexa são $y_1 = e^{-\sqrt{\lambda}x}$ e $y_2 = e^{\sqrt{\lambda}x}$. Escrevemos a última na forma $y_2 = e^{i\sqrt{-\lambda}x}$, onde $-\lambda > 0$ e $\sqrt{-\lambda}$ é um número real, e formamos dela duas soluções fundamentais na forma real: $u = Re y_2 = \cos\sqrt{-\lambda}x$ e $v = Im y_2 = \sin\sqrt{-\lambda}x$. A solução geral na forma real (que contém todas as soluções particulares) então é $y_{gh} = C_1 \cos\sqrt{-\lambda}x + C_2 \sin\sqrt{-\lambda}x$. Aplicando agora as condições de contorno, temos $\begin{cases} C_1 = 0 \\ C_1 \cos\sqrt{-\lambda}d + C_2 \sin\sqrt{-\lambda}d = 0 \end{cases}$. Então $C_1 = 0$ e $C_2 \sin\sqrt{-\lambda}d = 0$. Se

$C_2 = 0$, então $y \equiv 0$, o que não é autofunção. Resta tentar a condição $\sin \sqrt{-\lambda}d = 0$, o que dá as soluções $\sqrt{-\lambda_k}d = k\pi$, $k \in \mathbb{N}$ (como $\sqrt{-\lambda}d > 0$, podemos tomar somente as soluções positivas). Aqui, devido a várias soluções, é conveniente usar índice k junto com λ para numera-las. Isolando λ_k, temos $\lambda_k = -\left(\frac{k\pi}{d}\right)^2$, $k \in \mathbb{N}$. Voltando para y, encontramos autofunções correspondentes $y_k = \sin \sqrt{-\lambda_k}x = \sin \frac{k\pi}{d}x$. Pode ser visto que autofunções sempre são determinadas com precisão até um multiplcador constante (diferente de 0) e, por isso, usualmente é escolhida a constante mais conveniente. Assim, encontramos um número infinito dos pares de autovalores e autofunções $(\lambda_k, y_k) = \left(-\left(\frac{k\pi}{d}\right)^2, y_k = \sin \frac{k\pi}{d}x\right)$, $k \in \mathbb{N}$.

2. $y'' = \lambda y$, $x \in [0, d]$, $y'(0) = y'(d) = 0$. Procedimento da resolução desse problema segue os passos do Exemplo anterior. A equação é a mesma e, por isso, sua solução geral tem a mesma forma determinada pelas raízes da equação característica $\mu_{1,2} = \pm\sqrt{\lambda}$. De novo, dividimos o estudo em três casos.

1) Se $\lambda > 0$ então a solução geral tem a forma real $y_{gh} = C_1 e^{-\sqrt{\lambda}x} + C_2 e^{\sqrt{\lambda}x}$ (que contém todas as soluções particulares). Susbstituindo sua derivada $y'_{gh} = -\sqrt{\lambda}C_1 e^{-\sqrt{\lambda}x} + \sqrt{\lambda}C_2 e^{\sqrt{\lambda}x}$ nas condições de contorno, temos $\begin{cases} -\sqrt{\lambda}C_1 + \sqrt{\lambda}C_2 = 0 \\ -\sqrt{\lambda}C_1 e^{-\sqrt{\lambda}d} + \sqrt{\lambda}C_2 e^{\sqrt{\lambda}d} = 0 \end{cases}$. Como $\sqrt{\lambda} > 0$, então da primeira equação segue que $C_2 = C_1$. Usando essa relação na segunda, obtemos $-\sqrt{\lambda}C_1(e^{-\sqrt{\lambda}d} - e^{\sqrt{\lambda}d}) = 0$. Para os parâmetros positivos $\sqrt{\lambda} > 0$ e $d > 0$ segue que $e^{-\sqrt{\lambda}d} \neq e^{\sqrt{\lambda}d}$. Portanto, a única solução dessa equação é $C_1 = 0$. Mas nesse caso $C_2 = 0$ e, portanto, $y \equiv 0$, isto é, não existe autofunção.

2) Se $\lambda = 0$ então a solução geral assume a forma $y_{gh} = C_1 + C_2 x$ (que contém todas as soluções particulares). Substituindo sua derivada $y'_{gh} = C_2$ nas condições de contorno, temos a mesma restrição duas vezes: $\begin{cases} C_2 = 0 \\ C_2 = 0 \end{cases}$. Com parâmetro C_1 livre, obtemos a autofunção $y_0 = 1$. Assim, obtemos um par de autovalor e autofunção: $(\lambda_0, y_0) = (0, y_0 = 1)$.

3) Se $\lambda < 0$ então a solução geral na forma real (que contém todas as soluções particulares) é $y_{gh} = C_1 \cos \sqrt{-\lambda}x + C_2 \sin \sqrt{-\lambda}x$. Substituindo y_{gh} e sua derivada $y'_{gh} = -\sqrt{-\lambda}C_1 \sin \sqrt{-\lambda}x + \sqrt{-\lambda}C_2 \cos \sqrt{-\lambda}x$ nas condições de contorno, temos $\begin{cases} \sqrt{-\lambda}C_2 = 0 \\ -\sqrt{-\lambda}C_1 \sin \sqrt{-\lambda}d + \sqrt{-\lambda}C_2 \cos \sqrt{-\lambda}d = 0 \end{cases}$. Da primeira relação segue que $C_2 = 0$ (porque $\sqrt{-\lambda} > 0$) e a segunda assume então a forma $\sqrt{-\lambda}C_1 \sin \sqrt{-\lambda}d = 0$. O primeiro fator é positivo ($\sqrt{-\lambda} > 0$), portanto podemos tentar anular o segundo ou o terceiro. Se $C_1 = 0$, então $y \equiv 0$, o que não é autofunção. Resta a opção $\sin \sqrt{-\lambda}d = 0$, que tem inúmeras soluções $\sqrt{-\lambda_k}d = k\pi$, $k \in \mathbb{N}$ (como $\sqrt{-\lambda}d > 0$, podemos tomar somente as soluções positivas). Isolando λ_k, temos $\lambda_k = -\left(\frac{k\pi}{d}\right)^2$, $k \in \mathbb{N}$. Voltando para y, encontramos autofunções correspondentes $y_k = \cos \sqrt{-\lambda_k}x = \cos \frac{k\pi}{d}x$. Assim, para $\lambda < 0$, encontramos um número infinito dos pares de autovalores e autofunções $(\lambda_k, y_k) = \left(-\left(\frac{k\pi}{d}\right)^2, y_k = \cos \frac{k\pi}{d}x\right)$, $k \in \mathbb{N}$. Junto com o par $(\lambda_0, y_0) = (0, y_0 = 1)$ isso forma o conjunto completo de autovalores e autofunções desse problema.

Exercícios para o leitor

Resolver os seguintes problemas de Sturm-Liouville:
1. $y'' = \lambda y$, $x \in [0, d]$, $y(0) = y'(d) = 0$;
2. $y'' = \lambda y$, $x \in [0, d]$, $y'(0) = y(d) = 0$;
3. $x^2 y'' - xy' + y = \lambda y$, $x \in [1, 2]$, $y(1) = y(2) = 0$.

Capítulo 10

Equações lineares com coeficientes variáveis: método de séries de potências

1 Informações preliminares sobre séries de potências

Definição (série de potências). Uma *série de potências* tem a forma

$$\sum_{n=0}^{\infty} c_n (x-a)^n,$$

onde c_n são *coeficientes* (constantes) e a é chamado de *ponto central*.

Um caso particular, encontrado com grande frequência, é a série de potências centralizada em $a = 0$:

$$\sum_{n=0}^{\infty} c_n x^n.$$

Definição (conjunto de convergência de série de potências). O *conjunto de convergência* de uma série de potências $\sum_{n=0}^{\infty} c_n (x-a)^n$ é o conjunto de todos os pontos onde essa série converge.

Os exemplos típicos de uma série de potências são as séries $\sum_{n=0}^{\infty} x^n$, $\sum_{n=0}^{\infty} \frac{x^n}{n!}$, $\sum_{n=1}^{\infty} (xn)^n$. A primeira converge em $(-1, 1)$ e diverge em $\mathbb{R}\setminus[-1, 1]$, a segunda converge em $\mathbb{R}$ e a última converge somente no ponto 0. Esses são exemplos de convergência de todos os tipos que uma série de potências pode ter: uma série de potências centralizada em a pode convergir só no ponto central, ou convergir num intervalo centralizado em a, ou convergir em todo o eixo real. Esse resultado é formalizado no seguinte teorema.

Teorema (conjunto de convergência de uma série de potências). Se E é conjunto de convergência da série de potências $\sum_{n=0}^{\infty} c_n (x-a)^n$ e $R = \sup_{\forall x \in E} |x - a|$, então pode ocorrer somente uma das três opções:

1) se $R = +\infty$, então essa série converge em $\mathbb{R}$;

2) se $R = 0$, então a série converge somente no ponto $x = a$ e diverge em todos os outros pontos reais;

3) se $0 < R < +\infty$, então a série converge no intervalo $(a - R, a + R)$ e diverge fora do intervalo $[a - R, a + R]$.

Observação. Os dois primeiros casos podem ser incluídos no terceiro (que é o caso principal), usando o convênio de que o intervalo $(a - \infty, a + \infty) = (-\infty, +\infty) = \mathbb{R}$ quando $R = +\infty$ e $(a - 0, a + 0) = \{a\}$, $[a - 0, a + 0] = \{a\}$ quando $R = 0$.

Definição. O intervalo $(a - R, a + R)$, onde $R = \sup_{\forall x \in E} |x - a|$ e E é conjunto de convergência da série $\sum_{n=0}^{\infty} c_n (x-a)^n$, é chamado de *intervalo de convergência* dessa série e R – do seu *raio de convergência*.

Encontro de raio de convergência.

Muitas vêzes o raio de convergência R pode ser encontrado usando o teste de D'Alembert (da razão) ou o de Cauchy (do quociente). Lembramos que a aplicabilidade do teste de D'Alembert ao estudo de convergência (absoluta) de série numérica $\sum_{n=0}^{\infty} a_n$ depende da existência do limite $A = \lim_{n\to\infty} \left|\frac{a_{n+1}}{a_n}\right|$. Nas condições de uma série de potências $\sum_{n=0}^{\infty} c_n(x-a)^n$, para cada x fixo temos $a_n = c_n(x-a)^n$ e então

$$A = \lim_{n\to\infty}\left|\frac{a_{n+1}}{a_n}\right| = \lim_{n\to\infty}\left|\frac{c_{n+1}}{c_n}\right| |x-a| = |x-a| \lim_{n\to\infty}\left|\frac{c_{n+1}}{c_n}\right|.$$

Vamos supor que o último limite existe. Então o teste de D'Alembert afirma que para $A < 1$ temos convergência e para $A > 1$ – divergência. Isso quer dizer que a série $\sum_{n=0}^{\infty} c_n(x-a)^n$ converge para $|x-a| < \frac{1}{\lim_{n\to\infty}\left|\frac{c_{n+1}}{c_n}\right|}$ e diverge para $|x-a| > \frac{1}{\lim_{n\to\infty}\left|\frac{c_{n+1}}{c_n}\right|}$. Logo, o raio de convergência pode ser encontrado pela fórmula de D'Alembert: $R = \frac{1}{\lim_{n\to\infty}\left|\frac{c_{n+1}}{c_n}\right|}$.

Da mesma maneira, o teste de Cauchy envolve o cáldulo do limite

$$C = \lim_{n\to\infty} \sqrt[n]{|a_n|} = \lim_{n\to\infty} \sqrt[n]{|c_n(x-a)^n|} = |x-a| \cdot \lim_{n\to\infty} \sqrt[n]{|c_n|}.$$

Se o último limite existir, então para $C < 1$ temos convergência e para $C > 1$ – divergência. Portanto, a série $\sum_{n=0}^{\infty} c_n(x-a)^n$ converge para $|x-a| < \frac{1}{\lim_{n\to\infty} \sqrt[n]{|c_n|}}$ e diverge para $|x-a| > \frac{1}{\lim_{n\to\infty} \sqrt[n]{|c_n|}}$. Logo, o raio de convergência é determinado pela fórmula de Cauchy $R = \frac{1}{\lim_{n\to\infty} \sqrt[n]{|c_n|}}$.

Lembramos que a existência do limite $\lim_{n\to\infty}\left|\frac{c_{n+1}}{c_n}\right|$ garante a existência do limite $\lim_{n\to\infty} \sqrt[n]{|c_n|}$ igual ao primeiro (por isso, o teste de Cauchy é mais forte que o de D'Alembert), mas na prática, muitas vezes calcular o primeiro limite (se ele existir) é mais simples. No entanto, pode acontecer que mesmo o segundo limite não existe. Nesse caso, é preciso buscar opções alternativas, mais finas, para encontro do raio R.

Finalmente, a fórmula mais geral, usada para determinar o raio de convergência em situações problemáticas (quando os limites mais simples de Cauchy e de D'Alembert não existem), é a fórmula de Cauchy-Hadamard que vem do mesmo teste de Cauchy, embora numa forma mais fina. Vamos lembrar que o último pode ser formulado com uso do limite superior $\overline{C} = \limsup_{n\to\infty} \sqrt[n]{|a_n|}$ da seguinte maneira: se $\overline{C} < 1$ então a série $\sum_{n=0}^{\infty} a_n$ converge, e se $\overline{C} > 1$, então ela diverge. Formalmente, essa formulação é réplica da formulação com o limite geral $C = \lim_{n\to\infty} \sqrt[n]{|a_n|}$, mas o detalhe importante é que o limite superior sempre existe (se incluírmos em consideração os limites infinitos), enquanto o geral pode não existir. No caso de séries de potências, temos $a_n = c_n(x-a)^n$ para cada x fixo, o que leva a seguinte forma do teste de Cauchy com limite superior: se $|x-a| < \frac{1}{\limsup_{n\to\infty} \sqrt[n]{|c_n|}}$, então a série a série $\sum_{n=0}^{\infty} c_n(x-a)^n$ converge, e se $|x-a| > \frac{1}{\limsup_{n\to\infty} \sqrt[n]{|c_n|}}$ então ela diverge. Portanto, o raio de convergência é definido como $R = \frac{1}{\limsup_{n\to\infty} \sqrt[n]{|c_n|}}$. Essa é a fórmula de Cauchy-Hadamard e a sua vantagem consiste no fato de que o limite $H = \limsup_{n\to\infty} \sqrt[n]{|c_n|}$ sempre pode ser encontrado (pelo menos teoricamente), enquanto os limites nas fórmulas de D'Alembert e de Cauchy podem não existir.

Em vista da determinação do raio de convergência pela fórmula de Cauchy-Hadamard, o Teorema do conjunto de convergência pode ser reformulado da seguinte maneira.

Teorema de Cauchy-Hadamard. Uma série de potências $\sum_{n=0}^{\infty} c_n(x-a)^n$ admite somente uma das três opções que podem ser definidas em função do limite $H = \limsup_{n\to\infty} \sqrt[n]{|c_n|}$:

1) se $R = \dfrac{1}{\limsup\limits_{n\to\infty} \sqrt[n]{|c_n|}} = +\infty$, então a série converge em $\mathbb{R}$;

2) se $R = \dfrac{1}{\limsup\limits_{n\to\infty} \sqrt[n]{|c_n|}} = 0$, então a série converge somente no ponto central $x = a$ e diverge em todos os outros pontos reais;

3) se $0 < R = \dfrac{1}{\limsup\limits_{n\to\infty} \sqrt[n]{|c_n|}} < +\infty$, então a série converge no intervalo $(a - R, a + R)$ e diverge fora do intervalo $[a - R, a + R]$. Lembramos que o número $R = \frac{1}{H}$ é o raio de convergência e $(a - R, a + R)$ é o intervalo de convergência.

Teorema (convergência da série de derivadas). Se R é o raio de convergência da série $\sum_{n=0}^{\infty} c_n(x - a)^n$, então a série de derivadas de qualquer ordem

$$\sum_{n=0}^{\infty} c_n((x - a)^n)^{(k)} = \sum_{n=k}^{\infty} c_n n(n - 1) \cdot \ldots \cdot (n - k + 1)(x - a)^{n-k}$$

converge no intervalo $(a - R, a + R)$ e diverge fora do intervalo $[a - R, a + R]$.

Propriedades de séries de potências e de suas somas

Teorema de unicidade. A representação de função $f(x)$ em série de potências $\sum_{n=0}^{\infty} c_n(x - a)^n$ é única em qualquer intervalo $(a - c, a + c), c > 0$ onde a série converge a $f(x)$.

Propriedade 1. Se as séries de potências $\sum_{n=0}^{\infty} c_n(x - a)^n$ e $\sum_{n=0}^{\infty} d_n(x - a)^n$ têm intervalos de convergência $(a - R_c, a + R_c)$ e $(a - R_d, a + R_d)$, respectivamente, então a série $\sum_{n=0}^{\infty}(c_n + d_n)(x - a)^n$ converge no intervalo $(a - R, a + R), R = \min\{R_c, R_d\}$.

Propriedade 2. Se a série de potências $\sum_{n=0}^{\infty} c_n(x - a)^n$ tem intervalo de convergência $(a - R, a + R)$ e a função $g(x)$ é limitada em $(a - R, a + R)$, então a série $\sum_{n=0}^{\infty} g(x) c_n(x - a)^n$ converge no intervalo $(a - R, a + R)$.

Definição do produto de Cauchy. Para duas séries $\sum_{n=0}^{\infty} c_n x^n$ e $\sum_{n=0}^{\infty} d_n x^n$ centralizadas no ponto 0, o seu *produto de Cauchy* é a nova série de potências (centralizada no mesmo ponto) obtida pela fórmula

$$\sum_{n=0}^{\infty} c_n x^n \cdot \sum_{n=0}^{\infty} d_n x^n = (c_0 + c_1 x + c_2 x^2 + \ldots)(d_0 + d_1 x + d_2 x^2 + \ldots)$$

$$= c_0 d_0 + (c_0 d_1 + c_1 d_0)x + (c_0 d_2 + c_1 d_1 + c_2 d_0)x^2 + \ldots = \sum_{n=0}^{\infty} e_n x^n, \ e_n = \sum_{k=0}^{n} c_k d_{n-k}.$$

De maneira semelhante se define o produto de Cauchy para séries centralizadas num ponto a.

Notamos que esse tipo de produto das séries é especialmente adequado para séries de potências uma vez que utiliza agrupamento de termos das séries originais de acordo com a potência de x e representa a generalização da multiplicação de dois polinômios na forma distribuída pelas potências.

Propriedade 3. Produto de séries de potências. Se as séries $f(x) = \sum_{n=0}^{\infty} c_n(x - a)^n$ e $g(x) = \sum_{n=0}^{\infty} d_n(x - a)^n$ têm intervalos de convergência $(a - R_c, a + R_c)$ e $(a - R_d, a + R_d)$, respectivamente, então o seu produto de Cauchy $\sum_{n=0}^{\infty} e_n(x - a)^n$, $e_n = \sum_{k=0}^{n} c_k d_{n-k}$ converge à função $f(x)g(x)$ no intervalo $(a - R, a + R), R = \min\{R_c, R_d\}$.

Propriedade 4. Mudança de variável. Vamos supor que a série $f(x) = \sum_{n=0}^{\infty} c_n(x - a)^n$ converge em $(a - R, a + R), R > 0$ e que $x = g(t) = a + \alpha(t - b)^k, k \in \mathbb{N}, \alpha \neq 0$. Nesse caso, a série de potências $h(t) = \sum_{n=0}^{\infty} c_n \alpha^n (t - b)^{kn}$ converge à função $f(g(t))$ em $(b - R_1, b + R_1), R_1 = \left(\frac{R}{|\alpha|}\right)^{1/k}$.

Propriedade 5. Mudança do ponto central Se a série $f(x) = \sum_{n=0}^{\infty} c_n(x - a)^n$ converge em $|x - a| < R$, então para qualquer $b \in (a - R, a + R)$, a mesma função pode ser representada em série de potências no ponto central b: $f(x) = \sum_{n=0}^{\infty} d_n(x - b)^n$, que converge em $|x - b| < R - |b - a|$.

Propriedade 6. Diferenciabilidade. A soma $f(x)$ de uma série de potências $\sum_{n=0}^{\infty} c_n(x - a)^n$ é infinitamente diferenciável em todo o intervalo de convergência $(a - R, a + R)$ e a sua derivada de ordem m é igual a soma da série das derivadas de ordem m:

$$\left(\sum_{n=0}^{\infty} c_n(x-a)^n\right)^{(m)} = \sum_{n=0}^{\infty} \left(c_n(x-a)^n\right)^{(m)}$$

$$= \sum_{n=m}^{\infty} c_n n(n-1)\cdot\ldots\cdot(n-m+1)(x-a)^{n-m}, \forall x \in (a-R, a+R).$$

Assim, a série de potências pode ser infinitamente derivável termo a termo.

Propriedade 7. Paridade. Se a série $\sum_{n=0}^{\infty} c_n x^n$ representa uma função par $f(x)$ numa vizinhança da origem, então a série contém somente potências pares. Analogamente, se a série $\sum_{n=0}^{\infty} c_n x^n$ representa uma função ímpar $f(x)$ numa vizinhança da origem, então a série contém somente potências ímpares.

Definição (função analítica). A função $f(x)$ que representa a soma de uma série de potências $f(x) = \sum_{n=0}^{\infty} c_n(x-a)^n$ convergente no intervalo $(a-R, a+R)$, $R > 0$, é chamada *analítica* nesse intervalo. A função $f(x)$ é analítica num ponto a se ela é analítica numa vizinhança desse ponto.

Notamos que a Propriedade 5 pode ser reformulada da seguinte maneira: se função $f(x)$ é analítica no intervalo $(a-R, a+R)$, então ela é analítica em qualquer intervalo dentro desse, inclusive, $f(x)$ é analítica em qualquer ponto do intervalo $(a-R, a+R)$.

Coeficientes de Taylor e série de Taylor

Teorema (coeficientes de Taylor). Os coeficientes da série de potências $f(x) = \sum_{n=0}^{\infty} c_n(x-a)^n$ podem ser calculados pela fórmula $c_n = \frac{f^{(n)}(a)}{n!}$, $\forall n$. (Como sempre, a derivada de ordem 0 é entendida como a própria função.)

Definição. Os coeficientes $\frac{f^{(n)}(a)}{n!}$ são chamados de *coeficientes de Taylor* e a série de potências $\sum_{n=0}^{\infty} c_n(x-a)^n$ escrita na forma

$$f(x) = \sum_{n=0}^{\infty} \frac{f^{(n)}(a)}{n!}(x-a)^n$$

é chamada de *série de Taylor* da função $f(x)$ no ponto a.

Séries de potências de algumas funções elementares

$$\frac{1}{1-x} = \sum_{n=0}^{\infty} x^n = 1 + x + x^2 + x^3 + \ldots, \text{converge } \forall x \in (-1, 1).$$

$$\frac{1}{(1-x)^p} = \sum_{m=0}^{\infty} \frac{(m+p-1)(m+p-2)\cdot\ldots\cdot(m+1)}{(p-1)!} x^m, \forall p \in \mathbb{N}, \text{converge } \forall x \in (-1, 1).$$

$$\ln(1-x) = -\sum_{n=1}^{\infty} \frac{x^n}{n} = -x - \frac{x^2}{2} - \frac{x^3}{3} - \frac{x^4}{4} - \ldots, \text{converge } \forall x \in [-1, 1).$$

$$\frac{1}{1+x} = \sum_{n=0}^{\infty} (-1)^n x^n = 1 - x + x^2 - x^3 + \ldots, \text{converge } \forall x \in (-1, 1).$$

$$\frac{1}{(1+x)^p} = \sum_{n=0}^{\infty} (-1)^n \frac{(n+p-1)(n+p-2)\cdot\ldots\cdot(n+1)}{(p-1)!} x^n, \forall p \in \mathbb{N}, \text{converge } \forall x \in (-1, 1).$$

$$\ln(1+x) = \sum_{n=1}^{\infty} (-1)^{n-1} \frac{x^n}{n} = x - \frac{x^2}{2} + \frac{x^3}{3} - \frac{x^4}{4} + \ldots, \text{converge } \forall x \in (-1, 1].$$

$$(1+x)^p = \sum_{n=0}^{\infty} \frac{p(p-1)\cdot\ldots\cdot(p-n+1)}{n!} x^n = 1 + \frac{p}{1!}x + \frac{p(p-1)}{2!}x^2 + \frac{p(p-1)(p-2)}{3!}x^3 + \ldots,$$

$$\forall p \notin \mathbb{N}, p \neq 0, converge \; \forall x \in (-1, 1).$$

$$e^x = \sum_{n=0}^{\infty} \frac{x^n}{n!} = 1 + \frac{x}{1!} + \frac{x^2}{2!} + \frac{x^3}{3!} + \dots, converge \; \forall x \in \mathbb{R}.$$

$$b^x = \sum_{n=0}^{\infty} \frac{\ln^n b}{n!} x^n = 1 + \frac{\ln b}{1!} x + \frac{\ln^2 b}{2!} x^2 + \frac{\ln^3 b}{3!} x^3 + \dots, \; b > 0, b \neq 1, converge \; \forall x \in \mathbb{R}.$$

$$\sin x = \sum_{n=0}^{\infty} (-1)^n \frac{x^{2n+1}}{(2n+1)!} = x - \frac{x^3}{3!} + \frac{x^5}{5!} - \frac{x^7}{7!} + \dots, \; converge \; \forall x \in \mathbb{R}.$$

$$\cos x = \sum_{n=0}^{\infty} (-1)^n \frac{x^{2n}}{(2n)!} = 1 - \frac{x^2}{2!} + \frac{x^4}{4!} - \frac{x^6}{6!} + \dots, \; converge \; \forall x \in \mathbb{R}.$$

$$\tan x = x + \frac{x^3}{3} + \frac{2x^5}{15} + \frac{17x^7}{315} + \dots, converge \; \forall x \in (-\frac{\pi}{2}, \frac{\pi}{2}).$$

$$\cot x - \frac{1}{x} = -\frac{1}{3}x - \frac{1}{45}x^3 - \frac{2}{945}x^5 - \frac{1}{4725}x^7 + \dots, converge \; \forall x \in (-\frac{\pi}{2}, \frac{\pi}{2}).$$

$$\arcsin x = \sum_{n=0}^{\infty} \frac{(2n-1)!!}{(2n+1)2^n n!} x^{2n+1} = x + \frac{1}{6}x^3 + \frac{3}{40}x^5 + \frac{5}{112}x^7 + \dots, converge \; \forall x \in (-1, 1).$$

$$\arccos x = \frac{\pi}{2} - \sum_{n=0}^{\infty} \frac{(2n-1)!!}{(2n+1)2^n n!} x^{2n+1} = \frac{\pi}{2} - x - \frac{1}{6}x^3 - \frac{3}{40}x^5 - \frac{5}{112}x^7 - \dots, converge \; \forall x \in (-1, 1).$$

$$\arctan x = \sum_{n=0}^{\infty} (-1)^n \frac{x^{2n+1}}{2n+1} = x - \frac{x^3}{3} + \frac{x^5}{5} - \frac{x^7}{7} + \dots, converge \; \forall x \in (-1, 1).$$

$$\text{arccot} x = \frac{\pi}{2} - \sum_{n=0}^{\infty} (-1)^n \frac{x^{2n+1}}{2n+1} = \frac{\pi}{2} - x + \frac{x^3}{3} - \frac{x^5}{5} + \frac{x^7}{7} + \dots, converge \; \forall x \in (-1, 1).$$

2 Solução em séries de potências

Soluções de equações diferenciais ordinárias lineares podem ser encontradas na forma de séries de potências mesmo nos casos quando métodos de soluções de tipos especiais de equações, tais como lineares de coeficientes constantes e de ordem redutível, não funcionam (notamos que não existe um método universal de solução até para as equações da primeira ordem). Lembramos alguns resultados da teoria de equações diferenciais lineares.

A *equação linear homogênea de ordem n*

$$y^{(n)} + a_{n-1}(x)y^{(n-1)} + \dots + a_1(x)y' + a_0(x)y = 0, \tag{2.1}$$

com coeficientes $a_0(x), a_1(x), \dots, a_{n-1}(x)$ contínuas num intervalo I, possui a *solução geral* $y_g(x)$ em I que contém todas as soluções particulares e pode ser encontrada via *combinação linear de n soluções particulares linearmente independentes*:

$$y_g(x) = C_1 y_1(x) + C_2 y_2(x) + \dots + C_n y_n(x),$$

onde $y_1(x), y_2(x), \dots, y_n(x)$ são soluções particulares linearmente independentes e $C_1, C_2, \dots, C_n$ são coeficientes arbitrários.

A *equação linear (não homogênea) de ordem n*

$$y^{(n)} + a_{n-1}(x)y^{(n-1)} + \dots + a_1(x)y' + a_0(x)y = b(x), \tag{2.2}$$

com coeficientes $a_0(x), a_1(x), \ldots, a_{n-1}(x)$ e parte direita $b(x)$ contínuas num intervalo I, possui a *solução geral* $y_n(x)$ em I que contém todas as soluções particulares e pode ser representada na forma

$$y_n(x) = y_g(x) + y_p(x),$$

onde $y_g(x)$ é a *solução geral da equação homogênea* (2.1) e $y_p(x)$ é qualquer *solução particular da equação não homogênea* (2.2).

As formas (2.1) e (2.2) são chamadas *canônicas* (ou *normalizadas*) para equações lineares homogêneas e não homogêneas, respectivamente.

O *problema contínuo de condições iniciais* (o problema de Cauchy) para a equação (2.2) em I, isto é, a equação (2.2) com coeficientes $a_0(x), a_1(x), \ldots, a_{n-1}(x)$ e parte direita $b(x)$ contínuas num intervalo I, junto com as condições iniciais $y(x_0) = b_0, y'(x_0) = b_1, \ldots, y^{(n-1)}(x_0) = b_{n-1}$, onde $x_0 \in I$, tem uma única solução em I.

Sob certas condições nos coeficientes e parte direita da equação linear, todas as soluções particulares podem ser encontradas em séries de potências, isto é, como funções analíticas. Apresentamos os resultados correspondentes nos dois teoremas a seguir.

Teorema de solução em séries para equação homogênea. Se os coeficientes $a_0(x), a_1(x)$, $\ldots, a_{n-1}(x)$ da equação linear homogênea (2.1) são funções analíticas de raios de convergência $R_0, R_1, \ldots, R_{n-1}$, respectivamente (todos em relação ao ponto central x_0), então qualquer solução particular de (2.1) pode ser representada em série de potências com o ponto central x_0 e o raio de convergência $R \geq \min\{R_0, R_1, \ldots, R_{n-1}\}$.

Teorema de solução em séries para equação não homogênea. Qualquer solução particular da equação linear não homogênea (2.2) com coeficientes analíticos $a_0(x), a_1(x), \ldots, a_{n-1}(x)$ de raios de convergência $R_0, R_1, \ldots, R_{n-1}$, respectivamente, e a parte direita analítica $b(x)$ de raio de convergência R_b (todos em relação ao ponto central x_0), pode ser representada em série de potências com o ponto central x_0 e o raio de convergência $R \geq \min\{R_0, R_1, \ldots, R_{n-1}, R_b\}$.

Se as condições do primeiro teorema estão satisfeitas numa vizinhança do ponto x_0, então esse ponto é chamado de regular. Formalizamos isso na seguinte definição.

Definição do ponto ordinário e singular. Um ponto x_0 é chamado ponto ordinário (ou não-singular) da equação (2.1) se os coeficientes $a_0(x), a_1(x), \ldots, a_{n-1}(x)$ são funções analíticas em x_0. Se x_0 não é um ponto ordinário, ele é chamado de singular.

3 Solução em torno de pontos ordinários

No caso de um ponto ordinário, o procedimento de resolução consiste em busca de soluções particulares na forma de uma série formal de potências, cujos coeficientes devem ser especificados via substituição da série na equação original, com posterior análise da convergência da série formal obtida. Notamos que muitas vezes é difícil ou impossível encontrar a forma geral de coeficientes quando as relações, nas quais eles estão envolvidos, são complicadas. Nesses casos, conseguimos especificar só alguns primeiros coeficientes da série, e usamos os primeiros termos da série para representar uma aproximação da solução exata que tem alta precisão, pelo menos, numa vizinhança pequena do ponto de desenvolvimento.

Consideremos vários exemplos a seguir, começando de algumas equações elementares, inclusive da primeira ordem, cujas soluções podem ser facilmente encontradas usando os métodos mais simples que o desenvolvimento em séries de potências e, então, essas soluções podem servir para verificação de funcionamento do método de séries.

Exemplos.

1. Equação da primeira ordem $y' - y = 0$.
Essa é uma equação trivial de variáveis separáveis (isto é, do tipo $y' = f(x)g(y)$), cuja solução se

encontra imediatamente separando y e x e integrando os dois lados da equação:

$$\int \frac{dy}{y} = \int 1 dx \;\Rightarrow\; \ln y = x + A;\; y \equiv 0 \;\Rightarrow\; y = Ce^x, \forall C \in \mathbb{R}.$$

Para efeitos de ilustração, vamos procurar a solução dessa equação via série formal de potências $y(x) = \sum_{n=0}^{\infty} c_n x^n$ cujos coeficientes determinamos substituindo essa série na equação original:

$$\left(\sum_{n=0}^{\infty} c_n x^n \right)' - \sum_{n=0}^{\infty} c_n x^n = 0.$$

Supondo que a série tem o raio não nulo de convergência, aplicamos a derivação termo a termo dentro do intervalo de convergência e obtemos

$$\sum_{n=1}^{\infty} n c_n x^{n-1} - \sum_{n=0}^{\infty} c_n x^n = 0$$

ou, trocando a variação do índice na segunda série e juntando as duas séries,

$$\sum_{n=1}^{\infty} (n c_n - c_{n-1}) x^{n-1} = 0.$$

Então, da unicidade de uma série de potências, obtemos a relação de recorrência $n c_n = c_{n-1}, \forall n \in \mathbb{N}$ e o coeficiente c_0 fica arbitrário. A relação de recorrência pode ser resolvida para c_n em termos de c_0: $c_n = \frac{1}{n} c_{n-1} = \frac{1}{n(n-1)} c_{n-2} = \ldots = \frac{1}{n!} c_0$. Portanto, obtemos a solução geral na forma

$$y(x) = C \sum_{n=0}^{\infty} \frac{1}{n!} x^n = Ce^x, \forall C = c_0 \in \mathbb{R},$$

ou seja, chegamos a mesma solução obtida antes do modo mais simples. Como a série gerada já foi reconhecida como a série de Taylor de e^x, então não há necessidade de verificar a sua convergência: sabemos que ela converge em $\mathbb{R}$, o que justifica as operações realizadas formalmente para qualquer $x \in \mathbb{R}$. (Na realidade, o resultado geral apresentado sobre existência de soluções na forma de séries de potências já indica que a série procurada tem raio de convergência $R = \infty$, uma vez que o coeficiente $a_0 \equiv -1$ é a função analítica em $\mathbb{R}$).

2. Equação homogênea $y'' + y = 0$.

Essa é uma equação linear homogênea de coeficientes constantes, cuja solução usualmente se encontra resolvendo a equação característica $\lambda^2 + 1 = 0$ e formando duas soluções particulares correspondentes na forma $y_1(x) = \cos x$ e $y_2(x) = \sin x$, que levam a solução geral $y_g(x) = C_1 \cos x + C_2 \sin x$.

Resolvemos agora a mesma equação usando série formal de potências $y(x) = \sum_{n=0}^{\infty} c_n x^n$, cujos coeficientes determinamos substituindo essa série na equação original:

$$\left(\sum_{n=0}^{\infty} c_n x^n \right)'' + \sum_{n=0}^{\infty} c_n x^n = 0.$$

Supondo que a série tem o raio não nulo de convergência, aplicamos a derivação termo a termo duas vezes dentro do intervalo de convergência e obtemos

$$\sum_{n=2}^{\infty} n(n-1) c_n x^{n-2} + \sum_{n=0}^{\infty} c_n x^n = 0$$

ou, trocando a variação do índice na segunda série e juntando as duas séries,

$$\sum_{n=2}^{\infty} [n(n-1) c_n + c_{n-2}] x^{n-2} = 0.$$

Da unicidade de série de potências segue a relação de recorrência $n(n-1)c_n = -c_{n-2}, \forall n = 2, 3, \ldots$ e os parâmetros c_0 e c_1 ficam arbitrários. Então, as relações de recorrência se dividem em dois grupos independentes: a primeira começa com c_0 e determina todos os coeficientes de índices pares em função de c_0, e a segunda começa com c_1 e determina todos os coeficientes de índices ímpares em função de c_1. Resolvendo as relações do primeiro grupo, temos para $\forall k \in \mathbb{N}$

$$c_n = c_{2k} = -\frac{1}{2k(2k-1)}c_{2k-2} = (-1)^2 \frac{1}{2k(2k-1)(2k-2)(2k-3)}c_{2k-4} = \ldots = (-1)^k \frac{1}{(2k)!}c_0,$$

e, da mesma maneira, para o segundo grupo

$$c_n = c_{2k+1} = -\frac{1}{(2k+1)(2k)}c_{2k-1} = (-1)^2 \frac{1}{(2k+1)2k(2k-1)(2k-2)}c_{2k-3} = \ldots = (-1)^k \frac{1}{(2k+1)!}c_1.$$

Portanto, obtemos duas soluções linearmente independentes na forma de séries de potências (fixamos aqui $c_0 = 1$ e $c_1 = 1$)

$$y_1(x) = \sum_{n=0}^{\infty} (-1)^n \frac{1}{(2n)!} x^{2n}$$

e

$$y_2(x) = \sum_{n=0}^{\infty} (-1)^n \frac{1}{(2n+1)!} x^{2n+1}.$$

Facilmente reconhecemos nessas duas funções as séries de $y_1(x) = \cos x$ e $y_2(x) = \sin x$ (convergentes em $\mathbb{R}$) e, então, chegamos a mesma solução geral encontrada pelo método tradicional.

3. Equação homogênea $y'' - xy = 0$ (equação de Airy).

Essa é uma equação linear homogênea de coeficientes variáveis do tipo (2.1), cuja resolução exige utilização de séries de potências: $y(x) = \sum_{n=0}^{\infty} c_n x^n$. Para encontrar os valores de c_n substituímos a série na equação original

$$\sum_{n=2}^{\infty} n(n-1)c_n x^{n-2} - \sum_{n=0}^{\infty} c_n x^{n+1} = 0.$$

Trocamos o índice na segunda série e a juntamos com a primeira:

$$2c_2 + \sum_{n=3}^{\infty} [n(n-1)c_n - c_{n-3}]x^{n-2} = 0.$$

Então, chegamos as seguintes relações: $c_2 = 0$ e $n(n-1)c_n = c_{n-3}, \forall n = 3, 4, \ldots$. Evidentemente, as relações de recorrência podem ser separadas em três grupos: a primeira contém índices $3k$, $k \in \mathbb{N}$ e é determinada pelo coeficiente c_0, a segunda, com índices $3k+1$, é determinada por c_1, e a terceira, com índices $3k+2$, é determinada por c_2. Como $c_2 = 0$, os coeficientes do terceiro grupo se anulam. Mas outros dois parâmetros – c_0 e c_1 – podem ser escolhidos de modo arbitrário. Dessa maneira, restam os dois grupos de coeficientes:

$$c_{3k} = \frac{1}{3k(3k-1)}c_{3k-3} = \frac{1}{3k(3k-1)(3k-3)(3k-4)}c_{3k-6} = \ldots = \frac{1}{2 \cdot 3 \cdot \ldots \cdot (3k-4)(3k-3)(3k-1)3k}c_0$$

e

$$c_{3k+1} = \frac{1}{(3k+1)3k}c_{3k-2} = \frac{1}{(3k+1)3k(3k-2)(3k-3)}c_{3k-5} = \ldots = \frac{1}{3 \cdot 4 \cdot \ldots \cdot (3k-3)(3k-2)3k(3k+1)}c_1.$$

Consequentemente, as duas soluções linearmente independentes têm a forma (fixamos aqui $c_0 = 1$ e $c_1 = 1$)

$$y_1(x) = \sum_{n=0}^{\infty} \frac{x^{3n}}{2 \cdot 3 \cdot \ldots \cdot (3n-4)(3n-3)(3n-1)3n}$$

e

$$y_2(x) = \sum_{n=0}^{\infty} \frac{x^{3n+1}}{3 \cdot 4 \cdot \ldots \cdot (3n-3)(3n-2)3n(3n+1)}.$$

A solução geral tem a forma comum $y_g(x) = C_1 y_1(x) + C_2 y_2(x)$. Para justificar os procedimentos aplicados, temos que verificar onde as duas séries obtidas convergem. Isso pode ser feito das duas maneiras. Primeiro, observando que o coeficiente da equação original $a_0 = -x$ é uma função analítica em $\mathbb{R}$, podemos usar a afirmação geral que garante que as séries de soluções têm o mesmo raio de convergência e, portanto, convergem em $\mathbb{R}$. Outra maneira é conferir direto a convergência das séries, aplicando um dos testes. Por exemplo, usando o teste de D'Alembert, temos para primeira série

$$\frac{|x^{3n+3}|}{2 \cdot 3 \cdot \ldots \cdot (3n-1)3n(3n+2)(3n+3)} \cdot \frac{2 \cdot 3 \cdot \ldots \cdot (3n-1)3n}{|x^{3n}|} = |x^3| \frac{1}{(3n+2)(3n+3)} \underset{n \to \infty}{\to} 0, \forall x \in \mathbb{R},$$

o que significa que essa série converge em $\mathbb{R}$. A segunda série tem o mesmo comportamento. Isso justifica todos os passos realizados na dedução dessas duas séries.

4. Equação homogênea $(x^2 + 1)y'' + xy' - y = 0$.
Essa é uma equação linear homogênea de coeficientes variáveis, cuja resolução exige utilização de séries de potências: $y(x) = \sum_{n=0}^{\infty} c_n x^n$. Para encontrar os valores de c_n substituímos a série na equação original

$$(x^2 + 1) \sum_{n=2}^{\infty} n(n-1)c_n x^{n-2} + x \sum_{n=1}^{\infty} nc_n x^{n-1} - \sum_{n=0}^{\infty} c_n x^n = 0$$

ou, separando os termos de potências iguais,

$$\sum_{n=2}^{\infty} n(n-1)c_n x^n + \left[2c_2 x^0 + 3 \cdot 2c_3 x^1 + \sum_{n=2}^{\infty} (n+2)(n+1)c_{n+2} x^n \right]$$

$$+ \left[c_1 x^1 + \sum_{n=2}^{\infty} nc_n x^n \right] - \left[c_0 x^0 + c_1 x^1 + \sum_{n=2}^{\infty} c_n x^n \right] = 0.$$

Reagrupando ainda os termos, temos

$$(2c_2 - c_0) + 6c_3 x + \sum_{n=2}^{\infty} \left[n(n-1)c_n + (n+2)(n+1)c_{n+2} + nc_n - c_n \right] x^n = 0.$$

Consequentemente, temos as seguintes relações para os coeficientes:

$$2c_2 - c_0 = 0, c_3 = 0; (n+1)(n-1)c_n + (n+2)(n+1)c_{n+2} = 0, \forall n = 2, 3, \ldots.$$

O último conjunto representa as relações de recorrência que podem ser simplificadas a forma $c_{n+2} = -\frac{n-1}{n+2}c_n, \forall n = 2, 3, \ldots$ e divididas em dois grupos – de índices pares $n = 2k$ e ímpares $n = 2k+1$. No primeiro grupo temos

$$c_{2k} = -\frac{2k-3}{2k}c_{2k-2} = (-1)^2 \frac{2k-3}{2k} \frac{2k-5}{2k-2} c_{2k-4} = \ldots$$

$$= (-1)^{k-1} \frac{(2k-3)(2k-5) \cdot \ldots \cdot 3 \cdot 1}{2k(2k-2) \cdot \ldots \cdot 6 \cdot 4} c_2, \forall k = 2, 3, \ldots; \ c_2 = \frac{1}{2}c_0.$$

No segundo grupo, todos os coeficientes a partir do índice 3 são nulos devido a anulamento de c_3 e o único coeficiente arbitrário é c_1:

$$c_{2k+1} = 0, \forall k = 1, 2, \ldots; \ \forall c_1.$$

Assim, temos duas soluções linearmente independentes: $y_1 = x$ e a série

$$y_2(x) = 2 + x^2 + \sum_{n=2}^{\infty} (-1)^{k-1} \frac{1 \cdot 3 \cdot \ldots \cdot (2n-3)}{4 \cdot 6 \cdot \ldots \cdot 2n} x^{2n}$$

(na última escolhemos $c_2 = 1$). Para justificar os procedimentos aplicados, temos que analisar a convergência da série obtida. Isso pode ser feito das duas maneiras. Primeiro, observando que os coeficientes da equação original normalizada (escrita na forma canônica) são $a_1 = \frac{x}{x^2+1}$ e $a_0 = -\frac{1}{x^2+1}$, vemos que as duas funções são analíticas em $(-1, 1)$ e, então, podemos usar a afirmação geral que garante que a série da solução converge em $(-1, 1)$. Outra maneira é conferir direto a convergência da série, aplicando o teste de D'Alembert:

$$\frac{|x^{2n+2}| \cdot 1 \cdot 3 \cdot \ldots \cdot (2n-3)(2n-1)}{4 \cdot 6 \cdot \ldots \cdot 2n(2n+2)} \cdot \frac{4 \cdot 6 \cdot \ldots \cdot 2n}{|x^{2n}| \cdot 1 \cdot 3 \cdot \ldots \cdot (2n-3)} = x^2 \frac{2n-1}{2n+2} \underset{n\to\infty}{\to} x^2, \forall x \in \mathbb{R}.$$

Assim, a série converge para $|x| < 1$ e diverge para $|x| > 1$.

Podemos notar ainda que a série de $y_2(x)$ representa o desenvolvimento da função $2(1+x^2)^{1/2}$ em série de potências, e portanto, a solução geral pode ser expressa também em funções elementares: $y_g(x) = C_1 y_1 + C_2 y_2 = C_1 x + C_2 (1+x)^{1/2}$.

5. Equação homogênea $(x^2 - 4)y'' + 3xy' + y = 0$.
Essa é uma equação linear homogênea com coeficientes variáveis que requer o uso de séries de potências para sua resolução. Como há somente dois pontos singulares $x = \pm 2$, a expansão da solução em série $y(x) = \sum_{n=0}^{\infty} c_n x^n$ tem o raio de convergência de, pelo menos, 2. Substituindo essa série de potências na equação, temos:

$$(x^2 - 4) \sum_{n=2}^{\infty} n(n-1)c_n x^{n-2} + 3x \sum_{n=1}^{\infty} nc_n x^{n-1} + \sum_{n=0}^{\infty} c_n x^n$$

$$= \sum_{n=0}^{\infty} n(n-1)c_n x^n - 4 \sum_{n=0}^{\infty} (n+2)(n+1)c_{n+2} x^n + 3 \sum_{n=0}^{\infty} nc_n x^n + \sum_{n=0}^{\infty} c_n x^n$$

$$= \sum_{n=0}^{\infty} [(n^2 + 2n + 1)c_n - 4(n+2)(n+1)c_{n+2}]x^n = 0.$$

Então, obtemos as seguintes relações de recorrência para os coeficientes c_n:

$$c_{n+2} = \frac{n+1}{4(n+2)} c_n, \forall n \geq 0.$$

Esse conjunto de relações pode ser desacoplado em dois grupos – com termos pares e com os ímpares. Para o primeiro grupo temos

$$c_{2n} = \frac{1}{4} \frac{2n-1}{2n} c_{2n-2} = \frac{1}{4^2} \frac{(2n-1)(2n-3)}{2n \cdot (2n-2)} c_{2n-4} = \ldots = \frac{1}{4^n} \frac{(2n-1)!!}{(2n)!!} c_0, \ \forall n \geq 1.$$

De modo semelhante, para o segundo grupo temos $c_{2n+1} = \frac{1}{4^n} \frac{(2n)!!}{(2n+1)!!} c_1, \ \forall n \geq 1$. Logo, todos os coeficientes pares podem ser expressos em termos de c_0 e todos os ímpares em termos de c_1. Portanto, escolhendo $c_0 = 1$ e $c_1 = 1$, construímos duas soluções linearmente independentes em forma de séries de potências:

$$y_1 = \sum_{n=0}^{\infty} \frac{1}{4^n} \frac{(2n-1)!!}{(2n)!!} x^{2n} \ \text{ e } \ y_2 = \sum_{n=0}^{\infty} \frac{1}{4^n} \frac{(2n)!!}{(2n+1)!!} x^{2n+1}.$$

(Nessas fórmulas está definido que $(-1)!! = 1$ e $0!! = 1$, o que gera, para $n = 0$, o primeiro termo igual a 1 na primeira série e o primeiro termo x na segunda.)

Aplicação do teste de D'Alembert mostra que ambas as séries convergem no intervalo $(-2, 2)$:

$$\frac{|c_{2n+2}x^{2n+2}|}{|c_{2n}x^{2n}|} = \frac{2n+1}{2n+2} \cdot \frac{x^2}{4} \xrightarrow[n\to\infty]{} \frac{x^2}{4} < 1$$

e

$$\frac{|c_{2n+1}x^{2n+1}|}{|c_{2n-1}x^{2n-1}|} = \frac{2n}{2n+1} \cdot \frac{x^2}{4} \xrightarrow[n\to\infty]{} \frac{x^2}{4} < 1.$$

Então, a combinação linear dessas duas séries, que representa a solução geral da equação, também converge em $(-2, 2)$. Portanto, a solução geral se encontra na forma

$$y = C_1 y_1 + C_2 y_2 = C_1 \sum_{n=0}^{\infty} \frac{1}{4^n} \frac{(2n-1)!!}{(2n)!!} x^{2n} + C_2 \sum_{n=0}^{\infty} \frac{1}{4^n} \frac{(2n)!!}{(2n+1)!!} x^{2n+1},$$

onde C_1, C_2 são constantes reais arbitrárias.

Como foi notado, muitas vezes é difícil ou impossível encontrar a forma geral de coeficientes. Isso acontece quando as relações de recorrência se complicam por causa de envolvimento envolvimento de coeficientes com índices distantes e devido a forma sofisticada de coeficientes. No próximo exemplo, isso ocorre por causa de afastamento de índices de coeficientes. Nesse caso, como alternativa, encontramos alguns primeiros coeficientes da série, e usamos os primeiros termos da série para representar uma aproximação da solução exata perto do ponto de desenvolvimento.

6. Equação homogênea $y'' - (1+x)y = 0$.

Essa é uma equação linear homogênea de coeficientes variáveis, cuja resolução exige utilização de séries de potências: $y(x) = \sum_{n=0}^{\infty} c_n x^n$. Para encontrar os valores de c_n substituímos a série na equação original

$$\sum_{n=2}^{\infty} n(n-1)c_n x^{n-2} - (1+x)\sum_{n=0}^{\infty} c_n x^n = 0$$

ou, uniformizando as potências em três séries,

$$\sum_{m=0}^{\infty} (m+2)(m+1)c_{m+2}x^m - \sum_{n=0}^{\infty} c_n x^n - \sum_{k=1}^{\infty} c_{k-1}x^k = 0.$$

Então, obtemos

$$2c_2 - c_0 = 0; \quad (n+2)(n+1)c_{n+2} - c_n - c_{n-1} = 0, \forall n = 1, 2, \dots$$

ou

$$c_2 = \frac{c_0}{2}; \quad c_{n+2} = \frac{c_n + c_{n-1}}{(n+2)(n+1)}, \forall n = 1, 2, \dots.$$

Nesse caso, as relações de recorrência envolvem os índices bastante distantes $n+2$ e $n-1$ e não podem ser desacoplados, o que dificulta o encontro de fórmulas gerais para c_n.

Portanto, vamos especificar os primeiros coeficientes de duas soluções linearmente independentes. Para a primeira, escolhemos $c_0 = 1$ e $c_1 = 0$, o que vai dar $c_2 = \frac{1}{2}, c_3 \doteq \frac{c_1+c_0}{2\cdot3} = \frac{1}{6}, c_4 = \frac{c_2+c_1}{3\cdot4} = \frac{1}{24}$, etc. Logo, a primeira solução tem a forma

$$y_1 = 1 + \frac{2}{2}x^2 + \frac{1}{6}x^3 + \frac{1}{24}x^4 + \dots.$$

Para a segunda, escolhendo $c_0 = 0$ e $c_1 = 1$, obtemos $c_2 = 0, c_3 = \frac{c_1+c_0}{2\cdot3} = \frac{1}{6}, c_4 = \frac{c_2+c_1}{3\cdot4} = \frac{1}{12}$, etc. Logo, a segunda solução assume a forma

$$y_2 = x + \frac{1}{6}x^3 + \frac{1}{12}x^4 + \dots.$$

Para justificar os procedimentos aplicados, notamos que os coeficientes da equação original (que já está na forma canônica) são funções analíticas em $\mathbb{R}$ e, portanto, soluções em séries convergem também em $\mathbb{R}$. A solução geral, como sempre, se encontra via combinação linear das soluções linearmente independentes: $y_g(x) = C_1 y_1 + C_2 y_2$.

7. Equação homogênea $(1 - x^2)y'' - 2xy' + p(p + 1)y = 0$, $p \in \mathbb{R}$ (equação de Legendre).
Essa é uma equação linear homogênea com coeficientes variáveis que requer o uso de séries de potências para sua resolução. Como os únicos pontos singulares são $x = \pm 1$, a série de potências da solução tem o raio de convergência (em torno de $x = 0$) de, pelo menos, 1. Notamos que é suficiente considerar somente o caso $p > -1$, uma vez que para $p \leq -1$ podemos efetuar a substituição $q = -(1 + p)$ que leva a equação de Legendre $(1 - x^2)y'' - 2xy' + q(q + 1)y = 0$ com $q \geq 0$. Substituindo a série de potências $y(x) = \sum_{n=0}^{\infty} c_n x^n$ na equação diferencial, obtemos:

$$(1 - x^2) \sum_{n=2}^{\infty} n(n-1)c_n x^{n-2} - 2x \sum_{n=1}^{\infty} n c_n x^{n-1} + p(p+1) \sum_{n=0}^{\infty} c_n x^n$$

$$= \sum_{n=0}^{\infty} (n+2)(n+1)c_{n+2}x^n - \sum_{n=2}^{\infty} n(n-1)c_n x^n - 2\sum_{n=1}^{\infty} n c_n x^n + p(p+1)\sum_{n=0}^{\infty} c_n x^n$$

$$= \sum_{n=0}^{\infty} [(n+2)(n+1)c_{n+2} - (n^2 + n - p(p+1))c_n]x^n = 0.$$

(A segunda e terceira séries na linha do meio podem ser usadas com o índice da soma começando de 0, porque $n(n-1)c_n = 0$ para $n = 0, 1$ e $nc_n = 0$ para $n = 0$.) Então, temos as seguintes relações de recorrência para os coeficientes c_n: $(n+2)(n+1)c_{n+2} - (n(n+1) - p(p+1))c_n = 0, \forall n \geq 0$, ou equivalentemente, $c_{n+2} = \frac{(n(n+1)-p(p+1))}{(n+2)(n+1)}c_n = \frac{(n-p)(n+p+1)}{(n+2)(n+1)}c_n, \forall n \geq 0$. Esse conjunto das relações pode ser desacoplado em dois grupos – com os índices pares e com os ímpares. Os coeficientes do primeiro grupo são determinados pela escolha de c_0 como se segue: $c_{2n} = \frac{(2n-2-p)(2n-1+p)}{2n(2n-1)}c_{2n-2}, \forall n \geq 1$. Especificando a última relação, obtemos

$$c_{2n} = \frac{(2n-2-p)(2n-1+p)}{2n(2n-1)}c_{2n-2} = \frac{(2n-2-p)(2n-1+p)(2n-4-p)(2n-3+p)}{2n(2n-1)(2n-2)(2n-3)}c_{2n-4} = \ldots$$

$$= \frac{(2n-2-p)(2n-4-p)\cdot\ldots\cdot(2-p)(-p)\cdot(2n-1+p)(2n-3+p)\cdot\ldots\cdot(3+p)(1+p)}{2n(2n-1)\cdot\ldots\cdot 2\cdot 1}c_0, \forall n \geq 1.$$

De modo semelhante, os coeficientes com índices ímpares são definidos pela escolha de c_1: $c_{2n+1} = \frac{(2n-1-p)(2n+p)}{(2n+1)2n}c_{2n-1}, \forall n \geq 1$. Consequentemente,

$$c_{2n+1} = \frac{(2n-1-p)(2n-3-p)\cdot\ldots\cdot(3-p)(1-p)\cdot(2n+p)(2n-2+p)\cdot\ldots\cdot(4+p)(2+p)}{(2n+1)(2n)\cdot\ldots\cdot 2\cdot 1}c_1, \forall n \geq 1.$$

Portanto, as duas soluções linearmente independentes da equação de Legendre são as seguintes:

$$y_1 = \sum_{n=0}^{\infty} c_{2n}x^{2n} \quad \text{e} \quad y_2 = \sum_{n=0}^{\infty} c_{2n+1}x^{2n+1}.$$

De acordo com a teoria de soluções analíticas, ambas as séries convergem, pelo menos, no intervalo $(-1, 1)$, o que justifica as transformações realizadas nesse intervalo. O mesmo resultado de convergência pode ser obtido usando o teste de D'Alembert:

$$\frac{|c_{2n+2}x^{2n+2}|}{|c_{2n}x^{2n}|} = \frac{(2n-p)(2n+1+p)}{(2n+2)(2n+1)} \cdot x^2 \underset{n\to\infty}{\to} x^2 < 1$$

e

$$\frac{|c_{2n+1}x^{2n+1}|}{|c_{2n-1}x^{2n-1}|} = \frac{(2n-1-p)(2n+p)}{(2n+1)2n} \cdot x^2 \underset{n\to\infty}{\to} x^2 < 1.$$

Logo, a combinação linear dessas duas séries $y = C_1 y_1 + C_2 y_2$, que representa a solução geral da equação de Legendre, também converge em $(-1, 1)$. Aqui, as constantes arbitrárias C_1 e C_2 representam os primeiros dois coeficientes c_0 e c_1 na solução em séries de potências.

Notamos que, caso $p = 0$ ou $p \in \mathbb{N}$, então uma ou duas soluções particulares y_1 e y_2 são polinômios de grau p. Realmente, se p é par, então $c_{2n} = 0, \forall 2n > p$, e consequentemente, y_1 é o polinômio de grau p (enquanto y_2 é uma série infinita). Se p é ímpar, $c_{2n+1} = 0, \forall (2n + 1) > p$, então y_2 é o polinômio de grau p (enquanto y_1 é uma série infinita). Finalmente, se $p = 0$, então as relações de recorrência para os índices pares se simplificam a forma $c_{2n} = \frac{n-1}{n} c_{2n-2}, \forall n \geq 1$. Para $n = 1$ temos $c_2 = 0$, o que vai zerar todos os coeficientes de índices pares, deixando somente o valor arbitrário c_0. Para os índices ímpares temos $c_{2n+1} = \frac{2n-1}{2n+1} c_{2n-1} = \ldots = \frac{1}{2n+1} c_1, \forall n \geq 1$. Logo, a solução geral tem a forma

$$y = c_0 + c_1 \sum_{n=1}^{\infty} \frac{x^{2n+1}}{2n+1} = c_0 + c_1 \cdot \frac{1}{2} \ln \frac{1-x}{1+x}.$$

Essa solução pode ser obtida também usando o método de redução da ordem. Realmente, introduzindo a função $z = y'$, transformamos a equação $(1 - x^2) y'' - 2xy' = 0$ em equação da primeira ordem $(1 - x^2) z' - 2xz = 0$. A última é a equação separável, cuja solução é obtida integrando $\int \frac{dz}{z} = \int \frac{2x \, dx}{1-x^2}$, donde $\ln z = -\ln(1 - x^2) + C$ ou, eliminando logaritmo, $z = \frac{C}{1-x^2}$. Então $y' = \frac{C}{1-x^2}$ e, integrando mais uma vez, encontramos $y = C \int \frac{dx}{1-x^2} = \frac{C}{2} \ln \frac{1+x}{1-x} + B$.

8. Equação homogênea $(1 - x^2) y'' - xy' + p^2 y = 0$, $p \in \mathbb{R}$ (equação de Chebyshev).

Essa é uma equação linear homogênea com coeficientes variáveis que requer o uso de séries de potências para sua resolução. Como os únicos pontos singulares são $x = \pm 1$, a série de potências da solução tem o raio de convergência (em torno de $x = 0$) de, pelo menos, 1. Substituindo a série de potências $y(x) = \sum_{n=0}^{\infty} c_n x^n$ na equação diferencial, obtemos:

$$(1 - x^2) \sum_{n=2}^{\infty} n(n-1) c_n x^{n-2} - x \sum_{n=1}^{\infty} n c_n x^{n-1} + p^2 \sum_{n=0}^{\infty} c_n x^n$$

$$= \sum_{n=0}^{\infty} (n+2)(n+1) c_{n+2} x^n - \sum_{n=2}^{\infty} n(n-1) c_n x^n - \sum_{n=1}^{\infty} n c_n x^n + p^2 \sum_{n=0}^{\infty} c_n x^n$$

$$= \sum_{n=0}^{\infty} [(n+2)(n+1) c_{n+2} - (n^2 - p^2) c_n] x^n = 0.$$

(A segunda e terceira séries na linha do meio podem ser usadas com o índice da soma começando de 0, porque $n(n-1)c_n = 0$ para $n = 0, 1$ e $nc_n = 0$ para $n = 0$.) Então, temos as seguintes relações de recorrência para os coeficientes c_n: $(n+2)(n+1) c_{n+2} - (n^2 - p^2) c_n = 0, \forall n \geq 0$, ou equivalentemente, $c_{n+2} = \frac{n^2 - p^2}{(n+2)(n+1)} c_n, \forall n \geq 0$. Esse conjunto das relações pode ser desacoplado em dois grupos – com os índices pares e com os ímpares. Os coeficientes do primeiro grupo são determinados pela escolha de c_0 como se segue:

$$c_{2n} = \frac{(2n-2)^2 - p^2}{2n(2n-1)} c_{2n-2} = \ldots = \frac{((2n-2)^2 - p^2) \cdot \ldots \cdot (2^2 - p^2) \cdot (-p^2)}{(2n)!} c_0, \forall n \geq 1.$$

De modo semelhante, os coeficientes com índices ímpares são definidos pela escolha de c_1:

$$c_{2n+1} = \frac{(2n-1)^2 - p^2}{(2n+1)2n} c_{2n-1} = \ldots = \frac{((2n-1)^2 - p^2) \cdot \ldots \cdot (3^2 - p^2) \cdot (1^2 - p^2)}{(2n+1)!} c_1, \forall n \geq 1.$$

Portanto, as duas soluções linearmente independentes da equação de Chebyshev são as seguintes:

$$y_1 = \sum_{n=0}^{\infty} c_{2n} x^{2n} \quad \text{e} \quad y_2 = \sum_{n=0}^{\infty} c_{2n+1} x^{2n+1}.$$

De acordo com a teoria de soluções analíticas, ambas as séries convergem, pelo menos, no intervalo $(-1, 1)$, o que justifica as transformações realizadas nesse intervalo. O mesmo resultado de convergência pode ser obtido aplicando o teste de D'Alembert:

$$\frac{|c_{2n+2}x^{2n+2}|}{|c_{2n}x^{2n}|} = \frac{(2n)^2 - p^2}{(2n+2)(2n+1)} \cdot x^2 \underset{n \to \infty}{\to} x^2 < 1$$

e

$$\frac{|c_{2n+1}x^{2n+1}|}{|c_{2n-1}x^{2n-1}|} = \frac{(2n-1)^2 - p^2}{(2n+1)2n} \cdot x^2 \underset{n \to \infty}{\to} x^2 < 1.$$

Logo, a combinação linear dessas duas séries $y = C_1 y_1 + C_2 y_2$, que representa a solução geral da equação de Chebyshev, também converge em $(-1, 1)$. Aqui, as constantes arbitrárias C_1 e C_2 representam os primeiros dois coeficientes c_0 e c_1 na solução em séries de potências.

Notamos que, caso $|p| \in \mathbb{N}$, uma das soluções particulares y_1 ou y_2 é um polinômio de grau $|p|$. Realmente, se $|p|$ é par, então $c_{2n} = 0, \forall 2n > |p|$, e consequentemente, y_1 é o polinômio de grau $|p|$ (enquanto y_2 é uma série infinita). Se $|p|$ é ímpar, então $c_{2n+1} = 0, \forall (2n+1) > |p|$ e y_2 é o polinômio de grau $|p|$ (enquanto y_1 é uma série infinita). Finalmente, se $p = 0$, então as relações de recorrência para os índices pares se simplificam a forma

$$c_{2n} = \frac{2(n-1)^2}{n(2n-1)} c_{2n-2}, \forall n \geq 1.$$

Para $n = 1$ temos $c_2 = 0$, o que vai zerar todos os coeficientes de índices pares, deixando somente o valor arbitrário c_0. Para os índices ímpares temos $c_{2n+1} = \frac{(2n-1)^2}{(2n+1)2n} c_{2n-1} = \ldots = \frac{((2n-1)!!)^2}{(2n+1)!} c_1 = \frac{(2n-1)!!}{(2n+1) \cdot 2^n \cdot n!} c_1, \forall n \geq 1$. Logo, a solução geral tem a forma

$$y = c_0 + c_1 \sum_{n=0}^{\infty} \frac{(2n-1)!!}{(2n+1) \cdot 2^n \cdot n!} x^{2n+1} = c_0 + c_1 \arcsin x.$$

Essa solução pode ser obtida também usando o método de redução da ordem. Realmente, introduzindo a função $z = y'$, transformamos a equação $(1-x^2)y'' - xy' = 0$ em equação da primeira ordem $(1-x^2)z' - xz = 0$. A última é a equação separável, cuja solução é obtida integrando $\int \frac{dz}{z} = \int \frac{x dx}{1-x^2}$, donde $\ln z = -\frac{1}{2}\ln(1-x^2) + C$ ou, eliminando logaritmo, $z = \frac{C}{\sqrt{1-x^2}}$. Então $y' = \frac{C}{\sqrt{1-x^2}}$ e, integrando mais uma vez, encontramos $y = C \int \frac{dx}{\sqrt{1-x^2}} = C \arcsin x + B$.

9. Equação não homogênea $y'' - xy' = 12x^3$.

A equação do problema é linear de coeficientes variáveis do tipo (2.2). Tanto coeficientes da equação como a parte direita são funções analíticas em $\mathbb{R}$. Procuramos a solução do problema na forma de séries de potências $y(x) = \sum_{n=0}^{\infty} c_n x^n$. Substituindo essa série na equação original, obtemos

$$\sum_{n=2}^{\infty} n(n-1)c_n x^{n-2} - x \sum_{n=1}^{\infty} nc_n x^{n-1} = 12x^3$$

ou

$$2c_2 + \sum_{n=1}^{\infty} ((n+2)(n+1)c_{n+2} - nc_n) x^n = 12x^3.$$

Igualando coeficientes com as mesmas potências de x, temos:

$$2c_2 = 0; 6c_3 - c_1 = 0; 12c_4 - 2c_2 = 0; 20c_5 - 3c_3 = 12$$

para os primeiros índices e

$$(n+2)(n+1)c_{n+2} - nc_n = 0$$

para os índices restantes. As relações de recorrência podem ser desacopladas em dois grupos – de índices ímpares e de índices pares. Como $c_2 = 0$, as relações de recorrência implicam que todos os coeficientes de índices pares vão zerar, exceto c_0 que tem valor arbitrário. Para os ímpares temos $c_3 = \frac{1}{6}c_1$, $c_5 = \frac{1}{20}(\frac{1}{2}c_1 + 12)$ e

$$c_{2k+1} = \frac{2k-1}{(2k+1)2k}c_{2k-1} = \frac{(2k-1)(2k-3)}{(2k+1)2k(2k-1)(2k-2)}c_{2k-3} = \ldots = \frac{(2k-1)(2k-3)\cdot\ldots\cdot 7\cdot 5}{(2k+1)2k(2k-1)(2k-2)\cdot\ldots\cdot 7\cdot 6}c_5$$

$$= \frac{(2k-1)(2k-3)\cdot\ldots\cdot 7\cdot 5}{(2k+1)2k(2k-1)(2k-2)\cdot\ldots\cdot 7\cdot 6}\cdot\frac{3}{5}\cdot\frac{1}{4\cdot 3\cdot 2}\cdot 24 + \frac{(2k-1)(2k-3)\cdot\ldots\cdot 7\cdot 5}{(2k+1)2k(2k-1)(2k-2)\cdot\ldots\cdot 7\cdot 6}\cdot\frac{3}{5\cdot 4\cdot 3\cdot 2}c_1$$

$$= \frac{(2k-1)!!}{(2k+1)!}\cdot 24 + \frac{(2k-1)!!}{(2k+1)!}c_1 = \frac{24}{(2k+1)2^k k!} + \frac{c_1}{(2k+1)2^k k!}, \forall k > 2.$$

Então, a solução geral tem a forma

$$y(x) = c_0 + c_1\left[x + \frac{1}{6}x^3 + \sum_{n=2}^{\infty}\frac{1}{(2n+1)2^n n!}x^{2n+1}\right] + 24\sum_{n=2}^{\infty}\frac{x^{2n+1}}{(2n+1)2^n n!}.$$

Notamos que o termo c_0 é a primeira solução particular e a série junto com c_1 é a segunda solução particular da equação homogênea respectiva, e o último termo é a solução particular da equação não homogênea. É simples mostrar que ambas as séries convergem em $\mathbb{R}$.

10. Equação não homogênea $y'' - xy' = e^x$.

A equação do problema é linear de coeficientes variáveis do tipo (2.2). Tanto coeficientes da equação como a parte direita são funções analíticas em $\mathbb{R}$. Procuramos a solução do problema na forma de séries de potências $y(x) = \sum_{n=0}^{\infty}c_n x^n$. Substituindo essa série na equação original e usando a série de potências de e^x, obtemos

$$\sum_{n=2}^{\infty}n(n-1)c_n x^{n-2} - x\sum_{n=1}^{\infty}nc_n x^{n-1} = \sum_{n=0}^{\infty}\frac{1}{n!}x^n$$

ou

$$2c_2 + \sum_{n=1}^{\infty}\left((n+2)(n+1)c_{n+2} - nc_n\right)x^n = 1 + \sum_{n=1}^{\infty}\frac{1}{n!}x^n.$$

Igualando coeficientes com as mesmas potências de x, temos a primeira relação $2c_2 = 1$ e as demais na forma

$$(n+2)(n+1)c_{n+2} - nc_n = \frac{1}{n!}$$

ou

$$c_{n+2} = \frac{1}{(n+2)!} + \frac{n}{(n+2)(n+1)}c_n.$$

Desenvolvendo essa relação, obtemos

$$c_{n+2} = \frac{1}{(n+2)!} + \frac{n}{(n+2)(n+1)}\left[\frac{1}{n!} + \frac{n-2}{n(n-1)}c_{n-2}\right] = \frac{1+n}{(n+2)!} + \frac{n(n-2)}{(n+2)(n+1)n(n-1)}c_{n-2}$$

$$= \frac{1+n}{(n+2)!} + \frac{n(n-2)}{(n+2)(n+1)n(n-1)}\left[\frac{1}{(n-2)!} + \frac{n-4}{(n-2)(n-3)}c_{n-4}\right]$$

$$= \frac{1+n+n(n-2)}{(n+2)!} + \frac{n(n-2)(n-4)}{(n+2)\cdot\ldots\cdot(n-3)}c_{n-4}$$

$$= \frac{1+n+n(n-2)+n(n-2)(n-4)}{(n+2)!} + \frac{n(n-2)(n-4)(n-6)}{(n+2)\cdot\ldots\cdot(n-5)}c_{n-6} = \ldots.$$

Agora fica claro, que para os índices pares vamos ter

$$c_{2k+2} = \frac{1 + \sum_{i=1}^{k-1}2^i\prod_{j=1}^{i}(k-i+j)}{(2k+2)!} + \frac{(2k)!!}{(2k+2)!}c_2 \equiv p_{2k+2} + \frac{(2k)!!}{(2k+2)!}c_2, \forall k \in \mathbb{N}$$

e para os ímpares

$$c_{2k+1} = \frac{1 + \sum_{i=1}^{k-1} 2^i \prod_{j=i}^{i}(k-i+j)}{(2k+1)!} + \frac{(2k-1)!!}{(2k+1)!}c_1 \equiv p_{2k+1} + \frac{(2k-1)!!}{(2k+1)!}c_1, \forall k \in \mathbb{N}.$$

O coeficiente c_0 fica arbitrário (não há nenhuma condição para ele), assim como o coeficiente c_1. Tendo em vista que $c_2 = \frac{1}{2}$, obtemos a solução geral da equação na forma

$$y(x) = c_0 + c_1 x + \frac{1}{2}x^2 + \sum_{k=1}^{\infty} c_{2k+2} x^{2k+2} + \sum_{k=1}^{\infty} c_{2k+1} x^{2k+1}$$

$$= c_0 + c_1 x + \frac{1}{2}x^2 + \sum_{k=1}^{\infty} \left(p_{2k+2} + \frac{(2k)!!}{2(2k+2)!} \right) x^{2k+2} + \sum_{k=1}^{\infty} \left(p_{2k+1} + \frac{(2k-1)!!}{(2k+1)!}c_1 \right) x^{2k+1}$$

$$= c_0 + c_1 \left[x + \sum_{k=1}^{\infty} \frac{(2k-1)!!}{(2k+1)!} x^{2k+1} \right] + \left[\frac{1}{2}x^2 + \sum_{k=1}^{\infty} \left(p_{2k+2} + \frac{(2k)!!}{2(2k+2)!} \right) x^{2k+2} + \sum_{k=1}^{\infty} p_{2k+1} x^{2k+1} \right],$$

onde p_{2k+2} e p_{2k+1} se encontram pelas fórmulas especificadas. Notamos que o termo c_0 é a primeira solução particular da equação homogênea respectiva, o termo junto com c_1 é a segunda solução particular da equação homogênea, e os termos restantes representam a solução particular da equação não homogênea. É simples mostrar que ambas as séries convergem em $\mathbb{R}$.

    11. Problema de Cauchy: equação homogênea $(1 - x^2)y'' - xy' = 0$ com as condições iniciais $y(0) = 0, y'(0) = 1$

A equação desse problema é linear homogênea com coeficientes variáveis, o que indica que o problema pode ser resolvido usando séries de potências. Procurando a solução na forma $y(x) = \sum_{n=0}^{\infty} c_n x^n$ com coeficientes indeterminados c_n, substituímos, primeiro, essa série nas condições iniciais para especificar $c_0 = 0$ e $c_1 = 1$, e, em seguida, substituímos na equação:

$$(1 - x^2) \sum_{n=2}^{\infty} n(n-1)c_n x^{n-2} - x \sum_{n=1}^{\infty} nc_n x^{n-1} = \sum_{n=2}^{\infty} n(n-1)c_n x^{n-2} - \sum_{n=2}^{\infty} n(n-1)c_n x^n - \sum_{n=1}^{\infty} nc_n x^n$$

$$= 2c_2 + 6c_3 x - c_1 x + \sum_{n=2}^{\infty} [(n+2)(n+1)c_{n+2} - n(n-1)c_n - nc_n]x^n = 0.$$

Então, obtemos as seguintes relações entre coeficientes c_n:

$$c_2 = 0; \ 2 \cdot 3 \cdot c_3 - c_1 = 0; \ (n+2)(n+1)c_{n+2} - n^2 c_n = 0, \forall n \geq 2.$$

Essas relações de recorrência podem ser divididas em dois grupos – com coeficientes pares $n = 2k$, $k \geq 1$ e com coeficientes ímpares $n = 2k + 1$, $k \geq 1$. Como $c_2 = 0$, todos os coeficientes do primeiro grupo se anulam. Para o segundo grupo, começamos com $c_3 = \frac{1}{2 \cdot 3}c_1 = \frac{1}{2 \cdot 3}$ e aplicamos as relações de recorrência:

$$c_5 = \frac{3^2}{4 \cdot 5}c_3 = \frac{3}{2 \cdot 4 \cdot 5}, c_7 = \frac{5^2}{6 \cdot 7}c_5 = \frac{3 \cdot 5}{2 \cdot 4 \cdot 6} \cdot \frac{1}{7}, \dots,$$

$$c_{2n-1} = \frac{3 \cdot 5 \cdot \dots \cdot (2n-3)}{2 \cdot 4 \cdot \dots \cdot (2n-2)} \cdot \frac{1}{2n-1} = \frac{(2n-3)!!}{(2n-2)!!} \cdot \frac{1}{2n-1}.$$

Assim, construímos a solução na forma

$$y = \sum_{n=0}^{\infty} \frac{(2n-1)!!}{(2n)!!} \frac{x^{2n+1}}{2n+1},$$

a qual representa a expanção de $\arcsin x$ convergente em $(-1, 1)$.

    Nesse caso específico, podemos deduzir a mesma solução usando operações sem envolver as séries. Realmente, trocando a função incógnita pela fórmula $z = y'$, reduzimos a equação original à equação da primeira ordem de variáveis separáveis $(1-x^2)z' - xz = 0$. Sua solução se encontra imediatamente pela integração direta $\int \frac{dz}{z} = \int \frac{x}{1-x^2}dx$ o que dá a solução z na forma $z = \frac{C}{\sqrt{1-x^2}}$. A constante C é definida da segunda condição inicial: $z(0) = y'(0) = \frac{C}{1} = 1$, donde $C = 1$. Integrando a relação $y' = z = \frac{1}{\sqrt{1-x^2}}$ mais uma vez, chegamos a solução da equação original: $y = \int \frac{dx}{\sqrt{1-x^2}} = \arcsin x + B$. A constante B se encontra da primeira condição inicial: $y(0) = \arcsin 0 + B = 0$, donde $B = 0$. Assim, a solução do problema é $y = \arcsin x$, a mesma obtida pelo método de séries de potências.

12. Problema de Cauchy: equação homogênea $(1 - x^2)y'' - 5xy' - 4y = 0$ com as condições iniciais $y(0) = 1, y'(0) = 0$.

A equação do problema é linear homogênea com coeficientes variáveis, o que indica que deve ser aplicado o método de séries de potências. Como há somente dois pontos singulares $x = \pm 1$, a expansão da solução em série $y(x) = \sum_{n=0}^{\infty} c_n x^n$ tem o raio de convergência de, pelo menos, 1. Para encontrar coeficientes c_n, substituímos, primeiro, essa série nas condições iniciais para especificar $c_0 = 1$ e $c_1 = 0$, e, em seguida, substituímos na equação:

$$(1 - x^2) \sum_{n=2}^{\infty} n(n-1)c_n x^{n-2} - 5x \sum_{n=1}^{\infty} nc_n x^{n-1} - 4 \sum_{n=0}^{\infty} c_n x^n$$

$$= 2c_2 + 2 \cdot 3c_3 x - 4c_0 - 4c_1 x - 5c_1 x + \sum_{n=2}^{\infty} (n+2)(n+1)c_{n+2} x^n - \sum_{n=2}^{\infty} (n^2 - n + 5n + 4)c_n x^n$$

$$= 2c_2 + 6c_3 x - 4 + \sum_{n=2}^{\infty} [(n+2)(n+1)c_{n+2} - (n+2)^2 c_n] x^n = 0.$$

Consequentemente, temos as seguintes relações para os coeficientes c_n: $2c_2 - 4 = 0, c_3 = 0, c_{n+2} = \frac{n+2}{n+1}c_n, \forall n \geq 2$. Essas relações de recorrência podem ser divididas em dois grupos – com coeficientes pares e com coeficientes ímpares. Como $c_3 = 0$, todos os coeficientes ímpares se anulam. Para os pares, começamos com $c_2 = 2$ e obtemos:

$$c_4 = \frac{2 \cdot 4}{3}, c_6 = \frac{2 \cdot 4 \cdot 6}{1 \cdot 3 \cdot 5}, \ldots, c_{2n} = \frac{2 \cdot 4 \cdot \ldots \cdot 2n}{1 \cdot 3 \cdot \ldots \cdot (2n-1)} = \frac{(2n)!!}{(2n-1)!!}.$$

Assim, encontramos a série da solução na forma

$$y = \sum_{n=0}^{\infty} \frac{(2n)!!}{(2n-1)!!} x^{2n}.$$

De acordo com a teoria de soluções analíticas, essa série converge, pelo menos, no intervalo $(-1, 1)$, o que justifica as transformações, que foram realizadas acima, nesse intervalo. O intervalo de convergência pode ser determinado, também, pelo teste de D'Alembert:

$$\frac{|c_{2n+2} x^{2n+2}|}{|c_{2n} x^{2n}|} = \frac{2n+2}{2n+1} x^2 \underset{n \to \infty}{\to} x^2 < 1,$$

o que mostra que a série converge em $(-1, 1)$.

13. Problema de Cauchy: equação homogênea $y'' + \cos x \cdot y = 0$ junto com as condições iniciais $y(0) = 1, y'(0) = 0$.

A equação do problema é linear homogênea do tipo (2.1) com o coeficiente $a_0(x) = \cos x$ que é a função analítica em $\mathbb{R}$. Como o coeficiente $\cos x$ não é um polinômio, então na busca da solução na forma de séries de potências $y(x) = \sum_{n=0}^{\infty} c_n x^n$ precisamos usar o produto de Cauchy de séries. Substituindo as séries $\cos x = \sum_{n=0}^{\infty} (-1)^n \frac{x^{2n}}{(2n)!} = 1 - \frac{1}{2!}x^2 + \frac{1}{4!}x^4 - \frac{1}{6!}x^6 + \ldots$ e $y(x) = \sum_{n=0}^{\infty} c_n x^n$ na equação original, obtemos

$$\sum_{n=2}^{\infty} n(n-1)c_n x^{n-2} + \sum_{n=0}^{\infty} (-1)^n \frac{x^{2n}}{(2n)!} \cdot \sum_{n=0}^{\infty} c_n x^n = 0$$

ou

$$\sum_{n=0}^{\infty}(n+2)(n+1)c_{n+2}x^n + \sum_{n=0}^{\infty} e_n x^n = 0$$

onde e_n são coeficientes do produto de Cauchy. Segue então que

$$(n+2)(n+1)c_{n+2} + e_n = 0, \ n = 0, 1, \ldots.$$

Para encontrar coeficientes c_n é preciso saber expressões para e_n. Como os coeficientes de índices ímpares da série de $\cos x$ são nulos, a expressão de e_n é conveniente separar em dois casos - de índices pares e ímpares. Se $n = 2k$, $k \in \mathbb{N}$, então

$$e_{2k} = c_{2k} - \frac{1}{2!}c_{2k-2} + \frac{1}{4!}c_{2k-4} - \ldots + \frac{(-1)^{k-1}}{(2k-2)!}c_2 + \frac{(-1)^k}{(2k)!}c_0.$$

Se $n = 2k+1$, $k \in \mathbb{N}$, então

$$e_{2k+1} = c_{2k+1} - \frac{1}{2!}c_{2k-1} + \frac{1}{4!}c_{2k-3} - \ldots + \frac{(-1)^{k-1}}{(2k-2)!}c_3 + \frac{(-1)^k}{(2k)!}c_1.$$

Correspondentemente, separamos as relações para c_n em pares e ímpares:

$$n = 2k: \ (2k+2)(2k+1)c_{2k+2} + e_{2k} = 0$$

$$\Rightarrow (2k+2)(2k+1)c_{2k+2} = -\left(c_{2k} - \frac{1}{2!}c_{2k-2} + \frac{1}{4!}c_{2k-4} - \ldots + \frac{(-1)^{k-1}}{(2k-2)!}c_2 + \frac{(-1)^k}{(2k)!}c_0 \right);$$

$$n = 2k+1: \ (2k+3)(2k+2)c_{2k+3} + e_{2k+1} = 0$$

$$\Rightarrow (2k+3)(2k+2)c_{2k+3} = -\left(c_{2k+1} - \frac{1}{2!}c_{2k-1} + \frac{1}{4!}c_{2k-3} - \ldots + \frac{(-1)^{k-1}}{(2k-2)!}c_3 + \frac{(-1)^k}{(2k)!}c_1 \right).$$

Assim, temos dois conjuntos separados de relações de recorrência, para íncides pares e ímpares. Para ver melhor o tipo de relações obtidas, especificamos as primeiras fórmulas para índices pares e ímpares:

$$n = 0: 2c_2 = -c_0; \ n = 2: 12c_4 = -\left(c_2 - \frac{1}{2!}c_0 \right); \ n = 4: 30c_6 = -\left(c_4 - \frac{1}{2!}c_2 + \frac{1}{4!}c_0 \right); \ \ldots$$

$$n = 1: \ 6c_3 = -c_1; \ n = 3: 20c_5 = -\left(c_3 - \frac{1}{2!}c_1 \right); \ n = 5: 42c_7 = -\left(c_5 - \frac{1}{2!}c_3 + \frac{1}{4!}c_1 \right); \ \ldots$$

A partir do coeficiente c_0, usando o primeiro conjunto, encontramos um por um todos os coeficientes pares; da mesma maneira, sabendo c_1 e usando o segundo conjunto, encontramos todos os coeficientes ímpares. A arbitrariedade de escolha de dois coeficientes corresponde a determinação de duas condições iniciais.

Agora podemos aplicar duas condições iniciais. Da condição $y(0) = 1$ segue que $c_0 = 1$ e da condição $y'(0) = 0$ temos $c_1 = 0$. Consequentemente, todos os coeficientes ímpares são nulos e a solução do problema de Cauchy pode ser expressa na forma $y(x) = \sum_{k=0}^{\infty} c_{2k}x^{2k}$, onde $c_0 = 1$ e os demais coeficientes se encontram sucessivamente da relação de recorrência

$$c_{2k+2} = -\frac{1}{(2k+2)(2k+1)}\left(c_{2k} - \frac{1}{2!}c_{2k-2} + \frac{1}{4!}c_{2k-4} - \ldots + \frac{(-1)^{k-1}}{(2k-2)!}c_2 + \frac{(-1)^k}{(2k)!}c_0 \right), \ k = 0, 1, \ldots.$$

Para finalizar, notamos que o coeficiente $a_0 = \cos x$ da equação original é a função analítica em $\mathbb{R}$. Então, pelo resultado geral, a série de potências da solução obtida converge em $\mathbb{R}$.

14. Problema de Cauchy: equação não homogênea $y'' - xy' + y = 1$ com as condições iniciais $y(0) = 0$, $y'(0) = 0$.

A equação do problema é linear de coeficientes variáveis do tipo (2.2). Tanto coeficientes da equação como a parte direita são funções analíticas em $\mathbb{R}$. Procuramos a solução do problema na forma de séries de potências $y(x) = \sum_{n=0}^{\infty} c_n x^n$. Substituindo essa série na equação original, obtemos

$$\sum_{n=2}^{\infty} n(n-1)c_n x^{n-2} - x \sum_{n=1}^{\infty} nc_n x^{n-1} + \sum_{n=0}^{\infty} c_n x^n = 1$$

ou

$$2c_2 + c_0 + \sum_{n=1}^{\infty} \left((n+2)(n+1)c_{n+2} - nc_n + c_n\right) x^n = 1.$$

Igualando coeficientes com as mesmas potências de x, temos:

$$2c_2 + c_0 = 1; (n+2)(n+1)c_{n+2} + (1-n)c_n = 0, \forall n \in \mathbb{N}.$$

Empregando as condições iniciais, encontramos $c_0 = 0$ e $c_1 = 0$. Então, a primeira equação do sistema de coeficientes dá $c_2 = \frac{1}{2}$ e as demais formam relações de recorrência

$$c_{n+2} = \frac{n-1}{(n+2)(n+1)} c_n, \forall n \in \mathbb{N},$$

que podem ser desacopladas em dois grupos – de índices ímpares, começando de c_1 e de índices pares, começando de c_2. Como c_1 e c_2 já foram encontrados, todos os coeficientes c_n são determinados: para os ímpares temos $c_{2k-1} = 0, \forall k \in \mathbb{N}$ (uma vez que $c_1 = 0$), e para os pares temos

$$c_{2k} = \frac{2k-3}{2k(2k-1)} c_{2k-2} = \frac{(2k-3)(2k-5)}{2k(2k-1)(2k-2)(2k-3)} c_{2k-4}$$

$$= \ldots = \frac{(2k-3)(2k-5)\ldots 1}{2k(2k-1)(2k-2)(2k-3)\cdot \ldots \cdot 4\cdot 3} c_2, \forall k \geq 2.$$

Como $c_2 = \frac{1}{2}$, então

$$c_{2k} = \frac{1\cdot 3\cdot \ldots \cdot (2k-5)(2k-3)}{3\cdot 4\cdot \ldots \cdot (2k-1)2k} \cdot \frac{1}{2}, \forall k \geq 2.$$

Logo,

$$y(x) = \frac{x^2}{2} + \sum_{n=2}^{\infty} \frac{1\cdot 3\cdot \ldots \cdot (2n-5)(2n-3)}{(2n)!} x^{2n}.$$

Para finalizar, notamos que os coeficientes $a_1 = -x$ e $a_0 = 1$, assim como a parte direita $b(x) = 1$ da equação original são funções analíticas em $\mathbb{R}$. Então, pelo resultado geral, a série de potências da solução obtida converge em $\mathbb{R}$. O leitor pode verificar que o mesmo resultado segue da aplicação de um dos testes de convergência.

Exercícios para o leitor

1. Resolver $xy' - y - x - 1 = 0$ em potencias de $x - 1$.
2. Resolver $y'' + xy' + y = 0$ em potencias de x.
3. Resolver $y'' - xy' - y = 0$ em potencias de x.
4. Resolver $y'' + xy' + 2y = 0$, $y(0) = 3, y'(0) = -2$.
5. Resolver $y'' + x^2 y' + xy = 0$ em potencias de x.
6. Resolver $(x-1)y'' + y' = 0$ em potencias de x.
7. Resolver $(x^2 - 1)y'' + 4xy' + 2y = 0$ em potencias de x.
8. Resolver $(x-1)y'' - xy' + y = 0$, $y(0) = -2, y'(0) = 6$.
9. Resolver $y'' - 2xy' + 8y = 0$, $y(0) = 3, y'(0) = 0$.
10. Resolver $y'' - xy = 1$ em potencias de x.
11. Resolver $y'' - xy' + 2y = 0$ em potencias de x.
12. Resolver $y'' + 2xy' + 2y = 0$ em potencias de x.
13. Resolver $(x^2 + 1)y'' - 6y = 0$ em potencias de x.
14. Resolver $(x^2 + 1)y'' + 2xy' = 0$, $y(0) = 0, y'(0) = 1$.

4 Solução em torno de pontos singulares

No caso de um ponto singular, o algoritmo descrito acima não funciona. Ilustramos os problemas que podem surgir com os dois exemplos.

Exemplo 1. Equação da segunda ordem $x^2y'' + 3y' - xy = 0$.
Obviamente, $x = 0$ é o ponto singular dessa equação, porque na sua forma canônica (2.1) os coeficientes $a_1 = \frac{3}{x^2}$ e $a_0 = -\frac{1}{x}$ não são definidos em 0 (sem falar de derivabilidade ou analiticidade nesse ponto). Mesmo assim, vamos tentar usar a serie formal de potências $y(x) = \sum_{n=0}^{\infty} c_n x^n$ (centralizada em 0). Substituindo essa série na equação, obtemos:

$$x^2 \left(\sum_{n=0}^{\infty} c_n x^n \right)'' + 3 \left(\sum_{n=0}^{\infty} c_n x^n \right)' - x \sum_{n=0}^{\infty} c_n x^n = 0.$$

Supondo que a série tem o raio não nulo de convergência, aplicamos a derivação termo a termo dentro do intervalo de convergência para encontrar

$$x^2 \sum_{n=2}^{\infty} n(n-1)c_n x^{n-2} + 3 \sum_{n=1}^{\infty} nc_n x^{n-1} - x \sum_{n=0}^{\infty} c_n x^n = 0$$

ou

$$\sum_{n=2}^{\infty} n(n-1)c_n x^n + \sum_{n=0}^{\infty} 3(n+1)c_{n+1} x^n - \sum_{n=1}^{\infty} c_{n-1} x^n = 0.$$

Reagrupando os termos, obtemos

$$3c_1 + (6c_2 - c_0)x + \sum_{n=2}^{\infty} [n(n-1)c_n + 3(n+1)c_{n+1} - c_{n-1}]x^n = 0.$$

Da unicidade de uma série de potências, seguem as seguintes relações: $3c_1 = 0$, $c_2 = \frac{c_0}{6}$, $c_{n+1} = -\frac{n(n-1)c_n - c_{n-1}}{3(n+1)}$, $\forall n = 2, 3, \ldots$. O único parâmetro arbitrário aqui é c_0, ou seja, todos os coeficientes c_n são determinados unicamente com escolha de c_0. Assim, a série de potências encontrada tem só uma constante arbitrária, enquanto a equação da segunda ordem deve ter duas constante arbitrárias na sua solução geral. Isso significa que nem todas as soluções da equação dada podem ser representadas em série de potências.

Exemplo 2. Equação da segunda ordem $x^2y'' + y = 0$ (equação de Euler).
Obviamente, $x = 0$ é o ponto singular dessa equação. Tentando encontrar a solução em serie de potências $y(x) = \sum_{n=0}^{\infty} c_n x^n$ (centralizada em 0), substituímos essa série na equação e, supondo que a série tem o raio não nulo de convergência, obtemos:

$$x^2 \sum_{n=2}^{\infty} n(n-1)c_n x^{n-2} + \sum_{n=0}^{\infty} c_n x^n = 0$$

ou

$$\sum_{n=2}^{\infty} n(n-1)c_n x^n + \sum_{n=0}^{\infty} c_n x^n = 0.$$

Reagrupando os termos, obtemos

$$c_0 + c_1 x + \sum_{n=2}^{\infty} [n(n-1) + 1]c_n x^n = 0.$$

Da unicidade de uma série de potências, seguem as relações: $c_0 = 0$, $c_1 = 0$, $[n(n-1) + 1]c_n = 0, \forall n = 2, 3, \ldots$. Portanto, a única solução obtida em série de potências é nula, o que não revela nenhuma informação sobre as soluções, porque a existência da solução nula de uma equação linear homogênea é conhecida desde início.

Entretanto, a solução geral dessa equação pode ser encontrada de modo simples, efetuando a substituição de variável independente $x = e^t$ para $x > 0$ ou $x = -e^t$ para $x < 0$. Pensando na primeira opção, temos $y_x = y_t t_x = y_t \frac{1}{x} = y_t e^{-t}$ e $y_{xx} = (y_t e^{-t})_t t_x = (y_{tt} e^{-t} - y_t e^{-t}) e^{-t} = (y_{tt} - y_t) e^{-2t}$. Logo, a equação original se reduz a equação linear de coeficientes constantes $y_{tt} - y_t + y = 0$, cuja equação característica $\lambda^2 - \lambda + 1 = 0$ tem raizes $\lambda_{1,2} = \frac{1 \pm \sqrt{3}i}{2}$. Portanto, a solução geral da equação reduzida é $y(t) = e^{t/2}(C_1 \cos \sqrt{3}t + C_2 \sin \sqrt{3}t)$ e, consequentemente, a solução geral da equação original é $y(x) = \sqrt{|x|} \left(C_1 \cos(\sqrt{3} \ln|x|) + C_2 \sin(\sqrt{3} \ln|x|) \right)$.

Assim, como vimos nesses exemplos, o algoritmo de pontos ordinários não funciona no caso de pontos singulares. No entanto, uma variação desse método, chamada de método de Frobenius, pode ser usada no caso de pontos singulares regulares.

Um ponto singular x_0 é chamado ponto singular regular da equação (2.1) se as funções $(x - x_0)^n a_0(x)$, $(x - x_0)^{n-1} a_1(x)$, ..., $(x - x_0) a_{n-1}(x)$ são analíticas em x_0. Se x_0 não é um ponto singular regular, ele é chamado de singular irregular. Notamos que, nessa definição, se a função $(x - x_0)^{n-k} a_k(x)$ não está definida em x_0, como no caso de $a_k(x) = \frac{1}{(x-x_0)^{n-k}}$, então é considerada a analiticidade da função $b_k(x) = \begin{cases} (x - x_0)^{n-k} a_k(x), & x \neq x_0 \\ b_{k0}, & x = x_0 \end{cases}$, onde $b_{k0} = \lim_{x \to x_0} (x - x_0)^{n-k} a_k(x)$.

5 Equação de Euler

Vamos começar o estudo do método de Frobenius da resolução em séries de potências em torno de um ponto singular regular, considerando o caso específico da *equação de Euler*

$$x^n y^{(n)} + p_{n-1} x^{n-1} y^{(n-1)} + \ldots + p_1 x y' + p_0 y = 0, \tag{5.1}$$

onde os coeficientes $p_0, p_1, \ldots, p_{n-1}$ são constantes. Reescrevendo a equação na forma canônica (2.1)

$$y^{(n)} + \frac{1}{x} p_{n-1} y^{(n-1)} + \ldots + \frac{1}{x^{n-1}} p_1 y' + \frac{1}{x^n} p_0 y = 0,$$

imediatamente notamos que as funções $x^n a_0(x) = p_0$, $x^{n-1} a_1(x) = p_1$, ..., $x a_{n-1}(x) = p_{n-1}$ são constantes e, portanto, analíticas em $x_0 = 0$. Isso significa que a equação de Euler é um caso especial de equações com ponto singular regular $x_0 = 0$.

A equação (5.1) pode ser reduzida a uma equação de coeficientes constantes, fazendo a mudança de variável independente $x = e^t$ para $x > 0$ ou $x = -e^t$ para $x < 0$. Considerando a primeira opção, temos $y_x = y_t t_x = y_t \frac{1}{x} = Dy \cdot e^{-t}$. Para conveniência de cálculo de derivadas de ordem superior, denotamos a derivação em t por D. Logo,

$$y_{xx} = D(Dy \cdot e^{-t}) t_x = (D^2 y \cdot e^{-t} - Dy \cdot e^{-t}) e^{-t} = D(D-1) y \cdot e^{-2t},$$

$$y_{3x} = D \left[D(D-1) y \cdot e^{-2t} \right] t_x = \left[D^2(D-1) y \cdot e^{-2t} - 2D(D-1) y \cdot e^{-2t} \right] e^{-t} = D(D-1)(D-2) y \cdot e^{-3t},$$

etc. A partir desse padrão da forma das primeiras derivadas, podemos supor que $y_{kx} = D(D-1) \cdot \ldots \cdot (D - k + 1) y \cdot e^{-kt}$. Vamos demonstrar a validade dessa fórmula pela indução, deduzindo a fórmula para $y_{(k+1)x}$:

$$y_{(k+1)x} = D \left[D(D-1) \cdot \ldots \cdot (D - k + 1) y \cdot e^{-kt} \right] t_x$$

$$= \left[D^2(D-1) \cdot \ldots \cdot (D - k + 1) y \cdot e^{-kt} - kD(D-1) \cdot \ldots \cdot (D - k + 1) y \cdot e^{-kt} \right] e^{-t}$$

$$= D(D-1) \cdot \ldots \cdot (D - k + 1)(D - k) y \cdot e^{-(k+1)t}.$$

Assim, a suposição está demonstrada. Portanto, a equação de Euler pode ser reduzida a equação de coeficientes constantes para função $y(t)$, cuja equação característica é $\lambda(\lambda - 1) \ldots (\lambda - n + 1) +$

$p_{n-1}\lambda(\lambda-1)\ldots(\lambda-n+2)+\ldots+p_2\lambda(\lambda-1)+p_1\lambda+p_0 = 0$. Encontrando as raízes dessa equação, construímos n soluções particulares linearmente independentes e formamos a solução geral como a combinação linear dessas soluções particulares. Efetuando a substituição inversa de t por x nessa solução, encontramos a solução geral da equação de Euler. Dessa maneira, a equação de Euler sempre pode ser resolvida por completo.

Observação. O caso da equação de Euler com o ponto singular x_0

$$(x-x_0)^n y^{(n)} + p_{n-1}(x-x_0)^{n-1}y^{(n-1)} + \ldots + p_1(x-x_0)y' + p_0 y = 0,$$

se reduz a equação (5.1) para nova função $y(s)$ usando a mudança de variável independente $s = x - x_0$.

Vamos especificar o algoritmo apresentado para o caso de uma equação de Euler da segunda ordem

$$x^2 y'' + pxy' + qy = 0, x > 0 \tag{5.2}$$

onde p e q são constantes. Fazendo a mudança de variável independente $x = e^t$, temos a equação para $y(t)$ na forma $y_{tt} + (p-1)y_t + qy = 0$. A sua equação característica $\lambda^2 + (p-1)\lambda + q = 0$ tem raízes $\lambda_{1,2} = \frac{1-p\pm\sqrt{(1-p)^2-4q}}{2}$. Como sabemos da teoria de equações com coeficientes constantes, podem ocorrer três situações:

1) se $\lambda_{1,2}$ são reais e distintos (quando $(1-p)^2 > 4q$), então $y = C_1 e^{\lambda_1 t} + C_2 e^{\lambda_2 t} = C_1 x^{\lambda_1} + C_2 x^{\lambda_2}$;

2) se $\lambda_{1,2}$ são raízes complexas conjugadas (quando $(1-p)^2 < 4q$), isto é, $\lambda_{1,2} = \alpha \pm i\beta$, então $y = e^{\alpha t}(C_1 \cos \beta t + C_2 \sin \beta t) = x^\alpha (C_1 \cos(\beta \ln x) + C_2 \sin(\beta \ln x))$;

3) se $\lambda_{1,2} = \lambda$ são reais e iguais (quando $(1-p)^2 = 4q$), então $y = e^{\lambda t}(C_1 + C_2 t) = x^\lambda(C_1 + C_2 \ln x)$.

Desse resultado podemos ver claramente que, a menos que ambas as raízes $\lambda_{1,2}$ são números naturais, não tem como encontrar a solução da equação (5.2) na forma de série $y(x) = \sum_{n=0}^\infty c_n x^n$ (centralizada no ponto singular $x = 0$), uma vez que as soluções da equação não são analíticas na origem. No entanto, no primeiro caso, se $\lambda_{1,2}$ não são naturais, então podemos buscar a solução na forma $x^\lambda \sum_{n=0}^\infty c_n x^n$, pensando que o fator x^λ vai absorver a parte não analítica. No segundo caso, as formas apropriadas seriam $x^\alpha \cos(\beta \ln x) \sum_{n=0}^\infty c_n x^n$ e $x^\alpha \sin(\beta \ln x) \sum_{n=0}^\infty c_n x^n$. Considerando os fatores $x^\alpha \cos(\beta \ln x)$ e $x^\alpha \sin(\beta \ln x)$ como parte real e imaginária de $x^{\alpha+i\beta}$, podemos de novo procurar a solução na forma $x^\lambda \sum_{n=0}^\infty c_n x^n$, onde $\lambda = \alpha + i\beta$. No terceiro caso, uma das soluções particulares podemos buscar na forma $x^\lambda \sum_{n=0}^\infty c_n x^n$, mas a segunda solução contém o termo $\ln x$ que não se encaixa nessa forma. No entanto, essa segunda solução pode ser obtida da primeira derivando essa em relação a λ: $(x^\lambda)_\lambda = x^\lambda \ln x$. Dessa maneira, em todos os casos, podemos encontrar uma solução na forma $x^\lambda \sum_{n=0}^\infty c_n x^n$, com tratamento posterior diferente, dependendo do caso considerado.

Vamos aplicar esse procedimento à equação (5.2) e comparamos as soluções em séries com as obtidas acima. Substituindo $y(x) = x^\lambda \sum_{n=0}^\infty c_n x^n = \sum_{n=0}^\infty c_n x^{n+\lambda}$ na equação, obtemos

$$x^2 \sum_{n=0}^\infty c_n(n+\lambda)(n+\lambda-1)x^{n+\lambda-2} + px \sum_{n=0}^\infty c_n(n+\lambda)x^{n+\lambda-1} + q\sum_{n=0}^\infty c_n x^{n+\lambda}$$

$$= \sum_{n=0}^\infty c_n[(n+\lambda)(n+\lambda-1)+p(n+\lambda)+q]x^{n+\lambda} = x^\lambda \sum_{n=0}^\infty c_n[(n+\lambda)(n+\lambda-1)+p(n+\lambda)+q]x^n = 0.$$

Devido a unicidade de uma série de potências, obtemos as relações $c_n[(n+\lambda)(n+\lambda-1)+p(n+\lambda)+q] = 0$, $n = 0, 1, \ldots$. Para $n = 0$ temos (sob a condição $c_0 \neq 0$) a equação chamada indicial $\lambda(\lambda-1)+p\lambda+q = 0$ ou $\lambda^2 + (p-1)\lambda + q = 0$, que determina os valores $\lambda_{1,2} = \frac{1-p\pm\sqrt{(1-p)^2-4q}}{2}$ (note que a equação indicial coincide com a característica encontrada para $y(t)$). Das relações restantes para $n = 1, 2, \ldots$ segue que $c_1 = c_2 = \ldots = 0$, uma vez que a expressão dentro dos colchetes não se anula. Realmente, para qualquer n, essa expressão pode ser escrita na forma $\mu^2 + (p-1)\mu + q = 0$ com $\mu = n + \lambda$. As duas raízes (únicas) dessa equação são $\lambda_{1,2}$ e, portanto, $\mu_{1,2} = n + \lambda_{1,2}$ não pode satisfazer essa equação para qualquer $n > 0$. Assim, se $\lambda_1 \neq \lambda_2$, então chegamos às mesmas soluções linearmente independentes x^{λ_1} e x^{λ_2} encontradas antes nos casos 1) e 2). Se $\lambda_1 = \lambda_2$, então encontramos só uma solução, sem logaritmo, x^{λ_1} do caso 3).

Como foi notado, a equação de Euler (5.2) é um caso muito especial de equações com ponto singular regular $x = 0$, quando as funções $x^2 a_0(x) = q$ e $x a_1(x) = p$ são constantes. Isso implica na forma singular da solução em série $y(x) = x^\lambda \sum_{n=0}^\infty c_n x^n$, na qual todos os termos se anulam, exceto um único termo de índice 0 (então, a série, de fato desaparece). Mesmo assim, os três casos diferentes de soluções que ocorrem com a equação de Euler (5.2), são observados também para uma equação linear geral de segunda ordem num ponto singular regular x_0.

Exemplos.

1. $x^2 y'' + 4xy' + 2y = 0$.

Essa é uma equação de Euler com o ponto singular regular $x = 0$. Efetuando a mudança de variável independente $x = e^t$, temos a equação para $y(t)$ na forma $y_{tt} + 3y_t + 2y = 0$. A sua equação característica $\lambda^2 + 3\lambda + 2 = 0$ tem duas raízes reais distintas $\lambda_1 = -1$ e $\lambda_2 = -2$. Logo, as duas soluções linearmente independentes são $y_1(t) = e^{-t}$ e $y_2(t) = e^{-2t}$. Portanto, para variável x, temos $y_1(x) = x^{-1}$ e $y_2(x) = x^{-2}$ e, consequentemente, a solução geral é $y(x) = C_1 x^{-1} + C_2 x^{-2}$.

2. $(x - 1)^2 y'' - (x - 1)y' + 5y = 0$.

Essa é uma equação de Euler com o ponto singular regular $x = 1$. Primeiro, reduzimos essa equação a forma com o ponto singular na origem, fazendo a mudança de variável $s = x-1$: $s^2 y_{ss} - s y_s + 5y = 0$. Agora seguimos o algoritmo-padrão e efetuamos a mudança de variável $s = e^t$, obtendo a equação para $y(t)$: $y_{tt} - 2y_t + 5y = 0$. A equação característica $\lambda^2 - 2\lambda + 5 = 0$ tem raízes complexas $\lambda_{1,2} = 1 \pm 2i$. Logo, as duas soluções linearmente independentes são $y_1(t) = e^t \cos 2t$ e $y_2(t) = e^t \sin 2t$. Portanto, para variável s, temos $y_1(s) = s \cos(2 \ln s)$ e $y_2(s) = s \sin(2 \ln s)$. Finalmente, voltando a variável original x, temos $y_1(x) = (x - 1)\cos(2\ln(x - 1))$ e $y_2(x) = (x - 1)\sin(2\ln(x - 1))$ e, consequentemente, a solução geral é $y(x) = (x - 1)[C_1 \cos(2\ln(x - 1)) + C_2 \sin(2\ln(x - 1))]$.

3. $x^2 y'' + 3xy' + y = 0$.

Essa é uma equação de Euler com o ponto singular regular $x = 0$. Efetuando a mudança de variável independente $x = e^t$, obtemos a equação para $y(t)$ na forma $y_{tt} + 2y_t + y = 0$. A equação característica $\lambda^2 + 2\lambda + 1 = 0$ tem duas raízes iguais $\lambda_{1,2} = -1$. Portanto, as duas soluções linearmente independentes são $y_1(t) = e^{-t}$ e $y_2(t) = te^{-t}$. Voltando à variável x, temos $y_1(x) = x^{-1}$ e $y_2(x) = x^{-1} \ln x$ e, consequentemente, a solução geral é $y(x) = x^{-1}(C_1 + C_2 \ln x)$.

Exercícios para o leitor

1. $x^2 y'' - 3xy' - 5y = 0$.
2. $x^2 y'' + 5xy' + 3y = 0$.
3. $x^2 y'' - xy' + y = 0$.
4. $x^2 y'' + 9xy' + 16y = 0$.
5. $x^2 y'' + 2xy' - 6y = 0$, $y(1) = 3, y'(1) = 1$.
6. $(x - 3)^2 y'' + 5(x - 3)y' + 4y = 0$, $y(4) = 1, y'(4) = 1$.

6 Método de Frobenius

Consideremos agora a equação linear geral da segunda ordem na forma canônica

$$y'' + a(x)y' + b(x)y = 0. \tag{6.1}$$

com o ponto singular regular x_0, isto é, com funções analíticas $(x - x_0)a(x) = \sum_{n=0}^\infty a_n(x - x_0)^n$ e $(x - x_0)^2 b(x) = \sum_{n=0}^\infty b_n(x - x_0)^n$. Nesse caso, o simples procedimento da equação de Euler (5.2) não se aplica e deve ser usada a abordagem mais geral, chamada do método de Frobenius. No entanto, como vamos ver, alguns pontos importantes na busca de soluções da equação de Euler são repetidos, também, na aplicação do método de Frobenius.

O *método de Frobenius* é baseado no seguinte teorema.

Teorema de Frobenius. Seja x_0 um ponto singular regular da equação (6.1). Sejam $\lambda_{1,2}$ raízes da equação indicial $\lambda(\lambda - 1) + a_0\lambda + b_0 = 0$ tais que $\mathrm{Re}\lambda_1 \geq \mathrm{Re}\lambda_2$. Então

$$y_1(x) = |x - x_0|^{\lambda_1} \sum_{n=0}^{\infty} c_n(x - x_0)^n$$

é a solução particular da equação (6.1), cujos coeficientes c_n são determinados via substituição dessa solução na equação (6.1), o que gera as seguintes relações de recorrência: $c_n[(n + \lambda_1)(n + \lambda_1 - 1) + a_0(n + \lambda_1) + b_0] + \sum_{m=0}^{n-1} c_m[(m + \lambda_1)a_{n-m} + b_{n-m}] = 0$, $n = 0, 1, \ldots$. A determinação da segunda solução, linearmente independente com a primeira, depende da relação entre as raízes λ_1 e λ_2 da seguinte maneira:

1) Se $\lambda_1 \neq \lambda_2$ e $\lambda_1 - \lambda_2$ não é um número inteiro, então a segunda solução pode ser encontradas na forma

$$y_2(x) = |x - x_0|^{\lambda_2} \sum_{n=0}^{\infty} d_n(x - x_0)^n,$$

onde coeficientes d_n são encontrados das relações de recorrência $d_n[(n + \lambda_2)(n + \lambda_2 - 1) + a_0(n + \lambda_2) + b_0] + \sum_{m=0}^{n-1} d_m[(m + \lambda_d)a_{n-m} + b_{n-m}] = 0$, $n = 0, 1, \ldots$.

2) Se $\lambda_1 = \lambda_2$, então a segunda solução pode ser procurada na forma

$$y_2(x) = y_1(x)\ln|x - x_0| + |x - x_0|^{\lambda_1} \sum_{n=1}^{\infty} d_n(x - x_0)^n,$$

onde coeficientes d_n são encontrados substituindo y_2 em (6.1).

3) Se $\lambda_1 - \lambda_2$ é um número inteiro (não nulo), então a segunda solução pode ser encontrada na forma

$$y_2(x) = cy_1(x)\ln|x - x_0| + |x - x_0|^{\lambda_2} \sum_{n=0}^{\infty} d_n(x - x_0)^n.$$

(Note que o coeficiente c pode ser nulo.) Todas as soluções acima convergem em $0 < |x - x_0| < R$, $R \geq \min\{R_a, R_b\}$, onde R_a e R_b são raios de convergência das séries $(x - x_0)a(x) = \sum_{n=0}^{\infty} a_n(x - x_0)^n$ e $(x - x_0)^2 b(x) = \sum_{n=0}^{\infty} b_n(x - x_0)^n$.

Exemplos.

1. $3xy'' + y' - y = 0$. Encontrar soluções em séries de potências nos pontos singulares.

Essa é uma equação linear homogênea de coeficientes variáveis, com o ponto singular regular $x = 0$, porque as funções $xa(x) = x \cdot \frac{1}{3x} = \frac{1}{3}$ e $x^2b(x) = x^2 \cdot \frac{-1}{3x} = -\frac{x}{3}$ são analíticas em 0. Não há outros pontos singulares da equação. Então, vamos buscar a solução na forma $y(x) = \sum_{n=0}^{\infty} c_n x^{n+\lambda}$. Substituindo na equação, obtemos

$$3x \sum_{n=0}^{\infty} c_n(n + \lambda)(n + \lambda - 1)x^{n+\lambda-2} + \sum_{n=0}^{\infty} c_n(n + \lambda)x^{n+\lambda-1} - \sum_{n=0}^{\infty} c_n x^{n+\lambda}$$

$$= \sum_{n=0}^{\infty} c_n[3(n + \lambda)(n + \lambda - 1) + (n + \lambda)]x^{n+\lambda-1} - \sum_{m=1}^{\infty} c_{m-1}x^{m-1+\lambda}$$

$$= x^{\lambda}\left[c_0\lambda(3\lambda - 2)x^{-1} + \sum_{n=1}^{\infty}\{c_n(n + \lambda)(3n + 3\lambda - 2) - c_{n-1}\}x^{n-1}\right] = 0.$$

A escolha $c_0 = 0$ vai zerar a solução, portanto, para $n = 0$ temos a equação indicial $\lambda(3\lambda - 2) = 0$ que determina λ: $\lambda_1 = 0$, $\lambda_2 = \frac{2}{3}$. Para os demais n temos as relações de recorrência: $c_n = \frac{c_{n-1}}{(n+\lambda)(3n+3\lambda-2)}$,

$n = 1, 2, \ldots$. Como a diferença entre λ_1 e λ_2 não é um número inteiro, então, pelo Teorema de Frobenius, as duas soluções podem ser encontradas na forma procurada de séries. Para a primeira série, substituímos $\lambda_1 = 0$ nas relações de recorrência e obtemos $c_n = \frac{c_{n-1}}{n(3n-2)}$, $n = 1, 2, \ldots$, donde $c_n = \frac{c_0}{n! \cdot 1 \cdot 4 \cdot \ldots \cdot (3n-2)}$, $n = 1, 2, \ldots$. Para a segunda encontramos $c_n = \frac{c_{n-1}}{(n+\frac{2}{3})3n}$ ou $c_n = \frac{c_{n-1}}{(3n+2)n}$, $n = 1, 2, \ldots$, donde $c_n = \frac{c_0}{n! \cdot 5 \cdot 8 \cdot \ldots \cdot (3n+2)}$, $n = 1, 2, \ldots$. Escolhendo $c_0 = 1$, obtemos as duas soluções linearmente independentes na forma

$$y_1(x) = 1 + \sum_{n=1}^{\infty} \frac{1}{n! \cdot 1 \cdot 4 \cdot \ldots \cdot (3n-2)} x^n \quad \text{e} \quad y_2(x) = |x|^{2/3} \left[1 + \sum_{n=1}^{\infty} \frac{1}{n! \cdot 5 \cdot 8 \cdot \ldots \cdot (3n+2)} x^n \right].$$

Do Teorema de Frobenius segue que as séries encontradas convergem em $\mathbb{R}$, uma vez que as funções $xa(x) = x \cdot \frac{1}{3x}$ e $x^2 b(x) = x^2 \cdot \frac{-1}{3x}$ são analíticas em $\mathbb{R}$. Podemos conferir isso, usando o teste de D'Alembert:

$$\frac{|x^{n+1}| \cdot n! \cdot 1 \cdot 4 \cdot \ldots \cdot (3n-2)}{|x^n| \cdot (n+1)! \cdot 1 \cdot 4 \cdot \ldots \cdot (3n-2)(3n+1)} = |x| \frac{1}{(n+1)(3n+1)} \xrightarrow[n \to \infty]{} 0, \forall x \in \mathbb{R}$$

para a primeira série e

$$\frac{|x^{n+1}| \cdot n! \cdot 5 \cdot 8 \cdot \ldots \cdot (3n+2)}{|x^n| \cdot (n+1)! \cdot 5 \cdot 8 \cdot \ldots \cdot (3n+2)(3n+5)} = |x| \frac{1}{(n+1)(3n+5)} \xrightarrow[n \to \infty]{} 0, \forall x \in \mathbb{R}$$

para a segunda. Finalmente, encontramos a solução geral da equação original como combinação linear das duas soluções particulares obtidas: $y = C_1 y_1 + C_2 y_2$.

2. $x^2 y'' + x(x - \frac{1}{2})y' + \frac{1}{2}y = 0$. Encontrar soluções em séries de potências nos pontos singulares. Essa é uma equação linear homogênea de coeficientes variáveis, com o ponto singular regular $x = 0$, porque as funções $xa(x) = x \cdot \frac{x(x-\frac{1}{2})}{x^2} = x - \frac{1}{2}$ e $x^2 b(x) = x^2 \cdot \frac{\frac{1}{2}}{x^2} = \frac{1}{2}$ são analíticas em 0. Não há outros pontos singulares. Então, vamos buscar a solução na forma $y(x) = \sum_{n=0}^{\infty} c_n x^{n+\lambda}$. Substituindo na equação, obtemos

$$x^2 \sum_{n=0}^{\infty} c_n(n+\lambda)(n+\lambda-1)x^{n+\lambda-2} + x(x - \frac{1}{2})\sum_{n=0}^{\infty} c_n(n+\lambda)x^{n+\lambda-1} + \frac{1}{2}\sum_{n=0}^{\infty} c_n x^{n+\lambda}$$

$$= \sum_{n=0}^{\infty} c_n(n+\lambda)(n+\lambda-1)x^{n+\lambda} + \sum_{n=0}^{\infty} c_n(n+\lambda)x^{n+\lambda+1} - \frac{1}{2}\sum_{n=0}^{\infty} c_n(n+\lambda)x^{n+\lambda} + \frac{1}{2}\sum_{n=0}^{\infty} c_n x^{n+\lambda}$$

$$= x^\lambda \left[\sum_{n=0}^{\infty} c_n(n+\lambda)(n+\lambda-1)x^n + \sum_{m=1}^{\infty} c_{m-1}(m-1+\lambda)x^m - \frac{1}{2}\sum_{n=0}^{\infty} c_n[(n+\lambda) - 1]x^n \right]$$

$$= x^\lambda \left[c_0[\lambda(\lambda-1) - \frac{1}{2}(\lambda-1)] + \sum_{n=1}^{\infty} [c_n(n+\lambda - \frac{1}{2})(n+\lambda-1) + c_{n-1}(n+\lambda-1)]x^n \right] = 0.$$

A escolha $c_0 = 0$ vai zerar a solução, portanto, para $n = 0$ temos a equação indicial $(\lambda-1)(\lambda - \frac{1}{2}) = 0$ que determina λ: $\lambda_1 = 1$, $\lambda_2 = \frac{1}{2}$. Para os demais n temos as relações de recorrência: $c_n = -\frac{c_{n-1}}{n+\lambda-\frac{1}{2}}$, $n = 1, 2, \ldots$. Como a diferença entre λ_1 e λ_2 não é um número inteiro, então, pelo Teorema de Frobenius, as duas soluções podem ser encontradas na forma procurada de séries. Para a primeira série, substituímos $\lambda_1 = 1$ nas relações de recorrência e obtemos $c_n = -\frac{2c_{n-1}}{2n+1}$, $n = 1, 2, \ldots$, donde $c_n = (-1)^n \frac{2^n}{3 \cdot 5 \cdot \ldots \cdot (2n+1)} c_0$, $n = 1, 2, \ldots$. Para a segunda encontramos $c_n = -\frac{c_{n-1}}{n}$, $n = 1, 2, \ldots$, donde $c_n = (-1)^n \frac{c_0}{n!}$, $n = 1, 2, \ldots$. Escolhendo $c_0 = 1$, obtemos as duas soluções linearmente independentes na forma

$$y_1(x) = |x| \left[1 + \sum_{n=1}^{\infty} (-1)^n \frac{2^n}{3 \cdot 5 \cdot \ldots \cdot (2n+1)} x^n \right] \quad \text{e} \quad y_2(x) = |x|^{1/2} \left[1 + \sum_{n=1}^{\infty} \frac{(-1)^n}{n!} x^n \right] = |x|^{1/2} e^{-x}.$$

Do Teorema de Frobenius segue que as séries encontradas convergem em $\mathbb{R}$, uma vez que as funções $xa(x) = x \cdot \frac{x(x-\frac{1}{2})}{x^2} = x - \frac{1}{2}$ e $x^2 b(x) = x^2 \cdot \frac{\frac{1}{2}}{x^2} = \frac{1}{2}$ são analíticas em $\mathbb{R}$. Podemos conferir isso, usando o teste de D'Alembert:

$$\frac{|x^{n+1}| \cdot 2^{n+1} \cdot 3 \cdot 5 \cdot \ldots \cdot (2n+1)}{|x^n| \cdot 2^n \cdot 3 \cdot 5 \cdot \ldots \cdot (2n+1)(2n+3)} = |x|\frac{2}{2n+3} \underset{n\to\infty}{\to} 0, \forall x \in \mathbb{R}$$

para a primeira série e

$$\frac{|x^{n+1}| \cdot n!}{|x^n| \cdot (n+1)!} = |x|\frac{1}{n+1} \underset{n\to\infty}{\to} 0, \forall x \in \mathbb{R}$$

para a segunda. Finalmente, encontramos a solução geral da equação original como combinação linear das duas soluções particulares obtidas: $y = C_1 y_1 + C_2 y_2$.

3. $2x^2(1-x^2)y'' - xy' + y = 0$. Encontrar soluções em séries de potências na origem.

A origem é o ponto singular regular dessa equação linear homogênea, uma vez que as funções $xa(x) = x \cdot \frac{-x}{2x^2(1-x^2)} = -\frac{1}{2(1-x^2)}$ e $x^2 b(x) = x^2 \cdot \frac{1}{2x^2(1-x^2)} = \frac{1}{2(1-x^2)}$ são analíticas em 0. Então, vamos buscar a solução na forma $y(x) = \sum_{n=0}^{\infty} c_n x^{n+\lambda}$. Substituindo na equação, obtemos

$$2x^2(1-x^2)\sum_{n=0}^{\infty} c_n(n+\lambda)(n+\lambda-1)x^{n+\lambda-2} - x\sum_{n=0}^{\infty} c_n(n+\lambda)x^{n+\lambda-1} + \sum_{n=0}^{\infty} c_n x^{n+\lambda}$$

$$= \sum_{n=0}^{\infty} 2c_n(n+\lambda)(n+\lambda-1)x^{n+\lambda} - \sum_{n=0}^{\infty} 2c_n(n+\lambda)(n+\lambda-1)x^{n+\lambda+2} - \sum_{n=0}^{\infty} c_n(n+\lambda)x^{n+\lambda} + \sum_{n=0}^{\infty} c_n x^{n+\lambda}$$

$$= x^\lambda\left[\sum_{n=0}^{\infty} 2c_n(n+\lambda)(n+\lambda-1)x^n - \sum_{m=2}^{\infty} 2c_{m-2}(m-2+\lambda)(m-3+\lambda)x^m - \sum_{n=0}^{\infty} c_n(n+\lambda)x^n + \sum_{n=0}^{\infty} c_n x^n\right]$$

$$= x^\lambda\left[c_0(2\lambda-1)(\lambda-1) + c_1\lambda(2\lambda+1) + \right.$$

$$\left. \sum_{n=2}^{\infty}[c_n(n+\lambda-1)(2n+2\lambda-1) - 2c_{n-2}(n-2+\lambda)(n-3+\lambda)]x^n\right] = 0.$$

Para $n = 0$ temos a equação indicial $(2\lambda-1)(\lambda-1) = 0$ que tem duas raízes: $\lambda_1 = 1$, $\lambda_2 = \frac{1}{2}$. Para $n = 1$ temos a condição $c_1\lambda(2\lambda+1) = 0$. Como $\lambda(2\lambda+1) \neq 0$ para $\lambda_{1,2}$, segue então que $c_1 = 0$. Para os demais n temos as relações de recorrência: $c_n = \frac{2(n-2+\lambda)(n-3+\lambda)}{(n+\lambda-1)(2n+2\lambda-1)}c_{n-2}$, $n = 2, \ldots$. Como a diferença entre λ_1 e λ_2 não é um número inteiro, então, pelo Teorema de Frobenius, as duas soluções podem ser encontradas na forma procurada de séries. Para ambas séries, a condição $c_1 = 0$ resulta em anulamento de todos os coeficientes de índices ímpares devido a relação de recorrência. Para determinar os coeficientes de índices pares, consideremos separadamente as duas raízes. Substituindo $\lambda_1 = 1$ nas relações de recorrência, obtemos $c_n = \frac{2(n-1)(n-2)}{n(2n+1)}c_{n-2}$, $n = 2, 4, \ldots$. Notamos que para $n = 2$ o quociente vai zerar e, portanto, $c_2 = 0$, donde segue que $c_n = 0$, $n = 2, 4, \ldots$. Portanto, para primeira solução vai restar somente o termo com c_0, ou seja, $y_1 = c_0 x^{\lambda_1} = c_0 x$.

Substituindo $\lambda_2 = \frac{1}{2}$ nas relações de recorrência, obtemos $c_n = \frac{(2n-3)(2n-5)}{2n(2n-1)}c_{n-2}$, $n = 2, 4, \ldots$ ou $c_{2k} = \frac{(4k-5)(4k-3)}{(4k-1)4k}c_{2k-2}$, $k = 1, 2, \ldots$. Esses coeficientes podem ser expressos na forma $c_{2k} = -\frac{1 \cdot 3 \cdot 5 \cdot 7 \cdot 9 \cdot \ldots \cdot (4k-5)(4k-3)}{3 \cdot 7 \cdot \ldots \cdot (4k-1) \cdot 4^k \cdot k!}c_0$, ou simplificando, $c_{2k} = -\frac{5 \cdot 9 \cdot \ldots \cdot (4k-3)}{(4k-1) \cdot 4^k \cdot k!}c_0$, $k = 1, 2, \ldots$. Então, a segunda solução se encontra na forma

$$y_2(x) = |x|^{1/2}\sum_{n=0}^{\infty} c_{2n}x^{2n}.$$

É simples mostrar que essa série converge em $(-1, 1)$. Finalmente, encontramos a solução geral da equação original como combinação linear das duas soluções particulares obtidas: $y = C_1 y_1 + C_2 y_2$.

4. $4(1+x)^2 y'' - 3(1-x^2)y' + 4y = 0$. Encontrar soluções em séries de potências nos pontos singulares.

O único ponto singular dessa equação linear é $x = -1$. Esse é o ponto singular regular, porque as funções $(x + 1)a(x) = (x + 1) \cdot \frac{-3(1-x^2)}{4(1+x)^2} = -\frac{3}{4}(1 - x)$ e $(x + 1)^2 b(x) = (x + 1)^2 \cdot \frac{4}{4(1+x)^2} = 1$ são analíticas em -1. Então, vamos buscar a solução na forma $y(x) = \sum_{n=0}^{\infty} c_n(x + 1)^{n+\lambda}$. Substituindo na equação, obtemos

$$4(1+x)^2 \sum_{n=0}^{\infty} c_n(n+\lambda)(n+\lambda-1)(x+1)^{n+\lambda-2} + 3(x+1)(x+1-2)\sum_{n=0}^{\infty} c_n(n+\lambda)(x+1)^{n+\lambda-1} + 4\sum_{n=0}^{\infty} c_n(x+1)^{n+\lambda}$$

$$= \sum_{n=0}^{\infty} 4c_n(n+\lambda)(n+\lambda-1)(x+1)^{n+\lambda} + \sum_{n=0}^{\infty} 3c_n(n+\lambda)(x+1)^{n+\lambda+1} - \sum_{n=0}^{\infty} 6c_n(n+\lambda)(x+1)^{n+\lambda} + 4\sum_{n=0}^{\infty} c_n(x+1)^{n+\lambda}$$

$$= (x+1)^\lambda \left\{ \sum_{n=0}^{\infty} [4c_n(n+\lambda)(n+\lambda-1) - 6c_n(n+\lambda) + 4c_n](x+1)^n + \sum_{m=1}^{\infty} 3c_{m-1}(m-1+\lambda)(x+1)^m \right\}$$

$$= (x+1)^\lambda \left\{ c_0[4\lambda(\lambda-1)-6\lambda+4] + \sum_{n=1}^{\infty} \left[c_n(4(n+\lambda)(n+\lambda-1) - 6(n+\lambda)+4) + 3c_{n-1}(n+\lambda-1) \right](x+1)^n \right\} = 0.$$

A escolha $c_0 = 0$ vai zerar a solução, portanto, para $n = 0$ temos a equação indicial $4\lambda(\lambda - 1) - 6\lambda + 4 = 2(2\lambda^2 - 5\lambda + 2) = 0$ cujas raízes são $\lambda_1 = 2$, $\lambda_2 = \frac{1}{2}$. Para os demais n temos as relações de recorrência: $c_n = -\frac{3(n+\lambda-1)}{4(n+\lambda)(n+\lambda-1)-6(n+\lambda)+4}c_{n-1}$, $n = 1, 2, \ldots$. Como a diferença entre λ_1 e λ_2 não é um número inteiro, então, pelo Teorema de Frobenius, as duas soluções podem ser encontradas na forma procurada de séries. Para a primeira série, substituímos $\lambda_1 = 2$ nas relações de recorrência e obtemos $c_n = -\frac{3(n+1)}{4(n+2)(n+1)-6(n+2)+4}c_{n-1}$, $n = 1, 2, \ldots$, donde

$$c_n = -\frac{3(n+1)}{2n(2n+3)}c_{n-1} = \frac{3(n+1)3n}{2n(2n+3)2(n-1)(2n+1)}c_{n-2} = \ldots$$

$$= (-1)^n \frac{3(n+1)3n \cdot \ldots \cdot 3 \cdot 2}{2n(2n+3)2(n-1)(2n+1) \cdot \ldots \cdot 2 \cdot 1 \cdot 5}c_0 = (-1)^n \left(\frac{3}{2}\right)^n \frac{3(n+1)}{(2n+3)!!}c_0, n = 1, 2, \ldots.$$

Para a segunda série encontramos $c_n = -\frac{3(n-\frac{1}{2})}{4(n+\frac{1}{2})(n-\frac{1}{2})-6(n+\frac{1}{2})+4}c_{n-1}$, $n = 1, 2, \ldots$, donde

$$c_n = -\frac{3(2n-1)}{4n(2n-3)}c_{n-1} = \frac{3(2n-1)3(2n-3)}{4n(2n-3)4(n-1)(2n-5)}c_{n-2} = \ldots$$

$$= (-1)^n \frac{3(2n-1)3(2n-3) \cdot \ldots \cdot 3 \cdot 1}{4n(2n-3)4(n-1)(2n-5) \cdot \ldots \cdot 4 \cdot 1 \cdot (-1)}c_0 = (-1)^{n+1} \left(\frac{3}{4}\right)^n \frac{2n-1}{n!}c_0, n = 1, 2, \ldots.$$

Escolhendo $c_0 = 1$, obtemos as duas soluções linearmente independentes na forma

$$y_1(x) = (x+1)^2 \left[1 + \sum_{n=1}^{\infty} (-1)^n \left(\frac{3}{2}\right)^n \frac{3(n+1)}{(2n+3)!!}(x+1)^n \right] \text{ e } y_2(x) = |x+1|^{1/2} \left[1 - \sum_{n=1}^{\infty} (-1)^n \left(\frac{3}{4}\right)^n \frac{2n-1}{n!}(x+1)^n \right].$$

Do Teorema de Frobenius segue que as séries encontradas convergem em $\mathbb{R}$, uma vez que as funções $(x + 1)a(x) = -\frac{3}{4}(1 - x)$ e $(x + 1)^2 b(x) = 1$ são analíticas em $\mathbb{R}$. Finalmente, a solução geral da equação original se encontra como combinação linear das duas soluções particulares obtidas: $y = C_1 y_1 + C_2 y_2$.

5. $x(1 - x)y'' + (1 - x)y' - y = 0$. Encontrar soluções em séries de potências na origem.
O ponto $x = 0$ é singular regular dessa equação, porque as funções $xa(x) = x \cdot \frac{1-x}{x(1-x)} = 1$ e $x^2 b(x) = x^2 \cdot \frac{-1}{x(1-x)} = -\frac{x}{1-x}$ são analíticas em 0. Vamos buscar a solução na forma $y(x) = \sum_{n=0}^{\infty} c_n x^{n+\lambda}$. Substituindo na equação, obtemos

$$x(1 - x) \sum_{n=0}^{\infty} c_n(n + \lambda)(n + \lambda - 1)x^{n+\lambda-2} + (1 - x)\sum_{n=0}^{\infty} c_n(n + \lambda)x^{n+\lambda-1} - \sum_{n=0}^{\infty} c_n x^{n+\lambda}$$

$$= \sum_{n=0}^{\infty} c_n(n+\lambda)(n+\lambda-1)(x^{n+\lambda-1}-x^{n+\lambda}) + \sum_{n=0}^{\infty} c_n(n+\lambda)(x^{n+\lambda-1}-x^{n+\lambda}) + \sum_{n=0}^{\infty} c_n x^{n+\lambda}$$

$$= x^{\lambda-1}\left\{\sum_{n=0}^{\infty} c_n[(n+\lambda)(n+\lambda-1)+(n+\lambda)]x^n - \sum_{n=0}^{\infty} c_n[(n+\lambda)(n+\lambda-1)+(n+\lambda)+1]x^{n+1}\right\}$$

$$= x^{\lambda-1}\left\{\sum_{n=0}^{\infty} c_n(n+\lambda)^2 x^n - \sum_{m=1}^{\infty} c_{m-1}((m+\lambda-1)^2+1)x^m\right\}$$

$$= x^{\lambda-1}\left\{c_0\lambda^2 + \sum_{n=1}^{\infty}[c_n(n+\lambda)^2 - c_{n-1}((n+\lambda-1)^2+1)]x^n\right\} = 0.$$

Dessa fórmula segue a equação indicial $\lambda^2 = 0$ que tem duas raízes iguais $\lambda_{1,2} = 0$ e a relação de recorrência $c_n = \frac{(n+\lambda-1)^2+1}{(n+\lambda)^2}c_{n-1}$, $n = 1, 2, \ldots$. Como $\lambda_1 = \lambda_2$, pelo Teorema de Frobenius, uma das soluções pode ser encontrada na forma de séries e a outra se encontra usando a forma diferente. Para a primeira solução, substituímos $\lambda = 0$ nas relações de recorrência e obtemos $c_n = \frac{(n-1)^2+1}{n^2}c_{n-1}$, $n = 1, 2, \ldots$, donde $c_n = \frac{1\cdot 2\cdot 5\cdot\ldots\cdot((n-1)^2+1)}{(n!)^2}c_0$, $n = 1, 2, \ldots$. Escolhendo $c_0 = 1$, obtemos a primeira solução na forma $y_1(x) = \sum_{n=0}^{\infty} c_n x^n$.

Para encontrar a segunda solução, precisamos manter a dependência de coeficientes c_n de λ: $c_n = \frac{(n+\lambda-1)^2+1}{(n+\lambda)^2}c_{n-1}$, $n = 1, 2, \ldots$, donde $c_n = \frac{(\lambda^2+1)((1+\lambda)^2+1)\cdot\ldots\cdot((n+\lambda-1)^2+1)}{(1+\lambda)^2(2+\lambda)^2\cdot\ldots\cdot(n+\lambda)^2}c_0$, $n = 1, 2, \ldots$. Os coeficientes d_n da série na segunda solução $y_2(x) = y_1(x)\ln|x-x_0| + |x-x_0|^{\lambda_1}\sum_{n=1}^{\infty} d_n(x-x_0)^n$ podem ser encontrados derivando $c_n(\lambda)$. A maneira mais simples de fazer isso, é usando a forma logarítmica: $\frac{c_{n\lambda}}{c_n} = (\ln c_n)_\lambda = [\sum_{k=1}^{n}\ln((k+\lambda-1)^2+1) - 2\ln(k+\lambda)]_\lambda = 2\sum_{k=1}^{n}\left[\frac{k+\lambda-1}{(k+\lambda-1)^2+1} - \frac{1}{k+\lambda}\right]$. Para $\lambda = 0$ temos então $(\ln c_n)_\lambda(0) = 2\sum_{k=1}^{n}\frac{k-2}{k((k-1)^2+1)}$. Logo, $d_n = c_{n\lambda}(0) = c_n(0)\cdot 2\sum_{k=1}^{n}\frac{k-2}{k((k-1)^2+1)} = 2\frac{1\cdot 2\cdot 5\cdot\ldots\cdot((n-1)^2+1)}{(n!)^2}\cdot\sum_{k=1}^{n}\frac{k-2}{k((k-1)^2+1)}$. Desta maneira, a série em y_2 é especificada. Finalmente, a solução geral se encontra como combinação linear de duas soluções linearmente independentes: $y = C_1 y_1 + C_2 y_2$. Pode ser mostrado que as séries em y_1 e y_2 têm raio de convergência 1.

Vários casos do método de Frobenius, inclusive os mais complicados, podem ser ilustrados na resolução da equação de Bessel $x^2 y'' + xy' + (x^2 - \nu^2)y = 0$, onde $\nu \in \mathbb{R}$ é chamado da ordem da equação. O único ponto singular dessa equação é $x = 0$. Este é o ponto singular regular, porque as funções $xa(x) = x\cdot\frac{x}{x^2} = 1$ e $x^2 b(x) = x^2\cdot\frac{x^2-\nu^2}{x^2} = x^2 - \nu^2$ são analíticas em 0.

6. $x^2 y'' + xy' + x^2 y = 0$ (equação de Bessel de ordem 0). Encontrar soluções em séries de potências no ponto singular.

Vamos buscar a solução na forma $y(x) = \sum_{n=0}^{\infty} c_n x^{n+\lambda}$. Substituindo na equação, obtemos

$$x^2\sum_{n=0}^{\infty} c_n(n+\lambda)(n+\lambda-1)x^{n+\lambda-2} + x\sum_{n=0}^{\infty} c_n(n+\lambda)x^{n+\lambda-1} + x^2\sum_{n=0}^{\infty} c_n x^{n+\lambda}$$

$$= x^\lambda\left\{\sum_{n=0}^{\infty} c_n(n+\lambda)(n+\lambda-1)x^n + \sum_{n=0}^{\infty} c_n(n+\lambda)x^n + \sum_{m=2}^{\infty} c_{m-2}x^m\right\}$$

$$= x^\lambda\left\{c_0\lambda^2 + c_1(\lambda+1)^2 + \sum_{n=2}^{\infty}[c_n(n+\lambda)^2 + c_{n-2}]x^n\right\} = 0.$$

Dessa fórmula segue a equação indicial $\lambda^2 = 0$, a equação $c_1(\lambda+1)^2 = 0$ e a relação de recorrência $c_n = -\frac{1}{(n+\lambda)^2}c_{n-2}$, $n = 2, 3, \ldots$. Da equação indicial segue que $\lambda_{1,2} = 0$ e, portanto, da segunda equação segue que $c_1 = 0$. Logo, devido as relações de recorrência, todos os coeficientes com índices ímpares se anulam. Para os índices pares temos $c_{2n} = -\frac{c_{2n-2}}{(2n+\lambda)^2}$, $n = 1, 2, \ldots$, donde $c_{2n} = (-1)^n\frac{c_0}{(2+\lambda)^2\cdot\ldots\cdot(2n+\lambda)^2}$, $n = 1, 2, \ldots$. Para $\lambda = 0$ temos $c_{2n} = (-1)^n\frac{c_0}{2^{2n}(n!)^2}$, $n = 1, 2, \ldots$. Escolhendo $c_0 = 1$, encontramos a primeira solução $y_1(x) = \sum_{n=0}^{\infty}(-1)^n\frac{1}{2^{2n}(n!)^2}x^{2n}$.

Para encontrar a segunda solução, precisamos manter a dependência de coeficientes c_{2n} de λ: $c_{2n} = (-1)^n \frac{c_0}{(2+\lambda)^2 \cdots (2n+\lambda)^2}$, $n = 1, 2, \ldots$. Os coeficientes d_n da série na segunda solução $y_2(x) = y_1(x) \ln|x - x_0| + |x - x_0|^{\lambda_1} \sum_{n=1}^{\infty} d_n (x - x_0)^n$ podem ser encontrados derivando $c_n(\lambda)$. Como $c_{2n-1} = 0$, então $d_{2n-1} = 0$. Para coeficientes pares, realizamos a derivação na forma logarítmica: $\frac{c_{2n\lambda}}{c_{2n}} = (\ln c_{2n})_\lambda = -2 \left[\sum_{k=1}^{n} \ln(2k + \lambda)\right]_\lambda = -2 \sum_{k=1}^{n} \frac{1}{2k+\lambda}$. Avaliando em $\lambda = 0$ temos $(\ln c_{2n})_\lambda(0) = -2 \sum_{k=1}^{n} \frac{1}{2k}$. Logo, $d_{2n} = c_{2n\lambda}(0) = c_{2n}(0) \cdot (-2) \sum_{k=1}^{n} \frac{1}{2k} = (-1)^{n+1} \frac{2}{2^{2n}(n!)^2} \sum_{k=1}^{n} \frac{1}{2k}$. Desta maneira, a série em y_2 é especificada. Finalmente, a solução geral se encontra como combinação linear de duas soluções linearmente independentes: $y = C_1 y_1 + C_2 y_2$. Pode ser mostrado que as séries em y_1 e y_2 convergem em $\mathbb{R}$.

7. $x^2 y'' + xy' + (x^2 - \frac{1}{4})y = 0$ (equação de Bessel de ordem $\frac{1}{2}$). Encontrar soluções em séries de potências no ponto singular.

Vamos buscar a solução na forma $y(x) = \sum_{n=0}^{\infty} c_n x^{n+\lambda}$. Substituindo na equação, obtemos

$$x^2 \sum_{n=0}^{\infty} c_n(n+\lambda)(n+\lambda-1)x^{n+\lambda-2} + x \sum_{n=0}^{\infty} c_n(n+\lambda)x^{n+\lambda-1} + (x^2 - \frac{1}{4}) \sum_{n=0}^{\infty} c_n x^{n+\lambda}$$

$$= x^\lambda \left\{ \sum_{n=0}^{\infty} c_n(n+\lambda)(n+\lambda-1)x^n + \sum_{n=0}^{\infty} c_n(n+\lambda)x^n + \sum_{m=2}^{\infty} c_{m-2}x^m - \frac{1}{4}\sum_{n=0}^{\infty} c_n x^n \right\}$$

$$= x^\lambda \left\{ c_0(\lambda^2 - \frac{1}{4}) + c_1((\lambda+1)^2 - \frac{1}{4}) + \sum_{n=2}^{\infty} [c_n((n+\lambda)^2 - \frac{1}{4}) + c_{n-2}]x^n \right\} = 0.$$

Dessa fórmula segue a equação indicial $\lambda^2 - \frac{1}{4} = 0$, a equação $c_1((\lambda+1)^2 - \frac{1}{4}) = 0$ e a relação de recorrência $c_n = -\frac{1}{(n+\lambda)^2 - \frac{1}{4}} c_{n-2}$, $n = 2, 3, \ldots$. As raízes da equação indicial são $\lambda_{1,2} = \pm\frac{1}{2}$. Consideremos, primeiro, $\lambda_1 = -\frac{1}{2}$. Nesse caso, a segunda equação assume a forma $c_1 \cdot 0 = 0$ e, por isso, c_1 é um parâmetro arbitrário. As relações de recorrência tomam a forma $c_n = -\frac{1}{(n-\frac{1}{2})^2 - \frac{1}{4}} c_{n-2} = -\frac{1}{n(n-1)} c_{n-2}$, $n = 2, 3, \ldots$ e podem ser divididos em dois grupos separados, de índices pares e ímpares. Para os primeiros temos $c_{2k} = -\frac{1}{2k(2k-1)} c_{2k-2} = (-1)^k \frac{1}{(2k)!} c_0$, $k = 1, 2, \ldots$ e para o segundo grupo $c_{2k+1} = -\frac{1}{(2k+1)2k} c_{2k-1} = (-1)^k \frac{1}{(2k+1)!} c_1$, $k = 1, 2, \ldots$ Dessa maneira, encontramos duas soluções linearmente independentes, que correspondem ao mesmo $\lambda_1 = -\frac{1}{2}$: $y_1(x) = |x|^{-1/2} \sum_{k=0}^{\infty} (-1)^k \frac{1}{(2k)!} x^{2k}$ e $y_2(x) = |x|^{-1/2} \sum_{k=0}^{\infty} (-1)^k \frac{1}{(2k+1)!} x^{2k+1}$. Reconhecendo nas duas series encontradas as séries de potências para $\cos x$ e $\sin x$, que convergem em todo o eixo real, podemos reescrever o resultado na forma $y_1(x) = |x|^{-1/2} \cos x$ e $y_2(x) = |x|^{-1/2} \sin x$. Logo, a solução geral se encontra na forma $y = C_1 y_1 + C_2 y_2 = |x|^{-1/2}(C_1 \cos x + C_2 \sin x)$. Notamos que, nesse caso a diferença entre λ_1 e λ_2 é um número inteiro não nulo, mas, mesmo assim, devido a arbitrariedade da escolha de c_1, era possível encontrar as duas soluções independentes na forma de séries generalizadas. Esse é o caso 3) do Teorema de Frobenius com coeficiente $c = 0$ na solução y_2. Tais casos são chamados de excepção falsa.

8. $x^2 y'' + xy' + (x^2 - 1)y = 0$ (equação de Bessel de ordem 1). Encontrar soluções em séries de potências no ponto singular.

Vamos buscar a solução na forma $y(x) = \sum_{n=0}^{\infty} c_n x^{n+\lambda}$. Substituindo na equação, obtemos

$$x^2 \sum_{n=0}^{\infty} c_n(n+\lambda)(n+\lambda-1)x^{n+\lambda-2} + x \sum_{n=0}^{\infty} c_n(n+\lambda)x^{n+\lambda-1} + (x^2 - 1) \sum_{n=0}^{\infty} c_n x^{n+\lambda}$$

$$= x^\lambda \left\{ \sum_{n=0}^{\infty} c_n(n+\lambda)(n+\lambda-1)x^n + \sum_{n=0}^{\infty} c_n(n+\lambda)x^n + \sum_{m=2}^{\infty} c_{m-2}x^m - \sum_{n=0}^{\infty} c_n x^n \right\}$$

$$= x^\lambda \left\{ c_0(\lambda^2 - 1) + c_1((\lambda+1)^2 - 1) + \sum_{n=2}^{\infty} [c_n((n+\lambda)^2 - 1) + c_{n-2}]x^n \right\} = 0.$$

Dessa fórmula segue a equação indicial $\lambda^2 - 1 = 0$, a equação $c_1((\lambda + 1)^2 - 1) = 0$ e a relação de recorrência $c_n = -\frac{1}{(n+\lambda)^2 - 1}c_{n-2}$, $n = 2, 3, \ldots$. As raízes da equação indicial são $\lambda_{1,2} = \pm 1$. Consideremos, primeiro, $\lambda_2 = 1$. Nesse caso, a segunda equação assume a forma $c_1 \cdot 3 = 0$, isto é, $c_1 = 0$, o que zera todos os coeficientes de índices ímpares (devido a relação de recorrência). Para índices pares, temos as relações de recorrência $c_{2k} = -\frac{c_{2k-2}}{(2k+2)2k} = -\frac{c_{2k-2}}{4(k+1)k}$, $k = 1, 2, \ldots$. Expressando em termos de c_0, temos $c_{2k} = (-1)^k \frac{c_0}{4^k(k+1)!k!}$, $k = 1, 2, \ldots$. Logo, a primeira solução se encontra na forma (colocamos $c_0 = 1$):

$$y_1(x) = x \sum_{k=0}^{\infty} (-1)^k \frac{1}{4^k(k+1)!k!} x^{2k}.$$

A segunda solução pode ser encontrada substituindo a forma proposta no Teorema de Frobenius $y_2(x) = cy_1(x)\ln|x| + x^{-1}\sum_{n=0}^{\infty} d_n x^n$ na equação original. Levando em conta que y_1 é a solução da equação considerada, obtemos

$$2cxy_1' + x^2 \sum_{n=0}^{\infty} d_n(n-1)(n-2)x^{n-3} + x\sum_{n=0}^{\infty} d_n(n-1)x^{n-2} + (x^2-1)\sum_{n=0}^{\infty} d_n x^{n-1}$$

$$= 2cxy_1' + x^{-1}\left\{\sum_{n=0}^{\infty} d_n(n-1)(n-2)x^n + \sum_{n=0}^{\infty} d_n(n-1)x^n + \sum_{m=2}^{\infty} d_{m-2}x^m - \sum_{n=0}^{\infty} d_n x^n\right\}$$

$$= 2cxy_1' + x^{-1}\left\{d_0(2-1-1) - d_1 x + \sum_{n=2}^{\infty}(d_n(n-2)n + d_{n-2})x^n\right\} = 0.$$

Substituindo

$$xy_1' = \sum_{n=0}^{\infty} (-1)^n \frac{2n+1}{4^n(n+1)!n!} x^{2n+1}$$

na última equação, obtemos

$$2c\sum_{n=0}^{\infty}(-1)^n \frac{2n+1}{4^n(n+1)!n!}x^{2n+1} - d_1 + \sum_{n=1}^{\infty}(d_{n+1}(n-1)(n+1) + d_{n-1})x^n$$

$$= 2cx + 2c\sum_{n=1}^{\infty}(-1)^n \frac{2n+1}{4^n(n+1)!n!}x^{2n+1} - d_1 + d_0 x + d_2 \cdot 0 + \sum_{n=2}^{\infty}(d_{n+1}(n-1)(n+1) + d_{n-1})x^n$$

$$= -d_1 + (2c + d_0)x + 2c\sum_{n=1}^{\infty}(-1)^n \frac{2n+1}{4^n(n+1)!n!}x^{2n+1} + \sum_{n=2}^{\infty}(d_{n+1}(n-1)(n+1) + d_{n-1})x^n = 0.$$

Daí segue que $d_1 = 0$, $2c + d_0 = 0$, d_2 é arbitrário e que as relações para expoentes pares e ímpares são desacopladas. Para as pares (x^{2k}) temos $d_{2k+1}(2k-1)(2k+1) + d_{2k-1} = 0, \forall k \geq 1$. Levando em conta que $d_1 = 0$, vemos que $d_{2k+1} = 0, \forall k$. Para as expoentes ímpares (x^{2k+1}) temos $d_{2k+2}2k(2k+2) + d_{2k} + 2c \cdot (-1)^k \frac{2k+1}{4^k(k+1)!k!} = 0, \forall k \geq 1$. Então, $d_{2k+2} = -\frac{d_{2k}}{4k(k+1)} - 2c\frac{(-1)^k}{4k(k+1)} \cdot \frac{2k+1}{4^k(k+1)!k!}, \forall k \geq 1$. Usando a indução matemática, podemos mostrar que $d_{2k+2} = (-1)^k \frac{d_2}{4^k k!(k+1)!} - 2c\frac{(-1)^k}{4^{k+1}k!(k+1)!} \cdot \sum_{j=1}^{k}\left(\frac{1}{j} + \frac{1}{j+1}\right), \forall k \geq 1$. Portanto, a segunda solução se encontra na forma (colocamos $d_2 = 1$):

$$y_2(x) = cy_1(x)\ln|x| - \frac{2c}{x} + x + \sum_{k=2}^{\infty} \frac{(-1)^k}{4^{k+1}k!(k+1)!}\left[4 - 2c\sum_{j=1}^{k}\left(\frac{1}{j} + \frac{1}{j+1}\right)\right]x^{2k+1}.$$

A solução geral é expressa, como sempre, como combinação linear $y = C_1 y_1 + C_2 y_2$. Notamos que nesse caso a diferença entre λ_1 e λ_2 é um número inteiro não nulo, e não era possível encontrar as duas soluções independentes na forma de séries generalizadas, o que levou a necessidade de usar a segunda solução com função logarítmica. Tais casos são chamados de *excepção real*.

9. $x^2 y'' + xy' + (x^2 - p^2)y = 0$, $p \in \mathbb{R}$ (equação geral de Bessel de ordem p). Encontrar soluções em séries de potências no ponto singular.

Finalmente, resolvemos a equação geral de Bessel com parâmetro arbitrário real p. Levando em conta que o caso $p = 0$ já foi considerado antes, sem perda de generalidade podemos supor que $p > 0$. Procuramos a solução na forma $y(x) = \sum_{n=0}^{\infty} c_n x^{n+\lambda}$. Substituindo na equação, obtemos

$$x^2 \sum_{n=0}^{\infty} c_n(n+\lambda)(n+\lambda-1)x^{n+\lambda-2} + x\sum_{n=0}^{\infty} c_n(n+\lambda)x^{n+\lambda-1} + (x^2-p^2)\sum_{n=0}^{\infty} c_n x^{n+\lambda}$$

$$= x^\lambda \left\{ \sum_{n=0}^{\infty} c_n(n+\lambda)(n+\lambda-1)x^n + \sum_{n=0}^{\infty} c_n(n+\lambda)x^n + \sum_{m=2}^{\infty} c_{m-2}x^m - p^2\sum_{n=0}^{\infty} c_n x^n \right\}$$

$$= x^\lambda \left\{ c_0(\lambda^2-p^2) + c_1((\lambda+1)^2-p^2) + \sum_{n=2}^{\infty} [c_n(n+\lambda)^2 + c_{n-2} - p^2 c_n]x^n \right\} = 0.$$

Dessa fórmula segue a equação indicial $\lambda^2 = p^2$, a equação $c_1((\lambda+1)^2 - p^2) = 0$ e a relação de recorrência $c_n = -\frac{1}{(n+\lambda)^2-p^2}c_{n-2}$, $n = 2, 3, \ldots$. As raízes da equação indicial são $\lambda_{1,2} = \pm p$. Para a raiz $\lambda_1 = p$ temos $c_1((p+1)^2 - p^2) = 0$, donde $c_1 = 0$, e as relações de recorrência assumem a forma $c_n = -\frac{1}{(n+p)^2-p^2}c_{n-2} = -\frac{1}{n(n+2p)}c_{n-2}$, $n = 2, 3, \ldots$. Logo, todos os coeficientes de índices ímpares se anulam e para os pares temos $c_{2n} = -\frac{c_{2n-2}}{4n(n+p)}$, $n = 1, 2, \ldots$, donde $c_{2n} = (-1)^n\frac{c_0}{4^n n!(n+p)(n-1+p)\cdots\cdots(1+p)}$, $n = 1, 2, \ldots$. Tradicionalmente, a constante c_0 é escolhida na forma $c_0 = \frac{1}{2^p\Gamma(p+1)}$, onde $\Gamma(p)$ é a gamma-função de Euler definida pela fórmula $\Gamma(p) = \int_0^{+\infty} e^{-x}x^{p-1}dx$, $\forall p > 0$. Pode ser mostrado que essa função satisfaz as seguintes propriedades:
1. $\Gamma(p+1) = p\Gamma(p)$;
2. $\Gamma(1) = 1$;
3. $\Gamma(p+n+1) = (n+p)(n-1+p)\cdot\ldots\cdot(1+p)\Gamma(p+1)$;
4. $\Gamma(n+1) = n!$.
Usando essas propriedades, a fórmula para c_{2n} pode ser escrita na forma

$$c_{2n} = \frac{(-1)^n}{4^n n!(n+p)(n-1+p)\cdot\ldots\cdot(1+p)\cdot 2^p\Gamma(p+1)} = \frac{(-1)^n}{4^n 2^p n!\Gamma(p+n+1)}, n = 1, 2, \ldots.$$

A solução particular encontrada usualmente é chamada da função de Bessel do primeiro tipo de ordem p e é denotada $J_p(x)$:

$$J_p(x) = \sum_{n=0}^{\infty} \frac{(-1)^n}{n!\Gamma(p+n+1)}\left(\frac{x}{2}\right)^{2n+p}.$$

A segunda solução, que corresponde à raiz $\lambda_2 = -p$, pode ser encontrada da função $J_p(x)$ substituindo p por $-p$, uma vez que a equação original contém somente p^2 e não muda sua forma quando p é trocado por $-p$. Então,

$$J_{-p}(x) = \sum_{n=0}^{\infty} \frac{(-1)^n}{n!\Gamma(-p+n+1)}\left(\frac{x}{2}\right)^{2n-p}.$$

Essa função é chamada da função de Bessel do primeiro tipo de ordem $-p$.

Se p não é um número natural, então as soluções $J_p(x)$ e $J_{-p}(x)$ são linearmente independentes, pois suas representações em séries começam de expoentes diferentes de x e, portanto, a combinação linear $\alpha_1 J_p(x) + \alpha_2 J_{-p}(x)$ é nula somente quando $\alpha_1 = \alpha_2 = 0$.

Se p é um número natural, então as soluções $J_p(x)$ e $J_{-p}(x)$ são linearmente dependentes, a saber: $J_{-p}(x) = (-1)^p J_p(x)$, $p \in \mathbb{N}$. Portanto, nesse caso, é preciso buscar uma outra solução particular linearmente independente de $J_p(x)$. Com esse objetivo, introduzimos a nova função $Y_p(x) = \frac{J_p(x)\cos p\pi - J_{-p}(x)}{\sin p\pi}$, considerando inicialmente que p não é um número natural. Obviamente, a função $Y_p(x)$ é uma solução da equação de Bessel, pois ela representa a combinação linear das duas soluções particulares dessa equação. Passando ao limite na definição de $Y_p(x)$ quando p tende a um número natural, encontramos a solução particular definida para $p \in \mathbb{N}$ que é linearmente independente de $J_p(x)$. A função $Y_p(x)$ é chamada da função de Bessel do segundo tipo de ordem p.

A solução geral, como sempre, se encontra via combinação linear de duas soluções particulares linearmente independentes. Para qualquer $p > 0$ a solução geral tem a forma $y_g = C_1 J_p(x) + C_2 Y_p(x)$. No caso $p \notin \mathbb{N}$, a solução geral pode ser dada também pela fórmula $y_g = C_1 J_p(x) + C_2 J_{-p}(x)$.

Exercícios para o leitor

1. Resolver $2x^2 y'' + (3x - x^2)y' - (x+1)y = 0$ em potencias de x.
2. Resolver $4xy'' + 2y' + y = 0$ em potencias de x.
3. Resolver $(1+x)y' - py = 0$ em potencias de x.
4. Resolver $9x(1-x)y'' - 12y' + 4y = 0$ em potencias de x.
5. Resolver $x^2 y'' + xy' + (4x^2 - \frac{1}{9})y = 0$ em potencias de x.
6. Resolver $x^2 y'' + xy' + (x^2 - \frac{1}{9})y = 0$ em potencias de x.
7. Resolver $x^2 y'' + xy' + (4x^2 - \frac{1}{9})y = 0$ em potencias de x.
8. Resolver $2xy'' + (1+x)y' + y = 0$ em potencias de x.
9. Resolver $xy'' + (x-6)y' - 3y = 0$ em potencias de x.
10. Resolver $2xy'' - y' + 2y = 0$ em potencias de x.
11. Resolver $2xy'' - y' + 2y = 0$ em potencias de x.
12. Resolver $2x^2 y'' - x(x-1)y' - y = 0$ em potencias de x.
13. Resolver $xy'' + 2y' - xy = 0$ em potencias de x.
14. Resolver $x(x-1)y'' + 3y' - 2y = 0$ em potencias de x.
15. Resolver $xy'' + (1-x)y' - y = 0$ em potencias de x.
16. Resolver $2x^2 y'' + xy' - (x+1)y = 0$ em potencias de x.
17. Resolver $xy'' - (2x-1)y' + (x-1)y = 0$ em potencias de x.
18. Resolver $x^2 y'' + x(2+3x)y' - 2y = 0$ em potencias de x.
19. Resolver $x^2 y'' + xy' - xy = 0$ em potencias de x.
20. Resolver $4x^2 y'' + (1-2x)y = 0$ em potencias de x.

Capítulo 11

Equações de ordem superior: aplicações

Nessa parte do texto consideremos alguns problemas de aplicação de equações de ordem superior.

1 Problema de mola-massa

Considere uma mola flexível pendurada(suspensa) verticalmente e prendida(presa) em cima a um suporte rígido. Se um peso de massa m é atado a extremidade inferior livre dessa mola, então ela vai se alongar, estendendo-se para baixo da sua posição original, e esse alongamento vai depender da massa do corpo. Na nova posição estática da mola, existem duas forças equilibradas, agindo sobre o ponto em que a massa está presa à mola: a força gravitacional $F_g = mg$ que puxa para baixo ($g \approx 10 m/s^2$ é a aceleração gravitacional) e a força da resistência da mola F_r que puxa para cima. Se o alongamento L da posição original é bastante pequeno, então os experimentos mostram que a força F_r é proporcional a L: $F_r = -kL$, onde o coeficiente de proporcionalidade $k > 0$ é chamado de constante da mola, e o sinal negativo se deve ao fato de que a força da mola puxa para cima, no sentido contrário da força gravitacional (escolhemos o sentido positivo para baixo). Essa relação é chamada da lei de Hooke. Na nova posição a mola fica em equilíbrio, o que significa que $F_g + F_r = mg - kL = 0$ (veja Fig.11.1). Se sabemos as medidas de massa e alongamento, então, a partir dessa relação, podemos encontrar o coeficiente k, específico para cada tipo de mola.

Vamos agora estudar o movimento da mola com uma massa atada quando ela é deslocada da posição de equilíbrio devido ao impulso inicial ou na presença de uma força externa. Denotamos de x a posição da extremidade inferior da mola, medida a partir da posição de equilíbrio L, e usamos o eixo vertical x com sentido positivo para baixo e a origem no ponto de equilíbrio (veja Fig.11.1). A velocidade dessa extremidade denotamos por $v(t)$ e a sua aceleração por $a(t)$. Conforme definição, as relações entre essas grandezas são $x_t = v$ e $x_{tt} = v_t = a$.

1.1 Oscilações livres sem amortecimento

Primeiro, consideremos a situação quando não há forças externas. Nesse caso, de acordo com a segunda lei de Newton, $ma = F_g + F_r$ ou $ma = mg - k(x + L)$. Levando em conta que $x_{tt} = a$ e $mg - kL = 0$, obtemos $mx_{tt} = -kx$. O sinal negativo, junto com coeficiente positivo k, indica que a força da resistência da mola age no sentido contrário ao sentido do deslocamento a partir do equilíbrio. Dividindo a equação obtida por m e denotando $\omega^2 = \frac{k}{m}$, chegamos a equação linear da segunda ordem

$$x_{tt} + \omega^2 x = 0$$

que descreve as oscilações livres sem amortecimento (chamadas também de oscilações harmônicas simples).

Equações desse tipo já foram resolvidas em vários exemplos anteriores (veja Capítulo 9, especialmente seção 1) e a sua solução geral é

$$x = A \cos \omega t + B \sin \omega t,$$

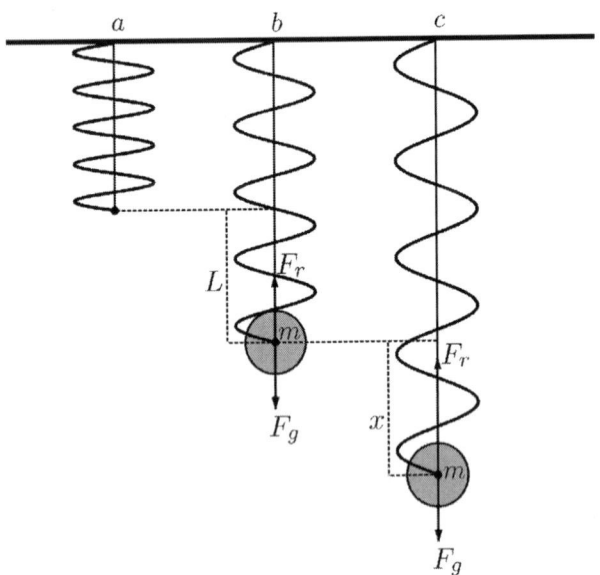

a : *mola sem massa*
b : *mola com massa, posicao de equilibrio*
c : *mola com massa, posicao esticada*

Figura 11.1 Sistema mola-massa.

onde A e B são duas constantes arbitrárias. Essas constantes são determinadas pelas condições inicias: a posição inicial da mola $x(t_0) = x_0$ e a sua velocidade inicial $x_t(t_0) = v_0$. Para analisar propriedades dessa solução é útil representa-la na forma

$$x = C\cos(\omega t - \alpha),$$

onde $C = \sqrt{A^2 + B^2}$ e o ângulo α é determinado pelas relações $\cos\alpha = \frac{A}{C}$ e $\sin\alpha = \frac{B}{C}$. (Essa expressão pode ser deduzida escrevendo a solução na forma $x = C(\frac{A}{C}\cos\omega t + \frac{B}{C}\sin\omega t)$, introduzindo o ângulo α pelas relações $\cos\alpha = \frac{A}{C}$ e $\sin\alpha = \frac{B}{C}$ e usando a fórmula trigonométrica do cosseno da diferença de dois ângulos.) Da última representação da solução segue que o valor máximo de x é $C = \sqrt{A^2 + B^2}$ e ele corresponde fisicamente ao deslocamento maior para baixo (no sentido positivo do eixo x) a partir da posição de equilíbrio, enquanto o valor mínimo de x é $-C = -\sqrt{A^2 + B^2}$ o que corresponde ao deslocamento maior para cima a partir do ponto de equilíbrio.

O período das funções envolvidas na solução é $T = \frac{2\pi}{\omega}$, o que representa fisicamente o tempo que leva a mola para efetuar um ciclo de oscilações, ou seja, o tempo mínimo necessário para a mola voltar à posição donde se deslocou. Por exemplo, se no momento t_0 a mola estava na sua posição mais baixa (sob o ponto do equilíbrio), então ela vai levar T segundos para subir até a posição mais elevada (acima do ponto do equilíbrio) e depois voltar a mesma posição mais baixa no instante $t_0 + T$. Outra característica típica desse movimento é a frequência $f = \frac{1}{T} = \frac{\omega}{2\pi}$ que representa o número de ciclos (oscilações) completados em um segundo. O próprio parâmetro $\omega = 2\pi f = \sqrt{km}$ representa o número de radianos percorridos num segundo e é chamado da frequência circular. Por exemplo, se $x = \cos 4\pi t - 3\sin 4\pi t$, então a frequência circular é $\omega = 4\pi$, a frequência é $f = 2$ e o período é $T = \frac{2\pi}{4\pi} = \frac{1}{2}$, o que significa que dentro de 1 segundo a mola passa distância de 4π radianos ou, equivalentemente, faz duas oscilações (ciclos) completos, e também que a mola faz uma oscilação completa dentro de $\frac{1}{2}$ segundos. Para definir os deslocamentos extremos (o mínimo x_{min} e máximo x_{max} de $x(t)$), usamos a representação $x = C\cos(\omega t - \alpha)$, onde $C = \sqrt{1 + 9} = \sqrt{10}$ e o ângulo α é determinado pelas relações $\cos\alpha = \frac{1}{\sqrt{10}}$ e $\sin\alpha = \frac{-3}{\sqrt{10}}$. Dessa forma fica claro que o deslocamento maior para baixo é $x_{max} = \sqrt{10}$ e o ponto mais alto que a mola atinge é $x_{min} = -\sqrt{10}$.

Problema 1. A massa de 2 kilogramas causa a extensão de 40 centimetros da mola. Sabendo que a mola com a massa foi liberada na posição de 24 centimetros abaixo do ponto do equilíbrio com a velocidade para cima de $20cm/s$, encontrar a posição da mola no instante t.

Solução.

As condições do problema correspondem às de oscilações livres sem amortecimento. Portanto, a equação diferencial dessas oscilações é $x_{tt} + \omega^2 x = 0$, cuja solução geral é $x = A\cos\omega t + B\sin\omega t$. Para especificar o parâmetro ω, notamos que o equilíbrio com a massa pendurada de 2 kilos ocorre quando $L = 40cm = 40 \cdot 10^{-2}m$. Então, da relação $mg = kL$ segue que $k = \frac{mg}{L} = \frac{2 \cdot 10}{40 \cdot 10^{-2}} = 50$. Logo, $\omega^2 = \frac{50}{2} = 25$ e $\omega = 5$. (Notamos que esse valor pode ser encontrado mais direto, sem cálculo de k, pela fórmula $\omega^2 = \frac{k}{m} = \frac{mg}{mL} = \frac{g}{L}$.) Para encontrar as constantes A e B, aplicamos as condições iniciais $x(0) = 24 \cdot 10^{-2}$ e $x_t(0) = -20 \cdot 10^{-2}$, donde $x(0) = A = 24 \cdot 10^{-2}$ e $x_t(0) = B\omega = -20 \cdot 10^{-2}$, $B = \frac{-20 \cdot 10^{-2}}{5} = -4 \cdot 10^{-2}$. Assim, a posição da mola no instante t é determinada pela fórmula $x = 10^{-2} \cdot (24\cos 5t - 4\sin 5t)$, ou na forma alternativa, $x = C\cos(5t + \alpha)$ com $C = 4\sqrt{37} \cdot 10^{-2} \approx 0.2433$ e $\alpha \approx -0.1651$. Adicionalmente, podemos encontrar os extremos, o período e a frequência dessas oscilações: $x_{max} = 4\sqrt{37} \cdot 10^{-2}$, $x_{min} = -4\sqrt{37} \cdot 10^{-2}$, $T = \frac{2\pi}{5}$ e $f = \frac{5}{2\pi}$. A Fig.11.2 mostra as oscilações de amplitude constante (oscilações harmônicas simples) com os valores máximos na reta $x = C$ e os mínimos na reta $x = -C$.

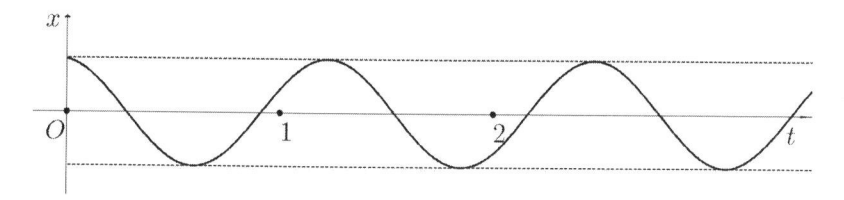

Figura 11.2 Problema mola-massa: oscilações livres sem amortecimento.

1.2 Oscilações livres com amortecimento

Agora consideremos a situação mais realista quando tem forças retardadoras, por exemplo, as forças de resistência do meio ambiente, gasoso ou líquido, onde se encontra a mola com a massa. Usualmente, essas forças são consideradas proporcionais a alguma potência da velocidade do corpo (da massa), no caso mais simples, a própria velocidade. Nesse caso, a segunda lei de Newton leva à relação $ma = mg - \kappa v - k(x + L)$, ou lembrando que $mg = kL$, obtemos $mx_{tt} = -kx - \kappa x_t$, onde $\kappa > 0$ é coeficiente de amortecimento e o sinal negativo é a consequência do fato de que a força retardadora age no sentido contrário ao movimento. Dividindo a última equação por m e usando os parâmetros $\omega^2 = \frac{k}{m}$ e $2\nu = \frac{\kappa}{m}$, obtemos a equação linear da segunda ordem

$$x_{tt} + 2\nu x_t + \omega^2 x = 0$$

que descreve as oscilações livres com amortecimento.

Equações desse tipo foram consideradas no Capítulo 9, seção 1. Para encontrar a solução geral dessa equação, resolvemos primeiro a sua equação característica $\lambda^2 + 2\nu\lambda + \omega^2 = 0$, cujas raízes são $\lambda_{1,2} = -\nu \pm \sqrt{\nu^2 - \omega^2}$. Se as raízes são diferentes, então a forma complexa da solução geral é $x = Ae^{\lambda_1 t} + Be^{\lambda_2 t}$, mas a interpretação física requer a representação na forma real que depende do sinal da expressão $\nu^2 - \omega^2$. Consideremos a seguir três possíveis casos.

Caso 1, superamortecimento. Se $\nu^2 - \omega^2 > 0$ (ou seja, $\nu > \omega$), então $\lambda_{1,2}$ são reais e a forma real da solução é

$$x = e^{-\nu t}(Ae^{\sqrt{\nu^2 - \omega^2}\, t} + Be^{-\sqrt{\nu^2 - \omega^2}\, t}).$$

Como o coeficiente de amortecimento é bastante grande comparado com a contante da mola (o caso de superamortecimento), o movimento não representa oscilações e a extremidade inferior da mola se aproxima rapidamente ao ponto de equilíbrio (veja Fig.11.3).

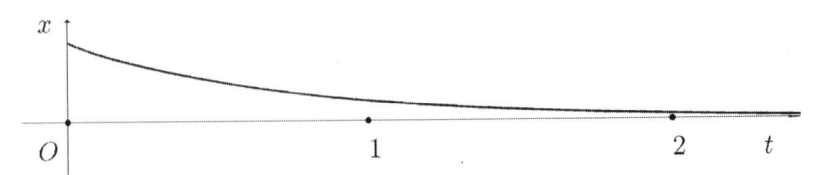

Figura 11.3 Problema mola-massa: oscilações livres com superamortecimento.

Caso 2, amortecimento crítico. Se $\nu^2 - \omega^2 = 0$ (ou seja, $\nu = \omega$), então as raízes são reais e iguais entre si: $\lambda_1 = \lambda_2 = -\nu$, e portanto, a solução real assume a forma

$$x = e^{-\nu t}(A + Bt).$$

Embora a expressão nas parênteses tem crescimento linear, o termo exponencial domina nessa solução e faz com que a extremidade inferior da mola se aproxima rapidamente ao ponto de equilíbrio (veja Fig.11.4).

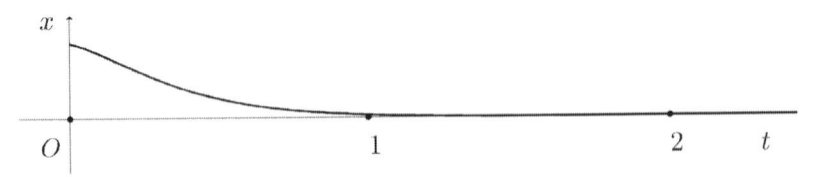

Figura 11.4 Problema mola-massa: oscilações livres com amortecimento crítico.

Caso 3, subamortecimento. Se $\nu^2 - \omega^2 < 0$ (ou seja, $\nu < \omega$), então as raízes $\lambda_{1,2}$ são complexas e a forma real da solução é

$$x = e^{-\nu t}(A \cos \sqrt{\omega^2 - \nu^2}\, t + B \sin \sqrt{\omega^2 - \nu^2}\, t).$$

Como o coeficiente de amortecimento é bastante pequeno comparando com a contante da mola (o caso de subamortecimento), as oscilações da mola estão observadas durante todo o movimento, mas diferentemente de oscilações sem amortecimento, a amplitude dessas oscilações está caindo com o tempo, ficando cada vez mais perto do ponto de equilíbrio (veja Fig.11.5).

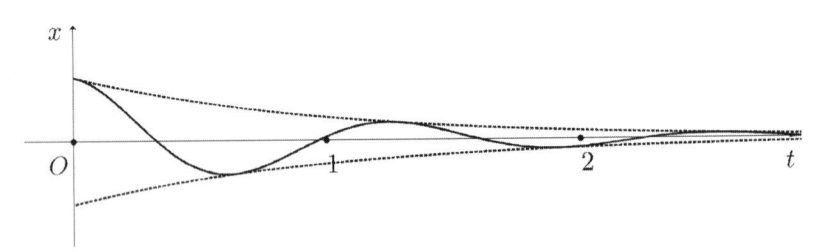

Figura 11.5 Problema mola-massa: oscilações livres com subamortecimento.

Problema 2. A mola com a massa de 2 kilogramas foi liberada na posição de 24 centimetros abaixo do ponto do equilíbrio com a velocidade para cima de $20 cm/s$. Sabendo que a constante da mola é $k = 50 kg/s^2$ e a força da resistência do ar é proporcional a velocidade do movimento com o coeficiente de amortecimento $\kappa = 40 s^{-1}$, encontrar a posição da mola no instante t.

Solução.

As condições do problema correspondem às de oscilações livres com amortecimento. Portanto, a equação diferencial dessas oscilações é $x_{tt} + 2\nu x_t + \omega^2 x = 0$, onde $\omega = \sqrt{\frac{k}{m}} = \sqrt{\frac{50}{2}} = 5$ e

$\nu = \frac{\kappa}{2m} = \frac{40}{4} = 10$. Como $\nu > \omega$, temos o caso de superamortecimento e a solução geral na forma real é $x = e^{-\nu t}(Ae^{\sqrt{\nu^2-\omega^2}t}+Be^{-\sqrt{\nu^2-\omega^2}t}) = e^{-10t}(Ae^{5\sqrt{3}t}+Be^{-5\sqrt{3}t})$. A aplicação das condições iniciais $x(0) = 0.24$ e $x_t(0) = -0.2$ resulta no sistema para A e B: $A+B = 0.24$, $A(-10+5\sqrt{3}) + B(-10-5\sqrt{3}) = -0.2$. A solução desse sistema é $A = \frac{-0.1+0.6(2+\sqrt{3})}{5\sqrt{3}} \approx 0.2470$, $B = \frac{0.1-0.6(2-\sqrt{3})}{5\sqrt{3}} \approx 0.0070$. A mola aproxima rapidamente do ponto de equilíbrio (veja Fig.11.3).

Problema 3. A mola com a massa de 2 kilogramas foi liberada na posição de 24 centimetros abaixo do ponto do equilíbrio com a velocidade para cima de $20cm/s$. Sabendo que a constante da mola é $k = 50kg/s^2$ e a força da resistência do ar é proporcional a velocidade do movimento com o coeficiente de amortecimento $\kappa = 20s^{-1}$, encontrar a posição da mola no instante t.

Solução.

As condições do problema correspondem às de oscilações livres com amortecimento. Portanto, a equação diferencial dessas oscilações é $x_{tt} + 2\nu x_t + \omega^2 x = 0$, onde $\omega = \sqrt{\frac{k}{m}} = \sqrt{\frac{50}{2}} = 5$ e $\nu = \frac{\kappa}{2m} = \frac{20}{4} = 5$. Como $\nu = \omega$, temos o caso de amortecimento crítico e a solução geral tem a forma real $x = e^{-\nu t}(A + Bt) = e^{-5t}(A + Bt)$. A aplicação das condições iniciais $x(0) = 0.24$ e $x_t(0) = -0.2$ resulta nas seguintes relações: $A = 0.24$, $-5A + B = -0.2$, donde $B = 1$. A mola aproxima rapidamente do ponto de equilíbrio (veja Fig.11.4).

Problema 4. A mola com a massa de 2 kilogramas foi liberada na posição de 24 centimetros abaixo do ponto do equilíbrio com a velocidade para cima de $20cm/s$. Sabendo que a constante da mola é $k = 50kg/s^2$ e a força da resistência do ar é proporcional a velocidade do movimento com o coeficiente de amortecimento $\kappa = 4s^{-1}$, encontrar a posição da mola no instante t.

Solução.

As condições do problema correspondem às de oscilações livres com amortecimento. Portanto, a equação diferencial dessas oscilações é $x_{tt} + 2\nu x_t + \omega^2 x = 0$, onde $\omega = \sqrt{\frac{k}{m}} = \sqrt{\frac{50}{2}} = 5$ e $\nu = \frac{\kappa}{2m} = \frac{4}{4} = 1$. Como $\nu < \omega$, temos o caso de subamortecimento e a solução geral tem a seguinte forma real: $x = e^{-\nu t}(A\cos\sqrt{\omega^2-\nu^2}t + B\sin\sqrt{\omega^2-\nu^2}t) = e^{-t}(A\cos 2\sqrt{6}t + B\sin 2\sqrt{6}t)$. A aplicação das condições iniciais $x(0) = 0.24$ e $x_t(0) = 0.2$ resulta nas seguintes equações: $A = 0.24$ e $-A+2\sqrt{6}B = -0.2$, donde $B = \frac{0.02}{\sqrt{6}} \approx 0.0082$. A forma alternativa da solução é $x = e^{-t}C\cos(2\sqrt{6}t + \alpha)$ com $C \approx 0.2401$ e $\alpha \approx 0.0340$. A mola está oscilando em torno do ponto de equilíbrio, com a amplitude das oscilações diminuindo com o tempo. A Fig.11.5 mostra que os valores extremos estão contidos entre as curvas $x = \pm Ce^{-t}$.

1.3 Oscilações forçadas

Consideremos ainda o movimento da mola na presença de uma força externa $F(t)$. Conforme a segunda lei de Newton temos então $ma = mg - \kappa v - k(x + L) + F$. Usando a relação $mg = kL$ e dividindo por m e denotando $f = \frac{F}{m}$, obtemos a equação linear da segunda ordem

$$x_{tt} + 2\nu x_t + \omega^2 x = f$$

que descreve as oscilações forçadas com amortecimento. Equações desse tipo com diferentes partes direitas f foram consideradas no Capítulo 9, seções 2 e 3. Um fenômeno de interesse especial ocorre quando o movimento da mola é realizado na presença de uma força vibratória (por exemplo, a mola está pendurada a um suporte oscilatório). Nesse caso, podemos modelar a força externa pela função $f = D\sin\gamma t$, onde constantes D e γ representam a amplitude e frequência circular de oscilações externas. Consideremos a seguir dois casos – sem amortecimento e de subamortecimento.

Caso 1, sem amortecimento. Essa situação é descrita pela equação

$$x_{tt} + \omega^2 x = D\sin\gamma t.$$

Lembramos que a solução geral dessa equação pode ser representada como soma da solução geral da equação homogênea respectiva e de uma solução particular da equação original. A solução geral da parte homogênea é $x_{gh} = A\cos\omega t + B\sin\omega t$, onde A e B são duas constantes arbitrárias. Se $\omega \neq \gamma$, então uma solução particular podemos encontrar na forma $x_{pn} = a\cos\gamma t + b\sin\gamma t$. Substituindo x_{pn} na equação originial, temos $(-a\gamma^2\cos\gamma t - b\gamma^2\sin\gamma t) + \omega^2(a\cos\gamma t + b\sin\gamma t) = D\sin\gamma t$. Comparando coeficientes dos dois lados, encontramos $a(-\gamma^2+\omega^2) = 0$ e $b(-\gamma^2+\omega^2) = D$, donde $a = 0$ e $b = \frac{D}{\omega^2-\gamma^2}$. Logo, a solução geral tem a forma

$$x_{gn} = x_{gh} + x_{pn} = A\cos\omega t + B\sin\omega t + \frac{D}{\omega^2 - \gamma^2}\sin\gamma t.$$

Se $\omega = \gamma$, então uma solução particular pode ser procurada na forma $x_{pn} = at\cos\gamma t + bt\sin\gamma t$. Substituindo x_{pn} na equação originial, temos $(-at\gamma^2\cos\gamma t - bt\gamma^2\sin\gamma t - 2a\gamma\sin\gamma t + 2b\gamma\cos\gamma t) + \omega^2(at\cos\gamma t + bt\sin\gamma t) = D\sin\gamma t$. Levando em conta que $\omega = \gamma$, simplificamos essa relação à forma $-2a\gamma\sin\gamma t + 2b\gamma\cos\gamma t = D\sin\gamma t$, donde segue que $a = -\frac{D}{2\gamma}$ e $b = 0$. Assim, encontramos a solução particular $x_{pn} = -\frac{D}{2\omega}t\cos\omega t$ e a geral

$$x_{gn} = x_{gh} + x_{pn} = A\cos\omega t + B\sin\omega t - \frac{D}{2\omega}t\cos\omega t.$$

Uma especificidade importante dessa solução é que a amplitude de suas oscilações cresce com o tempo, tendendo a infinito. Essa é uma situação de resonância, que ocorre quando a frequência de oscilações livres da mola coincide com a frequência da força externa. A Fig.11.6 mostra que no período inicial, quando a contribuição do termo linear é pequena, as oscilações são semelhantes ao caso de movimento livre, mas depois desse período o termo linear começa ser dominante e, com aumentar o tempo, as amplitudes de oscilações quase atingem os valores nas retas $x = \pm\frac{D}{2\omega}t$.

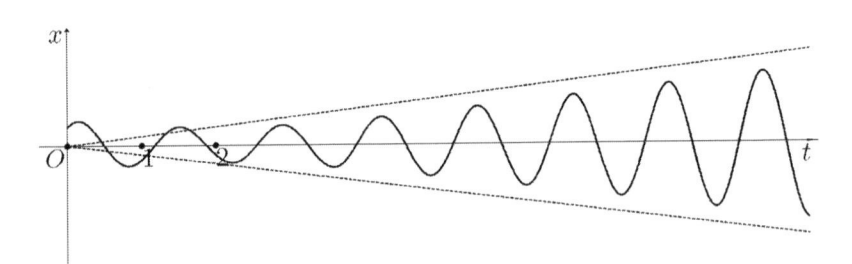

Figura 11.6 Problema mola-massa: oscilações forçadas sem amortecimento.

Caso 2, subamortecimento. Nesse caso, a equação assume a forma

$$x_{tt} + 2\nu x_t + \omega^2 x = D\sin\gamma t$$

com $\nu < \omega$. As raízes da equação característica são complexas $\lambda_{1,2} = -\nu \pm i\sqrt{\omega^2 - \nu^2}$ e a solução geral da parte homogênea tem a forma real $x_{gh} = e^{-\nu t}(A\cos\sqrt{\omega^2-\nu^2}t + B\sin\sqrt{\omega^2-\nu^2}t)$, onde A e B são duas constantes arbitrárias. Uma solução particular podemos encontrar na forma $x_{pn} = a\cos\gamma t + b\sin\gamma t$. Substituindo x_{pn} na equação originial, temos $(-a\gamma^2\cos\gamma t - b\gamma^2\sin\gamma t) + 2\nu(-a\gamma\sin\gamma t + b\gamma\cos\gamma t) + \omega^2(a\cos\gamma t + b\sin\gamma t) = D\sin\gamma t$. Comparando coeficientes dos dois lados, encontramos o sistema de duas equações $(\omega^2 - \gamma^2)a + 2\nu\gamma b = 0$ e $-2\nu\gamma a + (\omega^2 - \gamma^2)b = D$, donde $a = \frac{-2\nu\gamma D}{(\omega^2-\gamma^2)^2+4\nu^2\gamma^2}$ e $b = \frac{(\omega^2-\gamma^2)D}{(\omega^2-\gamma^2)^2+4\nu^2\gamma^2}$. Logo, a solução geral tem a forma

$$x_{gn} = x_{gh} + x_{pn}$$

$$= e^{-\nu t}(A\cos\sqrt{\omega^2-\nu^2}t + B\sin\sqrt{\omega^2-\nu^2}t) + \frac{-2\nu\gamma D}{(\omega^2-\gamma^2)^2+4\nu^2\gamma^2}\cos\gamma t + \frac{(\omega^2-\gamma^2)D}{(\omega^2-\gamma^2)^2+4\nu^2\gamma^2}\sin\gamma t.$$

Embora nesse caso não se observa o crescimento de oscilações, como no caso de resonância, mas se $\omega = \gamma$, então a solução particular assume a forma $x_{pn} = \frac{-D}{2\nu\gamma}\cos\gamma t$ e para os valores pequenos de ν as oscilações forçadas ainda podem ter uma amplitude grande. Com o avançar do tempo a parte da solução homogênea fica cada vez menor devido ao multiplicador exponencial $e^{-\nu t}$ (mesmo com o valore pequeno de ν), enquanto a parte da solução particular mantém a mesma amplitude $\frac{D}{2\nu\gamma}$ (que pode ser bastante grande para ν pequeno) e se torna a parte principal da solução. Algumas situações com diferentes valores de ν são mostradas nas Fig.11.7 e 11.8.

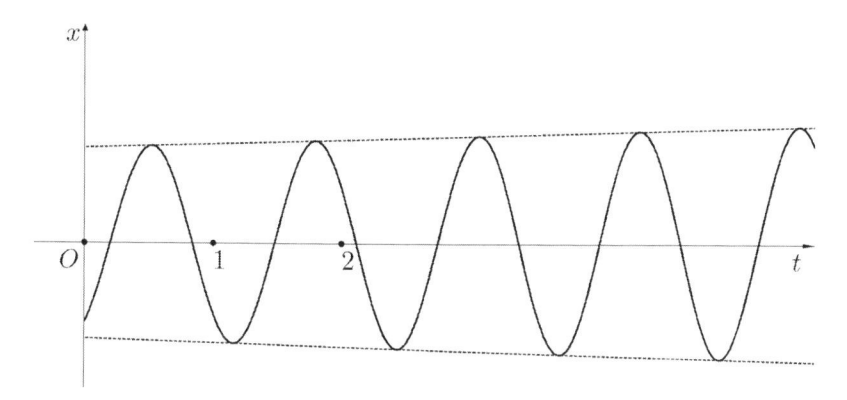

Figura 11.7 Problema mola-massa: oscilações forçadas com subamortecimento,$\nu = 0.1$.

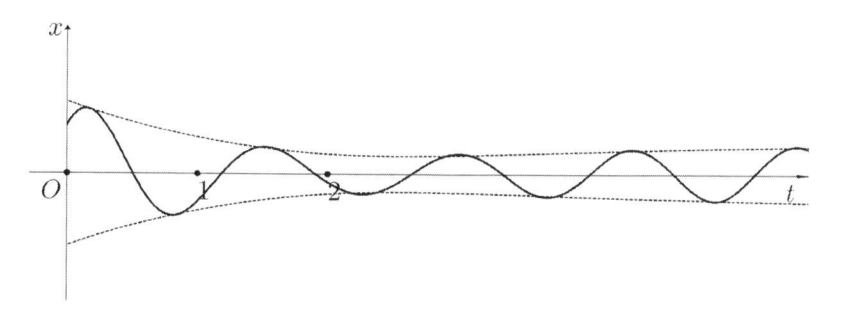

Figura 11.8 Problema mola-massa: oscilações forçadas com subamortecimento, $\nu = 0.5$.

2 Problema de circuito elétrico

Um modelo matemático semelhante ao problema de mola-massa ocorre na consideração de fluxo de corrente elétrica $I(t)$ num circuito em série fechado. Nesse circuito, são incluídos os seguintes elementos: o indutor de indutância constante L que provoca a queda de voltagem $L\frac{dI}{dt}$; a resistência constante R que causa a queda de voltagem IR; e o capacitor de capacitância constante C que provoca a queda de voltagem $\frac{q}{C}$, onde q é a carga no capacitor, relacionada com a corrente pela fórmula $I = \frac{dq}{dt}$. Esse tipo de corrente elétrica é chamada de circuito $L - R - C$. De acordo com a lei de Kirchoff, em um circuito fechado, a voltagem $E(t)$ aplicada no circuito é igual a soma das quedas de tensão no resto do circuito, ou seja, $L\frac{dI}{dt} + RI + \frac{q}{C} = E(t)$. Substituindo a relação $I = \frac{dq}{dt}$ na última fórmula, obtemos a equação linear da segunda ordem:

$$Lq_{tt} + Rq_t + \frac{1}{C}q = E(t).$$

Matematicamente, a forma da última equação coincide com a obtida no problema de mola-massa no caso de oscilações forçadas com amortecimento. Logo, a nomenclatura usada na análise de circuitos é semelhante a do problema de mola-massa: se $E = 0$, as vibrações elétricas do circuito são ditas livres. Se adicionalmente $R = 0$ (não tem resistência), então as oscilações são não amortecidas, mantendo a mesma amplitude durante todo o período (oscilações livres ou oscilações harmônicas simples). Quando $R > 0$, tem três formas da corrente, dependendo do discriminante $D = R^2 - \frac{4L}{C}$. Se $D > 0$ então temos o regime de superamortecimento; se $D = 0$ então temos amortecimento crítico; e se $D < 0$ então temos subamortecimento. Em todos os três casos o corrente tende a 0 com avançar do tempo. Quando tem voltagem $E(t)$ induzida no circuito, as vibrações elétricas são chamadas forçadas. Em particular, num circuito sem resistência, havera uma resonância caso a frequência de voltagem $E(t)$ seja igual a frequência de oscilações livres.

Problema 1. Determinar a carga no capacitor num circuito sem resistor e sem voltagem induzida, se inicialmente não há corrente no circuito.

Solução.

Nesse caso, temos a equação de vibrações livres $Lq_{tt} + \frac{1}{C}q = 0$, cuja solução geral é $q = C_1 \cos\frac{1}{LC}t + C_2 \sin\frac{1}{LC}t$. Assumindo que a carga inicial no capacitor era $q(0) = q_0$ e aplicando a condição de ausência da corrente no instante inicial $q_t(0) = 0$, especificamos as constantes C_1 e C_2: $C_1 = q_0$ e $C_2 = 0$. Então, $q = q_0 \cos\frac{1}{LC}t$.

Problema 2. Encontrar a carga no capacitor num circuito sem voltagem induzida se $L = 0.25henry$, $R = 10ohms$, $C = 0.001farad$, se a carga inicial é q_0 e a corrente inicial é nula.

Solução.

Nesse caso, temos a equação de carga assume a forma $\frac{1}{4}q_{tt} + 10q_t + 1000q = 0$. Como $D = R^2 - \frac{4L}{C} = 100 - 1000 = -900 < 0$, temos o caso de vibrações subamortecidas. As raízes da equação característica são $\lambda_{1,2} = -20 \pm 60i$ e a solução geral é $q = e^{-20t}(C_1 \cos 60t + C_2 \sin 60t)$. Aplicando as condições iniciais $q(0) = q_0$ e $q_t(0) = 0$, especificamos $C_1 = q_0$ e $C_2 = \frac{q_0}{3}$. Então, a solução do problema é $q = q_0 e^{-20t}(\cos 60t + \frac{1}{3}\sin 60t)$.

3 Problema de pêndulo

Um pêndulo simples é um corpo, com a massa concentrada num ponto, preso a um fio rígido inextensível. Esse corpo se move em torno da posição vertical de equilíbrio ao longo do arco do círculo centralizado no ponto de suspenção do fio. Vamos supor que toda a massa m do pêndulo está concentrada na ponta do fio (o braço do pêndulo) a uma distância constante l do ponto de suspenção (comprimento do pêndulo), e que existem só duas forças agindo no corpo: a força gravitacoional e a contra-força de sustentação do fio, agindo ao longo do fio. Então a força relevante, que provoca o movimento do pêndulo é a componente F_a da força gravitacional $F_g = mg$ ao longo do arco do círculo. Denotamos s o deslocamento do pêndulo ao longo do arco e θ o ângulo que forma o fio (o braço de pêndulo) com o eixo vertical, com $s = 0$ e $\theta = 0$ quando o pêndulo fica na posição vertical (veja Fig.11.9). Escolhendo o deslocamento para a direita como positivo, podemos escrever a segunda lei de Newton na forma $ms_{tt} = -mg\sin\theta \equiv F_g$, ou $s_{tt} = -g\sin\theta$, onde o sinal negativo significa que a força age na direção negativa quando $0 < \theta < \phi$ e na direção positiva quando $-\phi < \theta < 0$. A relação entre o deslocamento s e o ângulo θ é $s = l\theta$, donde $s_{tt} = l\theta_{tt}$. Portanto, em termos do ângulo θ, a equação do pêndulo pode ser escrita na forma

$$\theta_{tt} + \omega^2 \sin\theta = 0,$$

onde $\omega = \sqrt{g/l}$.

A aproximação-padrão de ângulo pequeno $\sin\theta \approx \theta$ resulta em equação de oscilações harmônicas simples

$$\theta_{tt} + \omega^2 \theta = 0,$$

cuja solução já foi analisada no caso do problema de mola-massa.

A equação completa é não linear e, por isso, a sua solução é mais complicada. Primeiro, notamos que t não está presente na equação, o que permite reduzir a sua ordem fazendo a mudança da função

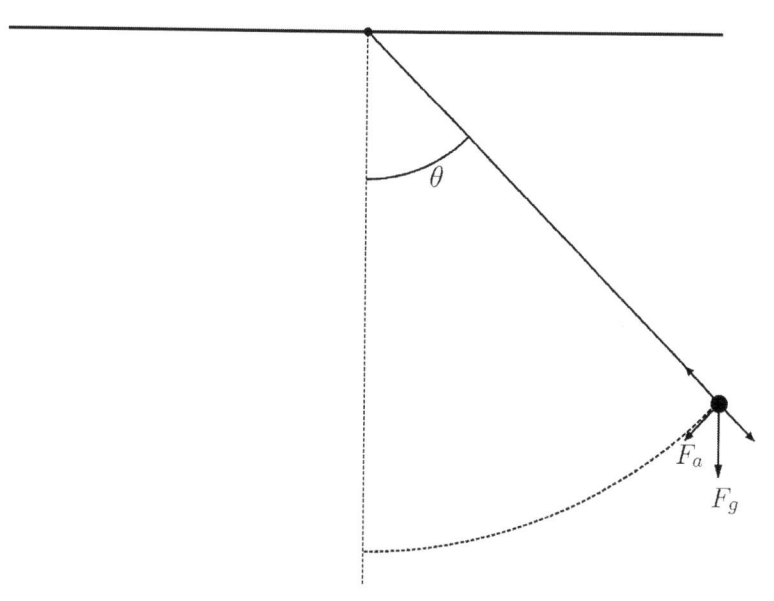

Figura 11.9 Problema de pêndulo: forças e movimento.

incógnita: $y(\theta) = \theta_t$ (veja Capítulo 7, seção 3). Com a relação $y_\theta \cdot \theta_t = y_\theta \cdot y = \theta_{tt}$, isso leva a seguinte equação da primeira ordem para $y(\theta)$: $y_\theta \cdot y + \omega^2 \sin\theta = 0$. Essa equação é de variáveis separáveis, cuja solução é $\int y\,dy = -\omega^2 \int \sin\theta\,d\theta$ ou $y^2 = 2\omega^2 \cos\theta + C$. Considerando que no instante inicial o ângulo de deslocamento era $\theta(0) = \theta_0$ e a velocidade angular inicial era nula $\theta_t(0) = 0$ (usamos essa condição para simplificar a análise posterior), encontramos a solução na forma $y^2 = 2\omega^2(\cos\theta - \cos\theta_0)$. Voltando a função incógnita original $\theta(t)$, temos duas equações separáveis: $\theta_t = \pm\sqrt{2}\omega\sqrt{\cos\theta - \cos\theta_0}$, cuja solução na forma integral é $\int \frac{d\theta}{\sqrt{\cos\theta - \cos\theta_0}} = \pm\sqrt{2}\omega t$.

O problema na representação da solução é que a integral do lado esquerdo não se calcula em termos de funções elementares. No entanto, podemos reduzir essa integral a uma integral tabulada, cujas propriedades são conhecidas, chamada da integral elíptica incompleta do primeiro tipo. Para isso, primeiro, usamos as fórmulas trigonométricas $\cos\theta = 1 - 2\sin^2\frac{\theta}{2}$ e $\cos\theta_0 = 1 - 2\sin^2\frac{\theta_0}{2}$ para reescrever raiz do denominador na forma $\sqrt{2\sin^2\frac{\theta_0}{2} - 2\sin^2\frac{\theta}{2}}$. Em seguida, efetuamos a mudança de variável na integral: $\sin\phi = \frac{\sin(\theta/2)}{\sin(\theta_0/2)}$ (de acordo com o significado físico do problema e as condições iniciais, temos que $|\theta| \le |\theta_0| \le \pi$ e, portanto, a função $\sin\phi$ está definida para os valores $\theta \in [-\theta_0, \theta_0]$). Denotando $k = \sin\frac{\theta_0}{2}$ e calculando a diferencial $\cos\phi\,d\phi = \frac{1}{2a}\cos\frac{\theta}{2}d\theta$, ou seja, $d\theta = 2k\frac{\cos\phi}{\cos\frac{\theta}{2}}d\phi = 2k\frac{\cos\phi}{\sqrt{1-\sin^2\frac{\theta}{2}}}d\phi = 2k\frac{\cos\phi}{\sqrt{1-k^2\sin^2\phi}}d\phi$, obtemos $\int \frac{d\theta}{\sqrt{\cos\theta - \cos\theta_0}} = \frac{1}{\sqrt{2}}\int \frac{1}{\sqrt{k^2-k^2\sin^2\phi}} \cdot \frac{2k\cos\phi}{\sqrt{1-k^2\sin^2\phi}}d\phi = \sqrt{2}\int \frac{d\phi}{\sqrt{1-k^2\sin^2\phi}}$. Assim, a solução integral para a função ϕ se escreve na forma $\int \frac{d\phi}{\sqrt{1-k^2\sin^2\phi}} = \pm\omega t$. Finalmente, no lado esquerdo, em vez da integral indefinida, usamos uma das antiderivadas associadas na forma da integral com limite superior variável e transferimos constante arbitrária para o lado direito: $\int_0^\phi \frac{dp}{\sqrt{1-k^2\sin^2 p}} = \pm\omega t + C$. A integral do lado esquerdo é a integral elíptica incompleta do primeiro tipo. Para esficificar a constante C, aplicamos a condição inicial $\theta(0) = \theta_0$ a qual, em termos de variável ϕ assume a forma $\phi(0) = \frac{\pi}{2}$. Logo, $\int_0^{\pi/2} \frac{dp}{\sqrt{1-k^2\sin^2 p}} = 0 + C$ e a solução é $\pm\omega t = \int_0^\phi \frac{dp}{\sqrt{1-k^2\sin^2 p}} - \int_0^{\pi/2} \frac{dp}{\sqrt{1-k^2\sin^2 p}}$, onde a segunda integral é a integral elíptica completa do primeiro tipo. As duas integrais do lado direito são tabuladas e, usando seus valores, podemos encontrar a solução $\theta(t)$. Os dois casos da solução com parâmetro $l = 2.5$, isto é, $\omega = 2$, estão mostrados na Fig.11.10: o gráfico da primeira solução, com as linhas e anotações em preto, corresponde ao caso $\theta_0 = \frac{2\pi}{3}$, ou seja, $k = \frac{\sqrt{3}}{2}$, o gráfico da segunda solução, com as linhas e anotações em azul, corresponde ao caso $\theta_0 = \frac{\pi}{3}$, ou seja, $k = \frac{1}{2}$.

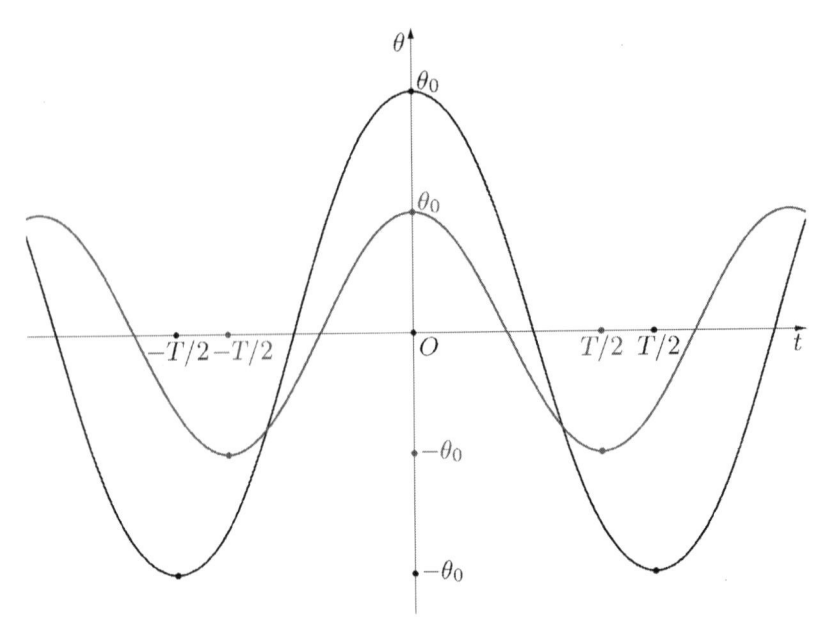

Figura 11.10 Problema de pêndulo: gráfico da solução para $\omega = 2$ e duas condições iniciais: $\theta_0 = \frac{2\pi}{3}$ em preto e $\theta_0 = \frac{\pi}{3}$ em azul.

É interessante notar que, diferentemente de oscilações harmónicas simples, o período T de oscilações do pêndulo não é igual a $\frac{2\pi}{\omega}$, embora, na aproximação de ângulo pequeno ele é muito perto desse valor. Em geral, o período se determina pela fórmula $\frac{T}{4} = \frac{1}{\omega} \int_0^{\pi/2} \frac{dp}{\sqrt{1-k^2 \sin^2 p}}$. Pode ser visto, que T depende de k, isto é, do valor da posição inicial do pêndulo (que é igual a amplitude de suas oscilações). Para os dois exemplos apresentados na Fig.11.10, o período é igual a $T \approx 4.3129$ no caso $\theta_0 = \frac{2\pi}{3}$ e $T \approx 3.3715$ no caso $\theta_0 = \frac{\pi}{3}$, enquanto o período de oscilações harmônicas seria $\frac{2\pi}{\omega} = \frac{2\pi}{2} = \pi \approx 3.1415$.

4 Modelos de perseguição

Concederemos o problema clássico de perseguição, analisado por matemático francês Pierre Bourguer no século 18, e portanto, chamado muitas vêzes o problema de Bourguer. Bourguer tinha estudado o problema de perseguição de um navio de carga por piratas sob as seguintes condições simplificadoras: os dois navios estão navegando com a velocidade escalar constante, o navio de carga está indo num trajeto retilíneo, o navio pirata está sempre navegando diretamente ao ponto corrente do cargueiro. (Lembramos que a velocidade escalar é o módulo do vetor da velocidade.) Com essas suposições, supondo que a distância inicial entre os dois navios é d, podemos escolher as coordenadas planares de tal modo que o trajeto do cargueiro fica ao longo da reta $x = x_0$ com a posição inicial em $(x_0, 0)$, $x_0 = d > 0$ e a posição inicial do pirata fica na origem das coordenadas.

Vamos denotar o trajeto do pirata por $y(x)$ com $y(0) = 0$. De acordo com a última condição, o pirata sempre se move na direção corrente do cargueiro. Em termos matemáticos, isso quer dizer que em qualquer instante t a tangente à curva-trajetoria do pirata deve passar pelo ponto-posição do cargueiro $(x_0, v_c t)$, onde v_c é a velocidade constante do cargueiro. Como a posição corrente do pirata é (x, y), então a inclinação da reta tangente deve coincidir com a inclinação $\frac{y - v_c t}{x - x_0}$ da reta que passa por pontos $(x_0, v_c t)$ e (x, y). Lembrando que a inclinação da tangente (e da curva-trajeto) é determinada pela derivada y_x, expressamos essa condição via fórmula $y_x = \frac{y - v_c t}{x - x_0}$.

Deduzimos mais uma relação que envolve a derivada y_x. Como o navio pirata está navegando com a velocidade escalar constante v_p, concluímos que durante tempo t ele vai percorrer a distância $v_p t$. Por outro lado, de acordo com a fórmula do comprimento do arco, a distância que o pirata vai percorrer ao longo do seu trajeto $y(x)$ é igual a $\int_0^x \sqrt{1 + (y_x)^2} du$ (aqui u é simplesmente a variável de integração). Logo, $v_p t = \int_0^x \sqrt{1 + (y_x)^2} du$.

Nas duas relações encontradas há presença da variável do tempo t, que é alheia ao problema em consideração (uma vez que queremos saber o trajeto y como função de x). Para eliminar t, substituímos a sua expressão da segunda fórmula na primeira e obtemos $y_x(x - x_0) = y - v_c \frac{1}{v_p} \int_0^x \sqrt{1 + (y_x)^2} du$. Finalmente, derivando a última fórmula em relação a x, chegamos a equação da segunda ordem para função incógnita $y(x)$: $y_{xx}(x - x_0) + y_x = y_x - \frac{v_c}{v_p} \sqrt{1 + (y_x)^2}$ ou, simplificando e denotando $k = \frac{v_c}{v_p}$, obtemos

$$y_{xx}(x - x_0) = -k\sqrt{1 + (y_x)^2}.$$

Como essa equação não contém y, ela permite redução da ordem via substituição da função $y_x = p$: $p_x(x - x_0) = -k\sqrt{1 + p^2}$ (equações desse tipo foram consideradas no Capítulo 7, seção 2). A última é equação separável, cuja solução é encontrada usando a técnica tradicional, separando as variáveis e integrando cada lado em relação a sua variável: $\int \frac{dp}{\sqrt{1+p^2}} = -k \int \frac{dx}{x - x_0}$. Logo, $\ln(p + \sqrt{1 + p^2}) = -k \ln|x - x_0| + C$ ou $p + \sqrt{1 + p^2} = \frac{C}{(x_0 - x)^k}$. (Notamos que, pelo significado do problema, $x < x_0$ em qualquer instante t antes de alcance de piratas e, portanto, $|x - x_0| = x_0 - x$.)

Aplicando a suposição de que o navio pirata sempre está indo na direção do cargueiro, no instante inicial obtemos a condição $y_x(0) = p(0) = 0$, uma vez que os dois navios são inicialmente posicionados no eixo Ox. Utilizando essa condição na fórmula para p, especificamos a constante C: $1 = \frac{C}{x_0^k}$, donde $C = x_0^k$. Então, $p + \sqrt{1 + p^2} = \frac{1}{(1 - x/x_0)^k} \equiv q$, onde a notação q foi introduzida para simplificar a apresentação de transformações a seguir. Vamos agora simplificar as equação para p. Primeiro reescrevemos ela na forma $\sqrt{1 + p^2} = q - p$ e eliminamos a raiz, elevando os dois lados ao quadrado: $1 + p^2 = (q - p)^2$. Abrindo o quadrado do lado direito e cortando p^2, temos $p = \frac{q^2 - 1}{2q} = \frac{1}{2}(q - \frac{1}{q})$. Retornando à expressão de q e lembrando que $p = y_x$, obtemos $y_x = \frac{1}{2}\left((1 - \frac{x}{x_0})^{-k} - (1 - \frac{x}{x_0})^k\right)$. Para encontrar $y(x)$ resta integrar a última equação. Fazendo a mudança de variável na integral $u = 1 - \frac{x}{x_0}$, encontramos:

$$\int (1 - \frac{x}{x_0})^{-k} - (1 - \frac{x}{x_0})^k)dx = \int (u^{-k} - u^k) \cdot (-x_0)du$$

$$= -x_0 \left(\frac{u^{-k+1}}{-k+1} - \frac{u^{k+1}}{k+1})\right) + C = -x_0 \left(\frac{(1 - x/x_0)^{-k+1}}{-k+1} - \frac{(1 - x/x_0)^{k+1}}{k+1})\right) + C.$$

Essa fórmula é válida quando $k \neq 1$. Substituindo esse resultado na equação para y, obtemos

$$y = -\frac{x_0}{2} \left(\frac{(1 - x/x_0)^{-k+1}}{-k+1} - \frac{(1 - x/x_0)^{k+1}}{k+1})\right) + C.$$

Usando a posição inicial do pirata $y(0) = 0$, determinamos a constante C: $C = \frac{x_0}{2}\left(\frac{1}{-k+1} - \frac{1}{k+1})\right) = -x_0 \frac{k}{k^2 - 1}$. Assim a solução final assume a forma

$$y = -\frac{x_0}{2} \left(\frac{(1 - x/x_0)^{-k+1}}{-k+1} - \frac{(1 - x/x_0)^{k+1}}{k+1})\right) - x_0 \frac{k}{k^2 - 1}$$

ou

$$y = -\frac{x_0 - x}{2} \left(\frac{(1 - x/x_0)^{-k}}{-k+1} - \frac{(1 - x/x_0)^k}{k+1})\right) - x_0 \frac{k}{k^2 - 1}.$$

A captura ocorre quando o navio pirata alcança o cargueiro, ou seja, quando $x = x_0$. Nesse ponto, $y_0 = x_0 \frac{k}{1 - k^2}$. Isso pode acontecer somente quando a velocidade do pirata é maior que a do carqueiro, isto é, quando $k < 1$. Por exemplo, se $k = \frac{1}{2}$ o pirata alcança o cargueiro no ponto $P_0 = (x_0, \frac{2}{3}x_0)$; se $k = \frac{3}{4}$, então $P_0 = (x_0, \frac{12}{7}x_0)$. Naturalmente, quando k aumenta (pelos valores menores que 1) o ponto P_0 se afasta cada vez mais do eixo Ox. Sabendo o ponto de captura P_0, concluímos que o cargueiro navegou a distância $d = x_0\frac{k}{1-k^2}$ antes de ser capturado e isso ocoreu no instante $\frac{d}{v_c}$. Como a velocidade do pirata é $\frac{1}{k}$ vezes maior, a distância que ele vai percorrer é $x_0\frac{1}{1-k^2}$.

Se $k > 1$, então o pirata nunca vai capturar o cargueiro. Mesmo assim, a sua trajetoria ainda é representada pela solução encontrada. Se $k = 1$, o pirata também não vai capturar o cargueiro, e além disso, a integração realizada para encontrar y não é válida. Nesse caso, temos $y_x = \frac{1}{2}\left((1 - \frac{x}{x_0})^{-1} - (1 - \frac{x}{x_0})\right)$. A integração da função na parte direita pode ser feita usando a mesma mudança de variável $u = 1 - \frac{x}{x_0}$:

$$\int (1 - \frac{x}{x_0})^{-1} - (1 - \frac{x}{x_0})dx = \int (u^{-1} - u) \cdot (-x_0)du$$

$$= -x_0(\ln |u| - \frac{u^2}{2}) + C = -x_0\left(\ln(1 - \frac{x}{x_0}) - \frac{1}{2}(1 - \frac{x}{x_0})^2\right) + C.$$

Então

$$y = -\frac{x_0}{2}\left(\ln(1 - \frac{x}{x_0}) - \frac{1}{2}(1 - \frac{x}{x_0})^2\right) + C.$$

Da condição inicial $y(0) = 0$, encontramos $C = -\frac{x_0}{4}$ e, portanto,

$$y = -\frac{x_0}{2}\left(\ln(1 - \frac{x}{x_0}) - \frac{1}{2}(1 - \frac{x}{x_0})^2\right) - \frac{x_0}{4}.$$

Essa é a trajetoria do pirata no caso $k = 1$.

A Fig.11.11 mostra a trajetoria do pirata para os valores $k = \frac{1}{2}$, $k = \frac{3}{4}$, $k = 1$ e $k = 2$, e os pontos P_0 de captura para $k = \frac{1}{2}$ e $k = \frac{3}{4}$.

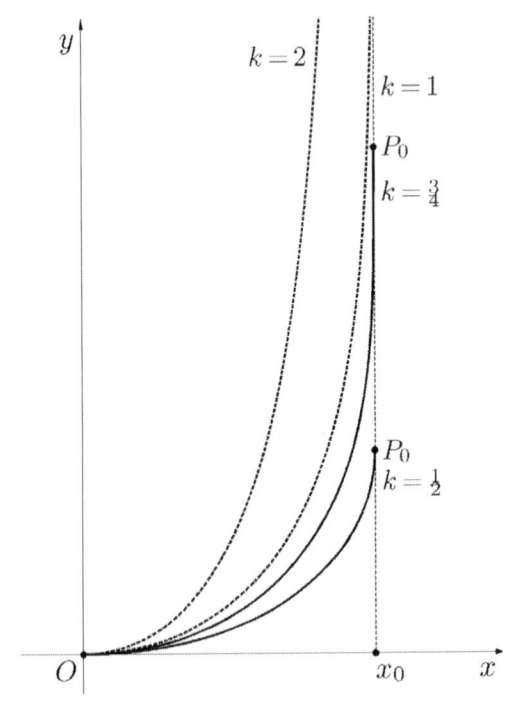

Figura 11.11 Problema de perseguição: diferentes relações de velocidades.

Problemas para o leitor

1. Uma bola de massa $1kg$ é atachada a uma mola pendurada num suporte superior fixo. No estado de equilíbrio a mola é esticada $70cm$. A bola foi empurada para cima com a velocidade $1m/s$ da posição de equilíbrio. Deduzir a equação de movimento e encontrar a sua solução no caso de ausência de amortecimento e de forças externas.

Resolver o problema no caso de existência de amortecimento com o coeficiente $\kappa = 10kg/s$. Resolver o mesmo problema se o coeficiente de amortecimento é $\kappa = 40kg/s$.

Resolver o problema quando além de amortecimento está presente a força externa $F = 5\sin t kg/s^2$.

2. Uma bola de massa $100g$ é atachada a uma mola pendurada num suporte superior fixo. No estado de equilíbrio a mola é esticada $25cm$. A bola é puxada para baixo $50cm$ adicionais e é liberada com a velocidade inicial nula. Se o coeficiente de amortecimento $\kappa = 4kg/s$, encontrar a equação de movimento e a sua solução. Resolver o mesmo problema se o coeficiente de amortecimento é $\kappa = 8kg/s$.

Resolver o problema na presença da força externa $F = 2\sin t kg/s^2$.

3. Uma bola de massa $20g$ é atachada a uma mola pendurada num suporte superior fixo. No estado de equilíbrio a mola se estica $4cm$. A bola foi puxada para cima $1cm$ da posição de equilíbrio e empurada para baixo com a velocidade $1cm/s$. Deduzir a equação de movimento e encontrar a sua solução no caso de ausência de amortecimento e de forças externas.

Resolver o problema no caso de existência de amortecimento com o coeficiente $\kappa = 10g/s$ e da força extrena $F = \cos t kg/s^2$.

4. Encontrar a carga no capacitor num circuito sem voltagem se $L = 0.04henry$, $R = 20ohms$, $C = 4 \cdot 10^{-4}farad$, se a carga inicial é $q_0 = 2 \cdot 10^{-3}farad$ e a corrente inicial é nula.

Resolver o problema no caso da voltagem constante $E = 100$ induzida no circuito.

Resolver o problema no caso da voltagem $E = 100\sin t$ induzida no circuito.

5. Para um circuito elétrico sem voltagem induzida, determine se a equação da carga no capacitor representa oscilações harmônicas simples, oscilações com superamortecimento, oscilações com subamortecimento ou oscilações de amortecimento crítico nos seguintes casos:

1) $L = 0.5$, $R = 0$, $C = 2 \cdot 10^{-5}$;
2) $L = 0.1$, $R = 20$, $C = 1 \cdot 10^{-3}$;
3) $L = 0.1$, $R = 20$, $C = 5 \cdot 10^{-4}$;
4) $L = 0.2$, $R = 10$, $C = 2 \cdot 10^{-2}$.

Em todos os casos L é medido em *henry*, R em *ohm* e C em *faraday*. Encontrar as soluções dos problemas dados.

6. Uma criança de $40kg$ está está balançando num balanço, cujo comprimento é $5m$. Desprezando a resistência do ar e usando a aproximação de ângulo pequeno, determinar o período e a frequência desse movimento. Supondo que a criança foi empurrada com a velocidade $10m/s$ da posição vertical, encontrar a lei e a altura máxima dessas oscilações. O que vai mudar se no lugar da criança vai sentar um adulto de $80kg$? O que vai mudar se o comprimento do balanço vai ficar $8m$?

7. Considere dois pêndulos idênticos, um na superfície da Terra, onde aceleração gravitacional é $g_T = 10m/s^2$, e outro na superfície da Lua, onde aceleração gravitacional é $g_L = 1.6m/s^2$, ambos sujeitos ao mesmo deslocamento inicial com a mesma velocidade inicial. Desprezando a resistência do ar e usando a aproximação de ângulo pequeno, determinar qual pêndulo tem a frêquancia maior de oscilações e qual pêndulo tem a amplitude maior.

Suponha agora que os dois pêndulos têm o mesmo deslocamento inicial e a velocidade inicial nula. Desprezando a resistência do ar, mas usando a equação completa do pêndulo, determinar qual pêndulo tem a frêquancia maior de oscilações e qual pêndulo tem a amplitude maior. (Usar as fórmulas diferenciais da solução e as integrais do período deduzidas no final da seção 3.)

Suponha ainda que os dois pêndulos têm o deslocamento inicial nulo e a mesma velocidade inicial. Desprezando a resistência do ar, mas usando a equação completa do pêndulo, determinar qual pêndulo tem a frêquancia maior de oscilações e qual pêndulo tem a amplitude maior. (Usar as fórmulas diferenciais da solução e as integrais do período deduzidas no final da seção 3.)

8. Encontrar a trajetoria do navio pirata do problema de perseguição se a sua velocidade é três vezes maior que a do cargueiro e o último partiu do ponto $(10, 0)$, onde as medidas são dadas em km. Encontrar também o ponto de captura e a distância percorrida. Quanto tempo leva essa perseguição, se a velocidade do cargueiro é $10km/h$.

9. Um coelho corre com a velocidade constante ao longo do eixo y, no sentido positivo do eixo, partindo to ponto $(0, a)$, $a > 0$. Um cachorro persegue esse coelho com a velocidade escalar constante, partindo do ponto $(b, 0)$, $b > 0$, sempre correndo na direção da posição corrente do coelho. Deduzir a equação diferencial que descreve a trajetoria da corrida do cachorro. Encontrar a solução dessa equação, analisar quando cachorro alcança o coelho, o ponto de captura e a distância percorrida.

Dar a solução específica e representação geométrica da trajetoria do cachorro no caso quando $a = 300m$, $b = 100m$, $v_c = 8m/s$ (v_c é a velocidade de coelho) e a velocidade de cachorro é

1) $v_d = 8m/s$;

2) $v_d = 10m/s$;

3) $v_d = 16m/s$.

Capítulo 12

Sistemas de equações

1 Conceitos gerais e resultados básicos

Para iniciar, introduzimos conceitos básicos de sistemas de equações diferenciais ordinárias.

1.1 Definições de sistemas e suas soluções

Definição de um sistema geral. Um *sistema geral de m equações para n funções incógnitas* na forma geral pode ser escrito da seguinte maneira

$$\begin{cases} F_1(x, y_1, y_1', \ldots, y_1^{(k_{11})}, y_2, y_2', \ldots, y_2^{(k_{12})}, \ldots, y_n, y_n', \ldots, y_n^{(k_{1n})}) = 0 \\ F_2(x, y_1, y_1', \ldots, y_1^{(k_{21})}, y_2, y_2', \ldots, y_2^{(k_{22})}, \ldots, y_n, y_n', \ldots, y_n^{(k_{2n})}) = 0 \\ \qquad\qquad \cdots \\ F_m(x, y_1, y_1', \ldots, y_1^{(k_{m1})}, y_2, y_2', \ldots, y_2^{(k_{m2})}, \ldots, y_n, y_n', \ldots, y_n^{(k_{mn})}) = 0 \end{cases}$$

Aqui, $F_1, F_2, \ldots, F_m$ são funções dadas, x é variável independente, $y_1, y_2, \ldots, y_n$ são funções incógnitas e a ordem k do sistema é definido como a maior ordem da derivada que se encontra no sistema: $k = \max\limits_{i,j} k_{ij}$.

Observação. A equação de ordem k para uma função incógnita é o caso particular desse sistema com $m = 1$, $n = 1$.

Definição de um sistema normal. Um *sistema normal de n equações para n funções incógnitas* pode ser escrito da seguinte maneira

$$\begin{cases} y_1' = f_1(x, y_1, y_2 \ldots, y_n) \\ y_2' = f_2(x, y_1, y_2 \ldots, y_n) \\ \qquad\qquad \cdots \\ y_n' = f_n(x, y_1, y_2 \ldots, y_n) \end{cases}$$

Aqui, $f_1, f_2, \ldots, f_n$ são funções dadas, x é variável independente e $y_1, y_2, \ldots, y_n$ são funções incógnitas. É importante destacar as seguintes características do sistema normal em comparação com um sistema geral:

1) o número de equações é igual ao número de funções incógnitas;

2) cada equação do sistema é da primeira ordem;

3) a i-ésima equação do sistema contém somente a derivada da função y_i que se encontra na forma explícita.

Devido às essas especificidades, a ordem do sistema normal é definido como o número de equações do sistema (ou, equivalentemente, o número de incógnitas), isto é, n.

Observação. Introduzindo as funções vetoriais $\mathbf{y} = (y_1, \ldots, y_n)^T$ e $\mathbf{f} = (f_1, \ldots, f_n)^T$, onde T é o símbolo do vetor transposto, podemos reescrever o *sistema normal na forma vetorial* $\mathbf{y}' = \mathbf{f}(x, \mathbf{y})$.

Isso relembra a forma da equação normal (explícita) da primeira ordem, que é o caso particular do sistema normal quando $n = 1$. Devido a sua compacidade a forma vetorial é conveniente na representação de sistemas de EDOs.

Uma equação normal (explícita) de ordem n pode ser reduzida a um sistema normal da mesma ordem. Realmente, partindo da equação $y^{(n)} = f(x, y, y', \ldots, y^{(n-1)})$ e introduzindo novas funções pelas fórmulas $z_1 = y, z_2 = y', \ldots, z_n = y^{(n-1)}$, transformamos a equação dada no seguinte sistema equivalente:

$$\begin{cases} z_1' = z_2 \\ z_2' = z_3 \\ \quad \cdots \\ z_{n-1}' = z_n \\ z_n' = f(x, z_1, z_2, \ldots, z_n) \end{cases}$$

A seguir vamos trabalhar somente com sistemas normais e, por isso, muitas vezes vamos deixar de mencionar o termo "normal".

Definição da solução particular. Função vetorial $\mathbf{y}(x)$ é uma *solução particular* de um sistema normal se, substituída nesse sistema, ela tranforma-la numa identidade.

Observação 1. Como no caso de uma equação, a solução de um sistema é considerada num conjunto de valores de x definido explicitamente ou implicitamente pela forma da função $\mathbf{y}(x)$ e da equação original.

Observação 2. Como no caso de uma equação, a própria definição indica um modo simples de verificar se alguma função é solução do sistema dado ou não no conjunto X: primeiro, é preciso verificar se a função é derivável em X e, se for o caso, então substitui-la, junto com suas derivadas, no sistema original e ver se cada uma das suas equações se torna uma identidade ou não.

Definição da solução geral. Função $\mathbf{y}(x, \mathbf{C})$ de variável independente x e de n parâmetros independentes $\mathbf{C} = (C_1, \ldots, C_n)^T$ é uma solução geral de um sistema de ordem n se para qualquer escolha específica de $C_1, \ldots, C_n$ ela representa a solução particular do mesmo sistema. Notamos que o número dos parâmetros de uma solução geral deve coincidir com a ordem do sistema.

Observação. Como no caso de uma equação, a solução geral do sistema pode conter ou não todas as soluções particulares.

1.2 Problema de Cauchy

Do mesmo jeito de equações individuais, um sistema gera infinitas soluções representadas via solução geral, contendo parâmetros arbitrários, e, possivelmente, soluções especiais. Há diferentes tipos de condições complementares que permitem destacar uma única solução do conjunto de soluções do sistema. Um tipo mais frequente são condições iniciais, cuja interpretação física é a extensão do caso de uma equação: considerando que cada função $y_1, \ldots, y_n$ representa a posição de uma das n partículas em movimento, o sistema de EDOs dá as relações entre velocidades dessas particulas e suas posições, e as condições iniciaias representam a posição dessas partículas num determinado instante.

Formulando analiticamente, isso leva as seguintes definições.

Definição de condições iniciais. Para um conjunto de funções $y_1(x), \ldots, y_n(x)$, as *condições iniciais* no ponto x_0 são $y_1(x_0) = b_1, \ldots, y_n(x_0) = b_n$, onde $b_1, \ldots, b_n$ são os valores dados. Na forma vetorial temos $\mathbf{y}(x_0) = \mathbf{b}$, onde $\mathbf{b} = (b_1, \ldots, b_n)^T$.

Definição do problema de Cauchy. O sistema de EDOs junto com as condições iniciais formam um *problema de Cauchy*: $\begin{cases} \mathbf{y}' = \mathbf{f}(x, \mathbf{y}) \\ \mathbf{y}(x_0) = \mathbf{b} \end{cases}$. Esse problema também é chamado do *problema* *de condições iniciais* ou de valores iniciais. Notamos que o número de condições inicias sempre é igual à ordem do sistema.

Semelhante ao caso de uma equação, para sistemas normais é válido o teorema de Cauchy, que garante a existência e a unicidade da solução do problema de Cauchy.

Teorema de Cauchy (teorema de existência e unicidade). Se existe uma vizinhança do ponto $(x_0, \mathbf{b})$ em $\mathbb{R}^{n+1}$ onde a função $\mathbf{f}$ e sua derivada parcial $\mathbf{f_y}$ são funções contínuas, então existe vizinhança de x_0 em $\mathbb{R}$ onde a solução do problema de Cauchy (de um sistema normal) existe e é única.

Observação. Lembramos que no caso de funções vetoriais de argumento vetorial (campos vetorias) a derivada parcial $\mathbf{f_y}$ significa, na forma de componentes, a matriz das derivadas parciais (chamada de matriz de Jacobi)

$$\mathbf{f_y} \equiv \begin{pmatrix} f_{1y_1} & f_{1y_2} & \cdots & f_{1y_n} \\ f_{2y_1} & f_{2y_2} & \cdots & f_{2y_n} \\ & & \cdots & \\ f_{ny_1} & f_{ny_2} & \cdots & f_{ny_n} \end{pmatrix}.$$

Naturalmente, a condição de continuidade de $\mathbf{f_y}$ significa a continuidade de cada elemento dessa matriz, ou seja, todas as derivadas parciais f_{iy_j}, $i = 1, \ldots, n$, $j = 1, \ldots, n$ devem ser contínuas numa vizinhança do ponto $(x_0, b_1, \ldots, b_n) \in \mathbb{R}^{n+1}$.

Exercícios para o leitor

1. Verificar se as seguintes funções vetoriais são soluções gerais dos sistemas indicados:

1) $\quad \mathbf{y} \equiv \begin{pmatrix} u \\ v \end{pmatrix} = \begin{pmatrix} C_1 \\ C_2 \end{pmatrix} \cos x + \begin{pmatrix} C_2 \\ -C_1 \end{pmatrix} \sin x, \quad \begin{cases} u' = v \\ v' = -u \end{cases}$.

2) $\quad \begin{cases} y = C_1 + C_2 x + 2\sin x \\ z = -2C_1 - C_2(2x+1) - 3\sin x - 2\cos x \end{cases}, \quad \begin{cases} y' + 2y + z = \sin x \\ z' - 4y - 2z = \cos x \end{cases}$.

2. Verificar onde as condições de Cauchy são satisfeitas para o sistema dado:

1) $\begin{cases} y' = \sqrt{z} \\ z' = y^2 + t \end{cases}$.

2) $\begin{cases} zy' = \sqrt{y - t} \\ z' = y^3 + \ln(t+1) \end{cases}$.

2 Sistemas lineares. Definições e resultados básicos

2.1 Definição de um sistema linear

Definição de um sistema linear de ordem n. Um sistema de EDOs na forma

$$\mathbf{y}' = A\mathbf{y} + \mathbf{f},$$

onde $\mathbf{y}(x) = (y_1(x), \ldots, y_n(x))^T$ é a função vetorial incógnita, $\mathbf{f}(x) = (f_1(x), \ldots, f_n(x))^T$ é a função vetorial dada da parte direita, e

$$A(x) \equiv (a_{i,j}(x))_{i,j=1}^n = \begin{pmatrix} a_{11}(x) & a_{12}(x) & \ldots & a_{1n}(x) \\ a_{21}(x) & a_{22}(x) & \ldots & a_{2n}(x) \\ & & \cdots & \\ a_{n1}(x) & a_{n2}(x) & \ldots & a_{nn}(x) \end{pmatrix}$$

é a matriz de coeficientes dados, é chamado do *sistema linear de ordem n*. Caso $\mathbf{f} \equiv 0$, o sistema linear é chamado *homogêneo*, caso contrário – *não homogêneo*. De acordo com operações entre matrizes e vetores, na forma aberta de componentes, esse sistema se escreve assim:

$$\begin{cases} y_1' = a_{11}(x)y_1 + a_{12}(x)y_2 + \ldots + a_{1n}(x)y_n + f_1(x) \\ y_2' = a_{21}(x)y_1 + a_{22}(x)y_2 + \ldots + a_{2n}(x)y_n + f_2(x) \\ \qquad\qquad \ldots \\ y_n' = a_{n1}(x)y_1 + a_{n2}(x)y_2 + \ldots + a_{nn}(x)y_n + f_n(x) \end{cases} .$$

2.2 Ligação entre sistema linear e equação linear

Como já vimos anteriormente, uma equação normal de ordem n pode ser transformada num sistema normal da mesma ordem. Especificando esse resultado para os sistemas lineares (que é um caso particular de sistemas normais) temos a seguinte afirmação: uma equação linear de ordem n pode ser transformada num sistema linear da mesma ordem. O procedimento de conversão segue o mesmo esquema: dada equação linear $y^{(n)} + a_{n-1}y^{(n-1)} + \ldots + a_1 y' + a_0 y = f$, introduzimos funções $z_1 = y, z_2 = y', \ldots, z_n = y^{(n-1)}$ e obtemos o seguinte sistema equivalente a equação:

$$\begin{cases} z_1' = z_2 \\ z_2' = z_3 \\ \quad \ldots \\ z_{n-1}' = z_n \\ z_n' = -a_{n-1}z_n - \ldots - a_1 z_2 - a_0 z_1 + f \end{cases} .$$

Acontece que, diferentemente de sistemas normais na forma geral, qualquer sistema linear de ordem n pode ser reduzido a uma equação linear de ordem, no máximo, n para uma das funções incógnitas do sistema. Vamos mostrar como pode ser obtida uma equação linear para a função y_1. No sistema linear

$$\begin{cases} y_1' = a_{11}(x)y_1 + a_{12}(x)y_2 + \ldots + a_{1n}(x)y_n + f_1(x) \\ y_2' = a_{21}(x)y_1 + a_{22}(x)y_2 + \ldots + a_{2n}(x)y_n + f_2(x) \\ \qquad\qquad \ldots \\ y_n' = a_{n1}(x)y_1 + a_{n2}(x)y_2 + \ldots + a_{nn}(x)y_n + f_n(x) \end{cases} ,$$

derivamos a primeira equação $y_1'' = a_{11}(x)y_1' + a_{12}(x)y_2' + \ldots + a_{1n}(x)y_n' + a_{11}'(x)y_1 + a_{12}'(x)y_2 + \ldots + a_{1n}'(x)y_n + f_1'(x)$ e excluímos dela todas as derivadas da primeira ordem na parte direita, usando as equações do sistema original: $y_1'' = b_{21}(x)y_1 + b_{22}(x)y_2 + \ldots + b_{2n}(x)y_n + g_2(x)$, onde $b_{2j}, j = 1, \ldots, n$ são coeficientes (funções de x) expressos em termos de a_{ij} e $g_2(x)$ é uma combinação de a_{ij} e f_j, mas a sua representação específica não vai nos interessar. Derivamos a equação obtida para y_1'' mais uma vêz e de novo substituimos todas as derivadas das funções incógnitas usando as equações do sistema original: $y_1''' = b_{31}(x)y_1 + b_{32}(x)y_2 + \ldots + b_{3n}(x)y_n + g_3(x)$. Prosseguimos dessa maneira até obter a equação para n-ésima derivada $y_1^{(n)} = b_{n1}(x)y_1 + b_{n2}(x)y_2 + \ldots + b_{nn}(x)y_n + g_n(x)$. Montamos agora o sistema de equações deduzidas

$$\begin{cases} y_1' - f_1 = a_{11}y_1 + a_{12}y_2 + \ldots + a_{1n}y_n \\ y_1'' - g_2 = b_{21}y_1 + b_{22}y_2 + \ldots + b_{2n}y_n, \\ \qquad\qquad \ldots \\ y_1^{(n)} - g_n = b_{n1}y_1 + b_{n2}y_2 + \ldots + b_{nn}y_n \end{cases} .$$

Para cada x fixo, podemos considerar esse sistema como um sistema linear algébrico para incógnitas $y_1, y_2, \ldots, y_n$ com matriz de coeficientes $M = \begin{pmatrix} a_{11} & a_{12} & \ldots & a_{1n} \\ b_{21} & b_{22} & \ldots & b_{2n} \\ & & \ldots & \\ b_{n1} & b_{n2} & \ldots & b_{nn} \end{pmatrix}$ da parte direita do sistema.

Finalmente, eliminamos todas as incógnitas, exceto y_1, usando algum algoritmo familiar de eliminação (por exemplo, o método de eliminação de Gauss). Se as linhas da matriz M são linearmente independentes, então a eliminação das incógnitas $y_2, \ldots, y_n$ leva a uma equação linear de ordem n para a função incógnita y_1. Se as linhas de M são lineramente dependentes, então a ordem da equação para y_1 vai ser menor que n e vai ser igual ao número de linhas linearmente independentes.

Resumimos o resultado demonstrado na forma de um teorema.

Teorema 1. As equações lineares e sistemas lineares são equivalente no seguinte sentido: a equação de ordem n é redutível a um sistema de ordem n, e um sistema de ordem n pode ser reduzido a uma equação de ordem, no máximo, n.

2.3 Propriedades de soluções de um sistema linear

Devido a ligação íntima entre sistemas e equações lineares, podemos deduzir todas as propriedades de soluções de sistemas a partir das propriedades análogas de equações. Notamos, que as mesmas propriedades podem ser demonstradas direto para sistemas lineares (recomendamos ao leitor fazer esse exercício).

Teorema 2. Propriedades da combinação linear de soluções. Se $\mathbf{y}_1$ é a solução do sistema $\mathbf{y}' = A\mathbf{y} + \mathbf{f}_1$ e $\mathbf{y}_2$ é a solução do sistema $\mathbf{y}' = A\mathbf{y} + \mathbf{f}_2$, então $\alpha_1\mathbf{y}_1 + \alpha_2\mathbf{y}_2$ é a solução do sistema $\mathbf{y}' = A\mathbf{y} + \mathbf{f}$ com $\mathbf{f} = \alpha_1\mathbf{f}_1 + \alpha_2\mathbf{f}_2$, onde α_1, α_2 são constantes arbitrárias. Expressando esse resultado em fórmulas temos:

$$\mathbf{y}_1' = A\mathbf{y}_1 + \mathbf{f}_1, \mathbf{y}_2' = A\mathbf{y}_2 + \mathbf{f}_2 \Rightarrow \mathbf{y}' = A\mathbf{y} + \mathbf{f}, \mathbf{y} = \alpha_1\mathbf{y}_1 + \alpha_2\mathbf{y}_2, \mathbf{f} = \alpha_1\mathbf{f}_1 + \alpha_2\mathbf{f}_2, \forall \mathbf{f}_1, \mathbf{f}_2, \forall \alpha_1, \alpha_2.$$

Corolário 1. Se $\mathbf{y}_1$ e $\mathbf{y}_2$ são soluções do sistema homogêneo $\mathbf{y}' = A\mathbf{y}$, então $\alpha_1 y_1 + \alpha_2 y_2$ é a solução do mesmo sistema, quaisquer que forem constantes α_1, α_2, ou seja,

$$\mathbf{y}_1' = A\mathbf{y}_1, \mathbf{y}_2' = A\mathbf{y}_2 \Rightarrow \mathbf{y}' = A\mathbf{y}, \mathbf{y} = \alpha_1\mathbf{y}_1 + \alpha_2\mathbf{y}_2, \forall \alpha_1, \alpha_2.$$

Corolário 2. Se $\mathbf{y}_h$ é a solução do sistema homogêneo $\mathbf{y}' = A\mathbf{y}$ e $\mathbf{y}_n$ é a solução do sistema não homogêneo $\mathbf{y}' = A\mathbf{y} + \mathbf{f}$, então $\mathbf{y}_h + \mathbf{y}_n$ é a solução do mesmo sistema não homogêneo. Em fórmulas:

$$\mathbf{y}_h' = A\mathbf{y}_h, \mathbf{y}_n' = A\mathbf{y}_n + \mathbf{f} \Rightarrow \mathbf{y}' = A\mathbf{y} + \mathbf{f}, \mathbf{y} = \mathbf{y}_h + \mathbf{y}_n.$$

Corolário 3. Se $\mathbf{y}_1$ e $\mathbf{y}_2$ são soluções do sistema não homogêneo $\mathbf{y}' = A\mathbf{y} + \mathbf{f}$, então $\mathbf{y}_1 - \mathbf{y}_2$ é a solução do sistema homogêneo $\mathbf{y}' = A\mathbf{y}$. Em fórmulas:

$$\mathbf{y}_1' = A\mathbf{y}_1 + \mathbf{f}, \mathbf{y}_2' = A\mathbf{y}_2 + \mathbf{f} \Rightarrow \mathbf{y}' = A\mathbf{y}, \mathbf{y} = \mathbf{y}_1 - \mathbf{y}_2.$$

Teorema 3. A função $\mathbf{y} = \mathbf{u} + i\mathbf{v}$ é a solução do sistema $\mathbf{y}' = A\mathbf{y} + \mathbf{h}$, $\mathbf{h} = \mathbf{f} + i\mathbf{g}$ se, e somente se, a parte real $\mathbf{u} = Re(\mathbf{y})$ é a solução do sistema $\mathbf{y}' = A\mathbf{y} + \mathbf{f}$, $\mathbf{f} = Re(\mathbf{h})$, e parte imaginária $\mathbf{v} = Im(\mathbf{y})$ é a solução do sistema $\mathbf{y}' = A\mathbf{y} + \mathbf{g}$, $\mathbf{g} = Im(\mathbf{h})$. Representando em fórmulas temos:

$$(\mathbf{u} + i\mathbf{v})' = A(\mathbf{u} + i\mathbf{v}) + \mathbf{f} + i\mathbf{g} \Leftrightarrow \mathbf{u}' = A\mathbf{u} + \mathbf{f}, \mathbf{v}' = A\mathbf{v} + \mathbf{g}.$$

Corolário. A função $\mathbf{y} = \mathbf{u} + i\mathbf{v}$ é a solução do sistema homogêneo $\mathbf{y}' = A\mathbf{y}$ se, e somente se, a sua parte real $\mathbf{u} = Re(\mathbf{y})$ e imaginária $\mathbf{v} = Im(\mathbf{y})$ são soluções do mesmo sistema homogêneo, ou seja

$$(\mathbf{u} + i\mathbf{v})' = A(\mathbf{u} + i\mathbf{v}) \Leftrightarrow \mathbf{u}' = A\mathbf{u}, \mathbf{v}' = A\mathbf{v}.$$

Teorema 4. Teorema de Cauchy (teorema de existência e unicidade) para sistemas lineares. O problema de Cauchy para um sistema linear

$$\begin{cases} \mathbf{y}' = A\mathbf{y} + \mathbf{f} \\ \mathbf{y}(x_0) = \mathbf{b} \end{cases}$$

tem uma única solução numa vizinhança de x_0 desde que a matriz de coeficientes A e a parte direita $\mathbf{f}$ são contínuas numa vizinhança de x_0.

Se A e $\mathbf{f}$ são funções contínuas num intervalo I, então o problema de Cauchy tem uma única solução em I para qualquer $x_0 \in I$.

Observação. Lembramos que a continuidade da matriz $A(x)$ significa a continuidade de todos os seus elementos $a_{ij}(x)$, e a continuidade da função vetorial $\mathbf{f}$ significa a continuidade de todos os seus componentes $f_j(x)$.

Vamos assumir que as condições do Teorema de Cauchy estão satisfietas para qualquer sistema/problema de Cauchy que encontramos nessa parte do texto.

2.4 Estrutura de soluções de sistemas lineares

Definição. Independência linear de funções.

Funções $\mathbf{y}_1, \ldots, \mathbf{y}_n$ são *linearmente independentes* num conjunto I se a sua combinação linear $C_1\mathbf{y}_1 + \ldots C_n\mathbf{y}_n$ é nula em I somente quando todas as constantes $C_1, \ldots, C_n$ são nulas. Em outras palavras, a equação $C_1\mathbf{y}_1 + \ldots C_n\mathbf{y}_n = 0$ em relação às incógnitas $C_1, \ldots, C_n$ tem a única solução $C_1 = \ldots = C_n$. Caso contrário, funções $\mathbf{y}_1, \ldots, \mathbf{y}_n$ são *linearmente dependentes*.

Observação 1. Se o conjunto I não é indicado explicitamente, então na qualidade de I é considerado o domínio conjunto de funções $\mathbf{y}_1, \ldots, \mathbf{y}_n$.

Observação 2. Evidentemente, a função nula junto com quaisquer outras sempre forma um conjunto de funções linearmente dependentes.

Teorema 5. Solução geral do sistema linear homogêneo. *A solução geral de um sistema linear homogêneo*

$$\mathbf{y}' = A\mathbf{y}$$

se encontra na forma

$$\mathbf{y}_{gh} = C_1\mathbf{y}_1 + \ldots C_n\mathbf{y}_n,$$

onde $\mathbf{y}_1, \ldots, \mathbf{y}_n$ são soluções particulares linearmente independentes desse sistema e $C_1, \ldots, C_n$ são constantes arbitrárias. A solução geral $\mathbf{y}_{gh}$ contém todas as soluções particulares.

Definição. O conjunto $\mathbf{y}_1, \ldots, \mathbf{y}_n$ de n soluções particulares linearmente independentes do sistema linear homogêneo de ordem n é chamado de *conjunto fundamental de soluções*.

Observação. Com o conceito do conjunto fundamental de soluções, o Teorema 5 pode ser reformulado da seguinte maneira: a solução geral do sistema linear homogêneo é a combinação linear de soluções do conjunto fundamental. Essa combinação linear contém todas as soluções particulares.

Teorema 6. Solução geral do sistema linear não homogêneo.

A solução geral de um sistema linear não homogêneo

$$\mathbf{y}' = A\mathbf{y} + \mathbf{f}$$

se encontra na forma

$$\mathbf{y}_{gn} = \mathbf{y}_{gh} + \mathbf{y}_{pn} = C_1\mathbf{y}_1 + \ldots C_n\mathbf{y}_n + \mathbf{y}_{pn},$$

onde $\mathbf{y}_{gh}$ é a solução geral do sistema homogêneo respectivo e $\mathbf{y}_{pn}$ é uma solução particular do sistema não homogêneo. A solução geral $\mathbf{y}_{gn}$ contém todas as soluções particulares.

Capítulo 13

Sistemas lineares: métodos de resolução

1 Sistemas homogêneos com coeficientes constantes

Definição. Um *sistema linear homogêneo de coeficientes constantes* tem a forma

$$\mathbf{y}' = A\mathbf{y},$$

onde matriz A é constante (isto é, todos os seus elementos a_{ij} são constantes).

1.1 Método de redução

A própria ligação entre sistema e equações lineares, estabelecida na seção anterior, sugere um *método de resolução de sistemas via sua redução a uma equação linear*. Notamos, adicionalmente, que sistemas de coeficientes constantes são transformados em equações de coeficientes constantes cujo tratamento já foi estudado anteriormente.

Na prática, o algoritmo usado na demonstração da equivalência entre sistemas e equações lineares não se aplica devido a sua complexidade. É mais simples seguir a idéia de eliminação de incógnitas de Gauss reformulada para sistemas diferenciais. Vamos mostrar como isso funciona nos exemplos a seguir, usando duas versões práticas desse método.

Exemplos.

1. $\begin{cases} y' = 2z - y \\ z' = z - 5y \end{cases}$. Nesse sistema, qualquer uma das duas funções incógnitas pode ser eliminada com facilidade. Vamos eliminar y, usando a segunda equação do sistema que reescrevemos na forma $y = \frac{1}{5}(z - z')$. Substituindo essa expressão na primeira equação, encontramos a equação da segunda ordem para uma única função incógnita z: $\frac{1}{5}(z' - z'') = 2z - \frac{1}{5}(z - z')$ ou, após a simplificação, $z'' + 9z = 0$. A equação característica $\lambda^2 + 9 = 0$ tem raízes complexas conjugadas $\lambda_{1,2} = \pm 3i$ e, consequentemente, as duas soluções linearmente independentes são $z_1 = \cos 3x$ e $z_2 = \sin 3x$, que formam a solução geral $z = C_1 \cos 3x + C_2 \sin 3x$. Logo, a componente z da solução do sistema está encontrada. Para achar y, voltamos a sua expressão em termos de z: $y = \frac{1}{5}(z - z') = \frac{1}{5}(C_1 \cos 3x + C_2 \sin 3x) - \frac{1}{5}(-3C_1 \sin 3x + 3C_2 \cos 3x) = \frac{1}{5}(C_1 - 3C_2) \cos 3x + \frac{1}{5}(3C_1 + C_2) \sin 3x$.

Assim, a solução geral do sistema é $\begin{cases} y = \frac{1}{5}(C_1 - 3C_2) \cos 3x + \frac{1}{5}(3C_1 + C_2) \sin 3x \\ z = C_1 \cos 3x + C_2 \sin 3x \end{cases}$ ou na forma

vetorial $\begin{pmatrix} y \\ z \end{pmatrix} = C_1 \begin{pmatrix} \frac{1}{5} \cos 3x + \frac{3}{5} \sin 3x \\ \cos 3x \end{pmatrix} + C_2 \begin{pmatrix} -\frac{3}{5} \cos 3x + \frac{1}{5} \sin 3x \\ \sin 3x \end{pmatrix}$.

Deixamos como exercício para o leitor, resolver esse sistema via eliminação da função z e comprar a solução obtida com a deduzida aqui.

Outra versão do mesmo método realiza o processo de eliminação de modo diferente. O operador da derivação é substituído formalmente pela letra D, que é tratada durante a etapa de eliminação como um "coeficiente", e a eliminação de incógnitas no sistema (formalmente algébrico) segue o algoritmo de Gauss, com a única excessão de não poder dividir por expressões envolvendo o "coeficiente" D. Após a redução do sistema a uma equação para uma função incógnita, o significado da derivação é "devolvido" à letra D e a equação diferencial obtida é resolvida usando técnicas conhecidas. Embora essa abordagem pode parecer artificial (e para os sistemas da segunda ordem ela realmente é), mas a sua vantagem consiste nas nossas habilidades de resolver sistemas lineares algébricos, o que, usualmente, possibilita encontrar um caminho mais simples na eliminação das incógnitas, aquele caminho que pode ser difícil de enxergar trabalhando com a forma original de equações diferenciais. Essa simplificação começa ser visível na resolução de sistemas a partir de ordem 3.

Seguindo esse esquema, escrevemos o sistema original na forma $\begin{cases} Dy = 2z - y \\ Dz = z - 5y \end{cases}$ ou, reagrupando os termos, $\begin{cases} (D+1)y - 2z = 0 \\ 5y + (D-1)z = 0 \end{cases}$. Multiplicando a segunda equação por $\frac{1}{5}(D+1)$ e subtraindo do resultado a primeira equação, obtemos $\frac{1}{5}(D+1)(D-1)z + 2z = 0$. Simplificando a última equação à forma $D^2 z + 9z = 0$ e voltando ao significado da letra D, obtemos a mesma equação diferencial da primeira versão $z'' + 9z = 0$ e seguimos os mesmos passos para encontrar a solução geral do sistema.

2. $\begin{cases} y' = 4y - z \\ z' = 2z + y \end{cases}$. Nesse sistema, podemos eliminar qualquer uma das duas funções com a mesma facilidade. Para variar, vamos eliminar a função z, usando a primeira equação do sistema que reescrevemos na forma $z = 4y - y'$. Substituindo essa expressão na segunda equação, encontramos a equação da segunda ordem para uma única função incógnita y: $(4y - y')' = 2(4y - y') + y$ ou, simplificando, $y'' - 6y' + 9y = 0$. A equação característica $\lambda^2 - 6\lambda + 9 = 0$ tem raiz dupla $\lambda_{1,2} = 3$ e, consequentemente, as duas soluções linearmente independentes são $y_1 = e^{3x}$ e $y_2 = xe^{3x}$, que formam a solução geral $y = (C_1 + C_2 x)e^{3x}$. Para achar a função z, voltamos à sua expressão em termos de y: $z = 4y - y' = (C_1 - C_2 + C_2 x)e^{3x}$. Assim, a solução geral do sistema é $\begin{cases} y = (C_1 + C_2 x)e^{3x} \\ z = (C_1 - C_2 + C_2 x)e^{3x} \end{cases}$ ou na forma vetorial $\begin{pmatrix} y \\ z \end{pmatrix} = C_1 \begin{pmatrix} 1 \\ 1 \end{pmatrix} e^{3x} + C_2 \begin{pmatrix} x \\ x-1 \end{pmatrix} e^{3x}$

Embora a segunda versão, com a letra D, não traz vantagens para os sistemas da segunda ordem, vamos aplica-la para efeitos de treinamento. Escrevemos o sistema original na forma $\begin{cases} (D-4)y + z = 0 \\ -y + (D-2)z = 0 \end{cases}$. Multiplicando a primeira equação por $D - 2$ e subtraindo do resultado a segunda, obtemos $(D-2)(D-4)y + y = 0$. Simplificando a última e voltando a usar derivação no lugar de D, obtemos a mesma equação diferencial da primeira versão $y'' - 6y' + 9y = 0$. A partir desse momento finalizamos com os mesmos passos da primeira versão.

Deixamos como exercício para o leitor, resolver esse sistema via eliminação da função y usando as duas versões do método de eliminação.

3. $\begin{cases} u' = v + w \\ v' = 3u + w \\ w' = 3u + v \end{cases}$. Vamos usar a segunda versão da eliminação das incógnitas. Reescrevemos

o sistema na forma $\begin{cases} Du - v - w = 0 \\ -3u + Dv - w = 0 \\ -3u - v + Dw = 0 \end{cases}$. A ordem de eliminação não tem importância, podemos começar da eliminação de w. Primeiro, subtraimos a segunda equação da primeira para obter $(D+3)u - (D+1)v = 0$. Segundo, multiplicamos a segunda equação por D e o resultado somamos com a terceira: $-3(D+1)u + (D^2 - 1)v = 0$. Temos então o seguinte sistema de duas equações para duas incógnitas: $\begin{cases} (D+3)u - (D+1)v = 0 \\ -3(D+1)u + (D^2 - 1)v = 0 \end{cases}$. Embora a segunda equação pode ser escrita na forma $-3(D+1)u + (D-1)(D+1)v = 0$, deve ser lembrado que não é possível simplifica-la dividindo por $D+1$, porque esse fator não representa meramente um coeficiente numérico, mas sim o operador diferencial $\frac{d}{dx} + 1$ na forma simbólica. As simplificações desse tipo levam a perda de várias soluções do sistema original.

Multiplicando agora a primeira equação por $D - 1$ e somando o resultado com a segunda, chegamos a uma equação para incógnita u: $(D^2 - D - 6)u = 0$. Isso significa que temos a equação diferencial da segunda ordem para u: $u'' - u' - 6u = 0$. A solução geral dessa equação é $u = C_1 e^{-2x} + C_2 e^{3x}$. Voltando para v, temos que resolver mais uma equação diferencial da primeira ordem $v' + v = u' + 3u = C_1 e^{-2x} + 6C_2 e^{3x}$ cuja solução geral é $v = -C_1 e^{-2x} + \frac{3}{2}C_2 e^{3x} + C_3 e^{-x}$. Finalmente, encontramos w da primeira equação do sistema original: $w = u' - v = -C_1 e^{-2x} + \frac{3}{2}C_2 e^{3x} - C_3 e^{-x}$.

Portanto, a solução geral do sistema original é $\begin{cases} u = C_1 e^{-2x} + C_2 e^{3x} \\ v = -C_1 e^{-2x} + \frac{3}{2}C_2 e^{3x} + C_3 e^{-x} \\ w = -C_1 e^{-2x} + \frac{3}{2}C_2 e^{3x} - C_3 e^{-x} \end{cases}$, ou na forma vetorial $\begin{pmatrix} u \\ v \\ w \end{pmatrix} = C_1 \begin{pmatrix} 1 \\ -1 \\ -1 \end{pmatrix} e^{-2x} + C_2 \begin{pmatrix} 1 \\ 3/2 \\ 3/2 \end{pmatrix} e^{3x} + C_3 \begin{pmatrix} 0 \\ 1 \\ -1 \end{pmatrix} e^{-x}$.

Vamos mostrar nesse exemplo o que vai acontecer se cortamos o multiplicador $D + 1$ na segunda equação do sistema $\begin{cases} (D+3)u - (D+1)v = 0 \\ -3(D+1)u + (D^2 - 1)v = 0 \end{cases}$. Nesse caso, o sistema assume a forma $\begin{cases} (D+3)u - (D+1)v = 0 \\ -3u + (D-1)v = 0 \end{cases}$. Então, usando a segunda equação, substituimos u por $\frac{1}{3}(D-1)v$ na primeira e obtemos $\frac{1}{3}(D+3)(D-1)v - (D+1)v = 0$ ou $(D^2 - D - 6)v = 0$. Logo, temos que resolver a seguinte equação para v: $v'' - v' - 6v = 0$. A solução geral dessa equação é $v = A_1 e^{-2x} + A_2 e^{3x}$. Voltando para u, temos $u = \frac{1}{3}(v' - v) = -A_1 e^{-2x} + \frac{2}{3}A_2 e^{3x}$. Finalmente, encontramos w da primeira equação do sistema original: $w = u' - v = A_1 e^{-2x} + A_2 e^{3x}$. Assim, chegamos a solução $\begin{cases} u = -A_1 e^{-2x} + \frac{2}{3}A_2 e^{3x} \\ v = -A_1 e^{-2x} + A_2 e^{3x} \\ w = A_1 e^{-2x} + A_2 e^{3x} \end{cases}$. Comparando com a solução geral, notamos que esse grupo de soluções representa apenas uma parte de soluções, sem termos com função e^{-x} (os coeficientes com e^{-2x} e e^{3x} nas duas soluções são relacionados pelas fórmulas $A_1 = -C_1$ e $A_2 = \frac{3}{2}C_2$). Logo, a solução obtida não é geral, é do tipo intermediário, incluído na solução geral. A perda dos termos com e^{-x} aconteceu por causa da divisão por $D + 1$, o qual não é um coeficiente numérico.

4. $\begin{cases} u' = v + w \\ v' = u + w \\ w' = u + v \end{cases}$. Vamos usar a segunda versão da eliminação das incógnitas. Reescrevemos o sistema na forma $\begin{cases} Du - v - w = 0 \\ -u + Dv - w = 0 \\ -u - v + Dw = 0 \end{cases}$. Devido a simetria em relação as incógnitas, não tem

importância a ordem de eliminação. Vamos eliminar primeiro u. Multiplicamos a terceira equação por D e somamos o resultado com a primeira, obtendo $-(D+1)v + (D^2-1)w = 0$. Subtraimos a terceira equação da segunda e temos $(D+1)v - (D+1)w = 0$. Então chegamos ao sistema de duas equações para duas incógnitas: $\begin{cases} -(D+1)v + (D^2-1)w = 0 \\ (D+1)v - (D+1)w = 0 \end{cases}$. Deve ser lembrado que não é possível dividir por expressões envolvendo D, portanto, as equações obtidas não podem ser simplificadas. Somando agora as duas equações, eliminamos v: $(D^2-1)w - (D+1)w = 0$, e obtemos então a equação da segunda ordem para w: $w'' - w' - 2w = 0$. A solução geral dessa equação é $w = C_1 e^{-x} + C_2 e^{2x}$. Voltando para v, temos que resolver mais uma equação da primeira ordem: $v' + v = w' + w = 3C_2 e^{2x}$. A sua solução geral é $v = C_2 e^{2x} + C_3 e^{-x}$. Finalmente, para encontrar u usamos a terceira equação $u = w' - v = -(C_1 + C_3)e^{-x} + C_2 e^{2x}$. Assim, a solução geral do sistema original é $\begin{cases} u = (C_3 - C_1)e^{-x} + C_2 e^{2x} \\ v = C_2 e^{2x} + C_3 e^{-x} \\ w = C_1 e^{-x} + C_2 e^{2x} \end{cases}$, ou na forma vetorial $\begin{pmatrix} u \\ v \\ w \end{pmatrix} =$

$$C_1 \begin{pmatrix} -1 \\ 0 \\ 1 \end{pmatrix} e^{-x} + C_2 \begin{pmatrix} 1 \\ 1 \\ 1 \end{pmatrix} e^{2x} + C_3 \begin{pmatrix} -1 \\ 1 \\ 0 \end{pmatrix} e^{-x}.$$

5. $\begin{cases} u' = 8v \\ v' = -2w \\ w' = 2u + 8v - 2w \end{cases}$, $\begin{cases} u(0) = -4 \\ v(0) = 0 \\ w(0) = 1 \end{cases}$. Primeiro, encontramos a solução geral do sistema.

Para usar a segunda versão da eliminação das incógnitas, reescrevemos o sistema na forma $\begin{cases} Du - 8v = 0 \\ Dv + 2w = 0 \\ -2u - 8v + (D+2)w = 0 \end{cases}$. Somando a primeira equação multiplicada por 2 com a terceira multiplicada por D, obtemos $8(D+2)v - D(D+2)w = 0$. Junto com a segunda equação do sistema, isso dá o subsistema de duas equações para duas incógnitas: $\begin{cases} Dv + 2w = 0 \\ 8(D+2)v - D(D+2)w = 0 \end{cases}$.

Lembramos que não é possível dividir por expressões envolvendo D, portanto, as equações obtidas não podem ser simplificadas. Multiplicando a primeira equação do subsistema por $D(D+2)$ e somando com a terceira multiplicada por 2, encontramos $D^2(D+2)v + 16(D+2)v = 0$. Simplificando e voltando a forma diferencial, temos $v''' + 2v'' + 16v' + 32v = 0$. A equação característica pode ser fatorada na forma $(\lambda + 2)(\lambda^2 + 16) = 0$, o que dá as raízes $\lambda_1 = -2$ e $\lambda_{2,3} = \pm 4i$. Logo a solução geral para v tem a seguinte forma real $v = C_1 e^{-2x} + C_2 \cos 4x + C_3 \sin 4x$. Sabendo v, encontramos w da primeira equação do subsistema: $w = -\frac{1}{2}v' = C_1 e^{-2x} + 2C_2 \sin 4x - 2C_3 \cos 4x$. Finalmente, a componente u calculamos da terceira equação do sistema original: $u = \frac{1}{2}w' + w - 4u = -4C_1 e^{-2x} + 2C_2 \sin 4x - 2C_3 \cos 4x$. Unindo os resultados, temos a seguinte solução geral do sistema original $\begin{cases} u = -4C_1 e^{-2x} + 2C_2 \sin 4x - 2C_3 \cos 4x \\ v = C_1 e^{-2x} + C_2 \cos 4x + C_3 \sin 4x \\ w = C_1 e^{-2x} + 2C_2 \sin 4x - 2C_3 \cos 4x \end{cases}$, ou na forma vetorial $\begin{pmatrix} u \\ v \\ w \end{pmatrix} = C_1 \begin{pmatrix} -4 \\ 1 \\ 1 \end{pmatrix} e^{-2x} +$

$$C_2 \begin{pmatrix} 2\sin 4x \\ \cos 4x \\ 2\sin 4x \end{pmatrix} + C_3 \begin{pmatrix} -2\cos 4x \\ \sin 4x \\ -2\cos 4x \end{pmatrix}.$$

Encontramos agora a solução do problema de Cauchy. Para isso, substituimos as condições iniciais nas expressões das três funções: $\begin{cases} u(0) = -4C_1 - 2C_3 = -4 \\ v(0) = C_1 + C_2 = 0 \\ w(0) = C_1 - 2C_3 = 1 \end{cases}$. A solução desse sistema linear algébrico é $C_1 = 1, C_2 = -1, C_3 = 0$. Portanto, a solução do problema é $\begin{cases} u = -4e^{-2x} - 2\sin 4x \\ v = e^{-2x} - \cos 4x \\ w = e^{-2x} - 2\sin 4x \end{cases}$.

6. $\begin{cases} u' = -u + v + w \\ v' = u - v + w \\ w' = u + v + w \end{cases}$. Vamos usar a segunda versão da eliminação das incógnitas. Rees-

crevemos o sistema na forma $\begin{cases} (D+1)u - v - w = 0 \\ -u + (D+1)v - w = 0 \\ -u - v + (D-1)w = 0 \end{cases}$. A ordem de eliminação não tem im-

portância, podemos começar da eliminação de u. Primeiro, subtraimos a terceira equação da segunda para obter $(D+2)v - Dw = 0$. Segundo, multiplicamos a segunda equação por $(D+1)$ e o resultado adicionamos a primeira: $(D+1)^2 v - v - (D+1)w - w = 0$ ou, simplificando, $D(D+2)v - (D+2)w = 0$. Notamos que não podemos simplesmente cortar o multiplicador $D+2$ e reescrever a equação na forma $Dv - w = 0$, porque o simbolo $D+2$ representa a ação do operador diferencial $\frac{d}{dx} + 2$ e não é meramente um coeficiente fixo. As simplificações desse tipo levam a perda de várias soluções do sistema original. Temos então o seguinte sistema de duas

equações para duas incógnitas: $\begin{cases} (D+2)v - Dw = 0 \\ D(D+2)v - (D+2)w = 0 \end{cases}$. Usando a primeira equação, subs-

tituimos $(D+2)v$ por Dw na segunda e obtemos uma única equação para a única função incógnita z: $D(Dw) - (D+2)w = 0$ ou $D^2 w - Dw - 2w = 0$. Isso corresponde a equação diferencial da segunda ordem: $w'' - w' - 2w = 0$. A solução geral dessa equação é $w = C_1 e^{-x} + C_2 e^{2x}$. Voltando para v, temos que resolver mais uma equação diferencial da primeira ordem $v' + 2v = w' = -C_1 e^{-x} + 2C_2 e^{2x}$ cuja solução geral é $v = -C_1 e^{-x} + \frac{1}{2}C_2 e^{2x} + C_3 e^{-2x}$. Finalmente, encontramos u da terceira equação do sistema original: $u = w' - w - v = -C_1 e^{-x} + \frac{1}{2}C_2 e^{2x} - C_3 e^{-2x}$.

Portanto, a solução geral do sistema original é $\begin{cases} u = C_1 e^{-x} + \frac{1}{2}C_2 e^{2x} - C_3 e^{-2x} \\ v = -C_1 e^{-x} + \frac{1}{2}C_2 e^{2x} + C_3 e^{-2x} \\ w = C_1 e^{-x} + C_2 e^{2x} \end{cases}$, ou na forma

vetorial $\begin{pmatrix} u \\ v \\ w \end{pmatrix} = C_1 \begin{pmatrix} -1 \\ -1 \\ 1 \end{pmatrix} e^{-x} + C_2 \begin{pmatrix} 1/2 \\ 1/2 \\ 1 \end{pmatrix} e^{2x} + C_3 \begin{pmatrix} -1 \\ 1 \\ 0 \end{pmatrix} e^{-2x}$.

7. $\begin{cases} u' = 4u - v \\ v' = 3u + v - w \\ w' = u + w \end{cases}$. Vamos usar a segunda versão da eliminação das incógnitas. Reescreve-

mos o sistema na forma $\begin{cases} (D-4)u + v = 0 \\ -3u + (D-1)v + w = 0 \\ -u + (D-1)w = 0 \end{cases}$. Como w não está na primeira equação, vamos

formar mais uma equação sem w, usando a segunda e terceira equações. Multiplicando a segunda equação por $D-1$ e subtraindo do resultado a terceira equação, obtemos $-3(D-1)u + u + (D-1)^2 v = 0$. Junto com a primeira equação, obtemos o seguinte subsistema: $\begin{cases} (D-4)u + v = 0 \\ (4 - 3D)u + (D-1)^2 v = 0 \end{cases}$.

Substituindo a expressão para v da primeira equação na segunda, encontramos uma equação para a única função incógnita u: $(4 - 3D)u - (D-1)^2(D-4)u = 0$ ou, depois de simplificação, $(D^3 - 6D^2 + 12D - 8)u = 0$. Então, temos que resolver a equação $u''' - 6u'' + 12u' - 8u = 0$, cujas equação característica $\lambda^2 - 6\lambda^2 + 12\lambda - 8 = 0$ tem a única raiz tripla $\lambda_{1,2,3} = 2$. Logo, três soluções linearmente independentes são $u_1 = e^{2x}$, $u_2 = xe^{2x}$ e $u_3 = x^2 e^{2x}$, e a solução geral é $u = (C_1 + C_2 x + C_3 x^2)e^{2x}$. A função v se encontra da primeira equação do subsistema: $v = 4u - u' =$

$[(2C_1 - C_2) + (2C_2 - 2C_3)x + 2C_3x^2]e^{2x}$. Finalmente w se encontra da segunda equação do sistema original: $w = 3u + v - v' = [(C_1 - C_2 + 2C_3) + (C_2 - 2C_3)x + C_3x^2]e^{2x}$. Portanto, a solução geral do sistema

original é $\begin{cases} u = (C_1 + C_2x + C_3x^2)e^{2x} \\ v = [(2C_1 - C_2) + (2C_2 - 2C_3)x + 2C_3x^2]e^{2x} \\ w = [(C_1 - C_2 + 2C_3) + (C_2 - 2C_3)x + C_3x^2]e^{2x} \end{cases}$, ou na forma vetorial, separando os

termos pelos fatores C_1, C_2 e C_3: $\begin{pmatrix} u \\ v \\ w \end{pmatrix} = C_1 \begin{pmatrix} 1 \\ 2 \\ 1 \end{pmatrix} e^{2x} + C_2 \begin{pmatrix} x \\ 2x - 1 \\ x - 1 \end{pmatrix} e^{2x} + C_3 \begin{pmatrix} x^2 \\ 2x^2 - 2x \\ x^2 - 2x + 2 \end{pmatrix} e^{2x}$.

1.2 Método de Euler

O *método de Euler* é uma técnica diferente de resolução de sistemas com coeficientes constantes. Apesar de não ter referência direta a equações de ordem superior ligadas ao sistema, a relação íntima entre sistemas e equações está refletida nesse método também, uma vez que a sua construção do algoritmo de resolução tem muita semelhança com algoritmo de resolução de equações de coeficientes constantes.

A origem desse método vem da seguinte observação: se generalizamos a busca de soluções na forma $e^{\lambda x}$ usada para equações lineares, tentando encontrar a solução do sistema $\mathbf{y}' = A\mathbf{y}$ na forma $\mathbf{y} = \mathbf{s}e^{\lambda x}$, onde vetor constante $\mathbf{s}$ e expoente λ são parâmetros a serem determinados, então a substituição desse tipo da solução no sistema original leva a seguinte relação: $\lambda \mathbf{s}e^{\lambda x} = A\mathbf{s}e^{\lambda x}$. Cortando $e^{\lambda x}$, reconhecemos a relação que define autovalores λ e autovetores $\mathbf{s}$ da matriz A: $A\mathbf{s} = \lambda\mathbf{s}$. Como sabemos da Álgebra Linear, qualquer matriz tem pelo menos um par de autovalor e autovetor que oferece, então, uma solução particular do sistema $\mathbf{y}' = A\mathbf{y}$. Pode acontecer que a matriz A tem o conjunto completo de autovetores (aqueles que são linearmente independentes e formam a base no espaço $\mathbb{R}^n$), e nesse caso, o conjunto fundamental de soluções se encontra na forma sugerida. Se alguns desse pares são complexos, então sempre podemos transforma-los em reais, caso tiver necessidade. Se o número de autovetores linearmente independentes é menor que n, então as soluções complementares é preciso buscar numa forma diferente. Vamos elaborar todos os casos que podem surgir abaixo.

Caso 1. Existe sistema completo de autovetores.

Nesse caso, temos n soluções linearmente independentes na forma $\mathbf{y}_1 = \mathbf{s}_1 e^{\lambda_1 x}, \ldots, \mathbf{y}_n = \mathbf{s}_n e^{\lambda_n x}$ e a solução geral é a sua combinação linear: $\mathbf{y}_{gh} = C_1\mathbf{y}_1 + \ldots + C_n\mathbf{y}_n = C_1\mathbf{s}_1 e^{\lambda_1 x} + \ldots + C_n\mathbf{s}_n e^{\lambda_n x}$. Com isso não importa se entre os autovalores tem repetidos ou não, se eles são reais ou complexos. A única condição relevante para essa forma da solução geral é a independência linear de autovetores. Caso precisamos transformar a forma complexa em real, lembramos que os autovalores complexos sempre surgem em pares complexos conjugados e os autovetores correspondentes também são complexos conjugados. Então escolhemos uma das soluções gerada por esse par de autovalores e autovetores e encontramos a sua parte real e imaginária as quais, de acordo com o Corolário ao Teorema 3, formam duas soluções na forma real do mesmo sistema homogêneo.

Exemplos.

1. $\begin{cases} y' = 2z - y \\ z' = z - 5y \end{cases}$. Reescrevemos esse sistema na forma vetorial $\mathbf{y}' = A\mathbf{y}$, onde $\mathbf{y} = \begin{pmatrix} y \\ z \end{pmatrix}$ e

$A = \begin{pmatrix} -1 & 2 \\ -5 & 1 \end{pmatrix}$. Para encontrar autovalores da matriz A, resolvemos a equação característica $det(A - \lambda I) = det \begin{pmatrix} -1 - \lambda & 2 \\ -5 & 1 - \lambda \end{pmatrix} = 0$, onde det é o símbolo de determinante e I é a matriz identidade de

ordem 2. Abrindo determinante, temos a seguinte equação $(\lambda + 1)(\lambda - 1) + 10 = \lambda^2 + 9 = 0$. Então os dois autovalores são complexos conjugados $\lambda_{1,2} = \pm 3i$, e substituindo um deles, por exemplo

$\lambda_1 = 3i$, na equação de autovetores $(A - \lambda_1 I)\mathbf{s}_1 = 0$, obtemos $\begin{cases} (-1 - 3i)a + 2b = 0 \\ -5a + (1 - 3i)b = 0 \end{cases}$, onde a e b são

componentes do autovetor $\mathbf{s}_1 = \begin{pmatrix} a \\ b \end{pmatrix}$. Como essas duas equações são linearmente dependentes, basta

usar qualquer uma delas, por exemplo a primeira, para obter $b = \frac{1+3i}{2}a$. Lembramos que autovetor

sempre é encontrado com precisão de um fator constante (não nulo) e, por isso, podeoms escolher

algum valor conveniente de a, por exemplo $a = 2$. Então $\mathbf{s}_1 = \begin{pmatrix} 2 \\ 1 + 3i \end{pmatrix}$ e a solução correspondente

é $\mathbf{y}_1 = \mathbf{s}_1 e^{\lambda_1 x} = \begin{pmatrix} 2 \\ 1 + 3i \end{pmatrix} e^{3ix}$. Sabemos da teoria que outro par de autovalor e autovetor vai ser

complexo conjugado, isto é, $\lambda_2 = -3i$, $\mathbf{s}_2 = \begin{pmatrix} 2 \\ 1 - 3i \end{pmatrix}$, e consequentemente, a solução $\mathbf{y}_2 = \mathbf{s}_2 e^{\lambda_2 x} = $

$\begin{pmatrix} 2 \\ 1 - 3i \end{pmatrix} e^{-3ix}$ é complexa conjugada de $\mathbf{y}_1$. Então, as duas soluções vão gerar o mesmo par de

soluções reais e, por isso, podemos poupar o trabalho, dispensando a consideração do segundo par

de autovalor e autovetor e da solução correspondente. Voltando para $\mathbf{y}_1$, para passar a forma

real, extraimos a parte real e imaginária de $\mathbf{y}_1$: $\mathbf{u} = Re(\mathbf{y}_1) = Re(\begin{pmatrix} 2 \\ 1 + 3i \end{pmatrix} (\cos 3x + i \sin 3x))) = $

$\begin{pmatrix} 2\cos 3x \\ \cos 3x - 3\sin 3x \end{pmatrix}$, $\mathbf{v} = Im(\mathbf{y}_1) = Im(\begin{pmatrix} 2 \\ 1 + 3i \end{pmatrix} (\cos 3x + i \sin 3x))) = \begin{pmatrix} 2\sin 3x \\ 3\cos 3x + \sin 3x \end{pmatrix}$. Logo,

a solução geral é representada na forma $\mathbf{y}_{gh} = \begin{pmatrix} y \\ z \end{pmatrix} = C_1 \mathbf{u} + C_2 \mathbf{v} = C_1 \begin{pmatrix} 2\cos 3x \\ \cos 3x - 3\sin 3x \end{pmatrix} + $

$C_2 \begin{pmatrix} 2\sin 3x \\ 3\cos 3x + \sin 3x \end{pmatrix}$.

Esse sistema foi resolvido antes usando o método de redução (Exemplo 1 da seção 1.1) e a solução

geral encontrada lá tem a forma $\begin{pmatrix} y \\ z \end{pmatrix} = A_1 \begin{pmatrix} \frac{1}{5}\cos 3x + \frac{3}{5}\sin 3x \\ \cos 3x \end{pmatrix} + A_2 \begin{pmatrix} -\frac{3}{5}\cos 3x + \frac{1}{5}\sin 3x \\ \sin 3x \end{pmatrix}$ (as

constantes aqui foram denotadas por A_1 e A_2). Embora, da primeira vista, as soluções parecem ser

diferentes, mas especificando a relação entre constantes C_1, C_2 e A_1, A_2 podemos conferir que as

duas são iguais (como deve ser). Realmente, pondo $C_1 - 3C_2 = 10A_1, 3C_1 + C_2 = 10A_2$ (com as

relações inversas $C_1 = A_1 + 3A_2$, $C_2 = A_2 - 3A_1$), podemos ver que as duas formas representam a

mesma solução geral.

2. $\begin{cases} y' = y + 5z \\ z' = -y - 3z \end{cases}$, $\begin{cases} y(0) = -2 \\ z(0) = 1 \end{cases}$ Começamos do encontro da solução geral do sistema. Rees-

crevemos o sistema na forma vetorial $\mathbf{y}' = A\mathbf{y}$, onde $\mathbf{y} = \begin{pmatrix} y \\ z \end{pmatrix}$ e $A = \begin{pmatrix} 1 & 5 \\ -1 & -3 \end{pmatrix}$. Para encontrar

autovalores da matriz A, resolvemos a equação característica $det(A - \lambda I) = det \begin{pmatrix} 1 - \lambda & 5 \\ -1 & -3 - \lambda \end{pmatrix} = $

$\lambda^2 + 2\lambda + 2 = 0$, que tem duas raízes complexas conjugadas $\lambda_{1,2} = -1 \pm i$. Substituindo uma delas, por

exemplo $\lambda_1 = -1 - i$, na equação de autovetores $(A - \lambda_1 I)\mathbf{s}_1 = 0$, obtemos $\begin{cases} (2 + i)a + 5b = 0 \\ -a + (-4 + i)b = 0 \end{cases}$,

onde a e b são componentes do autovetor $\mathbf{s}_1 = \begin{pmatrix} a \\ b \end{pmatrix}$. Como essas duas equações são linearmente

dependentes, basta usar qualquer uma delas, por exemplo a primeira, para obter $b = -\frac{2+i}{5}a$. Es-

colhendo $a = 5$, temos $b = -2 - i$ e, portanto, $\mathbf{s}_1 = \begin{pmatrix} 5 \\ -2 - i \end{pmatrix}$. Logo, a primeira solução complexa tem a forma $\mathbf{y}_1 = \mathbf{s}_1 e^{\lambda_1 x} = \begin{pmatrix} 5 \\ -2-i \end{pmatrix} e^{(-1-i)x}$, e a segunda se encontra na forma complexa conjugada $\mathbf{y}_2 = \mathbf{s}_2 e^{\lambda_2 x} = \begin{pmatrix} 5 \\ -2+i \end{pmatrix} e^{(-1+i)x}$. Para formar o par de soluções reais, basta considerar a parte real e imaginária de uma dessas soluções complexas, por exemplo, a primeira. Então temos $\mathbf{u} = Re(\mathbf{y}_1) = Re(\begin{pmatrix} 5 \\ -2-i \end{pmatrix}(\cos x - i\sin x)e^{-x}) = \begin{pmatrix} 5\cos x \\ -2\cos x - \sin x \end{pmatrix} e^{-x}$ e $\mathbf{v} = Im(\mathbf{y}_1) = Im(\begin{pmatrix} 5 \\ -2-i \end{pmatrix}(\cos x - i\sin x)e^{-x}) = \begin{pmatrix} -5\sin x \\ -\cos x + 2\sin x \end{pmatrix} e^{-x}$. Logo, a solução geral na forma real é a seguinte: $\mathbf{y}_{gh} = \begin{pmatrix} y \\ z \end{pmatrix} = C_1\mathbf{u} + C_2\mathbf{v} = C_1 \begin{pmatrix} 5\cos x \\ -2\cos x - \sin x \end{pmatrix} + C_2 \begin{pmatrix} -5\sin x \\ -\cos x + 2\sin x \end{pmatrix}]e^{-x}$. Em termos de componentes temos $y = (5C_1\cos x - 5C_2\sin x)e^{-x}$ e $z = (-(2C_1+C_2)\cos x + (2C_2-C_1)\sin x)e^{-x}$.

Para encontrar a solução do problema de Cauchy, substituimos as condições iniciais na solução geral e obtemos: $y = 5C_1 = -2$ e $z = -(2C_1 + C_2) = 1$. Logo, $C_1 = -\frac{2}{5}$ e $C_2 = -\frac{1}{5}$. Portanto, a solução do problema é $y = (-2\cos x + \sin x)e^{-x}$ e $z = \cos x e^{-x}$.

Notamos que as condições iniciais poderiam ser usadas também na forma complexa da solução geral. Realmente, substituindo essas condições na solução geral $\mathbf{y}_{ghc} = A_1\mathbf{y}_1 + A_2\mathbf{y}_2 = A_1 \begin{pmatrix} 5 \\ -2-i \end{pmatrix} e^{(-1-i)x} + A_2 \begin{pmatrix} 5 \\ -2+i \end{pmatrix} e^{(-1+i)x}$, onde A_1 e A_2 são coeficientes complexos, chegamos ao seguinte sistema: $\begin{cases} 5A_1 + 5A_2 = -2 \\ (-2-i)A_1 + (-2+i)A_2 = 1 \end{cases}$. Da primeira equação temos $A_1 + A_2 = -\frac{2}{5}$ e, com essa relação, podemos reescrever a segunda como $-i(A_1 - A_2) = 1 + 2(A_1 + A_2) = \frac{1}{5}$ ou $A_1 - A_2 = \frac{1}{5}i$. Somando agora duas equações, encontramos $2A_1 = -\frac{2}{5} + \frac{1}{5}i$ ou $A_1 = \frac{-2+i}{10}$. Daí, $A_2 = -A_1 - \frac{2}{5} = \frac{-2-i}{10}$. Levando esses coeficientes na solução geral, obtemos a solução do problema de Cauchy: $\mathbf{y} = \frac{-2+i}{10}\begin{pmatrix} 5 \\ -2-i \end{pmatrix} e^{(-1-i)x} - \frac{2+i}{10}\begin{pmatrix} 5 \\ -2+i \end{pmatrix} e^{(-1+i)x} = [\frac{1}{2}\begin{pmatrix} -2+i \\ 1 \end{pmatrix}(\cos x - i\sin x) - \frac{1}{2}\begin{pmatrix} 2+i \\ -1 \end{pmatrix}(\cos x + i\sin x)]e^{-x} = \begin{pmatrix} -2\cos x + \sin x \\ \cos x \end{pmatrix} e^{-x}$. Naturalmente, encontramos a mesma solução do problema.

Recomendamos ao leitor resolver esse exemplo usando o método de redução e comprarar as soluções.

3. $\begin{cases} u' = v + w \\ v' = 3u + w \\ w' = 3u + v \end{cases}$. Reescrevemos o sistema na forma vetorial $\mathbf{y}' = A\mathbf{y}$, onde $\mathbf{y} = \begin{pmatrix} u \\ v \\ w \end{pmatrix}$ e

$A = \begin{pmatrix} 0 & 1 & 1 \\ 3 & 0 & 1 \\ 3 & 1 & 0 \end{pmatrix}$. Para encontrar autovalores da matriz A, resolvemos a equação característica

$det(A - \lambda I) = det \begin{pmatrix} -\lambda & 1 & 1 \\ 3 & -\lambda & 1 \\ 3 & 1 & -\lambda \end{pmatrix} = -\lambda^3 + 7\lambda + 6 = -(\lambda + 1)(\lambda^2 - \lambda - 6) = 0$. As raízes dessa equação (autovalores) são $\lambda_1 = -1$, $\lambda_2 = -2$, $\lambda_3 = 3$. Lembramos da Álgebra Linear que a cada autovalor corresponde pelo menos um autovetor e que autovetores de autovalores distintos são linearmente independentes. Então, nesse caso, temos o sistema completo de autovetores. Vamos encontra-los, substituindo λ_j em $(A - \lambda_j I)\mathbf{s}_j = 0$, $j = 1, 2, 3$. Para $\lambda_1 = -1$ e $\mathbf{s}_1 = \begin{pmatrix} a_1 \\ b_1 \\ c_1 \end{pmatrix}$ temos $\begin{cases} a_1 + b_1 + c_1 = 0 \\ 3a_1 + b_1 + c_1 = 0 \\ 3a_1 + b_1 + c_1 = 0 \end{cases}$. Como a segunda e terceira equações coincidem, temos que considerar a primeira e segunda. Subtraindo uma da outra temos $a_1 = 0$. Consequentemente,

$b_1 = -c_1$ e encontramos o autovetor $\mathbf{s}_1 = \begin{pmatrix} 0 \\ -1 \\ 1 \end{pmatrix}$. Para $\lambda_2 = -2$ e $\mathbf{s}_2 = \begin{pmatrix} a_2 \\ b_2 \\ c_2 \end{pmatrix}$ obtemos o sistema

$$\begin{cases} 2a_2 + b_2 + c_2 = 0 \\ 3a_2 + 2b_2 + c_2 = 0 \\ 3a_2 + b_2 + 2c_2 = 0 \end{cases}$$. Como as equações são linearmente dependentes, podemos escolher quais-

quer duas linearmente independentes, por exemplo, a primeira e segunda. Subtraindo uma da outra

temos $b_2 = -a_2$ c, portanto, $c_2 = -a_2$. Usando $a_2 = -1$ encontramos o autovetor $\mathbf{s}_2 = \begin{pmatrix} -1 \\ 1 \\ 1 \end{pmatrix}$.

Para $\lambda_3 = 3$ e $\mathbf{s}_3 = \begin{pmatrix} a_3 \\ b_3 \\ c_3 \end{pmatrix}$ obtemos o sistema $\begin{cases} -3a_3 + b_3 + c_3 = 0 \\ 3a_3 - 3b_3 + c_3 = 0 \\ 3a_3 + b_3 - 3c_3 = 0 \end{cases}$. As duas primeiras equações

são linearmente independentes, então utilizamos elas. Somando elas, temos $-2b_3 + 2c_3 = 0$ e, por-

tanto, $3a_3 = 2c_3$. Escolhendo $c_3 = 3$, temos o autovetor $\mathbf{s}_3 = \begin{pmatrix} 2 \\ 3 \\ 3 \end{pmatrix}$. Então o sistema fundamental

de soluções tem a forma $\mathbf{y}_1 = \begin{pmatrix} 0 \\ -1 \\ 1 \end{pmatrix} e^{-x}$, $\mathbf{y}_2 = \begin{pmatrix} -1 \\ 1 \\ 1 \end{pmatrix} e^{-2x}$, $\mathbf{y}_3 = \begin{pmatrix} 2 \\ 3 \\ 3 \end{pmatrix} e^{3x}$ e a solução geral é

$$\mathbf{y}_{gh} = \begin{pmatrix} u \\ v \\ w \end{pmatrix} = C_1\mathbf{y}_1 + C_2\mathbf{y}_2 + C_3\mathbf{y}_3 = C_1 \begin{pmatrix} 0 \\ -1 \\ 1 \end{pmatrix} e^{-x} + C_2 \begin{pmatrix} -1 \\ 1 \\ 1 \end{pmatrix} e^{-2x} + C_3 \begin{pmatrix} 2 \\ 3 \\ 3 \end{pmatrix} e^{3x}.$$

O mesmo sistema foi resolvido usando método de redução (Exemplo 3 da seção 1.1), onde a

solução geral foi encontrada na forma $\begin{pmatrix} u \\ v \\ w \end{pmatrix} = A_1 \begin{pmatrix} 1 \\ -1 \\ -1 \end{pmatrix} e^{-2x} + A_2 \begin{pmatrix} 1 \\ 3/2 \\ 3/2 \end{pmatrix} e^{3x} + A_3 \begin{pmatrix} 0 \\ 1 \\ -1 \end{pmatrix} e^{-x}$ (as

constantes arbitrárias são denotadas aqui por A_j, $j = 1, 2, 3$). Pode ser visto que as simples relações $A_1 = -C_2$, $A_2 = 2C_3$, $A_3 = -C_1$ transformam a última solução na obtida pelo método de Euler e vice-versa. Assim, as duas soluções são equivalentes, como deve ser.

4 $\quad \begin{cases} u' = v + w \\ v' = u + w \\ w' = u + v \end{cases}$. Reescrevemos o sistema na forma vetorial $\mathbf{y}' = A\mathbf{y}$, onde $\mathbf{y} = \begin{pmatrix} u \\ v \\ w \end{pmatrix}$ e

$A = \begin{pmatrix} 0 & 1 & 1 \\ 1 & 0 & 1 \\ 1 & 1 & 0 \end{pmatrix}$. Para encontrar autovalores da matriz A, resolvemos a equação característica

$det(A - \lambda I) = det \begin{pmatrix} -\lambda & 1 & 1 \\ 1 & -\lambda & 1 \\ 1 & 1 & -\lambda \end{pmatrix} = (\lambda + 1)(\lambda^2 - \lambda - 2) = 0$. Temos uma raiz dupla $\lambda_{1,2} = -1$ e

uma simples $\lambda_3 = 2$. Os autovetores de $\lambda_{1,2} = -1$ encontramos do sistema $\begin{cases} a + b + c = 0 \\ a + b + c = 0 \\ a + b + c = 0 \end{cases}$. Como

todas as equações são iguais, basta resolver só uma delas. Isso implica que temos dois parâmetros arbitrários, por exemplo b e c, e consequentemente, dois autovetores linearmente independentes.

Tomando $b = 0$, $c = 1$ temos $a = -1$ e autovetor $\mathbf{s}_1 = \begin{pmatrix} -1 \\ 0 \\ 1 \end{pmatrix}$. Escolhendo $b = 1$, $c = 0$

temos $a = -1$ e segundo autovetor $\mathbf{s}_2 = \begin{pmatrix} -1 \\ 1 \\ 0 \end{pmatrix}$ linearmente independente com o primeiro. Para

$\lambda_3 = 2$ e $\mathbf{s}_3 = \begin{pmatrix} a_3 \\ b_3 \\ c_3 \end{pmatrix}$ obtemos o sistema $\begin{cases} -2a_3 + b_3 + c_3 = 0 \\ a_3 - 2b_3 + c_3 = 0 \\ a_3 + b_3 - 2c_3 = 0 \end{cases}$. Podemos usar as duas primeiras

equações, porque elas são linearmente independentes. Subtraindo uma da outra, temos $a_3 = b_3$

e, portanto, $c_3 = a_3$. Escolhendo $a_3 = 1$, temos o autovetor $\mathbf{s}_3 = \begin{pmatrix} 1 \\ 1 \\ 1 \end{pmatrix}$. Então encontramos o

sistema fundamental de soluções $\mathbf{y}_1 = \begin{pmatrix} -1 \\ 0 \\ 1 \end{pmatrix} e^{-x}$, $\mathbf{y}_2 = \begin{pmatrix} -1 \\ 1 \\ 0 \end{pmatrix} e^{-x}$, $\mathbf{y}_3 = \begin{pmatrix} 1 \\ 1 \\ 1 \end{pmatrix} e^{2x}$ e a solução geral

$\mathbf{y}_{gh} = \begin{pmatrix} u \\ v \\ w \end{pmatrix} = C_1 \mathbf{y}_1 + C_2 \mathbf{y}_2 + C_3 \mathbf{y}_3 = C_1 \begin{pmatrix} -1 \\ 0 \\ 1 \end{pmatrix} e^{-x} + C_2 \begin{pmatrix} -1 \\ 1 \\ 0 \end{pmatrix} e^{-x} + C_3 \begin{pmatrix} 1 \\ 1 \\ 1 \end{pmatrix} e^{2x}$.

A solução do mesmo sistema foi encontrada também via método de redução (Exemplo 4 da

seção 1.1) (usamos aqui as constantes arbitrárias A_1, A_2, A_3): $\begin{pmatrix} u \\ v \\ w \end{pmatrix} = A_1 \begin{pmatrix} -1 \\ 0 \\ 1 \end{pmatrix} e^{-x} + A_2 \begin{pmatrix} 1 \\ 1 \\ 1 \end{pmatrix} e^{2x} +$

$A_3 \begin{pmatrix} -1 \\ 1 \\ 0 \end{pmatrix} e^{-x}$. Evidentemente, as duas soluções são equivalentes e uma é transformada em outra

com a escolha $A_1 = C_1$, $A_2 = C_3$, $A_3 = C_2$.

5. $\begin{cases} u' = -u + v + w \\ v' = u - v + w \\ w' = u + v + w \end{cases}$. Reescrevemos o sistema na forma vetorial $\mathbf{y}' = A\mathbf{y}$, onde $\mathbf{y} = \begin{pmatrix} u \\ v \\ w \end{pmatrix}$ e

$A = \begin{pmatrix} -1 & 1 & 1 \\ 1 & -1 & 1 \\ 1 & 1 & 1 \end{pmatrix}$. Para encontrar autovalores da matriz A, resolvemos a equação característica

$det(A - \lambda I) = det \begin{pmatrix} -1-\lambda & 1 & 1 \\ 1 & -1-\lambda & 1 \\ 1 & 1 & 1-\lambda \end{pmatrix} = -(\lambda+1)(\lambda^2-4) = 0$. Temos três raízes simples $\lambda_1 =$

-1, $\lambda_{2,3} = \pm 2$. Encontramos o autovetor de $\lambda_1 = -1$ resolvendo o sistema $\begin{cases} b + c = 0 \\ a + c = 0 \\ a + b + 2c = 0 \end{cases}$. Como

$b = -c$ e $a = -c$, segue da terceira equação que c é um parâmetro aribtrário. Assim, tomando $c = 1$,

obtemos $b = -1$ e $a = -1$, isto é, autovetor $\mathbf{s}_1 = \begin{pmatrix} -1 \\ -1 \\ 1 \end{pmatrix}$. Para o autovetor de $\lambda_2 = 2$ temos o sistema

$\begin{cases} -3a + b + c = 0 \\ a - 3b + c = 0 \\ a + b - c = 0 \end{cases}$. Somando a terceira e segunda equações, encontramos $a = b$. Substituindo

essa relação na terceira equação, temos $c = 2a$ (a primeira equação está satisfeita automaticamente
com essas relações). Logo, escolhendo $a = 1$, obtemos $b = 1$ e $c = 2$, isto é o segundo autovetor

é $\mathbf{s}_2 = \begin{pmatrix} 1 \\ 1 \\ 2 \end{pmatrix}$. Finalmente, para o autovetor com $\lambda_3 = -2$ temos o sistema $\begin{cases} a + b + c = 0 \\ a + b + c = 0 \\ a + b + 3c = 0 \end{cases}$.

Subtraindo a segunda equação da terceira, obtemos $c = 0$ e das relações restantes segue que $a = -b$.

Portanto, escolhendo $b = 1$, obtemos $a = -1$ e o autovetor $\mathbf{s}_3 = \begin{pmatrix} -1 \\ 1 \\ 0 \end{pmatrix}$. Assim, encontramos o

sistema fundamental de soluções $\mathbf{y}_1 = \begin{pmatrix} -1 \\ -1 \\ 1 \end{pmatrix} e^{-x}$, $\mathbf{y}_2 = \begin{pmatrix} 1 \\ 1 \\ 2 \end{pmatrix} e^{2x}$, $\mathbf{y}_3 = \begin{pmatrix} -1 \\ 1 \\ 0 \end{pmatrix} e^{-2x}$ e a solução geral

$$\mathbf{y}_{gh} = \begin{pmatrix} u \\ v \\ w \end{pmatrix} = C_1\mathbf{y}_1 + C_2\mathbf{y}_2 + C_3\mathbf{y}_3 = C_1 \begin{pmatrix} -1 \\ -1 \\ 1 \end{pmatrix} e^{-x} + C_2 \begin{pmatrix} 1 \\ 1 \\ 2 \end{pmatrix} e^{2x} + C_3 \begin{pmatrix} -1 \\ 1 \\ 0 \end{pmatrix} e^{-2x}.$$

A solução do mesmo sistema foi encontrada também via método de redução (Exemplo 6 da

seção 1.1, usamos aqui as constantes arbitrárias A_1, A_2, A_3): $\begin{pmatrix} u \\ v \\ w \end{pmatrix} = A_1 \begin{pmatrix} -1 \\ -1 \\ 1 \end{pmatrix} e^{-x} + A_2 \begin{pmatrix} 1/2 \\ 1/2 \\ 1 \end{pmatrix} e^{2x} +$

$A_3 \begin{pmatrix} -1 \\ 1 \\ 0 \end{pmatrix} e^{-2x}$. Evidentemente, as duas soluções são equivalentes e uma é transformada em outra

com a escolha $A_1 = C_1$, $A_2 = 2C_2$, $A_3 = C_3$.

Caso 2. Não tem um sistema completo de autovetores.

Lembramos da Álgebra Linear que a cada autovalor diferente corresponde pelo menos um autovetor. O número de autovetores correspondentes a um autovalor específico pode variar de 1 até multiplicidade desse autovalor. Se a última situação ocorrer com todos os autovalores, então existe um sistema completo de autovetores. Portanto, a falta de autovetores é causada pelos autovalores múltiplos que dão origem aos autovetores em número menor que a sua multiplicidade. Nesse caso, é preciso buscar as soluções numa forma diferentes e cada um desses autovalores pode ser tratado separadamente. Então, consideremos um desses autovalores e denotamos o de λ. Supomos que λ tem multiplicidade $1 < k \leq n$ (n é a ordem do sistema) e que existem $m < k$ autovetores linearmente independentes $\mathbf{s}_1, \ldots, \mathbf{s}_m$ relacionados a λ. Nesse caso, já temos m soluções linearmente independentes $\mathbf{y}_1 = \mathbf{s}_1 e^{\lambda x}, \ldots, \mathbf{y}_m = \mathbf{s}_m e^{\lambda x}$ e resta completar esse conjunto com $k - m$ soluções linearmente independentes. As últimas podem ser encontradas na forma $\mathbf{P}_{k-m}(x)e^{\lambda x}$, onde $\mathbf{P}_{k-m}(x)$ é o

polinômio vetorial de grau $k - m$ e ordem n, ou seja, $\mathbf{P}_{k-m}(x) = \begin{pmatrix} a_{1k-m}x^{k-m} + \ldots + a_{11}x + a_{10} \\ \ldots \\ a_{nk-m}x^{k-m} + \ldots + a_{n1}x + a_{n0} \end{pmatrix}$.

Os coeficientes do polinômio vetorial a_{ij}, $i = 1, \ldots, n$, $j = 0, \ldots, k - m$ devem ser determinados na substituição dessa forma proposta da solução no sistema original de tal maneira que serão obtidos $k - m$ soluções linearmente independentes faltantes para completar o conjunto relacionado a λ. Usualmente, é recomendável construir a primeira solução complementar usando o polinômio vetorial de grau 1, a segunda – de grau 2, etc., a última – de grau $k - m$. Nesse caso, a independçencia linear dessas soluções será garantida automaticamente. Vamos ver como isso funciona na prática.

Exemplos.

1. $\begin{cases} y' = 4y - z \\ z' = 2z + y \end{cases}$. Reescrevemos esse sistema na forma vetorial $\mathbf{y}' = A\mathbf{y}$, onde $\mathbf{y} = \begin{pmatrix} y \\ z \end{pmatrix}$ e $A =$

$\begin{pmatrix} 4 & -1 \\ 1 & 2 \end{pmatrix}$. Resolvendo a equação característica $det(A - \lambda I) = det \begin{pmatrix} 4 - \lambda & -1 \\ 1 & 2 - \lambda \end{pmatrix} = \lambda^2 - 6\lambda + 9 = 0$,

encontramos o autovalor duplo $\lambda_{1,2} = 3$ que vamos denotar simplesmente de λ. Sua substituição na

equação de autovetores $(A - \lambda I)\mathbf{s} = 0$ leva ao seguinte sistema $\begin{cases} a - b = 0 \\ a - b = 0 \end{cases}$, onde $\mathbf{s} = \begin{pmatrix} a \\ b \end{pmatrix}$. Como

duas equações coincidem, usaremos só uma delas, o que permite escolher um parâmetro de modo arbitrário, indicando que existe só um autovetor correspondente a $\lambda = 3$. Escolhendo $a = 1$, temos $b = 1$ e $\mathbf{s} = \begin{pmatrix} 1 \\ 1 \end{pmatrix}$. A solução correspondente vem na forma $\mathbf{y}_1 = \mathbf{s}e^{\lambda x} = \begin{pmatrix} 1 \\ 1 \end{pmatrix} e^{3x}$. Falta mais uma solução linearmente independente que procuramos na forma $\mathbf{y}_2 = \mathbf{P}_1(x)e^{3x}$, $\mathbf{P}_1(x) = \begin{pmatrix} ax + b \\ cx + d \end{pmatrix}$ (os coeficientes a e b do vetor $\mathbf{s}$ já foram encontrados e não vão aparecer mais, portanto não há risco de confusão). Substituindo $\mathbf{y}_2$ e sua derivada $\mathbf{y}_2' = \begin{pmatrix} 3ax + 3b + a \\ 3cx + 3d + c \end{pmatrix} e^{3x}$ no sistema original, após de cortar o fator comum e^{3x}, obtemos $\begin{cases} 3ax + 3b + a = 4(ax + b) - (cx + d) \\ 3cx + 3d + c = (ax + b) + 2(cx + d) \end{cases}$ ou simplificando $\begin{cases} ax + b - a = cx + d \\ ax + b = cx + d + c \end{cases}$. Da igualdade entre coeficientes junto com x segue a única relação $a = c$ e da igualdade entre coeficientes livres temos duas relações $b - a = d$ e $b = d + c$, mas com a ligação $a = c$ a segunda equivale a primeira. Então podemos escolher dois parâmetros a e b de modo arbitrário e determinar os dois restantes em função deles. Por exemplo, para $a = 1$ temos $c = 1$ e para $b = 0$ temos $d = -1$. Assim, a segunda solução tem a forma $\mathbf{y}_2 = \begin{pmatrix} x \\ x - 1 \end{pmatrix} e^{3x}$ e a solução geral fica $\mathbf{y}_{gh} = \begin{pmatrix} y \\ z \end{pmatrix} = C_1 \mathbf{y}_1 + C_2 \mathbf{y}_2 = C_1 \begin{pmatrix} 1 \\ 1 \end{pmatrix} e^{3x} + C_2 \begin{pmatrix} x \\ x - 1 \end{pmatrix} e^{3x}$.

O mesmo sistema foi resolvido pelo método de redução (Exemplo 2 da seção 1.1), onde foi encontrada a solução geral $\begin{pmatrix} y \\ z \end{pmatrix} = A_1 \begin{pmatrix} 1 \\ 1 \end{pmatrix} e^{3x} + A_2 \begin{pmatrix} x \\ x - 1 \end{pmatrix} e^{3x}$ (denotamos aqui os coeficientes arbitrários de A_1 e A_2). Como pode ser visto, as duas soluções coincidem, com a relação entre coeficientes $A_1 = C_1$, $A_2 = C_2$.

2. $\begin{cases} u' = 2u + v + w \\ v' = -2u - w \\ w' = 2u + v + 2w \end{cases}$. Reescrevemos o sistema na forma vetorial $\mathbf{y}' = A\mathbf{y}$, onde $\mathbf{y} = \begin{pmatrix} u \\ v \\ w \end{pmatrix}$ e $A = \begin{pmatrix} 2 & 1 & 1 \\ -2 & 0 & -1 \\ 2 & 1 & 2 \end{pmatrix}$. Para encontrar autovalores da matriz A, resolvemos a equação característica

$$det(A - \lambda I) = det \begin{pmatrix} 2 - \lambda & 1 & 1 \\ -2 & -\lambda & -1 \\ 2 & 1 & 2 - \lambda \end{pmatrix} = -(\lambda^3 - 4\lambda^2 + 5\lambda - 2) = -(\lambda - 1)(\lambda^2 - 3\lambda + 2) = 0.$$

Temos uma raiz simples $\lambda_1 = 2$ e outra dupla $\lambda_{2,3} = 1$. Para $\lambda_1 = 2$ e $\mathbf{s}_1 = \begin{pmatrix} a_1 \\ b_1 \\ c_1 \end{pmatrix}$ obtemos o sistema $\begin{cases} b_1 + c_1 = 0 \\ -2a_1 - 2b_1 - c_1 = 0 \\ 2a_1 + b_1 = 0 \end{cases}$. Podemos usar as duas primeiras equações, porque elas são linearmente independentes. Somando as duas, obtemos $b_1 = -2a_1$. Escolhendo $b_1 = -2$, temos o autovetor $\mathbf{s}_1 = \begin{pmatrix} 1 \\ -2 \\ 2 \end{pmatrix}$ e a correspondente solução particular $\mathbf{y}_1 = \begin{pmatrix} 1 \\ -2 \\ 2 \end{pmatrix} e^{2x}$. Para autovetores $\mathbf{s} = \begin{pmatrix} a \\ b \\ c \end{pmatrix}$ do autovalor duplo $\lambda = 1$ (omitimos os índices por simplicidade), encontramos o sistema $\begin{cases} a+b+c=0 \\ -2a-b-c=0 \\ 2a+b+c=0 \end{cases}$. As duas últimas equações coincidem, mas as duas primeiras são

linearmente independentes, o que significa que temos somente um parâmetro para escolher de modo arbitrário e, consequentemente, temos somente um autovetor que corresponde a $\lambda=1$. Somando a primeira e segunda equações, determinamos que $a=0$ e escolhendo $b=1$, temos

$c=-1$ e o autovetor $\mathbf{s} = \begin{pmatrix} 0 \\ 1 \\ -1 \end{pmatrix}$ com correspondente solução particular $\mathbf{y}_2 = \begin{pmatrix} 0 \\ 1 \\ -1 \end{pmatrix} e^x$. Falta

então mais uma solução particular relativa a $\lambda=1$ que podemos buscar na forma $\mathbf{y}_3 = \mathbf{P}_1(x)e^x$,

$\mathbf{P}_1(x) = \begin{pmatrix} ax+b \\ cx+d \\ px+r \end{pmatrix}$ (os a, b e c do vetor $\mathbf{s}$ já foram encontrados e não vão aparecer mais, portanto

não há risco de confusão). Substituindo $\mathbf{y}_3$ e sua derivada $\mathbf{y}_3' = \begin{pmatrix} ax+b+a \\ cx+d+c \\ px+r+p \end{pmatrix} e^x$ no sistema origi-

nal, após de cortar o fator comum e^x, obtemos $\begin{cases} ax+b+a = 2(ax+b)+(cx+d)+(px+r) \\ cx+d+c = -2(ax+b)-(px+r) \\ px+r+p = 2(ax+b)+(cx+d)+2(px+r) \end{cases}$

ou simplificando $\begin{cases} -ax-b+a = (cx+d)+(px+r) \\ cx+d+c = -2(ax+b)-(px+r) \\ -px-r+p = 2(ax+b)+(cx+d) \end{cases}$. Da igualdade entre coeficientes junto

com x temos $\begin{cases} -a = c+p \\ c = -2a-p \\ -p = 2a+c \end{cases}$. As duas últimas relações coincidem e restam então as duas pri-

meiras que são independentes: $\begin{cases} a+c+p=0 \\ 2a+c+p=0 \end{cases}$. Dessas duas segue que $a=0$ e $c=-p$. A

igualdade entre coeficientes livres resulta no sistema $\begin{cases} b+d+r=a \\ 2b+d+r=-c \\ 2b+d+r=p \end{cases}$. Como $c=-p$, então

as duas últimas equações coincidem e restam as duas primeiras $\begin{cases} b+d+r=0 \\ 2b+d+r=-c \end{cases}$ das quais

encontramos $b=-c$ e $r=c-d$. Logo, escolhendo $c=1$ e $d=0$ obtemos solução com-

plementar relativa a $\lambda=1$ na forma $\mathbf{y}_3 = \begin{pmatrix} -1 \\ x \\ -x+1 \end{pmatrix} e^x$. Assim, a solução geral é a seguinte:

$$\mathbf{y}_{gh} = \begin{pmatrix} u \\ v \\ w \end{pmatrix} = C_1\mathbf{y}_1 + C_2\mathbf{y}_2 + C_3\mathbf{y}_3 = C_1 \begin{pmatrix} 1 \\ -2 \\ 2 \end{pmatrix} e^{2x} + C_2 \begin{pmatrix} 0 \\ 1 \\ -1 \end{pmatrix} e^x + C_3 \begin{pmatrix} -1 \\ x \\ -x+1 \end{pmatrix} e^x.$$

Recomendamos ao leitor resolver o mesmo sistema pelo método de redução e comprarar as soluções.

3. $\begin{cases} u'=u-w \\ v'=v+w \\ w'=-u-v-w \end{cases}$. Reescrevemos o sistema na forma vetorial $\mathbf{y}'=A\mathbf{y}$, onde $\mathbf{y} = \begin{pmatrix} u \\ v \\ w \end{pmatrix}$ e

$A = \begin{pmatrix} 1 & 0 & -1 \\ 0 & 1 & 1 \\ -1 & -1 & -1 \end{pmatrix}$. Para encontrar autovalores da matriz A, resolvemos a equação característica

$det(A - \lambda I) = det \begin{pmatrix} 1-\lambda & 0 & -1 \\ 0 & 1-\lambda & 1 \\ -1 & -1 & -1-\lambda \end{pmatrix} = -(\lambda - 1)(\lambda^2 - 1) = 0$. Temos uma raiz simples

$\lambda_1 = -1$ e outra dupla $\lambda_{2,3} = 1$. Para $\lambda_1 = -1$ e $\mathbf{s}_1 = \begin{pmatrix} a_1 \\ b_1 \\ c_1 \end{pmatrix}$ obtemos o sistema $\begin{cases} 2a_1 - c_1 = 0 \\ 2b_1 + c_1 = 0 \\ -a_1 - b_1 = 0 \end{cases}$. Da

primeira equação segue $c_1 = 2a_1$ e da terceira $b_1 = -a_1$ (com essas relações a segunda equação está

satisfeita automaticamente). Escolhendo $a_1 = 1$, temos o autovetor $\mathbf{s}_1 = \begin{pmatrix} 1 \\ -1 \\ 2 \end{pmatrix}$ e a correspondente

solução particular $\mathbf{y}_1 = \begin{pmatrix} 1 \\ -1 \\ 2 \end{pmatrix} e^{-x}$. Para autovetores $\mathbf{s} = \begin{pmatrix} a \\ b \\ c \end{pmatrix}$ do autovalor duplo $\lambda = 1$ (omitimos

os índices por simplicidade), encontramos o sistema $\begin{cases} -c = 0 \\ c = 0 \\ -a - b - 2c = 0 \end{cases}$. Então temos $c = 0$ e

$b = -a$, isto é, somente um parâmetro para escolher de modo arbitrário e, consequentemente, temos

somente um autovetor que corresponde a $\lambda = 1$: escolhendo $a = 1$, encontramos $\mathbf{s} = \begin{pmatrix} 1 \\ -1 \\ 0 \end{pmatrix}$ com

correspondente solução particular $\mathbf{y}_2 = \begin{pmatrix} 1 \\ -1 \\ 0 \end{pmatrix} e^x$. Falta então mais uma solução particular relativa

a $\lambda = 1$ que podemos buscar na forma $\mathbf{y}_3 = \mathbf{P}_1(x)e^x$, $\mathbf{P}_1(x) = \begin{pmatrix} ax + b \\ cx + d \\ px + r \end{pmatrix}$ (os a, b e c do vetor $\mathbf{s}$

já foram encontrados e não vão aparecer mais, portanto não há risco de confusão). Substituindo

$\mathbf{y}_3$ e sua derivada $\mathbf{y}'_3 = \begin{pmatrix} ax + b + a \\ cx + d + c \\ px + r + p \end{pmatrix} e^x$ no sistema original, após de cortar o fator comum e^x,

obtemos $\begin{cases} ax + b + a = (ax + b) - (px + r) \\ cx + d + c = (cx + d) + (px + r) \\ px + r + p = -(ax + b) - (cx + d) - (px + r) \end{cases}$. Da igualdade entre coeficientes junto

com x temos $\begin{cases} p = 0 \\ p = 0 \\ 2p + a + c = 0 \end{cases}$, donde $p = 0$ e $c = -a$. A igualdade entre termos constantes

resulta no sistema $\begin{cases} r = -a \\ r = c \\ b + d + 2r = -p \end{cases}$. Como $c = -a$, então as duas primeiras equações coincidem

e mostram que $r = -a$. Levando essa relação e a condição $p = 0$ na terceira equação, obtemos
$b + d = 2a$. Logo, escolhendo $a = 1$ e $b = 0$ obtemos solução complementar relativa a $\lambda = 1$ na

forma $\mathbf{y}_3 = \begin{pmatrix} x \\ -x + 2 \\ -1 \end{pmatrix} e^x$. Assim, a solução geral é a seguinte: $\mathbf{y}_{gh} = \begin{pmatrix} u \\ v \\ w \end{pmatrix} = C_1\mathbf{y}_1 + C_2\mathbf{y}_2 + C_3\mathbf{y}_3 =$

$$C_1 \begin{pmatrix} 1 \\ -1 \\ 2 \end{pmatrix} e^{-x} + C_2 \begin{pmatrix} 1 \\ -1 \\ 0 \end{pmatrix} e^x + C_3 \begin{pmatrix} x \\ -x+2 \\ -1 \end{pmatrix} e^x.$$

Recomendamos ao leitor resolver o mesmo sistema pelo método de redução e comprarar as soluções.

4. $\begin{cases} u' = 4u - v \\ v' = 3u + v - w \\ w' = u + w \end{cases}$. Reescrevemos o sistema na forma vetorial $\mathbf{y}' = A\mathbf{y}$, onde $\mathbf{y} = \begin{pmatrix} u \\ v \\ w \end{pmatrix}$ e

$A = \begin{pmatrix} 4 & -1 & 0 \\ 3 & 1 & -1 \\ 1 & 0 & 1 \end{pmatrix}$. Para encontrar autovalores da matriz A, resolvemos a equação característica

$det(A - \lambda I) = det \begin{pmatrix} 4-\lambda & -1 & 0 \\ 3 & 1-\lambda & -1 \\ 1 & 0 & 1-\lambda \end{pmatrix} = -\lambda^3 + 6\lambda^2 - 12\lambda + 8 = -(\lambda - 2)^3 = 0$. Temos uma única

raiz tripla $\lambda_{1,2,3} = 2$. O sistema de autovetores se escreve na forma $\begin{cases} 2a - b = 0 \\ 3a - b - c = 0 \\ a - c = 0 \end{cases}$. Da primeira

equação segue $b = 2a$, da terceira $c = a$ e, com essas relações, a segunda equação está satisfeita automaticamente. Portanto, temos um único parâmetro arbitrário na determinação de autovetores, o que significa que existe um único autovetor (com precisão de um multiplicador constante). Por

exemplo, escolhendo $a = 1$, obtemos o autovetor $\mathbf{s} = \begin{pmatrix} 1 \\ 2 \\ 1 \end{pmatrix}$ e a correspondente solução particular

$\mathbf{y}_1 = \begin{pmatrix} 1 \\ 2 \\ 1 \end{pmatrix} e^{2x}$.

Faltam então mais duas soluções particulares (linearmente independentes), as quais podemos

buscar na forma $\mathbf{y} = \mathbf{P}_2(x)e^{2x}$, $\mathbf{P}_2(x) = \begin{pmatrix} ax^2 + bx + c \\ kx^2 + mx + n \\ px^2 + qx + r \end{pmatrix}$, onde $a, b, c, k, m, n, p, q, r$ são constantes

a serem determinados. Substituindo $\mathbf{y}$ no sistema original, depois de cortar o fator comum e^{2x}, obte-

mos $\begin{cases} 2(ax^2 + bx + c) + 2ax + b = 4(ax^2 + bx + c) - (kx^2 + mx + n) \\ 2(kx^2 + mx + n) + 2kx + m = 3(ax^2 + bx + c) + (kx^2 + mx + n) - (px^2 + qx + r) \\ 2(px^2 + qx + r) + 2px + q = (ax^2 + bx + c) + (px^2 + qx + r) \end{cases}$ ou sim-

plificando $\begin{cases} 2(ax^2 + bx + c) - 2ax - b - (kx^2 + mx + n) = 0 \\ 3(ax^2 + bx + c) - (kx^2 + mx + n) - 2kx - m - (px^2 + qx + r) = 0 \\ (ax^2 + bx + c) - (px^2 + qx + r) - 2px - q = 0 \end{cases}$. Da igualdade en-

tre coeficientes junto com x^2 temos um subsistema desacoplado $\begin{cases} 2a - k = 0 \\ 3a - k - p = 0 \\ a - p = 0 \end{cases}$, ou seja, obtemos

o sistema para o autovetor $\mathbf{s}$ e, portanto, já sabemos que existe um único parâmetro arbitrário, por exemplo, a e os dois restantes se definem através de a na forma $k = 2a$ e $p = a$. Da igualdade entre

coeficientes junto com x temos o subsistema $\begin{cases} 2b - m = 2a \\ 3b - m - q = 2k \\ b - q = 2p \end{cases}$. Substituindo nele as expressões para k e p em termos de a, obtemos $\begin{cases} 2b - m = 2a \\ 3b - m - q = 4a \\ b - q = 2a \end{cases}$. A soma da primeira e terceira equações

resulta em segunda, que então é consequência linear dessas duas. Logo, temos só duas equações para satisfazer. Da primeira segue que $m = 2b - 2a$ e da terceira $q = b - 2a$. Dessa maneira, os parâmetros m e q estão definidos em termos de b e a. Finalmente, igualando os termos constantes, obtemos o

sistema $\begin{cases} 2c - n = b \\ 3c - n - r = m \\ c - r = q \end{cases}$. Como $m = 2b - 2a$ e $q = b - 2a$, temos então $\begin{cases} 2c - n = b \\ 3c - n - r = 2b - 2a \\ c - r = b - 2a \end{cases}$.

De novo, a soma da primeira e terceira equações resulta em segunda, e portanto, temos só duas equações para satisfazer. Da primeira segue que $n = 2c - b$ e da terceira $r = c - b + 2a$. Dessa maneira, n e r estão definidos em termos de c, b e a. Assim, a solução $\mathbf{y} = \mathbf{P}_2(x)e^{2x}$, está definida na forma

$$\mathbf{y} = \begin{pmatrix} ax^2 + bx + c \\ 2ax^2 + (2b - 2a)x + (2c - b) \\ ax^2 + (b - 2a)x + (c - b + 2a) \end{pmatrix} e^{2x}$$ com três parâmetros arbitrários a, b, c. Notamos agora

que usando os valores $a = 0$, $b = 0$ e $c = 1$, obtemos a solução já encontrada $\mathbf{y}_1$. Para obter soluções linearmente independentes com essa, temos que escolher a e/ou b não nulo. Por exemplo, para $a = 0$,

$b = 1$ e $c = 0$ obtemos $\mathbf{y}_2 = \begin{pmatrix} x \\ 2x - 1 \\ x - 1 \end{pmatrix} e^{2x}$ e para $a = 1$, $b = 0$ e $c = 0$ temos $\mathbf{y}_3 = \begin{pmatrix} x^2 \\ 2x^2 - 2x \\ x^2 - 2x + 2 \end{pmatrix} e^{2x}$,

as quais são mais duas solução linearmente independentes. Dessa maneira, $\mathbf{y}_1$, $\mathbf{y}_2$, $\mathbf{y}_3$ formam um sistema de soluções particulares linearmente independentes e, portanto, a solução geral se encontrar

na forma $\mathbf{y}_{gh} = \begin{pmatrix} u \\ v \\ w \end{pmatrix} = C_1\mathbf{y}_1 + C_2\mathbf{y}_2 + C_3\mathbf{y}_3 = C_1 \begin{pmatrix} 1 \\ 2 \\ 1 \end{pmatrix} e^{2x} + C_2 \begin{pmatrix} x \\ 2x - 1 \\ x - 1 \end{pmatrix} e^{2x} + C_3 \begin{pmatrix} x^2 \\ 2x^2 - 2x \\ x^2 - 2x + 2 \end{pmatrix} e^{2x}$.

O mesmo sistema foi resolvido pelo método de redução (Exemplo 7 da seção 1.1), onde foi encontrada a solução geral na mesma forma.

Recomendamos ao leitor resolver Exemplo 5 do método de redução usando o método de Euler e comprarar as soluções.

Exercícios para o leitor

Resolver usando o método de redução e o de Eulaer e comprarar as soluções:

1. $\begin{cases} u' = u - 5v \\ v' = 2u - v \end{cases}$.

2. $\begin{cases} u' = 2u + v \\ v' = 4v - u \end{cases}$.

3. $\begin{cases} u' = -9v \\ v' = u \end{cases}$.

4. $\begin{cases} u' = 8v - u \\ v' = v + u \end{cases}$.

5. $\begin{cases} u' = u - v \\ v' = v - u \end{cases}$.

6. $\begin{cases} u' = 2u + v \\ v' = 3u + 4v \end{cases}$.

7. $\begin{cases} u' = u - v \\ v' = v - 4u \end{cases}$.

8. $\begin{cases} u' = u + v \\ v' = 3v - 2u \end{cases}$.

9. $\begin{cases} u' = u - 3v \\ v' = 3u + v \end{cases}$.

10. $\begin{cases} u' = 2u + v \\ v' = 4v - u \end{cases}$.

11. $\begin{cases} u' = 2v - 3u \\ v' = v - 2u \end{cases}$.

12. $\begin{cases} u' = 3u - v + w \\ v' = -u + 5v - w \\ w' = u - v + 3w \end{cases}$.

13. $\begin{cases} u' = -v + w \\ v' = w \\ w' = -u + w \end{cases}$.

14. $\begin{cases} u' = 2u - v + w \\ v' = u + 2v - w \\ w' = -u - v + 2w \end{cases}$.

15. $\begin{cases} u' = u + w - v \\ v' = u + v - w \\ w' = 2u - v \end{cases}$.

16. $\begin{cases} u' = u - 2v - w \\ v' = v - u + w \\ w' = u - w \end{cases}$.

17. $\begin{cases} u' = u - v - w \\ v' = u + v \\ w' = 3u + w \end{cases}$.

18. $\begin{cases} u' = 2u + v \\ v' = u + 3v - w \\ w' = 2v + 3w - u \end{cases}$.

19. $\begin{cases} u' = 4u - v - w \\ v' = u + 2v - w \\ w' = u - v + 2w \end{cases}$.

20. $\begin{cases} u' = 2u - v - w \\ v' = 3u - 2v - 3w \\ w' = 2w - u + v \end{cases}$.

21. $\begin{cases} u' = 3u - 2v - w \\ v' = 3u - 4v - 3w \\ w' = 2u - 4v \end{cases}$.

22. $\begin{cases} u' = u - v + w \\ v' = u + v - w \\ w' = 2w - v \end{cases}$.

23. $\begin{cases} u' = v - 2w - u \\ v' = 4u + v \\ w' = 2u + v - w \end{cases}$.

24. $\begin{cases} u' = 2u - v - w \\ v' = 2u - v - 2w \\ w' = 2w - u + v \end{cases}$.

25. $\begin{cases} u' = 7u + v + 2w \\ v' = 2u + 3v + w \\ w' = -8u - 2v - w \end{cases}$.

26. $\begin{cases} u' = -2u - v - w \\ v' = -3v + w \\ w' = -v - w \end{cases}$.

2 Sistemas não homogêneos com coeficientes constantes

Definição. Um *sistema linear não homogêneo de coeficientes constantes* tem a forma

$$\mathbf{y}' = A\mathbf{y} + \mathbf{f},$$

onde A é uma matriz constante e $\mathbf{f}$ é a função vetorial de variável independente.

2.1 Método de redução

Esse método é uma extensão direta do método respectivo para sistemas homogêneos e sua aplicação não requer maiores esclarecimentos. Como antes, podem ser usadas duas versões, com letra D e sem ela, cada uma com suas vantagens dependendo da ordem do sistema e estrutura de equações.

Exemplos.

1. $\begin{cases} y' = 2z - 2x \\ z' = 3 - 2y \end{cases}$. Nesse sistema, qualquer uma das duas funções incógnitas pode ser elimi-

nada com facilidade. Vamos eliminar y, usando a segunda equação do sistema que reescrevemos na forma $y = \frac{1}{2}(3 - z')$. Substituindo essa expressão na primeira equação, encontramos a equação da segunda ordem para uma única função incógnita z: $\frac{1}{2}(0 - z'') = 2z - 2x$ ou, após a simplificação,

$z'' + 4z = 4x$. A equação característica $\lambda^2 + 4 = 0$ tem raízes complexas conjugadas $\lambda_{1,2} = \pm 2i$ e, consequentemente, as duas soluções linearmente independentes são $z_1 = \cos 2x$ e $z_2 = \sin 2x$, que formam a solução geral da equação homogênea $z_h = C_1 \cos 2x + C_2 \sin 2x$. A solução particular da equação não homogênea buscamos na forma $z_p = ax + b$. Substituindo essa função na equação, obtemos $4(ax+b) = 4x$, donde segue que $a = 1, b = 0$, ou seja, $z_p = x$. Portanto, a solução geral da equação para z vem na forma $z = z_h + z_p = C_1 \cos 2x + C_2 \sin 2x + x$. Voltando para y encontramos $y = \frac{1}{2}(3 - z') = \frac{1}{2}(3 + 2C_1 \sin 2x - 2C_2 \cos 2x - 1) = C_1 \sin 2x - C_2 \cos 2x + 1$. Assim, a solução geral do sistema é $\begin{cases} y = C_1 \sin 2x - C_2 \cos 2x + 1 \\ z = C_1 \cos 2x + C_2 \sin 2x + x \end{cases}$.

2. $\begin{cases} y' = z - 3y + e^{2x} \\ z' = -y - 5z + e^x \end{cases}$. Vamos eliminar y, usando a segunda equação do sistema que reescrevemos na forma $y = -z' - 5z + e^x$. Substituindo essa expressão na primeira equação, encontramos a equação da segunda ordem para z: $-z'' - 5z' + e^x = z - 3(-z' - 5z + e^x) + e^{2x}$ ou, após a simplificação, $z'' + 8z' + 16z = 4e^x - e^{2x}$. A equação característica $\lambda^2 + 8\lambda + 16 = 0$ tem raiz real dupla $\lambda = -4$ e, consequentemente, as duas soluções independentes da equação homogênea se encontram na forma $z_1 = e^{-4x}$ e $z_2 = xe^{-4x}$. A equação não homogênea separamos em duas partes. Primeiro, procuramos solução particular para equação $z'' + 8z' + 16z = 4e^x$ na forma $z_{p1} = ae^x$. Substituindo essa função na equação, obtemos $a + 8a + 16a = 4$, donde segue que $a = \frac{4}{25}$. Segundo, encontramos solução particular para equação $z'' + 8z' + 16z = e^{2x}$ na forma $z_{p2} = be^{2x}$. A substituição dessa função na equação leva a relação $4b + 16b + 16b = 1$, donde temos $b = \frac{1}{36}$. Portanto, a solução geral da equação para z vem na forma $z = C_1 z_1 + C_2 z_2 + z_{p1} + z_{p2} = (C_1 + C_2 x)e^{-4x} + \frac{4}{25}e^x - \frac{1}{36}e^{2x}$. Agora voltamos para y: $y = -z' - 5z + e^x = (-C_1 - C_2 - C_2 x)e^{-4x} + \frac{1}{25}e^x + \frac{7}{36}e^{2x}$. Assim, a solução geral do sistema é $\begin{cases} y = (-C_1 - C_2 - C_2 x)e^{-4x} + \frac{1}{25}e^x + \frac{7}{36}e^{2x} \\ z = (C_1 + C_2 x)e^{-4x} + \frac{4}{25}e^x - \frac{1}{36}e^{2x} \end{cases}$.

3. $\begin{cases} y' = y + 2z \\ z' = y - 5\sin x \end{cases}$. Usando a expressão $y = z' + 5\sin x$ da segunda equação, eliminamos y da primeira e obtemos: $z'' - z' - 2z = 5(\sin x - \cos x)$. A equação característica $\lambda^2 - \lambda - 2 = 0$ tem raiz reais simples $\lambda_1 = -1$ e $\lambda_2 = 2$, e consequentemente, as duas soluções independentes da equação homogênea se encontram na forma $z_1 = e^{-x}$ e $z_2 = e^{2x}$. Para encontrar a solução particular da equação não homogênea, consideremos a equação auxiliar $z'' - z' - 2z = 5e^{ix}$, cuja solução particular procuramos na forma $z_{pa} = ae^{ix}$. Substituindo essa função na equação, obtemos $(-3 - i)a = 5$, donde segue que $a = \frac{-3+i}{2}$, ou seja, $z_{pa} = \frac{-3+i}{2}e^{ix}$. Logo, a solução da equação $z'' - z' - 2z = 5\sin x$ se encontra via fórmula $z_{p1} = Im(z_{pa}) = Im(\frac{-3+i}{2}(\cos x + i\sin x)) = \frac{1}{2}\cos x - \frac{3}{2}\sin x$ e a solução de $z'' - z' - 2z = 5\cos x$ via fórmula $z_{p2} = Re(z_{pa}) = Re(\frac{-3+i}{2}(\cos x + i\sin x)) = -\frac{3}{2}\cos x - \frac{1}{2}\sin x$. Finalmente, a solução geral da equação para z tem a forma $z = C_1 z_1 + C_2 z_2 + z_{p1} - z_{p2} = C_1 e^{-x} + C_2 e^{2x} + 2\cos x - \sin x$. Agora voltamos para y: $y = z' + 5\sin x = -C_1 e^{-x} + 2C_2 e^{2x} - \cos x + 3\sin x$. Assim, a solução geral do sistema é $\begin{cases} y = -C_1 e^{-x} + 2C_2 e^{2x} - \cos x + 3\sin x \\ z = C_1 e^{-x} + C_2 e^{2x} + 2\cos x - \sin x \end{cases}$.

2.2 Método de Euler

Conforme a teoria de sistemas lineares, a solução geral de um sistema não homogêneo pode ser encontrado como a soma da solução geral do sistema homogêneo respectivo e uma solução particular qualquer do sistema não homogêneo. A busca pela solução geral do sistema homogêneo via método de Euler segue o mesmo esquema que antes. O problema adicional é encontrar uma solução particular do sistema original. Analogamente a resolução de equações lineares de ordem superior, o método de Euler é aplicado para algumas formas especiais, embora bastante genéricas e frequentes, de partes direitas $\mathbf{f}$ do sistema $\mathbf{y}' = A\mathbf{y} + \mathbf{f}$. A seguir, vamos considerar duas famílias de funções.

Método de Euler: parte direita $\mathbf{f} = \mathbf{P}_m(x)e^{\gamma x}$.

Lembramos que $\mathbf{P}_m(x)$ é a denotação da função polinomial vetorial de grau m, isto é, cada componente de $\mathbf{P}_m(x)$ é um polinômio de grau menor ou igual a m e pelo menos um deles tem o grau m. A expoente γ pode ser tanto real como complexa, embora nos exemplos desse item nós focamos em γ real. Para a parte direita $\mathbf{f} = \mathbf{P}_m(x)e^{\gamma x}$ o método de Euler sugere a busca da solução particular do sistema na forma $\mathbf{y}_p = \mathbf{Q}_{m+s}(x)e^{\gamma x}$, onde s é a multiplicidade de γ como raiz (autovalor) da equação característica ($s = 0$ se γ não é autovalor, $s = 1$ se γ é autovalor simples, etc.) e $\mathbf{Q}_{m+s}(x)$ é o polinômio vetorial de grau $m + s$ cujos coeficientes devem ser determinados substituindo $\mathbf{y}_p$ no sistema.

Exemplos.

1. $\begin{cases} y' = 2z - 2x \\ z' = 3 - 2y \end{cases}$. Reescrevemos esse sistema na forma vetorial $\mathbf{y}' = A\mathbf{y} + \mathbf{f}$, onde $\mathbf{y} = \begin{pmatrix} y \\ z \end{pmatrix}$, $A = \begin{pmatrix} 0 & 2 \\ -2 & 0 \end{pmatrix}$ e $\mathbf{f} = \begin{pmatrix} -2x \\ 3 \end{pmatrix}$. Começamos com o sistema homogêneo $\mathbf{y}' = A\mathbf{y}$. Os autovalores de A se encontram da equação característica $det(A - \lambda I) = det\begin{pmatrix} -\lambda & 2 \\ -2 & -\lambda \end{pmatrix} = \lambda^2 + 4 = 0$, donde temos $\lambda_{1,2} = \pm 2i$. Como sabemos, da dupla de autovalores complexos conjugados basta considerar um só, por exemplo, $\lambda_1 = 2i$. Substituindo $\lambda_1 = 2i$ na equação do autovetor $\mathbf{s} = \begin{pmatrix} a \\ b \end{pmatrix}$, obtemos $\begin{cases} -2ia + 2b = 0 \\ -2a - 2ib = 0 \end{cases}$. Usando a primeira equação (a segunda é consequência linear dela), temos $b = ia$ e então $\mathbf{s} = \begin{pmatrix} 1 \\ i \end{pmatrix}$ com a solução correspondente $\mathbf{y} = \mathbf{s}e^{\lambda_1 x} = \begin{pmatrix} 1 \\ i \end{pmatrix} e^{2ix}$. Para usar a forma real, extraimos a parte real e imaginária de $\mathbf{y}$: $\mathbf{u} = Re(\mathbf{y}) = Re(\begin{pmatrix} 1 \\ i \end{pmatrix}(\cos 2x + i\sin 2x)) = \begin{pmatrix} \cos 2x \\ -\sin 2x \end{pmatrix}$, $\mathbf{v} = Im(\mathbf{y}) = Im(\begin{pmatrix} 1 \\ i \end{pmatrix}(\cos 2x + i\sin 2x))) = \begin{pmatrix} \sin 2x \\ \cos 2x \end{pmatrix}$. Logo, a solução geral do sistema homogêneo vem na forma $\mathbf{y}_{gh} = C_1\mathbf{u} + C_2\mathbf{v} = C_1\begin{pmatrix} \cos 2x \\ -\sin 2x \end{pmatrix} + C_2\begin{pmatrix} \sin 2x \\ \cos 2x \end{pmatrix}$.

Passamos para busca da solução particular do sistema não homogêneo na forma $\mathbf{y}_p = \mathbf{Q}_{1+0}(x)e^{0 \cdot x} = \begin{pmatrix} ax + b \\ cx + d \end{pmatrix}$ ($\gamma = 0$ não é autovalor do sistema homogêneo e o grau do polinômio vetorial $\mathbf{f}$ é 1). Substituindo $\mathbf{y}_p$ e sua derivada $\mathbf{y}_p' = \begin{pmatrix} a \\ c \end{pmatrix}$ no sistema original, obtemos $\begin{cases} a = 2(cx + d) - 2x \\ c = 3 - 2(ax + b) \end{cases}$. Relações de coeficientes com x especificam $c = 1$, $a = 0$. Coeficientes livres formam duas equações $a = 2d$, $c = 3 - 2b$. Como $a = 0$, segue que $d = 0$, e usando $c = 1$ temos $b = 1$. Assim, a solução particular é encontrada na forma $\mathbf{y}_p = \begin{pmatrix} 1 \\ x \end{pmatrix}$.

Finalmente, a solução geral do sistema original é $\mathbf{y}_{gn} = \mathbf{y}_{gh} + \mathbf{y}_p = C_1\begin{pmatrix} \cos 2x \\ -\sin 2x \end{pmatrix} + C_2\begin{pmatrix} \sin 2x \\ \cos 2x \end{pmatrix} + \begin{pmatrix} 1 \\ x \end{pmatrix}$, ou na forma de componentes $\begin{cases} y = C_1\cos 2x + C_2\sin 2x + 1 \\ z = -C_1\sin 2x + C_2\cos 2x + x \end{cases}$. A resolução desse sistema pelo método de redução deu o resultado (Exemplo 1 da seção 2.1) $\begin{cases} y = A_1\sin 2x - A_2\cos 2x + 1 \\ z = A_1\cos 2x + A_2\sin 2x + x \end{cases}$, podemos ver que as duas soluções são iguais (basta usar $A_1 = C_2$ e $A_2 = -C_1$).

2. $\begin{cases} y' = z - 3y + e^{2x} \\ z' = -y - 5z + e^x \end{cases}$. Reescrevemos o sistema na forma vetorial $\mathbf{y}' = A\mathbf{y} + \mathbf{f}$, onde

$\mathbf{y} = \begin{pmatrix} y \\ z \end{pmatrix}$, $A = \begin{pmatrix} -3 & 1 \\ -1 & -5 \end{pmatrix}$, $\mathbf{f} = \mathbf{f}_1 + \mathbf{f}_2$, $\mathbf{f}_1 = \begin{pmatrix} 1 \\ 0 \end{pmatrix} e^{2x}$, $\mathbf{f}_2 = \begin{pmatrix} 0 \\ 1 \end{pmatrix} e^x$. Como toda a parte direita $\mathbf{f}$ não se encaixa diretamente no tipo de funções tratadas no método de Euler, precisamos dividir $\mathbf{f}$ em duas partes, cada uma delas tendo a forma que pode ser resolvida. Começamos com o sistema homogêneo $\mathbf{y}' = A\mathbf{y}$. Os autovalores de A se encontram da equação característica $det(A - \lambda I) = det \begin{pmatrix} -3 - \lambda & 1 \\ -1 & -5 - \lambda \end{pmatrix} = \lambda^2 + 8\lambda + 16 = 0$, donde temos um autovalor duplo $\lambda = -4$. Para autovetor $\mathbf{s} = \begin{pmatrix} a \\ b \end{pmatrix}$ temos o sistema $\begin{cases} a + b = 0 \\ -a - b = 0 \end{cases}$ donde encontramos $\mathbf{s} = \begin{pmatrix} 1 \\ -1 \end{pmatrix}$ com a solução correspondente $\mathbf{y}_1 = \mathbf{s}e^{\lambda x} = \begin{pmatrix} 1 \\ -1 \end{pmatrix} e^{-4x}$. Para completar o sistema fundamental de soluções, a segunda solução do sistema homogêneo, linearmente independente com $\mathbf{y}_1$, buscamos na forma $\mathbf{y}_2 = \begin{pmatrix} ax + b \\ cx + d \end{pmatrix} e^{-4x}$. A sua substituição no sistema homogêneo resulta em equações polinomiais $\begin{cases} -4ax - 4b + a = -3(ax + b) + (cx + d) \\ -4cx - 4d + c = -(ax + b) - 5(cx + d) \end{cases}$ ou simplificando

$\begin{cases} -ax - b + a = cx + d \\ cx + d + c = -ax - b \end{cases}$. Os coeficientes com x tem a única relação $c = -a$ e os coeficientes livres são relacionados pelas fórmulas $a - b - d = 0$ e $b + c + d = 0$, as quais, sob a condição $c = -a$, representam a mesma restrição $a - b - d = 0$. Escolhendo $a = 1$ e $b = 0$, obtemos $c = -1$ e $d = 1$. Assim, $\mathbf{y}_2 = \begin{pmatrix} x \\ -x + 1 \end{pmatrix} e^{-4x}$. Logo, a solução geral do sistema homogêneo vem na forma $\mathbf{y}_{gh} = C_1\mathbf{y}_1 + C_2\mathbf{y}_2 = C_1 \begin{pmatrix} 1 \\ -1 \end{pmatrix} e^{-4x} + C_2 \begin{pmatrix} x \\ -x + 1 \end{pmatrix} e^{-4x}$.

Encontramos agora a solução particular $\mathbf{y}_{p1}$ do sistema $\mathbf{y}' = A\mathbf{y} + \mathbf{f}_1$, $\mathbf{f}_1 = \begin{pmatrix} 1 \\ 0 \end{pmatrix} e^{2x}$. Ela pode ser procurada na forma $\mathbf{y}_{p1} = \mathbf{Q}_{0+0}(x)e^{2x} = \begin{pmatrix} a \\ b \end{pmatrix} e^{2x}$ ($\gamma = 4$ não é autovalor do sistema homogêneo e o grau do polinômio vetorial é 0). Substituindo $\mathbf{y}_{p1}$ e sua derivada no sistema original, obtemos $\begin{cases} 2a = -3a + b + 1 \\ 2b = -a - 5b \end{cases}$ ou $\begin{cases} 5a - b = 1 \\ a = -7b \end{cases}$. Então $b = -\frac{1}{36}$ e $a = \frac{7}{36}$. Logo, $\mathbf{y}_{p1} = \begin{pmatrix} 7/36 \\ -1/36 \end{pmatrix} e^{2x}$.

De maneira semelhante, encontramos a solução particular $\mathbf{y}_{p2}$ do sistema $\mathbf{y}' = A\mathbf{y} + \mathbf{f}_2$, $\mathbf{f}_2 = \begin{pmatrix} 0 \\ 1 \end{pmatrix} e^x$ usando a representação $\mathbf{y}_{p2} = \begin{pmatrix} a \\ b \end{pmatrix} e^x$. Substituindo $\mathbf{y}_{p2}$ e sua derivada no sistema original, obtemos $\begin{cases} a = -3a + b \\ b = -a - 5b + 1 \end{cases}$ ou $\begin{cases} b = 4a \\ a + 6b = 1 \end{cases}$. Então $a = \frac{1}{25}$ e $b = \frac{4}{25}$. Logo, $\mathbf{y}_{p2} = \begin{pmatrix} 1/25 \\ 4/25 \end{pmatrix} e^x$.

Finalmente, podemos compor a solução geral do sistema original: $\mathbf{y}_{gn} = \mathbf{y}_{gh} + \mathbf{y}_{p1} + \mathbf{y}_{p2} = C_1 \begin{pmatrix} 1 \\ -1 \end{pmatrix} e^{-4x} + C_2 \begin{pmatrix} x \\ -x + 1 \end{pmatrix} e^{-4x} + \begin{pmatrix} 7/36 \\ -1/36 \end{pmatrix} e^{2x} + \begin{pmatrix} 1/25 \\ 4/25 \end{pmatrix} e^x$, ou na forma de componentes $\begin{cases} y = (C_1 + C_2 x)e^{-4x} + \frac{7}{36}e^{2x} + \frac{1}{25}e^x \\ z = (C_2 - C_1 - C_2 x)e^{-4x} - \frac{1}{36}e^{2x} + \frac{4}{25}e^x \end{cases}$. Na resolução desse sistema pelo método de redução encontramos a seguinte solução geral (Exemplo 2): $\begin{cases} y = (-A_1 - A_2 - A_2 x)e^{-4x} + \frac{1}{25}e^x + \frac{7}{36}e^{2x} \\ z = (A_1 + A_2 x)e^{-4x} + \frac{4}{25}e^x - \frac{1}{36}e^{2x} \end{cases}$.

As duas soluções são equivalentes, o que pode ser conferido estabelecendo a relação $A_1 + A_2 = -C_1$,

$A_2 = -C_2$.

3. $\begin{cases} u' = 2u + v - 2w + 2 - x \\ v' = 1 - u \\ w' = u + v - w + 1 - x \end{cases}$. Reescrevemos o sistema na forma vetorial $\mathbf{y}' = A\mathbf{y} + \mathbf{f}$, onde

$\mathbf{y} = \begin{pmatrix} u \\ v \\ w \end{pmatrix}$, $A = \begin{pmatrix} 2 & 1 & -2 \\ -1 & 0 & 0 \\ 1 & 1 & -1 \end{pmatrix}$, $\mathbf{f} = \begin{pmatrix} -x+2 \\ 1 \\ -x+1 \end{pmatrix}$. Como sempre, começamos do sistema homogêneo.

Resolvendo a equação característica $det(A - \lambda I) = det \begin{pmatrix} 2-\lambda & 1 & -2 \\ -1 & -\lambda & 0 \\ 1 & 1 & -1-\lambda \end{pmatrix} = (1-\lambda)(\lambda^2+1) = 0$,

achamos um autovalor real $\lambda_1 = 1$ e dois complexos conjugados $\lambda_{2,3} = \pm i$. O autovetor $\mathbf{s}_1 = \begin{pmatrix} a_1 \\ b_1 \\ c_1 \end{pmatrix}$

encontramos do sistema $\begin{cases} a_1 + b_1 + c_1 = 0 \\ -a_1 - b_1 = 0 \\ a_1 + b_1 - 2c_1 = 0 \end{cases}$. Da primeira e segunda equações (a terceira é a

consequência linear delas) segue que $c_1 = 0$ e $a_1 = -b_1$. Então temos $\mathbf{s}_1 = \begin{pmatrix} 1 \\ -1 \\ 0 \end{pmatrix}$ e $\mathbf{y}_1 = \begin{pmatrix} 1 \\ -1 \\ 0 \end{pmatrix} e^x$.

Dos dois autovalores complexos conjugados escolhemos $\lambda_2 = i$ e montamos o autovetor complexo

correspondente $\mathbf{s} = \begin{pmatrix} a \\ b \\ c \end{pmatrix}$ resolvendo o sistema $\begin{cases} (2-i)a + b + c = 0 \\ -a - ib = 0 \\ a + b - (1+i)c = 0 \end{cases}$. Da primeira e segunda

equações (a terceira é a consequência linear delas) obtemos as relações $a = -ib$ e $c = -ib$, e

consequentemente, $\mathbf{s} = \begin{pmatrix} 1 \\ i \\ 1 \end{pmatrix}$. Então, as duas soluções na forma real são obtidas tomando parte

real e imaginária: $\mathbf{y}_2 = Re(\mathbf{s}e^{ix}) = Re(\begin{pmatrix} 1 \\ i \\ 1 \end{pmatrix}(\cos x + i\sin x)) = \begin{pmatrix} \cos x \\ -\sin x \\ \cos x \end{pmatrix}$ e $\mathbf{y}_3 = Im(\mathbf{s}e^{ix}) = $

$Im(\begin{pmatrix} 1 \\ i \\ 1 \end{pmatrix}(\cos x + i\sin x)) = \begin{pmatrix} \sin x \\ \cos x \\ \sin x \end{pmatrix}$. Assim, a solução geral do sistema homogêneo vem na forma

$\mathbf{y}_{gh} = C_1\mathbf{y}_1 + C_2\mathbf{y}_2 + C_3\mathbf{y}_3 = C_1 \begin{pmatrix} 1 \\ -1 \\ 0 \end{pmatrix} e^x + C_2 \begin{pmatrix} \cos x \\ -\sin x \\ \cos x \end{pmatrix} + C_3 \begin{pmatrix} \sin x \\ \cos x \\ \sin x \end{pmatrix}$.

Encontramos agora a solução particular do sistema não homogêneo na forma $\mathbf{y}_p = \mathbf{Q}_{1+0}(x)e^{0\cdot x} = $

$\begin{pmatrix} ax + b \\ cx + d \\ px + r \end{pmatrix}$ ($\gamma = 0$ não é autovalor do sistema homogêneo e o grau do polinômio vetorial é 1). Subs-

tituindo $\mathbf{y}_p$ no sistema original, obtemos $\begin{cases} a = 2(ax+b) + (cx+d) - 2(px+r) - x + 2 \\ c = -(ax+b) + 1 \\ p = (ax+b) + (cx+d) - (px+r) - x + 1 \end{cases}$. Das

relações dos coeficientes junto com x segue que $\begin{cases} 2a + c - 2p = 1 \\ a = 0 \\ a + c - p = 1 \end{cases}$ e então $a = 0$, $c = 1$, $p = 0$.

Consequentemente, para coeficientes livres temos $\begin{cases} 2b + d - 2r = a - 2 = -2 \\ -b = c - 1 = 0 \\ b + d - r = p - 1 = -1 \end{cases}$ donde encontramos

$b = 0, d = 0, r = 1$. Logo, $\mathbf{y}_p = \begin{pmatrix} 0 \\ x \\ 1 \end{pmatrix}$.

Juntando os resultados, obtemos a solução geral do sistema original: $\mathbf{y}_{gn} = \mathbf{y}_{gh} + \mathbf{y}_p =$
$C_1 \begin{pmatrix} 1 \\ -1 \\ 0 \end{pmatrix} e^x + C_2 \begin{pmatrix} \cos x \\ -\sin x \\ \cos x \end{pmatrix} + C_3 \begin{pmatrix} \sin x \\ \cos x \\ \sin x \end{pmatrix} + \begin{pmatrix} 0 \\ x \\ 1 \end{pmatrix}$.

Recomendamos ao leitor resolver esse sistema pelo método de redução e comparar as soluções.

4. $\begin{cases} u' = u - 2v - w - 2e^x \\ v' = -u + v + w + 2e^x \\ w' = u - w - e^x \end{cases}$. Reescrevemos o sistema na forma vetorial $\mathbf{y}' = A\mathbf{y} + \mathbf{f}$, onde

$\mathbf{y} = \begin{pmatrix} u \\ v \\ w \end{pmatrix}$, $A = \begin{pmatrix} 1 & -2 & -1 \\ -1 & 1 & 1 \\ 1 & 0 & -1 \end{pmatrix}$, $\mathbf{f} = \begin{pmatrix} -2 \\ 2 \\ -1 \end{pmatrix} e^x$. Como sempre, começamos do sistema homogêneo.

Resolvendo a equação característica $det(A - \lambda I) = det \begin{pmatrix} 1 - \lambda & -2 & -1 \\ -1 & 1 - \lambda & 1 \\ 1 & 0 & -1 - \lambda \end{pmatrix} = -(\lambda + 1)\lambda(\lambda - $

$2) = 0$, achamos tres autovalores reais distintos $\lambda_1 = -1$, $\lambda_2 = 0$, $\lambda_3 = 2$. O autovetor $\mathbf{s}_1 = \begin{pmatrix} a_1 \\ b_1 \\ c_1 \end{pmatrix}$

encontramos do sistema $\begin{cases} 2a_1 - 2b_1 - c_1 = 0 \\ -a_1 + 2b_1 + c_1 = 0 \\ a_1 = 0 \end{cases}$. Da terceira equação temos $a_1 = 0$ e outras duas

mostram a relação $c_1 = -2b_1$. Então temos $\mathbf{s}_1 = \begin{pmatrix} 0 \\ 1 \\ -2 \end{pmatrix}$ e $\mathbf{y}_1 = \begin{pmatrix} 0 \\ -1 \\ -2 \end{pmatrix} e^{-x}$. Para o segundo

autovetor $\mathbf{s}_2 = \begin{pmatrix} a_2 \\ b_2 \\ c_2 \end{pmatrix}$ temos o sistema $\begin{cases} a_2 - 2b_2 - c_2 = 0 \\ -a_2 + b_2 + c_2 = 0 \\ a_2 - c_2 = 0 \end{cases}$. Da terceira equação temos $a_2 = c_2$

e, então, a primeira (ou segunda) mostra que $b_2 = 0$. Então temos $\mathbf{s}_2 = \begin{pmatrix} 1 \\ 0 \\ 1 \end{pmatrix}$ e $\mathbf{y}_2 = \begin{pmatrix} 1 \\ 0 \\ 1 \end{pmatrix}$.

Finalmente, o terceiro autovetor $\mathbf{s}_3 = \begin{pmatrix} a_3 \\ b_3 \\ c_3 \end{pmatrix}$ satisfaz o sistema $\begin{cases} -a_3 - 2b_3 - c_3 = 0 \\ -a_3 - b_3 + c_3 = 0 \\ a_3 - 3c_3 = 0 \end{cases}$. Da terceira

equação segue que $a_3 = 3c_3$ e, então, a primeira (ou segunda) mostra que $b_3 = -2c_3$. Então, temos

$\mathbf{s}_3 = \begin{pmatrix} 3 \\ -2 \\ 1 \end{pmatrix}$ e $\mathbf{y}_3 = \begin{pmatrix} 3 \\ -2 \\ 1 \end{pmatrix} e^{2x}$. Portanto, a solução geral do sistema homogêneo vem na forma

$\mathbf{y}_{gh} = C_1\mathbf{y}_1 + C_2\mathbf{y}_2 + C_3\mathbf{y}_3 = C_1 \begin{pmatrix} 0 \\ 1 \\ -2 \end{pmatrix} e^{-x} + C_2 \begin{pmatrix} 1 \\ 0 \\ 1 \end{pmatrix} + C_3 \begin{pmatrix} 3 \\ -2 \\ 1 \end{pmatrix} e^{2x}$.

Passamos agora a parte não homogênea, cuja solução particular buscamos na forma $\mathbf{y}_p =$

$\mathbf{Q}_{0+0}(x)e^x = \begin{pmatrix} a \\ b \\ c \end{pmatrix} e^x$ ($\gamma = 1$ não é autovalor do sistema homogêneo e o grau do polinômio ve-

torial é 0). Substituindo $\mathbf{y}_p$ no sistema original, obtemos $\begin{cases} a = a - 2b - c - 2 \\ b = -a + b + c + 2 \\ c = a - c - 1 \end{cases}$. Simplificando o

sistema, temos $\begin{cases} 2b + c = -2 \\ a - c = 2 \\ a - 2c = 1 \end{cases}$. Das duas ultimas equações encontramos $a = 3$, $c = 1$ e da primeira

equação $b = -\frac{3}{2}$. Então, $\mathbf{y}_p = \begin{pmatrix} 3 \\ -3/2 \\ 1 \end{pmatrix} e^x$.

Juntando os resultados, obtemos a solução geral do sistema original: $\mathbf{y}_{gn} = \mathbf{y}_{gh} + \mathbf{y}_p =$

$C_1 \begin{pmatrix} 0 \\ 1 \\ -2 \end{pmatrix} e^{-x} + C_2 \begin{pmatrix} 1 \\ 0 \\ 1 \end{pmatrix} + C_3 \begin{pmatrix} 3 \\ -2 \\ 1 \end{pmatrix} e^{2x} + \begin{pmatrix} 3 \\ -3/2 \\ 1 \end{pmatrix} e^x.$

Recomendamos ao leitor resolver esse sistema pelo método de redução e comparar as soluções.

5. $\begin{cases} u' = -5u + v - 2w + e^{-x} + e^{-2x} \\ v' = -u - v + 3e^{-x} + 2e^{-2x} \\ w' = 6u - 2v + 2w - 2e^{-x} - 3e^{-2x} \end{cases}$. Reescrevemos o sistema na forma vetorial $\mathbf{y}' =$

$A\mathbf{y} + \mathbf{f}_1 + \mathbf{f}_2$, onde $\mathbf{y} = \begin{pmatrix} u \\ v \\ w \end{pmatrix}$, $A = \begin{pmatrix} -5 & 1 & -2 \\ -1 & -1 & 0 \\ 6 & -2 & 2 \end{pmatrix}$, $\mathbf{f}_1 = \begin{pmatrix} 1 \\ 3 \\ -2 \end{pmatrix} e^{-x}$, $\mathbf{f}_2 = \begin{pmatrix} 1 \\ 2 \\ -3 \end{pmatrix} e^{-2x}$. Como

sempre, começamos do sistema homogêneo. Resolvendo a equação característica $det(A - \lambda I) =$

$det \begin{pmatrix} -5 - \lambda & 1 & -2 \\ -1 & -1 - \lambda & 0 \\ 6 & -2 & 2 - \lambda \end{pmatrix} = -(\lambda + 2)((\lambda + 1)^2 + 1) = 0$, achamos um autovalor real $\lambda_1 = -2$

e dois complexos conjugados $\lambda_{2,3} = -1 \pm i$. O autovetor $\mathbf{s}_1 = \begin{pmatrix} a_1 \\ b_1 \\ c_1 \end{pmatrix}$ encontramos do sistema

$\begin{cases} -3a_1 + b_1 - 2c_1 = 0 \\ -a_1 + b_1 = 0 \\ 6a_1 - 2b_1 + 4c_1 = 0 \end{cases}$. Da segunda equação segue que $b_1 = a_1$ e, então, da primeira (ou da

terceira) que $c_1 = -a_1$. Logo, $\mathbf{s}_1 = \begin{pmatrix} 1 \\ 1 \\ -1 \end{pmatrix}$ e $\mathbf{y}_1 = \begin{pmatrix} 1 \\ 1 \\ -1 \end{pmatrix} e^{-2x}$. Dos dois autovalores complexos

conjugados escolhemos $\lambda_2 = -1 + i$ e montamos o autovetor complexo correspondente $\mathbf{s} = \begin{pmatrix} a \\ b \\ c \end{pmatrix}$

resolvendo o sistema $\begin{cases} (-4 - i)a + b - 2c = 0 \\ -a - ib = 0 \\ 6a - 2b + (3 - i)c = 0 \end{cases}$. Da segunda equação temos que $b = ia$ e, então,

da primeira (ou da terceira) que $c = -2a$. Logo, $\mathbf{s} = \begin{pmatrix} 1 \\ i \\ -2 \end{pmatrix}$ e a respectiva solução complexa

$\mathbf{y}_c = \mathbf{s}e^{(-1+i)x}$. Consequentemente, as duas soluções na forma real se encontram tomando parte real e imaginária: $\mathbf{y}_2 = Re(\mathbf{y}_c) = Re\left(\begin{pmatrix} 1 \\ i \\ -2 \end{pmatrix}(\cos x + i\sin x)e^{-x}\right) = \begin{pmatrix} \cos x \\ -\sin x \\ -2\cos x \end{pmatrix}e^{-x}$ e $\mathbf{y}_3 = Im(\mathbf{y}_c) =$

$Im\left(\begin{pmatrix} 1 \\ i \\ -2 \end{pmatrix}(\cos x + i\sin x)e^{-x}\right) = \begin{pmatrix} \sin x \\ \cos x \\ -2\sin x \end{pmatrix}$. Assim, a solução geral do sistema homogêneo vem na

forma $\mathbf{y}_{gh} = C_1\mathbf{y}_1 + C_2\mathbf{y}_2 + C_3\mathbf{y}_3 = C_1\begin{pmatrix} 1 \\ 1 \\ -1 \end{pmatrix}e^{-2x} + C_2\begin{pmatrix} \cos x \\ -\sin x \\ -2\cos x \end{pmatrix}e^{-x} + C_3\begin{pmatrix} \sin x \\ \cos x \\ -2\sin x \end{pmatrix}e^{-x}$.

Passamos agora para a parte não homogênea. Para primeira parte direita $\mathbf{f}_1$, procuramos solução particular na forma $\mathbf{y}_{p1} = \mathbf{Q}_{0+0}(x)e^{-x} = \begin{pmatrix} a \\ b \\ c \end{pmatrix}e^{(-x)}$ ($\gamma = -1$ não é autovalor do sistema homogêneo e o grau do polinômio vetorial é 0). Substituindo $\mathbf{y}_{p1}$ no sistema original, obtemos $\begin{cases} -a = -5a + b - 2c + 1 \\ -b = -a - b + 3 \\ -c = 6a - 2b + 2c - 2 \end{cases}$. Simplificando o sistema, temos $\begin{cases} 4a - b + 2c = 1 \\ a = 3 \\ 6a - 2b + 3c = 2 \end{cases}$. Como $a = 3$, a

primeira e terceira equações tomam a forma $\begin{cases} b - 2c = 11 \\ 2b - 3c = 16 \end{cases}$, donde $b = -1$ e $c = -6$. Então,

$\mathbf{y}_{p1} = \begin{pmatrix} 3 \\ -1 \\ -6 \end{pmatrix}e^{-x}$.

Para segunda parte direita $\mathbf{f}_2$, procuramos solução particular na forma $\mathbf{y}_{p2} = \mathbf{Q}_{0+1}(x)e^{-2x} = \begin{pmatrix} ax + \alpha \\ bx + \beta \\ cx + \sigma \end{pmatrix}e^{(-2x)}$ ($\gamma = -2$ é autovalor simples do sistema homogêneo e o grau do polinômio vetorial é 0). (Os parâmetros a, b, c e o polinômio Q da solução $\mathbf{y}_{p1}$ não serão usados mais, portanto, não haverá confusão de notações.) Substituindo $\mathbf{y}_{p2}$ no sistema com $\mathbf{f}_2$, obtemos $\begin{cases} -2ax - 2\alpha + a = -5(ax + \alpha) + (bx + \beta) - 2(cx + \sigma) + 1 \\ -2bx - 2\beta + b = -(ax + \alpha) - (bx + \beta) + 2 \\ -2cx - 2\sigma + c = 6(ax + \alpha) - 2(bx + \beta) + 2(cx + \sigma) - 3 \end{cases}$.

Das relações com x, temos o subsistema separado $\begin{cases} 3a - b + 2c = 0 \\ a - b = 0 \\ 6a - 2b + 4c = 0 \end{cases}$. Da segunda equação segue

que $b = a$ e, então, da primeira (ou da terceira) que $c = -a$. Os coeficientes constantes geram o segundo subsistema $\begin{cases} 3\alpha - \beta + 2\sigma = 1 - a \\ \alpha - \beta = 2 - b \\ 6\alpha - 2\beta + 4\sigma = 3 + c \end{cases}$. Levando em conta as relações $b = a$ e $c = -a$, obtemos

$\begin{cases} 3\alpha - \beta + 2\sigma = 1 - a \\ \alpha - \beta = 2 - a \\ 6\alpha - 2\beta + 4\sigma = 3 - a \end{cases}$. Substituindo a expressão $\beta = \alpha + a - 2$ da segunda equação na primeira e

terceira, obtemos $\begin{cases} 3\alpha - (\alpha + a - 2) + 2\sigma = 1 - a \\ 6\alpha - 2(\alpha + a - 2) + 4\sigma = 3 - a \end{cases}$ ou simplificando $\begin{cases} 2\alpha + 2\sigma = -1 \\ 4\alpha + 4\sigma = a - 1 \end{cases}$. Para

que essas duas equações sejam compatíveis, deve ser $a = -1$. Então, os demais coeficientes principais do polinômio $\mathbf{Q}_{0+1}(x)$ são $b = a = -1$, $c = -a = 1$. As relações para os termos constantes vão ficar $2\sigma = -1 - 2\alpha$ e $\beta = \alpha - 3$. Escolhendo, por exemplo, $\alpha = 0$, obtemos $\beta = -3$ e $\sigma = -\frac{1}{2}$.

Logo, a solução procurada tem a forma $\mathbf{y}_{p2} = \begin{pmatrix} -x \\ -x-3 \\ x-1/2 \end{pmatrix} e^{-2x}$.

Juntando os resultados, obtemos a solução geral do sistema original: $\mathbf{y}_{gn} = \mathbf{y}_{gh} + \mathbf{y}_{p1} + \mathbf{y}_{p1} =$

$$C_1 \begin{pmatrix} 1 \\ 1 \\ -1 \end{pmatrix} e^{-2x} + C_2 \begin{pmatrix} \cos x \\ -\sin x \\ -2\cos x \end{pmatrix} e^{-x} + C_3 \begin{pmatrix} \sin x \\ \cos x \\ -2\sin x \end{pmatrix} e^{-x} + \begin{pmatrix} 3 \\ -1 \\ -6 \end{pmatrix} e^{-x} + \begin{pmatrix} -x \\ -x-3 \\ x-1/2 \end{pmatrix} e^{-2x}.$$

Método de Euler: Parte direita $\mathbf{f} = \mathbf{P}_m(x)e^{\alpha x}\{\cos\beta x, \sin\beta x\}$.

. Lembramos que $\mathbf{P}_m(x)$ é o polinômio vetorial de grau m e as chaves significam que consideramos em paralelo qualquer um dos dois casos da parte direita: $\mathbf{f}_c = \mathbf{P}_m(x)e^{\alpha x}\cos\beta x$ ou $\mathbf{f}_s = \mathbf{P}_m(x)e^{\alpha x}\sin\beta x$. Aqui consideramos somente expoente real $\alpha \in \mathbb{R}$. Como no caso de equação linear, reduzimos essa parte direita ao Caso 1 com a expoente $\gamma = \alpha + i\beta \in \mathbb{C}$. Para isso, introduzimos a parte direita auxiliar $\mathbf{g} = \mathbf{P}_m(x)e^{\gamma x}$, $\gamma = \alpha + i\beta$ com a propriedade de que $\mathbf{f}_c = Re(\mathbf{g})$ e $\mathbf{f}_s = Im(\mathbf{g})$. Segundo o procedimento do Caso 1, buscamos a solução auxiliar na forma $\mathbf{z}_{pn} = \mathbf{Q}_{m+s}(x)e^{\gamma x}$, onde coeficientes do polinômio vetorial $\mathbf{Q}_{m+s}(x)$ são encontrados substituindo $\mathbf{z}_{pn}$ na equação auxiliar $\mathbf{z}' = A\mathbf{z} + \mathbf{g}$. Depois de encontrar $\mathbf{z}_{pn}$, podemos determinar as soluções $\mathbf{y}_c$ da equação $\mathbf{y}' = A\mathbf{y} + \mathbf{f}_c$ e $\mathbf{y}_s$ da equação $\mathbf{y}' = A\mathbf{y} + \mathbf{f}_s$, aplicando o Teorema 3: $\mathbf{y}_c = Re(\mathbf{z}_{pn})$ e $\mathbf{y}_s = Im(\mathbf{z}_{pn})$. Isso finaliza a busca da solução particular da equação original.

Exemplos.

1. $\begin{cases} y' = y + 2z \\ z' = y - 5\sin x \end{cases}$. Reescrevemos o sistema na forma vetorial $\mathbf{y}' = A\mathbf{y} + \mathbf{f}$, onde $\mathbf{y} = \begin{pmatrix} y \\ z \end{pmatrix}$,

$A = \begin{pmatrix} 1 & 2 \\ 1 & 0 \end{pmatrix}$, $\mathbf{f} = \begin{pmatrix} 0 \\ -5 \end{pmatrix}\sin x$. Começamos com o sistema homogêneo $\mathbf{y}' = A\mathbf{y}$. Os autovalores

de A se encontram da equação característica $det(A - \lambda I) = det\begin{pmatrix} 1-\lambda & 2 \\ 1 & -\lambda \end{pmatrix} = \lambda^2 - \lambda - 2 = 0$,

donde temos dois autovalores reais $\lambda_1 = -1$, $\lambda_2 = 2$. Para o primeiro autovetor $\mathbf{s}_1 = \begin{pmatrix} a_1 \\ b_1 \end{pmatrix}$

temos o sistema $\begin{cases} 2a_1 + 2b_1 = 0 \\ a_1 + b_1 = 0 \end{cases}$, donde segue que $\mathbf{s}_1 = \begin{pmatrix} 1 \\ -1 \end{pmatrix}$ com a solução correspondente

$\mathbf{y}_1 = \mathbf{s}_1 e^{\lambda_1 x} = \begin{pmatrix} 1 \\ -1 \end{pmatrix} e^{-x}$. Para o segundo autovetor $\mathbf{s}_2 = \begin{pmatrix} a_2 \\ b_2 \end{pmatrix}$ temos o sistema $\begin{cases} -a_2 + 2b_2 = 0 \\ a_2 - 2b_2 = 0 \end{cases}$

donde temos $\mathbf{s}_2 = \begin{pmatrix} 2 \\ 1 \end{pmatrix}$ com a solução correspondente $\mathbf{y}_2 = \mathbf{s}_2 e^{\lambda_2 x} = \begin{pmatrix} 2 \\ 1 \end{pmatrix} e^{2x}$. Logo, a solução geral

do sistema homogêneo vem na forma $\mathbf{y}_{gh} = C_1\mathbf{y}_1 + C_2\mathbf{y}_2 = C_1 \begin{pmatrix} 1 \\ -1 \end{pmatrix} e^{-x} + C_2 \begin{pmatrix} 2 \\ 1 \end{pmatrix} e^{2x}$.

Encontramos agora a solução particular $\mathbf{y}_p$ do sistema não homogêneo $\mathbf{y}' = A\mathbf{y} + \mathbf{f}$. Para isso, introduzimos a função auxiliar $\mathbf{g} = \begin{pmatrix} 0 \\ -5 \end{pmatrix} e^{ix}$ e consideramos o problema auxiliar $\mathbf{z}' = A\mathbf{z} + \mathbf{g}$. A solução do último pode ser procurada na forma $\mathbf{z}_p = \mathbf{Q}_{0+0}(x)e^{ix} = \begin{pmatrix} a \\ b \end{pmatrix} e^{ix}$ ($\gamma = i$ não é autovalor do sistema homogêneo e o grau do polinômio vetorial é 0). Substituindo $\mathbf{z}_p$ no sistema

auxiliar, obtemos $\begin{cases} ia = a + 2b \\ ib = a - 5 \end{cases}$. A solução desse sistema é $a = 3 - i$, $b = -1 + 2i$. Então

$\mathbf{z}_p = \begin{pmatrix} 3-i \\ -1+2i \end{pmatrix} e^{ix}$. Extraindo a parte imaginária de $\mathbf{z}_p$, encontramos a solução $\mathbf{y}_p$: $\mathbf{y}_p = Im(\mathbf{z}_p) =$

$$Im\left(\begin{pmatrix} 3-i \\ -1+2i \end{pmatrix}(\cos x + i\sin x)\right) = \begin{pmatrix} -\cos x + 3\sin x \\ 2\cos x - \sin x \end{pmatrix}.$$

Finalmente, achamos a solução geral do sistema original: $\mathbf{y}_{gn} = \mathbf{y}_{gh} + \mathbf{y}_p = C_1 \begin{pmatrix} 1 \\ -1 \end{pmatrix} e^{-x} +$

$C_2 \begin{pmatrix} 2 \\ 1 \end{pmatrix} e^{2x} + \begin{pmatrix} -\cos x + 3\sin x \\ 2\cos x - \sin x \end{pmatrix}$, ou na forma de componentes $\begin{cases} y = C_1 e^{-x} + 2C_2 e^{2x} - \cos x + 3\sin x \\ z = -C_1 e^{-x} + C_2 e^{2x} + 2\cos x - \sin x \end{cases}$.

Lembramos que na resolução desse sistema pelo método de redução encontramos a seguinte solução geral (Exemplo 3 da seção 2.1): $\begin{cases} y = -A_1 e^{-x} + 2A_2 e^{2x} - \cos x + 3\sin x \\ z = A_1 e^{-x} + A_2 e^{2x} + 2\cos x - \sin x \end{cases}$. Obviamente, as duas soluções coincidem.

2. $\begin{cases} y' = 4y - 3z + \sin x \\ z' = 2y - z - 2\cos x \end{cases}$. Reescrevemos o sistema na forma vetorial $\mathbf{y}' = A\mathbf{y} + \mathbf{f}$, onde

$\mathbf{y} = \begin{pmatrix} y \\ z \end{pmatrix}$, $A = \begin{pmatrix} 4 & -3 \\ 2 & -1 \end{pmatrix}$, $\mathbf{f} = \mathbf{f}_1 + \mathbf{f}_2$, $\mathbf{f}_1 = \begin{pmatrix} 1 \\ 0 \end{pmatrix}\sin x$, $\mathbf{f}_2 = \begin{pmatrix} 0 \\ -2 \end{pmatrix}\cos x$. A parte direita foi dividida em duas, porque não temos uma técnica de resolução para $\sin x$ e $\cos x$ ao mesmo tempo. Começamos com o sistema homogêneo $\mathbf{y}' = A\mathbf{y}$. Resolvendo a equação característica $det(A - \lambda I) =$ $det\begin{pmatrix} 4-\lambda & -3 \\ 2 & -1-\lambda \end{pmatrix} = \lambda^2 - 3\lambda + 2 = 0$, achamos os autovalores $\lambda_1 = 1$, $\lambda_2 = 2$. O primeiro autovetor $\mathbf{s}_1 = \begin{pmatrix} a_1 \\ b_1 \end{pmatrix}$ encontramos do sistema $\begin{cases} 3a_1 - 3b_1 = 0 \\ 2a_1 - 2b_1 = 0 \end{cases}$, donde segue que $\mathbf{s}_1 = \begin{pmatrix} 1 \\ 1 \end{pmatrix}$ com

a solução correspondente $\mathbf{y}_1 = \mathbf{s}_1 e^{\lambda_1 x} = \begin{pmatrix} 1 \\ 1 \end{pmatrix} e^x$. Para achar o segundo autovetor $\mathbf{s}_2 = \begin{pmatrix} a_2 \\ b_2 \end{pmatrix}$

resolvemos o sistema $\begin{cases} 2a_2 - 3b_2 = 0 \\ 2a_2 - 3b_2 = 0 \end{cases}$, cuja solução é $\mathbf{s}_2 = \begin{pmatrix} 3 \\ 2 \end{pmatrix}$. Então, a segunda solução tem

a forma $\mathbf{y}_2 = \mathbf{s}_2 e^{\lambda_2 x} = \begin{pmatrix} 3 \\ 2 \end{pmatrix} e^{2x}$. Logo, formamos a solução geral do sistema homogêneo: $\mathbf{y}_{gh} =$

$C_1\mathbf{y}_1 + C_2\mathbf{y}_2 = C_1 \begin{pmatrix} 1 \\ 1 \end{pmatrix} e^x + C_2 \begin{pmatrix} 3 \\ 2 \end{pmatrix} e^{2x}$.

Passamos agora ao encontro da solução particular $\mathbf{y}_p$ do sistema não homogêneo $\mathbf{y}' = A\mathbf{y} + \mathbf{f}$, $\mathbf{f} = \mathbf{f}_1 + \mathbf{f}_2$. Para resolver o sistema com a parte direita $\mathbf{f}_1 = \begin{pmatrix} 1 \\ 0 \end{pmatrix}\sin x$, consideremos a função

auxiliar $\mathbf{g}_1 = \begin{pmatrix} 1 \\ 0 \end{pmatrix} e^{ix}$ e o problema respectivo $\mathbf{z}' = A\mathbf{z} + \mathbf{g}_1$. A solução particular do último pode

ser procurada na forma $\mathbf{z}_{p1} = \begin{pmatrix} a \\ b \end{pmatrix} e^{ix}$ ($\gamma = i$ não é autovalor do sistema homogêneo e o grau do

polinômio vetorial é 0). Para especificar a e b, substituimos $\mathbf{z}_{p1}$ no sistema auxiliar e obtemos $\begin{cases} ia = 4a - 3b + 1 \\ ib = 2a - b \end{cases}$. A solução desse sistema é $a = \frac{1}{5}(-1 + 2i)$, $b = \frac{1}{5}(1 + 3i)$. Então $\mathbf{z}_{p1} =$

$\frac{1}{5}\begin{pmatrix} -1+2i \\ 1+3i \end{pmatrix} e^{ix}$. Extraindo a parte imaginária de $\mathbf{z}_{p1}$, encontramos a solução $\mathbf{y}_{p1}$: $\mathbf{y}_{p1} = Im(\mathbf{z}_{p1}) =$

$Im(\frac{1}{5}\begin{pmatrix} -1+2i \\ 1+3i \end{pmatrix}(\cos x + i\sin x)) = \frac{1}{5}\begin{pmatrix} 2\cos x - \sin x \\ 3\cos x + \sin x \end{pmatrix}$. De maneira análoga, para resolver o sistema

com a parte direita $\mathbf{f}_2 = \begin{pmatrix} 0 \\ -2 \end{pmatrix}\cos x$, consideremos a função auxiliar $\mathbf{g}_2 = \begin{pmatrix} 0 \\ -2 \end{pmatrix} e^{ix}$ e o problema

respectivo $\mathbf{z}' = A\mathbf{z} + \mathbf{g}_2$, cuja solução particular buscamos na forma $\mathbf{z}_{p2} = \begin{pmatrix} c \\ d \end{pmatrix} e^{ix}$. Substituindo $\mathbf{z}_{p2}$

no segundo sistema auxiliar, obtemos $\begin{cases} ia = 4a - 3b \\ ib = 2a - b - 2 \end{cases}$ e encontramos $a = \frac{1}{5}(3+9i)$, $b = \frac{1}{5}(7+11i)$.

Então $\mathbf{z}_{p2} = \frac{1}{5}\begin{pmatrix} 3+9i \\ 7+11i \end{pmatrix} e^{ix}$. Extraindo a parte real de $\mathbf{z}_{p2}$, achamos a solução $\mathbf{y}_{p2}$: $\mathbf{y}_{p2} = Re(\mathbf{z}_{p2}) =$

$Im(\frac{1}{5}\begin{pmatrix} 3+9i \\ 7+11i \end{pmatrix}(\cos x + i\sin x)) = \frac{1}{5}\begin{pmatrix} 3\cos x - 9\sin x \\ 7\cos x - 11\sin x \end{pmatrix}$. Logo, a solução particular do sistema

original encontramos na forma $\mathbf{y}_p = \mathbf{y}_{p1} + \mathbf{y}_{p2} = \frac{1}{5}\begin{pmatrix} 2\cos x - \sin x \\ 3\cos x + \sin x \end{pmatrix} + \frac{1}{5}\begin{pmatrix} 3\cos x - 9\sin x \\ 7\cos x - 11\sin x \end{pmatrix} =$

$\begin{pmatrix} \cos x - 2\sin x \\ 2\cos x - 2\sin x \end{pmatrix}$.

Juntando os resultados, temos a solução geral do sistema original: $\mathbf{y}_{gn} = \mathbf{y}_{gh} + \mathbf{y}_p = C_1\begin{pmatrix} 1 \\ 1 \end{pmatrix}e^x +$

$C_2\begin{pmatrix} 3 \\ 2 \end{pmatrix}e^{2x} + \begin{pmatrix} \cos x - 2\sin x \\ 2\cos x - 2\sin x \end{pmatrix}$.

Recomendamos ao leitor resolver esse sistema pelo método de redução e comparar as soluções.

3. $\begin{cases} u' = -3u - 4v + 4w + \sin x + \cos x \\ v' = 3u + 4v - 5w - \sin x - \cos x \\ w' = u + v - 2w \end{cases}$. Reescrevemos o sistema na forma vetorial $\mathbf{y}' =$

$A\mathbf{y} + \mathbf{f}_1 + \mathbf{f}_2$, onde $\mathbf{y} = \begin{pmatrix} u \\ v \\ w \end{pmatrix}$, $A = \begin{pmatrix} -3 & -4 & 4 \\ 3 & 4 & -5 \\ 1 & 1 & -2 \end{pmatrix}$, $\mathbf{f}_1 = \begin{pmatrix} 1 \\ -1 \\ 0 \end{pmatrix}\sin x$, $\mathbf{f}_2 = \begin{pmatrix} 1 \\ -1 \\ 0 \end{pmatrix}\cos x$. Como

sempre, começamos do sistema homogêneo. Resolvendo a equação característica $det(A - \lambda I) =$

$det\begin{pmatrix} -3-\lambda & -4 & 4 \\ 3 & 4-\lambda & -5 \\ 1 & 1 & -2-\lambda \end{pmatrix} = -(\lambda+3)[(\lambda-4)(\lambda+2)+5] + 4[-3(\lambda+2)+5] + 4[3-(4-\lambda)] =$

$-(\lambda+3)(\lambda+1)(\lambda-3) - 8(\lambda+1) = -(\lambda+1)(\lambda^2-1) = 0$, achamos um autovalor real simples $\lambda_1 = 1$
e um duplo $\lambda_{2,3} = -1$.

O primeiro autovetor $\mathbf{s}_1 = \begin{pmatrix} a_1 \\ b_1 \\ c_1 \end{pmatrix}$ se encontra do sistema $\begin{cases} -4a_1 - 4b_1 + 4c_1 = 0 \\ 3a_1 + 3b_1 - 5c_1 = 0 \\ a_1 + b_1 - 3c_1 = 0 \end{cases}$. Segue então

que $c_1 = 0$ e $b_1 = -a_1$. Logo, $\mathbf{s}_1 = \begin{pmatrix} 1 \\ -1 \\ 0 \end{pmatrix}$ e $\mathbf{y}_1 = \begin{pmatrix} 1 \\ -1 \\ 0 \end{pmatrix}e^x$. Para o segundo autovetor $\mathbf{s}_2 = \begin{pmatrix} a_2 \\ b_2 \\ c_2 \end{pmatrix}$

temos o sistema $\begin{cases} -2a_2 - 4b_2 + 4c_2 = 0 \\ 3a_2 + 5b_2 - 5c_2 = 0 \\ a_2 + b_2 - c_2 = 0 \end{cases}$. Disso segue que $a_2 = 0$ e $b_2 = c_2$. Logo, $\mathbf{s}_2 = \begin{pmatrix} 0 \\ 1 \\ 1 \end{pmatrix}$ e

$\mathbf{y}_2 = \begin{pmatrix} 0 \\ 1 \\ 1 \end{pmatrix}e^{-x}$. Como não existe outro autovetor do autovalor $\lambda_{2,3} = -1$, linearmente independente

com $\mathbf{s}_2$, então a segunda solução relacionada com expoente e^{-x} deve ser procurada na forma $\mathbf{y}_3 =$

$\begin{pmatrix} ax + \alpha \\ bx + \beta \\ cx + \gamma \end{pmatrix}e^{-x}$, onde coeficientes se encontram substituindo essa função no sistema homogêneo.

Isso leva ao seguinte sistema: $\begin{cases} -ax - \alpha + a = -3(ax+\alpha) - 4(bx+\beta) + 4(cx+\gamma) \\ -bx - \beta + b = 3(ax+\alpha) + 4(bx+\beta) - 5(cx+\gamma) \\ -cx - \gamma + c = (ax+\alpha) + (bx+\beta) - 2(cx+\gamma) \end{cases}$. Para os coeficientes de x obtemos um subsistema separado $\begin{cases} -2a - 4b + 4c = 0 \\ 3a + 5b - 5c = 0 \\ a + b - c = 0 \end{cases}$, donde segue que $a = 0$ e

$b = c$. O segundo subsistema, para os termos constantes, tem a forma $\begin{cases} -2\alpha - 4\beta + 4\gamma = a = 0 \\ 3\alpha + 5\beta - 5\gamma = b = c \\ \alpha + \beta - \gamma = c \end{cases}$.

Multiplicando a terceira equação por 5 e subtraindo do resultado a segunda, obtemos $2\alpha = 4c$ ou $\alpha = 2c$. Então, a primeira equação assume a forma $-4\beta + 4\gamma = 4c$ ou $\beta = \gamma - c$. Escolhendo, por exemplo, $c = 1$ e $\gamma = 0$, temos $b = c = 1$, $\alpha = 2c = 2$, $\beta = \gamma - c = -1$, e especificamos a terceira solução na forma $\mathbf{y}_3 = \begin{pmatrix} 2 \\ x - 1 \\ x \end{pmatrix} e^{-x}$. Assim, a solução geral do sistema homogêneo vem na forma

$$\mathbf{y}_{gh} = C_1 \mathbf{y}_1 + C_2 \mathbf{y}_2 + C_3 \mathbf{y}_3 = C_1 \begin{pmatrix} 1 \\ -1 \\ 0 \end{pmatrix} e^x + C_2 \begin{pmatrix} 0 \\ 1 \\ 1 \end{pmatrix} e^{-x} + C_3 \begin{pmatrix} 2 \\ x - 1 \\ x \end{pmatrix} e^{-x}.$$

Passamos agora para a parte não homogênea. Ambas as partes, $\mathbf{f}_1$ e $\mathbf{f}_2$, podemos substituir pela mesma parte direita auxiliar $\mathbf{g} = \begin{pmatrix} 1 \\ -1 \\ 0 \end{pmatrix} e^{ix}$. Como i não é raiz da equação característica e o polinômio junto com exponencial é de grau 0, procuramos solução particular auxiliar na forma $\mathbf{y}_{pa} = \mathbf{Q}_{0+0}(x)e^{ix} = \begin{pmatrix} a \\ b \\ c \end{pmatrix} e^{ix}$. Substituindo $\mathbf{y}_{pa}$ no sistema com a parte direita $\mathbf{g}$,

obtemos $\begin{cases} ia = -3a - 4b + 4c + 1 \\ ib = 3a + 4b - 5c - 1 \\ ic = a + b - 2c \end{cases}$. Simplificando o sistema, temos $\begin{cases} (3+i)a + 4b - 4c = 1 \\ 3a + (4-i)b - 5c = 1 \\ a + b - (2+i)c = 0 \end{cases}$.

Da terceira equação expresssamos a como $a = (2+i)c - b$ e substituímos nas duas primeiras:
$\begin{cases} (3+i)((2+i)c - b) + 4b - 4c = 1 \\ 3((2+i)c - b) + (4-i)b - 5c = 1 \end{cases}$, ou após a simplificação $\begin{cases} (1-i)b + (1+5i)c = 1 \\ (1-i)b + (1+3i)c = 1 \end{cases}$. Sub-

traindo a segunda equação da primeira, encontramos $(1+5i)c - (1+3i)c = 0$, donde $c = 0$. Então $b = \frac{1}{1-i} = \frac{1+i}{2}$ e $a = -b = -\frac{1+i}{2}$. Consequentemente, a solução particular auxiliar tem a forma

$\mathbf{y}_{pa} = \frac{1}{2} \begin{pmatrix} -1-i \\ 1+i \\ 0 \end{pmatrix} e^{ix}$. As duas soluções particulares do sistema original são obtidas tomando parte

real e imaginária de $\mathbf{y}_{pa}$: $\mathbf{y}_{p1} = Re(\mathbf{y}_{pa}) = \frac{1}{2}Re(\begin{pmatrix} -1-i \\ 1+i \\ 0 \end{pmatrix} (\cos x + i\sin x)) = \frac{1}{2} \begin{pmatrix} -\cos x + \sin x \\ \cos x - \sin x \\ 0 \end{pmatrix}$ e

$\mathbf{y}_{p2} = Im(\mathbf{y}_{pa}) = \frac{1}{2}Im(\begin{pmatrix} -1-i \\ 1+i \\ 0 \end{pmatrix} (\cos x + i\sin x)) = \frac{1}{2} \begin{pmatrix} -\cos x - \sin x \\ \cos x + \sin x \\ 0 \end{pmatrix}$. Somando duas soluções

particulares, obtemos $\mathbf{y}_p = \mathbf{y}_{p1} + \mathbf{y}_{p2} = \begin{pmatrix} -\cos x \\ \cos x \\ 0 \end{pmatrix}$.

Finalmente, a solução geral do sistema original encontramos na forma $\mathbf{y}_{gn} = \mathbf{y}_{gh} + \mathbf{y}_p = C_1 \begin{pmatrix} 1 \\ -1 \\ 0 \end{pmatrix} e^x + C_2 \begin{pmatrix} 0 \\ 1 \\ 1 \end{pmatrix} e^{-x} + C_3 \begin{pmatrix} 2 \\ x - 1 \\ x \end{pmatrix} e^{-x} + \begin{pmatrix} -\cos x \\ \cos x \\ 0 \end{pmatrix}$.

Exercícios para o leitor

Resolver usando o método de redução e o de Eulaer e comprarar as soluções:

1. $\begin{cases} u' = v + 1 \\ v' = u + 1 \end{cases}$.

2. $\begin{cases} u' = v + x \\ v' = u - t \end{cases}$.

3. $\begin{cases} u' = v + 2e^x \\ v' = u + x^2 \end{cases}$.

4. $\begin{cases} u' = v - 5\cos x \\ v' = 2u + v \end{cases}$.

5. $\begin{cases} u' = 2u - 4v + 4e^{-2x} \\ v' = 2u - 2v \end{cases}$.

6. $\begin{cases} u' = 4u + v - e^{2x} \\ v' = v - 2u \end{cases}$.

7. $\begin{cases} u' = 2v - u + 1 \\ v' = 3v - 2u \end{cases}$.

8. $\begin{cases} u' = 2u + v + e^x \\ v' = -2u + 2x \end{cases}$.

9. $\begin{cases} u' = 2u - v \\ v' = v - 2u + 18x \end{cases}$.

10. $\begin{cases} u' = u - v + 2\sin x \\ v' = 2u - v \end{cases}$.

11. $\begin{cases} u' = 2u - v \\ v' = u + 2e^x \end{cases}$.

12. $\begin{cases} u' = 2u + v + 2e^x \\ v' = u + 2v - 3e^{4x} \end{cases}$.

13. $\begin{cases} u' = 2u - v \\ v' = 2v - u - 5e^x \sin x \end{cases}$.

14. $\begin{cases} u' = -2u + 3v + 4w - 3x \\ v' = -6u + 7v + 6w + 1 - 7x \\ w' = u - v + w + x \end{cases}$.

15. $\begin{cases} u' = 4u + 3v - 3w \\ v' = -3u - 2v + 3w \\ w' = 3u + 3v - 2w + 2e^{-x} \end{cases}$.

16. $\begin{cases} u' = u - 2v - w - 2e^x \\ v' = -u + v + w + 2e^x \\ w' = u - w - e^x \end{cases}$.

2.3 Método de variação de parâmetros (método de Lagrange)

Esse método é a extensão do método de variação de parâmetro já aplicado para resolução de equações lineares não homogêneas da primeira ordem e de ordem superior. Seguindo a idéia do método, primeiro, encontramos a solução geral do sistema homogêneo respectivo, e depois usamos a forma dessa solução, com funções incógnitas no lugar de constantes arbitrárias, para encontrar a solução do sistema não homogêneo. Teoricamente, esse método permite encontrar a solução particular para qualquer parte direita, mas, usualmente, ele exige mais trabalho técnico que o método de redução ou o de Euler, nos casos quando todos os métodos são aplicáveis.

Vamos começar da descrição geral do algoritmo. Dado um sistema linear não homogêneo de coeficientes constantes $\mathbf{y}' = A\mathbf{y} + \mathbf{f}$, encontramos, primeiro, a solução geral do sistema homogêneo correspondente $\mathbf{y}' = A\mathbf{y}$, usando um dos métodos já estudados. Lembramos que essa solução geral tem a forma $\mathbf{y}_{gh} = C_1\mathbf{y}_1 + \ldots C_n\mathbf{y}_n$, onde $\mathbf{y}_1, \ldots, \mathbf{y}_n$ são soluções particulares linearmente independentes desse sistema e $C_1, \ldots, C_n$ são constantes arbitrárias. No segundo passo, buscamos a solução geral do sistema original na forma $\mathbf{y}_{gn} = C_1(x)\mathbf{y}_1 + \ldots C_n(x)\mathbf{y}_n$, onde $C_1, \ldots, C_n$ são funções a serem determinadas. Para encontrar essas funções, substituímos a forma proposta de $\mathbf{y}_{gn}$ no sistema original e obtemos $\mathbf{y_{gn}}' = [C_1'\mathbf{y}_1 + \ldots C_n'\mathbf{y}_n] + [C_1\mathbf{y}_1' + \ldots C_n\mathbf{y}_n'] = [C_1'\mathbf{y}_1 + \ldots C_n'\mathbf{y}_n] + \mathbf{y_{gh}}' = A[C_1\mathbf{y}_1 + \ldots C_n\mathbf{y}_n] + \mathbf{f} = A\mathbf{y}_{gh} + \mathbf{f}$. Como $\mathbf{y}_{gh}' = A\mathbf{y}_{gh}$, então o sistema se simplifica a forma $C_1'\mathbf{y}_1 + \ldots C_n'\mathbf{y}_n = \mathbf{f}$. O último sistema não tem a forma normal em relação às funções incógnitas $C_1, \ldots, C_n$, na qual k-ésima equação contém somente a derivada C_k' na forma explícita. Portanto, primeiro, esse sistema se resolve em relação às derivadas $C_1', \ldots, C_n'$, usando, por exemplo, o método de eliminação de Gauss (uma vez que, para qualquer x fixo, esse sistema é um sistema linear algébrico para incógnitas $C_1', \ldots, C_n'$). Como resultado, é obtido um conjunto desacoplado de n equações, cada uma contendo uma incógnita C_k', na forma isolada, expressa em termos de funções conhecidas $\mathbf{y}_1, \ldots, \mathbf{y}_n$ e $\mathbf{f}$, ou seja, $C_k' = F_k(x)$, $k = 1, \ldots, n$, onde $F_k(x)$ são funções dadas. Em seguida, resolvemos cada uma dessas equações separadamente, integrando a função do lado direito. As soluções gerais encontradas $C_k(x)$ substituímos na forma proposta da solução geral $\mathbf{y}_{gn}$ e assim o sistema linear não homogêneo será resolvido. Notamos que a solução geral $\mathbf{y}_{gn}$ contém todas as soluções particulares.

Exemplos.

1. $\begin{cases} u' = u - v + \frac{1}{\cos x} \\ v' = 2u - v \end{cases}$. Primeiro, resolvemos o sistema homogêneo respectivo $\begin{cases} u' = u - v \\ v' = 2u - v \end{cases}$, usando qualquer método já conhecido. Por exemplo, aplicando o método de Euler, encontramos os autovalores da equação característica $det(A - \lambda I) = det\begin{pmatrix} 1 - \lambda & -1 \\ 2 & -1 - \lambda \end{pmatrix} = \lambda^2 + 1 = 0$, donde temos $\lambda_{1,2} = \pm i$. Do par de autovalores complexos conjugados basta considerar um só, por exemplo, $\lambda_1 = -i$ o que leva ao seguinte sistema para componentes do autovetor $\begin{cases} (1 + i)a - b = 0 \\ 2a - (1 - i)b = 0 \end{cases}$. Usando a primeira equação (a segunda é consequência linear dela), temos $b = (1 + i)a$ e então $\mathbf{s} = \begin{pmatrix} 1 \\ 1 + i \end{pmatrix}$ com a solução correspondente $\mathbf{y} = \mathbf{s}e^{\lambda_1 x} = \begin{pmatrix} 1 \\ 1 + i \end{pmatrix} e^{-ix}$. Para passar a forma real de soluções, extraimos a parte real e imaginária de $\mathbf{y}$: $\mathbf{y}_1 = Re(\mathbf{y}) = Re(\begin{pmatrix} 1 \\ 1 + i \end{pmatrix}(\cos x - i\sin x)) = \begin{pmatrix} \cos x \\ \cos x + \sin x \end{pmatrix}$,

$\mathbf{y}_2 = Im(\mathbf{y}) = Im(\begin{pmatrix} 1 \\ 1+i \end{pmatrix}(\cos x - i\sin x))) = \begin{pmatrix} -\sin x \\ \cos x - \sin x \end{pmatrix}$. Logo, a solução geral do sistema

homogêneo vem na forma $\mathbf{y}_{gh} = C_1\mathbf{y}_1 + C_2\mathbf{y}_2 = C_1\begin{pmatrix} \cos x \\ \cos x + \sin x \end{pmatrix} + C_2\begin{pmatrix} -\sin x \\ \cos x - \sin x \end{pmatrix}$.

No segundo passo do algoritmo, procuramos a solução geral do sistema não homogêneo na forma $u = C_1(x)\cos x - C_2(x)\sin x$, $v = (C_1(x) + C_2(x))\cos x + (C_1(x) - C_2(x))\sin x$. Substituindo essas funções no sistema original, obtemos

$$\begin{cases} C_1'\cos x - C_2'\sin x - C_1\sin x - C_2\cos x = [C_1\cos x - C_2\sin x] - [(C_1+C_2)\cos x + (C_1-C_2)\sin x] + \frac{1}{\cos x} \\ (C_1' + C_2')\cos x + (C_1' - C_2')\sin x - (C_1 + C_2)\sin x + (C_1 - C_2)\cos x \\ \qquad\qquad\qquad = 2[C_1\cos x - C_2\sin x] - [(C_1+C_2)\cos x + (C_1-C_2)\sin x] \end{cases}$$

Simplificando, temos

$$\begin{cases} C_1'\cos x - C_2'\sin x = \frac{1}{\cos x} \\ C_1'(\cos x + \sin x) + C_2'(\cos x - \sin x) = 0 \end{cases}.$$

Resolvendo o sistema linear algébrico em relação a C_1', C_2', encontramos duas equações desacopladas: $C_1' = 1 - \tan x$, $C_2' = 1 + \tan x$. A integração dos lados direitos dá as soluções para C_1 e C_2: $C_1 = x + \ln|\tan x| + A_1$, $C_2 = x - \ln|\tan x| + A_2$. Para finalizar a resolução do sistema original, resta substituir essas expressões na fórmula da solução geral:

$$\begin{cases} u = (x + \ln|\tan x| + A_1)\cos x - (x - \ln|\tan x| + A_2)\sin x \\ v = (A_1 + A_2 + 2x)\cos x + (A_1 - A_2 + 2\ln|\tan x|)\sin x \end{cases}.$$

2. $\begin{cases} u' = -2u - 4v + 1 + 4x \\ v' = -u + v + \frac{3}{2}x^2 \end{cases}$. Primeiro, resolvemos o sistema homogêneo respectivo $\begin{cases} u' = -2u - 4u \\ v' = -u + v \end{cases}$,

usando qualquer método já conhecido. Por exemplo, aplicando o método de Euler, resolvemos a equação característica $det(A - \lambda I) = det\begin{pmatrix} -2-\lambda & -4 \\ -1 & 1-\lambda \end{pmatrix} = \lambda^2 + \lambda - 6 = 0$ e encontramos autova-

lores $\lambda_{1,2} = -3, 2$. Para $\lambda_1 = 2$ temos o sistema para componentes do autovetor $\begin{cases} -4a - 4b = 0 \\ -a - b = 0 \end{cases}$,

donde segue a relação $a = -b$. Logo, $\mathbf{s}_1 = \begin{pmatrix} -1 \\ 1 \end{pmatrix}$ e a solução correspondente $\mathbf{y}_1 = \mathbf{s}_1 e^{\lambda_1 x} = \begin{pmatrix} -1 \\ 1 \end{pmatrix} e^{2x}$.

Para $\lambda_2 = -3$ temos o sistema para componentes do autovetor $\begin{cases} a - 4b = 0 \\ -a + 4b = 0 \end{cases}$, donde segue a re-

lação $a = 4b$. Logo, $\mathbf{s}_2 = \begin{pmatrix} 1 \\ 4 \end{pmatrix}$ e a solução correspondente $\mathbf{y}_2 = \mathbf{s}_2 e^{\lambda_2 x} = \begin{pmatrix} 4 \\ 1 \end{pmatrix} e^{-3x}$. Então, a solução

geral do sistema homogêneo vem na forma $\mathbf{y}_{gh} = C_1\mathbf{y}_1 + C_2\mathbf{y}_2 = C_1\begin{pmatrix} -1 \\ 1 \end{pmatrix} e^{2x} + C_2\begin{pmatrix} 4 \\ 1 \end{pmatrix} e^{-3x}$.

No segundo passo do algoritmo, procuramos a solução geral do sistema não homogêneo na forma $u = -C_1(x)e^{2x} + 4C_2(x)e^{-3x}$, $v = C_1(x)e^{2x} + C_2(x)e^{-3x}$. Substituindo essas funções no sistema original, obtemos

$$\begin{cases} -C_1'e^{2x} + 4C_2'e^{-3x} - 2C_1e^{2x} - 12C_2e^{-3x} = -2[-C_1e^{2x} + 4C_2e^{-3x}] - 4[C_1e^{2x} + C_2e^{-3x}] + 1 + 4x \\ C_1'e^{2x} + C_2'e^{-3x} + 2C_1e^{2x} - 3C_2e^{-3x} = -[-C_1e^{2x} + 4C_2e^{-3x}] + [C_1e^{2x} + C_2e^{-3x}] + \frac{3}{2}x^2 \end{cases},$$

ou simplificando,

$$\begin{cases} -C_1'e^{2x} + 4C_2'e^{-3x} = 1 + 4x \\ C_1'e^{2x} + C_2'e^{-3x} = \frac{3}{2}x^2 \end{cases}.$$

Resolvendo o sistema linear algébrico em relação a C_1', C_2', encontramos duas equações desacopladas: $C_1' = \frac{1}{5}(6x^2 - 4x - 1)e^{-2x}$, $C_2' = \frac{1}{10}(3x^2 + 8x + 2)e^{3x}$. A integração dos lados direitos dá as soluções para C_1 e C_2: $C_1 = -\frac{1}{5}(3x^2 + x)e^{-2x} + A_1$, $C_2 = \frac{1}{10}(x^2 + 2x)e^{3x} + A_2$. Para finalizar a resolução do sistema original, resta substituir essas expressões na fórmula da solução geral:

$$\begin{cases} u = -C_1 e^{2x} + 4C_2 e^{-3x} + x^2 + x \\ v = C_1 e^{2x} + C_2 e^{-3x} - \frac{x^2}{2} \end{cases}.$$

Recomendamos ao leitor resolver esse sistema usando o método de redução e o de Euler e comprarar as soluções.

3. $\begin{cases} u' = v + \tan^2 x - 1 \\ v' = -u + \tan x \end{cases}$. Primeiro, resolvemos o sistema homogêneo respectivo $\begin{cases} u' = v \\ v' = -u \end{cases}$, usando qualquer método já conhecido. Por exemplo, aplicando o método de Euler, resolvemos a equação característica $det(A - \lambda I) = det\begin{pmatrix} -\lambda & 1 \\ -1 & -\lambda \end{pmatrix} = \lambda^2 + 1 = 0$ e encontramos autovalores $\lambda_{1,2} = \pm i$. Usando $\lambda_1 = -i$, obtemos o sistema para componentes do autovetor $\begin{cases} ia + b = 0 \\ -a + ib = 0 \end{cases}$, donde segue a relação $a = ib$. Consequentemente, $\mathbf{s} = \begin{pmatrix} i \\ 1 \end{pmatrix}$ e a solução correspondente $\mathbf{y} = \mathbf{s}e^{\lambda_1 x} = \begin{pmatrix} i \\ 1 \end{pmatrix} e^{-ix}$. Passamos a forma real de soluções, extraindo a parte real e imaginária de $\mathbf{y}$: $\mathbf{y}_1 = Re(\mathbf{y}) = Re(\begin{pmatrix} i \\ 1 \end{pmatrix}(\cos x - i\sin x)) = \begin{pmatrix} \sin x \\ \cos x \end{pmatrix}$, $\mathbf{y}_2 = Im(\mathbf{y}) = Im(\begin{pmatrix} i \\ 1 \end{pmatrix}(\cos x - i\sin x)) = \begin{pmatrix} \cos x \\ -\sin x \end{pmatrix}$. Logo, a solução geral do sistema homogêneo vem na forma $\mathbf{y}_{gh} = C_1\mathbf{y}_1 + C_2\mathbf{y}_2 = C_1\begin{pmatrix} \sin x \\ \cos x \end{pmatrix} + C_2\begin{pmatrix} \cos x \\ -\sin x \end{pmatrix}$.

No segundo passo do algoritmo, procuramos a solução geral do sistema não homogêneo na forma $u = C_1(x)\sin x + C_2(x)\cos x$, $v = C_1(x)\cos x - C_2(x)\sin x$. Substituindo essas funções no sistema original, obtemos

$$\begin{cases} C_1'\sin x + C_2'\cos x + C_1\cos x - C_2\sin x = [C_1\cos x - C_2\sin x] + \tan^2 x - 1 \\ C_1'\cos x - C_2'\sin x - C_1\sin x - C_2\cos x = -[C_1\sin x + C_2\cos x] + \tan x] \end{cases},$$

ou simplificando,

$$\begin{cases} C_1'\sin x + C_2'\cos x = \tan^2 x - 1 \\ C_1'\cos x - C_2'\sin x = \tan x \end{cases}.$$

Resolvendo o sistema linear algébrico em relação a C_1', C_2', encontramos duas equações desacopladas: $C_1' = \tan^2 x \sin x$, $C_2' = -\cos x$. A integração dos lados direitos dá as soluçoes para C_1 e C_2: $C_1 = \frac{1}{\cos x} + \cos x + A_1$, $C_2 = -\sin x + A_2$. Para finalizar a resolução do sistema original, resta substituir essas expressões na fórmula da solução geral, o que, depois da simplificação, resulta em:

$$\begin{cases} u = A_1\sin x + A_2\cos x + \tan x \\ v = A_1\cos x - A_2\sin x + 2 \end{cases}.$$

4. $\begin{cases} u' = 2v - u \\ v' = 4v - 3u + \frac{e^{3x}}{e^{2x}+1} \end{cases}$. Primeiro, resolvemos o sistema homogêneo respectivo $\begin{cases} u' = 2v - u \\ v' = 4v - 3u \end{cases}$, usando qualquer método já conhecido. Por exemplo, aplicando o método de Euler, resolvemos a equação característica $det(A - \lambda I) = det\begin{pmatrix} -1 - \lambda & 2 \\ -3 & 4 - \lambda \end{pmatrix} = \lambda^2 - 3\lambda + 2 = 0$ e encontramos autovalores $\lambda_{1,2} = 1, 2$. Para $\lambda_1 = 1$ temos o sistema para componentes do autovetor $\begin{cases} -2a + 2b = 0 \\ -3a + 3b = 0 \end{cases}$,

donde segue a relação $a = b$. Logo, $\mathbf{s}_1 = \begin{pmatrix} 1 \\ 1 \end{pmatrix}$ e a solução correspondente $\mathbf{y}_1 = \mathbf{s}_1 e^{\lambda_1 x} = \begin{pmatrix} 1 \\ 1 \end{pmatrix} e^x$. Para

$\lambda_2 = 2$ temos o sistema para componentes do autovetor $\begin{cases} -3a + 2b = 0 \\ -3a + 2b = 0 \end{cases}$, donde segue a relação

$3a = 2b$. Logo, $\mathbf{s}_2 = \begin{pmatrix} 2 \\ 3 \end{pmatrix}$ e a solução correspondente $\mathbf{y}_2 = \mathbf{s}_2 e^{\lambda_2 x} = \begin{pmatrix} 2 \\ 3 \end{pmatrix} e^{2x}$. Então, a solução geral

do sistema homogêneo vem na forma $\mathbf{y}_{gh} = C_1 \mathbf{y}_1 + C_2 \mathbf{y}_2 = C_1 \begin{pmatrix} 1 \\ 1 \end{pmatrix} e^x + C_2 \begin{pmatrix} 2 \\ 3 \end{pmatrix} e^{2x}$.

No segundo passo do algoritmo, procuramos a solução geral do sistema não homogêneo na forma $u = C_1(x)e^x + 2C_2(x)e^{2x}$, $v = C_1(x)e^x + 3C_2(x)e^{2x}$. Substituindo essas funções no sistema original, obtemos

$$\begin{cases} C_1' e^x + 2C_2' e^{2x} + C_1 e^x + 4C_2 e^{2x} = 2[C_1 e^x + 3C_2 e^{2x}] - [C_1(x)e^x + 2C_2(x)e^{2x}] \\ C_1' e^x + 3C_2' e^{2x} + C_1 e^x + 6C_2 e^{2x} = 4[C_1(x)e^x + 3C_2(x)e^{2x}] - 3[C_1(x)e^x + 2C_2(x)e^{2x}] + \frac{e^{3x}}{e^{2x}+1}] \end{cases} ,$$

ou simplificando,

$$\begin{cases} C_1' e^x + 2C_2' e^{2x} = 0 \\ C_1' e^x + 3C_2' e^{2x} = \frac{e^{3x}}{e^{2x}+1} \end{cases} .$$

Resolvendo o sistema linear algébrico em relação a C_1', C_2', encontramos duas equações desacopladas: $C_1' = -2\frac{e^{2x}}{e^{2x}+1}$, $C_2' = \frac{e^x}{e^{2x}+1}$. A integração dos lados direitos dá as soluções para C_1 e C_2: $C_1 = -\ln(e^{2x} + 1) + A_1$, $C_2 = \arctan e^x + A_2$. Para finalizar a resolução do sistema original, resta substituir essas expressões na fórmula da solução geral:

$$\begin{cases} u = (-\ln(e^{2x} + 1) + A_1)e^x + 2(\arctan e^x + A_2)e^{2x} \\ v = (-\ln(e^{2x} + 1) + A_1)e^x + 3(\arctan e^x + A_2)e^{2x} \end{cases} .$$

5. $\begin{cases} u' = v + \frac{1}{\sin x} \\ v' = -u \end{cases}$. Primeiro, resolvemos o sistema homogêneo respectivo $\begin{cases} u' = v \\ v' = -u \end{cases}$, usando

qualquer método já conhecido. Por exemplo, aplicando o método de Euler, resolvemos a equação característica $det(A - \lambda I) = det \begin{pmatrix} -\lambda & 1 \\ -1 & -\lambda \end{pmatrix} = \lambda^2 + 1 = 0$ e encontramos autovalores $\lambda_{1,2} = \pm i$.

Usando $\lambda_1 = -i$, obtemos o sistema para componentes do autovetor $\begin{cases} ia + b = 0 \\ -a + ib = 0 \end{cases}$, donde segue

a relação $a = ib$. Consequentemente, $\mathbf{s} = \begin{pmatrix} 1 \\ -i \end{pmatrix}$ e a solução correspondente $\mathbf{y} = \mathbf{s}e^{\lambda_1 x} = \begin{pmatrix} 1 \\ -i \end{pmatrix} e^{-ix}$.

Passamos a forma real de soluções, extraindo a parte real e imaginária de $\mathbf{y}$: $\mathbf{y}_1 = Re(\mathbf{y}) = Re(\begin{pmatrix} 1 \\ -i \end{pmatrix} (\cos x - i \sin x)) = \begin{pmatrix} \cos x \\ \sin x \end{pmatrix}$, $\mathbf{y}_2 = Im(\mathbf{y}) = Im(\begin{pmatrix} 1 \\ -i \end{pmatrix} (\cos x - i \sin x))) = \begin{pmatrix} -\sin x \\ -\cos x \end{pmatrix}$. Logo,

a solução geral do sistema homogêneo vem na forma $\mathbf{y}_{gh} = C_1 \mathbf{y}_1 + C_2 \mathbf{y}_2 = C_1 \begin{pmatrix} \cos x \\ -\sin x \end{pmatrix} + C_2 \begin{pmatrix} \sin x \\ \cos x \end{pmatrix}$.

No segundo passo do algoritmo, procuramos a solução geral do sistema não homogêneo na forma $u = C_1(x) \cos x + C_2(x) \sin x$, $v = -C_1(x) \sin x + C_2(x) \cos x$. Substituindo essas funções no sistema original, obtemos

$$\begin{cases} C_1' \cos x + C_2' \sin x - C_1 \sin x + C_2 \cos x = [-C_1(x) \sin x + C_2(x) \cos x] + \frac{1}{\sin x} \\ -C_1' \sin x + C_2' \cos x - C_1 \cos x - C_2 \sin x = -[C_1(x) \cos x + C_2(x) \sin x]] \end{cases} ,$$

ou simplificando,

$$\begin{cases} C_1' \cos x + C_2' \sin x = \frac{1}{\sin x} \\ -C_1' \sin x + C_2' \cos x = 0 \end{cases} .$$

Resolvendo o sistema linear algébrico em relação a C_1', C_2', encontramos duas equações desacopladas: $C_1' = \cot x \sin x$, $C_2' = 1$. A integração dos lados direitos dá as soluções para C_1 e C_2: $C_1 = \ln|\sin x| + A_1$, $C_2 = x + A_2$. Para finalizar a resolução do sistema original, resta substituir essas expressões na fórmula da solução geral, o que, depois da simplificação, resulta em:

$$\begin{cases} u = (\ln|\sin x| + A_1)\cos x + (x + A_2)\sin x \\ v = -(\ln|\sin x| + A_1)\sin x + (x + A_2)\cos x \end{cases}.$$

6. $\begin{cases} u' = v - \frac{\sin x}{\cos^2 x} + \cos x \\ v' = -u + 2v + 2w - \frac{1}{\cos x} - \sin x \\ w' = u + \frac{1}{\cos x} + \sin x \end{cases}$. Primeiro, resolvemos o sistema homogêneo respectivo

$\begin{cases} u' = v \\ v' = -u + 2v + 2w \\ w' = u \end{cases}$, usando qualquer método já conhecido. Por exemplo, aplicando o método de

Euler, resolvemos a equação característica $det(A - \lambda I) = det\begin{pmatrix} -\lambda & 1 & 0 \\ -1 & 2-\lambda & 2 \\ 1 & 0 & -\lambda \end{pmatrix} = -\lambda \cdot \lambda(\lambda-2) - (\lambda-2) = -(\lambda-2)(\lambda^2+1) = 0$ e encontramos autovalores $\lambda_1 = 2$, $\lambda_{2,3} = \pm i$. Então, para componentes

do autovetor $\mathbf{s}_1$ (que corresponde a $\lambda_1 = 2$) temos o sistema $\begin{cases} -2a + b = 0 \\ -a + 2c = 0 \\ a - 2c = 0 \end{cases}$, donde seguem as

relações $b = 2a$ e $a = 2c$. Logo, $\mathbf{s}_1 = \begin{pmatrix} 2 \\ 4 \\ 1 \end{pmatrix}$ e a solução correspondente $\mathbf{y}_1 = \mathbf{s}_1 e^{\lambda_1 x} = \begin{pmatrix} 2 \\ 4 \\ 1 \end{pmatrix} e^{2x}$.

Para autovetor complexo $\mathbf{s}$ que corresponde a $\lambda_2 = i$ temos o sistema $\begin{cases} -ia + b = 0 \\ -a + (2-i)b + 2c = 0 \\ a - ic = 0 \end{cases}$,

donde seguem as relações $b = ia$ e $a = ic$. Consequentemente, $\mathbf{s} = \begin{pmatrix} i \\ -1 \\ 1 \end{pmatrix}$ e a solução correspondente

$\mathbf{y} = \mathbf{s} e^{\lambda_2 x} = \begin{pmatrix} i \\ -1 \\ 1 \end{pmatrix} e^{ix}$. Passamos a forma real de soluções, extraindo a parte real e imaginária de $\mathbf{y}$:

$\mathbf{y}_2 = Re(\mathbf{y}) = Re(\begin{pmatrix} i \\ -1 \\ 1 \end{pmatrix}(\cos x + i\sin x)) = \begin{pmatrix} -\sin x \\ -\cos x \\ \cos x \end{pmatrix}$, $\mathbf{y}_3 = Im(\mathbf{y}) = Im(\begin{pmatrix} i \\ -1 \\ 1 \end{pmatrix}(\cos x + i\sin x))) =$

$\begin{pmatrix} \cos x \\ -\sin x \\ \sin x \end{pmatrix}$. Logo, a solução geral do sistema homogêneo vem na forma $\mathbf{y}_{gh} = C_1\mathbf{y}_1 + C_2\mathbf{y}_2 + C_3\mathbf{y}_3 =$

$C_1 \begin{pmatrix} 2 \\ 4 \\ 1 \end{pmatrix} e^{2x} + C_2 \begin{pmatrix} -\sin x \\ -\cos x \\ \cos x \end{pmatrix} + C_3 \begin{pmatrix} \cos x \\ -\sin x \\ \sin x \end{pmatrix}$.

No segundo passo do algoritmo, procuramos a solução geral do sistema não homogêneo na forma $u = 2C_1(x)e^{2x} - C_2(x)\sin x + C_3(x)\cos x$, $v = 4C_1(x)e^{2x} - C_2(x)\cos x - C_3(x)\sin x$, $w = C_1(x)e^{2x} + C_2(x)\cos x + C_3(x)\sin x$. Substituindo essas funções no sistema original e simplificando, obtemos

$$\begin{cases} 2C_1'e^{2x} - C_2'\sin x + C_3'\cos x = -\frac{\sin x}{\cos^2 x} + \cos x \\ 4C_1'e^{2x} - C_2'\cos x - C_3'\sin x = -\frac{1}{\cos x} - \sin x \\ C_1'e^{2x} + C_2'\cos x + C_3'\sin x = \frac{1}{\cos x} + \sin x \end{cases}.$$

Resolvemos o sistema linear algébrico em relação a C_1', C_2', C_3'. Somando a terceira e segunda equações, encontramos $5C_1'e^{2x} = 0$, donde $C_1' = 0$ e $C_1 = A_1$ (A_1 é uma constante). Com $C_1' = 0$, a segunda e terceira equações coincidem e resta resolver o sistema da primeira e segunda equações:

$$\begin{cases} -C_2'\sin x + C_3'\cos x = -\frac{\sin x}{\cos^2 x} + \cos x \\ -C_2'\cos x - C_3'\sin x = -\frac{1}{\cos x} - \sin x \end{cases}.$$

Multiplicando a primeira por $\sin x$ e somando com a segunda multiplicada por $\cos x$, obtemos $-C_2' = -\frac{\sin^2 x}{\cos^2 x} - 1$. Então, $C_2' = \frac{1}{\cos^2 x}$ e $C_2 = \tan x + A_2$ (A_2 é uma constante). Analogamente, multiplicando a primeira por $\cos x$ e subtraindo a segunda multiplicada por $\sin x$, obtemos $C_3' = 1$, donde $C_3 = x + A_3$ (A_3 é uma constante).

Substituímos as funções C_1, C_2, C_3 na fórmula proposta da solução geral, e encontramos a solução geral do sistema original: $\mathbf{y}_{gn} = A_1 \begin{pmatrix} 2 \\ 4 \\ 1 \end{pmatrix} e^{2x} + (A_2 + \tan x) \begin{pmatrix} -\sin x \\ -\cos x \\ \cos x \end{pmatrix} + (A_3 + x) \begin{pmatrix} \cos x \\ -\sin x \\ \sin x \end{pmatrix}$.

7. $\begin{cases} u' = -u + 2v + w + \frac{2}{\cos^2 x} \\ v' = u - 2v + 3w + \frac{1}{\cos^2 x} \\ w' = 4u - 8v + 6w \end{cases}$. Primeiro, resolvemos o sistema homogêneo respectivo

$\begin{cases} u' = -u + 2v + w \\ v' = u - 2v + 3w \\ w' = 4u - 8v + 6w \end{cases}$, usando qualquer método já conhecido. Por exemplo, aplicando o método

de Euler, resolvemos a equação característica $det(A - \lambda I) = det \begin{pmatrix} -1-\lambda & 2 & 1 \\ 1 & -2-\lambda & 3 \\ 4 & -8 & 6-\lambda \end{pmatrix} =$

$(1-\lambda)((\lambda+2)(\lambda-6)+24) - 2(6-\lambda-12) + (-8+4(2+\lambda)) = -(1+\lambda)(\lambda^2 - 4\lambda + 12) + (6\lambda + 12) = -(\lambda^3 - 3\lambda^2 + 2\lambda) = -\lambda(\lambda-1)(\lambda-2) = 0$ cujas raízes são $\lambda_1 = 0$, $\lambda_2 = 1$, $\lambda_3 = 2$. Para

componentes do autovetor $\mathbf{s}_1$ (que corresponde a $\lambda_1 = 0$) temos o sistema $\begin{cases} -a + 2b + c = 0 \\ a - 2b + 3c = 0 \\ 4a - 8b + 6c = 0 \end{cases}$.

Das duas primeiras equações segue que $c = 0$, e consequentemente, $a = 2b$. Logo, $\mathbf{s}_1 = \begin{pmatrix} 2 \\ 1 \\ 0 \end{pmatrix}$ e a

solução correspondente $\mathbf{y}_1 = \mathbf{s}_1 e^{\lambda_1 x} = \begin{pmatrix} 2 \\ 1 \\ 0 \end{pmatrix}$. Para componentes do autovetor $\mathbf{s}_2$ (que corresponde a

$\lambda_2 = 1$) temos o sistema $\begin{cases} -2a + 2b + c = 0 \\ a - 3b + 3c = 0 \\ 4a - 8b + 5c = 0 \end{cases}$. Eliminando a das duas primeiras equações, obtemos

$-4b + 7c = 0$, e substituindo essa relação na terceira equação, temos $4a - 9c = 0$. Logo, $\mathbf{s}_2 = \begin{pmatrix} 9 \\ 7 \\ 4 \end{pmatrix}$ e

a solução correspondente $\mathbf{y}_2 = \mathbf{s}_2 e^{\lambda_2 x} = \begin{pmatrix} 9 \\ 7 \\ 4 \end{pmatrix} e^x$. Finalmente, para o autovetor $\mathbf{s}_3$ (que corresponde a

$\lambda_3 = 2$) temos o sistema $\begin{cases} -3a + 2b + c = 0 \\ a - 4b + 3c = 0 \\ 4a - 8b + 4c = 0 \end{cases}$. Eliminando a das duas primeiras equações, obtemos

$-10b + 10c = 0$, ou seja, $b = c$, e substituindo essa relação na terceira equação, temos $4a - 4c = 0$, ou seja, $a = c$. Logo, $\mathbf{s}_3 = \begin{pmatrix} 1 \\ 1 \\ 1 \end{pmatrix}$ e a solução correspondente $\mathbf{y}_3 = \mathbf{s}_3 e^{\lambda_3 x} = \begin{pmatrix} 1 \\ 1 \\ 1 \end{pmatrix} e^{2x}$.

Assim, a solução geral do sistema homogêneo vem na forma $\mathbf{y}_{gh} = C_1 \mathbf{y}_1 + C_2 \mathbf{y}_2 + C_3 \mathbf{y}_3 = C_1 \begin{pmatrix} 2 \\ 1 \\ 0 \end{pmatrix} + C_2 \begin{pmatrix} 9 \\ 7 \\ 4 \end{pmatrix} e^x + C_3 \begin{pmatrix} 1 \\ 1 \\ 1 \end{pmatrix} e^{2x}$.

No segundo passo do algoritmo, procuramos a solução geral do sistema não homogêneo na forma $u = 2C_1(x) + 9C_2(x)e^x + C_3(x)e^{2x}$, $v = C_1(x) + 7C_2(x)e^x + C_3(x)e^{2x}$, $w = 4C_2(x)e^x + C_3(x)e^{2x}$. Substituindo essas funções no sistema original e simplificando, obtemos

$$\begin{cases} 2C_1' + 9C_2'e^x + C_3'e^{2x} = \frac{2}{\cos^2 x} \\ C_1' + 7C_2'e^x + C_3'e^{2x} = \frac{1}{\cos^2 x} \\ 4C_2'e^x + C_3'e^{2x} = 0 \end{cases}.$$

Resolvemos o sistema linear algébrico em relação a C_1', C_2', C_3'. Multiplicando a segunda equação por 2 e subtraindo dela a primeira, eliminamos C_1': $5C_2'e^x + C_3'e^{2x} = 0$. Subtraindo dessa equação a terceira, obtemos $C_2' = 0$ e $C_2 = A_2$ (A_2 é uma constante). Logo, da terceira equação segue que $C_3' = 0$ e $C_3 = A_3$ (A_3 é uma constante). Finalmente, da segunda equação temos $C_1' = \frac{1}{\cos^2 x}$ e, portanto, $C_1 = \tan x + A_1$ (A_1 é uma constante).

Substituindo as funções C_1, C_2, C_3 na fórmula proposta da solução geral, encontramos a solução geral do sistema original: $\mathbf{y}_{gn} = (A_1 + \tan x) \begin{pmatrix} 2 \\ 1 \\ 0 \end{pmatrix} + A_2 \begin{pmatrix} 9 \\ 7 \\ 4 \end{pmatrix} e^x + A_3 \begin{pmatrix} 1 \\ 1 \\ 1 \end{pmatrix} e^{2x}$.

8. $\begin{cases} u' = -3u + 3v + 2w + \frac{1}{e^x(1+x^2)} \\ v' = v + w - \frac{2}{e^x(1+x^2)} \\ w' = -8u + 6v + 4w + \frac{4}{e^x(1+x^2)} \end{cases}$. Primeiro, resolvemos o sistema homogêneo respectivo

$\begin{cases} u' = -3u + 3v + 2w \\ v' = v + w \\ w' = -8u + 6v + 4w \end{cases}$, usando qualquer método já conhecido. Por exemplo, aplicando o método

de Euler, resolvemos a equação característica $det(A - \lambda I) = det \begin{pmatrix} -3-\lambda & 3 & 2 \\ 0 & 1-\lambda & 1 \\ -8 & 6 & 4-\lambda \end{pmatrix} = (1 - \lambda)((\lambda+3)(\lambda-4)+16) - (-6(\lambda+3)+24) = (1-\lambda)(\lambda^2 - \lambda + 4) - 6(1-\lambda) = (1-\lambda)(\lambda^2 - \lambda - 2) = (1-\lambda)(\lambda+1)(\lambda-2) = 0$ cujas raízes são $\lambda_1 = -1$, $\lambda_2 = 1$, $\lambda_3 = 2$. Para componentes do autovetor $\mathbf{s}_1$ (que corresponde a $\lambda_1 = -1$) temos o sistema $\begin{cases} -2a + 3b + 2c = 0 \\ 2b + c = 0 \\ -8a + 6b + 5c = 0 \end{cases}$. Da segunda equação temos $c = -2b$, e levando essa relação na primeira, temos $b = -2a$. Logo, $\mathbf{s}_1 = \begin{pmatrix} 1 \\ -2 \\ 4 \end{pmatrix}$ e a solução correspondente $\mathbf{y}_1 = \mathbf{s}_1 e^{\lambda_1 x} = \begin{pmatrix} 1 \\ -2 \\ 4 \end{pmatrix} e^{-x}$. Para componentes do autovetor $\mathbf{s}_2$ (que corresponde a $\lambda_2 = 1$) temos o sistema $\begin{cases} -4a + 3b + 2c = 0 \\ c = 0 \\ -8a + 6b + 3c = 0 \end{cases}$. Com $c = 0$ as duas equações restantes se simplificam a $3b = 4a$. Logo, $\mathbf{s}_2 = \begin{pmatrix} 3 \\ 4 \\ 0 \end{pmatrix}$ e a solução correspondente $\mathbf{y}_2 = \mathbf{s}_2 e^{\lambda_2 x} = \begin{pmatrix} 3 \\ 4 \\ 0 \end{pmatrix} e^x$.

Finalmente, para o autovetor $\mathbf{s}_3$ (que corresponde a $\lambda_3 = 2$) temos o sistema $\begin{cases} -5a + 3b + 2c = 0 \\ -b + c = 0 \\ -8a + 6b + 2c = 0 \end{cases}$.

Devido a relação $b = c$ da segunda equação, as duas restantes se simplificam a $a = b$. Logo, $\mathbf{s}_3 = \begin{pmatrix} 1 \\ 1 \\ 1 \end{pmatrix}$

e a solução correspondente $\mathbf{y}_3 = \mathbf{s}_3 e^{\lambda_3 x} = \begin{pmatrix} 1 \\ 1 \\ 1 \end{pmatrix} e^{2x}$.

Assim, a solução geral do sistema homogêneo vem na forma $\mathbf{y}_{gh} = C_1 \mathbf{y}_1 + C_2 \mathbf{y}_2 + C_3 \mathbf{y}_3 = C_1 \begin{pmatrix} 1 \\ -2 \\ 4 \end{pmatrix} e^{-x} + C_2 \begin{pmatrix} 3 \\ 4 \\ 0 \end{pmatrix} e^x + C_3 \begin{pmatrix} 1 \\ 1 \\ 1 \end{pmatrix} e^{2x}$.

No segundo passo do algoritmo, procuramos a solução geral do sistema não homogêneo na forma $u = C_1(x)e^{-x} + 3C_2(x)e^x + C_3(x)e^{2x}$, $v = -2C_1(x)e^{-x} + 4C_2(x)e^x + C_3(x)e^{2x}$, $w = 4C_1(x)e^{-x} + C_3(x)e^{2x}$. Substituindo essas funções no sistema original e simplificando, obtemos

$$\begin{cases} C_1'e^{-x} + 3C_2'e^x + C_3'e^{2x} = \frac{1}{e^x(1+x^2)} \\ -2C_1'e^{-x} + 4C_2'e^x + C_3'e^{2x} = -\frac{2}{e^x(1+x^2)} \\ 4C_1'e^{-x} + C_3'e^{2x} = \frac{4}{e^x(1+x^2)} \end{cases}$$

Resolvemos o sistema linear algébrico em relação a C_1', C_2', C_3'. Multiplicando a primeira equação por 2 e somando com a segunda, eliminamos C_1': $10C_2'e^x + 3C_3'e^{2x} = 0$. Multiplicando a a primeira equação por 4 e subtraindo dela a terceira, obtemos mais uma equação sem C_1': $12C_2'e^x + 3C_3'e^{2x} = 0$. Das duas últimas equações segue que $C_2' = 0$ e $C_3' = 0$, ou seja, $C_2 = A_2$ e $C_3 = A_3$ (A_2 e A_3 são constantes). Então, $C_1'e^{-x} = \frac{1}{e^x(1+x^2)}$ ou $C_1' = \frac{1}{1+x^2}$, donde $C_1 = \arctan x + A_1$ (A_1 é uma constante).

Substituindo as funções C_1, C_2, C_3 na fórmula proposta da solução geral, encontramos a solução geral do sistema original: $\mathbf{y}_{gn} = (A_1 + \arctan x) \begin{pmatrix} 1 \\ -2 \\ 4 \end{pmatrix} e^{-x} + A_2 \begin{pmatrix} 3 \\ 4 \\ 0 \end{pmatrix} e^x + A_3 \begin{pmatrix} 1 \\ 1 \\ 1 \end{pmatrix} e^{2x}$.

Exercícios para o leitor

1. $\begin{cases} u' = -4u - 2v + \frac{2}{e^x - 1} \\ v' = 6u + 3v - \frac{3}{e^x - 1} \end{cases}$.

2. $\begin{cases} u' = 3u - 2v \\ v' = 2u - v + 15e^x\sqrt{x} \end{cases}$.

3. $\begin{cases} u' = u - 2v \\ v' = u - v + \frac{1}{2\sin x} \end{cases}$.

4. $\begin{cases} u' = 3u - 4v + \frac{e^x}{\sin 2x} \\ v' = 2u - v \end{cases}$.

5. $\begin{cases} u' = 3u + v \\ v' = -4u - v + \frac{e^x}{2\sqrt{x}} \end{cases}$.

6. $\begin{cases} u' = 3u - 2v + \frac{e^{3x}}{e^x+1} \\ v' = u - \frac{e^{3x}}{e^x+1} \end{cases}$.

7. $\begin{cases} u' = -u - 2v + 2e^{-x} \\ v' = 3u + 4v + e^{-x} \end{cases}$.

8. $\begin{cases} u' = -u - v + 4\cos 2x \\ v' = 3u - 2v + 8\cos 2x + 5\sin 2x \end{cases}$.

9. $\begin{cases} u' = v \\ v' = 4v - 5u + \frac{e^{2x}}{\cos x} \end{cases}$.

10. $\begin{cases} u' = u + 2v - 9x \\ v' = 2u + v + 4e^x \end{cases}$.

11. $\begin{cases} u' = -5u + v - 2w + e^{-x} + e^{-2x} \\ v' = -u - v + 3e^{-x} + 2e^{-2x} \\ w' = 6u - 2v + 2w - 2e^{-x} - 3e^{-2x} \end{cases}$.

12. $\begin{cases} u' = v \\ v' = w - \frac{\sin^3 x}{\cos^6 x} \\ w' = -u - v - w \end{cases}$.

13. $\begin{cases} u' = 2u + 4v + w + e^{2x}\ln x \\ v' = 2v + w \\ w' = 4v - w \end{cases}$.

14. $\begin{cases} u' = 2u + v - 3w + \tan x + \tan^2 x \\ v' = 3u - 2v - 3w + 1 \\ w' = u + v - 2w + \tan x + \tan^2 x \end{cases}$.

3 Resolução do problema de Cauchy (problema de condições iniciais)

A resolução do problema de Cauchy para um sistema normal de ordem n

$$\begin{cases} \mathbf{y}' = \mathbf{f}(x, \mathbf{y}) \\ \mathbf{y}(x_0) = \mathbf{b} \end{cases}$$

é realizada, usualmente, do mesmo jeito como para equações individuais: primeiro é encontrada a solução geral, contendo n coeficientes arbitrários $C_1, \ldots, C_n$, e depois disso, esses coeficientes são especificados substituindo a solução geral nas condições iniciais. Em geral, isso exige resolução de um sistema linear algébrico de n equações para n incógnitas $C_1, \ldots, C_n$, embora às vezes esse sistema pode ser desacoplado em subsistemas de ordem menor.

Lembramos que, de acordo com o Teorema 4, o problema de Cauchy para um sistema linear

$$\begin{cases} \mathbf{y}' = A\mathbf{y} + \mathbf{f} \\ \mathbf{y}(x_0) = \mathbf{b} \end{cases}$$

tem uma única solução se a matriz de coeficientes A e a parte direita $\mathbf{f}$ são contínuas. Traduzindo esse resultado para efeitos do sistema de coeficientes $C_1, \ldots, C_n$, podemos afirmar que o último sempre tem uma única solução.

Ilustramos a aplicação de condições iniciais em alguns exemplos de sistemas, cuja solução geral já foi encontrada antes.

Exemplos.

1. $\begin{cases} y' = 4y - z \\ z' = 2z + y \end{cases}$, $\begin{cases} y(1) = e^3 \\ z(1) = 2e^3 \end{cases}$. A solução geral do sistema foi encontrada na forma

$\begin{cases} y = (C_1 + C_2 x)e^{3x} \\ z = (C_1 - C_2 + C_2 x)e^{3x} \end{cases}$ (veja Exemplo 2 da seção 1.1). Substituindo essa solução nas con-

dições inicias, temos o sistema linear algébrico para os coeficientes C_1, C_2: $\begin{cases} (C_1 + C_2)e^3 = e^3 \\ C_1 e^3 = 2e^3 \end{cases}$

ou $\begin{cases} C_1 + C_2 = 1 \\ C_1 = 2 \end{cases}$. Nesse caso, a segunda equação ficou desacoplada e determina $C_1 = 2$. En-

tão da primeira equação segue que $C_2 = -1$. Portanto, a solução do problema de Cauchy é
$\begin{cases} y = (2 - x)e^{3x} \\ z = (3 - x)e^{3x} \end{cases}$.

2. $\begin{cases} u' = 8v \\ v' = -2w \\ w' = 2u + 8v - 2w \end{cases}$, $\begin{cases} u(0) = -1 \\ v(0) = 2 \\ w(0) = 4 \end{cases}$. A seguinte solução geral do sistema foi encontrada no

Exemplo 5 da seção 1.1: $\begin{cases} u = -4C_1 e^{-2x} + 2C_2 \sin 4x - 2C_3 \cos 4x \\ v = C_1 e^{-2x} + C_2 \cos 4x + C_3 \sin 4x \\ w = C_1 e^{-2x} + 2C_2 \sin 4x - 2C_3 \cos 4x \end{cases}$. Aplicando nela as condições

inicias, obtemos o seguinte sistema linear algébrico para C_1, C_2, C_3:
$\begin{cases} -4C_1 - 2C_3 = -1 \\ C_1 + C_2 = 2 \\ C_1 - 2C_3 = 4 \end{cases}$. A primeira e terceira equações formam um susbsistema separado, cuja

solução é $C_1 = 1$, $C_3 = -\frac{3}{2}$. Substituindo $C_1 = 1$ na segunda equação temos $C_2 = 1$. Então a

solução do problema de Cauchy tem a forma $\begin{cases} u = -4e^{-2x} + 2\sin 4x + 3\cos 4x \\ v = e^{-2x} + \cos 4x - \frac{3}{2}\sin 4x \\ w = e^{-2x} + 2\sin 4x + 3\cos 4x \end{cases}$.

3. $\begin{cases} u' = u - w \\ v' = v + w \\ w' = -u - v - w \end{cases}$, $\begin{cases} u(0) = 1 \\ v(0) = 1 \\ w(0) = -1 \end{cases}$. No Exemplo 3 do Caso 2 da seção 1.2 foi encontrada a

seguinte solução geral do sistema: $\mathbf{y}_{gh} = \begin{pmatrix} u \\ v \\ w \end{pmatrix} = C_1\mathbf{y}_1 + C_2\mathbf{y}_2 + C_3\mathbf{y}_3 = C_1\begin{pmatrix} 1 \\ -1 \\ 2 \end{pmatrix}e^{-x} + C_2\begin{pmatrix} 1 \\ -1 \\ 0 \end{pmatrix}e^{x} + $

$C_3\begin{pmatrix} x \\ -x+2 \\ -1 \end{pmatrix}e^x$. Aplicando nela as condições inicias, obtemos o sistema linear algébrico para C_1,

C_2, C_3: $\begin{cases} C_1 + C_2 = 1 \\ -C_1 - C_2 + 2C_3 = 1 \\ 2C_1 - C_3 = -1 \end{cases}$, cuja solução $C_1 = 0$, $C_2 = 1$, $C_3 = 1$. Logo, a solução do

problema de Cauchy tem a forma $\mathbf{y} = \begin{pmatrix} 1 \\ -1 \\ 0 \end{pmatrix}e^x + \begin{pmatrix} x \\ -x+2 \\ -1 \end{pmatrix}e^x = \begin{pmatrix} x+1 \\ -x+1 \\ -1 \end{pmatrix}e^x$.

4. $\begin{cases} u' = 2u + v - 2w + 2 - x \\ v' = 1 - u \\ w' = u + v - w + 1 - x \end{cases}$, $\begin{cases} u(0) = 2 \\ v(0) = -2 \\ w(0) = -3 \end{cases}$. A solução geral do sistema foi encontrada na

forma (Exemplo 3 da seção 2.2) $\begin{cases} u = C_1 e^x + C_2 \cos x + C_3 \sin x \\ v = -C_1 e^x - C_2 \sin x + C_3 \cos x + x \\ w = C_2 \cos x + C_3 \sin x + 1 \end{cases}$. Levando ela nas condições

iniciais, temos o sistema $\begin{cases} C_1 + C_2 = 2 \\ -C_1 + C_3 = -2 \\ C_2 + 1 = -3 \end{cases}$, cuja solução é $C_1 = 6, C_2 = -4, C_3 = 4$. Logo, a

solução do problema de Cauchy tem a forma $\begin{cases} u = 6e^x - 4\cos x + 4\sin x \\ v = -6e^x + 4\sin x + 4\cos x + x \\ w = -4\cos x + 4\sin x + 1 \end{cases}$.

Exercícios para o leitor

1. $\begin{cases} u' = 3u + 8v \\ v' = -u - 3v \end{cases}$, $\begin{cases} u(0) = 6 \\ v(0) = -2 \end{cases}$.

2. $\begin{cases} u' + 3u + 4v = 0 \\ v' + 2u + 5v = 0 \end{cases}$, $\begin{cases} u(0) = 1 \\ v(0) = 4 \end{cases}$.

3. $\begin{cases} u' = u + v \\ v' = 4v - 2u \end{cases}$, $\begin{cases} u(0) = 0 \\ v(0) = -1 \end{cases}$.

4. $\begin{cases} u' = 4u - 5v \\ v' = u \end{cases}$, $\begin{cases} u(0) = 0 \\ v(0) = 1 \end{cases}$.

5. $\begin{cases} u' = 2u - v + w \\ v' = u + w \\ w' = v - 2w - 3u \end{cases}$, $\begin{cases} u(0) = 0 \\ v(0) = 0 \\ w(0) = 1 \end{cases}$.

6. $\begin{cases} u' = v - w \\ v' = -v + w \\ w' = u - w \end{cases}$, $\begin{cases} u(0) = 0 \\ v(0) = 0 \\ w(0) = 1 \end{cases}$.

7. $\begin{cases} u' = u - w \\ v' = v + w \\ w' = -u - v - w \end{cases}$, $\begin{cases} u(0) = 1 \\ v(0) = 1 \\ w(0) = -1 \end{cases}$.

8. $\begin{cases} u' = 2u - v + w + 1 + e^{-x} \\ v' = 2u - v - 2w + 1 \\ w' = -u + v + 2w - 1 + e^{-x} \end{cases}$, $\begin{cases} u(0) = 0 \\ v(0) = 0 \\ w(0) = 0 \end{cases}$.

9. $\begin{cases} u' = u + 2v - 9x \\ v' = 2u + v + 4e^x \end{cases}$, $\begin{cases} u(0) = 1 \\ v(0) = 2 \end{cases}$.

10. $\begin{cases} u' = v + \tan^2 x - 1 \\ v' = -u + \tan x \end{cases}$, $\begin{cases} u(0) = 1 \\ v(0) = 3 \end{cases}$.

11. $\begin{cases} u' = 4u - 5v + 4x + 1 \\ v' = u - 2v + x \end{cases}$, $\begin{cases} u(0) = 1 \\ v(0) = 2 \end{cases}$.

12. $\begin{cases} u' = 3u - v + w + e^x \\ v' = u + v + w - x \\ w' = 4u - v + 4w \end{cases}$, $\begin{cases} u(0) = \frac{41}{100} \\ v(0) = \frac{166}{100} \\ w(0) = -\frac{2}{100} \end{cases}$.

Capítulo 14

Sistemas de equações: aplicações

Nessa parte consideremos diferentes problemas de aplicação de sistemas equações.

1 Modelos de mola-massa acoplados

Considere duas massas m_1 e m_2 prendidas a duas molas flexíveis A e B, cujas constantes de mola são k_1 e k_2, respectivamente. A primeira mola A, com peso m_1 é presa em cima a um suporte rígido, enquanto a segunda mola B, com peso m_2 é presa à primeira mola, como mostra a Fig.14.1. Vamos chamar esse modelo do primeiro modelo de mola-massa. Denotamos $x_1(t)$ e $x_2(t)$ os deslocamentos verticais da primeira e segunda massa das suas posições de equilíbrio L_1 e L_2, onde L_1 é a distância do suporte superior fixo até m_1 e L_2 é a distância de m_1 até m_2. Usamos o eixo vertical x com sentido positivo para baixo e a origem no ponto de equilíbrio da primeira massa para medir esses deslocamentos.

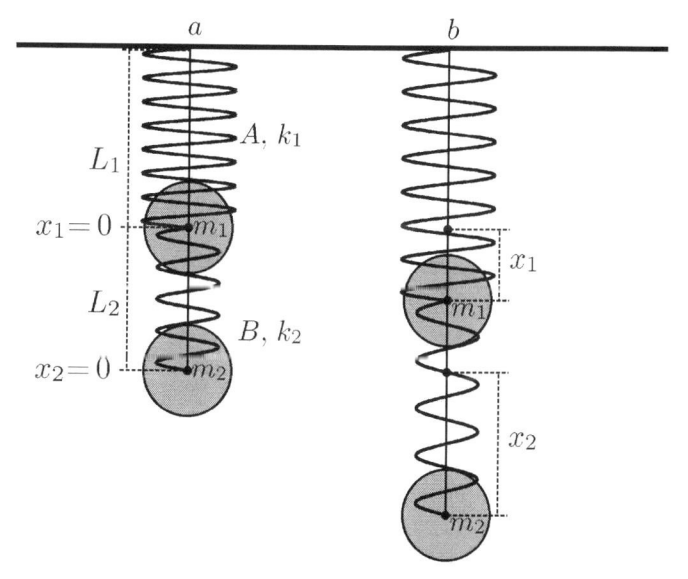

a : *posicao de equilibrio* b : *posicao esticada*

Figura 14.1 Modelo de mola-massa acoplado: oscilações das massas.

As forças que estão agindo na segunda massa m_2 são a força gravitacional $F_{2g} = m_2g$ (direcionada para baixo) e a força da resistência da segunda mola F_{2r} que, de acordo com a lei de Hooke, é proporcional a alongamento da mola l_2 a partir da posição original: $F_{2r} = -k_2l_2$. Como a primeira mola também está em movimento e a sua posição corrente é $x_1(t)$, então o alongamento da segunda mola (a distância entre m_2 e m_1) é $l_2 = L_2 + x_2(t) - x_1(t)$ (veja Fig.14.1). Na posição de equilíbrio $l_2 = L_2$, as ações das duas forças se compensam, ou seja, $F_{2g} + F_{2r} = m_2 g - k_2 L_2 = 0$. Então, de acordo com a segunda lei de Newton, o deslocamento vertical da segunda mola $x_2(t)$ satisfaz a relação $m_2 x_{2tt} = F_{2g} + F_{2r}$ ou $m_2 x_{2tt} = m_2 g - k_2(L_2 + x_2 - x_1)$. Levando em conta que $m_2 g - k_2 L_2 = 0$, obtemos $m_2 x_{2tt} = -k_2(x_2 - x_1)$. O sinal negativo, junto com o coeficiente positivo da mola k_2, indica que a força da resistência da mola age no sentido contrário ao sentido do deslocamento a partir do equilíbrio.

Em relação a primeira massa m_1, são presentes as seguintes forças: a força gravitacional $F_{1g} = m_1 g$, a força da resistência da primeira mola F_{1r} que, de acordo com a lei de Hooke, é proporcional a alongamento $l_1 = L_1 + x_1$ a partir da posição original: $F_{1r} = -k_1 l_1 = -k_1(L_1 + x_1)$, e ainda a força resultante da segunda mola, agindo no sentido contrário $F_2 = k_2(x_2 - x_1)$. Na posição de equilíbrio $l_1 = L_1$, a ação conjunta das forças F_{1g} e F_{1r} se anula, ou seja, $F_{1g} + F_{1r} = m_1 g - k_1 L_1 = 0$. Portanto, de acordo com a segunda lei de Newton, o deslocamento vertical da primeira mola $x_1(t)$ satisfaz a relação $m_1 x_{1tt} = F_{1g} + F_{1r} + F_2$ ou $m_1 x_{1tt} = m_1 g - k_1(x_1 + L_1) + k_2(x_2 - x_1)$. Levando em conta que $m_1 g - k_1 L_1 = 0$, obtemos $m_1 x_{1tt} = -k_1 x_1 + k_2(x_2 - x_1)$. O sinal negativo, junto com o coeficiente positivo da mola k_1, indica que a força da resistência da mola age no sentido contrário ao sentido do deslocamento a partir do equilíbrio.

Assim, chegamos ao seguinte sistema de duas equações lineares da segunda ordem:

$$\begin{cases} m_1 x_1'' = -k_1 x_1 + k_2(x_2 - x_1) \\ m_2 x_2'' = -k_2(x_2 - x_1) \end{cases}.$$

Dividindo a primeira equação por m_1 e a segunda por m_2, denotando $a = \frac{k_1}{m_1}$, $b = \frac{k_2}{m_1}$ e $c = \frac{k_2}{m_2}$, e introduzindo as funções $y_1 = x_1, y_2 = x_1', y_3 = x_2, y_4 = x_2'$, representamos o último sistema na forma normal de um sistema de equações lineares da primeira ordem:

$$\begin{cases} y_1' = y_2 \\ y_2' = -(a + b)y_1 + by_3 \\ y_3' = y_4 \\ y_4' = cy_1 - cy_3 \end{cases}$$

ou na forma vetorial

$$\mathbf{y}' = A\mathbf{y}, \mathbf{y} = \begin{pmatrix} y_1 \\ y_2 \\ y_3 \\ y_4 \end{pmatrix}, A = \begin{pmatrix} 0 & 1 & 0 & 0 \\ -(a+b) & 0 & b & 0 \\ 0 & 0 & 0 & 1 \\ c & 0 & -c & 0 \end{pmatrix}.$$

Para encontrar autovalores da matriz A, resolvemos a equação característica

$$det(A - \lambda I) = det \begin{pmatrix} -\lambda & 1 & 0 & 0 \\ -(a+b) & -\lambda & b & 0 \\ 0 & 0 & -\lambda & 1 \\ c & 0 & -c & -\lambda \end{pmatrix} = \lambda^2(\lambda^2 + c) + (a+b)(\lambda^2 + c) - bc = 0.$$

Temos equação bi-quadrática que pode ser resolvida usando a substituição $\lambda^2 = \mu$. A equação quadrática para μ tem a forma canônica $\mu^2 + \mu(a+b+c) + ac = 0$. As duas raízes são $\mu_{1,2} = \frac{1}{2}[-(a+b+c) \pm \sqrt{(a+b+c)^2 - 4ac}]$. O discriminante é positivo: $\Delta = (a+b+c)^2 - 4ac = (a-c)^2 + b^2 + 2ab + 2cb > 0$ e é menor que $(a+b+c)^2$, o que garante que as raízes são reais e negativas, satisfazendo a avaliação $-(a+b+c) < \mu_1 < -\frac{1}{2}(a+b+c) < \mu_2 < 0$. Portanto, todos os autovalores são números imaginários, encontrados pelas fórmulas $\lambda_{1,2} = \pm i\sqrt{|\mu_1|}$, $\lambda_{3,4} = \pm i\sqrt{|\mu_2|}$ com a avaliação $0 < |\lambda_{3,4}| < |\lambda_{1,2}| <$

$\sqrt{a+b+c}$. A seguir vamos denotar $|\lambda_{1,2}| = \sqrt{|\mu_1|} = \alpha$ e $|\lambda_{3,4}| = \sqrt{|\mu_2|} = \beta$. Como os autovalores da matriz real A são complexos, os autovetores correspondentes devem ser complexos conjugados: se $\mathbf{s} = \mathbf{p} + i\mathbf{q}$ é autovetor de $\lambda_1 = i\alpha$, então $\bar{\mathbf{s}} = \mathbf{p} - i\mathbf{q}$ é autovetor de $\lambda_2 = -i\alpha$, e da mesma maneira, se $\mathbf{w} = \mathbf{u} + i\mathbf{v}$ é autovetor de $\lambda_3 = i\beta$, então $\bar{\mathbf{w}} = \mathbf{u} - i\mathbf{v}$ é autovetor de $\lambda_4 = -i\beta$. Logo, a solução geral do sistema pode ser representada na forma $\mathbf{y} = C_1\mathbf{s}e^{i\alpha t} + C_2\bar{\mathbf{s}}e^{-i\alpha t} + C_3\mathbf{w}e^{i\beta t} + C_4\bar{\mathbf{w}}e^{-i\beta t}$. Além disso, tendo em vista o significado físico do problema, a solução procurada deve ter a forma real, o que implica que as constantes complexas C_1, C_2, C_3, C_4 devem ser complexas conjugadas em pares, ou seja, $C_2 = \overline{C}_1$ e $C_4 = \overline{C}_3$. Então, usando a fórmula de Euler $e^{i\nu} = \cos\nu + i\sin\nu$ e efetuando as transformações algébricas elementares, podemos escrever a solução geral na forma real: $\mathbf{y} = A_1(\mathbf{p}\cos\alpha t - \mathbf{q}\sin\alpha t) + B_1(\mathbf{q}\cos\alpha t + \mathbf{p}\sin\alpha t) + A_2(\mathbf{u}\cos\beta t - \mathbf{v}\sin\beta t) + B_2(\mathbf{v}\cos\beta t + \mathbf{u}\sin\beta t)$ ou, equivalentemente, $\mathbf{y} = (A_1\cos\alpha t + B_1\sin\alpha t)\mathbf{p} + (B_1\cos\alpha t - A_1\sin\alpha t)\mathbf{q} + (A_2\cos\beta t + B_2\sin\beta t)\mathbf{u} + (B_2\cos\beta t - A_2\sin\beta t)\mathbf{v}$, onde $A_1 = C_1 + C_2$, $B_1 = i(C_1 - C_2)$, $A_2 = C_3 + C_4$, $B_2 = i(C_3 - C_4)$ são parâmetros reais (devido as relações $C_2 = \overline{C}_1$ e $C_4 = \overline{C}_3$).

Para encontrar autovetor $\mathbf{s} = \begin{pmatrix} s_1 \\ s_2 \\ s_3 \\ s_4 \end{pmatrix}$, resolvemos o sistema $(A - i\alpha I)\mathbf{s} = \mathbf{0}$, isto é,

$$\begin{cases} -i\alpha s_1 + s_2 = 0 \\ -(a+b)s_1 - i\alpha s_2 + bs_3 = 0 \\ -i\alpha s_3 + s_4 = 0 \\ cs_1 - cs_3 - i\alpha s_2 = 0 \end{cases}.$$

Devido a estrutura específica do sistema, a solução é fácil de encontrar: da terceira equação segue $s_4 = i\alpha s_3$; substituindo essa relação na quarta equação, obtemos $cs_1 = (c - \alpha^2)s_3$; e então da primeira temos $s_2 = i\alpha s_1 = i\alpha \frac{c - \alpha^2}{c} s_3$. Notamos que com essas relações a segunda equação também está satisfeita. Como o autovetor se encontra com precisão até uma constante, podemos escolher

$s_3 = c$ e então $\mathbf{s} = \begin{pmatrix} c - \alpha^2 \\ i\alpha(c - \alpha^2) \\ c \\ i\alpha c \end{pmatrix} = \begin{pmatrix} c - \alpha^2 \\ 0 \\ c \\ 0 \end{pmatrix} + i\begin{pmatrix} 0 \\ \alpha(c - \alpha^2) \\ 0 \\ \alpha c \end{pmatrix} = \mathbf{p} + i\mathbf{q}$. De modo análogo,

pode ser encontrado o autovetor $\mathbf{w}$: $\mathbf{w} = \begin{pmatrix} c - \beta^2 \\ i\beta(c - \beta^2) \\ c \\ i\beta c \end{pmatrix} = \begin{pmatrix} c - \beta^2 \\ 0 \\ c \\ 0 \end{pmatrix} + i\begin{pmatrix} 0 \\ \beta(c - \beta^2) \\ 0 \\ \beta c \end{pmatrix} = \mathbf{u} + i\mathbf{v}$.

Dessa maneira, todos os elementos da solução geral estão especificados, restando apenas constantes arbitrárias A_1, B_1, A_2, B_2, que são determinadas pelas condições iniciais.

Consideremos o problema de Cauchy com as condições iniciais na forma $y_1(0) = g_1, y_2(0) = 0, y_3(0) = g_3, y_4(0) = 0$ (as posições das massas m_1 e m_2 são g_1 e g_3 e as velocidades iniciais são nulas). Substituindo essas condições na solução geral, obtemos o seguinte sistema linear algébrico para incógnitas A_1, B_1, A_2, B_2:

$$\begin{cases} (c - \alpha^2)A_1 + (c - \beta^2)A_2 = g_1 \\ \alpha(c - \alpha^2)B_1 + \beta(c - \beta^2)B_2 = 0 \\ cA_1 + cA_2 = g_3 \\ \alpha c B_1 + \alpha c B_2 = 0 \end{cases}.$$

Este sistema é desacoplado em dois subsistemas de ordem 2. O primeiro é $\begin{cases} (c - \alpha^2)A_1 + (c - \beta^2)A_2 = g_1 \\ cA_1 + cA_2 = g_3 \end{cases}$, cuja solução é $A_1 = \frac{1}{c(\beta - \alpha^2)}[cg_1 - (c - \beta^2)g_3]$, $A_2 = \frac{1}{c(\beta - \alpha^2)}[-cg_1 + (c - \alpha^2)g_3]$. O segundo é

$$\begin{cases} \alpha(c-\alpha^2)B_1 + \beta(c-\beta^2)B_2 = 0 \\ \alpha c B_1 + \beta c B_2 = 0 \end{cases}, \text{ donde encontramos } B_1 = B_2 = 0. \text{ Assim, a solução desse pro-}$$

blema de Cauchy tem a seguinte forma:

$$\mathbf{y} = \begin{pmatrix} y_1 \\ y_2 \\ y_3 \\ y_4 \end{pmatrix} = \begin{pmatrix} A_1(c-\alpha^2)\cos\alpha t + A_2(c-\beta^2)\cos\beta t \\ -A_1\alpha(c-\alpha^2)\sin\alpha t - A_2\beta(c-\beta^2)\sin\beta t \\ A_1 c\cos\alpha t + A_2 c\cos\beta t \\ -A_1\alpha c\sin\alpha t - A_2\beta c\sin\beta t \end{pmatrix}$$

com os parâmetros $\alpha, \beta, A_1, B_1, A_2, B_2$ determinados acima.

Vamos usar o modelo considerado para resolver o problema específico de oscilações de duas molas acopladas com massas $m_1 = 3g$, $m_2 = 5g$ e coeficientes $k_1 = 18g/s^2$, $k_2 = 3g/s^2$. Nesse caso, os parâmetros (sem indicação de medida) são $a = \frac{k_1}{m_1} = 6$, $b = \frac{k_2}{m_1} = 1$ e $c = \frac{k_2}{m_2} = \frac{3}{5}$ e a matriz do

sistema é $A = \begin{pmatrix} 0 & 1 & 0 & 0 \\ -7 & 0 & 1 & 0 \\ 0 & 0 & 0 & 1 \\ 0.6 & 0 & -0.6 & 0 \end{pmatrix}$. Os autovalores da matriz A são $\lambda_{1,2} = \pm i\alpha = \pm 2.6632i$, $\lambda_{3,4} =$

$\pm i\beta = \pm 0.7124i$. Os autovetores correspondentes são $\mathbf{s} = \mathbf{p} + i\mathbf{q} = \begin{pmatrix} -6.4924 \\ 0 \\ 0.6000 \\ 0 \end{pmatrix} + i \begin{pmatrix} 0 \\ -17.2903 \\ 0 \\ 1.5979 \end{pmatrix}$ e

$\bar{\mathbf{s}} = \mathbf{p} - i\mathbf{q}$ para $\lambda_{1,2}$, e $\mathbf{w} = \mathbf{u} + i\mathbf{v} = \begin{pmatrix} 0.0924 \\ 0 \\ 0.6000 \\ 0 \end{pmatrix} + i \begin{pmatrix} 0 \\ 0.0658 \\ 0 \\ 0.4275 \end{pmatrix}$ e $\bar{\mathbf{w}} = \mathbf{u} - i\mathbf{v}$ para $\lambda_{3,4}$. (Todos os valores

são aproximados.) Acrescentando as condições iniciais $y_1(0) = 1cm$, $y_2(0) = 0cm/s$, $y_3(0) = -2cm$, $y_4(0) = 0cm/s$, encontramos as constantes $A_1 = -0.1986$, $A_2 = -3.1347$, $B_1 = 0$, $B_2 = 0$. Assim, a

solução do problema tem a forma $\mathbf{y} = \begin{pmatrix} y_1 \\ y_2 \\ y_3 \\ y_4 \end{pmatrix} = \begin{pmatrix} 1.2897\cos\alpha t - 0.2897\cos\beta t \\ -3.4347\sin\alpha t + 0.2064\sin\beta t \\ -0.1192\cos\alpha t - 1.8808\cos\beta t \\ 0.3174\sin\alpha t + 1.3400\sin\beta t \end{pmatrix}$, onde $\alpha = 2.6632$,

$\beta = 0.7124$. Os gráficos de componentes y_1 e y_3 (as vibrações das massas m_1 e m_2) são mostrados na Fig.14.2.

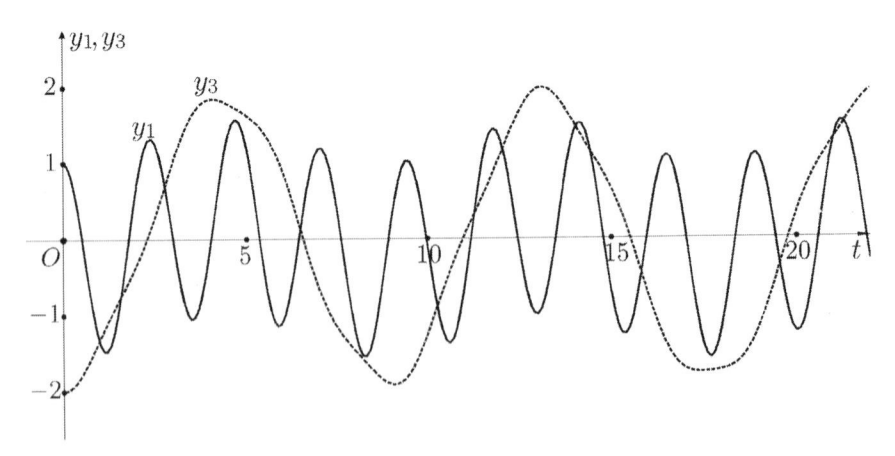

Figura 14.2 Modelo de mola-massa acoplado: oscilações das massas.

Outro sistema de mola-massa acoplado, com três molas fixadas nas duas extremidades, é mostrado na Fig.14.3. Vamos chamar esse do segundo modelo.

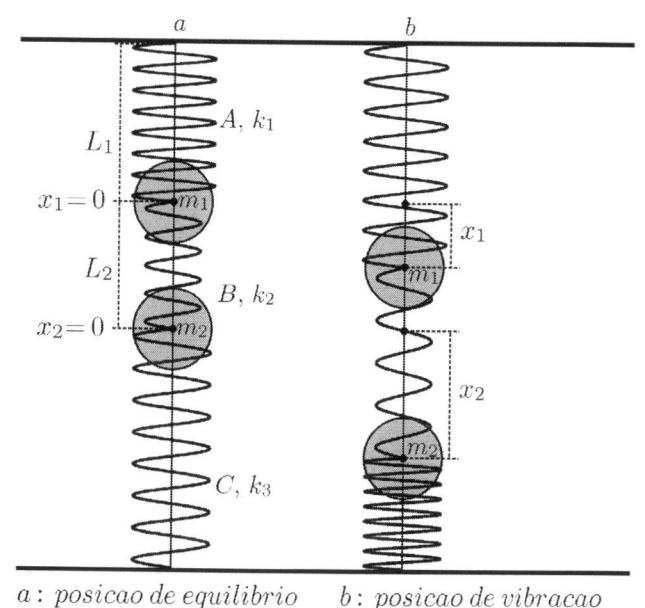

a : *posicao de equilibrio*   *b* : *posicao de vibracao*

Figura 14.3 Modelo de mola-massa acoplado fixado nas duas extremidades.

Deixamos para o leitor mostrar que as equações do sistema tem a forma

$$\begin{cases} m_1 x_1'' = -k_1 x_1 + k_2(x_2 - x_1) \\ m_2 x_2'' = -k_2(x_2 - x_1) - k_3 x_2 \end{cases}$$

e encontrar as suas soluções.

2 Modelos de predador-presa

Vamos investigar o modelo de duas espécies quando uma delas (o predador) se alimenta somente da outra (a presa), enquanto a presa se alimenta de outro tipo de comida que tem em abundância. O primeiro modelo matemático desse scenário foi introduzido e estudado pelo biologista e estatístico Lotka e pelo matemático Volterra.

Durante o período de 1910 a 1923, o biologista D'Ancona analisou o crescimento da população de tubarões e o decréscimo da população dos demais peixes no mar Adriático. Ele notou que a porcentagem de peixes-predadores (como tubarões, skate, raias) em total população de peixes foi maior durante e imediatemente depois da Primeira Guerra Mundial (1914-1918). Ele concluiu que a causa disso foi a redução de pesca durante a guerra. Ele raciocinou que a menor nível de pesca durante a guerra levou ao crescimento da população de peixes-presas, o que, em sua vez, provocou um crescimento maior em número de peixes-predadores, resultando, dessa maneira, em aumento da porcentagem de predadores. No entanto, D'Ancona não conseguiu dar as razões biológicas ou ecológicas do porque o aumento da pesca deve benefeciar mais presas que predadores. Então, ele procurou seu sogro, Volterra, um famoso matemático italiano, sugerindo construir um modelo matemático para explicar a situação. Em poucos mêses Volterra formulou o modelo de dinâmica de duas populações em interação e encontrou os resultados da sua análise que ofereceram a solução do problema posto. Seus resultados foram publicados no ano 1926.

Aproximadamente no mesmo período o biologista e estatístico estadunidense Lotka formulou e estudou diferentes modelos de interação entre duas espécies, cujos resultados foram apresentados no livro dele em 1925.

A seguir vamos considerar o modelo básico de Lotka-Volterra, envolvendo duas espécies, a presa e o predador. Vamos considerar que as funções-incógnitas em relação a tempo t são a população (número de indivíduos) de presa $x(t)$ e a de predador $y(t)$. Montamos as equações que expressam as seguintes suposições:

1. Na ausência do predador, a população de presa aumenta conforme a lei exponencial, ou seja, $x' = ax$, $a > 0$, quando $y = 0$.

2. Na ausência da presa, a população do predador diminui de acordo com a lei exponencial, ou seja, $y' = -by$, $b > 0$, quando $x = 0$.

3. A interação entre duas espécies é realizada via encontros dos seus indivíduos. O número de encontros entre predador e presa é proporcional ao produto das duas populações. Cada um desses encontros resulta em crescimento da população de predadores e diminuição da população de presas. Isso quer dizer que a taxa de crescimento da população de predadores é proporcional a dxy, enquanto a taxa de diminuição da populaçãa de presas é proporcional a $-cxy$, onde c e d são coeficientes positivos.

4. Não há outras fontes que influem na dinâmica (aumento ou diminuicão) das duas populações.

Usando as suposições acima, chegamos às seguintes equações diferenciais:

$$\begin{cases} x' = ax - cxy \\ y' = -by + dxy \end{cases}$$

onde a, b, c, d são constantes positivas. Adicionalmente, de acordo com o significado das funções incógnitas, temos que colocar as restrições de não negatividade $x \geq 0$, $y \geq 0$.

Para encontrar os pontos críticos (onde as derivadas são nulas), resolvemos o sistema

$$\begin{cases} ax - cxy = x(a - cy) = 0 \\ -by + dxy = y(-b + dx) = 0 \end{cases}.$$

As soluções da primeira equação são $x = 0$ e $y = \frac{a}{c}$ e da segunda $y = 0$ e $x = \frac{b}{d}$. Se $x = 0$, então $x \neq \frac{b}{d}$ e, portanto, a segunda equação é satisfeita somente quando $y = 0$. Se $y = \frac{a}{c}$, então $y \neq 0$ e então a segunda equação exige que $x = \frac{b}{d}$. Logo, o sistema tem somente dois pontos críticos $(0,0)$ e $(\frac{b}{d}, \frac{a}{c})$.

Vamos determinar a localização de trajetórias do sistema – as curvas (x, y) no plano xOy, onde $x(t)$ e $y(t)$ são soluções do problema diferencial. Primeiro, notamos que as funções $f(x, y) = ax - cxy$ e $g(x, y) = -by + dxy$ das partes direitas são contínuas em $\mathbb{R}^2$ e suas derivadas parciais $f_x = a - cy$, $f_y = -cx$, $g_x = dy$, $g_y = -b + dx$ também são funções contínuas em $\mathbb{R}^2$. Além disso, f e g não dependem e t e, portanto, a sua continuidade e a das suas derivadas se extende a $\mathbb{R}^3$ (espaço de pontos (t, x, y)). Logo, pelo Teorema de Cauchy, a solução do sistema diferencial existe e é unica para quaisquer condições inicias.

Consideremos as condições iniciais específicas. Se num determinado instante t_0 ocorre que $x_0 = x(t_0) = 0$, então a primeira equação do sistema mostra que $x'(t_0) = 0$ e derivando essa equação podemos observar que $x^{(k)}(t_0) = 0$, $\forall k \in \mathbb{N}$ (estamos supondo que $x(t)$ é uma função analítica). Então, $x(t) = 0$ para todos $t \geq t_0$. Trocando t por $-t$, mantemos praticamente a mesma primeira equação, somente mudando sinal da derivada no lado esquerdo. Portanto, se $x(t_0) = 0$, isso implica que em todos os instantes $x(t) = 0$. Nesse caso, a segunda equação se simplifica para $y' = -by$, cuja solução é $y(t) = y_0 e^{-bt}$, $y_0 = y(t_0)$. Isso reflete a segunda suposição do modelo. Junto com existência e unicidade da solução, esssa propriedade mostra que qualquer trajetória que tem pelo menos um ponto no eixo Oy permanece sempre nesse eixo e nenhuma outra trajetoria pode interceptar o eixo Oy. As mesmas considerações são válidas para a condição $y_0 = y(t_0) = 0$: nesse caso, devido a segunda equação, $y(t) = 0$ em todos os instantes, a primeira equação tem a solução $x(t) = x_0 e^{at}$,

$x_0 = x(t_0)$ (o que reflete a primeira suposição do modelo), qualquer trajetória que tem pelo menos um ponto no eixo Ox permanece nesse eixo e nenhuma outra trajetoria pode interceptar o eixo Ox. Disso segue, em particular, que o ponto crítico $(0,0)$ é o ponto de equilíbrio: uma vez estando nesse ponto, a trajetória vai permanecer nele. Tendo em vista a condição de não negatividade $x_0 \geq 0$, $y_0 \geq 0$, podemos concluír que qualquer trajetória que tem pelo menos um ponto na parte não negativa de Oy pertence a parte não negativa desse eixo, que qualquer trajetória que tem pelo menos um ponto na parte não negativa de Ox pertence a parte não negativa desse eixo, e que qualquer outra trajetória (que não tem nenhum ponto em Ox ou Oy) permanece dentro do primeiro quadrante.

Usando as aproximações das partes direitas na vizinhança de um ponto arbitrário $(\bar{x}, \bar{y})$: $f(x,y) = ax - cxy \approx f(\bar{x}, \bar{y}) + df(\bar{x}, \bar{y})$ e $g(x,y) = -by + dxy \approx g(\bar{x}, \bar{y}) + dg(\bar{x}, \bar{y})$, onde $df = f_x \cdot (x - \bar{x}) + f_y \cdot (y - \bar{y}) = (a - c\bar{y}) \cdot (x - \bar{x}) - c\bar{x} \cdot (y - \bar{y})$ e $dg = g_x \cdot (x - \bar{x}) + g_y \cdot (y - \bar{y}) = d\bar{y} \cdot (x - \bar{x}) + (-b + d\bar{x}) \cdot (y - \bar{y})$, podemos representar as equações do sistema na vizinhança de $(\bar{x}, \bar{y})$, com certo grau de precisão, na forma

$$\begin{cases} x' = a\bar{x} - c\bar{x}\bar{y} + (a - c\bar{y}) \cdot (x - \bar{x}) - c\bar{x} \cdot (y - \bar{y}) \\ y' = -b\bar{y} + d\bar{x}\bar{y} + d\bar{y} \cdot (x - \bar{x}) + (-b + d\bar{x}) \cdot (y - \bar{y}) \end{cases}.$$

Em particular, numa vizinhança do ponto $(\bar{x}, \bar{y}) = (\frac{b}{d}, \frac{a}{c})$ temos

$$\begin{cases} x' = a\frac{b}{d} - c\frac{b}{d}\frac{a}{c} + (a - c\frac{a}{c}) \cdot (x - \frac{b}{d}) - c\frac{b}{d} \cdot (y - \frac{a}{c}) = -\frac{cb}{d}y + \frac{ab}{d} \\ y' = -b\frac{a}{c} + d\frac{b}{d}\frac{a}{c} + d\frac{a}{c} \cdot (x - \frac{b}{d}) + (-b + d\frac{b}{d}) \cdot (y - \frac{a}{c}) = \frac{ad}{c}x - \frac{ab}{c} \end{cases}.$$

Os autovalores da matriz desse sistema são $\lambda_{1,2} = \pm i\sqrt{ab}$, o que indica que o ponto crítico $(\frac{b}{d}, \frac{a}{c})$ tem estabilidade neutra: as trajetórias não aproximam nem fogem desse ponto. Portanto, para saber o que acontece com as trajetórias na volta desse ponto, é necessário realizar estudos adicionais.

Os resultados que premitem esclarecer o comportamento das trajetórias do sistema diferencial foram obtidos por Volterra e podem ser resumidos em dois princípios. O primeiro diz que as trajetórias do sistema diferencial são fechadas e periódicas, contendo o ponto crítico $(\frac{b}{d}, \frac{a}{c})$ dentro. O período T depende de coeficientes a, b, c, d e das condições iniciais $x_0 > 0, y_0 > 0$. O segundo princípio de Volterra trata do valor médio de populações de presa e de predador durante o intervalo do tempo igual ao período T: $m_x = \frac{1}{T} \int_0^T x(t)dt$ e $m_y = \frac{1}{T} \int_0^T y(t)dt$. Esse princípio diz que $m_x = \frac{b}{d}$ e $m_y = \frac{a}{c}$, ou seja, os valores médios são iguais aos valores do ponto crítico. Esse resultado pode ser demonstrado da seguinte maneira. Dividindo a primeira equação do sistema diferencial por x e integrando no intervalo $[0, T]$, obtemos $\int_0^T \frac{x'}{x}dt = \ln x|_0^T = \ln x(T) - \ln x(0) = \int_0^T (a - cy)dt$. Como, de acordo com o primeiro princípio, $x(T) = x(0)$, então $\int_0^T (a - cy)dt = 0$ e, consequentemente, $aT - c\int_0^T ydt = 0$ ou $\frac{1}{T} \int_0^T y(t)dt = \frac{a}{c}$. Da mesma maneira é obtida a segunda fórmula.

Mais um resultado obtido por Volterra (o terceiro princípio) permite esclarecer o efeito de pesca na interação de populações de presa e de predador. Vamos supor que é realizada uma pesca indiscriminada, na qual os pescadores guardam qualquer tipo de peixe que foi pego, e que o número de peixes extraidos na pesca é constante em tempo e é proporcional a população de cada uma das duas espécies. Nesse caso, o modelo de predador-presa com inclusão de efeitos de pesca é formulado da seguinte maneira:

$$\begin{cases} x' = ax - cxy - \alpha x \\ y' = -by + dxy - \alpha y \end{cases},$$

onde os termos αx e αy, $\alpha > 0$ representam as perdas de populações em resultado de pesca. Esse sistema pode ser reescrito na forma

$$\begin{cases} x' = (a - \alpha)x - cxy \\ y' = -(b + \alpha)y + dxy \end{cases}$$

a qual para $a - \alpha > 0$ coincide com o sistema original de Lotka-Volterra com a substituído por $a - \alpha$ e b por $b + \alpha$. Então, o ponto crítico do último sistema é $(\frac{b+\alpha}{d}, \frac{a-\alpha}{c})$ (além do ponto origem).

Como $\alpha > 0$, vemos que $\frac{b+\alpha}{d} > \frac{b}{d}$ e $\frac{a-\alpha}{c} < \frac{a}{c}$. Assim, chegamos à formulação do terceiro princípio de Volterra que diz que uma pesca indiscriminante e constante no tempo resulta em aumento do valor médio de presa e diminuição do valor médio de predador. Esse princípio permite explicar, dentro do modelo utilizado, os dados empíricos obtidos por D'Ancona de que a população de predador aumenta quando a pesca é reduzida e sua população diminui quando a pesca intensifica. A consequência da pesca sobre a população de presa é contrária.

Devido a não linearidade, a solução geral analítica do modelo de Lotka-Volterra é desconhecida. Soluções aproximadas usualmente são encontradas usando métodos numéricos. A solução numérica num caso particular quando $a = 1, b = 2, c = 0.5, d = 0.25$ é mostrada nas Figs.14.4 e 14.5. A primeira mostra os gráficos de $x(t)$ e $y(t)$, e a segunda mostra a trajetória do modelo (retrato de fase) relativa às condições iniciais $x_0 = 10$, $y_0 = 5$. Nesse caso, o ponto crítico dentro da trajetória é $(\bar{x}, \bar{y}) = (8, 2)$ e o período da solução é igual a aproximadamente 10.

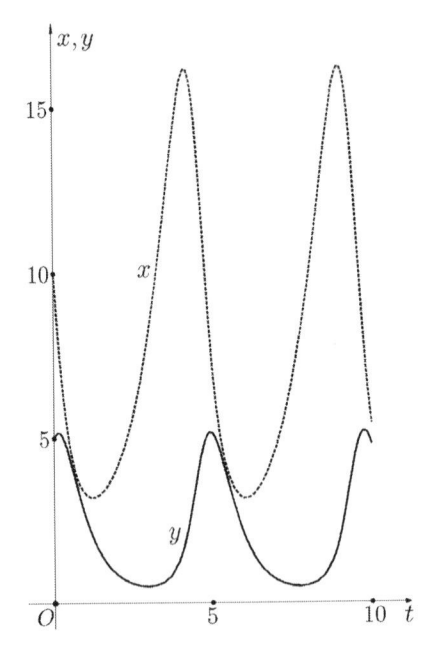

Figura 14.4 Modelo de Lotka-Volterra com $a = 1, b = 2, c = 0.5, d = 0.25$: gráficos de $x(t)$ e $y(t)$.

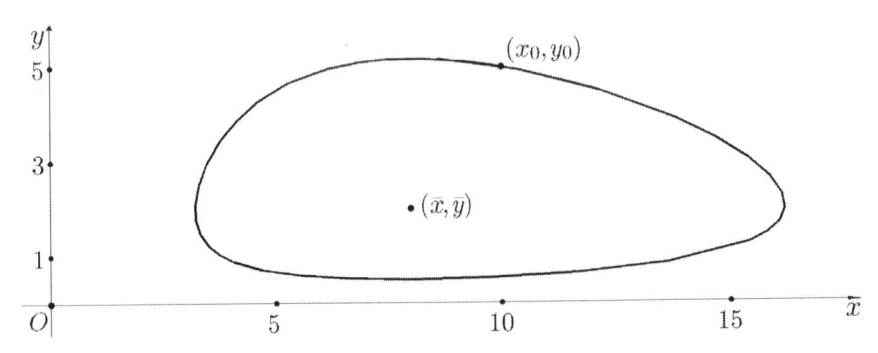

Figura 14.5 Modelo de Lotka-Volterra com $a = 1, b = 2, c = 0.5, d = 0.25$: retrato de fase.

3 Modelos de corrida armamentista

O modelo de corrida armamentista considerado nessa seção foi desenvolvido por Lewis Fry Richardson nos anos 30 do século 20, inicialmente para descrever a concorrência entre duas nações e, posteriormente, o modelo foi generalizado para o caso de n nações e foi aplicado para analisar a situação na véspera da Segunda Guerra Mundial. Na tentativa de evitar essa gerra iminente, Richardson mandou o seu estudo para uma revista dos Estados Unidos com pedido de publicação imediata, mas o trabalho foi rejeitado.

A idéia principal do modelo de corrida de armas de duas nações é o conceito de medo mútuo. Uma das nações começa aumentar a produção de armas, afirmando que a razão disso é fortalecemento da sua defesa (devido a suspeita da invasão de outra nação). A segunda nação, temendo de força crescente da primeira e das suas intensões ofensivas, começa também produzir mais armas, declarando que o seu objetivo é auto-defesa. Devido ao medo mútuo, o armamaneto das ambas nações continua aumentar durante certo tempo. Como nenhuma das nações tem recursos infinitos, essa situação não pode durar para sempre. Quando as despesas de produção de armas começam ficar muito grandes, requerendo a parte significativa do orçamento de uma nação, a população daquela país força o governo de limitar os recursos gastos para as armas e, dessa maneira, diminuir o crescimento das armas ou até limita-las.

Vamos considerar que as funções-incógnitas são as despesas de cada nação em produção de armas, por exemplo, a quantidade de dinheiro gasto por ano, e montamos as equações que expressam as seguintes suposições:

1. As despesas aumentam devido ao medo mútuo.
2. As comunidades civis de cada país resistem ao aumento da produção de armas.
3. Existem outras fontes (externas), além do volume produzido de armas, que influem na dinâmica (aumento ou diminuicão) de despesas armamentistas.

Denotando $x(t)$ e $y(t)$ a quantidade de dinheiro gasto por ano na produção de armas pela primeira e segunda nação, respectivamente (numa unidade monetaria universal), obtemos as seguintes equações diferenciais:

$$\begin{cases} x' = -cx + ay + r \\ y' = bx - dy + s \end{cases},$$

onde a, b, c, d são constantes não negativas e r, s são constantes arbitrárias (representando as forntes externas). Os termos ay e bx representam o crescimento na produção de armas pela primeira e segunda nação, respectivamente, devido ao seu medo frente ao fortalecemento de outra nação. Os termos $-cx$ e $-dy$ refletem a diminuição na produção de armas pela primeira e segunda nação, respectivamente, devido a resistência das suas comunidades sociais. Os termos r e s representam as demandas(exigências,débitos) da primeira e segunda nação, respectivamente, em relação a outra. Por exemplo, se a primeira nação tem queixas (em forma de dívidas ou guerras antigas) sobre a segunda, então r é positivo; caso a primeira nação tem bons relacionamentos com a segunda e não tem disputas antigas, então r é negativo. Assim, o modelo de Richardson estabelece que, em cada nação, os gastos para produção de armas aumentam proporcionalmente aos gastos correntes de outra nação, diminuem proporcionalmente aos gastos correntes da própria nação, e aumentam ou diminuem de acordo com os sentimentos em relação a outra nação. Adicionalmente, de acordo com o significado das funções incógnitas, temos que colocar as restrições $x \geq 0, y \geq 0$.

O sistema obtido é linear não homogêneo de coeficientes constantes e, portanto, pode ser resolvido usando o procedimento-padrão. Primeiro, encontramos a solução geral do sistema homogêneo usando o método de Euler. A equação característica

$$det(A - \lambda I) = det \begin{pmatrix} -c - \lambda & a \\ b & -d - \lambda \end{pmatrix} = \lambda^2 + \lambda(c + d) + cd - ab = 0$$

tem as raízes $\lambda_{1,2} = \frac{-(c+d) \pm \sqrt{\Delta}}{2}$, onde o discriminante $\Delta = (c + d)^2 - 4(cd - ab) = (c - d)^2 + 4ab$ é positivo e, portanto, ambas as raízes são reais e simples. Logo, a solução da parte homogênea é

$$\mathbf{u}_h = C_1\mathbf{s}_1 e^{\lambda_1 t} + C_2\mathbf{s}_2 e^{\lambda_2 t},$$

onde $\mathbf{s}_{1,2}$ são autovetores correspondentes aos autovalores $\lambda_{1,2}$ e $C_{1,2}$ são constantes arbitrárias. Para encontrar o autovetor $\mathbf{s}_1 = \begin{pmatrix} \alpha_1 \\ \beta_1 \end{pmatrix}$, precisamos resolver o sistema linear algébrico $A\mathbf{s}_1 = \lambda_1\mathbf{s}_1$. Como o determinante desse sistema homogêneo é nulo, basta resolver somente uma das duas equações. Por exemplo, a primeira equação $(-c - \lambda_1)\alpha_1 + a\beta_1 = 0$ estabalece a seguinte relação: $\beta_1 = \frac{c+\lambda_1}{a}\alpha_1$. Escolhendo $\alpha_1 = 2a$, encontramos

$$\mathbf{s}_1 = \begin{pmatrix} 2a \\ 2c + 2\lambda_1 \end{pmatrix} = \begin{pmatrix} 2a \\ c - d - \sqrt{\Delta} \end{pmatrix}.$$

Da mesma maneira, determinamos que

$$\mathbf{s}_2 = \begin{pmatrix} 2a \\ 2c + 2\lambda_2 \end{pmatrix} = \begin{pmatrix} 2a \\ c - d + \sqrt{\Delta} \end{pmatrix}.$$

Segundo, encontramos uma solução particular do sistema original não homogêneo. Eliminando da consideração a situação singular quando $cd = ab$, podemos encontrar a solução particular na forma de constantes $x = \bar{x}$, $x = \bar{y}$. Substituindo no sistema original, encontramos o sistema linear algébrico $\begin{cases} -cx + ay + r = 0 \\ bx - dy + s = 0 \end{cases}$ com o determinante $cd - ab$ diferente de 0. Logo, esse sistema tem uma única solução $\bar{x} = \frac{rd+sa}{cd-ab}$, $\bar{y} = \frac{rb+sc}{cd-ab}$ e, portanto,

$$\bar{\mathbf{u}} = \begin{pmatrix} \bar{x} \\ \bar{y} \end{pmatrix} = \begin{pmatrix} \frac{rd+sa}{cd-ab} \\ \frac{rb+sc}{cd-ab} \end{pmatrix}$$

é a solução particular do sistema diferencial. A solução $\bar{\mathbf{u}}$ é o ponto de equilíbrio (o único) do sistema diferencial, isto é, se o sistema diferencial estiver nessa posição no momento inicial, ele vai permanecer nessa posição para sempre. Notamos que, no plano xOy, a solução $\bar{x}, \bar{y}$ representa o ponto de interseção das retas $R_1 : -cx + ay + r = 0$ e $R_2 : bx - dy + s = 0$.

Finalmente, a solução geral do sistema original se encontra na forma

$$\mathbf{u} = \mathbf{u}_h + \bar{\mathbf{u}} = C_1\mathbf{s}_1 e^{\lambda_1 t} + C_2\mathbf{s}_2 e^{\lambda_2 t} + \bar{\mathbf{u}}.$$

Aplicando as condições iniciais $\mathbf{u}_0 = \begin{pmatrix} x_0 \\ y_0 \end{pmatrix}$, obtemos o seguinte sistema para especificar as constantes C_1 e C_2: $C_1\mathbf{s}_1 + C_2\mathbf{s}_2 + \bar{\mathbf{u}} = \mathbf{u}_0$ ou na forma de componentes $\begin{cases} C_1 \cdot 2a + C_2 \cdot 2a = x_0 - \bar{x} \\ C_1 \cdot (c - d - \sqrt{\Delta}) + C_2 \cdot (c - d + \sqrt{\Delta}) = y_0 - \bar{y} \end{cases}$. O determinante desse sistema não é nulo: $4a\sqrt{\Delta} > 0$, e, portanto, o sistema tem uma única solução que pode ser expressa na forma

$$C_1 = \frac{1}{2\sqrt{\Delta}}\left[\frac{x_0 - \bar{x}}{2a}(c - d + \sqrt{\Delta}) - (y_0 - \bar{y})\right], C_2 = \frac{1}{2\sqrt{\Delta}}\left[-\frac{x_0 - \bar{x}}{2a}(c - d - \sqrt{\Delta}) + (y_0 - \bar{y})\right].$$

Para simplificar análise posterior, vamos supor que $c = d$. Nesse caso,

$$\Delta = 4ab, \lambda_1 = -c - \sqrt{ab}, \lambda_2 = -c + \sqrt{ab}, \mathbf{s}_1 = \begin{pmatrix} 2a \\ -2\sqrt{ab} \end{pmatrix}, \mathbf{s}_2 = \begin{pmatrix} 2a \\ 2\sqrt{ab} \end{pmatrix}$$

e as constantes C_1, C_2 se calculam pelas fórmulas

$$C_1 = \frac{1}{4\sqrt{a}}\left[\frac{x_0 - \bar{x}}{\sqrt{a}} - \frac{y_0 - \bar{y}}{\sqrt{b}}\right], C_2 = \frac{1}{4\sqrt{a}}\left[\frac{x_0 - \bar{x}}{\sqrt{a}} + \frac{y_0 - \bar{y}}{\sqrt{b}}\right].$$

Substituindo os valores de C_1, C_2, λ_1, λ_2 e $\mathbf{s}_1, \mathbf{s}_2$ na solução geral e escrevendo em termos de componentes, temos a seguinte solução do problema de Cauchy:

$$\begin{cases} x = \frac{\sqrt{a}}{2}\left[\frac{x_0-\bar{x}}{\sqrt{a}} - \frac{y_0-\bar{y}}{\sqrt{b}}\right]e^{(-c-\sqrt{ab})t} + \frac{\sqrt{a}}{2}\left[\frac{x_0-\bar{x}}{\sqrt{a}} + \frac{y_0-\bar{y}}{\sqrt{b}}\right]e^{(-c+\sqrt{ab})t} + \bar{x} \\ y = -\frac{\sqrt{b}}{2}\left[\frac{x_0-\bar{x}}{\sqrt{a}} - \frac{y_0-\bar{y}}{\sqrt{b}}\right]e^{(-c-\sqrt{ab})t} + \frac{\sqrt{b}}{2}\left[\frac{x_0-\bar{x}}{\sqrt{a}} + \frac{y_0-\bar{y}}{\sqrt{b}}\right]e^{(-c+\sqrt{ab})t} + \bar{y} \end{cases}.$$

A solução do problema ainda deve ser sujeita às restrições $x \geq 0$, $y \geq 0$. Isso pode gerar mais um ponto de equilíbrio, não relacionado com o sistema diferencial. Realmente, se num instante t_1 foram obtidos os valores $x = 0, y = 0$ e a r, s são negativos, então, de acordo com o sistema diferencial, os valores de x, y nos próximos instantes devem ser negativos (uma vez que as suas derivadas são negativas). No entanto, devido a restrição de não negatividade, x, y vão permanecer nulos a partir do instante t_1.

Vamos analisar aonde pode levar a corrida armamentista passando um intervalo do tempo bastante grande, ou seja, qual é o compartamento de soluções do modelo considerado quando $t \to \infty$. As situações reais que podem acontecer são:

1) uma corrida explosiva, quando as armas aumentam sem restrição, o que, na prática leva a uma guerra, porque os estados não podem suportar o peso do aumento ilimitado das despesas para armas;

2) um desarmamaneto total, quando as armas são extintas;

3) um equilibrio, quando a quantidade de armas de cada nação não altera com o tempo.

No modelo em análise, cada uma das situações pode ocorrer, dependendo dos valores de coeficientes do sistema diferencial e de condições iniciais. Notamos que a menor raiz, $\lambda_1 = \frac{-(c+d)-\sqrt{\Delta}}{2}$, sempre é negativa, mas o sinal da maior, $\lambda_2 = \frac{-(c+d)+\sqrt{\Delta}}{2}$, depende da relação entre os parâmetros do sistema. A seguir, consideremos os principais casos que podem ocorrer.

Se $cd > ab$ (a ação conjunta das duas nações contra armamento é mais forte que as causas de armamento), então $\sqrt{\Delta} < \sqrt{(c+d)^2} = c+d$ e, portanto, $\lambda_2 < 0$. Nesse caso, qualquer que for a condição inicial (a reserva inicial de armas) e os valores da parte direita r, s (o efeito de forças externas), a solução diferencial vai tender ao ponto de equilíbrio $(\bar{x}, \bar{y})$ porque $e^{\lambda_1 t} \underset{t\to+\infty}{\to} 0$ e $e^{\lambda_2 t} \underset{t\to+\infty}{\to} 0$ (situação estável). Podemos ver que a restrição de não negatividade $x \geq 0$, $y \geq 0$ não afeta essa tendência. Realmente, para a derivada da solução diferencial temos

$$\begin{cases} x' = \frac{\sqrt{a}}{2}\left[\frac{x_0-\bar{x}}{\sqrt{a}} - \frac{y_0-\bar{y}}{\sqrt{b}}\right](-c-\sqrt{ab})e^{(-c-\sqrt{ab})t} + \frac{\sqrt{a}}{2}\left[\frac{x_0-\bar{x}}{\sqrt{a}} + \frac{y_0-\bar{y}}{\sqrt{b}}\right](-c+\sqrt{ab})e^{(-c+\sqrt{ab})t} \\ y' = -\frac{\sqrt{b}}{2}\left[\frac{x_0-\bar{x}}{\sqrt{a}} - \frac{y_0-\bar{y}}{\sqrt{b}}\right](-c-\sqrt{ab})e^{(-c-\sqrt{ab})t} + \frac{\sqrt{b}}{2}\left[\frac{x_0-\bar{x}}{\sqrt{a}} + \frac{y_0-\bar{y}}{\sqrt{b}}\right](-c+\sqrt{ab})e^{(-c+\sqrt{ab})t} \end{cases},$$

ou, reagrupando os termos,

$$\begin{cases} x' = \frac{\sqrt{a}}{2}e^{-ct}\left[\frac{x_0-\bar{x}}{\sqrt{a}}\left(-(c+\sqrt{ab})e^{-\sqrt{ab}t} + (c-\sqrt{ab})e^{\sqrt{ab}t}\right) + \frac{y_0-\bar{y}}{\sqrt{b}}\left((c+\sqrt{ab})e^{-\sqrt{ab}t} - (c-\sqrt{ab})e^{\sqrt{ab}t}\right)\right] \\ y' = \frac{\sqrt{b}}{2}e^{-ct}\left[\frac{x_0-\bar{x}}{\sqrt{a}}\left((c+\sqrt{ab})e^{-\sqrt{ab}t} - (c-\sqrt{ab})e^{\sqrt{ab}t}\right) + \frac{y_0-\bar{y}}{\sqrt{b}}\left(-(c+\sqrt{ab})e^{-\sqrt{ab}t} - (c-\sqrt{ab})e^{\sqrt{ab}t}\right)\right] \end{cases}.$$

Ambos os coeficientes $-(c + \sqrt{ab})$ e $-(c - \sqrt{ab})$ junto com $x_0 - \bar{x}$ são negativos, enquanto os coeficientes $c + \sqrt{ab}$ e $-(c - \sqrt{ab})$ junto com $y_0 - \bar{y}$ têm sinais opostos, mas o segundo, do sinal negativo, é o principal porque tem multiplicador exponencial crescente com o tempo. Portanto, o sinal da derivada x' se determina pelo sinal de $x_0 - \bar{x}$ e $y_0 - \bar{y}$, pelo menos para os valores bastante grandes de t. O mesmo é válido para o sinal de y'. Isso pode ser visto na forma ainda mais clara se utilizamos a aproximação de grandes valores de t:

$$\begin{cases} x' \approx -\frac{\sqrt{a}}{2}e^{-ct} \cdot e^{\sqrt{ab}t} \cdot (c-\sqrt{ab}) \cdot \left[\frac{x_0-\bar{x}}{\sqrt{a}} + \frac{y_0-\bar{y}}{\sqrt{b}}\right] \\ y' \approx -\frac{\sqrt{b}}{2}e^{-ct} \cdot e^{\sqrt{ab}t} \cdot (c-\sqrt{ab}) \cdot \left[\frac{x_0-\bar{x}}{\sqrt{a}} + \frac{y_0-\bar{y}}{\sqrt{b}}\right] \end{cases}.$$

Assim, considerando os valores x, y como as condições iniciais correntes $x_0 = x$, $y_0 = y$, podemos concluir que caso $\bar{x} > 0, \bar{y} > 0$ (isso ocorre, por exemplo, quando $r > 0, s > 0$), então os pontos

$x_0 < \bar{x}, y_0 < \bar{y}$, inclusive $x_0 = 0, y_0 = 0$, não podem ser estáveis, porque nesses pontos as derivadas x', y' são positivas. Logo, a solução não vai ficar perto desses pontos e vai tender ao ponto de equilíbrio $(\bar{x}, \bar{y})$. Se $\bar{x} = 0, \bar{y} = 0$ (isso ocorre quando $r = s = 0$), então o ponto de equilíbrio é a própria origem e a solução do problema converge a $(0,0)$. Finalmente, se $\bar{x} < 0, \bar{y} < 0$ (o que ocorre, por exemplo, quando $r < 0, s < 0$), então o ponto de equilíbrio não é admissível entre soluções do problema. Nesse caso, para qualquer ponto corrente $(x, y) = (x_0, y_0)$ temos $x_0 \geq 0 > \bar{x}$, $y_0 \geq 0 > \bar{y}$, e portanto, as derivadas x', y' são negativas, o que leva a solução ao ponto estacionário $(x, y) = (0, 0)$, devido a condição de não negatividade.

No caso $cd < ab$ (a ação conjunta das duas nações contra armamento é mais fraca que as causas de armamento), $\sqrt{\Delta} > c + d$ e, portanto, $\lambda_2 > 0$. Isso significa que os módulos de componentes da solução do sistema diferencial vão aumentar sem restrição, porque o primeiro termo exponencial $e^{\lambda_1 t}$ vai tender a zero, enquanto o segundo, $e^{\lambda_2 t}$ vai tender a infinito (situação instável). Isso não ocorre somente se $C_2 = 0$, o que acontece somente no caso muito especial quando a condição inicial pertence a reta que passa por ponto de equilíbrio na direção do autovetor $\mathbf{s}_1$: $\begin{pmatrix} x_0 \\ y_0 \end{pmatrix} = \begin{pmatrix} \bar{x} \\ \bar{y} \end{pmatrix} + \tau \mathbf{s}_1$. Qualquer outra condição inicial leva ao crescimento dos módulos da solução diferencial. No entanto, isso nem sempre resulta em armamentação explosiva, porque as condições de não negatividade restringem os valores admissíveis de x, y, o que pode levar a uma situação de desarmamento mesmo quando $\lambda_2 > 0$. Vamos analisar o que pode acontecer nesse caso com maiores detalhes.

A parte da solução com fator C_1 tem expoente negativa e tende a 0 com aumento de t. O problema de armamento explosivo pode surgir por causa do segundo termo, com fator C_2, que tem expoente positiva. Se $C_2 > 0$, então x e y vão aumentar tendendo a $+\infty$ (pelos valores positivos) o que vai resultar no armamento não restrito. Se $C_2 = 0$ (isto é, as condições iniciais pertencem a reta $\begin{pmatrix} \bar{x} \\ \bar{y} \end{pmatrix} + \tau \mathbf{s}_1$), então vai ter somente a primeira parte da solução, com expoente negativa, e a solução vai convergir ao ponto de equilíbrio $\begin{pmatrix} \bar{x} \\ \bar{y} \end{pmatrix}$. Finalmente, se $C_2 < 0$, as componentes x e y da solução diferencial vão decrescer infinitamente a $-\infty$. Mas a condição complementar $x \geq 0, y \geq 0$ vai forçar as componentes tenderem ao ponto origem e vai haver o desarmamento total. Realmente, para quaisquer condições iniciais $\begin{pmatrix} x_0 \\ y_0 \end{pmatrix} \neq \begin{pmatrix} \bar{x} \\ \bar{y} \end{pmatrix} + \tau \mathbf{s}_1$, o primeiro termo $C_1 \mathbf{s}_1 e^{\lambda_1 t}$ vai tender a zero, enquanto o segundo $C_2 \mathbf{s}_2 e^{\lambda_2 t}$ vai aumentar por módulo mantendo valores negativos. No entanto, quando uma das componentes da solução $\mathbf{u}$ vai zerar num instante t_1, ela não vai poder diminuir mais (devido a restrição de não negatividade), mantendo seu valor nulo para todos os instantes posteriores. De fato, vamos supor que $x(t_1) = 0$ e $y(t_1) > 0$. O ponto $(x(t_1), y(t_1))$ corresponde a trajetoria da solução com a condição inicial $(x(t_0), y(t_0))$ que gerou a constante $C_2 < 0$. Portanto, considerando $(x(t_1), y(t_1))$ como nova condição inicial, concluímos que ela vai gerar a mesma constante C_2 e, portanto, em t_1 a solução vai ter a mesma tendência de redução de componentes. Só que x não pode diminuir mais, portanto, vai diminuir só a componente y. Nos próximos instantes $t > t_1$ a constante C_2 vai ser diferente, mas vai continuar sendo negativa. Isso pode ser visto da resolução da desigualdade $\frac{x_0 - \bar{x}}{\sqrt{a}} + \frac{y_0 - \bar{y}}{\sqrt{b}} < 0$ que garante a negatividade de C_2. A região da solução dessa desigualdade é localizada abaixo (e a esquerda) da reta $y_0 = \bar{y} - \sqrt{\frac{b}{a}}(x_0 - \bar{x})$ (veja a região acinzentada na Fig.14.6) e todas as soluções associadas a condições iniciais nessa região do plano xOy vão permaneer nela, por causa de decrescimento das suas componentes (devido a solução diferencial) ou sua igualdade a 0 (devido a condição de não negatividade).

Finalmente, no caso singular $cd = ab$, as retas $R_1 : -cx + ay + r = 0$ e $R_2 : bx - dy + s = 0$ são paralelas e o ponto $(\bar{x}, \bar{y})$ não é mais a solução do sistema original. Nesse caso, a primeira raiz da equação característica continua sendo negativa $\lambda_1 = -c - d$, com autovetor $\mathbf{s}_1 = \begin{pmatrix} 2a \\ -2d \end{pmatrix}$, mas a segunda é nula $\lambda_2 = 0$, com autovetor $\mathbf{s}_2 = \begin{pmatrix} 2a \\ 2c \end{pmatrix}$. Logo, a solução particular pode ser

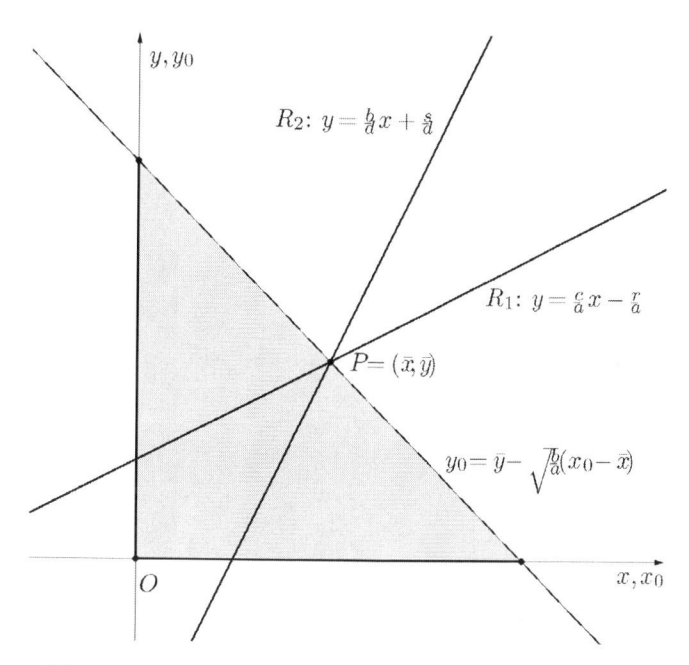

Figura 14.6 Corrida armementista, caso instável.

procurada na forma $\bar{\mathbf{u}} = \begin{pmatrix} \bar{x} \\ \bar{y} \end{pmatrix} = \begin{pmatrix} kt + p \\ mt + q \end{pmatrix}$, onde as constantes k, m, p, q devem ser encontradas substituindo essa função vetorial no sistema original. Isso leva ao seguinte sistema de equações polinomiais $\begin{cases} k = -c(kt+p) + a(mt+q) + r \\ m = b(kt+p) - d(mt+q) + s \end{cases}$. Do subsistema para os coeficientes dos termos lineares temos $\begin{cases} -ck + am = 0 \\ bk - dm = 0 \end{cases}$, donde segui a única relação $m = \frac{c}{a}k$. O subsistema para os coeficientes livres tem a forma $\begin{cases} -cp + aq = k - r \\ bp - dq = m - s \end{cases}$, Levando em conta que $d = \frac{ab}{c}$ e $m = \frac{c}{a}k$, reescrevemos a segunda equação na forma $bp - \frac{ab}{c}q = \frac{c}{a}k - s$ ou, multiplicando por $-\frac{c}{b}$, temos $-cp + aq = -\frac{c^2}{ab}k + \frac{c}{b}s$. Comparando com a primeira equação, concluímos, que o último sistema é compatível somente quando $k - r = -\frac{c^2}{ab}k + \frac{c}{b}s$, donde encontramos o valor de k: $k = a\frac{br+cs}{ab+c^2}$. Então, $m - c\frac{br+cs}{ab+c^2}$ e os coeficientes p, q satisfazem a única relação $-cp + aq = k - r$. Por exemplo, escolhendo $q = 0$ e usando o valor encontrado de k, obtemos $p = \frac{cr-as}{ab+c^2}$. Logo, a solução geral do sistema diferencial tem a forma

$$\begin{cases} x = C_1 \cdot 2ae^{(-c-d)t} + C_2 \cdot 2a + kt + p \\ y = C_1 \cdot (-2d)e^{(-c-d)t} + C_2 \cdot 2c + mt + q \end{cases} .$$

Pode ser visto que para os valores grandes de t o comportamento da solução depende essencialmente da solução particular. Se $br+cs > 0$ (por exemplo, $r > 0, s > 0$), isto é, as causas externas estimulam o crescimento de armamento, então $k > 0, m > 0$ e as duas componentes da solução tendem a $+\infty$. Se $br + cs < 0$ (por exemplo, $r < 0, s < 0$), o que ocorre quando as forças externas restringem o armamento, então $k < 0, m < 0$ e as duas componentes da solução tendem a 0 (levando em conta a restrição de não negatividade). Se $br + cs = 0$, ou seja, a ação conjunta de forças externas é neutra, então a solução vai tender ao ponto $(x, y) = (2aC_2 + p, 2cC_2 + q)$, onde C_2 é determinado das condições iniciais.

Problemas para o leitor

1. Encontrar a solução geral do primeiro modelo mola-massa no caso quando as massas são $m_1 = 5g$, $m_2 = 10g$ e coeficientes $k_1 = 10g/s^2$, $k_2 = 10g/s^2$. Resolver esse problema quando o deslocamento inicial da primeira massa é $3cm$, enquanto a segunda está em posição de equilíbrio e as velocidades iniciais das duas massas são nulas.

2. Considerando a presença de amortecimento dos dois corpos no modelo mostrado na Fig.14.1, verificar que as equações do sistema assumem a forma

$$\begin{cases} m_1 x_1'' = -k_1 x_1 + k_2(x_2 - x_1) - \kappa_1 x_1' \\ m_2 x_2'' = -k_2(x_2 - x_1) - \kappa_2 x_2' \end{cases}$$

onde $\kappa_1 > 0$ e $\kappa_2 > 0$ são coeficientes de amortecimento da primeira e segunda massa. Transformar esse sistema num sistema equivalente de quatro equações da primeira ordem. Encontrar a solução geral do sistema quando as massas são $m_1 = 10g$, $m_2 = 10g$, coeficientes de molas $k_1 = 5g/s^2$, $k_2 = 10g/s^2$ e coeficientes de amortecimento $\kappa_1 = 15g/s$, $\kappa_2 = 15g/s$.

3. Transformar o sistema do segundo modelo mola-massa (mostrado na Fig.14.3)

$$\begin{cases} m_1 x_1'' = -k_1 x_1 + k_2(x_2 - x_1) \\ m_2 x_2'' = -k_2(x_2 - x_1) - k_3 x_2 \end{cases}$$

num sistema equivalente de quatro equações da primeira ordem.

Encontrar a solução geral desse modelo quando as massas são $m_1 = 2g$, $m_2 = 2g$ e coeficientes $k_1 = 4g/s^2$, $k_2 = 6g/s^2$, $k_3 = 4g/s^2$.

4. Considerando a presença de amortecimento dos dois corpos no modelo mostrado na Fig.14.3, verificar que as equações do sistema assumem a forma

$$\begin{cases} m_1 x_1'' = -k_1 x_1 + k_2(x_2 - x_1) - \kappa_1 x_1' \\ m_2 x_2'' = -k_2(x_2 - x_1) - k_3 x_2 - \kappa_2 x_2' \end{cases}$$

onde $\kappa_1 > 0$ e $\kappa_2 > 0$ são coeficientes de amortecimento da primeira e segunda massa. Transformar esse sistema num sistema equivalente de quatro equações da primeira ordem. Encontrar a solução geral do sistema quando as massas são $m_1 = 2g$, $m_2 = 2g$, coeficientes de molas $k_1 = 10g/s^2$, $k_2 = 3g/s^2$, $k_3 = 10g/s^2$, e coeficientes de amortecimento $\kappa_1 = 12g/s$, $\kappa_2 = 12g/s$.

5. Encontrar o ponto crítico e a solução numérica do modelo de Lotka-Volterra com $a = 1, b = 2, c = 0.5, d = 0.25$ na presença de pesca correspondente ao coeficiente $\alpha = 0.1$. Usar as condições iniciais $x_0 = 10$, $y_0 = 5$. Comparar a solução obtida com a apresentada nas Figs.14.4 e 14.5.

6. Encontrar o ponto crítico e a solução numérica do modelo de Lotka-Volterra com $a = 0.2, b = 0.1, c = 0.0025, d = 0.002$ sem presença de pesca. Fazer o mesmo estudo na presença de pesca com o coeficiente $\alpha = 0.001$. Usar os dois pares das condições iniciais: $x_0 = 40$, $y_0 = 70$ e $x_0 = 60$, $y_0 = 90$. Comparar os resultados dos modelos com pesca e sem.

7. Encontrar o ponto de equilíbrio e a solução geral do modelo de armamento sem fontes externas ($r = s = 0$) quando $c = d = 1$, $a = b = 0.5$. Resolver esse problema com a condição inicial $x_0 = 10, y_0 = 15$. Realizar o estudo semelhante para o modelo com fontes externas, assumindo que $r = s = 0.5$. Comparar os resultados obtidos com a análise teórica.

8. Encontrar o ponto de equilíbrio e a solução geral do modelo de armamento sem fontes externas ($r = s = 0$) quando $c = d = 0.5$, $a = b = 1$. Resolver esse problema com a condição inicial $x_0 = 10, y_0 = 15$. Realizar o estudo semelhante para o modelo com fontes externas, assumindo que $r = s = -0.5$. Comparar os resultados obtidos com a análise teórica.

9. Encontrar a solução geral do modelo de armamento sem fontes externas ($r = s = 0$) quando $c = d = 1$, $a = b = 1$. Resolver esse problema com a condição inicial $x_0 = 10, y_0 = 15$. Realizar o estudo semelhante para o modelo com fontes externas, assumindo que $r = s = -0.5$. Comparar os resultados obtidos com a análise teórica.

Respostas dos exercícios selecionados

Capítulo 1 Conceitos iniciais

Seção 3 Equação diferencial para família de funções

1. $y = (x - C)^3$. Solução: $y' = 3y^{2/3}$
2. $y = e^{Cx}$. Solução: $y = e^{y'x/y}$
3. $x^2 + Cy^2 = 2y$. Solução: $xy + (2y - x^2)y' = yy'$
4. $y = Ax^2 + Be^x$. Solução: $y'' - y = (y'' - y')\frac{x^2-2}{2(x-1)}$
5. $\ln y = Ax + By$. Solução: $\ln y = \frac{xy'}{y} + \frac{y''-y'^2}{y^2y''}(y - xy')$
6. $y = Ax^3 + Bx^2 + Cx$. Solução: $y = xy' - \frac{3x^2}{2}y'' + \frac{x^3}{6}y'''$

Capítulo 3 Equações explícitas da primeira ordem: métodos de resolução

Seção 1.1 Equações separáveis

1. $\sin x \cdot \tan y \, dx - \frac{dy}{\sin x} = 0$. Solução: $\ln|\sin y| = \frac{x}{2} - \frac{1}{4}\sin 2x + C$
2. $(xy^3 + x)dx + (x^2y^2 - y^2)dy = 0$. Solução: $\sqrt[3]{y^3 + 1} = \frac{C}{\sqrt{x^2-1}}$
3. $3e^x \sin y \, dx + (1 - e^x)\cos y \, dy = 0$. Solução: $\sin y = C(e^x - 1)^3$
4. $(1 + y^2)dx - (y + yx^2)dy = 0$. Solução: $\frac{1}{2}\ln(1 + y^2) = \arctan x + C$
5. $y' = 2xy + x$. Solução: $\ln|2y + 1| = x^2 + C$
6. $2xyy' = 1 - x^2$. Solução: $y^2 = \ln|x| - \frac{x^2}{2} + C$
7. $y' = e^{x^2}x(1 + y^2)$. Solução: $\arctan y = \frac{1}{2}e^{x^2} + C$
8. $y'\cot x + y = 2$. Solução: $y = C\cos x + 2$
9. $(1 + e^{3y})x \, dx = e^{3y}dy$. Solução: $\frac{x^2}{2} = \frac{1}{3}\ln(1 + e^{3y}) + C$
10. $y - xy' = 1 + x^2y'$. Solução: $y - 1 = \frac{Cx}{x+1}$
11. $2x^2yy' + y^2 = 2$. Solução: $\ln|2 - y^2| = \frac{1}{x} + C$
12. $y - xy' = 2(1 + x^2y')$. Solução: $y - 2 = \frac{Cx}{2x+1}$
13. $(1 + e^x)y \, dy - e^y dx = 0$. Solução: $-e^{-y}(y + 1) = x - \ln|1 + e^x| + C$
14. $(x + xy^2)dy = (y^2 - y)dx$. Solução: $y + \frac{(y-1)^2}{|y|} = \ln|x| + C$
15. $y' = \sin^2 y$. Solução: $\cot y = -x + C$, $y = k\pi, k \in \mathbb{Z}$
16. $y' = (y - 1)x$. Solução: $y - 1 = Ce^x$
17. $x^2y^2y' + 1 = y$. Solução: $\frac{y^2}{2} + y + \ln|y - 1| = -\frac{1}{x} + C$, $y = 1$
18. $xy' + y = y^2$. Solução: $\frac{y-1}{y} = Cx$, $y = 0$
19. $dy = e^{x+y}dx$. Solução: $-e^{-y} = e^x + C$
20. $(x + 2)(1 + y^2)dx + (x + 1)y^2dy = 0$. Solução: $x + y + \ln|x + 1| - \arctan y = C$.

Seção 1.2 Equações redutíveis a separáveis

1. $y' = \cos(x - y - 1)$. Solução: $\cot\frac{x-y-1}{2} = C - x$, $y = x - 1 + 2k\pi$, $k \in \mathbb{Z}$
2. $(x + 2y)y' = 1$, $y(0) = -1$. Solução: $x + 2y + 2 = Ce^y$, $x + 2y + 2 = 0$
3. $y' - y = 2x - 3$. Solução: $2x + y - 1 = Ce^x$
4. $y' = \sqrt{4x + 2y - 1}$. Solução: $\sqrt{4x + 2y - 1} - 2\ln(\sqrt{4x + 2y - 1} + 2) = x + C$

5. $y' = x + y + 1$. Solução: $\ln|x + y + 2| = x + C$, $x + y + 2 = 0$

6. $y' = \sqrt{y - x} + 1$. Solução: $y = x + \frac{(x+C)^2}{4}$, $y = x$

7. $(2x + y + 2)dx - (4x + 2y + 9)dy = 0$. Solução: $y + 2x + 4 = Ce^{x-2y}$

8. $(y - 3x + 2)dx + (3x - y - 1)dy = 0$. Solução: $2y - 6x + 1 = Ce^{2y-2x}$

Seção 2.1 Equações homogêneas

1. $xy' = \sqrt{x^2 - y^2} + y$. Solução: $\arcsin\frac{y}{x} = \ln|Cx|$

2. $y = x(y' - \sqrt[x]{e^y}$. Solução: $-e^{-y/x} = \ln|Cx|$

3. $ydx + (2\sqrt{xy} - x)dy = 0$. Solução: $-\ln\left|\frac{y}{x}\right| - \sqrt{\frac{y}{x}} = \ln|Cx|$

4. $xy + y^2 = (2x^2 + xy)y'$. Solução: $2\ln\left|\frac{y}{x}\right| + \frac{y}{x} = \ln\left|\frac{C}{x}\right|$

5. $xy' + y(\ln\frac{y}{x} - 1) = 0$. Solução: $\ln\frac{y}{x} = \frac{C}{x}$

6. $(2x - y)dx + (x + y)dy = 0$. Solução: $\frac{1}{\sqrt{2}}\arctan\frac{y}{\sqrt{2}x} + \frac{1}{2}ln\frac{y^2+2x^2}{x^2} = \ln\left|\frac{C}{x}\right|$

7. $(4x^2 + 3xy + y^2)dx + (4y^2 + 3xy + x^2)dy = 0$. Solução: $\frac{1}{4}\ln\left|\frac{y+x}{x}\right| + \frac{3}{8}\ln\frac{y^2+x^2}{x^2} = \ln\left|\frac{C}{x}\right|$

8. $(2\sqrt{xy} - y)dx + xdy = 0$. Solução: $\frac{y}{x} = \ln^2\left|\frac{C}{x}\right|$

9. $y^2 + x^2y' = xyy'$. Solução: $\ln|Cy| = \frac{y}{x}$

10. $(y^2 - 2xy)dx + x^2dy = 0$. Solução: $\frac{y}{y-x} = Cx$

11. $2x^3y' = 2x^2y - y^3$. Solução: $\frac{x^2}{y^2} = \ln|x| + C$ e $y = 0$

12. $(9x^2 + y^2)y' = 2xy$. Solução: $\frac{xy}{y^2-x^2} = Cx$

13. $y' = \frac{y}{x} - e^{y/x}$. Solução: $y = -x\ln|\ln|Cx||$

14. $y' = \frac{y}{x} + e^{-y/x}$. Solução: $y = x\ln|\ln|Cx||$

15. $xy' - y = x\tan\frac{y}{x}$. Solução: $\sin yx = Cx$

16. $(4x^2 - xy + y^2)dx + (x^2 - xy + 4y^2)dy = 0$. Solução: $(\frac{y}{x} + 1)(\frac{y^3}{x^3} + 1) = Cx^4$

Seção 2.2 Equações redutíveis a homogêneas

1. $(x - y)dx + (2y - x + 1)dy = 0$. Solução: $\frac{x^2}{2} + y^2 - xy + y = C$

2. $(3y - 7x + 7)dx - (3x - 7y - 3)dy = 0$. Solução: $(x + y - 1)^5(x - y - 1)^2 = C$

3. $(y + 2)dx = (2x + y - 4)dy$. Solução: $(y + 2)^2 = C(x + y - 1)$, $y = 1 - x$

4. $(x - 2y - 1)dx + (3x - 6y + 2)dy = 0$. Solução: $x + 3y - \ln|x - 2y| = C$

5. $(x + y + 1)dx + (x - y + 3)dy = 0$. Solução: $x^2 + 2xy - y^2 + 2x + 6y = C$

6. $(2x - y - 2)dx + (x + y - 4)dy = 0$. Solução: $y^2 + 2x^2 - 4y - 8x + 12 = Ce^{\sqrt{2}\arctan\frac{y-2}{\sqrt{2}(x-2)}}$

7. $(2x + y - 3)y' + y + 1 = 0$. Solução: $(y + 1)(x - 2)^3 = C(3x + y - 5)$

8. $y' = \frac{y+2}{x+1} + \tan\frac{y-2x}{x+1}$. Solução: $\sin\frac{y-2x}{x+1} = C(x + 1)$

9. $(x + 4y)y' = 2x + 3y - 5$. Solução: $(y - x + 5)^5(x + 2y - 2) = C$

10. $(x + y - 1)^2y' = 2(y + 2)^2$. Solução: $y + 2 = Ce^{-2\arctan\frac{y+2}{x-3}}$

Seção 3.1 Equações de diferencial exata

1. $(3x^2 - 2x - y)\,dx + (2y - x + 3y^2)dy = 0$. Solução: $x^3 - x^2 - xy + y^2 + y^3 = C$

2. $\left(\frac{y}{\sqrt{1-x^2y^2}} - 2x\right)dx + \frac{x}{\sqrt{1-x^2y^2}}dy = 0$. Solução: $\arcsin(xy) - x^2 = C$

3. $\left(\frac{x}{\sqrt{x^2-y^2}} - 1\right)dx - \frac{y}{\sqrt{x^2-y^2}}dy = 0$. Solução: $\sqrt{x^2 - y^2} - x = C$

4. $\left(1 + e^{x/y}\right)dx + e^{x/y}\left(1 - \frac{x}{y}\right)dy = 0$. Solução: $x + ye^{x/y} = C$

5. $2xydx + (x^2 - y^2)dy = 0$. Solução: $3x^2y - y^3 = C$

6. $e^{-y}dx - (2y + xe^{-y})dy = 0$. Solução: $e^{-y}x - y^2 = C$

7. $\frac{3x^2+y^2}{y^2}dx - \frac{2x^3+5y}{y^3}dy = 0$. Solução: $\frac{x^3}{y^2} + x + \frac{5}{y} = C$

8. $(3x^2 + 6xy^2)dx + (6x^2y + 4y^3)dy = 0$. Solução: $x^3 + 3x^2y^2 + y^4 = C$

9. $\left(\frac{xy}{\sqrt{1+x^2}} + 2xy - \frac{y}{x}\right)dx + (\sqrt{1+x^2} + x^2 - \ln x)dy = 0$. Solução: $y\sqrt{1+x^2} + x^2y - y\ln x = C$

10. $\left(\sin y + y\sin x + \frac{1}{x}\right)dx + \left(x\cos y - \cos x + \frac{1}{y}\right)dy = 0$. Solução: $x\sin y - y\cos x + \ln|xy| = C$

11. $\frac{2x}{y^3}dx + \frac{y^2-3x^2}{y^4}dy = 0$, $y(1) = 1$. Solução: $\frac{x^2}{y^3} - \frac{1}{y} = C$, $y = x$

12. $(3x^2 + y - 1)dx + (x + 3y^2 - 1)dy = 0$. Solução: $x^3 + xy + y^3 - x - y = C$

13. $(y + \sin x)dx + (x + \cos y)dy = 0$. Solução: $xy - \cos x + \sin y = C$

14. $(y^2 + \ln x)dx + (2xy - \ln y)dy = 0$. Solução: $xy^2 + x(\ln x - 1) - y(\ln y - 1) = C$

15. $(1 + 3x^2\ln y)dx + (3y^2 + \frac{x^3}{y})dy = 0$. Solução: $x^3\ln y + x + y^3 = C$

16. $\left(2x - \frac{\sin^2 y}{x^2}\right)dx + \left(2y + \frac{\sin 2y}{x}\right)dy = 0$. Solução: $x^2 + y^2 + \frac{\sin^2 y}{x} = C$

17. $\left(\frac{y}{x^2} + \frac{1}{y}\right)dx - \left(\frac{x}{y^2} + \frac{1}{x} + 2y\right)dy = 0$. Solução: $\frac{x}{y} - \frac{y}{x} - y^2 = C$

18. $\frac{y}{x}dx + (1 + \ln(xy))dy = 0$. Solução: $y\ln(xy) = C$

19. $2x(1 + \sqrt{x^2 - y})dx - \sqrt{x^2 - y}dy = 0$. Solução: $x^2 + \frac{2}{3}(x^2 - y)^{3/2} = C$

20. $\left(\frac{1}{x} - \frac{y^2}{(x-y)^2}\right)dx + \left(\frac{x^2}{(x-y)^2} - \frac{1}{y}\right)dy = 0$. Solução: $\ln\frac{x}{y} + \frac{xy}{x-y} = C$

Seção 3.2 Equações redutíveis a diferencial exata. Fator de integração

1. $\left(\frac{x}{y} + 1\right)dx + \left(\frac{x}{y} - 1\right)dy = 0$. Solução: $\mu = y$, $x^2 - y^2 + 2xy = C$

2. $(x^2 + y)dx - xdy = 0$. Solução: $\mu = \frac{1}{x^2}$, $x - \frac{y}{x} = C$

3. $(xy^2 + y)dx - xdy = 0$. Solução: $\mu = \frac{1}{y^2}$, $\frac{x^2}{2} + \frac{x}{y} = C$

4. $(x\cos y - y\sin y)dy + (x\sin y + y\cos y)dx = 0$. Solução: $\mu = e^x$, $e^x(x\sin y - \sin y + y\cos y) = C$

5. $(x^2 + y^2 + x)dx + ydx = 0$. Solução: $\mu = e^{2x}$, $(y^2 + x^2)e^{2x} = C$

6. $ydy = (xdy + ydx)\sqrt{1 + y^2}$. Solução: $\mu = \frac{1}{1+y^2}$, $\sqrt{1 + y^2} - xy = C$

7. $y^2dx - (xy + x^3)dy = 0$. Solução: $\mu = \frac{1}{x^3}$, $y^2 = x^2(C - 2y)$

8. $y(x + y)dx + (xy + 1)dy = 0$. Solução: $\mu = \frac{1}{y}$, $\frac{x^2}{2} + xy + \ln|y| = C$

9. $(3x + 2y + y^2)dx + (x + 4xy + 5y^2)dy = 0$. Solução: $\mu = x + y^2$, $(x + y)(x + y^2)^2 = C$

10. $xy^2dx + (x^2y - x)dy = 0$, $y(-1) = 1$. Solução: $\mu = \frac{1}{xy}$, $xy + \ln|y| = C$, $xy + \ln|y| = -1$

11. $2xy\ln ydx + (x^2 + y^2\sqrt{y^2 + 1})dy = 0$. Solução: $\mu = \frac{1}{y}$, $x^2\ln y + \frac{1}{3}(y^2 + 1)^{3/2} = C$

12. $(x + y^2)dx - 2xydy = 0$. Solução: $\mu = \frac{1}{x^2}$, $\ln|x| - \frac{y^2}{x} = C$

13. $\left(1 - \frac{x}{y}\right)dx + \left(2xy + \frac{x}{y} + \frac{x^2}{y^2}\right)dy = 0$. Solução: $\mu = \frac{1}{x}$, $\ln|x| + \ln|y| + y^2 - \frac{x}{y} = C$

14. $(x^2 - \sin^2 y)dx + x\sin 2ydy = 0$. Solução: $\mu = \frac{1}{x^2}$, $x^2 + \sin^2 y = Cx$

15. $ydx - (x + x^2 + y^2)dy = 0$. Solução: $\mu = \frac{1}{x^2+y^2}$, $\arctan\frac{x}{y} - y = C$, $y = 0$

16. $(-xy\sin x + 2y\cos x)dx + 2x\cos xdy = 0$. Solução: $\mu = xy$, $x^2y^2\cos x = C$

17. $(x^2 + 2xy - y^2)dx + (y^2 + 2xy - x^2)dy = 0$. Solução: $\mu = \frac{1}{(x+y)^2}$, $x^2 + y^2 = C(x + y)$

18. $y(x + y + 1)dx + (x + 2y)dy = 0$. Solução: $\mu = e^x$, $(xy + y^2)e^x = C$

19. $y(1 + xy)dx + (5y - x + y^2\sin y)dy = 0$. Solução: $\mu = \frac{1}{y^2}$, $\frac{x}{y} + \frac{x^2}{2} + 5\ln|y| - \cos y = C$

20. $xdx + (x^2y + 4y)dy = 0$, $y(1) = 0$. Solução: $\mu = \frac{1}{4+x^2}$, $\ln(4 + x^2) + y^2 = C$, $\ln(4 + x^2) + y^2 = \ln 5$

Seção 3.3 Formação de uma diferencial

1. $(y - 4xy^3)dx = (2x^2y^2 + x)dy$.
Solução: $\frac{ydx - xdy}{y^2} = 2(x^2dy + 2xydx)$, $d\left(\frac{x}{y}\right) = 2d(x^2y)$, $x = 2x^2y^2 + Cy$, $y = 0$

2. $(x + y^2)dx - 2xydy = 0$. Solução: $\frac{dx}{x} - \frac{2xydy - y^2dx}{x^2} = 0$, $d\left(\ln x - \frac{y^2}{x}\right) = 0$, $x = Ce^{y^2/x}$

3. $(x^2 + y)dx - xdy = 0$. Solução: $dx + \frac{ydx - xdy}{x^2} = 0$, $d\left(x - \frac{y}{x}\right) = 0$, $x - \frac{y}{x} = C$

4. $(x + y^2)dx - 2xydy = 0$. Solução: $\frac{1}{x}dx + \frac{y^2dx - 2xydy}{x^2} = 0$, $\ln|x| - \frac{y^2}{x} = C$

5. $(2x^2y + 2y + 5)dx + (2x^3 + 2x)dy = 0$. Solução: $2y(x^2 + 1)dx + 5dx + 2x(x^2 + 1)dy = 0$, $\frac{5}{x^2+1}dx + 2(ydx + xdy) = 0$, $5\arctan x + 2xy = C$

6. $(2xy^2 - 3y^3)dx + (7 - 3xy^2)dy = 0$. Solução: $(2x - 3y)dx + \frac{7}{y^2}dy - 3xdy = 0$, $2xdx + \frac{7}{y^2}dy - $

$3(ydx + xdy) = 0$, $x^2 - \frac{7}{y} - 3xy = C$, $y = 0$

7. $2xydx = (x^2 - 2y^3)dy$.

Solução: $\frac{2x}{y}dx - \frac{x^2}{y^2}dy + 2ydy = 0$, $\frac{2xydx-x^2dy}{y^2} + 2ydy = 0$, $\frac{x^2}{y} + y^2 = C$, $y = 0$

8. $(y - 3x^2y^3)dx - (x + x^3y^2)dy = 0$.

Solução: $\frac{ydx-xdy}{y^2} - (3x^2ydx + x^3dy) = 0$, $\frac{x}{y} - x^3y = C$, $y = 0$

9. $(2xy^2 + y)dx - (x^2y + 2x)dy = 0$.

Solução: $\frac{ydx-2xdy}{y^3} + \frac{2xy^2dx-x^2ydy}{y^3} = 0$, $\frac{y^2dx-2xydy}{y^4} + \frac{2xydx-x^2dy}{y^2} = 0$, $\frac{x}{y^2} + \frac{x^2}{y} = C$, $y = 0$

10. $(2xy^3 + y)dx - 2xdy = 0$.

Solução: $\frac{ydx-2xdy}{y^3} + 2xdx = 0$, $\frac{y^2dx-2xydy}{y^4} + 2xdx = 0$, $\frac{x}{y^2} + x^2 = C$, $y = 0$

11. $x^3dy + 2(y - x^2)ydx = 0$.

Solução: $\frac{x^3}{y^2}dy - 2\frac{x^2}{y}dx + 2dx = 0$, $\frac{x^2dy-2xydx}{y^2} + \frac{2}{x}dx = 0$, $\frac{x^2}{y} - 2\ln|x| = C$, $y = 0$

12. $xdy = y(1 - ye^x)dx$. Solução: $\frac{xdy-ydx}{y^2} + e^xdx = 0$, $-\frac{x}{y} + e^x = C$, $y = 0$

Seção 4.1 Equações lineares

1. $xy' + y = \sin x$, $y(\frac{\pi}{2}) = \frac{2}{\pi}$. Solução: $xy_g = C - \cos x$, $xy = 1 - \cos x$

2. $x^2y' = 2xy + 3$, $y(1) = -1$. Solução: $y_g = Cx^2 - \frac{1}{x}$, $y = -\frac{1}{x}$.

3. $ydx = (3x - y^2)dy$. Solução: $x = Cy^3 + y^2$, $y = 0$

4. $xy' + (x + 1)y = 3x^2e^{-x}$, $y(1) = 0$. Solução: $y_g = \frac{x^3+C}{x}e^{-x}$, $y = \frac{x^3-1}{x}e^{-x}$

5. $xy' - 2y + x^2 = 0$, $y(1) = 0$. Solução: $y_g = (C - \ln|x|)x^2$, $y = -x^2\ln|x|$

6. $(1 - x)(y' + y) = e^{-x}$, $y(0) = 0$. Solução: $y_g = C - \ln|1 - x| \cdot e^{-x}$, $y = -\ln|1 - x| \cdot e^{-x}$

7. $y' - y = e^x$, $y(0) = 1$. Solução: $y_g = (x + C)e^x$, $y = (x + 1)e^x$

8. $y' = 2x(x^2 + y)$, $y(0) = 0$. Solução: $y_g = Ce^{x^2} - x^2 - 1$, $y = e^{x^2} - x^2 - 1$

9. $\cos ydx = (x + 2\cos y)\sin ydy$, $y(0) = \frac{\pi}{4}$. Solução: $x_g = \left(C - \frac{1}{2}\cos 2y\right)\frac{1}{\cos y}$, $x = -\frac{\cos 2y}{2\cos y}$

10. $y' + \frac{1}{x}y = 3x$, $y(1) = 1$. Solução: $y_g = \frac{1}{x}(C + x^3)$, $y = x^2$

11. $xdy + (x^2 - y)dx = 0$. Solução: $y = x(C - x)$

12. $2ydx + (y^2 - 2x)dy = 0$. Solução: $x = Cy - \frac{y^2}{2}$

13. $y' - y\sin x = \sin x\cos x$. Solução: $y = Ce^{-\cos x} - \cos x + 1$

14. $(1 + x^2)y' - 2xy = (1 + x^2)^2$. Solução: $y = (1 + x^2)(C + x)$

15. $(x - 2xy - y^2)y' + y^2 = 0$. Solução: $x = y^2(Ce^{1/y} + 1)$

16. $dx = (2x + e^y)dy$. sSolução: $x = Ce^{2y} - e^y$

17. $y' + y\tan x = e^x\cos x$. Solução: $y = (C + e^x)\cos x$

18. $x(y - \sqrt{1 + x^2})dx + (1 + x^2)dy = 0$. Solução: $y = \frac{C+x^2}{2\sqrt{1+x^2}}$

19. $(1 + y^2)dx + (xy - y^3)dy = 0$. Solução: $(3x - y^2 + 2)\sqrt{1 + y^2} = C$

20. $(\sin x - 1)y' + y\cos x = \sin x$. Solução: $y = \frac{C-\cos x}{\sin x-1}$

Seção 4.2 Equação de Bernoulli

1. $y' - \frac{y}{x} = \frac{1}{2y}$. Solução: $y^2 = Cx^2 - x$

2. $(xy + x^2y^3)y' = 1$. Solução: $x = \frac{1}{Ce^{-y^2/2}-y^2+2}$

3. $y' + 2xy = 2x^3y^3$. Solução: $\frac{1}{y^2} = Ce^{2x^2} + x^2 + \frac{1}{2}$

4. $xy' + y = y^2\ln x$, $y(1) = 1$. Solução: $\frac{1}{y_g} = Cx + \ln x + 1$, $\frac{1}{y} = \ln x + 1$

5. $3y^2y' + y^3 + x = 0$. Solução: $y^3 = Ce^{-x} - x + 1$

6. $(1 + x^2)y' - 2xy = 4\sqrt{y(1 + x^2)}\arctan x$. Solução: $\sqrt{y} = \sqrt{1 + x^2}(\arctan^2 x + C)$ e $y = 0$

7. $x^3\sin yy' + 2y = xy'$. Solução: $y = (C - \cos^2 y)x^2$, $y = 0$

8. $y' + 2y = e^xy^2$, $y(1) = 0$. Solução: $y_g(e^x + Ce^{2x}) = 1$, $y_p = 0$, $y = 0$

9. $y' = y^4\cos x + y\tan x$. Solução: $y^{-3} = C\cos^3 x - 3\sin x\cos^2 x$, $y = 0$

10. $(x + 1)(y' + y^2) = -y$. Solução: $y(x + 1)(\ln|x + 1| + C) = 1$

11. $xy' - 2x^2\sqrt{y} = 4y$. Solução: $y = x^4\ln^2(Cx)$, $y = 0$

12. $2y' - \frac{x}{y} = \frac{xy}{x^2-1}$. Solução: $y^2 = x^2 - 1 + C\sqrt{|x^2-1|}$

13. $y'x^3\sin y = xy' - 2y$. Solução: $x^2(C - \cos y) = y$, $y = 0$

14. $(2x^2 y\ln y - x)y' = y$. Solução: $xy(C - \ln^2 y) = 1$

15. $8y' + 3x^2 y(y^2 - 4) = 0$. Solução: $y^2(e^{-x^3} + C) = 4C$

16. $(y^2 - 1)dx - y(x + (y^2 - 1)\sqrt{x})dy = 0$. Solução: $3\sqrt{x} = y^2 - 1 + C\sqrt[4]{|y^2-1|}$, $y = 1$, $y = -1$

Capítulo 4 Equações implícitas da primeira ordem: métodos de resolução

Seção 1 Equações polinomiais em relação a derivada

1. $y'^2 = y^3 - y^2$. Solução: $\sqrt{y-1} = \pm\tan(\frac{x}{2} + C)$, $y = 0$, $y = 1$

2. $y'^2 - y^2 = 0$. Solução: $y = Ce^{\pm x}$

3. $(y' + 1)^3 = 27(x + y)^2$. Solução: $y + x = (x + C)^3$, $y = -x$

4. $y'^2 = 4y^3(1 - y)$. Solução: $y(1 + (x + C)^2) = 1$, $y = 0$, $y = 1$

5. $y'^3 + y^2 = yy'(y' + 1)$. Solução: $4y = (x + A)^2$, $y = Be^x$

6. $y'^2 + xy = y^2 + xy'$. Solução: $y = Ae^x$, $y = Be^{-x} + x - 1$

7. $y'^3 + (x + 2)e^y = 0$. Solução: $(x + 2)^{4/3} + C = 4e^{-y/3}$

8. $y'^2 - 2yy' = y^2(e^x - 1)$, $y(0) = 1$.
Solução: $\ln(Cy) = x \pm 2e^{x/2}$, $\ln y + 2 = x + 2e^{x/2}$, $\ln y - 2 = x - 2e^{x/2}$

9. $y'(2y - y') = y^2\sin^2 x$. Solução: $\ln(Cy) = x \pm \sin x$

10. $y(xy' - y)^2 = y - 2xy'$. Solução: $(Cx + 1)^2 = 1 - y^2$, $y = \pm 1$

11. $yy'(yy' - 2x) = x^2 - 2y^2$. Solução: $2(x - C)^2 + 2y^2 = C^2$, $y = \pm x$

12. $y'^2 + 4xy' - y^2 - 2x^2y = x^4 - 4x^2$. Solução: $y = Ce^{\pm x} - x^2$

13. $xy'(xy' + y) = 2y^2$. Solução: $x^2y = A$, $y = Bx$

14. $y'^2 - (y + x^2)y' + x^2y = 0$, $y(0) = 0$. Solução: $y = Ae^x$, $y = \frac{x^3}{3} + B$, $y = 0$, $y = \frac{x^3}{3}$

Seção 2.1 Equações explícitas em y na forma geral

1. $y = y'^2 + 2y'^3$. Solução: $\begin{cases} x = 3p^2 + 2p + C \\ y = 2p^3 + p^2 \end{cases}$, $y = 0$

2. $y - \ln(1 + y'^2)$. Solução: $\begin{cases} x = 2\arctan p + C \\ y = \ln(1 + p^2) \end{cases}$, $y = 0$

3. $y - (y' - 1)e^{y'}$. Solução: $\begin{cases} x = e^p + C \\ y = (p - 1)e^p \end{cases}$, $y = -1$

4. $y'^4 - y'^2 = y^2$. Solução: $\begin{cases} x = \pm(2\sqrt{p^2-1} + \arcsin\frac{1}{|p|}) + C \\ y = \pm p\sqrt{p^2-1} \end{cases}$, $y = 0$

5. $y'^2 - 2xy' = x^2 - 4y$. Solução: $4y = C^2 - 2(x - C)^2$, $2y = x^2$

6. $5y + y'^2 = x(x + y')$. Solução: $\begin{cases} x = -\frac{p}{2} + C \\ 5y = C^2 - \frac{5p^2}{4} \end{cases}$, $4y = x^2$

7. $y'^3 + y^2 = xyy'$. Solução: $\begin{cases} pxy = y^2 + p^3 \\ y^2(2p + C) = p^4 \end{cases}$, $y = 0$

8. $y'\sin y' + \cos y' - y = 0$. Solução: $\begin{cases} x = \sin p + C \\ y = p\sin p + \cos p \end{cases}$, $y = 1$

9. $x^4 y'^2 - xy' - y = 0$. Solução: $y = C^2 - \frac{C}{x}$, $y = -\frac{1}{4x^2}$

10. $y'^4 = 2yy' + y^2$. Solução: $\begin{cases} x = \pm 2\sqrt{p^2+1} - \ln(\sqrt{p^2+1} \pm 1) + C \\ y = -p \pm p\sqrt{p^2+1} \end{cases}$, $y = 0$

11. $y = xy' - x^2y'^3$. Solução: $\begin{cases} xp^2 = C\sqrt{|p|} - 1 \\ y = xp - x^2p^3 \end{cases}$, $y = 0$

12. $y = 2xy' + y^2y'^3$. Solução: $\begin{cases} 2xp^2 = C - C^2p^2 \\ py = C \end{cases}$, $27y^4 = -32x^3$, $y = 0$

Seção 2.2 Equações de Lagrange e de Clairaut

1. $2yy' = x(y'^2 + 4)$. Solução: $y = Cx^2 + \frac{1}{C}$

2. $y = -xy' + y'^2$. Solução: $\begin{cases} x = \frac{C}{\sqrt{p}} + \frac{2p}{3} \\ y = -xp + p^2 \end{cases}$.

3. $y = -xy' - a\sqrt{1 + y'^2}$, $a \in \mathbb{R}$. Solução: $y = Cx - a\sqrt{1 + C^2}$, $x^2 + y^2 = a^2$ $(ay < 0)$

4. $y'^3 + xy'^2 - y = 0$. Solução: $\begin{cases} x = -\frac{1}{2} - p + \frac{C}{(p-1)^2} \\ y = -\frac{p^2}{2} + \frac{Cp^2}{(p-1)^2} \end{cases}$; $y = 0$, $y = x + 1$

5. $y'^2 - 2xy' + y = 0$. Solução: $\begin{cases} x = \frac{2}{3}p + \frac{C}{p^2} \\ y = 2px - p^2 \end{cases}$, $y = 0$

6. $y + xy' = 4\sqrt{y'}$. Solução: $\begin{cases} x\sqrt{p} = \ln p + C \\ y = \sqrt{p}(4 - \ln p - C) \end{cases}$, $y = 0$

7. $y'^3 = 3(xy' - y)$. Solução: $C^3 = 3(Cx - y)$, $9y^2 = 4x^3$

8. $xy' - y = \ln y'$. Solução: $y = Cx - \ln C$, $y = \ln x + 1$

9. $xy'(y' + 2) = y$. Solução: $y = \pm 2\sqrt{Cx} + C$, $y = -x$

10. $2y'^2(y - xy') = 1$. Solução: $2C^2(y - Cx) = 1$, $8y^3 = 27x^2$

11. $y = xy'^2 - 2y'^3$. Solução: $\begin{cases} x = C(p-1)^{-2} + 2p + 1 \\ y = Cp^2(p-1)^{-2} + p^2 \end{cases}$, $y = x - 2$, $y = 0$

12. $y = xy' - (2 + y')$. Solução: $y = Cx - C - 2$

Seção 3 Equações explícitas em x

1. $3y'^3 - xy' + 1 = 0$. Solução: $\begin{cases} x = 3p^2 + p^{-1} \\ y = 2p^3 - \ln|p| + C \end{cases}$

2. $x = \frac{y}{2y'} + e^{yy'}$. Solução: $x = \frac{y^2}{2C} + e^C$, $\begin{cases} x = -\frac{1}{2p^2}\ln(2p^2) + \frac{1}{2p^2} \\ y = -\frac{1}{p}\ln(2p^2) \end{cases}$

3. $y'^2 - 4xyy' + 8y^2 = 0$. Solução: $y = C(x - C)^2$, $27y = 4x^3$, $y = 0$

4. $x = \frac{y}{y'}\ln y - \frac{y'^2}{y^2}$. Solução: $x = \frac{1}{C}\ln y - C^2$, $x = -3\left(\frac{\ln y}{2}\right)^{2/3}$

5. $e^{y'} + y' = x$. Solução: $\begin{cases} x = e^p + p \\ y = e^p(p-1) + \frac{p^2}{2} + C \end{cases}$

6. $xy'^3 = 1 + y'$. Solução: $\begin{cases} x = p^3 + p^2 \\ y = \frac{3}{2}p^2 + 2p + C \end{cases}$

7. $y'^3 - y' = x + 1$. Solução: $\begin{cases} x = p^3 - p - 1 \\ y = \frac{3}{4}p^4 - \frac{p^2}{2} + C \end{cases}$

8. $x = y'\sqrt{y'^2 + 1}$. Solução: $\begin{cases} x = p\sqrt{p^2 + 1} \\ y = \frac{2}{3}(\sqrt{p^2 + 1})^3 - \sqrt{p^2 + 1} + C \end{cases}$

Capítulo 7 Equações de ordem superior: métodos de redução da ordem

Seção 1 Equação $y^{(n)} = f(x)$

1. $y'' = x + \sin x$, $y(0) = -3$, $y'(0) = 0$. Solução: $y = \frac{x^3}{6} + x - \sin x - 3$

2. $y'' = \frac{x}{e^{2x}}$, $y(0) = \frac{1}{4}$, $y'(0) = -\frac{1}{4}$. Solução: $y_g = \frac{x+1}{4}e^{-2x} + Ax + B$, $y = \frac{x+1}{4}e^{-2x}$

3. $y''' = \frac{\ln x}{x^2}$, $y(1) = 0, y'(1) = 1, y''(1) = 2$.
Solução: $y_g = -\frac{x}{2}\ln^2 x + A\frac{x^2}{2} + Bx + C$, $y = -\frac{x}{2}\ln^2 x + \frac{3x^2}{2} - 2x + \frac{1}{2}$

Seção 2 Equação $F(x, y^{(k)}, \ldots, y^{(n)}) = 0$, $k > 0$ (equação sem y e derivadas inferiores)

1. $y'' + 2xy'^2 = 0$. Solução: $y = \frac{1}{C}\arctan\frac{x}{C} + B$
2. $x^2 y'' + xy' = 1$. Solução: $y = \frac{1}{2}\ln^2 |x| + C\ln|x| + B$
3. $x^2 y'' = y'^2$. Solução: $Ax - A^2 y = \ln|Ax + 1| + B$, $2y = x^2 + C$, $y = C$
4. $y''(e^x + 1) + y' = 0$. Solução: $y = A(x - e^{-x}) + B$
5. $y''' = 2(y'' - 1)\cot x$. Solução: $2y = A\cos 2x + (1 + 2A)x^2 + Bx + C$
6. $y''' = \sqrt{1 + y''^2}$. Solução: $y = \frac{e^{x+A} - e^{-(x+A)}}{2} + Bx + C$
7. $yy'' = y'^2 - y'^3$. Solução: $y + A\ln|y| = x + B$, $y = C$
8. $xy''' = y'' - xy''$. Solução: $y = A(x + 2)e^{-x} + Bx + C$

Seção 3 Equação $F(y, y', \ldots, y^{(n)}) = 0$ (equação sem x)

1. $2y'^2 = (y - 1)y''$, $y(0) = 2, y'(0) = 2$. Solução: $-\frac{1}{y_g - 1} = Cx + B$, $-\frac{1}{y-1} = 2x - 1$
2. $y'' + y'^2 = 2e^{-y}$. Solução: $e^y + A = (x + B)^2$
3. $y'' = 2y^3$, $y(0) = 1, y'(0) = 1$. Solução: $x + A = \int(y^4 + B)^{-1/2}dy$, $y = \frac{1}{1-x}$
4. $2yy'' = y^2 + y'^2$. Solução: $y = A(1 \pm \frac{e^{x+B} + e^{-(x+B)}}{2})$, $y = Ce^{\pm x}$
5. $y^4 - y^3 y'' = 1$. Solução: $\ln|y^2 + A \pm \sqrt{y^4 + 2Ay^2 + 1}| = 2x + B$, $y = \pm 1$
6. $yy'' = 1 + y'^2$. Solução: $y = A\frac{1}{2}(e^{(x+B)/A} + e^{-(x+B)/A})$
7. $y'' = e^{2y}$, $y(0) = 0, y'(0) = 1$. Solução: $y = -\ln|x - 1|$
8. $2yy'' - 3y'^2 = 4y^2$. Solução: $y\cos^2(x + A) = B$

Capítulo 9 Equações lineares com coeficientes constantes: métodos de resolução

Seção 1 Equações homogêneas

1. $y'' + y' - 2y = 0$. Solução: $\lambda = 1, -2$, $y = C_1 e^x + C_2 e^{-2x}$
2. $y'' + 4y' + 3y = 0$. Solução: $\lambda = -1, -3$, $y = C_1 e^{-x} + C_2 e^{-3x}$
3. $y'' - 2y' = 0$. Solução: $\lambda = 0, 2$, $y = C_1 + C_2 e^{2x}$
4. $2y'' - 5y' + 2y = 0$. Solução: $\lambda = 2, 1/2$, $y = C_1 e^{2x} + C_2 e^{x/2}$
5. $y'' - 3y' + 10y = 0$. Solução: $\lambda_{1,2} = -2; 5$, $y = C_1 e^{-2x} + C_2 e^{5x}$
6. $y'' - 2y' + y = 0$. Solução: $\lambda = 1, 1$, $y = e^x(C_1 + C_2 x)$
7. $4y'' + 4y' + y = 0$. Solução: $\lambda = -1/2, -1/2$, $y = e^{-x/2}(C_1 + C_2 x)$
8. $y^{(5)} - 6y^{(4)} + 9y''' = 0$. Solução: $\lambda = 0, 0, 0, 3, 3$, $y = C_1 + C_2 x + C_3 x^2 + e^{3x}(C_4 + C_5 x)$
9. $y''' - 3y'' + 3y' - y = 0$. Solução: $\lambda = 1, 1, 1$, $y = e^x(C_1 + C_2 x + C_3 x^2)$
10. $y''' - 3y' + 2y = 0$. Solução: $\lambda = -2, 1, 1$, $y = C_1 e^{-2x} + e^x(C_2 + C_3 x)$
11. $y'' - 4y' + 5y = 0$. Solução: $\lambda_{1,2} = 2 \pm i$, $y = e^{2x}(C_1 \cos x + C_2 \sin x)$
12. $y'' + 2y' + 10y = 0$. Solução: $\lambda_{1,2} = -1 \pm 3i$, $y = e^{-x}(C_1 \cos 3x + C_2 \sin 3x)$
13. $y'' + 4y = 0$. Solução: $\lambda_{1,2} = \pm 2i$, $y = C_1 \cos 2x + C_2 \sin 2x$
14. $y''' - 8y = 0$. Solução: $\lambda = 2, \lambda_{1,2} = -1 \pm \sqrt{3}i$, $y = C_1 e^{2x} + e^{-x}(C_2 \cos\sqrt{3}x + C_3 \sin\sqrt{3}x)$
15. $y^{(4)} - y = 0$. Solução: $\lambda = -1, 1, \lambda_{1,2} = \pm i$, $y = C_1 e^{-x} + C_2 e^x + C_3 \cos x + C_4 \sin x$
16. $y^{(4)} + 4y = 0$.
Solução: $\lambda_{1,2} = 1 \pm i, \lambda_{3,4} = -1 \pm i$, $y = e^x(C_1 \cos x + C_2 \sin x) + e^{-x}(C_3 \cos x + C_4 \sin x)$
17. $y'' + 4y' + 20y = 0$. Solução: $\lambda_{1,2} = -2 \pm 4i$, $y = e^{-2x}(C_1 \cos 4x + C_2 \sin 4x)$
18. $y''' - y'' + 4y' - 4y = 0$, $y(0) = -1, y'(0) = 0, y''(0) = -6$.

Solução: $\lambda_1 = 1, \lambda_{2,3} = \pm 2i$, $y_g = C_1 e^x + C_2 \cos 2x + C_3 \sin 2x$, $y = -2e^x + \cos 2x + \sin 2x$

19. $y^{(4)} + 2y'' + y = 0$. Solução: $\lambda = -i, -i, +i, +i$, $y = (C_1 + C_2 x)\cos x + (C_3 + C_4 x)\sin x$

20. $y^{(5)} + 8y''' + 16y' = 0$.

Solução: $\lambda = 0, -2i, -2i, +2i, +2i$, $y = C_1 + (C_2 + C_3 x)\cos 2x + (C_4 + C_5 x)\sin 2x$

Seção 2 Equações não homogêneas: método de coeficientes indeterminados

1. $y'' - 5y' - 6y = 3\cos x + 19\sin x$. Solução: $y = C_1 e^{-x} + C_2 e^{6x} + \cos x - 2\sin x$

2. $y'' + 2y' - 3y = (12x^2 + 6x - 4)e^x$. Solução: $y = C_1 e^{-3x} + C_2 e^x + (x^3 - x)e^x$

3. $y'' + 10y' + 34y = -9e^{-5x}$, $y(0) = 0, y'(0) = 6$. Solução: $y_{gn} = (C_1 \cos 3x + C_2 \sin 3x)e^{-5x} - e^{-5x}$, $y = (\cos 3x + 2\sin 3x)e^{-5x} - e^{-5x}$

4. $y'' - 9y' + 20y = 126e^{-2x}$. Solução: $y = C_1 e^{4x} + C_2 e^{5x} + 3e^{-2x}$

5. $y'' + 10y' + 25y = 40 + 52x - 240x^2 - 200x^3$. Solução: $y = (C_1 + C_2 x)e^{-5x} - 8x^3 + 4x$

6. $y'' + 2y' + 5y = -8e^{-x}\sin 2x$, $y(0) = 2, y'(0) = 6$. Solução: $y_{gn} = (C_1 \cos 2x + C_2 \sin 2x)e^{-x} + 2xe^{-x}\cos 2x$, $y = (2\cos 2x + 3\sin 2x)e^{-x} + 2xe^{-x}\cos 2x$

7. $y'' + 36y = 36 + 66x - 36x^3$. Solução: $y = C_1 \cos 6x + C_2 \sin 6x - x^3 + 2x + 1$

8. $y'' + 4y' + 20y = -4\cos 4x - 52\sin 4x$. Solução: $y = (C_1 \cos 4x + C_2 \sin 4x)e^{-2x} + 3\cos 4x - \sin 4x$

9. $y'' - 10y' + 25y = e^{5x}$, $y(0) = 1, y'(0) = 0$. Solução: $y_{gn} = (C_1 + C_2 x)e^{5x} + \frac{x^2}{2}e^{5x}$, $y = (1 - 5x)e^{5x} + \frac{x^2}{2}e^{5x}$

10. $y'' + 5y' = 39\cos 3x - 105\sin 3x$. Solução: $y = C_1 + C_2 e^{-5x} + 4\cos 3x + 5\sin 3x$

11. $y'' + 6y' + 9y = 72e^{3x}$. Solução: $y = (C_1 + C_2 x)e^{-3x} + 2e^{3x}$

12. $y'' - 2y' + 37y = 36e^x \cos 6x$, $y(0) = 0, y'(0) = 6$. Solução: $y_{gn} = (C_1 \cos 6x + C_2 \sin 6x)e^x + 3x\sin 6xe^x$, $y = \sin 6xe^x + 3x\sin 6xe^x$

13. $y'' + y' - 2y = 9\cos x - 7\sin x$. Solução: $y = C_1 e^{-2x} + C_2 e^x - 2\cos x + 3\sin x$

14. $y'' + 3y' = (40x + 58)e^{2x}$, $y(0) = 0, y'(0) = -2$. Solução: $y_{gn} = C_1 + C_2 e^{-3x} + (4x + 3)e^{2x}$, $y = -7 + 4e^{-3x} + (4x + 3)e^{2x}$

15. $y'' + 2y' + y = 6e^{-x}$. Solução: $y = (C_1 + C_2 x)e^{-x} + 3x^2 e^{-x}$

16. $4y'' - 4y' + y = -25\cos x$. Solução: $y = (C_1 + C_2 x)e^{x/2} + 3\cos x + 4\sin x$

17. $y'' + 2y' = 6x^2 + 2x + 1$, $y(0) = 2, y'(0) = 2$. Solução: $y_{gn} = C_1 + C_2 e^{-2x} + x^3 - x^2 + \frac{3}{2}x$, $y = \frac{9}{4} - \frac{1}{4}e^{-2x} + x^3 - x^2 + \frac{3}{2}x$

18. $y'' - 2y' - 8y = 12\sin 2x - 36\cos 2x$. Solução: $y = C_1 e^{-2x} + C_2 e^{4x} + 3\cos 2x$

19. $y'' - 7y' + 12y = 3e^{4x}$. Solução: $y = C_1 e^{3x} + C_2 e^{4x} + 3xe^{4x}$

20. $y'' + 2y' + 2y = 2x^2 + 8x + 6$, $y(0) = 1, y'(0) = 4$. Solução: $y_{gn} = (C_1 \cos x + C_2 \sin x)e^{-x} + x^2 + 2x$, $y = (\cos x + 3\sin x)e^{-x} + x^2 + 2x$

21. $y'' - 6y' + 10y = 51e^{-x}$. Solução: $y = (C_1 \cos x + C_2 \sin x)e^{3x} + 3e^{-x}$

22. $y'' - 2y' = (4x + 4)e^{2x}$. Solução: $y = C_1 + C_2 e^{2x} + (x^2 + x)e^{2x}$

23. $y'' + 16y = (\cos 4x - 8\sin 4x)e^x$, $y(0) = 0, y'(0) = 5$. Solução: $y_{gn} = C_1 \cos 4x + C_2 \sin 4x + e^x \cos 4x$, $y = -\cos 4x + \sin 4x + e^x \cos 4x$

24. $y'' - 3y' + 2y = (34 - 12x)e^{-x}$. Solução: $y = C_1 e^x + C_2 e^{2x} + (4 - 2x)e^{-x}$

25. $y'' - 6y' + 34y = 18\cos 5x + 60\sin 5x$. Solução: $y = (C_1 \cos 5x + C_2 \sin 5x)e^{3x} + 2\cos 5x$

26. $y'' - 14y' + 53y = 53x^3 - 42x^2 + 59x - 14$, $y(0) = 0, y'(0) = 7$. Solução: $y_{gn} = (C_1 \cos 2x + C_2 \sin 2x)e^{7x} + x^3 + x$, $y = 3\sin 2xe^{7x} + x^3 + x$

27. $y'' + 6y' + 10y = 74e^{3x}$. Solução: $y = (C_1 \cos x + C_2 \sin x)e^{-3x} + 2e^{3x}$

28. $y'' - 4y' = 8 - 16x$. Solução: $y = C_1 + C_2 e^{4x} + 2x^2 - x$

29. $y'' - 12y' + 36y = 32\cos 2x + 24\sin 2x$, $y(0) = 2, y'(0) = 4$. Solução: $y_{gn} = C_1 e^{6x} + C_2 xe^{6x} + \cos 2x$, $y = e^{6x} - 2xe^{6x} + \cos 2x$

30. $y'' - 2y' + 3y = x^3 + \sin x$. Solução: $y = (C_1 \cos \sqrt{2}x + C_2 \sin \sqrt{2}x)e^x + \frac{1}{27}(9x^3 + 18x^2 + 6x - 8) + \frac{1}{4}(\sin x + \cos x)$

31. $y''' + 2y'' - y' - 2y = e^x + x^2$. Solução: $y = C_1 e^x + C_2 e^{-x} + C_3 e^{-2x} - \frac{x^2}{2} + \frac{x}{2} - \frac{5}{4} + \frac{1}{6}xe^x$

32. $y'' - 4y' + 4y = (x^3 + x)e^{2x}$. Solução: $y = C_1 e^{2x} + C_2 xe^x + (\frac{x^5}{20} + \frac{x^3}{6})e^{2x}$

33. $y'' + 4y = x^2 \sin 2x$. Solução: $y = C_1 \cos 2x + C_2 \sin 2x - \frac{x^3}{12}\cos 2x + \frac{x}{32}\cos 2x + \frac{x^2}{16}\sin 2x$

34. $y'' + 2y' + 2y = x^2 + \sin x$. Solução: $y = (C_1 \cos x + C_2 \sin x)e^{-x} + \frac{1}{2}(x-1)^2 + \frac{1}{5}(\sin x - 2\cos x)$

35. $y'' - 9y = x + e^{2x} - \sin 2x$. Solução: $y = C_1 e^{3x} + C_2 e^{-3x} - \frac{x}{9} - \frac{1}{5}e^{2x} + \frac{1}{13}\sin 2x$

36. $y''' + 3y'' + 2y' = x^2 + 4x + 8$. Solução: $y = C_1 + C_2 e^{-x} + C_3 e^{-2x} + \frac{x^3}{6} + \frac{x^2}{4} + \frac{11x}{4}$

37. $y'' + y = -2\sin x + 4x\cos x$. Solução: $y = C_1 \cos x + C_2 \sin x + 2x\cos x + x^2 \sin x$

38. $y''' - y'' - 4y' + 4y = 2x^2 - 4x - 1 + (2x^2 + 5x + 1)e^{2x}$.
Solução: $y = C_1 e^x + C_2 e^{2x} + C_3 e^{-2x} + \frac{x^2}{2} + \frac{x^3}{6}e^{2x}$

39. $y'' + 2y' + 2y = xe^{-x}$, $y(0) = 0, y'(0) = 0$. Solução: $y = e^{-x}(x - \sin x)$

40. $y''' - 3y' - 2y = 9e^{2x}$, $y(0) = 0, y'(0) = -3, y''(0) = 3$. Solução: $y = (x-1)(e^{2x} - e^{-x})$

Seção 3 Equações não homogêneas: método de variação de parâmetros (método de Lagrange)

1. $y'' - 2y' + y = \frac{e^x}{x}$. Solução: $y = (-x + C_1)e^x + (\ln|x| + C_2)xe^x$

2. $y'' + 2y' + y = \frac{e^{-x}}{x}$. Solução: $y = (-x + C_1)e^{-x} + (\ln|x| + C_2)xe^{-x}$

3. $y'' + 4y = \tan 2x$. Solução: $y = C_1 \cos 2x + C_2 \sin 2x - \frac{1}{4}\cos 2x \cdot \ln\left|\tan\left(x + \frac{\pi}{4}\right)\right|$

4. $y'' + 9y = \frac{1}{\sin 3x}$. Solução: $y = C_1 \cos 3x + C_2 \sin 3x - \frac{1}{3}x\cos 3x + \frac{1}{9}\sin 3x \ln|\sin 3x|$

5. $y'' - 2y' + 2y = \frac{e^x}{\sin^2 x}$. Solução: $y = \ln\left|\cot\frac{x}{2}\right| \cdot e^x \cos x - e^x + (C_1 \cos x + C_2 \sin x)e^x$

6. $y'' + 3y' + 2y = \frac{e^{-x}}{e^x + 2}$. Solução: $y = C_1 e^{-x} + C_2 e^{-2x} + \frac{1}{2}xe^{-x} - \frac{1}{2}e^{-x}\ln(e^x + 2) - e^{-2x}\ln(e^x + 2)$

7. $y'' + y' = e^{2x}\cos e^x$. Solução: $y = C_1 + C_2 e^{-x} + 2e^{-x}\sin e^x - \cos e^x$

8. $y'' + 4y = \frac{1}{\sin 2x}$. Solução: $y = C_1 \cos 2x + C_2 \sin 2x - \frac{x}{2}\cos 2x + \frac{1}{4}\ln|\sin 2x|$

9. $y'' - y' = e^{2x}\sin e^x$. Solução: $y = C_1 + C_2 e^x - e^x \sin e^x$

10. $y'' + 4y' = \frac{1}{\sin^2 x}$. Solução: $y = C_1 \cos 2x + C_2 \sin 2x - \cos 2x \ln\sin x + \sin 2x(\frac{1}{2}\cot x + x)$

11. $y'' - 2y' + 5y = 3e^x + e^x \tan 2x$.
Solução: $y = e^x(C_1 \cos 2x + C_2 \sin 2x) + \frac{1}{4}e^x\left(3 + \ln\left|\tan\left(\frac{\pi}{4} - x\right)\right| \cdot \cos 2x\right)$

12. $y'' + 4y' + 4y = e^{-2x}\ln x$. Solução: $y = (C_1 + C_2 x)e^{-2x} + \left(\frac{1}{2}x^2 \ln x - \frac{3}{4}x^2\right)e^{-2x}$

13. $y'' - 2y' + y = \frac{e^x}{x^2+1}$. Solução: $y = (C_1 + C_2 x)e^x + (x\arctan x - \ln\sqrt{x^2+1})e^x$

14. $y'' - y = \frac{e^x}{e^x+1}$. Solução: $y = C_1 e^{-x} + C_2 e^x - \frac{1}{2} + \frac{1}{2}e^{-x}\ln(e^x + 1) + \frac{1}{2}e^x\ln\frac{e^x}{e^x+1}$

15. $y''' + y' = \frac{\sin x}{\cos^2 x}$. Solução: $y = C_1 + C_2 \cos x + C_3 \sin x + \frac{1}{\cos x} + \cos x \ln|\cos x| + \sin x(x - \tan x)$

16. $y'' + 2y' + 2y = \frac{e^{-x}}{\cos x}$. Solução: $y = (C_1 \cos x + C_2 \sin x)e^{-x} + e^{-x}\cos x \ln|\cos x| + xe^{-x}\sin x$

17. $y'' - 2y' + 2y = \frac{e^x}{\sin^2 x}$. Solução: $y = (C_1 \cos x + C_2 \sin x)e^x + e^x \cos x \ln\cot\frac{x}{2} + e^x$

18. $y'' - 2y' + y = \frac{e^x}{x^2}$. Solução: $y = (C_1 + C_2 x)e^x - \ln x \cdot e^x - e^x$

19. $y'' + 4y' + 4y = \frac{e^{-2x}}{x^3}$. Solução: $y = (C_1 + C_2 x)e^{-2x} + \frac{1}{2x}e^{-2x}$

20. $y'' + y = \frac{1}{\sin^2 x}$. Solução: $y = C_1 \cos x + C_2 \sin x + 1 + \frac{1}{2}\ln\left|\frac{1+\cos x}{1-\cos x}\right| - 1$

21. $y'' - 3y' + 2y = \frac{1}{1+e^x}$. Solução: $y = C_1 e^x + C_2 e^{2x} + (e^x + e^{2x})(x - \ln(1 + e^x)) + e^x + \frac{1}{2}$

22. $y'' - 3y' + 2y = \frac{e^x}{1+e^x}$. Solução: $y = C_1 e^x + C_2 e^{2x} + (e^x - e^{2x})(x - \ln(1 + e^x)) - e^x$

23. $y'' - y = \frac{e^x - e^{-x}}{e^x + e^{-x}}$. Solução: $y = C_1 e^{-x} + C_2 e^x + 2\arctan e^x \cdot \cosh x - 1$

24. $y'' - 2y' = 5(3 - 4x)\sqrt{x}$. Solução: $y = C_1 + C_2 e^{2x} + 4x^2\sqrt{x}$

25. $y'' - 2y' + 10y = \frac{9e^x}{\cos 3x}$.
Solução: $y = e^x(C_1 \cos 3x + C_2 \sin 3x) + e^x(\ln|\cos 3x| \cdot \cos 3x + 3x\sin 3x)$

26. $y'' - 4y' + 8y = 4(7 - 21x + 18x^2)\sqrt[3]{x}$. Solução: $y = e^{2x}(C_1 \cos 2x + C_2 \sin 2x) + 9x^2\sqrt[3]{x}$

27. $y'' + y = -\cot^2 x$. Solução: $y = C_1 \cos x + C_2 \sin x - \frac{1}{2}\ln\left|\frac{1+\cos x}{1-\cos x}\right| \cdot \cos x + 2$ 48=33

28. $y'' - 4y = (15 - 16x^2)\sqrt{x}$. Solução: $y = C_1 e^{-2x} + C_2 e^{2x} + 4x^2\sqrt{x}$

29. $y'' + 4y' + 4y = \frac{e^{-2x}}{x+1}$. Solução: $y = e^{-2x}(C_1 + C_2 x) + e^{-2x}((x+1)\ln|x+1| - x)$

30. $y'' + 3y' = \frac{3x-1}{x^2}$. Solução: $y = C_1 e^{-3x} + C_2 + \ln|x|$

31. $y'' - 4y' + 4y = \frac{2e^{2x}}{1+x^2}$. Solução: $y = e^{2x}(C_1 + C_2 x) + e^{2x}(2x\arctan x - \ln(1 + x^2))$

32. $y'' + y' = 7(4 + 3x)\sqrt[3]{x}$. Solução: $y = C_1 e^{-x} + C_2 + 9x^2\sqrt[3]{x}$

33. $y'' + 2y' + 2y = \frac{e^{-x}}{\sin x}$. Solução: $y = e^{-x}(C_1 \cos x + C_2 \sin x) + e^{-x}(\ln|\sin x| \cdot \sin x - x\cos x)$

34. $y'' + 2y = 2 - 4x^2 \sin x^2$. Solução: $y = C_1 \cos(\sqrt{2}x) + C_2 \sin(\sqrt{2}x) + \sin x^2$

35. $y'' + 2y' + 5y = \frac{2e^{-x}}{\cos 2x}$.
Solução: $y = e^{-x}(C_1 \cos 2x + C_2 \sin 2x) + e^{-x}(x \sin 2x + \frac{1}{2} \ln |\cos x| \cdot \cos x)$

36. $y'' + 2y' + y = (x + 2)(\ln x + \frac{1}{x})$. Solução: $y = e^{-x}(C_1 + C_2 x) + x \ln x$

37. $y'' - 2y = -2 - 4x^2 \cos x^2$. Solução: $y = C_1 e^{-\sqrt{2}x} + C_2 e^{\sqrt{2}x} + \cos x^2$

38. $y'' - y' = \frac{x+1}{x^2}$. Solução: $y = C_1 + C_2 e^x + \ln |x|$

39. $y'' - 2y' = \frac{1}{x} - 2\ln(ex)$. Solução: $y = C_1 + C_2 e^{2x} + x \ln |x|$

40. $y'' + y = \frac{1}{\cos^2 x}$. Solução: $y = C_1 \cos x + C_2 \sin x + \frac{1}{2} \ln \left| \frac{1+\sin x}{1-\sin x} \right| \cdot \sin x - 1$

Seção 4 Problema de Cauchy (problema de condições iniciais)

1. $y'' - 3y' + 2y = e^{-x}$, $y(0) = 0, y'(0) = 1$. Solução: $y = \frac{1}{6}e^{-x} - \frac{3}{2}e^x + \frac{4}{3}e^{2x}$

2. $y'' - y' - 2y = 3xe^x$, $y(0) = 0, y'(0) = 0$. Solução: $y = -\frac{1}{4}e^{-x} + e^{2x} - \frac{3}{4}(1 + 2x)e^x$

3. $y'' - 5y' + 4y = (10x + 1)e^{-x}$, $y(0) = 0, y'(0) = 0$. Solução: $y = -e^x + \frac{1}{5}e^{4x} + (\frac{4}{5} + x)e^{-x}$

4. $y'' + 5y' + 6y = e^{-2x}$, $y(0) = -1, y'(0) = 0$. Solução: $y = 3e^{-3x} + (x - 4)e^{-2x}$

5. $y'' - 2y' + y = 2e^x$, $y(0) = 1, y'(0) = 1$. Solução: $y = (x^2 + 1)e^x$

6. $y'' + 2y' + y = (x + 2)e^{-x}$, $y(0) = 1, y'(0) = -1$. Solução: $y = (1 + x^2 + \frac{1}{6}x^3)e^{-x}$

7. $y'' - 2y' - 3y = 4e^{3x} - 4e^{-x}$, $y(0) = 2, y'(0) = 0$. Solução: $y = (2 + x)e^{-x} + xe^{3x}$

8. $y'' + y = 4\cos x$, $y(0) = 1, y'(0) = -1$. Solução: $y = \cos x + (2x - 1)\sin x$

9. $y'' + y = 5xe^{2x}$, $y(0) = 0, y'(0) = 1$. Solução: $y = \frac{4}{5}(\cos x + 2\sin x) + (x - \frac{4}{5})e^{2x}$

10. $y'' + 9y = 6\cos 3x + 9\sin 3x$, $y(0) = 1, y'(0) = 0$. Solução: $y = (1 - \frac{3}{2}x)\cos 3x + (x + \frac{1}{2})\sin 3x$

11. $y'' + 4y = 4(\cos 2x + \sin 2x)$, $y(0) = 0, y'(0) = 1$. Solução: $y = (1 + x)\sin 2x - x\cos 2x$

12. $y'' + y = 2(\cos x - \sin x)$, $y(0) = 1, y'(0) = 2$. Solução: $y = (1 + x)(\cos x + \sin x)$

Seção 5 Problema de condições de contorno para equações da 2a ordem

Resolver os seguintes problemas de condições de contorno usando o método tradicional e o de Green; comparar as soluções encontradas:

1. $y'' + 4y = 2x$, $y(0) = 0, y(\frac{\pi}{8}) = 0$; Solução: $G(x, s) = \begin{cases} (\sin 2s - \cos 2s)\sin 2x, 0 \le x \le s \\ \sin 2s(\sin 2x - \cos 2x), s \le x \le \frac{\pi}{8} \end{cases}$.

2. $y'' = e^{3x}$, $y(0) = 0, 3y(1) + y'(1) = 0$; Solução: $G(x, s) = \begin{cases} (\frac{3s}{4} - 1)x, 0 \le x \le s \\ \frac{s}{4}(3x - 4), s \le x \le 1 \end{cases}$

3. $y'' - y = \sin x$, $y'(0) = 0, y'(2) + y(2) = 0$;
Solução: $G(x, s) = \begin{cases} -e^{-s}\cosh x, 0 \le x \le s \\ -e^{-x}\cosh s, s \le x \le 2 \end{cases}$.

4. $y'' - y = \cos x$, $y'(0) = 0, y'(2) + y(2) = 0$;
Solução: $G(x, s) = \begin{cases} -e^{-s}\cosh x, 0 \le x \le s \\ -e^{-x}\cosh s, s \le x \le 2 \end{cases}$.

5. $y'' + y = x^2 + 2x$, $y(0) = 0, y'(1) = 0$;
Solução: $G(x, s) = -\frac{1}{\cos 1} \begin{cases} \sin x \cos(1 - s), 0 \le x \le s \\ \cos(1 - x)\sin s, s \le x \le 1 \end{cases}$.

6. $y'' + 4y = 2^{-x}$, $y'(0) = 0, y(1) = 0$;
Solução: $G(x, s) = \frac{1}{2\cos 2} \begin{cases} \cos 2x \sin(2s - 2), 0 \le x \le s \\ \sin(2x - 2)\cos 2s, s \le x \le 1 \end{cases}$.

7. $y'' - 4y = xe^x$, $y'(0) = 0, 2y(1) - y'(1) = 0$;
Solução: $G(x, s) = \begin{cases} e^{2s}\cosh 2x, 0 \le x \le s \\ e^{2x}\cosh 2s, s \le x \le 1 \end{cases}$.

8. $y'' - y' = 2e^x - e^x$, $y(0) = 0, y(1) - y'(1) = 0$;
Solução: $G(x, s) = \begin{cases} 1 - e^x, 0 \le x \le s \\ e^x(e^{-s} - 1), s \le x \le 1 \end{cases}$. 9. $y'' - y = 2x$, $y(0) = 0, y(1) = 0$;

Solução: $G(x,s) = -\frac{1}{\sinh 1}\begin{cases} \sinh x \sinh(1-s), 0 \le x \le s \\ \sinh s \sinh(1-x), s \le x \le 1 \end{cases}$.

10. $x^2 y'' + 3xy' - 3y = 2x^3 - 3x^4$, $y(1) = 0, y(2) - 2y'(2) = 0$;

Solução: $G(x,s) = \begin{cases} \frac{1}{4}s^2\left(\frac{1}{x^3} - x\right), 1 \le x \le s \\ \frac{1}{4}x\left(\frac{1}{s^2} - s^2\right), s \le x \le 2 \end{cases}$. 11. $x^2 y'' + xy' - y = x^2 e^x$, $y(1) = 0, y'(2) = 0$;

Solução: $G(x,s) = -\frac{1}{10s^2}\begin{cases} (s^2+4)\left(x - \frac{1}{x}\right), 1 \le x \le s \\ (s^2+1)\left(x + \frac{4}{x}\right), s \le x \le 2 \end{cases}$.

Capítulo 10 Equações lineares com coeficientes variáveis: método de séries de potências

Seção 3 Solução em torno de pontos ordinários

1. Resolver $xy' - y - x - 1 = 0$ em potencias de $x - 1$. Solução: $y = Cx + 2(x-1) + \sum_{n=2}^{\infty}(-1)^n\frac{1}{n(n-1)}(x-1)^n$

2. Resolver $y'' + xy' + y = 0$ em potencias de x. Solução: $y_1 = \sum_{n=0}^{\infty}(-1)^n\frac{x^{2n}}{(2n)!!}$, $y_2 = \sum_{n=0}^{\infty}(-1)^n\frac{x^{2n+1}}{(2n+1)!!}$

3. Resolver $y'' - xy' - y = 0$ em potencias de x. Solução: $y_1 = \sum_{n=0}^{\infty}\frac{x^{2n}}{(2n)!!}$, $y_2 = \sum_{n=0}^{\infty}\frac{x^{2n+1}}{(2n+1)!!}$

4. Resolver $y'' + xy' + 2y = 0$, $y(0) = 3, y'(0) = -2$. Solução: $y = 3\sum_{n=0}^{\infty}(-1)^n\frac{x^{2n}}{(2n-1)!!} - 2\sum_{n=0}^{\infty}(-1)^n\frac{x^{2n+1}}{(2n)!!}$

5. Resolver $y'' + x^2 y' + xy = 0$ em potencias de x. Solução: $y_1 = 1 + \sum_{n=1}^{\infty}(-1)^n\frac{1^2 \cdot 4^2 \cdot ... \cdot (3n-2)^2}{(3n)!}x^{3n}$, $y_2 = x + \sum_{n=1}^{\infty}(-1)^n\frac{2^2 \cdot 5^2 \cdot ... \cdot (3n-1)^2}{(3n+1)!}x^{3n+1}$

6. Resolver $(x-1)y'' + y' = 0$ em potencias de x. Solução: $y_1 = 1$, $y_2 = \sum_{n=1}^{\infty}\frac{1}{n}x^n$

7. Resolver $(x^2 - 1)y'' + 4xy' + 2y = 0$ em potencias de x. Solução: $y_1 = \sum_{n=0}^{\infty}x^{2n} = \frac{1}{1-x^2}$, $y_2 = \sum_{n=0}^{\infty}x^{2n+1} = \frac{x}{1-x^2}$

8. Resolver $(x-1)y'' - xy' + y = 0$, $y(0) = -2, y'(0) = 6$. Solução: $y = -2 + 6x - 2\sum_{n=2}^{\infty}\frac{x^n}{n!} = 8x - 2e^x$

9. Resolver $y'' - 2xy' + 8y = 0$, $y(0) = 3, y'(0) = 0$. Solução: $y = 3 - 12x^2 + 4x^4$

10. Resolver $y'' - xy = 1$ em potencias de x.
Solução: $y = C_1\left[1 + \sum_{n=1}^{\infty}\frac{1 \cdot 4 \cdot ... \cdot (3n-2)}{(3n)!}x^{3n}\right] + C_2\left[x + \sum_{n=1}^{\infty}\frac{2 \cdot 5 \cdot ... \cdot (3n-1)}{(3n+1)!}x^{3n+1}\right] + \sum_{n=1}^{\infty}\frac{1 \cdot 3 \cdot ... \cdot (3n-3)}{(3n-1)!}x^{3n-1}$

11. Resolver $y'' - xy' + 2y = 0$ em potencias de x. Solução: $y_1 = 1 - x^2$, $y_2 = x - \sum_{n=1}^{\infty}\frac{(2n-3)!!}{(2n+1)!}x^{2n+1}$

12. Resolver $y'' + 2xy' + 2y = 0$ em potencias de x. Solução: $y_1 = \sum_{n=0}^{\infty}(-1)^n\frac{2^n}{(2n)!!}x^{2n}$, $y_2 = \sum_{n=0}^{\infty}(-1)^n\frac{2^n}{(2n+1)!!}x^{2n+1}$

13. Resolver $(x^2 + 1)y'' - 6y = 0$ em potencias de x.
Solução: $y_1 = 1 + 3x^2 + x^4 + \sum_{n=3}^{\infty}(-1)^n\frac{3}{(2n-1)(2n-3)}x^{2n}$, $y_2 = x + x^3$

14. Resolver $(x^2 + 1)y'' + 2xy' = 0$, $y(0) = 0, y'(0) = 1$. Solução: $y = \sum_{n=0}^{\infty}(-1)^n\frac{x^{2n+1}}{2n+1}$

Seção 5 Equação de Euler

1. $x^2 y'' - 3xy' - 5y = 0$. Solução: $y = C_1 x^5 + C_2 x^{-1}$
2. $x^2 y'' + 5xy' + 3y = 0$. Solução: $y = C_1 x^{-3} + C_2 x^{-1}$
3. $x^2 y'' - xy' + y = 0$. Solução: $y = C_1 x + C_2 x \ln x$
4. $x^2 y'' + 9xy' + 16y = 0$. Solução: $y = C_1 x^{-4} + C_2 x^{-4}\ln x$
5. $x^2 y'' + 2xy' - 6y = 0$, $y(1) = 3, y'(1) = 1$. Solução: $y_g = C_1 x^{-3} + C_2 x^2$, $y = x^{-3} + 2x^2$
6. $(x-3)^2 y'' + 5(x-3)y' + 4y = 0$, $y(4) = 1, y'(4) = 1$. Solução: $y_g = C_1(x-3)^{-2} + C_2(x-3)^{-2}\ln(x-3)$, $y = (x-3)^{-2} + 3(x-3)^{-2}\ln(x-3)$

Seção 6 Método de Frobenius

1. Resolver $2x^2y'' + (3x - x^2)y' - (x+1)y = 0$ em potencias de x. Solução: $y_1 = |x|^{1/2}\left[1 + \sum_{n=1}^{\infty} \frac{3\cdot(2x)^n}{(2n+3)!!}\right]$, $y_2 = \frac{1}{x}\sum_{n=0}^{\infty}\frac{x^n}{n!} = \frac{e^x}{x}$

2. Resolver $4xy'' + 2y' + y = 0$ em potencias de x. Solução: $y_1 = \sum_{n=0}^{\infty}(-1)^n\frac{x^n}{(2n)!} = \cos\sqrt{x}$, $y_2 = \sqrt{x}\sum_{n=0}^{\infty}(-1)^n\frac{x^n}{(n+1)!} = \sin\sqrt{x}$

3. Resolver $(1+x)y' - py = 0$ em potencias de x. Solução: $y = C\sum_{n=0}^{\infty}\frac{p(p-1)\cdot...\cdot(p-n+1)}{n!}x^n$

4. Resolver $9x(1-x)y'' - 12y' + 4y = 0$ em potencias de x. Solução: $y_1 = 1 + \sum_{n=1}^{\infty}\frac{1\cdot4\cdot7\cdot...\cdot(3n-2)}{3\cdot6\cdot9\cdot...\cdot3n}x^n$, $y_2 = |x|^{7/3}\left[1 + \sum_{n=1}^{\infty}\frac{8\cdot11\cdot14\cdot...\cdot(3n+5)}{10\cdot13\cdot16\cdot...\cdot(3n+7)}x^n\right]$

5. Resolver $x^2y'' + xy' + (4x^2 - \frac{1}{9})y = 0$ em potencias de x. Solução: $y_1 = J_{1/3}(2x)$, $y_2 = J_{-1/3}(2x)$

6. Resolver $x^2y'' + xy' + (x^2 - \frac{1}{9})y = 0$ em potencias de x. Solução: $y_1 = J_{1/3}(x)$, $y_2 = J_{-1/3}(x)$

7. Resolver $x^2y'' + xy' + (4x^2 - \frac{1}{9})y = 0$ em potencias de x. Solução: $y_1 = J_{1/3}(2x)$, $y_2 = J_{-1/3}(2x)$

8. Resolver $2xy'' + (1+x)y' + y = 0$ em potencias de x. Solução: $y_1 = |x|^{1/2}\sum_{n=0}^{\infty}(-1)^n\frac{1}{2^n n!}x^n$, $y_2 = \sum_{n=0}^{\infty}(-1)^n\frac{1}{(2n-1)!}x^n$

9. Resolver $xy'' + (x-6)y' - 3y = 0$ em potencias de x. Solução: $y_1 = 1 - \frac{1}{2}x + \frac{1}{10}x^2 - \frac{1}{120}x^3$, $y_2 = x^7 + \sum_{n=1}^{\infty}(-1)^n\frac{4\cdot5\cdot6\cdot...\cdot(n+3)}{n!8\cdot9\cdot10\cdot...\cdot(n+7)}x^{n+7}$

10. Resolver $2xy'' - y' + 2y = 0$ em potencias de x. Solução: $y_1 = |x|^{3/2}\left[1 + \sum_{n=1}^{\infty}(-1)^n\frac{3\cdot2^n}{n!(2n+3)!!}x^n\right]$, $y_2 = 1 + 2x + \sum_{n=2}^{\infty}(-1)^{n+1}\frac{2^n}{n!\cdot(2n-3)!!}x^n$

11. Resolver $2xy'' - y' + 2y = 0$ em potencias de x. Solução: $y_1 = |x|^{1/3}\sum_{n=0}^{\infty}\frac{1}{n!\cdot3^n}x^n$, $y_2 = 1 + \sum_{n=1}^{\infty}\frac{1}{2\cdot5\cdot8\cdot...\cdot(3n-1)}x^n$

12. Resolver $2x^2y'' - x(x-1)y' - y = 0$ em potencias de x. Solução: $y_1 = x\left[1 + \sum_{n=1}^{\infty}\frac{1}{5\cdot7\cdot9\cdot...\cdot(2n+3)}x^n\right]$, $y_2 = |x|^{-1/2}\left[1 + \sum_{n=1}^{\infty}\frac{1}{2\cdot4\cdot4\cdot...\cdot2n}x^n\right]$

13. Resolver $xy'' + 2y' - xy = 0$ em potencias de x. Solução: $y_1 = x^{-1}\sum_{n=0}^{\infty}\frac{1}{(2n)!}x^{2n} = \frac{\cosh x}{x}$, $y_2 = x^{-1}\sum_{n=0}^{\infty}\frac{1}{(2n+1)!}x^{2n+1} = \frac{\sinh x}{x}$

14. Resolver $x(x-1)y'' + 3y' - 2y = 0$ em potencias de x. Solução: $y_1 = 1 + \frac{2}{3}x + \frac{1}{3}x^2$, $y_2 = \sum_{n=0}^{\infty}(n+1)x^{n+4}$

15. Resolver $xy'' + (1-x)y' - y = 0$ em potencias de x. Solução: $y_1 = \sum_{n=0}^{\infty}\frac{1}{n!}x^n = e^x$, $y_2 = y_1(x)\ln x - \left[x + \sum_{n=2}^{\infty}\frac{1}{n!}\cdot\left(\sum_{k=1}^{n}\frac{1}{k}\right)x^n\right]$

16. Resolver $2x^2y'' + xy' - (x+1)y = 0$ em potencias de x. Solução: $y_1 = x\left[1 + \sum_{n=1}^{\infty}\frac{3}{n!(2n+3)!!}x^n\right]$, $y_2 = |x|^{-1/2}\left[1 - x - \sum_{n=2}^{\infty}\frac{1}{n!(2n-3)!!}x^n\right]$

17. Resolver $xy'' - (2x-1)y' + (x-1)y = 0$ em potencias de x. Solução: $y_1 = e^x$, $y_2 = y_1(x)\ln x$

18. Resolver $x^2y'' + x(2+3x)y' - 2y = 0$ em potencias de x. Solução: $y_1 = x^{-2} - 3x^{-1} + \frac{9}{2}$, $y_2 = x + 6\sum_{n=4}^{\infty}\frac{(-3)^{n-3}}{n!}x^{n-2}$

19. Resolver $x^2y'' + xy' - xy = 0$ em potencias de x. Solução: $y_1 = \sum_{n=0}^{\infty}\frac{x^n}{(n!)^2}$, $y_2 = y_1\ln x - 2\sum_{n=1}^{\infty}\frac{H(n)}{n!}x^n$, $H(n) = \sum_{k=1}^{n}\frac{1}{k}$

20. Resolver $4x^2y'' + (1-2x)y = 0$ em potencias de x. Solução: $y_1 = x^{1/2}\sum_{n=0}^{\infty}\frac{x^n}{2^n(n!)^2}$, $y_2 = y_1\ln x - x^{1/2}\sum_{n=1}^{\infty}\frac{H(n)}{2^{n-1}(n!)^2}x^n$, $H(n) = \sum_{k=1}^{n}\frac{1}{k}$

Capítulo 13 Sistemas lineares: métodos de resolução

Seção 1 Sistemas homogêneos com coeficientes constantes

1. $\begin{cases} u' = u - 5v \\ v' = 2u - v \end{cases}$. Solução: $\lambda = \pm3i$, $\begin{cases} u = 5C_1\cos 3x + 5C_2\sin 3x \\ v = C_1(\cos 3x + 3\sin 3x) + C_2(\sin 3x - 3\cos 3x) \end{cases}$

2. $\begin{cases} u' = 2u + v \\ v' = 4v - u \end{cases}$. Solução: $\lambda = 3, 3$, $\begin{cases} u = (C_1 + C_2x)e^{3x} \\ v = (C_1 + C_2 + C_2x)e^{3x} \end{cases}$

3. $\begin{cases} u' = -9v \\ v' = u \end{cases}$. Solução: $\lambda = -3i, 3i,$ $\begin{cases} u = 3C_1 \cos 3x - 3C_2 \sin 3x \\ v = C_2 \cos 3x + C_1 \sin 3x \end{cases}$.

4. $\begin{cases} u' = 8v - u \\ v' = v + u \end{cases}$. Solução: $\lambda = -3, 3,$ $\begin{cases} u = 2C_1 e^{3x} - 4C_2 e^{-3x} \\ v = C_1 e^{3x} + C_2 e^{-3x} \end{cases}$.

5. $\begin{cases} u' = u - v \\ v' = v - u \end{cases}$. Solução: $\lambda = 0, 2,$ $\begin{cases} u = C_1 + C_2 e^{2x} \\ v = C_1 - C_2 e^{2x} \end{cases}$.

6. $\begin{cases} u' = 2u + v \\ v' = 3u + 4v \end{cases}$. Solução: $\lambda = 1, 5,$ $\begin{cases} u = C_1 e^x + C_2 e^{5x} \\ v = -C_1 e^x + 3C_2 e^{5x} \end{cases}$.

7. $\begin{cases} u' = u - v \\ v' = v - 4u \end{cases}$. Solução: $\lambda = -1, 3,$ $\begin{cases} u = C_1 e^{-x} + C_2 e^{3x} \\ v = 2C_1 e^{-x} - 2C_2 e^{3x} \end{cases}$.

8. $\begin{cases} u' = u + v \\ v' = 3v - 2u \end{cases}$. Solução: $\lambda = 2 \pm i,$ $\begin{cases} u = (C_1 \cos x + C_2 \sin x)e^{2x} \\ v = ((C_1 + C_2) \cos x + (C_2 - C_1) \sin x)e^{2x} \end{cases}$.

9. $\begin{cases} u' = u - 3v \\ v' = 3u + v \end{cases}$. Solução: $\lambda = 1 \pm 3i,$ $\begin{cases} u = (C_1 \cos 3x + C_2 \sin 3x)e^x \\ v = (C_1 \sin 3x - C_2 \cos 3x)e^x \end{cases}$.

10. $\begin{cases} u' = 2u + v \\ v' = 4v - u \end{cases}$. Solução: $\lambda = 3, 3,$ $\begin{cases} u = (C_1 + C_2 x)e^{3x} \\ v = (C_1 + C_2 + C_2 x)e^{3x} \end{cases}$.

11. $\begin{cases} u' = 2v - 3u \\ v' = v - 2u \end{cases}$. Solução: $\lambda = -1, -1,$ $\begin{cases} u = (C_1 + 2C_2 x)e^{-x} \\ v = (C_1 + C_2 + 2C_2 x)e^{-x} \end{cases}$.

12. $\begin{cases} u' = 3u - v + w \\ v' = -u + 5v - w \\ w' = u - v + 3w \end{cases}$. Solução: $\lambda = 2, 3, 6,$ $\begin{cases} u = C_1 e^{2x} + C_2 e^{3x} + C_3 e^{6x} \\ v = C_2 e^{3x} - 2C_3 e^{6x} \\ w = -C_1 e^{2x} + C_2 e^{3x} + C_3 e^{6x} \end{cases}$.

13. $\begin{cases} u' = -v + w \\ v' = w \\ w' = -u + w \end{cases}$. Solução: $\lambda = 1, \pm i,$ $\begin{cases} u = (C_1 - C_2) \cos x + (C_1 + C_2) \cos x \\ v = C_1 \sin x - C_2 \cos x + C_3 e^x \\ w = C_1 \cos x + C_2 \sin x + C_3 e^x \end{cases}$.

14. $\begin{cases} u' = 2u - v + w \\ v' = u + 2v - w \\ w' = -u - v + 2w \end{cases}$. Solução: $\lambda = 1, 2, 3,$ $\begin{cases} u = C_1 e^{2x} - C_2 e^{3x} \\ v = C_1 e^{2x} - C_3 e^x \\ w = C_1 e^{2x} - C_2 e^{3x} - C_3 e^x \end{cases}$.

15. $\begin{cases} u' = u + w - v \\ v' = u + v - w \\ w' = 2u - v \end{cases}$. Solução: $\lambda = -1, 1, 2,$ $\begin{cases} u = C_1 e^x + C_2 e^{2x} + C_3 e^{-x} \\ v = C_1 e^x - 3C_3 e^{x} \\ w = C_1 e^x + C_2 e^{2x} - 5C_3 e^{-x} \end{cases}$.

16. $\begin{cases} u' = u - 2v - w \\ v' = v - u + w \\ w' = u - w \end{cases}$. Solução: $\lambda = -1, 0, 2,$ $\begin{cases} u = C_1 + 3C_2 e^{2x} \\ v = -2C_2 e^{2x} + C_3 e^{-x} \\ w = C_1 + C_2 e^{2x} - 2C_3 e^{-x} \end{cases}$.

17. $\begin{cases} u' = u - v - w \\ v' = u + v \\ w' = 3u + w \end{cases}$. Solução: $\lambda = 1, 1 \pm 2i,$ $\begin{cases} u = (2C_2 \sin 2x + 2C_3 \cos 2x)e^x \\ v = (C_1 - C_2 \cos 2x + C_3 \sin 2x)e^x \\ w = (-C_1 - 3C_2 \cos 2x + 3C_3 \sin 2x)e^x \end{cases}$.

18. $\begin{cases} u' = 2u + v \\ v' = u + 3v - w \\ w' = 2v + 3w - u \end{cases}$.

Solução: $\lambda = 2, 3 \pm i$, $\begin{cases} u = C_1 e^{2x} + (C_2 \cos x + C_3 \sin x)e^{3x} \\ v = ((C_2 + C_3)\cos x + (C_3 - C_2)\sin x)e^{3x} \\ w = C_1 e^{2x} + ((2C_2 - C_3)\cos x + (2C_3 + C_2)\sin x)e^{3x} \end{cases}$.

19. $\begin{cases} u' = 4u - v - w \\ v' = u + 2v - w \\ w' = u - v + 2w \end{cases}$. Solução: $\lambda = 2, 3, 3$, $\begin{cases} u = C_1 e^{2x} + (C_2 + C_3)e^{3x} \\ v = C_1 e^{2x} + C_2 e^{3x} \\ w = C_1 e^{2x} + C_3 e^{3x} \end{cases}$.

20. $\begin{cases} u' = 2u - v - w \\ v' = 3u - 2v - 3w \\ w' = 2w - u + v \end{cases}$. Solução: $\lambda = 0, 1, 1$, $\begin{cases} u = C_1 + C_2 e^{x} \\ v = 3C_1 + C_3 e^{x} \\ w = -C_1 + (C_2 - C_3)e^{x} \end{cases}$.

21. $\begin{cases} u' = 3u - 2v - w \\ v' = 3u - 4v - 3w \\ w' = 2u - 4v \end{cases}$. Solução: $\lambda = -5, 2, 2$, $\begin{cases} u = C_1 e^{2x} + C_3 e^{-5x} \\ v = C_2 e^{2x} + 3C_3 e^{-5x} \\ w = (C_1 - 2C_2)e^{2x} + 2C_3 e^{-5x} \end{cases}$.

22. $\begin{cases} u' = u - v + w \\ v' = u + v - w \\ w' = 2w - v \end{cases}$. Solução: $\lambda = 1, 1, 2$, $\begin{cases} u = (C_1 + C_2 x)e^{x} + C_3 e^{2x} \\ v = (C_1 - 2C_2 + C_2 x)e^{x} \\ w = (C_1 - C_2 + C_2 x)e^{x} + C_3 e^{2x} \end{cases}$.

23. $\begin{cases} u' = v - 2w - u \\ v' = 4u + v \\ w' = 2u + v - w \end{cases}$. Solução: $\lambda = -1, -1, 1$, $\begin{cases} u = (C_2 + C_3 x)e^{-x} \\ v = 2C_1 e^{x} - (2C_2 + C_3 + 2C_3 x)e^{-x} \\ w = C_1 e^{x} - (C_2 + C_3 + C_3 x)e^{-x} \end{cases}$.

24. $\begin{cases} u' = 2u - v - w \\ v' = 2u - v - 2w \\ w' = 2w - u + v \end{cases}$. Solução: $\lambda = 1, 1, 1$, $\begin{cases} u = (C_1 + C_3 x)e^{x} \\ v = (C_2 + 2C_3 x)e^{x} \\ w = (C_1 - C_2 - C_3 - C_3 x)e^{x} \end{cases}$.

25. $\begin{cases} u' = 7u + v + 2w \\ v' = 2u + 3v + w \\ w' = -8u - 2v - w \end{cases}$. Solução: $\lambda = 3, 3, 3$, $\begin{cases} u = (C_1 + C_2 x + C_3 \frac{x^2}{2})e^{3x} \\ v = (C_2 + C_3(x - 2))e^{3x} \\ w = (-2C_1 - 2xC_2 + C_3(1 - x^2))e^{3x} \end{cases}$.

26. $\begin{cases} u' = -2u - v - w \\ v' = -3v + w \\ w' = -v - w \end{cases}$. Solução: $\lambda = -2, -2, -2$, $\begin{cases} u = (C_1 + 2C_2 x + C_3(x^2 + x))e^{-2x} \\ v = (-C_2 - C_3 x)e^{-2x} \\ w = (-C_2 - C_3(x + 1))e^{-2x} \end{cases}$.

Seção 2 Sistemas não homogêneos com coeficientes constantes

Seção 2.2 Método de Euler

1. $\begin{cases} u' = v + 1 \\ v' = u + 1 \end{cases}$. Solução: $\lambda = -1, 1$, $\begin{cases} u = C_1 e^{x} + C_2 e^{-x} - 1 \\ v = C_1 e^{x} - C_2 e^{-x} - 1 \end{cases}$.

2. $\begin{cases} u' = v + x \\ v' = u - t \end{cases}$. Solução: $\lambda = -1, 1$, $\begin{cases} u = C_1 e^{x} - C_2 e^{-x} + x - 1 \\ v = C_1 e^{x} + C_2 e^{-x} - x + 1 \end{cases}$.

3. $\begin{cases} u' = v + 2e^{x} \\ v' = u + x^2 \end{cases}$. Solução: $\lambda = -1, 1$, $\begin{cases} u = C_1 e^{x} + C_2 e^{-x} + xe^{x} - x^2 - 2 \\ v = C_1 e^{x} - C_2 e^{-x} + (x - 1)e^{x} - 2x \end{cases}$.

4. $\begin{cases} u' = v - 5\cos x \\ v' = 2u + v \end{cases}$. Solução: $\lambda = -1, 2$, $\begin{cases} u = C_1 e^{2x} + C_2 e^{-x} - 2\sin x - \cos x \\ v = 2C_1 e^{2x} - C_2 e^{-x} + \sin x + 3\cos x \end{cases}$.

5. $\begin{cases} u' = 2u - 4v + 4e^{-2x} \\ v' = 2u - 2v \end{cases}$.

Solução: $\lambda = \pm 2i$, $\begin{cases} u = C_1(\cos 2x - \sin 2x) + C_2(\cos 2x + \sin 2x) \\ v = C_1 \cos 2x + C_2 \sin 2x + e^{-2x} \end{cases}$.

6. $\begin{cases} u' = 4u + v - e^{2x} \\ v' = v - 2u \end{cases}$. Solução: $\lambda = 2, 3$, $\begin{cases} u = C_1 e^{2x} + C_2 e^{3x} + (x+1)e^{2x} \\ v = -2C_1 e^{2x} - C_2 e^{3x} - 2x e^{2x} \end{cases}$.

7. $\begin{cases} u' = 2v - u + 1 \\ v' = 3v - 2u \end{cases}$. Solução: $\lambda = 1, 1$, $\begin{cases} u = (C_1 + 2C_2 x)e^x - 3 \\ v = (C_1 + C_2 + 2C_2 x)e^x - 2 \end{cases}$.

8. $\begin{cases} u' = 2u + v + e^x \\ v' = -2u + 2x \end{cases}$.

Solução: $\lambda = 1 \pm i$, $\begin{cases} u = (C_1 \cos x + C_2 \sin x)e^x + e^x + x + 1 \\ v = (-C_1(\cos x + \sin x) + C_2(\cos x - \sin x))e^x - 2e^x - 2x - 1 \end{cases}$

9. $\begin{cases} u' = 2u - v \\ v' = v - 2u + 18x \end{cases}$. Solução: $\lambda = 0, 3$, $\begin{cases} u = C_1 e^{3x} + C_2 + 3x^2 + 2x \\ v = -C_1 e^{3x} + 2C_2 + 6x^2 - 2x - 2 \end{cases}$

10. $\begin{cases} u' = u - v + 2\sin x \\ v' = 2u - v \end{cases}$.

Solução: $\lambda = \pm i$, $\begin{cases} u = C_1 \cos x + C_2 \sin x + x \sin x - x \cos x \\ v = C_1(\sin x + \cos x) + C_2(\sin x - \cos x) - 2x \cos x + \sin x + \cos x \end{cases}$

11. $\begin{cases} u' = 2u - v \\ v' = u + 2e^x \end{cases}$. Solução: $\lambda = 1, 1$, $\begin{cases} u = (C_1 + C_2 x - x^2)e^x \\ v = (C_1 - C_2 + (C_2 + 2)x - x^2)e^x \end{cases}$.

12. $\begin{cases} u' = 2u + v + 2e^x \\ v' = u + 2v - 3e^{4x} \end{cases}$. Solução: $\lambda = 1, 3$, $\begin{cases} u = C_1 e^x + C_2 e^{3x} + xe^x - e^{4x} \\ v = -C_1 e^x + C_2 e^{4x} - (x+1)e^x - 2e^{4x} \end{cases}$.

13. $\begin{cases} u' = 2u - v \\ v' = 2v - u - 5e^x \sin x \end{cases}$. Solução: $\lambda = 1, 3$, $\begin{cases} u = C_1 e^x + C_2 e^{3x} + (2\cos x - \sin x)e^x \\ v = C_1 e^x - C_2 e^{3x} + (3\cos x + \sin x)e^x \end{cases}$.

14. $\begin{cases} u' = -2u + 3v + 4w - 3x \\ v' = -6u + 7v + 6w + 1 - 7x \\ w' = u - v + w + x \end{cases}$. Solução: $\lambda = 1, 2, 3$, $\begin{cases} u = C_1 e^x + C_2 e^{2x} + C_3 e^{3x} \\ v = C_1 e^x + 3C_3 e^{3x} + x \\ w = C_2 e^{2x} - C_3 e^{3x} \end{cases}$.

15. $\begin{cases} u' = 4u + 3v - 3w \\ v' = -3u - 2v + 3w \\ w' = 3u + 3v - 2w + 2e^{-x} \end{cases}$.

Solução: $\lambda = -2, 1, 1$, $\begin{cases} u = C_1 e^{-2x} + C_2 e^x + 3e^{-x} \\ v = -C_1 e^{-2x} + C_3 e^x - 3e^{-x} \\ w = C_1 e^{-2x} + C_2 e^x + C_3 e^x + 2e^{-x} \end{cases}$.

16. $\begin{cases} u' = u - 2v - w - 2e^x \\ v' = -u + v + w + 2e^x \\ w' = u - w - e^x \end{cases}$. , Solução: $\lambda = -1, 0, 2$, $\begin{cases} u = C_2 + 3C_3 e^{2x} + 3e^x \\ v = C_1 e^{-x} - 2C_3 e^{2x} - \frac{3}{2}e^x \\ w = -2C_1 e^{-x} + C_2 + C_3 e^{2x} + e^x \end{cases}$.

Seção 2.3 Método de variação de parâmetros (método de Lagrange)

1. $\begin{cases} u' = -4u - 2v + \frac{2}{e^x - 1} \\ v' = 6u + 3v - \frac{3}{e^x - 1} \end{cases}$. Solução: $\lambda = -1, 0$, $\begin{cases} u = C_1 + 2C_2 e^{-x} + 2e^{-x} \ln|e^x - 1| \\ v = -2C_1 - 3C_2 e^{-x} - 3e^{-x} \ln|e^x - 1| \end{cases}$.

2. $\begin{cases} u' = 3u - 2v \\ v' = 2u - v + 15e^x \sqrt{x} \end{cases}$. Solução: $\lambda = 1, 1$, $\begin{cases} u = (C_1 + 2C_2 x - 8x^{5/2})e^x \\ v = (C_1 + 2C_2 x - C_2 - 8x^{5/2} + 10x^{3/2})e^x \end{cases}$.

3. $\begin{cases} u' = u - 2v \\ v' = u - v + \frac{1}{2\sin x} \end{cases}$. Solução: $\lambda = \pm i$,

$\begin{cases} u = (x + C_1)\cos x + (-\ln|\sin x| + C_2)\sin x \\ v = \frac{1}{2}(x + C_1 + \ln|\sin x| - C_2)\cos x + (x + C_1 - \ln|\sin x| + C_2)\sin x \end{cases}$.

4. $\begin{cases} u' = 3u - 4v + \frac{e^x}{\sin 2x} \\ v' = 2u - v \end{cases}$. Solução: $\lambda = 1 \pm 2i$,

$\begin{cases} u = (C_1 + C_2 - x + \frac{1}{2}\ln|\sin 2x|)e^x\cos 2x + (C_1 - C_2 + x + \frac{1}{2}\ln|\sin 2x|)e^x\sin 2x \\ v = (C_2 - x)e^x\cos 2x + (C_1 + \frac{1}{2}\ln|\sin 2x|)e^x\sin 2x \end{cases}$.

5. $\begin{cases} u' = 3u + v \\ v' = -4u - v + \frac{e^x}{2\sqrt{x}} \end{cases}$. Solução: $\lambda = 1 \pm 2i$, $\begin{cases} u = (-C_1(x+1) - C_2 + \frac{2}{3}x\sqrt{x})e^x \\ v = (C_1(2x+1) + 2C_2 + \sqrt{x} - \frac{4}{3}x\sqrt{x})e^x \end{cases}$

6. $\begin{cases} u' = 3u - 2v + \frac{e^{3x}}{e^x + 1} \\ v' = u - \frac{e^{3x}}{e^x + 1} \end{cases}$.

Solução: $\lambda = 1, 2$, $\begin{cases} u = C_1 e^x + 2C_2 e^{2x} - 3e^{2x} + (3e^x + 4e^{2x})\ln(e^x + 1) \\ v = C_1 e^x + C_2 e^{2x} - 3e^{2x} + (3e^x + 2e^{2x})\ln(e^x + 1) \end{cases}$.

7. $\begin{cases} u' = -u - 2v + 2e^{-x} \\ v' = 3u + 4v + e^{-x} \end{cases}$. Solução: $\lambda = 1, 2$, $\begin{cases} u = C_1 e^x + 2C_2 e^{2x} - 2e^{-x} \\ v = -C_1 e^x - 3C_2 e^{2x} + e^{-x} \end{cases}$.

8. $\begin{cases} u' = -u - v + 4\cos 2x \\ v' = 3u - 2v + 8\cos 2x + 5\sin 2x \end{cases}$. Solução: $\lambda = -1/2 \pm i\sqrt{3}/2$,

$\begin{cases} u = 2e^{-x/2}\left(C_1\cos\frac{\sqrt{3}}{2}x + C_2\sin\frac{\sqrt{3}}{2}x\right) + 2\cos 2x + 3\sin 2x \\ v = e^{-x/2}\left((3C_1 - \sqrt{3}C_2)\cos\frac{\sqrt{3}}{2}x + (\sqrt{3}C_1 + 3C_2)\sin\frac{\sqrt{3}}{2}x\right) + 7\sin 2x \end{cases}$.

9. $\begin{cases} u' = v \\ v' = 4v - 5u + \frac{e^{2x}}{\cos x} \end{cases}$. Solução: $\lambda = 2 \pm i$,

$\begin{cases} u = e^{2x}\left(C_1\cos x + C_2\sin x\right) + e^{2x}\left(\cos x\ln|\cos x| + x\sin x\right) \\ v = e^{2x}\left((2C_1 + C_2)\cos x + (2C_2 - C_1)\sin x\right) + e^{2x}\left((2\cos x - \sin x)\ln|\cos x| + x(2\sin x + \cos x)\right) \end{cases}$.

10. $\begin{cases} u' = u + 2v - 9x \\ v' = 2u + v + 4e^x \end{cases}$. Solução: $\lambda = -1, 3$, $\begin{cases} u = C_1 e^{-x} + C_2 e^{3x} + 5 - 3x - 2e^x \\ v = -C_1 e^{-x} + C_2 e^{3x} + 6x - 4 \end{cases}$.

11. $\begin{cases} u' = -5u + v - 2w + e^{-x} + e^{-2x} \\ v' = -u - v + 3e^{-x} + 2e^{-2x} \\ w' = 6u - 2v + 2w - 2e^{-x} - 3e^{-2x} \end{cases}$. Solução: $\lambda = -2, -1 \pm i$,

$\begin{cases} u = C_1 e^{-2x} + C_2\cos xe^{-x} + C_3\sin xe^{-x} + 3e^{-x} - xe^{-2x} \\ v = C_1 e^{-2x} - C_2\sin xe^{-x} + C_3\cos xe^{-x} - e^{-x} - (x+3)e^{-2x} \\ w = -C_1 e^{-2x} - 2C_2\cos xe^{-x} - 2C_3\sin xe^{-x} - 6e^{-x} + (x - \frac{1}{2})e^{-2x} \end{cases}$.

12. $\begin{cases} u' = v \\ v' = w - \frac{\sin^3 x}{\cos^6 x} \\ w' = -u - v - w \end{cases}$. Solução: $\lambda = -1, \pm i$,

$\begin{cases} u = C_1 e^{-x} + (\frac{1}{5}\tan^5 x - C_2)\cos x - (\frac{1}{4}\tan^4 x + C_3)\sin x \\ v = -C_1 e^{-x} + (C_2 - \frac{1}{5}\tan^5 x)\sin x - (\frac{1}{4}\tan^4 x + C_3)\cos x \\ w = C_1 e^{-x} + (C_2 - \frac{1}{5}\tan^5 x)\cos x + (\frac{1}{4}\tan^4 x + C_3)\sin x \end{cases}$.

13. $\begin{cases} u' = 2u + 4v + w + e^{2x}\ln x \\ v' = 2v + w \\ w' = 4v - w \end{cases}$. Solução: $\lambda = -2, 2, 3$, $\begin{cases} u = (x\ln|x| - x + C_2)e^{2x} + 5C_3 e^{3x} \\ v = C_1 e^{-2x} + C_3 e^{3x} \\ w = -4C_1 e^{-2x} + C_3 e^{3x} \end{cases}$

14. $\begin{cases} u' = 2u + v - 3w + \tan x + \tan^2 x \\ v' = 3u - 2v - 3w + 1 \\ w' = u + v - 2w + \tan x + \tan^2 x \end{cases}$. Solução: $\lambda = -2, -1, 1,$

$\begin{cases} u = (C_1 - \frac{1}{2}e^{2x})e^{-2x} + (C_2 + \tan x \cdot e^x)e^{-x} + 2C_3 e^x \\ v = (-C_1 + \frac{1}{2}e^{2x})e^{-2x} + C_3 e^x \\ w = (C_1 - \frac{1}{2}e^{2x})e^{-2x} + (C_2 + \tan x \cdot e^x)e^{-x} + C_3 e^x \end{cases}$.

Seção 3 Resolução do problema de Cauchy (problema de condições iniciais)

1. $\begin{cases} u' = 3u + 8v \\ v' = -u - 3v \end{cases}$, $\begin{cases} u(0) = 6 \\ v(0) = -2 \end{cases}$. Solução: $\lambda = -1, 1,$ $\begin{cases} u = -4e^x + 2e^{-x} \\ v = -e^x - e^{-x} \end{cases}$.

2. $\begin{cases} u' + 3u + 4v = 0 \\ v' + 2u + 5v = 0 \end{cases}$, $\begin{cases} u(0) = 1 \\ v(0) = 4 \end{cases}$. Solução: $\lambda = -1, -7,$ $\begin{cases} u = -2e^{-x} + 3e^{-7x} \\ v = e^{-x} + 3e^{-7x} \end{cases}$.

3. $\begin{cases} u' = u + v \\ v' = 4v - 2u \end{cases}$, $\begin{cases} u(0) = 0 \\ v(0) = -1 \end{cases}$. Solução: $\lambda = 2, 3,$ $\begin{cases} u = e^{2x} - e^{3x} \\ v = e^{2x} - 2e^{3x} \end{cases}$.

4. $\begin{cases} u' = 4u - 5v \\ v' = u \end{cases}$, $\begin{cases} u(0) = 0 \\ v(0) = 1 \end{cases}$. Solução: $\lambda = 2 \pm i,$ $\begin{cases} u = -5e^{2x} \sin x \\ v = e^{2x}(\cos x - 2\sin x) \end{cases}$.

5. $\begin{cases} u' = 2u - v + w \\ v' = u + w \\ w' = v - 2w - 3u \end{cases}$, $\begin{cases} u(0) = 0 \\ v(0) = 0 \\ w(0) = 1 \end{cases}$. Solução: $\lambda = 0, \pm 1,$ $\begin{cases} u = 1 - e^{-x} \\ v = 1 - e^{-x} \\ w = 2e^{-x} - 1 \end{cases}$.

6. $\begin{cases} u' = v - w \\ v' = -v + w \\ w' = u - w \end{cases}$, $\begin{cases} u(0) = 0 \\ v(0) = 0 \\ w(0) = 1 \end{cases}$ Solução: $\lambda = 0, -1 \pm i,$ $\begin{cases} u = -e^{-x} \sin x \\ v = e^{-x} \sin x \\ w = e^{-x} \cos x \end{cases}$.

7. $\begin{cases} u' = u - w \\ v' = v + w \\ w' = -u - v - w \end{cases}$, $\begin{cases} u(0) = 1 \\ v(0) = 1 \\ w(0) = -1 \end{cases}$. Solução: $\lambda = -1, 1, 1,$ $\begin{cases} u = (1 + x)e^x \\ v = (1 - x)e^x \\ w = -e^x \end{cases}$.

8. $\begin{cases} u' = 2u - v + w + 1 + e^{-x} \\ v' = 2u - v - 2w + 1 \\ w' = -u + v + 2w - 1 + e^{-x} \end{cases}$, $\begin{cases} u(0) = 0 \\ v(0) = 0 \\ w(0) = 0 \end{cases}$.

Solução: $\lambda = 0, 1, 2,$ $\begin{cases} u = 0 \\ v = 0 \\ w = 1 - e^{-x} \end{cases}$.

9. $\begin{cases} u' = u + 2v - 9x \\ v' = 2u + v + 4e^x \end{cases}$, $\begin{cases} u(0) = 1 \\ v(0) = 2 \end{cases}$.

Solução: $\lambda = -1, 3,$ $\begin{cases} u = 2e^{3x} - 4e^{-x} + 5 - 3x - 2e^x \\ v = 2e^{3x} + 4e^{-x} + 6x - 4 \end{cases}$.

10. $\begin{cases} u' = v + \tan^2 x - 1 \\ v' = -u + \tan x \end{cases}$, $\begin{cases} u(0) = 1 \\ v(0) = 3 \end{cases}$. Solução: $\lambda = \pm i,$ $\begin{cases} u = \cos x + \sin x + \tan x \\ v = -\sin x + \cos x + 2 \end{cases}$.

11. $\begin{cases} u' = 4u - 5v + 4x + 1 \\ v' = u - 2v + x \end{cases}$, $\begin{cases} u(0) = 1 \\ v(0) = 2 \end{cases}$.

Solução: $\lambda = -1, 3,$ $\begin{cases} u = \frac{11}{4}e^{-x} - \frac{5}{12}e^{3x} + \frac{1}{4}(x - 2) - \frac{5}{12}(3x + 2) \\ v = \frac{11}{4}e^{-x} - \frac{1}{12}e^{3x} + \frac{1}{4}(x - 2) - \frac{1}{12}(3x + 2) \end{cases}$.

12. $\begin{cases} u' = 3u - v + w + e^x \\ v' = u + v + w - x \\ w' = 4u - v + 4w \end{cases}$, $\begin{cases} u(0) = \frac{41}{100} \\ v(0) = \frac{166}{100} \\ w(0) = -\frac{2}{100} \end{cases}$.

Solução: $\lambda = 1, 2, 5,$ $\begin{cases} u = \frac{1}{4}xe^x + \frac{3}{10}x + \frac{41}{100} \\ v = \frac{1}{4}xe^x + e^x + \frac{4}{5}x + \frac{33}{50} \\ w = -\frac{1}{4}xe^x + \frac{1}{4}e^x - \frac{1}{10}x - \frac{27}{100} \end{cases}$.

Índice Remissivo

Impresso na Prime Graph
em papel offset 75 g/m²
fonte utilizada adobe caslon pro
março / 2024